U0311785

中华人民共和国工业和信息化部批准

电子建设工程预算定额

HYD 41-2015

第五册

洁净厂房、数据中心及电子环境工程

中国计划出版社

图书在版编目(CIP)数据

电子建设工程预算定额:HYD 41-2015.第5册,洁净厂房、数据中心及电子环境工程/工业和信息化部电子工业标准化研究院主编.—北京:中国计划出版社,2015.11

ISBN 978-7-5182-0261-4

Ⅰ.①电… Ⅱ.①工… Ⅲ.①电子工业－建筑安装－建筑预算定额－中国②洁净室－建筑安装－建筑预算定额－中国③电子设备－建筑安装－建筑预算定额－中国

Ⅳ.①TU723.3

中国版本图书馆 CIP 数据核字(2015)第 242871 号

电子建设工程预算定额 HYD 41-2015

第五册 洁净厂房、数据中心及电子环境工程

工业和信息化部电子工业标准化研究院 主编

中国计划出版社出版

网址:www.jhpress.com

地址:北京市西城区木樨地北里甲 11 号国宏大厦 C 座 3 层

邮政编码:100038 电话:(010)63906433(发行部)

新华书店北京发行所发行

北京市科星印刷有限责任公司印刷

880mm×1230mm 1/16 39 印张 1181 千字

2015 年 11 月第 1 版 2015 年 11 月第 1 次印刷

印数 1—5000 册

ISBN 978-7-5182-0261-4

定价:220.00 元

主编单位：工业和信息化部电子工业标准化研究院

批准部门：中华人民共和国工业和信息化部

执行日期：二〇一五年八月一日

工业和信息化部办公厅关于发布
《电子建设工程概（预）算编制办法及
计价依据》和《电子建设工程预算定额》的通知

工信厅规〔2015〕77号

各省、自治区、直辖市、计划单列市工业和信息化主管部门，各有关单位：

为适应电子建设工程的需要，合理确定和有效控制工程造价，我部组织修订了《电子建设工程概（预）算编制办法及计价依据》和《电子建设工程预算定额》。经审查，现批准发布，自2015年8月1日起实施。

原信息产业部于2005年发布的《电子建设工程概（预）算编制办法及计价依据》和《电子建设工程预算定额》（信部规〔2005〕36号）同时停止执行。

本《电子建设工程概（预）算编制办法及计价依据》和《电子建设工程预算定额》由部电子工业标准化研究院负责具体解释和管理并组织出版、发行。

附件：《电子建设工程概（预）算编制办法及计价依据》和《电子建设工程预算定额》目录

中华人民共和国工业和信息化部办公厅
2015年7月14日

附件：

《电子建设工程概（预）算编制办法及计价依据》
和《电子建设工程预算定额》目录

1.《电子建设工程概（预）算编制办法及计价依据》

2.《电子建设工程预算定额》（第一册）：计算机及网络系统工程，综合布线系统工程，安全防范系统工程，道路交通、停车场系统工程，自动售检票系统工程，住宅小区管理系统工程，建筑设备自动化系统工程

3.《电子建设工程预算定额》（第二册）：雷达工程，有线电视、卫星接收系统工程，专业通信工程

4.《电子建设工程预算定额》（第三册）：音频、视频、灯光及集中控制系统工程

5.《电子建设工程预算定额》（第四册）：电磁屏蔽室安装工程

6.《电子建设工程预算定额》（第五册）：洁净厂房、数据中心及电子环境工程

说　　明

一、《电子建设工程预算定额》（以下简称本定额）包括：

第一册：计算机及网络系统工程，综合布线系统工程，安全防范系统工程，道路交通、停车场管理系统工程，自动售检票系统工程，住宅小区管理系统工程，建筑设备自动化系统工程。

第二册：雷达工程，有线电视、卫星接收系统工程，专业通信工程。

第三册：音频、视频、灯光、集中控制系统工程。

第四册：电磁屏蔽室安装工程。

第五册：洁净厂房、数据中心及电子环境工程。

二、本定额是编制施工图预算、进行工程招投标、签订建设工程承包合同、拨付工程款和办理竣工结算的依据；是统一电子工程预（结）算工程量计算规则、项目划分及计量单位的依据；是编制概算定额、概算指标和估算指标的基础；是完成规定计量单位分项工程计价所需的人工、材料、施工机械和仪器仪表的消耗量标准；也可作为制订企业定额和投标报价的参考。

三、本定额是依据国家有关现行产品标准、设计规范、施工验收规范、技术操作规程、质量评定标准和安全操作规程编制的。

四、本定额是按目前国内大多数施工企业采用的施工方法、机械、仪器仪表装备程度、合理的工期和劳动组织条件进行编制的。

五、本定额是按下列正常的施工条件进行编制的：

1. 设备、材料、成品、半成品和构件完整无损，符合质量标准和相应设计要求，附有合格证书和试验记录。

2. 安装工程和土建工程之间的交叉作业正常。

3. 安装地点、建筑物、设备基础和预留孔洞等均符合安装要求。

4. 水、电供应均满足安装施工正常使用。

5. 正常的气候、地理条件和施工环境。

六、人工工日消耗量的确定和计算方法：

1. 本定额的人工工日单价按照编制期工程所在地人力资源和社会保障部门所发布的最低工资标准，即：普工 1.3 倍、安装工 2.265 倍、调试工 3.26 倍取定的。

2. 人工费计算方法：$\sum$（工程量 × 工日定额消耗量 × 综合工日单价）。

七、材料消耗量的确定和计算方法：

1. 本定额中的材料消耗量包括直接消耗在安装工作内容中的主要材料、辅助材料和零星材料等，并计入了相应损耗，其内容和范围包括：从工地仓库、现场集中堆放地点或现场加工地点到操作或安装地点的运输损耗、施工操作损耗和施工现场堆放损耗。

2. 凡定额内未注明单价的材料，基价中不包括其价格。可根据市场预算价格调整计算。

3. 用量很少，对基价影响很小的零星材料费合并为其他材料费，计入材料费内。

4. 材料费计算方法：∑（工程量 × 材料定额消耗量 × 材料预算单价）。

八、施工机械台班消耗量的确定和计算方法：

1. 本定额的施工机械台班消耗量是按正常合理的机械配备，机械施工工效测算确定的。

2. 凡单位价值在 2000 元以内，不构成固定资产的小型机械合并为其他机械费，计入机械费内。

3. 机械使用费计算方法：∑（工程量 × 机械定额消耗量 × 机械台班预算单价）。

九、施工仪器仪表台班消耗量的确定和计算方法：

1. 本定额的施工仪器仪表台班消耗量是按电子工程项目设计标准和施工验收规范的要求，根据技术性能测量、调试、检测所需仪器仪表的消耗量取定的。

2. 凡单位价值在 2000 元以内，不构成固定资产的小型仪器仪表使用费，合并为其他仪器仪表费，计入仪器仪表费内。

3. 仪器仪表使用费计算方法：∑（工程量 × 仪器仪表定额消耗量 × 仪器仪表台班预算单价）。

十、关于水平和垂直运输：

1. 设备：包括自安装现场指定堆放地点运至安装地点的水平运输，取定为 100m。

2. 材料、成品、半成品：包括自施工单位现场仓库或现场指定堆放地点运至安装地点的水平运输，取定为 300m。

3. 垂直运输基准面：室内以室内地平面为基准面，室外以安装现场地平面为基准面，按 5m 以内编制。

十一、有关建设项目工程费用按《电子建设工程概（预）算编制办法及计价依据》中规定计取。

十二、本定额所涉及的系统试运行（除有特殊要求外）是按连续无故障运行 120 小时考虑的，超出时费用另行计算。

十三、电子建设工程二次深化设计按专业工程估算造价的 2% ~ 3% 计取，列入工程造价。

十四、本定额中注有"×××以内"或"×××以下"者，均包括×××本身；"×××以外"或"×××以上"者，则不包括×××本身。

十五、本说明的未尽事宜，详见各章说明。

十六、为了提高定额质量，请各单位和个人在执行本定额的过程中，认真总结经验，积累资料，如发现需要修改或补充之处，请将意见和建议反馈给电子工程标准定额站（地址：北京市东城区安定门东大街 1 号；邮政编码：100007；电话：64102718、64102656；传真：64102655；网址：www.ceecm.gov.cn；E-mail：postmaster@ceecm.gov.cn），以供今后修订时参考。

目　　录

第一章
围 护 结 构

说明及工程量计算规则

说　明

1. 本章主要内容包括：不配空调与配空调成套洁净室、地面、墙面、柱面、隔墙、隔断、顶棚和门窗等安装工程。

2. 不配空调与配空调洁净室为成套产品，定额子目中已包括室内空调、送风和电气配套设施的安装连接、配线和综合效果调试。

3. 若洁净室设计面积超出成套洁净室定额控制面积时，执行本章节中隔墙和顶棚工程中的相应定额子目，按设计要求的洁净室面积进行计价，包括对洁净参数方面的技术处理的计费。

4. 成套洁净室安装均未包括活动地板、PVC地板、环氧涂装、自流平、防静电自流平等场地地面工程的安装。可按设计规定执行本章节中地面工程相应定额子目，费用另计。

5. 高效送风口和隔断，在彩钢夹心复合板开孔后的孔口周边，镶口用材是按槽铝编制，如用其他材质替代时，其材料单价可换算调整。

6. 防静电活动地板的定额子目，未包括接地端子的价格及安装，按设计要求执行本册定额第四章电气设备安装工程的相应定额子目。

7. 环氧涂装、自流平地面等面层施工，若场地整体基面有坑洼、空鼓及明显不平整应对基面进行处理，其费用另行计算；铺设耐酸地砖定额子目已包括找平层和结合层。整体裱糊锦缎定额子目已包括防潮底漆，不得另行计算。

8. 轻钢龙骨的隔墙、隔断，若设计要求增加保温层时，应按定额中相应子目增加人工工日的29%，保温材料费按实计价并增补，其他不作调整。

9. 彩钢夹芯复合板内护墙隔墙、吊顶板，定额子目中按常规板厚定型编制，若设计对板厚另有要求时，板厚每增加25mm，其人工工日乘以系数1.20；板厚每减少25mm，其人工工日乘以系数0.80，主材单价进行调整。

10. 夹芯复合板隔墙、吊顶板使用不锈钢材质时，按定额中相应子目的人工费、材料费增加35%。

11. 挡烟垂壁定额子目中按常规高度500mm定型编制，若设计对挡烟垂壁的高度另有要求时，高度每增加100mm，其人工工日乘以系数1.10，主材单价进行相应调整。

12. 风机过滤单元（FFU）吊顶龙骨按单吊点定型编制定额子目，若设计需使用双吊点时，其人工工日乘以系数1.05，材料单价进行相应调整。

13. 顶棚龙骨、面层和面层装饰，均按设计确定型材，执行相应定额子目。

14. 彩钢夹芯复合板密闭门、铝合金门窗、塑钢门窗和不锈钢门的定额子目，均已包括五金固定件价格及安装，不包括特殊五金和门锁，按设计要求执行相应定额子目。

15. 铝合金固定窗的定额子目中按单层玻璃定型编制，若设计使用双层玻璃时，其人工工日乘以系数1.50；主材单价进行相应调整。

16. 电子感应横移门的定额子目，不包括平移门的电子感应装置，其费用应另行计算。

工程量计算规则

1. 配空调与不配空调洁净室，均按洁净等级及面积以"套"计算。

2. 活动地板、环氧涂装、自流平地面、块料面层、水磨石地面按图示尺寸以"m²"计算。扣除柱子所占面积，门洞口、暖气槽的开口部分工程量并入相应面层内。活动地板安装若有高差，其高差部分按展开面积并入工程量内。

3. 地板革、地毯铺设按室内净面积以"m²"计算。墙垛及独立柱面积不扣除，门洞口及暖气槽开口部分的面积并入相应面层的工程量内。

4. 涂料及裱糊、墙面、柱面镶贴块料面砖和各种带龙骨的装饰板、软包材料以及衬板、面层等，分类型按面积以"m²"计算。

5. 彩钢夹芯复合墙板、吊顶板，亚克力板隔墙以及其他材质的隔墙和隔断，分类型按面积以"m²"计算，但不扣除门、窗、独立柱、风口及灯具所占面积。

6. 挡烟垂壁，分类型按延长米以"m"计算。

7. 顶棚各种吊顶龙骨面积，应包括检查口、墙垛、柱和与顶棚相连的窗帘盒所占面积，为房间吊顶面积，以"m²"计算。

8. 顶棚面层面积，定额中不包括独立柱及与顶棚相连的窗帘盒、0.3m²以上洞口和嵌顶灯槽所占面积，但应包括检查口、附墙垛在内计取房间面积，以"m²"计算。

9. 风机过滤单元（FFU）吊顶龙骨，包括独立柱、墙垛所占面积，分类型按设计图示尺寸，按水平投影面积以"m²"计算；盲板面积，不包括风机过滤单元所占面积，以"m²"计算。

10. 各类门、窗均按门窗的外围尺寸以"m²"计算。无框门按门外围尺寸以"m²"计算。

11. 卷帘门按门洞高度增加600mm乘以门洞宽度后的面积，以"m²"计算。

12. 门窗玻璃、全玻璃和多玻璃门窗，均按门窗框外围的尺寸面积以"m²"计算；半玻门窗，按留装玻璃的框洞口外围尺寸的面积，以"m²"计算。

13. 门窗后塞口，按门窗框外围尺寸的面积，以"m²"计算。

14. 明装、暗装大芯板窗帘盒，分单轨、双轨按相应定额子目以"m"计算。

15. 窗防护栏、杆、罩按窗洞口展平面积以"m²"计算。

第一节　洁净室安装

一、不配空调洁净室安装

（一）百级洁净室安装

工作内容：基础验收、场内搬运、开箱、清件、组装（架、顶板、壁板）、高效过滤器
及框架、静压箱就位、组装连接、找正、找平、固定、清洗、密封、初调。　　　计量单位：套

定额编号				22001001	22001002	22001003	22001004
项目名称				净化面积（m² 以下）			
				10	20	30	40
预算基价				8101.06	10222.48	13609.88	17579.13
其中	人工费（元）			5342.11	5932.60	7591.81	9357.44
	材料费（元）			226.32	354.06	465.04	578.07
	机械费（元）			324.38	345.92	566.60	592.30
	仪器仪表费（元）			2208.25	3589.90	4986.43	7051.32
名称		代号	单位	单价（元）	数量		
人工	安装工	1002	工日	145.80	36.640	40.690	52.070	64.180
材料	封箱胶带 W45mm×18m	209432	卷	6.500	0.250	0.340	0.460	0.530
	白绸	218080	m²	15.750	0.850	1.120	1.380	1.620
	棉纱头	218101	kg	5.830	0.550	0.750	0.950	1.150
	板方材	203001	m³	1944.000	0.020	0.020	0.020	0.030
	白布	218001	m²	7.560	1.500	2.500	3.300	4.000
	聚氯乙烯薄膜	210007	kg	10.400	1.050	2.100	3.000	3.800
	聚氨酯软泡沫塑料 δ5	210019	kg	20.600	0.650	1.280	2.360	3.020
	透明中性硅胶	209227	支	22.280	5.000	8.571	11.143	13.500
	四氯化碳	209419	kg	13.750	1.560	2.300	3.000	3.600
	其他材料费	2999	元	—	0.720	1.260	1.620	1.830
机械	吊装机械 综合	3060	台班	416.400	0.086	0.137	0.189	0.207
	汽车起重机 5t	3010	台班	436.580	0.250	0.250	0.500	0.500
	叉式起重机 3t	3026	台班	358.370	0.500	0.500	0.750	0.800
	其他机具费	3999	元	—	0.240	0.540	0.830	1.120
仪器仪表	数字式温/湿度测试仪	4305	台班	10.500	2.630	5.250	7.880	10.050
	尘埃粒子计数器	4304	台班	510.000	4.270	6.920	9.600	13.600
	其他仪器仪表费	4999	元	—	2.930	5.570	7.690	9.790

（二）千级洁净室安装

工作内容：基础验收、场内搬运、开箱、清件、组装（架、顶板、壁板）、高效过滤器
及框架、静压箱就位、组装连接、找正、找平、固定、清洗、密封、初调。　计量单位：套

定 额 编 号				22002001	22002002	22002003	22002004
项 目 名 称				净化面积（m² 以下）			
				10	20	30	40
预 算 基 价				4740.00	7066.80	9463.48	11217.09
其中	人工费（元）			3726.65	5495.20	7148.57	8387.87
	材料费（元）			179.11	304.53	401.89	493.19
	机械费（元）			311.89	328.32	536.02	561.98
	仪器仪表费（元）			522.35	938.75	1377.00	1774.05
名 称	代号	单位	单价（元）	数 量			
人工 安装工	1002	工日	145.80	25.560	37.690	49.030	57.530
材料 丝光毛巾	218047	条	5.000	2.000	3.000	4.000	5.000
白布	218001	m²	7.560	1.500	2.500	3.300	4.000
棉纱头	218101	kg	5.830	0.550	0.720	0.830	0.990
封箱胶带 W45mm×18m	209432	卷	6.500	0.250	0.340	0.460	0.530
聚氯乙烯薄膜	210007	kg	10.400	1.050	2.100	3.000	4.000
聚氨酯软泡沫塑料 δ5	210019	kg	20.600	0.450	0.900	1.300	1.700
透明中性硅胶	209227	支	22.280	5.000	8.571	11.143	13.500
四氯化碳	209419	kg	13.750	1.500	2.300	3.000	3.600
其他材料费	2999	元	—	0.720	1.260	1.620	1.830
机械 吊装机械 综合	3060	台班	416.400	0.056	0.095	0.116	0.135
汽车起重机 5t	3010	台班	436.580	0.250	0.250	0.500	0.500
叉式起重机 3t	3026	台班	358.370	0.500	0.500	0.750	0.800
其他机具费	3999	元	—	0.240	0.430	0.650	0.780
仪器仪表 数字式温湿度测试仪	4305	台班	10.500	1.100	1.900	2.800	3.700
尘埃粒子计数器	4304	台班	510.000	1.000	1.800	2.640	3.400
其他仪器仪表费	4999	元	—	0.800	0.800	1.200	1.200

（三）万级洁净室安装

工作内容：基础验收、场内搬运、开箱、清件、组装（架、顶板、壁板）、高效过滤器
及框架、静压箱就位、组装连接、找正、找平、固定、清洗、密封、初调。   计量单位：套

定 额 编 号				22003001	22003002	22003003	22003004	22003005
项 目 名 称				净化面积（m² 以下）				
				20	30	40	50	80
预 算 基 价				6100.95	8580.50	10290.60	11622.52	14542.05
其中	人工费（元）			4785.16	6620.78	7798.11	8739.2	10927.86
	材料费（元）			286.69	386.72	472.39	558.64	815.56
	机械费（元）			325.10	529.95	560.65	656.98	740.40
	仪器仪表费（元）			704.00	1043.05	1459.45	1667.65	2058.23
名　　称	代号	单位	单价（元）	数　　量				
人工	安装工	1002	工日	145.80	32.820	45.410	53.485	59.940	74.951
材料	丝光毛巾	218047	条	5.000	2.000	3.000	3.000	4.000	5.000
	白布	218001	m²	7.560	2.500	3.300	4.000	4.650	6.590
	棉纱头	218101	kg	5.830	0.650	0.750	0.900	1.050	1.492
	封箱胶带 W45mm×18m	209432	卷	6.500	0.340	0.460	0.530	0.596	0.847
	聚氯乙烯薄膜	210007	kg	10.400	2.170	3.080	3.990	4.900	7.267
	聚氨酯软泡沫塑料 $\delta 5$	210019	kg	20.600	0.850	1.500	2.000	2.322	3.715
	透明中性硅胶	209227	支	22.280	8.571	11.143	13.500	15.860	23.174
	四氯化碳	209419	kg	13.750	1.425	1.940	2.432	2.894	4.112
	其他材料费	2999	元	—	1.160	1.540	1.540	1.540	1.570
机械	吊装机械 综合	3060	台班	416.400	0.087	0.101	0.131	0.161	0.230
	汽车起重机 5t	3010	台班	436.580	0.250	0.500	0.500	0.650	0.650
	叉式起重机 3t	3026	台班	358.370	0.500	0.750	0.800	0.850	1.000
	其他机具费	3999	元	—	0.540	0.830	1.120	1.550	2.480
仪器仪表	数字式温湿度测试仪	4305	台班	10.500	1.400	2.100	2.900	3.300	4.050
	尘埃粒子计数器	4304	台班	510.000	1.350	2.000	2.800	3.200	3.950
	其他仪器仪表费	4999	元	—	0.800	1.000	1.000	1.000	1.200

（四）十万级洁净室安装

工作内容：基础验收、场内搬运、开箱、清件、组装（架、顶板、壁板）、高效过滤器
及框架、静压箱就位、组装连接、找正、找平、固定、清洗、密封、初调。　计量单位：套

定 额 编 号				22004001	22004002	22004003	22004004	22004005
项 目 名 称				净化面积（m² 以下）				
				20	30	40	50	80
预 算 基 价				4995.00	7498.06	8885.11	10369.09	12983.84
其中	人工费（元）			4075.11	6092.98	7208.35	8323.72	10455.32
	材料费（元）			286.69	386.72	472.39	558.64	815.56
	机械费（元）			320.10	527.46	557.32	652.40	727.91
	仪器仪表费（元）			313.10	490.90	647.05	834.33	985.05
名　称	代号	单位	单价（元）	数　　量				
人工 安装工	1002	工日	145.80	27.950	41.790	49.440	57.090	71.710
材料 丝光毛巾	218047	条	5.000	2.000	3.000	3.000	4.000	5.000
白布	218001	m²	7.560	2.500	3.300	4.000	4.650	6.590
棉纱头	218101	kg	5.830	0.650	0.750	0.900	1.050	1.492
封箱胶带 W45mm×18m	209432	卷	6.500	0.340	0.460	0.530	0.596	0.847
聚氯乙烯薄膜	210007	kg	10.400	2.170	3.080	3.990	4.900	7.267
聚氨酯软泡沫塑料 δ5	210019	kg	20.600	0.850	1.500	2.000	2.322	3.715
透明中性硅胶	209227	支	22.280	8.571	11.143	13.500	15.860	23.174
四氯化碳	209419	kg	13.750	1.425	1.940	2.432	2.894	4.112
其他材料费	2999	元	—	1.160	1.540	1.540	1.540	1.570
机械 吊装机械 综合	3060	台班	416.400	0.075	0.095	0.123	0.150	0.200
汽车起重机 5t	3010	台班	436.580	0.250	0.500	0.500	0.650	0.650
叉式起重机 3t	3026	台班	358.370	0.500	0.750	0.800	0.850	1.000
其他机具费	3999	元	—	0.540	0.830	1.120	1.550	2.480
仪器仪表 数字式温湿度测试仪	4305	台班	10.500	0.600	1.000	1.300	1.650	1.900
尘埃粒子计数器	4304	台班	510.000	0.600	0.940	1.240	1.600	1.890
其他仪器仪表费	4999	元	—	0.800	1.000	1.000	1.000	1.200

二、配空调洁净室安装

（一）十级洁净室安装

工作内容：基础验收、场内搬运、开箱、清件、组装（架、顶板、壁板）、高效过滤器
及框架、静压箱就位、组装连接、找正、找平、固定、清洗、密封、初调。   计量单位：套

定 额 编 号				22005001	22005002	22005003	22005004
项 目 名 称				净化面积（m² 以下）			
				10	20	30	40
预 算 基 价				11638.61	18520.84	23833.60	29291.49
其中	人工费（元）			8565.75	12804.16	15292.96	18147.73
	材料费（元）			226.15	360.76	460.04	558.60
	机械费（元）			332.79	383.04	640.36	697.71
	仪器仪表费（元）			2513.92	4972.88	7440.24	9887.45
名 称	代号	单位	单价（元）	数 量			
人工	安装工	1002	工日	145.80	58.750	87.820	104.890	124.470
材料	封箱胶带 W45mm×18m	209432	卷	6.500	0.250	0.340	0.460	0.530
	透明中性硅胶	209227	支	22.280	5.000	8.751	11.143	13.500
	棉纱头	218101	kg	5.830	0.500	0.720	0.830	0.990
	板方材	203001	m³	—	（0.020）	（0.020）	（0.020）	（0.020）
	白绸	218080	m²	15.750	0.850	1.120	1.380	1.620
	聚氯乙烯薄膜	210007	kg	10.400	1.000	1.850	2.750	3.650
	聚氨酯软泡沫塑料 δ5	210019	kg	20.600	0.650	1.380	1.950	2.600
	白布	218001	m²	7.560	1.500	2.500	3.300	4.000
	四氯化碳	209419	kg	13.750	1.560	2.460	3.350	4.200
	其他材料费	2999	元	—	1.360	2.470	3.550	4.700
机械	吊装机械 综合	3060	台班	416.400	0.104	0.222	0.360	0.452
	汽车起重机 5t	3010	台班	436.580	0.250	0.250	0.500	0.500
	叉式起重机 3t	3026	台班	358.370	0.500	0.500	0.750	0.800
	其他机具费	3999	元	—	1.150	2.270	3.390	4.510
仪器仪表	数字式温湿度测试仪	4305	台班	10.500	2.630	5.250	7.880	10.050
	三维超声波风速计	4307	台班	360.000	0.530	1.050	1.480	1.910
	尘埃粒子计数器	4304	台班	510.000	1.600	3.200	4.800	6.400
	激光粒子计数器	4306	台班	510.000	2.900	5.700	8.580	11.430
	其他仪器仪表费	4999	元	—	0.500	0.750	0.900	1.020

（二）百级洁净室安装

工作内容：基础验收、场内搬运、开箱、清件、组装（架、顶板、壁板）、高效过滤器
及框架、静压箱就位、组装连接、找正、找平、固定、清洗、密封、初调。 计量单位：套

定 额 编 号					22006001	22006002	22006003	22006004
项 目 名 称					净化面积（m² 以下）			
					10	20	30	40
预 算 基 价					10266.71	14972.18	18777.66	23374.04
其中	人工费（元）				7537.86	10653.61	12723.97	15099.05
	材料费（元）				226.96	363.12	475.62	577.59
	机械费（元）				293.64	365.55	591.64	646.08
	仪器仪表费（元）				2208.25	3589.90	4986.43	7051.32
名 称		代号	单位	单价（元）	数 量			
人工	安装工	1002	工日	145.80	51.700	73.070	87.270	103.560
材料	封箱胶带 W45mm×18m	209432	卷	6.500	0.250	0.357	0.480	0.557
	透明中性硅胶	209227	支	22.280	5.000	8.571	11.143	13.500
	棉纱头	218101	kg	5.830	0.550	0.750	0.950	1.150
	板方材	203001	m³	—	(0.020)	(0.020)	(0.020)	(0.020)
	白绸	218080	m²	15.750	0.850	1.120	1.380	1.620
	聚氯乙烯薄膜	210007	kg	10.400	1.050	2.070	2.930	3.800
	聚氨酯软泡沫塑料 δ5	210019	kg	20.600	0.650	1.280	2.260	3.020
	白布	218001	m²	7.560	1.500	2.500	3.300	4.000
	四氯化碳	209419	kg	13.750	1.560	2.886	3.822	4.758
	其他材料费	2999	元	—	1.360	2.470	3.550	4.700
机械	吊装机械 综合	3060	台班	416.400	0.010	0.180	0.243	0.328
	汽车起重机 5t	3010	台班	436.580	0.250	0.250	0.500	0.500
	叉式起重机 3t	3026	台班	358.370	0.500	0.500	0.750	0.800
	其他机具费	3999	元	—	1.150	2.270	3.390	4.510
仪器仪表	数字式温湿度测试仪	4305	台班	10.500	2.630	5.250	7.880	10.050
	尘埃粒子计数器	4304	台班	510.000	4.270	6.920	9.600	13.600
	其他仪器仪表费	4999	元	—	2.930	5.570	7.690	9.790

（三）千级洁净室安装

工作内容：基础验收、场内搬运、开箱、清件、组装（架、顶板、壁板）、高效过滤器
　　　　　及框架、静压箱就位、组装连接、找正、找平、固定、清洗、密封、初调。　　计量单位：套

定 额 编 号				22007001	22007002	22007003	22007004
项 目 名 称				净化面积（m² 以下）			
				10	20	30	40
预 算 基 价				6342.01	8546.69	12175.23	15768.36
其中	人工费（元）			5327.53	6967.78	9838.58	12910.59
	材料费（元）			179.75	306.47	404.65	496.06
	机械费（元）			312.38	333.49	555.00	587.36
	仪器仪表费（元）			522.35	938.95	1377.00	1774.35
名　称	代号	单位	单价（元）	数　　量			
人工	安装工	1002	工日	145.80	36.540	47.790	67.480	88.550
材料	透明中性硅胶	209227	支	22.280	5.000	8.571	11.143	13.500
	丝光毛巾	218047	条	5.000	2.000	3.000	4.000	5.000
	棉纱头	218101	kg	5.830	0.550	0.720	0.830	0.990
	封箱胶带 W45mm×18m	209432	卷	6.500	0.250	0.340	0.460	0.530
	聚氯乙烯薄膜	210007	kg	10.400	1.050	2.170	3.080	4.000
	聚氨酯软泡沫塑料 δ5	210019	kg	20.600	0.450	0.900	1.300	1.700
	白布	218001	m²	7.560	1.500	2.500	3.300	4.000
	四氯化碳	209419	kg	13.750	1.500	2.300	3.000	3.600
	其他材料费	2999	元	—	1.360	2.470	3.550	4.700
机械	吊装机械 综合	3060	台班	416.400	0.055	0.103	0.155	0.187
	汽车起重机 5t	3010	台班	436.580	0.250	0.250	0.500	0.500
	叉式起重机 3t	3026	台班	358.370	0.500	0.500	0.750	0.800
	其他机具费	3999	元	—	1.150	2.270	3.390	4.510
仪器仪表	数字式温湿度测试仪	4305	台班	10.500	1.100	1.900	2.800	3.700
	尘埃粒子计数器	4304	台班	510.000	1.000	1.800	2.640	3.400
	其他仪器仪表费	4999	元	—	0.800	1.000	1.200	1.500

（四）万级洁净室安装

工作内容：基础验收、场内搬运、开箱、清件、组装（架、顶板、壁板）、高效过滤器
及框架、静压箱就位、组装连接、找正、找平、固定、清洗、密封、初调。　计量单位：套

定　额　编　号				22008001	22008002	22008003	22008004	22008005
项　目　名　称				净化面积（m² 以下）				
				10	20	30	40	50
预　算　基　价				5886.67	7968.75	11233.35	13913.28	16597.98
其中	人工费（元）			4981.99	6642.65	9245.18	11389.90	13581.27
	材料费（元）			171.13	288.41	389.20	476.07	562.90
	机械费（元）			315.30	333.49	555.42	587.36	785.56
	仪器仪表费（元）			418.25	704.20	1043.55	1459.95	1668.25
名　　称	代号	单位	单价（元）	数　　　量				
人工 安装工	1002	工日	145.80	34.170	45.560	63.410	78.120	93.150
材料 透明中性硅胶	209227	支	22.280	5.000	8.571	11.143	13.500	15.860
丝光毛巾	218047	条	5.000	2.000	2.000	3.000	3.000	4.000
棉纱头	218101	kg	5.830	0.550	0.720	0.830	0.990	1.050
封箱胶带 W45mm×18m	209432	卷	6.500	0.250	0.340	0.460	0.530	0.596
聚氯乙烯薄膜	210007	kg	10.400	1.050	2.170	3.080	3.990	4.900
聚氨酯软泡沫塑料 δ5	210019	kg	20.600	0.430	0.850	1.500	2.000	2.322
白布	218001	m²	7.560	1.500	2.500	3.300	4.000	4.650
四氯化碳	209419	kg	13.750	0.903	1.425	1.940	2.432	2.894
其他材料费	2999	元	—	1.360	2.470	3.550	4.700	5.800
机械 吊装机械 综合	3060	台班	416.400	0.062	0.103	0.156	0.187	0.226
汽车起重机 5t	3010	台班	436.580	0.250	0.250	0.500	0.500	0.750
叉式起重机 3t	3026	台班	358.370	0.500	0.500	0.750	0.800	1.000
其他机具费	3999	元	—	1.150	2.270	3.390	4.510	5.650
仪器仪表 数字式温湿度测试仪	4305	台班	10.500	0.900	1.400	2.100	2.900	3.300
尘埃粒子计数器	4304	台班	510.000	0.800	1.350	2.000	2.800	3.200
其他仪器仪表费	4999	元	—	0.800	1.000	1.500	1.500	1.600

第二节　地板与地面工程

一、防静电活动地板安装

工作内容：活动地板架支撑网、横梁、缓冲垫、防静电通道接地、铺板调平、洁净处理、
涂防静电蜡、泄露静电地域链接等。

计量单位：m²

定额编号				22009001	22009002	22009003	22009004	22009005
项目名称				防静电钢质活动地板		防静电铝质活动地板		
				架设高度（mm 以内）				
				600	900	600	900	1200
预算基价				242.05	224.43	246.59	373.06	481.04
其中	人工费（元）			97.54	129.91	93.02	123.78	172.77
	材料费（元）			139.39	88.40	148.45	243.16	300.77
	机械费（元）			4.35	5.35	4.35	5.35	6.73
	仪器仪表费（元）			0.77	0.77	0.77	0.77	0.77
名称	代号	单位	单价（元）	数量				
人工	安装工	1002	工日	145.80	0.669	0.891	0.638	0.849	1.185
材料	铝制活动地板	206062	m²	—	—	—	（1.020）	（1.020）	（1.020）
	钢制活动地板	206060	m²	—	（1.020）	（1.020）	—	—	—
	胶合板7	203008	m²	46.410	0.650	0.650	0.820	0.820	0.820
	封箱胶带 W45mm×18m	209432	卷	6.500	0.030	0.030	0.030	0.030	0.030
	斜撑系统 Ⅱ	217040	套	16.670	—	1.350	—	1.350	—
	斜撑系统 Ⅲ	217041	套	22.220	—	—	—	—	1.420
	支撑系统 Ⅰ	217037	套	19.340	3.800	—	3.800	—	—
	支撑系统 Ⅱ	217038	套	38.340	—	—	—	3.800	—
	支撑系统 Ⅲ	217039	套	51.120	—	—	—	—	3.800
	聚氯乙烯薄膜	210007	kg	10.400	0.200	0.200	0.200	0.200	0.200
	紧固件配套系统	217042	套	7.900	3.800	3.800	3.800	3.800	3.800
	防静电液蜡	209427	kg	8.700	0.050	0.050	0.050	0.050	0.050
	白布	218002	m	6.800	0.200	0.200	0.200	0.200	0.200
	丝光毛巾	218047	条	5.000	0.080	0.080	0.080	0.080	0.080
	洗涤剂	218045	kg	5.060	0.025	0.025	0.025	0.025	0.025
	其他材料费	2999	元	—	1.110	1.110	2.290	2.290	2.290
机械	其他机具费	3999	元	—	4.350	5.350	4.350	5.350	6.730
仪器仪表	其他仪器仪表费	4999	元	—	0.770	0.770	0.770	0.770	0.770

二、地 面 工 程

（一）导（防）静电环氧树脂砂浆自流平地面

工作内容：基础地面处理、涂刷底涂、批刮砂浆中涂层、批刮胶泥中涂层、安装接地端子（接地铜箔）、涂刷导电层（测量导电层电阻）、镘涂导静电面层、自检、验收交验。

计量单位：m²

定额编号				22010001	22010002	22010003
项 目 名 称				导静电环氧树脂自流平	防静电环氧树脂自流平	每增减0.5mm
				厚度 2.0mm		
预算基价				123.04	123.04	28.65
其中	人工费（元）			58.32	58.32	14.58
	材料费（元）			58.77	58.77	12.58
	机械费（元）			5.95	5.95	1.49
	仪器仪表费（元）			—	—	—
名 称	代号	单位	单价（元）	数 量		
人工 安装工	1002	工日	145.80	0.400	0.400	0.100
材料 防静电面层 MX	209411	kg	—	—	（1.200）	—
导静电环氧自流平面层	209491	kg	—	（1.200）	—	—
稀料	209493	kg	14.000	0.150	0.150	0.010
接地端子（铜箔）	213391	m²	1.200	1.200	1.200	—
滑石粉	209064	kg	1.000	0.100	0.100	—
石英砂	204069	kg	0.640	1.200	1.200	0.500
环氧砂浆中涂	209490	kg	30.300	0.950	0.950	0.400
环氧树脂底涂	209440	kg	35.000	0.250	0.250	—
胶泥环氧树脂 CE-12	209071	kg	30.000	0.250	0.250	—
导电涂层 DCP	209410	kg	57.000	0.100	0.100	—
其他材料费	2999	元	—	3.630	3.630	—
机械 其他机具费	3999	元	—	5.950	5.950	1.487

（二）导（防）静电环氧树脂砂浆平涂地面

工作内容：基础地面处理、涂刷底涂、批刮砂浆中涂层、批刮胶泥中涂层、安装接地端子（接地铜箔）、涂刷导电层（测量导电层电阻）、滚涂层（防）静电面层、自检、验收交验。

计量单位：m²

定额编号				22011001	22011002
项目名称				树脂地面漆 厚度 0.5 mm	每增减 0.5mm
预算基价				131.39	40.57
其中	人工费（元）			94.77	29.16
	材料费（元）			35.42	11.11
	机械费（元）			1.20	0.30
	仪器仪表费（元）			—	—
	名　称	代号	单位	单价（元）	数　量
人工	安装工	1002	工日	145.80	0.650	0.200
材料	导（防）静电环氧自流平面层	209492	kg	—	（0.350）	—
	稀料	209493	kg	14.000	0.250	—
	接地端子（铜箔）	213391	m²	1.200	1.200	—
	环氧砂浆中涂	209490	kg	30.300	—	0.350
	滑石粉	209064	kg	1.000	0.200	0.050
	胶泥环氧树脂 CE-12	209071	kg	30.000	0.300	—
	环氧树脂底涂	209440	kg	35.000	0.250	—
	导电涂层 DCP	209410	kg	57.000	0.200	—
	其他材料费	2999	元	—	1.130	0.450
机械	其他机具费	3999	元	—	1.200	0.300

（三）防静电聚氨酯自流平地面

工作内容：基础地面处理、涂刷底涂、铺设底层、安装接地端子（接地铜箔）、涂刷导电层（测量导电层电阻）、铺设防静电面层、自检、验收交验。

计量单位：m²

定额编号				22012001	22012002	22012003	22012004	22012005
项目名称				混合型聚氨酯自流平防静电地面		保温型聚氨酯自流平防静电地面	全塑型聚氨酯自流平防静电地面	
				8mm	10mm	12mm	3.0mm	每增 0.5mm
预算基价				271.83	330.45	326.66	148.01	22.82
其中	人工费（元）			150.17	173.50	196.83	121.74	21.87
	材料费（元）			118.66	153.95	125.83	24.27	0.75
	机械费（元）			3.00	3.00	4.00	2.00	0.20
	仪器仪表费（元）			—	—	—	—	—
	名　称	代号	单位	单价（元）	数　量			
人工	安装工	1002	工日	145.80	1.030	1.190	1.350	0.835	0.150
材料	PU 防静电面胶	209451	kg	—	（3.130）	（3.130）	（3.130）	（3.900）	（0.650）
	导电涂层 DCP	209410	kg	57.000	0.200	0.200	0.200	0.200	—
	保温胶层	209494	kg	9.530	—	—	10.500	—	—
	接地端子（铜箔）	213391	m²	1.200	1.200	1.200	1.200	1.200	—
	环氧树脂底涂	209440	kg	35.000	0.200	0.200	0.200	0.200	—
	混合型底胶	209448	kg	13.270	7.000	9.660	—	—	—
	其他材料费	2999	元	—	5.925	5.925	5.925	4.425	0.750
机械	其他机具费	3999	元	—	3.000	3.000	4.000	2.000	0.200

（四）导静电聚氨酯自流平地面

工作内容：基础地面处理、涂刷底涂、铺设底层、安装接地端子（接地铜箔）、涂刷导电层（测量导电层电阻）、铺设防静电面层、自检、验收交验。

计量单位：m²

定额编号				22013001	22013002	22013003	22013004
项目名称				混合型聚氨酯自流平导静电地面		全塑型聚氨酯自流平导静电地面	
				8mm	10mm	3.0mm	每增0.5mm
预算基价				271.83	330.45	148.01	22.62
其中	人工费（元）			150.17	173.50	121.74	21.87
	材料费（元）			118.66	153.95	24.27	0.75
	机械费（元）			3.00	3.00	2.00	—
	仪器仪表费（元）						
名称	代号	单位	单价（元）	数量			
人工	安装工	1002	工日	145.80	1.030	1.190	0.835	0.150
材料	PU导静电面胶	209452	kg	—	（3.130）	（3.130）	（3.900）	（0.650）
	导电涂层DCP	209410	kg	57.000	0.200	0.200	0.200	
	混合型底胶	209448	kg	13.270	7.000	9.660	—	—
	接地端子（铜箔）	213391	m²	1.200	1.200	1.200	1.200	
	环氧树脂底涂	209440	kg	35.000	0.200	0.200	0.200	
	其他材料费	2999	元	—	5.925	5.925	4.425	0.750
机械	其他机具费	3999	元	—	3.000	3.000	2.000	

（五）环氧树脂平涂、树脂自流平地面

工作内容：基础地面处理、涂刷底涂、批刮砂浆中涂层、批刮胶泥中涂层、滚涂环氧树脂地面漆面层、自检、验收交验。

计量单位：m²

定额编号				22014001	22014002	22014003	22014004
项目名称				环氧树脂平涂地面		环氧树脂自流平地面	
				0.50mm	每增0.5mm	2mm	每增0.5mm
预算基价				141.70	32.88	208.64	43.36
其中	人工费（元）			94.77	23.33	94.77	29.16
	材料费（元）			45.73	9.55	107.92	14.10
	机械费（元）			1.20	—	5.95	0.10
	仪器仪表费（元）			—	—	—	—
名称	代号	单位	单价（元）	数量			
人工	安装工	1002	工日	145.80	0.650	0.160	0.650	0.200
材料	稀料	209493	kg	14.000	0.250	0.010	0.150	0.010
	滑石粉	209064	kg	1.000	0.100	—	0.100	—
	石英砂	204069	kg	0.640	0.200	0.500	1.600	0.500
	环氧树脂面涂	209442	kg	53.000	0.350	—	1.000	
	环氧树脂底涂	209440	kg	35.000	0.250		0.250	
	环氧砂浆中涂	209490	kg	30.300	0.250	0.300	1.050	0.450
	胶泥环氧树脂CE-12	209071	kg	30.000	0.200		0.250	
	其他材料费	2999	元	—	1.130		3.630	
机械	其他机具费	3999	元	—	1.200		5.950	0.100

（六）改性聚氨酯自流平增强地面及全塑性聚氨酯自流平地面

工作内容：场地清理、基面处理、涂刷封底胶（安装导电网）、铺设底胶（检测电性能、安装接地端子、涂刷导电层）、测放施工线、铺设面胶、自检、验收交付。

计量单位：m²

定 额 编 号				22015001	22015002	22015003	22015004
项 目 名 称				改性聚氨酯自流平增强地面		全塑性聚氨酯自流平地面	
				2.0mm	每增 0.5mm	3.0 mm	每增 0.5mm
预 算 基 价				230.19	38.10	131.26	24.50
其中	人工费（元）			192.46	36.45	114.45	21.87
	材料费（元）			31.13	—	12.38	1.88
	机械费（元）			6.60	1.65	4.43	0.75
	仪器仪表费（元）			—	—	—	—
名 称	代号	单位	单价（元）	数 量			
人工	安装工	1002	工日	145.80	1.320	0.250	0.785	0.150
材料	改性聚氨酯面胶	209453	kg	—	(2.000)	(0.500)	—	—
	全塑性聚氨酯面胶	209449	kg	—	—	—	(3.900)	(0.650)
	PU 封底胶	209447	kg	22.140	0.200	—	—	—
	环氧树脂底涂	209440	kg	35.000	0.250	—	0.300	—
	环氧砂浆中涂	209490	kg	30.300	0.500	—	—	—
	其他材料费	2999	元	—	2.800	—	1.875	1.875
机械	其他机具费	3999	元	—	6.600	1.650	4.425	0.750

（七）其他材质地面

工作内容：清理基层、找平放线、调制水泥砂浆、锯板修边、铺贴饰石、勾缝、清理净面。

计量单位：m²

定 额 编 号				22016001	22016002
项 目 名 称				铺耐酸地砖	防静电水磨石地面
预 算 基 价				196.22	223.42
其中	人工费（元）			86.31	102.64
	材料费（元）			107.35	118.18
	机械费（元）			2.56	2.60
	仪器仪表费（元）			—	—
名 称	代号	单位	单价（元）	数 量	
人工	安装工	1002	工日	145.80	0.592	0.704
材料	耐酸砖	204072	m²	—	(0.977)	—
	彩色石	204029	kg	0.580	—	45.000
	铜条	201164	m	16.890	—	2.800
	砂子	204025	kg	0.125	—	43.000
	白水泥	202002	kg	0.698	—	27.500
	电阻稳定剂	209376	kg	3.000	—	0.500
	颜料	209377	kg	60.000	—	0.050
	接地端子	213383	个	11.000	—	0.100
	导电网络	209375	m	1.200	—	3.000
	水泥 综合	202001	kg	0.506	—	20.000
	棉丝	218036	kg	5.500	0.015	—
	泡花碱	209401	kg	0.960	8.333	—
	耐酸水泥	202003	kg	1.750	16.667	—
	胶泥环氧树脂 CE-12	209071	kg	30.000	1.458	—
	丙酮	209049	kg	12.000	0.342	—
	乙二胺	209123	kg	25.000	0.852	—
	其他材料费	2999	元	—	0.960	0.900
机械	其他机具费	3999	元	—	2.560	2.600

工作内容：基面处理、装拆临时照明、刷粘结剂、导电层、刷防静电蜡、接地端子连接等；
　　　　　清理基层地面、放线、裁剪、刷胶、铺设材石、钉压条、清整净面。

定额编号				22016003	22016004	22016005	22016006
项 目 名 称				石英塑料地板（m²）	塑料地板革（卷材）（m²）	铺地毯（单层）（m²）	地毯铜压板（m）
预 算 基 价				51.43	29.59	60.68	11.25
其中	人工费（元）			43.01	21.43	54.68	10.50
	材料费（元）			7.31	7.27	4.39	0.28
	机械费（元）			1.11	0.89	1.61	0.47
	仪器仪表费（元）			—	—	—	—
名 称	代号	单位	单价（元）	数 量			
人工	安装工	1002	工日	145.80	0.295	0.147	0.375	0.072
材料	化纤地毯	210003	m²	—	—	—	（1.050）	—
	塑料地板革	210028	m²	—	—	（1.100）	—	—
	铜压板	207597	m	—	—	—	—	（1.050）
	彩色石英塑料地板	210012	m²	—	（1.020）	—	—	—
	石膏粉	209039	kg	1.100	0.021	0.021	—	—
	地毯烫带	210002	m	3.500	—	—	0.676	—
	建筑胶	209166	kg	5.700	—	—	0.073	—
	铝合金收口条	206001	m	25.200	—	—	0.050	—
	上光蜡	209037	kg	25.000	0.023	0.023	—	—
	聚醋酸乙烯乳液	209095	kg	11.000	0.017	0.017	—	—
	401胶	209140	kg	13.290	0.450	0.450	—	—
	滑石粉	209064	kg	1.000	0.139	0.139	—	—
	大白粉	209010	kg	1.050	0.014	0.014	—	—
	羧甲醛纤维素	209117	kg	26.000	0.003	0.003	—	—
	其他材料费	2999	元	—	0.310	0.270	0.350	0.280
机械	其他机具费	3999	元	—	1.110	0.890	1.610	0.470

工作内容：清理基层、找平放线、调制水泥砂浆、锯板修边、铺贴饰石、勾缝、清理
净面。

计量单位：m²

定 额 编 号				22016007	22016008	22016009
项 目 名 称				铺地面瓷砖	铺地面花岗石	镶嵌条水磨石地面
预 算 基 价				55.92	73.45	103.41
其中	人工费（元）			44.61	51.47	82.09
	材料费（元）			8.72	14.63	18.72
	机械费（元）			2.59	7.35	2.60
	仪器仪表费（元）			—	—	—
名 称		代号	单位	单价（元）	数 量	
人工	安装工	1002	工日	145.80	0.306	0.353	0.563
材料	地面砖	204070	m²	—	（1.020）	—	—
	花岗石板	204078	m²	—	—	（1.020）	—
	草酸	209050	kg	—	—	—	0.010
	玻璃条	205024	m	0.156	—	—	3.400
	白石子	204028	kg	0.235	—	—	34.197
	油漆溶剂油	208040	kg	7.200	—	—	0.005
	棉丝	218036	kg	5.500	—	—	0.011
	金刚石	218052	块	6.530	—	—	0.330
	清油	209034	kg	20.000	—	—	0.005
	硬蜡	209046	kg	48.300	—	—	0.027
	砂子	204025	kg	0.125	32.179	48.268	8.854
	水泥 综合	202001	kg	0.506	8.100	13.629	8.854
	白水泥	202002	kg	0.698	0.103	0.100	—
	建筑胶	209166	kg	5.700	—	0.052	—
	其他材料费	2999	元	—	0.530	1.330	0.780
机械	其他机具费	3999	元	—	2.590	7.350	2.600

第三节 内护墙、隔断和柱面工程

一、洁净彩钢夹芯复合板内护墙隔墙与柱面安装

工作内容：场内搬运、开箱、清件、壁板及配件就位、定位、槽铝固定、组装连接、找正、找平、密封、洁净处理。

计量单位：m²

定额编号				22017001	22017002	22017003	22017004
项目名称				夹芯岩棉板	夹芯石膏板	夹芯铝蜂窝板	夹芯纸蜂窝板
				板厚（mm以内）			
				50			
预算基价				158.01	153.93	146.71	140.73
其中	人工费（元）			111.68	107.60	105.71	99.73
	材料费（元）			33.99	33.99	28.66	28.66
	机械费（元）			12.07	12.07	12.07	12.07
	仪器仪表费（元）			0.27	0.27	0.27	0.27
名 称	代号	单位	单价（元）	数 量			
人工	安装工	1002	工日	145.80	0.766	0.738	0.725	0.684
材料	洁净彩钢夹芯复合纸蜂窝板	206070	m²	—	—	—	—	（1.095）
	洁净彩钢夹芯复合石膏板	206072	m²	—	—	（1.095）	—	—
	洁净彩钢夹芯复合铝蜂窝板	206071	m²	—	—	—	（1.095）	—
	洁净彩钢夹芯复合岩棉板	206073	m²	—	（1.095）	—	—	—
	洗涤剂	218045	kg	5.060	0.035	0.035	0.035	0.035
	玻璃胶（密封胶）	209060	支	28.000	0.260	0.260	0.260	0.260
	白布	218002	m	6.800	0.050	0.050	0.050	0.050
	丝光毛巾	218047	条	5.000	0.080	0.080	0.080	0.080
	嵌条铝 δ5	217007	m	2.750	—	—	1.150	1.150
	自攻螺钉 M4×16	207409	100个	8.000	0.036	0.036	0.036	0.036
	槽铝 HJ-5015	217012	m	7.140	0.420	0.420	0.420	0.420
	单圆角铝 HJ-5009	217045	m	13.970	0.360	0.360	0.360	0.360
	外圆角铝 HJ-5008	217009	m	15.750	0.320	0.320	0.320	0.320
	膨胀螺栓 φ8	207159	套	1.320	1.030	1.030	1.030	1.030
	抽芯铆钉 φ4	207265	100个	3.600	0.101	0.101	0.101	0.101
	框铝 HJ-5016	217013	m	8.400	0.240	0.240	0.240	0.240
	工字铝 HJ-5005	217008	m	7.350	1.150	1.150	—	—
	其他材料费	2999	元	—	0.250	0.250	0.210	0.210
机械	振动剪 JS3200	3106	台班	106.260	0.020	0.020	0.020	0.020
	型材切割机	3108	台班	18.310	0.040	0.040	0.040	0.040
	汽车起重机 5t	3010	台班	436.580	0.020	0.020	0.020	0.020
	其他机具费	3999	元		0.480	0.480	0.480	0.480
仪器仪表	其他仪器仪表费	4999	元		0.270	0.270	0.270	0.270

二、不锈钢钢化玻璃隔墙

工作内容：定位、弹线、制作安装等。

计量单位：m²

定 额 编 号				22018001	
项 目 名 称				不锈钢钢化玻璃隔断	
预 算 基 价				83.22	
其中	人工费（元）			58.32	
	材料费（元）			7.82	
	机械费（元）			17.08	
	仪器仪表费（元）			—	
	名 称	代号	单位	单价（元）	数 量
人工	安装工	1002	工日	145.80	0.400
材料	不锈钢钢化玻璃隔断	206353	m²	—	（1.000）
	玻璃胶（密封胶）	209060	支	28.000	0.203
	其他材料费	2999	元	—	2.140
机械	其他机具费	3999	元	—	17.080

三、亚克力板隔墙

工作内容：定位、放线、安装、密封、清洁。

计量单位：m²

定 额 编 号				22019001	
项 目 名 称				铝合金龙骨亚克力板隔断	
预 算 基 价				190.24	
其中	人工费（元）			160.38	
	材料费（元）			14.23	
	机械费（元）			15.63	
	仪器仪表费（元）			—	
	名 称	代号	单位	单价（元）	数 量
人工	安装工	1002	工日	145.80	1.100
材料	铝合金龙骨亚克力板隔断	206352	m²	—	（1.050）
	玻璃胶（密封胶）	209060	支	28.000	0.203
	其他材料费	2999	元	—	8.550
机械	其他机具费	3999	元	—	15.630

四、其他材质内护墙、隔断与柱面安装

（一）隔热断桥铝型材、塑钢玻璃与不锈钢钢化隔墙

工作内容：定位、弹线、制作、安装等。

计量单位：m²

定 额 编 号				22020001	22020002	22020003
项 目 名 称				隔热断桥铝型材玻璃隔断	塑钢玻璃隔断	不锈钢钢化玻璃隔断
预 算 基 价				101.20	70.11	83.22
其中	人工费（元）			75.82	48.11	58.32
	材料费（元）			9.76	9.64	7.82
	机械费（元）			15.62	12.36	17.08
	仪器仪表费（元）			—	—	—
名 称	代号	单位	单价（元）	数 量		
人工	安装工	1002	工日	145.80	0.520	0.330	0.400
材料	不锈钢钢化玻璃隔断	206353	m²	—	—	—	（1.000）
	塑钢玻璃隔断	206355	m²	—	—	（1.000）	—
	隔热断桥铝型材玻璃隔断	206354	m²	—	（1.000）	—	—
	玻璃胶（密封胶）	209060	支	28.000	0.203	0.203	0.203
	其他材料费	2999	元	—	4.080	3.960	2.140
机械	其他机具费	3999	元	—	15.620	12.360	17.080

（二）轻钢龙骨纸面石膏板与水泥加压板内护墙风隔墙

工作内容：定位、找平弹线、隔墙安装等。

计量单位：m²

	定　额　编　号				22021001	22021002	22021003	22021004
	项　目　名　称				轻钢龙骨纸面石膏板隔墙		轻钢龙骨水泥加压板隔墙	
					单面	双面	单面	双面
	预　算　基　价				73.40	95.92	75.02	98.16
其中	人工费（元）				59.63	79.46	61.97	82.67
	材料费（元）				9.28	11.97	8.38	10.17
	机械费（元）				4.49	4.49	4.67	5.32
	仪器仪表费（元）				—	—	—	—
	名　　称	代号	单位	单价（元）	数　　　　量			
人工	安装工	1002	工日	145.80	0.409	0.545	0.425	0.567
材料	水泥加压平板	206080	m²	—			（1.090）	（2.180）
	轻钢龙骨38×12（C75-3）	206112	m	—	（0.912）	（0.912）	（0.912）	（0.912）
	轻钢龙骨75×50（C75-2）	206110	m	—	（2.745）	（2.745）	（2.745）	（2.745）
	轻钢龙骨77×40（C75-1）	206111	m	—	（0.816）	（0.816）	（0.816）	（0.816）
	纸面石膏板12	206084	m²	—	（1.180）	（2.360）		
	自攻螺钉M3.5×25	207408	100个	5.200	0.272	0.544	0.272	0.544
	抽芯铆钉φ4×13	207266	100个	5.000	0.054	0.054	0.054	0.054
	轻钢龙骨角托	206249	个	0.580	0.612	0.612	0.612	0.612
	嵌缝石膏粉	209406	kg	1.620	0.420	0.840	—	—
	嵌缝带	210069	m	0.180	1.222	2.444	—	—
	轻钢龙骨卡托	206248	个	0.650	0.670	0.670	0.670	0.670
	轻钢龙骨支撑卡	206247	个	0.420	6.594	6.594	6.594	6.594
	其他材料费	2999	元	—	3.140	3.510	3.140	3.510
机械	其他机具费	3999	元	—	4.490	4.490	4.670	5.320

五、挡烟垂壁安装

（一）固定式挡烟垂壁安装

工作内容：场内搬运、定位、放线、安装、清洁。 计量单位：m

定额编号				22022001	22022002
项目名称				固定式挡烟垂壁	
				彩钢复合板	防火夹丝玻璃
预算基价				74.87	79.98
其中	人工费（元）			55.40	58.32
	材料费（元）			4.25	4.58
	机械费（元）			15.22	17.08
	仪器仪表费（元）			—	—
	名 称	代号	单位	单价（元）	数 量
人工	安装工	1002	工日	145.80	0.380	0.400
材料	防火夹丝玻璃挡烟垂壁	217174	m	—	—	（1.000）
	彩钢复合板挡烟垂壁	217173	m	—	（1.000）	—
	其他材料费	2999	元	—	4.250	4.580
机械	其他机具费	3999	元	—	15.220	17.080

（二）电动式挡烟垂壁安装

工作内容：场内搬运、定位、放线、安装、清洁。 计量单位：m

定额编号				22023001
项目名称				电动式挡烟垂壁板（软质）
预算基价				143.86
其中	人工费（元）			116.64
	材料费（元）			8.57
	机械费（元）			18.65
	仪器仪表费（元）			—
	名 称	代号	单位	单价（元）	数 量
人工	安装工	1002	工日	145.80	0.800
材料	电动式挡烟垂壁板（软质）	217175	m	—	（1.000）
	其他材料费	2999	元	—	8.570
机械	其他机具费	3999	元	—	18.650

六、墙与柱的块料面层安装

工作内容：清理基层、找平放线、调制水泥砂浆、锯板修边、铺贴饰面、勾缝、清理
净面。

计量单位：m²

定额编号				22024001	22024002	22024003
项目名称				贴墙面瓷砖	贴墙面花岗岩	贴墙面大理石
预算基价				74.52	595.66	161.00
其中	人工费（元）			68.53	114.02	108.77
	材料费（元）			4.11	471.94	43.18
	机械费（元）			1.88	9.70	9.05
	仪器仪表费（元）			—	—	—
名　称	代号	单位	单价（元）	数　量		
人工	安装工	1002	工日	145.80	0.470	0.782	0.746
材料	大理石板 0.25m² 以外	204076	m²	—	—	—	（1.020）
	内墙釉面砖 0.06m² 以内	204074	m²	—	（1.030）	—	—
	硬蜡	209046	kg	48.300	—	0.027	0.027
	磨光花岗石	204090	m²	420.000	—	1.020	—
	清油	209034	kg	20.000	—	0.005	0.005
	铜丝	207446	kg	110.000	—	0.076	0.076
	钢筋 $\phi10$ 以内	201001	kg	5.400	—	1.373	1.373
	水泥 综合	202001	kg	0.506	4.891	25.419	25.419
	白水泥	202002	kg	0.698	0.200	0.150	0.150
	乳液型建筑胶粘剂	209097	kg	1.600	0.042	—	—
	砂子	204025	kg	0.125	8.652	84.194	84.194
	其他材料费	2999	元	—	0.350	2.870	2.510
机械	其他机具费	3999	元	—	1.880	9.700	9.050

七、墙与柱面的涂覆

工作内容：基面处理、涂料面层、喷涂料。
计量单位：m²

定额编号				22025001	22025002	22025003
项目名称				涂乳胶漆	裱糊壁纸	耐擦洗涂料
预算基价				9.75	17.99	8.55
其中	人工费（元）			4.52	13.41	5.83
	材料费（元）			5.10	3.80	2.63
	机械费（元）			0.13	0.78	0.09
	仪器仪表费（元）			—	—	—
	名称	代号	单位	单价（元）	数量	
人工	安装工	1002	工日	145.80	0.031	0.092	0.040
材料	乳液型建筑胶粘剂	209097	kg	—	—	—	（0.030）
	水性封底漆	209205	kg	—	（0.125）	—	—
	壁纸	218078	m²	—	—	（1.158）	—
	醇酸清漆	209285	kg	11.800	—	0.002	—
	熟胶粉	209229	kg	35.000	—	0.100	—
	白色耐擦洗涂料	209271	kg	7.300	—	—	0.350
	室内乳胶漆	209200	kg	22.500	0.223	—	—
	其他材料费	2999	kg	—	0.080	0.280	0.070
机械	其他机具费	3999	元	—	0.130	0.780	0.090

工作内容：基面处理、涂料面层、刷涂料。
计量单位：m²

定额编号				22025004	22025005	22025006
项目名称				环氧涂料		
				内墙面	柱面	金属构件
预算基价				39.67	39.67	42.82
其中	人工费（元）			37.91	37.91	40.82
	材料费（元）			0.56	0.56	0.60
	机械费（元）			1.20	1.20	1.40
	仪器仪表费（元）			—	—	—
	名称	代号	单位	单价（元）	数量	
人工	安装工	1002	工日	145.80	0.260	0.260	0.280
材料	环氧面漆	209444	kg	—	（1.020）	（1.020）	（1.030）
	环氧底漆	209443	kg	—	（1.030）	（1.030）	（1.030）
	其他材料费	2999	元	—	0.560	0.560	0.600
机械	其他机具费	3999	元	—	1.200	1.200	1.400

八、墙面与地面防水处理

工作内容：运砂浆、配制防水剂、打底、刷防水油、抹面压光、铺贴卷材等。　　　　　　　　　计量单位：m²

定 额 编 号					22026001	22026002	22026003	22026004	22026005
项 目 名 称					防水油一遍	刚性防水七层以内	卷材防水		
							一毡二油	二毡三油	冷胶玻璃布
预 算 基 价					58.52	57.80	41.81	70.88	81.89
其中	人工费（元）				40.10	44.18	10.21	18.95	18.95
	材料费（元）				18.42	13.62	31.60	51.93	62.94
	机械费（元）				—	—	—	—	—
	仪器仪表费（元）				—	—	—	—	—
	名　　称	代号	单位	单价（元）	数　　　　量				
人工	安装工	1002	工日	145.80	0.275	0.303	0.070	0.130	0.130
材料	石油沥青	208029	kg	4.900	—	—	4.500	6.910	—
	石油沥青油毡	208030	m²	6.000	—	—	1.230	2.350	—
	玻璃布	208180	m²	4.800	—	—	—	—	2.350
	沥青冷胶	208041	kg	8.000	—	—	—	—	6.380
	水泥 综合	202001	kg	0.506	19.500	26.300	—	—	—
	砂子	204025	kg	0.125	0.029	0.024	—	—	—
	防水油	209324	kg	4.700	1.740	—	—	—	—
	其他材料费	2999	元	—	—	0.370	0.310	2.170	3.970	0.620

第四节 顶 棚 工 程

一、洁净彩钢夹芯复合板吊顶安装

工作内容：场内搬运、开箱、清件、壁板及配件就位、定位、槽铝固定、组装连接、
　　　　　找正、找平、密封、洁净处理。

计量单位：m²

定额编号				22027001	22027002	22027003	22027004
项 目 名 称				夹芯岩棉板	夹芯石膏板	夹芯铝蜂窝板	夹芯纸蜂窝板
				板厚（mm 以内）			
				50			
预 算 基 价				141.15	138.92	136.66	134.65
其中	人工费（元）			62.11	60.07	58.03	55.99
	材料费（元）			60.16	60.12	60.05	60.08
	机械费（元）			16.12	15.97	15.82	15.82
	仪器仪表费（元）			2.76	2.76	2.76	2.76
名 称	代号	单位	单价（元）	数　　量			
人工	安装工	1002	工日	145.80	0.426	0.412	0.398	0.384
材料	洁净彩钢夹芯复合纸蜂窝板	206070	m²	—	—	—	—	（1.095）
	洁净彩钢夹芯复合铝蜂窝板	206071	m²	—	—	—	（1.095）	—
	洁净彩钢夹芯复合石膏板	206072	m²	—	—	（1.095）	—	—
	洁净彩钢夹芯复合岩棉板	206073	m²	—	（1.095）	—	—	—
	白布	218002	m	6.800	0.050	0.050	0.050	0.050
	丝光毛巾	218047	条	5.000	0.080	0.080	0.080	0.080
	自攻螺钉 M4×16	207409	100 个	8.000	0.104	0.104	0.104	0.104
	自攻螺丝 M10×50	207417	100 个	50.000	0.024	0.024	0.024	0.024
	洗涤剂	218045	kg	5.060	0.035	0.035	0.035	0.035
	玻璃胶（密封胶）	209060	支	28.000	0.326	0.326	0.326	0.326
	膨胀螺栓 φ8	207159	套	1.320	0.750	0.750	0.750	0.750
	PG 型吊杆 PG-08	217018	m	1.960	1.650	1.650	1.650	1.650
	C 型梁 P4141	206362	m	24.150	1.095	1.095	1.095	1.095
	角钢 63 以内	201016	kg	4.950	0.396	0.396	0.386	0.396
	微调杆接头 PJ-08	206364	只	0.950	1.352	1.352	1.352	1.352
	框铝 HJ-5016	217013	m	8.400	0.250	0.250	0.250	0.250
	嵌条铝 δ5	217007	m	2.750	1.050	1.050	1.050	1.050
	单圆角铝 HJ-5009	217045	m	13.970	0.360	0.360	0.360	0.360
	专用连接螺栓套件 PL-01	217020	套	3.890	0.975	0.975	0.975	0.975
	其他材料费	2999	元	—	0.360	0.320	0.300	0.280
机械	振动剪 JS3200	3106	台班	106.260	0.015	0.015	0.015	0.015
	电动曲线锯 600W	3107	台班	31.000	0.025	0.025	0.025	0.025
	汽车起重机 5t	3010	台班	436.580	0.020	0.020	0.020	0.020
	型材切割机	3108	台班	18.310	0.050	0.050	0.050	0.050
	其他机具费	3999	元	—	4.100	3.950	3.800	3.800
仪器仪表	水准仪	4296	台班	54.000	0.015	0.015	0.015	0.015
	激光扫描水平仪	4308	台班	63.000	0.031	0.031	0.031	0.031

二、风机过滤器单元（FFU）吊顶龙骨与盲板安装

工作内容：场内搬运、放线定位、组装安装、调平、密封处理。

计量单位：m²

定额编号				22028001	22028002	22028003
项目名称				铝合金FFU龙骨安装		
				1200×600	1200×900	1200×1200
预算基价				93.17	63.87	50.43
其中	人工费（元）			51.03	34.99	26.24
	材料费（元）			40.63	27.46	22.84
	机械费（元）			1.51	1.42	1.35
	仪器仪表费（元）			—	—	—
名　称	代号	单位	单价（元）	数　量		
人工	安装工	1002	工日	145.80	0.350	0.240	0.180
材料	铝合金FFU龙骨 1200×600	206230	m²	—	（1.030）	（1.030）	（1.030）
	螺母M10	207052	100个	12.000	0.080	0.060	0.050
	镀锌铜丝M10	207238	m	3.200	8.340	5.560	4.160
	调节器	217166	个	4.000	3.000	2.000	2.000
	其他材料费	2999	元	—	0.980	0.950	0.930
机械	其他机具费	3999	元	—	1.510	1.420	1.350

工作内容：场内搬运、放线定位、组装安装、调平、密封处理。

计量单位：m²

定额编号				22028004	22028005	22028006
项目名称				铝合金FFU龙骨安装	盲板安装	
				1500×900	钢质盲板	石膏夹芯盲板
预算基价				49.92	25.37	26.83
其中	人工费（元）			27.70	16.04	17.50
	材料费（元）			20.96	8.02	8.02
	机械费（元）			1.26	1.31	1.31
	仪器仪表费（元）			—	—	—
名　称	代号	单位	单价（元）	数　量		
人工	安装工	1002	工日	145.80	0.190	0.110	0.120
材料	钢质盲板	217164	m²	—	—	（1.020）	—
	石膏夹心盲板	217165	m²	—	—	—	（1.020）
	铝合金FFU龙骨 1500×900	206233		—	（1.030）	—	—
	气密条	217168	个	3.700	—	1.000	1.000
	固定卡	217167	m	1.200	—	3.600	3.600
	镀锌铜丝M10	207238	m	3.200	3.620		
	螺母M10	207052	100个	12.000	0.040		
	调节器	217166	个	4.000	2.000		
	其他材料费	2999	元	—	0.900		
机械	其他机具费	3999	元	—	1.260	1.310	1.310

三、其他材质吊顶安装

（一）吊顶龙骨安装

工作内容：定位、放线、安膨胀螺栓、安装龙骨、找平等。

计量单位：m²

定 额 编 号				22029001	22029002	22029003	22029004
项 目 名 称				U 型轻钢龙骨		U 型轻钢龙骨、T 型烤漆龙骨	
				双层上人型龙骨	双层不上人型龙骨	上人型龙骨	不上人型龙骨
预 算 基 价				53.64	44.68	42.04	40.09
其中	人工费（元）			27.70	30.18	27.26	26.97
	材料费（元）			23.26	12.47	12.07	10.71
	机械费（元）			2.68	2.03	2.71	2.41
	仪器仪表费（元）			—	—	—	—
	名 称	代号	单位	单价（元）	数 量		
人工	安装工	1002	工日	145.80	0.190	0.207	0.187	0.185
材料	U 型 60 轻钢主龙骨 CS60×27	206125	m	—	—	—	（1.278）	—
	U 型 38 轻钢主龙骨 CB38×12	206121	m	—	—	（1.251）	—	（1.278）
	T 型烤漆副龙骨 TB24×38	206182	m	—	—	—	（2.503）	（2.503）
	烤漆边龙骨 TL23×23	206156	m	—	—	—	（0.707）	（0.707）
	T 型烤漆主龙骨 TB24×28	206158	m	—	—	—	（0.921）	（0.921）
	U 型 50 轻钢主龙骨 CS50×15	206124	m	—	—	（1.278）	—	—
	U 型 50 轻钢副龙骨 CB50×20	206122	m	—	（3.798）	（4.297）	—	—
	U 型 38 轻钢龙骨吊件 CB38-1	206142	个	0.680	—	1.375	—	1.375
	U 型 38 轻钢龙骨挂件 CB38-2	206134	个	0.500	—	0.848	—	—
	U 型 38 轻钢龙骨连接件 CB38-L	206127	个	1.050	—	0.295	—	0.196
	U 型 60 轻钢龙骨吊件 CS60-1	206150	个	1.700	—	—	1.375	—
	U 型 60 轻钢龙骨连接件 CB60-L	206129	个	0.580	—	—	0.194	—
	T 型烤漆主龙骨挂件	206323	个	1.000	—	—	0.982	0.982
	U 型 50 轻钢龙骨挂件 CB50-2	206135	个	0.460	2.946	—	—	—
	U 型 50 轻钢龙骨连接件 CS50-L	206130	个	1.150	0.196	—	—	—
	U 型 50 轻钢龙骨吊件 CS50-1	206149	个	1.500	1.375	—	—	—
	吊杆	206321	根	3.520	1.375	1.375	1.375	1.375
	铁件	207263	kg	5.810	1.760	0.381	0.140	0.140
	膨胀螺栓 φ8	207159	套	1.320	1.375	1.375	1.375	1.375
	U 型 50 轻钢副龙骨连接件 CB50-L	206128	个	0.300	0.421	0.505	—	—
	U 型 50 轻钢龙骨插挂件 CB50-3	206132	个	0.300	4.713	2.687	—	—
	其他材料费	2999	元		1.200	0.980	1.170	1.120
机械	其他机具费	3999	元	—	2.680	2.030	2.710	2.410

工作内容：定位、放线、安膨胀螺栓、安装龙骨、找平等。　　　　　　　　　　　　　　　　　　　计量单位：m²

定 额 编 号				22029005	22029006	22029007	22029008
项 目 名 称				U 型轻钢龙骨、T 型铝合金龙骨			
				上人型龙骨	不上人型龙骨	T 型暗龙骨	H 型暗龙骨
预 算 基 价				41.59	39.65	38.25	38.72
其中	人工费（元）			27.26	26.97	26.10	26.10
	材料费（元）			12.01	10.65	10.34	11.00
	机械费（元）			2.32	2.03	1.81	1.62
	仪器仪表费（元）			—	—	—	—
名　称	代号	单位	单价（元）	数　　量			
人工	安装工	1002	工日	145.80	0.187	0.185	0.179	0.179
材料	T 型轻钢龙骨 TB24×38	206350	m	—	—	—	—	（3.501）	—
	U 型 38 轻钢主龙骨 CB38×12	206121	m	—	—	（1.278）	（1.278）	（1.278）
	边龙骨 TL22×22	206175	m	—	—	—	（0.707）	（0.707）
	H 型轻钢龙骨 HB20×20	206218	m	—	—	—	—	（3.501）
	T 型铝合金主龙骨 TB24×38	206154	m		（0.921）	（0.921）		
	T 型铝合金副龙骨 TB24×28	206155	m		（2.503）	（2.503）		
	U 型 60 轻钢主龙骨 CS60×27	206125	m		（1.278）			
	铝合金边龙骨 25×25	206325	m		（0.707）	（0.707）		
	U 型 38 轻钢龙骨连接件 CB38-L	206127	个	1.050	—	0.198	0.196	0.196
	U 型 38 轻钢龙骨吊件 CB38-1	206142	个	0.680	—	1.375	1.375	1.375
	H 型轻钢龙骨挂件 HB38-2	206221	个	0.300	—	—	—	3.731
	H 型轻钢龙骨连接件 HB20-L	206226	个	0.300	—	—	—	1.066
	T 型轻钢龙骨挂件 TB14-2	206204	个	0.200	—	—	3.731	
	铁件	207263	kg	5.810	0.140	0.140	0.140	0.140
	U 型 60 轻钢龙骨吊件 CS60-1	206150	个	1.700	1.375	—	—	—
	U 型 60 轻钢龙骨连接件 CB60-L	206129	个	0.580	0.196	—	—	—
	吊杆	206321	根	3.520	1.375	1.375	1.375	1.375
	T 型龙骨挂件 φ3.5 挂钩	206199	个	1.000	0.982	0.982	—	—
	膨胀螺栓 φ8	207159	套	1.320	1.375	1.375	1.375	1.375
	其他材料费	2999	元	—	1.110	1.060	0.980	0.950
机械	其他机具费	3999	元	—	2.320	2.030	1.810	1.620

工作内容：定位、放线、安膨胀螺栓、安装龙骨、找平。 计量单位：m²

定 额 编 号				22029009	22029010	22029011
项 目 名 称				轻质板天棚龙骨	铝合金天棚龙骨	
				轻钢龙骨	铝合金方板嵌入式龙骨	铝合金条形板龙骨
预 算 基 价				36.95	40.53	35.43
其中	人工费（元）			23.77	26.68	20.12
	材料费（元）			10.85	11.76	13.91
	机械费（元）			2.33	2.09	1.40
	仪器仪表费（元）					
名 称	代号	单位	单价（元）	数 量		
人工	安装工	1002	工日	145.80	0.163	0.183	0.138
材料	Δ型轻钢龙骨 25×25	206327	m	—	—	（1.712）	—
	铝合金条板吊顶龙骨 LB50×26	206228	m	—	—	—	（1.237）
	U型50轻钢副龙骨 CB50×20	206122	m	—	（3.887）	—	—
	U型38轻钢主龙骨 CB38×12	206121	m	—	（2.357）	（1.278）	（1.060）
	U型38轻钢龙骨连接件 CB38-L	206127	个	1.050	—	0.196	0.170
	U型38轻钢龙骨吊件 CB38-1	206142	个	0.680	—	1.375	1.190
	Δ型轻钢龙骨挂件	206329	个	0.340	—	1.883	—
	铝合金条型板龙骨挂件 LB50-2	206311	个	0.500	—	—	1.190
	Δ型轻钢龙骨连接件	206331	个	0.260	—	0.404	—
	铁件	207263	kg	5.810	—	0.381	0.125
	U型50轻钢龙骨插挂件 CB50-3	206132	个	0.300	5.387	—	—
	U型50轻钢龙骨吊件 CS50-1	206149	个	1.500	2.357	—	—
	吊杆	206321	根	3.520	0.653	1.375	1.190
	膨胀螺栓 φ8	207159	套	1.320	2.357	1.375	1.190
	其他材料费	2999	元	—	0.290	1.010	5.840
机械	其他机具费	3999	元	—	2.330	2.090	1.400

（二）吊顶面层安装

工作内容：定位、放线、安装面层等。

计量单位：m²

定 额 编 号				22030001	22030002	22030003	22030004	22030005
项 目 名 称				纸面石膏板	装饰石膏板	矿棉吸音板		PVC板
						安装在T型龙骨上	安装在暗龙骨上	安装在木龙骨上
预 算 基 价				16.86	6.50	6.78	22.49	17.48
其中	人工费（元）			16.18	5.69	5.69	18.08	11.23
	材料费（元）			0.28	0.12	0.16	2.93	5.44
	机械费（元）			0.40	0.69	0.93	1.48	0.81
	仪器仪表费（元）			—	—	—	—	—
名 称	代号	单位	单价（元）	数 量				
人工 安装工	1002	工日	145.80	0.111	0.039	0.039	0.124	0.077
材料 中开槽矿棉板	206082	m²	—	—	—	—	（1.020）	—
PVC装饰板	210049	m²	—	—	—	—	—	（1.050）
纸面石膏板	206083	m²	—	（1.020）	—	—	—	—
装饰石膏板	206086	m²	—	—	（1.020）	—	—	—
矿棉吸音板	206081	m²	—	—	—	（1.020）	—	—
H型龙骨插片HB22×0.5	206219	m	1.600	—	—	—	1.678	—
PVC角线	210135	m	4.500	—	—	—	—	1.084
其他材料费	2999	元	—	0.280	0.120	0.160	0.250	0.560
机械 其他机具费	3999	元	—	0.400	0.690	0.930	1.480	0.810

工作内容：定位、放线、安装面层等。

计量单位：m²

定 额 编 号				22030006	22030007	22030008	22030009
项 目 名 称				PVC板	铝合金嵌入式方板	铝合金浮搁式方板	铝合金条形板
				安装在轻钢龙骨上			
预 算 基 价				27.32	17.10	9.82	15.83
其中	人工费（元）			21.14	13.85	6.42	13.41
	材料费（元）			5.31	0.47	0.49	0.35
	机械费（元）			0.87	2.78	2.91	2.07
	仪器仪表费（元）			—	—	—	—
名 称	代号	单位	单价（元）	数 量			
人工 安装工	1002	工日	145.80	0.145	0.095	0.044	0.092
材料 铝合金嵌入式方板	206339	m²	—	—	（1.020）	—	—
铝合金浮搁式方板	206340	m²	—	—	—	（1.020）	—
铝合金条板	206298	m²	—	—	—	—	（1.020）
PVC装饰板	210049	m²	—	（1.050）	—	—	—
PVC角线	210135	m	4.500	1.084	—	—	—
其他材料费	2999	元	—	0.430	0.470	0.490	0.350
机械 其他机具费	3999	元	—	0.870	2.780	2.910	2.070

第五节 门、窗工程

一、洁净彩钢夹芯、复合板密封门安装

工作内容：门、窗框扇固定、安装。

计量单位：m²

定 额 编 号				22031001
项 目 名 称				岩棉夹芯板平开门
				板厚（mm）
				50
预 算 基 价				145.11
其中	人工费（元）			121.89
	材料费（元）			11.53
	机械费（元）			11.69
	仪器仪表费（元）			—
	名 称	代号	单位	单价（元）	数 量
人工	安装工	1002	工日	145.80	0.836
材料	彩钢复合岩棉壁板门	205041	m²	—	（1.000）
	镀锌固定件	207444	个	1.800	4.795
	其他材料费	2999	元	—	2.900
机械	其他机具费	3999	元	—	11.690

二、不锈钢门安装

工作内容：固定件安装、不锈钢门安装。

计量单位：m²

定 额 编 号				22032001	22032002	22032003	22032004
项 目 名 称				不锈钢门			
				无框玻璃门	有框玻璃门	电子感应横移门	平移门电子感应装置（套）
预 算 基 价				244.45	246.26	199.69	336.04
其中	人工费（元）			210.10	210.10	160.38	320.76
	材料费（元）			4.95	5.21	9.95	12.26
	机械费（元）			29.40	30.95	29.36	3.02
	仪器仪表费（元）			—	—	—	—
	名 称	代号	单位	单价（元）	数 量		
人工	安装工	1002	工日	145.80	1.441	1.441	1.100	2.200
材料	电子感应横移门	205062	m²	—	—	—	（1.000）	—
	平移门自动感应装置	205063	套	—	—	—	—	（1.000）
	有框玻璃门	205061	m²	—	—	（1.000）	—	—
	无框玻璃门	205060	m²	—	（1.000）	—	—	—
	其他材料费	2999	元	—	4.950	5.210	9.950	12.260
机械	其他机具费	3999	元	—	29.400	30.950	29.360	3.020

三、特种门安装

工作内容：预埋铁件、特种门安装。

计量单位：m²

定 额 编 号				22033001	22033002	22033003
项 目 名 称				特种门		
				铝合金卷帘门	钢质卷帘门	电动装置（套）
预 算 基 价				130.49	128.86	277.77
其中	人工费（元）			106.87	106.87	160.38
	材料费（元）			12.72	12.49	16.92
	机械费（元）			10.90	9.50	100.47
	仪器仪表费（元）			—	—	—
	名 称	代号	单位	单价（元）	数 量	
人工	安装工	1002	工日	145.80	0.733	0.733	1.100
材料	卷帘门电动装置	205068	套	—	—	—	（1.000）
	镀锌钢板卷帘门	205066	m²	—	—	（1.000）	—
	铝合金卷帘门	205067	m²	—	（1.000）	—	—
	预埋铁件	207273	kg	5.810	0.288	0.288	—
	其他材料费	2999	元	—	11.050	10.820	16.920
机械	其他机具费	3999	元	—	10.900	9.500	100.470

工作内容：预埋铁件、特种门安装。

计量单位：m²/套

定 额 编 号				22033004	22033005	22033006	22033007
项 目 名 称				特种门			
				钢质防火门	甲级防火门	钢质防盗门	悬吊式自动推拉门（套）
预 算 基 价				70.91	62.11	57.74	898.49
其中	人工费（元）			32.81	28.43	42.57	874.80
	材料费（元）			25.44	16.77	3.57	6.78
	机械费（元）			12.66	16.91	11.60	16.91
	仪器仪表费（元）			—	—	—	—
	名 称	代号	单位	单价（元）	数 量		
人工	安装工	1002	工日	145.80	0.225	0.195	0.292	6.000
材料	悬吊式自动推拉门	205070	套	—	—	—	—	（1.000）
	木防火门	205064	m²	—	—	（1.000）	—	—
	冷弯钢板防火门	205065	m²	—	（1.000）	—	—	—
	钢质防盗门	205038	m²	—	—	—	（1.000）	—
	预埋铁件	207273	kg	5.810	3.167	—	—	—
	铁件	207263	kg	5.810	0.424	1.720	0.234	—
	其他材料费	2999	元	—	4.580	6.780	2.210	6.780
机械	其他机具费	3999	元	—	12.660	16.910	11.600	16.910

四、隔热断桥铝型材门、窗安装

工作内容：门窗框扇固定、安装。

计量单位：m²

定 额 编 号				22034001	22034002
项 目 名 称				隔热断桥铝型材门窗	
				隔热断桥铝型材窗	隔热断桥铝型材门
预 算 基 价				128.03	127.67
其中	人工费（元）			94.19	94.19
	材料费（元）			20.14	20.09
	机械费（元）			13.70	13.39
	仪器仪表费（元）			—	—
名　　称	代号	单位	单价（元）	数　　量	
人工	安装工	1002	工日	145.80	0.646	0.646
材料	隔热断桥铝型材门	205053	m²	—	—	（1.000）
	隔热断桥铝型材窗	205054	m²	—	（1.000）	—
	镀锌固定件	207444	个	1.800	7.978	7.978
	其他材料费	2999	元		5.780	5.730
机械	其他机具费	3999	元	—	13.700	13.390

五、塑钢门、窗安装

工作内容：门窗框扇固定、安装。

计量单位：m²

定 额 编 号				22035001	22035002	22035003	22035004
项 目 名 称				塑钢门窗（单玻）			
				平开门	推拉门	推拉窗	固定窗
预 算 基 价				120.92	98.90	60.29	51.26
其中	人工费（元）			94.19	76.98	40.53	31.64
	材料费（元）			12.54	8.72	9.19	9.02
	机械费（元）			14.19	13.20	10.57	10.60
	仪器仪表费（元）			—	—	—	—
名　　称	代号	单位	单价（元）	数　　量			
人工	安装工	1002	工日	145.80	0.646	0.528	0.278	0.217
材料	塑钢玻璃推拉门	205057	m²	—	—	（1.000）	—	—
	塑钢玻璃推拉窗	205059	m²	—	—	—	（1.000）	—
	塑钢玻璃平开门	205056	m²	—	（1.000）	—	—	—
	塑钢玻璃固定窗	205058	m²	—	—	—	—	（1.000）
	塑料膨胀螺栓 M8×110	207429	个	0.750	6.375	4.038	7.190	8.430
	镀锌固定件	207444	个	1.800	1.603	1.044	—	—
	其他材料费	2999	元	—	4.870	3.810	3.800	2.700
机械	其他机具费	3999	元	—	14.190	13.200	10.570	10.600

六、门窗特殊五金安装

工作内容：刻槽、打孔、安装各种五金。 计量单位：个

定 额 编 号				22036001	22036002	22036003	22036004	22036005
项 目 名 称				地弹簧	闭门器	执手锁	碰锁	金属管拉手
预 算 基 价				64.68	53.76	31.16	30.12	33.87
其中	人工费（元）			56.13	48.11	28.87	28.87	32.08
	材料费（元）			6.42	2.67	0.76	0.61	0.83
	机械费（元）			2.13	2.98	1.53	0.64	0.96
	仪器仪表费（元）			—	—	—	—	—
名 称	代号	单位	单价（元）	数 量				
人工 安装工	1002	工日	145.80	0.385	0.330	0.198	0.198	0.220
材料 执手锁	207321	个		—	—	（1.000）	—	—
碰锁	207320	个		—	—	—	（1.000）	—
拉手	207328	个		—	—	—	—	（1.000）
地弹簧	207450	个		（1.000）	—	—	—	—
闭门器	207326	个		—	（1.000）	—	—	—
其他材料费	2999	元		—	6.420	2.670	0.760	0.610	0.830
机械 其他机具费	3999	元		—	2.130	2.980	1.530	0.640	0.960

七、玻 璃 安 装

工作内容：制作、安装。 计量单位：m²

定 额 编 号				22037001	22037002
项 目 名 称				普通玻璃	浮法玻璃
预 算 基 价				20.75	39.24
其中	人工费（元）			15.45	27.56
	材料费（元）			4.73	10.66
	机械费（元）			0.57	1.02
	仪器仪表费（元）			—	—
名 称	代号	单位	单价（元）	数 量	
人工 安装工	1002	工日	145.80	0.106	0.189
材料 浮法玻璃5	205010	m²	—	—	（1.000）
平板玻璃3	205001	m²	—	（1.000）	—
油漆溶剂油	208040	kg	7.200	0.026	—
丁字胶条	208204	m	2.700	—	3.764
油灰	209128	kg	4.500	0.877	—
清油	209034	kg	20.000	0.016	—
其他材料费	2999	元	—	0.280	0.500
机械 其他机具费	3999	元		0.570	1.020

八、其 他 项 目

工作内容：制作、安装。

定 额 编 号				22038001	22038002	22038003	22038004	22038005
项 目 名 称				窗帘盒、窗帘轨、窗防护铁栏				
				明窗帘盒（m）	暗窗帘盒（m）	窗帘轨（m）		窗防护栏罩（m²）
						单轨	双轨	
				大芯板				
预 算 基 价				58.51	50.72	10.26	10.62	31.71
其中	人工费（元）			44.47	37.76	8.89	8.89	18.95
	材料费（元）			10.49	9.86	0.07	0.12	6.83
	机械费（元）			3.55	3.10	1.30	1.61	5.93
	仪器仪表费（元）			—	—	—	—	—
	名　　称	代号	单位	单价（元）	数　　量			
人工	安装工	1002	工日	145.80	0.305	0.259	0.061	0.061	0.130
材料	暗装窗帘轨 单轨	207311	m	—	—	—	（1.050）	—	—
	暗装窗帘轨 双轨	207312	m	—	—	—	—	（1.050）	—
	窗防护铁栏杆罩	207319	m²	—	—	—	—	—	（1.010）
	三夹板	203091	m²	—	—	（1.050）	—	—	—
	大芯板	203011	m²	—	—	（0.510）	（0.510）	—	—
	榉木三合板	203063	m²	—	—	（0.296）	（0.296）	—	—
	铁件	207263	kg	5.810	1.300	1.300	—	—	—
	其他材料费	2999	元	—	2.940	2.310	0.070	0.120	6.830
机械	其他机具费	3999	元	—	3.550	3.100	1.300	1.610	5.930

第二章
制冷、空调、空气净化与通风工程

说明及工程量计算规则

说　　明

1. 本章主要内容包括：空调器、空调机组、空气净化设备［干式冷却盘管（DCC）、风机过滤器机组（FFU）、层流罩、洁净工作台、空气吹淋装置、传递窗、紧急淋浴器、洗眼器、烘干器等］、通风机、酸碱及有机处理塔、空调加热器（冷却器）、冷水机组、玻璃钢冷却塔、板式换热机组、水泵、风机减振台、设备支架的制作与安装，镀锌薄钢板风管制作与安装，不锈钢板风管制作与安装，不锈钢内衬特氟龙风管及管件的安装，铝合金板风管制作与安装，PVC 板塑料风管制作与安装，复合型风管制作与安装，玻璃钢风管的安装，软管接口、风管检查口、温度风量测定口、百叶风口、散流器、旋流风口、各类调节风阀、消声器的安装，风帽及电动机防雨罩的制作与安装，通风管道检测及运输等子目。

2. 通风机安装子目中包括电动机安装，适用于各种连接形式，也适用于不锈钢和塑料风机安装。

3. 通风机和其他设备安装子目内，不包括底部垫料及支架制作、安装，按设计要求另行计算。

4. 风机减振台座和减振吊杆子目中，不包括减振器和弹性吊架，应按设计要求的型号和数量另行计算，其他不变。

5. 专用精密空调的室外、室内柜机按其制冷量执行相应子目。

6. 泵类安装定额中已包括泵本体带有的水（油）管道、润滑冷却装置、联轴器（或皮带）和电机安装。对设备支座、底座，设备支架制作、安装或设备基础浇筑和电机的检查、干燥、配线、调试均执行相关定额，其费用另行计算。

7. 冷凝水泵、热水循环泵等执行锅炉给水泵相应子目。

8. 干式冷却盘管（DCC）的安装子目包括设备本体的安装就位，其设备支架制作、安装及周围的封堵等均可执行相关定额，费用另行计算。

9. VAV 变风量末端装置安装执行风机盘管安装子目。

10. 设备安装定额的基价中不包括设备费和及应配备的地脚螺栓及支架的价值。

11. 风机过滤器机组（FFU）、高效送风口的安装子目中不包括吊支架的制作、安装可执行相关的定额，费用另行计算。

12. 静压室不分净化级别，按设计规定的面积和净高实施轻质彩钢夹心复合型壁板和顶板的组合以及技术处理，定额中不包括静压室底部过滤器格栅架的安装。

13. 镀锌薄钢板风管制作、安装子目中包括弯头、三通、异径管、天圆地方等管件及法兰、加固框和吊托支架的制作，不包括过跨风管的桥式和落地支架，其费用按相应子目另计。

14. 镀锌薄钢板风管（或净化风管）制作、安装子目中，不包括型钢的镀锌费，如设计要求镀锌时，其费用另计；百级以上级别的净化风管，应按相应规格净化风管制作、安装子目，其人工工日和材料用量乘以系数 1.10。

15. 不锈钢内衬特氟龙的风管安装子目中，不包括支吊架，其费用按相应子目另计。

16. 整个通风系统设计采用渐缩管均匀送风时，按风管平均直径（或长边长）执行相应定额子目，其人工乘以系数 2.5。

17. 风管导流叶片不分单叶片和香蕉型叶片，均执行相应的同一子目。

18. 蝶阀、止回阀等风阀均执行其他调节阀门相应子目。

19. 凡阀体本身带有电动执行机构的电动阀门，其安装均不得再套用电动执行机构的安装相应子目。

20. 百叶风口定额子目适用于单双层百叶风口、联动百叶风口、活动百叶风口、格栅风口等；条形风口定额子目适用于条形散流器和条缝风口安装；旋流风口的定额子目适用于球形喷口及筒形喷口的安装。

21. 伞形风帽不分形状，均执行相应子目。

22. 管式消声器定额子目适用于各类管式消声器安装。

23. 玻璃钢风管：其风管、管件、法兰及加固框均按成品编制，不包括风管及附件损伤修复。

24. 定额中未考虑预埋铁件、木框的制作和埋设，若实际发生时可调整材料费，其余不变。

工程量计算规则

1. 风机盘管分安装方式以"台"计算。

2. 空气幕分功能及安装方式以"台"计算。

3. 干式冷却盘管（DCC）分安装方式，按其设备的重量以"100kg"计算。

4. 空调机组、专用精密空调机室外、室内柜机，按制冷量或风量以"台"计算。

5. 空气加热器不分型号，按加热器本身重量以"台"计算。

6. 冷却塔按设备本身冷却水量以"台"计算。

7. 通风机按安装方式及风机型号以"台"计算。

8. 通风机减振台座及吊架按风机型号以"台"计算。

9. 设备支架按重量以"10kg"计算。

10. 直联式泵按设备本体、电机及设备底座的总重量以"台"计算。

11. 非直联式泵按本体及设备底座的总重量以"台"计算，不包括电机重量。

12. 其他形式的泵均分种类，按设备重量以"台"计算。

13. 弹簧减振器成品以"个"计算。

14. 酸碱及有机处理塔按风量以"台"计算。

15. 板式热交换（器）机组，按设备重量以"台"计算。

16. 层流罩以"台"计算。

17. 风机过滤器机组（FFU）按设备（风口）尺寸以"台"计算。

18. 洁净工作台以"台"计算。

19. 生物安全柜分单人和双人，以"台"计算；双扉高温灭菌锅以"台"计算。

20. 传递窗分种类，按窗口开口面积，以"台"计算。

21. 紧急淋浴器、洗眼器、洁净清洗干手器均以"台"计算。

22. 高效送风口按风口周长以"个"计算。

23. 通风管道分直径（或长边长），按展开面积以"m²"计算。检查孔、测定孔、送回风口等所占的开孔面积不扣除。

24. 风管长度一律以图示管的中心线为准，不扣除弯头、三通、变径管等异形管件的长度，但应扣除阀门及部件所占长度。中心线的起止点均以管的中心线交点为准。

25. 不锈钢内衬特氟龙的风管以"m"计算；管件以"个"计算。

26. 弯头导流叶片按周长以"组"计算。

27. 检查孔、测定孔分规格及类型以"个"计算，不扣除风管开孔面积。

28. 软管接头按展开面积计算，柔性连接管分规格以"节"计算。

29. 风管运输，按薄钢板通风管道、静压箱、罩类及泛水的展开面积以"m²"计算。

30. 风管漏光量、漏风量测试按需测试风管（截面）面积以"m²"计算。

31. 风阀、风口、散流器、金属网框分别按其直径或周长以"个"计算。

32. 圆形喷嘴可执行旋流风口安装子目。

33. 电动机防雨罩按罩体下口周长以"个"计算。

34. 一般排气罩按下口周长的展开面积以"m²"计算。

35. 消声装置分规格按所接风管长以"节（或个）"计算。

36. 静压室分室内净高及室面积以"m²"计算。

37. 吹淋室、吹淋通道按吹淋人数以"台"计算。

38. 通道自动门以"扇"计算。

第一节　制冷设备、设施安装

一、制冷机组安装

（一）活塞式冷水机组安装

工作内容：场内搬运、开箱、检查、就位、找正、焊接、固定、地脚螺栓安装、灌浆、
清理、试运行。

计量单位：台

定额编号				23001001	23001002	23001003
项目名称				制冷量（kW 以内）		
				150	260	400
预算基价				4460.49	5085.29	5991.05
其中	人工费（元）			3193.89	3726.21	4258.53
	材料费（元）			490.09	571.08	695.02
	机械费（元）			776.51	788.00	1037.50
	仪器仪表费（元）			—	—	—
名称	代号	单位	单价（元）	数量		
人工	安装工	1002	工日	145.80	21.906	25.557	29.208
材料	氧气	209121	m³	5.890	0.520	0.520	0.520
	乙炔气	209120	m³	15.000	0.217	0.217	0.217
	钙基酯	209160	kg	5.400	0.300	0.450	0.450
	柴油	208121	kg	9.000	20.226	20.226	30.339
	水泥 综合	202001	kg	0.506	22.000	33.000	33.000
	塑料布	210061	kg	10.400	1.000	2.000	2.650
	电焊条 综合	207290	kg	6.000	0.650	0.650	0.650
	平垫铁	201210	kg	5.750	2.088	2.088	2.088
	斜垫铁	201211	kg	6.960	14.725	16.099	16.099
	道木	203004	m³	1531.000	0.041	0.041	0.041
	板方材	203001	m³	1944.000	0.013	0.013	0.013
	气焊条	207297	kg	5.080	0.200	0.200	0.200
	其他材料费	2999	元	—	71.140	125.790	151.950
机械	吊装机械 综合	3060	台班	416.400	0.500	0.500	0.500
	交流弧焊机≤21kV·A	3099	台班	93.330	0.250	0.250	0.250
	汽车起重机 12t	3012	台班	898.030	0.400	0.400	0.600
	载货汽车 8t	3032	台班	584.010	0.200	0.200	0.300
	其他机具费	3999	元	—	68.960	80.450	91.950

工作内容：场内搬运、开箱、检查、就位、找正、焊接、固定、地脚螺栓安装、灌浆、
　　　　　清理、试运行。

计量单位：台

定 额 编 号				23001004	23001005	23001006
项 目 名 称				制冷量（kW 以内）		
				550	650	800
预 算 基 价				6679.15	8345.89	9676.29
其中	人工费（元）			4811.84	5571.60	6864.26
	材料费（元）			817.87	1232.42	1242.25
	机械费（元）			1049.44	1541.87	1569.78
	仪器仪表费（元）			—	—	—
名 称	代号	单位	单价（元）	数 量		
人工	安装工	1002	工日	145.80	33.003	38.214	47.080
材料	氧气	209121	m³	5.890	0.520	0.520	0.520
	乙炔气	209120	m³	15.000	0.217	0.217	0.217
	钙基酯	209160	kg	5.400	0.450	0.600	0.600
	柴油	208121	kg	9.000	30.339	50.565	50.565
	水泥 综合	202001	kg	0.506	55.000	60.490	68.150
	塑料布	210061	kg	10.400	2.650	4.410	4.410
	电焊条 综合	207290	kg	6.000	0.650	0.650	0.650
	平垫铁	201210	kg	5.750	2.088	2.088	2.088
	斜垫铁	201211	kg	6.960	29.682	49.852	49.852
	道木	203004	m³	1531.000	0.041	0.041	0.041
	板方材	203001	m³	1944.000	0.013	0.013	0.013
	气焊条	207297	kg	5.080	0.200	0.200	0.200
	其他材料费	2999	元	—	169.130	239.370	245.320
机械	吊装机械 综合	3060	台班	416.400	0.500	0.500	0.500
	交流弧焊机≤21kV·A	3099	台班	93.330	0.250	0.250	0.250
	汽车起重机 12t	3012	台班	898.030	0.600	1.000	1.000
	载货汽车 8t	3032	台班	584.010	0.300	0.500	0.500
	其他机具费	3999	元	—	103.890	120.300	148.210

（二）离心式冷水机组安装

工作内容：场内搬运、开箱、检查、就位、找正、找平、焊接、固定、地脚螺栓安装、灌浆、清理、试运转。

计量单位：台

定 额 编 号				23002001	23002002	23002003
项 目 名 称				制冷量（kW 以内）		
				1300	2100	3000
预 算 基 价				13735.79	17064.34	20675.94
其中	人工费（元）			10575.46	13519.31	15978.95
	材料费（元）			1454.15	1689.23	3011.56
	机械费（元）			1706.18	1855.80	1685.43
	仪器仪表费（元）			—	—	—
名 称	代号	单位	单价（元）	数 量		
人工	安装工	1002	工日	145.80	72.534	92.725	109.595
材料	橡胶板 δ3～5	208035	kg	15.500	6.000	6.500	6.500
	氧气	209121	m³	5.890	1.071	1.071	1.071
	乙炔气	209120	m³	15.000	0.454	0.454	0.454
	柴油	208121	kg	9.000	60.954	60.954	86.056
	水泥 综合	202001	kg	0.506	87.000	87.000	87.000
	塑料布	210061	kg	10.400	5.520	5.610	5.700
	钙基酯	209160	kg	5.400	1.212	1.212	1.212
	电焊条 综合	207290	kg	6.000	0.650	0.960	0.960
	平垫铁	201210	kg	5.750	23.424	38.966	42.508
	斜垫铁	201211	kg	6.960	29.000	41.684	45.475
	道木	203004	m³	1531.000	0.057	0.068	0.740
	板方材	203001	m³	1944.000	0.032	0.035	0.039
	气焊条	207297	kg	5.080	0.200	0.300	0.300
	其他材料费	2999	元	—	200.550	224.260	236.370
机械	交流弧焊机≤21kV·A	3099	台班	93.330	0.250	0.369	0.369
	载货汽车 20t	3034	台班	1066.230	—	—	0.600
	汽车起重机 25t	3015	台班	1183.130	0.800	0.800	—
	吊装机械 综合	3060	台班	416.400	1.220	1.400	1.600
	其他机具费	3999	元	—	228.340	291.900	345.010

（三）螺杆式冷水机组安装

工作内容：场内搬运、开箱、检查、就位、找正、找平、焊接、固定、地脚螺栓安装、
灌浆、清理、试运转。

计量单位：台

定额编号				23003001	23003002	23003003	23003004	23003005
项目名称				制冷量（kW以内）				
				240	500	900	1200	1500
预算基价				5673.32	7525.26	9779.70	11869.57	13688.75
其中	人工费（元）			3775.64	5466.04	7294.08	8571.29	10149.14
	材料费（元）			795.19	917.52	1272.60	1563.88	1692.02
	机械费（元）			1102.49	1141.70	1213.02	1734.40	1847.59
	仪器仪表费（元）			—	—	—	—	—
名　称	代号	单位	单价（元）	数　　量				
人工	安装工	1002	工日	145.80	25.896	37.490	50.028	58.788	69.610
材料	氧气	209121	m³	5.890	0.520	0.520	0.820	1.071	1.322
	乙炔气	209120	m³	15.000	0.217	0.217	0.217	0.454	0.691
	钙基酯	209160	kg	5.400	0.606	0.985	1.212	1.212	1.212
	柴油	208121	kg	9.000	40.489	40.489	40.489	57.050	57.050
	水泥 综合	202001	kg	0.506	33.000	33.000	55.000	87.000	96.000
	塑料布	210061	kg	10.400	2.650	3.530	6.170	5.000	3.830
	电焊条 综合	207290	kg	6.000	0.500	0.575	0.650	0.650	0.650
	平垫铁	201210	kg	5.750	7.620	9.144	28.716	35.424	42.132
	斜垫铁	201211	kg	6.960	11.790	14.148	30.148	37.896	45.644
	道木	203004	m³	1531.000	0.041	0.041	0.041	0.062	0.083
	板方材	203001	m³	1944.000	0.012	0.024	0.039	0.032	0.025
	气焊条	207297	kg	5.080	0.200	0.200	0.200	0.200	0.200
	其他材料费	2999	元	—	160.950	223.130	283.120	305.250	324.940
机械	吊装机械 综合	3060	台班	416.400	0.200	0.200	0.270	0.410	0.600
	载货汽车 8t	3032	台班	584.010	0.500	0.500	0.500	—	—
	载货汽车 20t	3034	台班	1066.230	—	—	—	0.500	0.500
	汽车起重机 8t	3011	台班	784.710	0.800	0.800	0.800	—	—
	汽车起重机 16t	3013	台班	1027.710	—	—	—	0.800	0.800
	交流弧焊机≤21kV·A	3099	台班	93.330	0.192	0.221	0.250	0.250	0.250
	其他机具费	3999	元	—	81.520	118.020	157.490	185.060	219.130

（四）模块式冷水机组安装

工作内容：场内搬运、开箱、检查、就位、找正、焊接、固定、地脚螺栓安装、灌浆、清理、试运行。

计量单位：台

定 额 编 号				23004001	23004002	23004003
项 目 名 称				制冷量（kW 以内）		
				60	120	180
预 算 基 价				1091.38	1565.44	2374.26
其中	人工费（元）			501.99	936.91	1405.37
	材料费（元）			235.08	264.83	368.72
	机械费（元）			354.31	363.70	600.17
	仪器仪表费（元）			—	—	—
	名 称	代号	单位	单价（元）	数 量	
人工	安装工	1002	工日	145.80	3.443	6.426	9.639
材料	塑料布	210061	kg	10.400	1.000	2.000	2.650
	氧气	209121	m³	5.890	0.520	0.520	0.520
	柴油	208121	kg	9.000	12.638	12.638	19.808
	水泥 综合	202001	kg	0.506	15.250	19.830	25.780
	平垫铁	201210	kg	5.750	0.950	0.950	1.900
	斜垫铁	201211	kg	6.960	5.700	5.700	7.600
	乙炔气	209120	m³	15.000	0.217	0.217	0.217
	板方材	203001	m³	1944.000	0.010	0.010	0.010
	其他材料费	2999	元	—	32.330	49.360	60.260
机械	吊装机械 综合	3060	台班	416.400	0.200	0.200	0.250
	汽车起重机 16t	3013	台班	1027.710	0.200	0.200	0.400
	叉式装载机 5t	3069	台班	273.230	0.200	0.200	0.200
	其他机具费	3999	元	—	10.840	20.230	30.340

工作内容：场内搬运、开箱、检查、就位、找正、焊接、固定、地脚螺栓安装、灌浆、清理、试运行。

计量单位：台

定 额 编 号				23004004	23004005	23004006
项 目 名 称				制冷量（kW 以内）		
				240	300	360
预 算 基 价				2776.27	3526.05	3977.78
其中	人工费（元）			1739.98	2175.04	2609.97
	材料费（元）			430.89	560.96	568.37
	机械费（元）			605.40	790.05	799.44
	仪器仪表费（元）			—	—	—
名 称	代号	单位	单价（元）	数 量		
人工	安装工	1002	工日	145.80	11.934	14.918	17.901
材料	塑料布	210061	kg	10.400	2.650	4.410	4.410
	氧气	209121	m³	5.890	0.520	0.520	0.520
	柴油	208121	kg	9.000	19.808	25.023	25.023
	水泥 综合	202001	kg	0.506	33.520	43.570	43.570
	平垫铁	201210	kg	5.750	3.800	7.600	7.600
	斜垫铁	201211	kg	6.960	11.400	15.200	15.200
	乙炔气	209120	m³	15.000	0.217	0.217	0.217
	板方材	203001	m³	1944.000	0.010	0.010	0.010
	其他材料费	2999	元	—	81.150	92.590	100.000
机械	吊装机械 综合	3060	台班	416.400	0.250	0.270	0.270
	载货汽车 8t	3032	台班	584.010	—	0.200	0.200
	叉式装载机 5t	3069	台班	273.230	0.200	—	—
	汽车起重机 16t	3013	台班	1027.710	0.400	0.500	0.500
	其他机具费	3999	元	—	35.570	46.960	56.350

（五）溴化锂吸收式冷水机组安装

工作内容：场内搬运、开箱、检查、就位、找正、找平、焊接、固定、地脚螺栓安装、
灌浆、清理、试运转。

计量单位：台

定 额 编 号				23005001	23005002	23005003	23005004	23005005
项 目 名 称				制冷量（kW 以内）				
				600	1000	1500	2500	3500
预 算 基 价				13583.54	15518.84	20330.49	29022.03	36226.10
其中	人工费（元）			10210.52	11715.03	15818.28	21895.22	27755.51
	材料费（元）			1593.51	1761.45	1955.86	2711.54	3109.25
	机械费（元）			1779.51	2042.36	2556.35	4415.27	5361.34
	仪器仪表费（元）			—	—	—	—	—
名 称	代号	单位	单价（元）	数 量				
人工	安装工	1002	工日	145.80	70.031	80.350	108.493	150.173	190.367
材料	橡胶板 δ3～5	208035	kg	15.500	0.100	0.100	0.100	0.300	0.400
	氧气	209121	m³	5.890	1.071	1.071	1.071	1.071	1.612
	乙炔气	209120	m³	15.000	0.454	0.454	0.454	0.454	0.683
	柴油	208121	kg	9.000	64.220	69.100	72.370	111.973	111.741
	水泥 综合	202001	kg	0.506	87.000	87.000	87.000	97.150	120.350
	塑料布	210061	kg	10.400	5.790	5.790	5.790	9.210	11.130
	钙基酯	209160	kg	5.400	0.270	0.270	0.300	0.300	0.300
	电焊条 综合	207290	kg	6.000	0.650	0.650	0.650	0.960	1.280
	平垫铁	201210	kg	5.750	24.024	24.024	24.024	36.036	48.048
	斜垫铁	201211	kg	6.960	38.304	38.304	38.304	57.456	76.608
	道木	203004	m³	1531.000	0.074	0.092	0.139	0.182	0.208
	板方材	203001	m³	1944.000	0.038	0.053	0.067	0.072	0.102
	气焊条	207297	kg	5.080	0.200	0.200	0.300	0.500	0.600
	其他材料费	2999	元	—	298.350	365.650	430.790	505.440	562.440
机械	汽车起重机 16t	3013	台班	1027.710	1.000	—	—	0.500	0.500
	汽车起重机 25t	3015	台班	1183.130	—	1.000	—	—	—
	汽车起重机 30t	3016	台班	1233.760	—	—	1.000	1.000	—
	汽车起重机 50t	3018	台班	2819.840	—	—	—	—	1.000
	载货汽车 20t	3034	台班	1066.230	—	—	—	0.800	—
	吊装机械 综合	3060	台班	416.400	1.220	1.400	2.300	3.140	3.320
	交流弧焊机 ≤ 21kV·A	3099	台班	93.330	0.250	0.250	0.250	0.369	0.492
	其他机具费	3999	元	—	220.460	252.940	341.540	472.740	599.280

二、制冷机组配套设备、设施安装

（一）玻璃钢冷却塔安装

工作内容：放样、下料、钻孔、焊接、埋膨胀螺栓、上螺栓、紧固。　　　　　　　　　计量单位：台

定 额 编 号				23006001	23006002	23006003	23006004	23006005
项 目 名 称				处理水量（m³/h 以内）				
				30	50	70	100	150
预 算 基 价				2458.46	2681.77	3174.28	3715.30	4494.74
其中	人工费（元）			2030.56	2189.19	2482.10	2713.48	3160.80
	材料费（元）			293.70	357.38	438.56	503.23	563.34
	机械费（元）			134.20	135.20	253.62	498.59	770.60
	仪器仪表费（元）			—	—	—	—	—
名　称	代号	单位	单价（元）	数　　量				
人工	安装工	1002	工日	145.80	13.927	15.015	17.024	18.611	21.679
材料	破布	218023	kg	5.040	0.263	0.420	0.420	0.630	0.840
	草袋	218005	m²	1.890	0.500	0.500	0.500	0.500	0.500
	棉丝	218036	kg	5.500	0.610	0.650	0.830	0.880	1.850
	白油漆	209256	kg	18.340	0.100	0.100	0.200	0.300	0.300
	石棉橡胶板	208025	kg	26.000	1.200	1.400	1.400	1.600	1.600
	铁砂布 0#~2#	218024	张	0.970	3.000	4.000	4.000	5.000	5.000
	砂子	204025	kg	0.125	23.800	23.800	45.900	45.900	45.900
	碎石、块石	204027	m³	75.000	0.027	0.027	0.027	0.027	0.027
	水泥 综合	202001	kg	0.506	13.050	13.050	18.850	18.850	18.850
	塑料布	210061	kg	10.400	2.790	5.790	8.130	9.210	9.210
	水费	218096	t	3.200	0.380	0.380	0.550	0.550	0.820
	树脂胶	209109	kg	36.800	1.000	1.500	2.000	2.500	3.000
	镀锌铁丝 8#~12#	207233	kg	8.500	3.700	3.700	3.700	4.800	4.800
	电焊条 综合	207290	kg	6.000	0.210	0.210	0.260	0.260	0.320
	斜垫铁	201211	kg	6.960	6.006	6.006	8.008	8.008	8.008
	普通钢板 δ2.0~2.5	201028	kg	5.300	0.200	0.400	0.800	0.800	1.000
	平垫铁	201210	kg	5.750	4.286	4.286	5.716	5.716	5.716
	板方材	203001	m³	1944.000	0.002	0.002	0.003	0.006	0.006
	机油	209165	kg	7.800	0.101	0.101	0.101	0.101	0.101
	钙基酯	209160	kg	5.400	0.576	0.576	0.576	0.576	0.576
	煤油	209170	kg	7.000	1.500	2.000	2.000	3.000	6.000
	道木	203004	m³	1531.000	0.027	0.027	0.027	0.027	0.030
	汽油 93#	209173	kg	9.900	0.306	0.408	0.510	0.714	1.224
	其他材料费	2999	元	—	10.630	11.960	13.800	15.300	17.690
机械	汽车起重机 12t	3012	台班	898.030	—	—	—	0.200	0.500
	载货汽车 8t	3032	台班	584.010	0.200	0.200	0.400	0.500	0.500
	其他机具费	3999	元	—	17.400	18.400	20.020	26.980	29.580

工作内容：放样、下料、钻孔、焊接、埋膨胀螺栓、上螺栓、紧固。　　　　　　　　　　　　计量单位：台

定 额 编 号				23006006	23006007	23006008	23006009
项 目 名 称				处理水量（m³/h 以内）			
				250	300	500	700
预 算 基 价				6350.59	8286.15	9073.46	10550.17
其中	人工费（元）			4547.36	5370.11	5774.55	7054.39
	材料费（元）			819.87	1206.87	1517.66	1685.67
	机械费（元）			983.36	1709.17	1781.25	1810.11
	仪器仪表费（元）			—	—	—	—
	名　　称	代号	单位	单价（元）	数　　量		
人工	安装工	1002	工日	145.80	31.189	36.832	39.606	48.384
材料	破布	218023	kg	5.040	1.050	1.260	2.100	2.100
	草袋	218005	m²	1.890	1.500	5.000	5.000	5.000
	铁砂布 0# ~ 2#	218024	张	0.970	10.000	15.000	23.000	23.000
	白油漆	209256	kg	18.340	0.600	0.900	1.500	1.500
	石棉橡胶板	208025	kg	26.000	1.800	2.000	2.500	3.000
	棉丝	218036	kg	5.500	1.850	2.800	3.550	3.600
	砂子	204025	kg	0.125	91.800	408.000	408.000	408.000
	碎石、块石	204027	m³	75.000	0.068	0.260	0.260	0.260
	铁钉	207260	kg	5.500	—	0.040	0.040	0.040
	塑料布	210061	kg	10.400	18.420	27.630	46.000	46.000
	水费	218096	t	3.200	1.540	5.900	5.900	5.900
	水泥 综合	202001	kg	0.506	39.150	159.500	159.500	159.500
	镀锌铁丝 8# ~ 12#	207233	kg	8.500	4.800	4.800	5.550	7.400
	电焊条 综合	207290	kg	6.000	0.320	0.420	0.420	0.630
	板方材	203001	m³	1944.000	0.008	0.017	0.017	0.017
	普通钢板 δ2.0 ~ 2.5	201028	kg	5.300	1.400	1.800	1.800	4.000
	平垫铁	201210	kg	5.750	8.572	11.430	11.430	11.430
	斜垫铁	201211	kg	6.960	12.012	16.016	16.016	16.016
	机油	209165	kg	7.800	0.202	0.202	0.303	0.303
	钙基酯	209160	kg	5.400	0.576	0.576	0.576	0.646
	树脂胶	209109	kg	36.800	4.000	5.000	6.000	7.000
	道木	203004	m³	1531.000	0.041	0.041	0.041	0.062
	汽油 93#	209173	kg	9.900	2.040	2.550	3.570	5.100
	煤油	209170	kg	7.000	6.000	9.000	12.000	17.000
	其他材料费	2999	元	—	25.750	32.150	36.710	43.320
机械	汽车起重机 12t	3012	台班	898.030	—	—	0.500	0.500
	汽车起重机 16t	3013	台班	1027.710	0.500	0.500	—	—
	汽车起重机 25t	3015	台班	1183.130	—	0.500	0.500	0.500
	载货汽车 8t	3032	台班	584.010	0.600	0.800	1.000	1.000
	其他机具费	3999	元	—	119.100	136.540	156.660	185.520

（二）水 泵 安 装

1. 单级离心泵安装

工作内容：场内搬运、基础定位、设备开箱、清点、外观检查、基础铲麻面、安装就位、
精平找正、一次灌浆、设备清洗、无负荷运转。

计量单位：台

定额编号				23007001	23007002	23007003	23007004	23007005
项目名称				设备重量（t以内）				
				0.2	0.5	1	1.5	3
预算基价				831.98	961.92	1432.94	2195.56	3030.60
其中	人工费（元）			711.94	804.82	1188.42	1874.11	2572.20
	材料费（元）			80.75	116.98	173.64	211.51	309.29
	机械费（元）			39.29	40.12	70.88	109.94	149.11
	仪器仪表费（元）			—	—	—	—	—
名 称	代号	单位	单价（元）	数 量				
人工	安装工	1002	工日	145.80	4.883	5.520	8.151	12.854	17.642
材料	石棉盘根	208024	kg	16.100	0.250	0.350	0.350	0.700	0.940
	水泥 综合	202001	kg	0.506	38.500	50.750	66.120	83.375	126.295
	氧气	209121	m³	5.890	0.133	0.204	0.204	0.204	0.408
	乙炔气	209120	m³	15.000	0.050	0.075	0.075	0.075	0.150
	镀锌铁丝 8#～12#	207233	kg	8.500	—	—	0.800	0.800	1.200
	铅油	209063	kg	20.000	—	—	0.300	0.400	0.500
	砂子	204025	kg	0.125	88.000	140.800	185.600	233.600	353.600
	碎石、块石	204027	m³	75.000	0.062	0.096	0.127	0.159	0.242
	钙基酯	209160	kg	5.400	0.150	0.202	0.556	0.707	0.909
	普通钢板 δ1.6～1.9	201027	kg	5.300	0.200	0.300	0.400	0.400	0.450
	电焊条 综合	207290	kg	6.000	0.100	0.126	0.189	0.242	0.357
	平垫铁	201210	kg	5.750	1.800	2.032	3.048	3.048	4.064
	斜垫铁	201211	kg	6.960	1.200	2.040	3.060	3.060	4.080
	机油	209165	kg	7.800	0.410	0.606	0.859	1.019	1.364
	煤油	209170	kg	7.000	0.560	0.788	0.945	1.260	1.890
	板方材	203001	m³	1944.000	0.003	0.006	0.009	0.011	0.019
	汽油93#	209173	kg	9.900	0.160	0.204	0.306	0.408	0.510
	其他材料费	2999	元	—	4.350	5.290	7.780	11.400	15.990
机械	叉式装载机 5t	3069	台班	273.230	0.100	0.100	0.200	0.300	0.400
	其他机具费	3999	元	—	11.970	12.800	16.230	27.970	39.820

工作内容：场内搬运、基础定位、设备开箱、清点、外观检查、基础铲麻面、安装就位、精平找正、一次灌浆、设备清洗、无负荷运转。

计量单位：台

定额编号				23007006	23007007	23007008	23007009
项目名称				设备重量（t以内）			
				5	8	12	17
预算基价				4135.23	6463.42	8694.71	10914.48
其中	人工费（元）			3221.74	4957.35	6552.98	8493.43
	材料费（元）			387.94	621.24	900.97	1049.53
	机械费（元）			525.55	884.83	1240.76	1371.52
	仪器仪表费（元）			—	—	—	—
	名称	代号	单位	单价（元）	数量		
人工	安装工	1002	工日	145.80	22.097	34.001	44.945	58.254
材料	乙炔气	209120	m³	15.000	0.187	0.246	0.246	0.246
	铅油	209063	kg	20.000	0.550	0.700	0.820	0.980
	钙基酯	209160	kg	5.400	0.909	1.303	1.535	1.697
	氧气	209121	m³	5.890	0.510	0.673	0.673	0.673
	石棉盘根	208024	kg	16.100	1.200	1.300	1.400	1.500
	碎石、块石	204027	m³	75.000	0.311	0.419	0.554	0.716
	道木 250×200×2500	203005	根	224.640	—	0.030	0.070	0.070
	水泥 综合	202001	kg	0.506	161.385	216.819	289.565	371.026
	砂子	204025	kg	0.125	454.400	627.200	812.800	1059.200
	普通钢板 δ1.6～1.9	201027	kg	5.300	0.500	0.600	0.700	0.760
	镀锌铁丝 8#～12#	207233	kg	8.500	1.200	2.130	4.000	4.000
	平垫铁	201210	kg	5.750	5.085	13.522	28.028	28.028
	斜垫铁	201211	kg	6.960	5.100	12.656	19.376	19.376
	电焊条 综合	207290	kg	6.000	0.441	0.620	0.620	0.620
	煤油	209170	kg	7.000	2.625	3.570	4.095	4.830
	机油	209165	kg	7.800	1.515	1.818	2.172	2.525
	板方材	203001	m³	1944.000	0.025	0.040	0.056	0.076
	汽油 93#	209173	kg	9.900	0.612	0.694	0.755	0.816
	其他材料费	2999	元	—	20.040	30.700	41.300	52.300
机械	汽车起重机 8t	3011	台班	784.710	0.500	—	—	—
	汽车起重机 12t	3012	台班	898.030	—	0.500	—	—
	汽车起重机 16t	3013	台班	1027.710	—	—	0.500	—
	汽车起重机 25t	3015	台班	1183.130	—	—	—	0.500
	叉式装载机 5t	3069	台班	273.230	0.300	—	—	—
	载货汽车 8t	3032	台班	584.010	—	0.500	—	—
	载货汽车 20t	3034	台班	1066.230	—	—	0.500	0.500
	其他机具费	3999	元	—	51.230	143.810	193.790	246.840

2. 多级离心泵安装

工作内容：场内搬运、基础定位、设备开箱、清点、外观检查、基础铲麻面、安装就位、
精平找正、一次灌浆、设备清洗、无负荷运转。

计量单位：台

定额编号				23008001	23008002	23008003	23008004
项目名称				设备重量（t以内）			
				0.1	0.3	0.5	1
预算基价				533.84	1051.31	1198.64	1656.10
其中	人工费（元）			443.23	883.69	988.96	1367.17
	材料费（元）			81.03	126.79	162.29	210.84
	机械费（元）			9.58	40.83	47.39	78.09
	仪器仪表费（元）			—	—	—	—
名称	代号	单位	单价（元）	数量			
人工	安装工	1002	工日	145.80	3.040	6.061	6.783	9.377
材料	铅油	209063	kg	20.000	0.080	0.100	0.150	0.200
	石棉盘根	208024	kg	16.100	0.200	0.300	0.500	0.500
	氧气	209121	m³	5.890	0.153	0.204	0.275	0.347
	乙炔气	209120	m³	15.000	0.056	0.075	0.101	0.127
	碎石、块石	204027	m³	75.000	0.043	0.080	0.108	0.135
	镀锌铁丝 8# ~ 12#	207233	kg	8.500	—	—	—	0.800
	水泥 综合	202001	kg	0.506	20.000	36.000	54.970	66.164
	砂子	204025	kg	0.125	56.000	104.000	152.000	195.200
	钙基酯	209160	kg	5.400	0.150	0.200	0.232	0.404
	普通钢板 δ1.6 ~ 1.9	201027	kg	5.300	0.100	0.120	0.160	0.200
	电焊条 综合	207290	kg	6.000	0.220	0.300	0.326	0.410
	平垫铁	201210	kg	5.750	2.550	3.450	4.064	5.080
	斜垫铁	201211	kg	6.960	2.230	3.000	4.080	5.100
	煤油	209170	kg	7.000	0.800	1.300	1.418	1.733
	机油	209165	kg	7.800	0.400	0.600	0.859	0.980
	板方材	203001	m³	1944.000	0.002	0.004	0.006	0.009
	汽油 93#	209173	kg	9.900	0.500	0.800	0.102	0.153
	其他材料费	2999	元	—	3.720	6.710	8.070	10.840
机械	叉式装载机 5t	3069	台班	273.230	—	0.100	0.100	0.200
	其他机具费	3999	元	—	9.580	13.510	20.070	23.440

工作内容：场内搬运、基础定位、设备开箱、清点、外观检查、基础铲麻面、安装就位、
　　　　　精平找正、一次灌浆、设备清洗、无负荷运转。

计量单位：台

定额编号				23008005	23008006	23008007	23008008
项目名称				设备重量（t以内）			
				2	3	4	6
预算基价				2568.93	3450.82	4145.41	6354.10
其中	人工费（元）			2149.68	2944.72	3375.56	4975.28
	材料费（元）			301.24	353.67	425.23	591.84
	机械费（元）			118.01	152.43	344.62	786.98
	仪器仪表费（元）			—	—	—	—
名　称	代号	单位	单价（元）	数　　量			
人工	安装工	1002	工日	145.80	14.744	20.197	23.152	34.124
材料	铅油	209063	kg	20.000	0.300	0.350	0.350	0.350
	石棉橡胶板	208025	kg	26.000	0.400	0.500	0.600	0.800
	氧气	209121	m³	5.890	0.673	0.765	0.765	0.765
	乙炔气	209120	m³	15.000	0.246	0.281	0.281	0.281
	石棉盘根	208024	kg	16.100	0.700	0.800	1.050	1.250
	碎石、块石	204027	m³	75.000	0.176	0.203	0.270	0.311
	道木 250×200×2500	203005	根	224.640	—	—	—	0.030
	水泥 综合	202001	kg	0.506	88.552	102.805	137.417	162.864
	砂子	204025	kg	0.125	259.200	281.600	388.800	454.400
	钙基酯	209160	kg	5.400	0.556	0.717	0.838	1.101
	普通钢板 δ1.6~1.9	201027	kg	5.300	0.240	0.260	0.300	0.400
	镀锌铁丝 8#~12#	207233	kg	8.500	0.800	0.800	1.200	2.130
	平垫铁	201210	kg	5.750	7.112	8.128	8.128	15.488
	斜垫铁	201211	kg	6.960	7.140	8.160	8.160	14.464
	电焊条 综合	207290	kg	6.000	0.630	0.714	0.735	0.735
	煤油	209170	kg	7.000	2.363	3.150	3.780	4.410
	机油	209165	kg	7.800	1.212	1.485	1.717	1.970
	板方材	203001	m³	1944.000	0.013	0.016	0.023	0.030
	汽油 93#	209173	kg	9.900	0.255	0.408	0.510	0.612
	其他材料费	2999	元	—	16.270	20.990	24.750	35.000
机械	载货汽车 8t	3032	台班	584.010	—	—	0.500	0.500
	汽车起重机 8t	3011	台班	784.710	—	—	—	0.500
	叉式装载机 5t	3069	台班	273.230	0.300	0.400	—	—
	其他机具费	3999	元	—	36.040	43.140	52.610	102.620

工作内容：场内搬运、基础定位、设备开箱、清点、外观检查、基础铲麻面、安装就位、
精平找正、一次灌浆、设备清洗、无负荷运转。

计量单位：台

定 额 编 号				23008009	23008010	23008011	23008012
项 目 名 称				设备重量（t 以内）			
				8	10	15	20
预 算 基 价				8099.88	12415.66	15599.08	22757.35
其中	人工费（元）			6437.94	9946.48	12643.19	18705.85
	材料费（元）			763.89	1170.03	1533.11	1869.60
	机械费（元）			898.05	1299.15	1422.78	2181.90
	仪器仪表费（元）			—	—	—	—
名 称	代号	单位	单价（元）	数 量			
人工	安装工	1002	工日	145.80	44.156	68.220	86.716	128.298
材料	乙炔气	209120	m³	15.000	0.561	2.244	3.366	4.488
	铅油	209063	kg	20.000	0.500	0.700	1.200	1.500
	钙基酯	209160	kg	5.400	1.869	2.020	2.222	2.525
	氧气	209121	m³	5.890	1.530	6.120	9.180	12.240
	石棉橡胶板	208025	kg	26.000	0.800	1.200	1.500	2.000
	砂子	204025	kg	0.125	756.800	950.400	1080.000	1318.400
	碎石、块石	204027	m³	75.000	0.527	0.648	0.743	0.891
	石棉盘根	208024	kg	16.100	1.800	2.000	2.200	2.500
	水泥 综合	202001	kg	0.506	239.250	352.350	387.150	471.250
	机油	209165	kg	7.800	2.828	3.030	3.535	4.040
	普通钢板 δ1.6～1.9	201027	kg	5.300	0.450	0.800	1.200	1.600
	镀锌铁丝 8#～12#	207233	kg	8.500	3.000	4.000	5.000	6.000
	平垫铁	201210	kg	5.750	15.488	26.560	39.840	45.376
	斜垫铁	201211	kg	6.960	14.464	25.536	38.304	43.840
	电焊条 综合	207290	kg	6.000	1.050	1.680	2.100	2.625
	汽油 93#	209173	kg	9.900	0.918	3.060	4.590	6.120
	煤油	209170	kg	7.000	5.880	10.500	15.750	21.000
	道木 250×200×2500	203005	根	224.640	0.050	0.070	0.070	0.100
	板方材	203001	m³	1944.000	0.035	0.038	0.044	0.050
	其他材料费	2999	元	—	45.920	70.530	89.850	124.190
机械	汽车起重机 12t	3012	台班	898.030	0.500			
	汽车起重机 16t	3013	台班	1027.710		0.500	0.500	
	汽车起重机 25t	3015	台班	1183.130	—			1.000
	载货汽车 8t	3032	台班	584.010	0.500			
	载货汽车 20t	3034	台班	1066.230	—	0.500	0.500	0.500
	其他机具费	3999	元	—	157.030	252.180	375.810	465.650

3. 管道泵安装

工作内容：场内搬运、基础定位、设备开箱、清点、外观检查、基础铲麻面、安装就位、
精平找正、一次灌浆、设备清洗、无负荷运转。

计量单位：台

定 额 编 号				23009001	23009002	23009003	23009004
项 目 名 称				普通管道泵　设备重量（t以内）			
				0.05	0.1	0.2	0.5
预 算 基 价				390.60	435.26	509.18	895.38
其中	人工费（元）			342.34	367.85	392.64	738.04
	材料费（元）			42.39	59.91	80.10	117.81
	机械费（元）			5.87	7.50	36.44	39.53
	仪器仪表费（元）			—	—	—	—
名　　称	代号	单位	单价（元）	数　　量			
人工	安装工	1002	工日	145.80	2.348	2.523	2.693	5.062
材料	乙炔气	209120	m³	15.000	0.025	0.037	0.050	0.075
	氧气	209121	m³	5.890	0.067	0.100	0.133	0.204
	钙基酯	209160	kg	5.400	0.075	0.113	0.150	0.202
	石棉盘根	208024	kg	16.100	0.125	0.188	0.250	0.350
	碎石、块石	204027	m³	75.000	0.031	0.047	0.062	0.096
	砂子	204025	kg	0.125	44.800	65.600	88.000	140.800
	水泥 综合	202001	kg	0.506	19.250	28.900	38.500	50.750
	煤油	209170	kg	7.000	0.280	0.420	0.560	0.788
	普通钢板 δ1.6～1.9	201027	kg	5.300	0.100	0.150	0.200	0.300
	斜垫铁	201211	kg	6.960	0.600	0.900	1.200	2.040
	平垫铁	201210	kg	5.750	1.000	1.350	1.800	2.032
	电焊条 综合	207290	kg	6.000	0.050	0.075	0.100	0.126
	机油	209165	kg	7.800	0.205	0.308	0.410	0.606
	汽油 93#	209173	kg	9.900	0.080	0.120	0.160	0.204
	板方材	203001	m³	1944.000	0.002	0.002	0.003	0.006
	其他材料费	2999	元	—	2.540	3.090	3.700	6.120
机械	叉式装载机 5t	3069	台班	273.230	—	—	0.100	0.100
	其他机具费	3999	元	—	5.870	7.500	9.120	12.210

工作内容：场内搬运、基础定位、设备开箱、清点、外观检查、基础铲麻面、安装就位、
精平找正、一次灌浆、设备清洗、无负荷运转。

计量单位：台

定 额 编 号				23009005	23009006	23009007	23009008
项 目 名 称				普通管道泵　设备重量（t以内）			
				1	1.5	3	5
预 算 基 价				1402.52	2120.60	2951.01	3962.26
其中	人工费（元）			1156.78	1797.57	2490.70	3146.36
	材料费（元）			175.15	213.78	311.93	391.37
	机械费（元）			70.59	109.25	148.38	424.53
	仪器仪表费（元）			—	—	—	—
名　　称	代号	单位	单价（元）	数　　　量			
人工	安装工	1002	工日	145.80	7.934	12.329	17.083	21.580
材料	乙炔气	209120	m³	15.000	0.075	0.075	0.150	0.187
	铅油	209063	kg	20.000	0.300	0.400	0.500	0.550
	钙基酯	209160	kg	5.400	0.556	0.707	0.909	0.909
	氧气	209121	m³	5.890	0.204	0.204	0.408	0.510
	砂子	204025	kg	0.125	185.600	233.600	353.600	454.400
	碎石、块石	204027	m³	75.000	0.127	0.159	0.242	0.311
	石棉盘根	208024	kg	16.100	0.350	0.700	0.940	1.200
	水泥 综合	202001	kg	0.506	66.120	83.375	126.295	161.385
	煤油	209170	kg	7.000	0.945	1.260	1.890	2.625
	普通钢板 δ1.6～1.9	201027	kg	5.300	0.400	0.400	0.450	0.500
	镀锌铁丝 8#～12#	207233	kg	8.500	0.800	0.800	1.200	1.200
	平垫铁	201210	kg	5.750	3.048	3.048	4.064	5.085
	斜垫铁	201211	kg	6.960	3.060	3.060	4.080	5.100
	汽油93#	209173	kg	9.900	0.306	0.408	0.510	0.612
	机油	209165	kg	7.800	0.859	1.091	1.364	1.515
	电焊条 综合	207290	kg	6.000	0.189	0.242	0.357	0.441
	板方材	203001	m³	1944.000	0.009	0.011	0.019	0.025
	其他材料费	2999	元	—	9.290	13.100	18.630	23.470
机械	载货汽车 8t	3032	台班	584.010	—	—	—	0.500
	叉式装载机 5t	3069	台班	273.230	0.200	0.300	0.400	0.300
	其他机具费	3999	元	—	15.940	27.280	39.090	50.560

工作内容：场内搬运、基础定位、设备开箱、清点、外观检查、基础铲麻面、安装就位、
　　　　　精平找正、一次灌浆、设备清洗、无负荷运转。

计量单位：台

定 额 编 号				23009009	23009010	23009011	23009012
项 目 名 称				双头管道泵　设备重量（t以内）			
				0.05	0.1	0.2	0.5
预 算 基 价				549.49	599.75	679.40	1213.49
其中	人工费（元）			497.76	528.09	557.83	1048.16
	材料费（元）			44.48	62.73	83.65	123.04
	机械费（元）			7.25	8.93	37.92	42.29
	仪器仪表费（元）			—	—	—	—
名　　称	代号	单位	单价（元）	数　　量			
人工 安装工	1002	工日	145.80	3.414	3.622	3.826	7.189
材料 乙炔气	209120	m³	15.000	0.025	0.037	0.050	0.075
氧气	209121	m³	5.890	0.067	0.100	0.133	0.204
钙基酯	209160	kg	5.400	0.075	0.113	0.150	0.202
石棉盘根	208024	kg	16.100	0.125	0.188	0.250	0.350
碎石、块石	204027	m³	75.000	0.031	0.047	0.062	0.096
砂子	204025	kg	0.125	44.800	65.600	88.000	140.800
水泥 综合	202001	kg	0.506	19.250	28.900	38.500	50.750
机油	209165	kg	7.800	0.205	0.308	0.410	0.606
普通钢板 δ1.6～1.9	201027	kg	5.300	0.100	0.150	0.200	0.300
斜垫铁	201211	kg	6.960	0.600	0.900	1.200	2.040
平垫铁	201210	kg	5.750	1.000	1.350	1.800	2.032
电焊条 综合	207290	kg	6.000	0.050	0.075	0.100	0.126
煤油	209170	kg	7.000	0.420	0.630	0.840	1.182
汽油 93#	209173	kg	9.900	0.120	0.180	0.240	0.306
板方材	203001	m³	1944.000	0.002	0.002	0.003	0.006
其他材料费	2999	元	—	3.260	3.850	4.500	7.590
机械 叉式装载机 5t	3069	台班	273.230	—	—	0.100	0.100
其他机具费	3999	元	—	7.250	8.930	10.600	14.970

工作内容：场内搬运、基础定位、设备开箱、清点、外观检查、基础铲麻面、安装就位、
精平找正、一次灌浆、设备清洗、无负荷运转。

计量单位：台

定　额　编　号				23009013	23009014	23009015	23009016
项　目　名　称				双头管道泵　设备重量（t以内）			
				1	1.5	3	5
预　算　基　价				1899.91	2891.79	4020.32	5313.98
其中	人工费（元）			1642.73	2552.67	3536.67	4467.90
	材料费（元）			182.25	223.13	325.94	409.76
	机械费（元）			74.93	115.99	157.71	436.32
	仪器仪表费（元）			—	—	—	—
名　　称	代号	单位	单价（元）	数　　量			
人工	安装工	1002	工日	145.80	11.267	17.508	24.257	30.644
材料	乙炔	209120	m³	15.000	0.075	0.075	0.150	0.187
	铅油	209063	kg	20.000	0.300	0.400	0.500	0.550
	钙基酯	209160	kg	5.400	0.556	0.707	0.909	0.909
	氧气	209121	m³	5.890	0.204	0.204	0.408	0.510
	砂子	204025	kg	0.125	185.600	233.600	353.600	454.400
	碎石、块石	204027	m³	75.000	0.127	0.159	0.242	0.311
	石棉盘根	208024	kg	16.100	0.350	0.700	0.940	1.200
	水泥 综合	202001	kg	0.506	66.120	83.375	126.295	161.385
	机油	209165	kg	7.800	0.859	1.019	1.364	1.515
	普通钢板 δ1.6～1.9	201027	kg	5.300	0.400	0.400	0.450	0.500
	镀锌铁丝 8#～12#	207233	kg	8.500	0.800	0.800	1.200	1.200
	平垫铁	201210	kg	5.750	3.048	3.048	4.064	5.085
	斜垫铁	201211	kg	6.960	3.060	3.060	4.080	5.100
	汽油 93#	209173	kg	9.900	0.459	0.612	0.765	0.918
	煤油	209170	kg	7.000	1.418	1.890	2.835	3.938
	电焊条 综合	207290	kg	6.000	0.189	0.242	0.357	0.441
	板方材	203001	m³	1944.000	0.009	0.011	0.019	0.025
	其他材料费	2999	元	—	11.560	16.590	23.500	29.630
机械	载货汽车 8t	3032	台班	584.010	—	—	—	0.500
	叉式装载机 5t	3069	台班	273.230	0.200	0.300	0.400	0.300
	其他机具费	3999	元	—	20.280	34.020	48.420	62.350

4. 真空泵安装

工作内容：场内搬运、基础定位、设备开箱、清点、外观检查、基础铲麻面、安装就位、
精平找正、一次灌浆、设备清洗、无负荷运转。

计量单位：台

定 额 编 号				23010001	23010002	23010003	23010004
项 目 名 称				设备重量（t 以内）			
				0.3	0.5	1	2
预 算 基 价				1050.58	1179.59	1716.12	2727.47
其中	人工费（元）			922.48	1036.05	1479.29	2378.29
	材料费（元）			86.93	101.35	163.36	234.74
	机械费（元）			41.17	42.19	73.47	114.44
	仪器仪表费（元）			—	—	—	—
名 称	代号	单位	单价（元）	数 量			
人工 安装工	1002	工日	145.80	6.327	7.106	10.146	16.312
材料 石棉盘根	208024	kg	16.100	0.250	0.300	0.370	0.600
水泥 综合	202001	kg	0.506	26.320	38.135	66.164	95.178
乙炔气	209120	m³	15.000	0.045	0.045	0.067	0.078
铅油	209063	kg	20.000	0.220	0.230	0.250	0.320
镀锌铁丝 8# ~ 12#	207233	kg	8.500	—	—	0.800	1.200
普通钢板 δ1.6 ~ 1.9	201027	kg	5.300	—	—	—	0.200
砂子	204025	kg	0.125	80.000	96.000	164.800	291.200
碎石、块石	204027	m³	75.000	0.054	0.068	0.127	0.275
氧气	209121	m³	5.890	0.122	0.122	0.184	0.214
电焊条 综合	207290	kg	6.000	0.120	0.120	0.180	0.230
板方材	203001	m³	1944.000	0.003	0.004	0.007	0.011
平垫铁	201210	kg	5.750	2.032	2.032	3.048	3.048
斜垫铁	201211	kg	6.960	2.040	2.040	3.060	3.060
钙基酯	209160	kg	5.400	0.170	0.200	0.330	0.550
机油	209165	kg	7.800	0.550	0.600	0.700	0.900
汽油 93#	209173	kg	9.900	0.120	0.150	0.180	0.300
煤油	209170	kg	7.000	0.700	0.800	1.000	1.300
其他材料费	2999	元	—	6.010	6.910	10.370	16.160
机械 叉式装载机 5t	3069	台班	273.230	0.100	0.100	0.200	0.300
其他机具费	3999	元	—	13.850	14.870	18.820	32.470

（三）板式热交换（器）机组安装

工作内容：场内搬运、稳固、调整、上零件。

计量单位：台

定额编号				23011001	23011002	23011003
项目名称				设备重量（t以内）		
				1	3	5
预算基价				2220.61	3913.19	6473.53
其中	人工费（元）			1488.62	3039.93	4855.14
	材料费（元）			366.19	502.91	762.80
	机械费（元）			365.80	370.35	855.59
	仪器仪表费（元）			—	—	—
名称	代号	单位	单价（元）	数量		
人工	安装工	1002	工日	145.80	10.210	20.850	33.300
材料	板方材	203001	m³	1944.000	0.090	0.120	0.190
	洗涤剂	218045	kg	5.060	1.000	1.000	1.500
	丝光毛巾	218047	条	5.000	4.000	4.000	6.000
	斜垫铁 1#	201215	块	4.240	20.000	24.000	40.000
	镀锌铁丝 8# ~ 12#	207233	kg	8.500	6.000	12.000	16.000
	膨胀螺栓 φ16	207163	套	2.700	4.000	6.000	8.000
	其他材料费	2999	元	—	19.570	24.610	28.650
机械	汽车起重机 30t	3016	台班	1233.760	—	—	0.500
	叉式装载机 10t	3078	台班	430.000	—	—	0.500
	叉式装载机 5t	3069	台班	273.230	0.500	0.500	—
	汽车起重机 5t	3010	台班	436.580	0.500	0.500	—
	其他机具费	3999	元	—	10.890	15.440	23.710

（四）设备支架制作、安装

工作内容：放样、下料、平直、钻孔、焊接成形、组对、安装、上螺栓、固定。　　　　计量单位：10kg

定　额　编　号				23012001	23012002	23012003
项　目　名　称				每个支架重量（kg 以内）		
				20	40	60
预　算　基　价				217.87	149.65	123.33
其中	人工费（元）			134.43	76.25	59.63
	材料费（元）			78.08	69.50	61.06
	机械费（元）			5.36	3.90	2.64
	仪器仪表费（元）			—	—	—
	名　　称	代号	单位	单价（元）	数　　量	
人工	安装工	1002	工日	145.80	0.922	0.523	0.409
材料	氧气	209121	m³	5.890	0.100	0.070	0.030
	乙炔气	209120	m³	15.000	0.044	0.033	0.011
	铁砂布 0# ~ 2#	218024	张	0.970	0.500	0.500	0.500
	角钢 63 以外	201017	kg	4.950	—	—	5.800
	豆石混凝土 C15	202149	m³	323.500	0.030	0.020	0.010
	角钢 63 以内	201016	kg	4.950	10.100	10.200	4.500
	普通钢板 δ4.5 ~ 7.0	201031	kg	5.300	0.300	0.200	0.100
	带母螺栓 16×720	207107	套	3.790	3.060	2.040	1.020
	电焊条 综合	207290	kg	6.000	0.190	0.130	0.100
	垫圈 30	207026	个	0.200	6.240	4.160	2.080
	其他材料费	2999	元	—	1.070	0.740	0.600
机械	其他机具费	3999	元	—	5.360	3.900	2.640

第二节　空气调节机安装

一、组合式机组安装

（一）组合式空气机组安装

工作内容：1. 开箱、检查设备及附件、就位、上螺栓、找正、找平、固定、外表污物
清理；
2. 包含各功能段组装及漏风量的检测；
3. 洁净专用功能段的安装；
4. 初、中、高效保护安装；
5. 各功能段及机组内部的洁净处理。

计量单位：台

定　额　编　号				23013001	23013002	23013003	23013004
项　目　名　称				组合式空调机组　风量（m³/h 以内）			
				4000	10000	20000	30000
预　算　基　价				1420.76	2508.23	4625.05	7222.47
其中	人工费（元）			1124.99	2181.61	3911.52	6401.93
	材料费（元）			9.15	17.71	31.78	51.99
	机械费（元）			286.62	308.91	681.75	768.55
	仪器仪表费（元）			—	—	—	—
名　称	代号	单位	单价（元）	数　　量			
人工　安装工	1002	工日	145.80	7.716	14.963	26.828	43.909
材料　煤油	209170	kg	7.000	0.420	0.810	1.460	2.390
材料　棉丝	218036	kg	5.500	0.210	0.410	0.730	1.190
其他材料费	2999	元	—	5.050	9.780	17.540	28.710
机械　其他机具费	3999	元	—	6.530	12.660	22.690	37.140

·65·

工作内容：1. 开箱、检查设备及附件、就位、上螺栓、找正、找平、固定、外表污物清理；
2. 包含各功能段组装及漏风量的检测；
3. 洁净专用功能段的安装；
4. 初、中、高效保护安装；
5. 各功能段及机组内部的洁净处理。

计量单位：台

定 额 编 号				23013005	23013006	23013007	23013008
项 目 名 称				组合式空调机组　风量（m³/h 以内）			
				40000	60000	80000	100000
预 算 基 价				9525.37	14213.45	24015.68	29271.89
其中	人工费（元）			8584.85	12963.22	22593.75	27717.31
	材料费（元）			69.70	105.26	183.42	224.99
	机械费（元）			870.82	1144.97	1238.51	1329.59
	仪器仪表费（元）			—	—	—	—
名　　称	代号	单位	单价（元）	数　　量			
人工	安装工	1002	工日	145.80	58.881	88.911	154.964	190.105
材料	煤油	209170	kg	7.000	3.200	4.830	8.420	10.330
	棉丝	218036	kg	5.500	1.600	2.420	4.210	5.160
	其他材料费	2999	元	—	38.500	58.140	101.320	124.300
机械	其他机具费	3999	元	—	49.800	75.200	131.070	160.790

（二）屋顶式空调机组安装

工作内容：开箱检查设备、附件、底座螺栓、吊装、找平、找正、垫垫、灌浆、螺栓固定。

计量单位：套

定 额 编 号				23014001	23014002	23014003
项 目 名 称				制冷量（kW）		
				≤ 50	≤ 100	≤ 200
预 算 基 价				4559.10	9417.52	17490.81
其中	人工费（元）			4145.09	8855.89	16449.16
	材料费（元）			177.18	273.98	591.03
	机械费（元）			236.83	287.65	450.62
	仪器仪表费（元）			—	—	—
名　　称	代号	单位	单价（元）	数　　量		
人工	安装工	1002	工日	145.80	28.430	60.740	112.820
材料	豆石混凝土 C15	202149	m³	323.500	0.131	0.225	0.552
	铸铁垫板	201136	kg	5.290	16.630	25.862	53.484
	其他材料费	2999	元	—	46.832	64.381	129.530
机械	其他机具费	3999	元	—	236.830	287.650	450.620

工作内容：开箱检查设备、附件、底座螺栓、吊装、找平、找正、垫垫、灌浆、螺栓
固定。

计量单位：套

	定 额 编 号				23014004	23014005	23014006
	项 目 名 称				制冷量（kW）		
					≤ 300	≤ 400	> 400
	预 算 基 价				22370.99	28738.85	33836.29
其中	人工费（元）				20756.09	26742.64	31543.83
	材料费（元）				869.54	1020.91	1176.37
	机械费（元）				745.36	975.30	1116.09
	仪器仪表费（元）				—	—	—
	名 称	代号	单位	单价（元）	数 量		
人工	安装工	1002	工日	145.80	142.360	183.420	216.350
材料	板方材	203001	m³	1944.000	0.076	0.088	0.100
	豆石混凝土 C15	202149	m³	323.500	0.871	1.046	1.218
	石棉盘根	208024	kg	16.100	1.600	1.800	2.200
	道木	203004	m³	1531.000	0.010	0.012	0.018
	平垫铁	201210	kg	5.750	16.740	19.380	22.430
	紫铜板 综合	201134	kg	55.140	0.280	0.300	0.350
	钢板 综合	201038	kg	5.300	1.600	2.100	2.500
	斜垫铁	201211	kg	6.960	18.630	22.460	25.820
	石棉橡胶板	208025	kg	26.000	4.800	5.500	6.000
	其他材料费	2999	元	—	24.320	25.680	27.740
机械	汽车起重机 16t	3013	台班	1027.710	—	0.949	1.086
	汽车起重机 12t	3012	台班	898.030	0.830	—	—

二、专用精密空气调节机安装

（一）专用精密空气调节机室内柜机安装

工作内容：开箱、检查附件、就位、安装、找平、找正、上螺栓、固定、打洞、清理。　　　计量单位：台

定 额 编 号			23015001	23015002	23015003	23015004
项 目 名 称			制冷量（kW）			
			≤ 10	≤ 20	≤ 50	≤ 100
预 算 基 价			548.83	1502.30	2753.68	4005.05
其中	人工费（元）		459.85	1401.72	2575.70	3739.48
	材料费（元）		9.58	16.25	27.98	30.05
	机械费（元）		79.40	84.33	150.00	235.52
	仪器仪表费（元）		—	—	—	—
名　称	代号	单位	单价（元）	数　量		
人工	安装工	1002	工日	145.80	3.154	9.614	17.666	25.648
材料	带母螺栓 14×65 ~ 80	207106	套	0.737	4.080	4.080	—	—
	带母螺栓 14×65 ~ 100	207105	套	1.379	—	—	6.120	6.120
	煤油	209170	kg	7.000	0.160	0.510	0.750	0.860
	弹簧垫圈 16	207038	个	0.075	—	—	6.360	6.360
	垫圈 16	207020	个	0.058	—	—	12.720	12.720
	垫圈 14	207019	个	0.045	8.480	8.480	—	—
	弹簧垫圈 14	207037	个	0.050	4.240	4.240	—	—
	棉丝	218036	kg	5.500	0.500	0.500	0.500	0.500
	其他材料费	2999	元	—	2.110	6.330	10.330	11.630
机械	叉式装载机 5t	3069	台班	273.230	—	—	0.549	0.862
	电动卷扬机 5t	3047	台班	71.470	1.111	1.180	—	—

（二）专用精密空气调节机室外柜机安装

工作内容：开箱、检查附件、就位、安装、找平、找正、上螺栓、固定、打洞、清理。　　计量单位：台

定　额　编　号				23016001	23016002	23016003	23016004
项　目　名　称				制冷量（kW）			
				≤ 10	≤ 20	≤ 50	≤ 100
预　算　基　价				348.44	482.87	1105.12	1934.77
其中	人工费（元）			271.48	381.12	930.50	1698.28
	材料费（元）			30.08	33.35	33.09	39.22
	机械费（元）			46.88	68.40	141.53	197.27
	仪器仪表费（元）			—	—	—	—
名　　称	代号	单位	单价（元）	数　　量			
人工 安装工	1002	工日	145.80	1.862	2.614	6.382	11.648
材料 带母螺栓 14×65～80	207106	套	0.737	2.360	2.360	—	—
带母螺栓 14×65～100	207105	套	1.379	—	—	3.350	3.350
豆石混凝土 C15	202149	m³	323.500	0.010	0.010	0.020	0.020
弹簧垫圈 16	207038	个	0.075	—	—	3.690	3.690
垫圈 16	207020	个	0.058	—	—	7.910	7.910
垫圈 14	207019	个	0.045	4.180	4.180	—	—
弹簧垫圈 14	207037	个	0.050	2.520	2.520		
铸铁垫板	201136	kg	5.290	3.900	3.900	0.500	0.500
其他材料费	2999	元	—	4.160	7.430	18.620	24.750
机械 叉式装载机 5t	3069	台班	273.230	—	—	0.518	0.722
电动卷扬机 5t	3047	台班	71.470	0.656	0.957	—	—

三、其他类型空调机（器）安装

（一）干式冷却盘管（DCC）安装

工作内容：1. 开箱检查设备、附件、底座螺栓。
2. 吊装、找平、找正，垫垫、螺栓固定、装梯子。

计量单位：100kg

定 额 编 号					23017001	23017002	23017003
项 目 名 称					落地安装	吊顶安装	壁挂安装
预 算 基 价					512.41	483.94	446.25
其中	人工费（元）				338.26	382.00	354.29
	材料费（元）				63.84	70.10	66.35
	机械费（元）				110.31	31.84	25.61
	仪器仪表费（元）				—	—	—
名　称	代号	单位	单价（元）		数　量		
人工	安装工	1002	工日	145.80	2.320	2.620	2.430
材料	干式表冷器	217176	台	—	（1.000）	（1.000）	（1.000）
	精制六角带帽螺栓 M8×75	207634	套	0.186	42.000	63.000	50.400
	电焊条 综合	207290	kg	6.000	0.100	0.100	0.100
	石棉橡胶板	208025	kg	26.000	0.530	0.530	0.530
	扁钢 60 以内	201018	kg	4.900	0.960	1.440	1.152
	普通钢板 δ1.0～1.5	201026	kg	5.300	0.480	0.480	0.480
	角钢 63 以内	201016	kg	4.950	6.950	6.950	6.950
机械	汽车起重机 8t	3011	台班	784.710	0.100	—	—
	电动卷扬机 10t	3048	台班	178.090	0.085	0.085	0.050
	交流弧焊机≤21kV·A	3099	台班	93.330	0.179	0.179	0.179

（二）空调机组水洗喷淋加湿段安装

工作内容：找平、找正，焊接管道、固定。

计量单位：台

	定 额 编 号				23018001	
	项 目 名 称				水洗喷淋加湿段	
	预 算 基 价				3735.13	
其中	人工费（元）				2373.19	
	材料费（元）				660.30	
	机械费（元）				701.64	
	仪器仪表费（元）				—	
	名　称	代号	单位	单价（元）	数　量	
人工	安装工	1002	工日	145.80	16.277	
材料	氧气	209121	m³	5.890	2.920	
	乙炔气	209120	m³	15.000	1.043	
	电焊条 综合	207290	kg	6.000	4.700	
	铜丝布	207733	m	40.910	3.000	
	精制六角带帽螺栓 M16×61～80	207642	套	1.000	51.000	
	精制六角带帽螺栓 M8×75	207634	套	0.186	51.000	
	焊接钢管	201080	t	5100.000	0.006	
	槽钢 16 以内	201020	kg	5.050	5.600	
	普通钢板 δ8.0～15	201032	kg	5.300	25.100	
	普通钢板 δ3.5～4.0	201030	kg	5.300	16.900	
	圆钢 φ10 以内	201014	kg	5.200	12.000	
	扁钢 60 以内	201018	kg	4.900	12.000	
	角钢 63 以内	201016	kg	4.950	2.700	
机械	台式钻床 φ16	3072	台班	11.430	0.850	
	载货汽车 8t	3032	台班	584.010	1.000	
	普通车床 φ400×2000	3075	台班	196.040	0.510	
	交流弧焊机≤21kV·A	3099	台班	93.330	0.085	

（三）空气加热（冷却）器安装

工作内容：开箱、检查、制作安装柜子及密封板、制垫、安装、垫垫、紧螺栓。　　　　计量单位：台

定　额　编　号				23019001	23019002	23019003
项　目　名　称				重量（kg 以内）		
				100	200	400
预　算　基　价				239.42	308.11	478.47
其中	人工费（元）			175.98	227.16	356.04
	材料费（元）			48.02	61.77	92.16
	机械费（元）			15.42	19.18	30.27
	仪器仪表费（元）			—	—	—
	名　称	代号	单位	单价（元）	数　量	
人工	安装工	1002	工日	145.80	1.207	1.558	2.442
材料	电焊条 综合	207290	kg	6.000	0.100	0.100	0.100
	橡胶板 $\delta 3 \sim 5$	208035	kg	15.500	0.380	0.530	1.210
	棉丝	218036	kg	5.500	0.100	0.100	0.100
	带母螺栓 $8 \times 65 \sim 80$	207100	套	0.215	38.480	43.680	64.480
	普通钢板 $\delta 1.0 \sim 1.5$	201026	kg	5.300	0.270	0.480	0.600
	角钢 63 以内	201016	kg	4.950	5.240	6.950	9.610
	扁钢 60 以内	201018	kg	4.900	0.870	0.960	1.130
	其他材料费	2999	元	—	1.070	1.360	2.110
机械	其他机具费	3999	元	—	15.420	19.180	30.270

（四）风机盘管安装

工作内容：开箱、检查附件、埋膨胀螺栓、制作和安装吊架、胀塞、安装、上螺栓、
　　　　　找平、找正、紧固。　　　　　　　　　　　　　　　　　　　计量单位：台

定　额　编　号				23020001	23020002	23020003
项　目　名　称				落地式	吊顶式	壁挂式
预　算　基　价				133.33	380.09	166.34
其中	人工费（元）			115.04	318.57	153.82
	材料费（元）			8.98	45.74	2.99
	机械费（元）			9.31	15.78	9.53
	仪器仪表费（元）			—	—	—
	名　称	代号	单位	单价（元）	数　量	
人工	安装工	1002	工日	145.80	0.789	2.185	1.055
材料	弹簧垫圈 8	207034	个	0.010	—	4.240	—
	六角螺母 10	207060	个	0.063	—	12.720	—
	塑料胀塞	210029	个	0.030	—	—	4.160
	垫圈 10	207017	个	0.025	—	12.720	—
	圆钢 $\phi 10$ 以内	201014	kg	5.200	—	2.550	—
	泡沫塑料	210082	kg	20.600	0.100	0.100	0.100
	膨胀螺栓 $\phi 10$	207160	套	1.430	4.160	4.160	—
	槽钢 16 以内	201020	kg	5.050	—	4.210	—
	其他材料费	2999	元	—	0.970	2.050	0.810
机械	其他机具费	3999	元	—	9.310	15.780	9.530

（五）转轮除湿机安装

工作内容：开箱、检查设备及附件、就位、上螺栓、找正、找平、固定、外表污物清理。

计量单位：台

定额编号				23021001	23021002	23021003	23021004
项目名称				处理风量（m³/h 以内）			
				500	3000	8000	15000
预算基价				1318.16	2374.29	4955.60	6109.79
其中	人工费（元）			1184.48	2177.67	4399.66	5433.24
	材料费（元）			42.06	54.82	75.71	107.88
	机械费（元）			91.62	141.80	480.23	568.67
	仪器仪表费（元）			—	—	—	—
名称	代号	单位	单价（元）	数量			
人工	安装工	1002	工日	145.80	8.124	14.936	30.176	37.265
材料	紫铜板 综合	201134	kg	55.140	0.105	0.150	0.210	0.210
	石棉橡胶板	208025	kg	26.000	0.600	0.600	0.800	1.400
	斜垫铁	201211	kg	6.960	1.680	2.530	3.140	4.320
	棉丝	218036	kg	5.500	0.210	0.410	0.753	1.186
	煤油	209170	kg	7.000	0.420	0.810	1.640	2.250
	钢板 综合	201038	kg	5.300	0.200	0.300	0.300	0.400
	其他材料费	2999	元	—	3.825	3.825	4.263	5.442
机械	叉式起重机 6t	3027	台班	585.650	—	—	0.820	0.971
	电动卷扬机 5t	3047	台班	71.470	1.282	1.984	—	—

工作内容：开箱、检查设备及附件、就位、上螺栓、找正、找平、固定、外表污物清理。

计量单位：台

定额编号				23021005	23021006	23021007	23021008
项目名称				处理风量（m³/h 以内）			
				25000	35000	50000	50000 以上
预算基价				7878.77	10324.65	14321.33	17210.70
其中	人工费（元）			7648.96	10043.29	13199.57	15792.76
	材料费（元）			149.91	190.59	280.77	347.37
	机械费（元）			79.90	90.77	840.99	1070.57
	仪器仪表费（元）			—	—	—	—
名称	代号	单位	单价（元）	数量			
人工	安装工	1002	工日	145.80	52.462	68.884	90.532	108.318
材料	紫铜板 综合	201134	kg	55.140	0.210	0.240	0.260	0.260
	石棉橡胶板	208025	kg	26.000	2.200	2.500	3.500	4.000
	斜垫铁	201211	kg	6.960	5.680	7.540	12.420	16.610
	棉丝	218036	kg	5.500	1.560	2.380	4.230	6.740
	煤油	209170	kg	7.000	3.420	4.760	6.880	8.310
	钢板 综合	201038	kg	5.300	0.400	0.600	0.600	0.600
	其他材料费	2999	元	—	6.955	10.284	14.387	15.010
机械	叉式起重机 6t	3027	台班	585.650	—	—	1.436	1.828
	电动卷扬机 5t	3047	台班	71.470	1.118	1.270	—	—

第三节　空气净化设备安装

一、静压室与静压箱安装

（一）静压室安装

工作内容：场内搬运、开箱、清件、定位、吊托架制作与安装、找正、找平、顶板壁板组装连接、上螺钉紧固、涂胶、洁净处理、密封。

计量单位：m²

定额编号				23022001	23022002	23022003	23022004
项 目 名 称				室高2m以内、面积m²以内			
				10	20	30	40
预 算 基 价				728.02	692.82	656.31	634.40
其中	人工费（元）			411.16	402.99	394.83	386.95
	材料费（元）			279.86	254.24	228.88	216.09
	机械费（元）			33.24	31.83	28.84	27.85
	仪器仪表费（元）			3.76	3.76	3.76	3.51
名 称	代号	单位	单价（元）	数 量			
人工	安装工	1002	工日	145.80	2.820	2.764	2.708	2.654
材料	彩钢夹心复合顶板	217102	m²	—	（1.150）	（1.150）	（1.150）	（1.150）
	彩钢夹心复合壁板	217103	m²	—	（3.625）	（3.106）	（2.300）	（1.869）
	抽芯铆钉 φ4	207265	100个	3.600	0.100	0.100	0.080	0.080
	透明中性硅胶	209227	支	22.280	1.550	1.350	1.110	1.010
	自攻螺钉 M4×16	207409	100个	8.000	0.280	0.280	0.280	0.280
	镀锌角钢	201022	kg	7.950	1.270	1.270	1.270	1.270
	膨胀螺栓 φ8	207159	套	1.320	1.260	1.260	1.260	1.260
	四氯化碳	209419	kg	13.750	0.423	0.364	0.300	0.272
	封箱胶带 W45mm×18m	209432	卷	6.500	0.080	0.080	0.080	0.080
	胶合板7	203008	m²	46.410	0.860	0.860	0.860	0.860
	聚氯乙烯薄膜	210007	kg	10.400	0.090	0.090	0.090	0.090
	白布	218002	m	6.800	0.350	0.300	0.250	0.230
	丝光毛巾	218047	条	5.000	0.700	0.600	0.500	0.450
	镀锌扁钢	201023	kg	7.900	4.590	4.590	4.590	4.590
	单圆角铝 HJ-5009	217045	m	13.970	1.610	1.380	0.997	0.805
	外圆角铝 HJ-5008	217009	m	15.750	1.035	0.518	0.345	0.259
	工字铝 HJ-5005	217008	m	7.350	3.728	3.833	3.378	3.150
	座槽铝 HJ-5012	217011	m	8.400	1.610	1.380	0.997	0.805
	微调杆接头 PJ-08	206364	只	0.950	2.554	2.554	2.554	2.554
	专用连接螺栓套件 PL-01	217020	套	3.890	1.272	1.272	1.272	1.272
	镀锌吊杆 PG-08	217046	m	1.960	1.989	1.989	1.989	1.989
	槽铝 HJ-5015	217012	m	7.140	1.610	1.380	0.997	0.805
	C型梁 P4141	206362	m	24.150	1.533	1.323	1.296	1.257
	其他材料费	2999	元	—	2.130	1.850	1.650	1.500
机械	型材切割机	3108	台班	18.310	0.025	0.025	0.025	0.022
	振动剪 JS3200	3106	台班	106.260	0.020	0.020	0.020	0.017
	汽车起重机 5t	3010	台班	436.580	0.030	0.030	0.025	0.025
	其他机具费	3999	元	—	17.560	16.150	15.340	14.730
仪器仪表	水准仪	4296	台班	54.000	0.030	0.030	0.030	0.030
	激光扫描水平仪	4308	台班	63.000	0.034	0.034	0.034	0.030

工作内容：场内搬运、开箱、清件、定位、吊托架制作安装、找正、找平、顶板壁板
组装连接、上螺钉紧固、涂胶、洁净处理、密封。

计量单位：m²

定 额 编 号				23022005	23022006	23022007	23022008
项 目 名 称				面积 m² 以内室高 2m 以内		面积 m² 以内室高 3m 以内	
				50	50 以上	10	20
预 算 基 价				616.84	610.11	1213.46	1057.30
其中	人工费（元）			379.23	375.44	847.97	726.96
	材料费（元）			208.15	205.62	315.29	282.38
	机械费（元）			25.95	25.67	46.14	43.90
	仪器仪表费（元）			3.51	3.38	4.06	4.06
名 称	代号	单位	单价（元）	数 量			
人工	安装工	1002	工日	145.80	2.601	2.575	5.816	4.986
材料	彩钢夹心复合顶板	217102	m²	—	（1.150）	（1.150）	（1.150）	（1.150）
	彩钢夹心复合壁板	217103	m²	—	（1.553）	（1.506）	（5.233）	（4.486）
	抽芯铆钉 φ4	207265	100 个	3.600	0.075	0.075	0.145	0.145
	透明中性硅胶	209227	支	22.280	0.950	0.920	2.325	2.025
	自攻螺钉 M4×16	207409	100 个	8.000	0.280	0.280	0.420	0.420
	镀锌角钢	201022	kg	7.950	1.270	1.270	1.270	1.270
	膨胀螺栓 φ8	207159	套	1.320	1.260	1.260	1.260	1.260
	四氯化碳	209419	kg	13.750	0.257	0.248	0.630	0.540
	封箱胶带 W45mm×18m	209432	卷	6.500	0.080	0.080	0.080	0.080
	胶合板 7	203008	m²	46.410	0.860	0.860	0.750	0.750
	聚氯乙烯薄膜	210007	kg	10.400	0.090	0.090	0.090	0.090
	白布	218002	m	6.800	0.215	0.207	0.530	0.490
	丝光毛巾	218047	条	5.000	0.430	0.410	1.100	0.900
	镀锌扁钢	201023	kg	7.900	4.590	4.590	4.590	4.590
	单圆角铝 HJ-5009	217045	m	13.970	0.690	0.669	1.610	1.380
	外圆角铝 HJ-5008	217009	m	15.750	0.210	0.200	1.553	0.777
	工字铝 HJ-5005	217008	m	7.350	3.014	2.998	4.778	4.883
	座槽铝 HJ-5012	217011	m	8.400	0.690	0.669	1.610	1.380
	微调杆接头 PJ-08	206364	只	0.950	2.554	2.554	2.544	2.544
	专用连接螺栓套件 PL-01	217020	套	3.890	1.272	1.272	1.272	1.272
	镀锌吊杆 PG-08	217046	m	1.960	1.989	1.989	1.530	1.530
	槽铝 HJ-5015	217012	m	7.140	0.690	0.669	1.610	1.380
	C 型梁 P4141	206362	m	24.150	1.219	1.195	1.533	1.323
	其他材料费	2999	元	—	1.400	1.300	3.080	2.670
机械	型材切割机	3108	台班	18.310	0.022	0.022	0.025	0.025
	振动剪 JS3200	3106	台班	106.260	0.017	0.017	0.025	0.025
	汽车起重机 5t	3010	台班	436.580	0.022	0.022	0.040	0.040
	其他机具费	3999	元	—	14.140	13.860	25.560	23.326
仪器仪表	水准仪	4296	台班	54.000	0.030	0.030	0.032	0.032
	激光扫描水平仪	4308	台班	63.000	0.030	0.028	0.037	0.037

工作内容：场内搬运、开箱、清件、定位、吊托架制作安装、找正、找平、顶板壁板
组装连接、上螺钉紧固、涂胶、洁净处理、密封。

计量单位：m²

定 额 编 号					23022009	23022010	23022011	23022012
项 目 名 称					室高3m以内、面积m²以内			
					30	40	50	50以上
预 算 基 价					860.17	788.50	735.09	716.46
其中	人工费（元）				565.41	511.47	469.91	455.19
	材料费（元）				250.14	234.10	224.42	220.77
	机械费（元）				40.56	39.19	37.02	36.76
	仪器仪表费（元）				4.06	3.74	3.74	3.74
名 称		代号	单位	单价（元）	数 量			
人工	安装工	1002	工日	145.80	3.878	3.508	3.223	3.122
材料	彩钢夹心复合顶板	217102	m²	—	（1.150）	（1.150）	（1.150）	（1.150）
	彩钢夹心复合壁板	217103	m²	—	（3.323）	（2.700）	（2.243）	（2.175）
	抽芯铆钉 φ4	207265	100个	3.600	0.145	0.145	0.145	0.145
	透明中性硅胶	209227	支	22.280	1.670	1.520	1.430	1.380
	自攻螺钉 M4×16	207409	100个	8.000	0.420	0.420	0.420	0.420
	镀锌角钢	201022	kg	7.950	1.270	1.270	1.270	1.270
	膨胀螺栓 φ8	207159	套	1.320	1.260	1.260	1.260	1.260
	四氯化碳	209419	kg	13.750	0.450	0.400	0.380	0.370
	封箱胶带 W45mm×18m	209432	卷	6.500	0.080	0.080	0.080	0.080
	胶合板7	203008	m²	46.410	0.750	0.750	0.750	0.750
	聚氯乙烯薄膜	210007	kg	10.400	0.090	0.090	0.090	0.090
	白布	218002	m	6.800	0.400	0.370	0.360	0.350
	丝光毛巾	218047	条	5.000	0.750	0.700	0.680	0.630
	镀锌扁钢	201023	kg	7.900	4.590	4.590	4.590	4.590
	单圆角铝 HJ-5009	217045	m	13.970	0.997	0.805	0.690	0.669
	外圆角铝 HJ-5008	217009	m	15.750	0.518	0.389	0.315	0.286
	工字铝 HJ-5005	217008	m	7.350	4.148	3.780	3.560	3.523
	座槽铝 HJ-5012	217011	m	8.400	0.997	0.805	0.690	0.669
	微调杆接头 PJ-08	206364	只	0.950	2.544	2.544	2.544	2.544
	专用连接螺栓套件 PL-01	217020	套	3.890	1.272	1.272	1.272	1.272
	镀锌吊杆 PG-08	217046	m	1.960	1.530	1.530	1.530	1.530
	槽铝 HJ-5015	217012	m	7.140	0.997	0.805	0.690	0.669
	C型梁 P4141	206362	m	24.150	1.296	1.257	1.219	1.195
	其他材料费	2999	元	—	2.380	2.170	2.030	1.880
机械	型材切割机	3108	台班	18.310	0.025	0.022	0.022	0.022
	振动剪 JS3200	3106	台班	106.260	0.025	0.021	0.021	0.021
	汽车起重机 5t	3010	台班	436.580	0.035	0.035	0.032	0.032
	其他机具费	3999	元	—	22.170	21.280	20.420	20.160
仪器仪表	水准仪	4296	台班	54.000	0.032	0.032	0.032	0.032
	激光扫描水平仪	4308	台班	63.000	0.037	0.032	0.032	0.032

（二）静压箱安装

工作内容：定位、吊托支架、箱体就位安装、垫垫、找正、找平、上螺栓、紧固、塑封。

计量单位：m²

定 额 编 号				23023001	23023002	23023003	23023004	23023005
项 目 名 称				长边长（mm 以内）按周长计				
				450	630	1000	1250	1250 以上
预 算 基 价				94.46	53.43	50.30	53.70	53.28
其中	人工费（元）			80.48	42.57	37.47	39.80	39.80
	材料费（元）			11.95	9.30	11.47	12.65	12.30
	机械费（元）			2.03	1.56	1.36	1.25	1.18
	仪器仪表费（元）			—	—	—	—	—
名 称	代号	单位	单价（元）	数 量				
人工 安装工	1002	工日	145.80	0.552	0.292	0.257	0.273	0.273
材料 镀锌带母螺栓 6×16～25	207118	套	0.080	6.000	—	—	—	—
镀锌带母螺栓 8×16～25	207120	套	0.160	—	5.800	11.600	11.100	10.600
橡胶板 δ1～3	208034	kg	11.500	0.098	0.091	0.228	0.215	0.202
膨胀螺栓 φ10	207160	套	1.430	—	—	0.280	0.200	0.120
槽钢 16 以内	201020	kg	5.050	—	—	—	—	0.008
镀锌六角螺母 10	207068	个	0.120	—	—	0.500	0.500	0.500
圆钢 φ10 以内	201014	kg	5.200	0.877	0.498	0.485	0.696	0.688
角钢 63 以内	201016	kg	4.950	0.919	0.787	0.761	0.843	0.844
镀锌六角螺母 8	207067	个	0.054	1.600	0.900	—	—	—
膨胀螺栓 φ8	207159	套	1.320	0.550	0.420	—	—	—
其他材料费	2999	元	—	0.420	0.240	0.240	0.260	0.250
机械 其他机具费	3999	元	—	2.030	1.560	1.360	1.250	1.180

二、层流罩安装

工作内容：定位、吊托支架、安装、找正、找平、上螺栓、紧固、塑封等。 计量单位：台

定 额 编 号				23024001
项 目 名 称				层流罩安装
预 算 基 价				425.32
其中	人工费（元）			411.16
	材料费（元）			14.16
	机械费（元）			—
	仪器仪表费（元）			—
名 称	代号	单位	单价（元）	数 量
人工 安装工	1002	工日	145.80	2.820
材料 层流罩	217170	台	—	（1.000）
洗涤剂	218045	kg	5.060	0.506
丝光毛巾	218047	条	5.000	2.000
其他材料费	2999	元	—	1.600

三、风机过滤器机组（FFU）安装

工作内容：场内搬运、安装、检查、清洁等。 计量单位：台

定 额 编 号				23025001	23025002	23025003	23025004
项 目 名 称				FFU 安装（mm）			
				1200×600	1200×900	1200×1200	1500×900
预 算 基 价				312.87	359.32	409.37	409.77
其中	人工费（元）			277.02	320.76	364.50	364.50
	材料费（元）			18.35	19.96	25.57	25.97
	机械费（元）			17.50	18.60	19.30	19.30
	仪器仪表费（元）			—	—	—	—
名 称	代号	单位	单价（元）	数 量			
人工 安装工	1002	工日	145.80	1.900	2.200	2.500	2.500
材料 洗涤剂	218045	kg	5.060	0.800	1.000	1.200	1.200
无尘布	218119	块	4.000	3.000	3.000	4.000	4.000
其他材料费	2999	元	—	2.300	2.900	3.500	3.900
机械 其他机具费	3999	元	—	17.500	18.600	19.300	19.300

四、空气吹淋装置安装

（一）通道式吹淋室与自动门安装

工作内容：场内搬运、开箱、清件、外观检查、顶位、座槽铝安装、组装连接、
找正、找平、固定、涂胶、清理。

计量单位：台（扇）

定　额　编　号				23026001	23026002	23026003
项　目　名　称				吹淋通道		
				三人	四人	五人
预　算　基　价				2876.55	3297.79	3882.56
其中	人工费（元）			2577.74	2964.84	3500.66
	材料费（元）			151.50	184.25	213.90
	机械费（元）			147.31	148.70	168.00
	仪器仪表费（元）			—	—	—
名　称	代号	单位	单价（元）	数　量		
人工	安装工	1002	工日	145.80	17.680	20.335	24.010
材料	洗涤剂	218045	kg	5.060	0.600	0.600	0.700
	透明中性硅胶	209227	支	22.280	4.350	5.220	6.100
	丝光毛巾	218047	条	5.000	1.500	1.800	2.000
	膨胀螺栓 ϕ8	207159	套	1.320	12.480	16.640	20.800
	白布	218002	m	6.800	1.500	1.800	1.800
	其他材料费	2999	元	—	17.370	21.710	24.750
机械	叉式起重机 3t	3026	台班	358.370	0.400	0.400	0.450
	其他机具费	3999	元	—	3.960	5.350	6.730

工作内容：场内搬运、开箱、清件、外观检查、顶位、座槽铝安装、组装连接、
找正、找平、固定、涂胶、清理。

计量单位：台（扇）

定　额　编　号				23026004	23026005	23026006
项　目　名　称				吹淋通道		通道自动门
				六人	七人	
预　算　基　价				4466.67	5033.54	756.66
其中	人工费（元）			4035.74	4572.29	571.54
	材料费（元）			243.62	272.56	4.17
	机械费（元）			187.31	188.69	180.95
	仪器仪表费（元）			—	—	—
名　称	代号	单位	单价（元）	数　量		
人工	安装工	1002	工日	145.80	27.680	31.360	3.920
材料	洗涤剂	218045	kg	5.060	0.700	0.800	0.020
	透明中性硅胶	209227	支	22.280	6.960	7.830	—
	丝光毛巾	218047	条	5.000	2.000	2.000	0.100
	膨胀螺栓 ϕ8	207159	套	1.320	24.960	29.120	0.500
	白布	218002	m	6.800	2.000	2.000	0.100
	其他材料费	2999	元	—	28.460	32.020	2.890
机械	叉式起重机 3t	3026	台班	358.370	0.500	0.500	0.500
	其他机具费	3999	元	—	8.120	9.500	1.760

（二）空气吹淋室安装

工作内容：场内搬运、开箱、检查、划线、角铝固定、就位、找正、找平、涂胶、清理。

计量单位：台

	定 额 编 号				23027001	23027002
	项 目 名 称				单人吹淋室	双人吹淋室
	预 算 基 价				1160.83	1989.71
其中	人工费（元）				1070.76	1826.87
	材料费（元）				70.79	130.70
	机械费（元）				19.28	32.14
	仪器仪表费（元）				—	—
	名 称	代号	单位	单价（元）	数 量	
人工	安装工	1002	工日	145.80	7.344	12.530
材料	洗涤剂	218045	kg	5.060	0.400	0.500
	透明中性硅胶	209227	支	22.280	2.000	4.000
	丝光毛巾	218047	条	5.000	1.000	1.500
	膨胀螺栓 $\phi8$	207159	套	1.320	4.160	8.320
	白布	218002	m	6.800	0.800	1.200
	其他材料费	2999	元	—	8.270	12.410
机械	其他机具费	3999	元	—	19.280	32.140

五、洁净工作台、生物安全柜与双扉高温灭菌锅安装

（一）洁净工作台安装

工作内容：搬运、开箱、检查、就位、全面擦拭、接电源线、试运转。

计量单位：台

	定 额 编 号				23028001
	项 目 名 称				净化工作台
	预 算 基 价				424.05
其中	人工费（元）				364.50
	材料费（元）				33.83
	机械费（元）				25.72
	仪器仪表费（元）				—
	名 称	代号	单位	单价（元）	数 量
人工	安装工	1002	工日	145.80	2.500
材料	丝光毛巾	218047	条	5.000	1.000
	白布	218002	m	6.800	1.000
	无尘纸 M-3	218121	张	0.447	1.000
	透明中性硅胶	209227	支	22.280	0.572
	四氯化碳	209419	kg	13.750	0.250
	洗涤剂	218045	kg	5.060	0.200
	其他材料费	2999	元	—	4.390
机械	其他机具费	3999	元	—	25.720

（二）生物安全柜、双扉高温灭菌锅安装

工作内容：搬运，开箱、检查，就位，全面擦拭，接电源线，试运转。　　　　　　计量单位：台

定 额 编 号				23029001	23029002	23029003
项 目 名 称				生物安全柜（单人）	生物安全柜（双人）	双扉高温灭菌锅
预 算 基 价				4268.26	6435.64	2802.70
其中	人工费（元）			3289.25	5108.83	1736.48
	材料费（元）			65.87	67.74	55.67
	机械费（元）			530.10	665.07	783.30
	仪器仪表费（元）			383.04	594.00	227.25
名　　称	代号	单位	单价（元）	数　　量		
人工	安装工	1002	工日	145.80	22.560	35.040	11.910
材料	丝光毛巾	218047	条	5.000	1.560	1.560	1.000
	白布	218002	m	6.800	1.560	1.560	1.000
	无尘纸 M-3	218121	张	0.447	1.560	1.560	1.000
	洗涤剂	218045	kg	5.060	0.312	0.312	0.200
	聚氯乙烯薄膜	210007	kg	10.400	1.260	1.440	2.100
	透明中性硅胶	209227	支	22.280	0.892	0.892	0.572
	四氯化碳	209419	kg	13.750	0.390	0.390	0.250
	其他材料费	2999	元	—	6.848	6.848	4.390
机械	吊装机械 综合	3060	台班	416.400	0.124	0.187	0.226
	汽车起重机 5t	3010	台班	436.580	0.600	0.600	0.750
	叉式起重机 3t	3026	台班	358.370	0.600	0.900	1.000
	其他机具费	3999	元	—	1.500	2.724	3.390
仪器仪表	温度计	4310	台班	10.500	2.400	4.800	0.500
	数字转速表	4285	台班	7.500	—	—	4.000
	激光扫描水平仪	4308	台班	63.000	4.800	7.200	3.000
	风速、温度、湿度、风量测试仪	4309	台班	14.400	3.600	6.000	—
	其他仪器仪表费	4999	元	—	3.600	3.600	3.000

六、传递窗安装

（一）带吹淋传递窗安装

工作内容：场内搬运、定位、划线、壁板开孔、下料、固定、密封、洁净处理。　　　　　　　计量单位：台

定 额 编 号					23030001	23030002	23030003
项 目 名 称					带吹淋 开孔面积（m² 以内）		
					0.8	1.5	2
预 算 基 价					480.95	578.62	701.44
其中	人工费（元）				333.01	399.64	479.54
	材料费（元）				124.27	151.74	187.49
	机械费（元）				23.67	27.24	34.41
	仪器仪表费（元）				—	—	—
	名 称	代号	单位	单价（元）	数 量		
人工	安装工	1002	工日	145.80	2.284	2.741	3.289
材料	白布	218002	m	6.800	0.310	0.540	0.850
	洗涤剂	218045	kg	5.060	0.090	0.120	0.250
	玻璃胶（密封胶）	209060	支	28.000	0.930	1.200	1.500
	槽铝 HJ-5015	217012	m	7.140	4.410	5.250	6.380
	圆弧铝	217100	m	14.390	4.410	5.250	6.380
	其他材料费	2999	元	—	0.720	0.830	1.080
机械	其他机具费	3999	元	—	23.670	27.240	34.410

（二）不带吹淋传递窗安装

工作内容：搬运、开箱、检查、就位、固定、周边密封、全面擦拭、门互锁检查。　　　　　　　计量单位：台

定 额 编 号					23031001	23031002	23031003
项 目 名 称					不带吹淋 开孔面积（m² 以内）		
					0.4	0.6	0.8
预 算 基 价					285.06	361.26	421.31
其中	人工费（元）				205.14	245.96	283.00
	材料费（元）				63.38	96.69	117.35
	机械费（元）				16.54	18.61	20.96
	仪器仪表费（元）				—	—	—
	名 称	代号	单位	单价（元）	数 量		
人工	安装工	1002	工日	145.80	1.407	1.687	1.941
材料	白布	218002	m	6.800	0.140	0.180	0.240
	洗涤剂	218045	kg	5.060	0.060	0.070	0.080
	玻璃胶（密封胶）	209060	支	28.000	0.360	0.550	0.820
	槽铝 HJ-5015	217012	m	7.140	2.400	3.680	4.260
	圆弧铝	217100	m	14.390	2.400	3.680	4.260
	其他材料费	2999	元	—	0.370	0.480	0.640
机械	其他机具费	3999	元	—	16.540	18.610	20.960

七、紧急淋浴器、洗眼器、洁净清洗干手器安装

工作内容：场内搬运、开箱、外观检查、清洗、设备本体安装、试装、垫平、找正、
固定、表面洁净处理、初调。

计量单位：台（组）

定 额 编 号				23032001	23032002	23032003
项 目 名 称				紧急淋浴器	紧急洗眼器	洁净清洗干手器
预 算 基 价				742.26	883.43	885.83
其中	人工费（元）			670.68	801.90	801.90
	材料费（元）			50.78	57.23	57.23
	机械费（元）			20.80	24.30	26.70
	仪器仪表费（元）			—	—	—
	名 称	代号	单位	单价（元）	数 量	
人工	安装工	1002	工日	145.80	4.600	5.500	5.500
材料	洗涤剂	218045	kg	5.060	0.500	0.400	0.400
	玻璃胶（密封胶）	209060	支	28.000	1.000	1.200	1.200
	膨胀螺栓 $\phi 8$	207159	套	1.320	4.000	4.000	4.000
	白布	218002	m	6.800	0.800	1.000	1.000
	其他材料费	2999	元	—	9.530	9.530	9.530
机械	其他机具费	3999	元	—	20.800	24.300	26.700

八、高效送风口与空气过滤器安装

（一）高效送风口与空气过滤器安装

工作内容：定位、壁板开孔、安膨胀螺栓、吊焊制作与安装，箱体、过滤器、扩散板
就位安装，紧固、涂胶、表面清洗、风口塑封。

计量单位：个

定 额 编 号				23033001	23033002	23033003
项 目 名 称				风口周长（mm 以内）		
				2000	3000	4000
预 算 基 价				237.86	272.13	293.82
其中	人工费（元）			184.44	209.95	222.20
	材料费（元）			42.79	49.43	56.74
	机械费（元）			10.63	12.75	14.88
	仪器仪表费（元）			—	—	—
	名 称	代号	单位	单价（元）	数 量	
人工	安装工	1002	工日	145.80	1.265	1.440	1.524
材料	洗涤剂	218045	kg	5.060	0.100	0.150	0.200
	白布	218002	m	6.800	0.200	0.200	0.200
	聚氯乙烯薄膜	210007	kg	10.400	0.050	0.075	0.100
	透明中性硅胶	209227	支	22.280	0.460	0.711	0.948
	圆钢 $\phi 10$ 以内	201014	kg	5.200	3.160	3.160	3.160
	自攻螺钉 M4×16	207409	100 个	8.000	0.083	0.125	0.187
	抽芯铆钉 $\phi 4$	207265	100 个	3.600	0.104	0.156	0.234
	其他材料费	2999	元	—	12.680	12.700	13.440
机械	振动剪 JS3200	3106	台班	106.260	0.100	0.120	0.140

（二）高效、亚高效过滤器框架制作、安装

工作内容：开箱、清件、外观检查、定位、吊构件及框架制作与安装、找正、找平、固定、初封；液槽吹扫、除尘、涂胶、过滤器安装、塑封、清理场地；单台安装，均流板、静压箱安装，铝制风口、人造革软接头及法兰制作、安装等工序。

	定 额 编 号				23034001	23034002
	项 目 名 称				顶篷格架式（m²）	单台接管式（套）
	预 算 基 价				985.67	1821.67
其中	人工费（元）				579.41	1031.68
	材料费（元）				386.38	745.72
	机械费（元）				17.73	42.53
	仪器仪表费（元）				2.15	1.74
	名 称	代号	单位	单价（元）	数	量
人工	安装工	1002	工日	145.8	3.974	7.076
材料	白布	218002	m	6.800	0.130	0.150
	镀锌钢板 δ0.5～0.65	201035	kg	6.150	—	14.200
	镀锌带母螺栓 6×16～25	207118	套	0.080	—	10.800
	四氯化碳	209419	kg	13.750	0.120	0.150
	透明中性硅胶	209227	支	22.280	0.260	0.400
	无尘纸 M—3	218121	张	0.447	2.100	1.050
	镀锌六角螺母 8	207067	个	0.054	—	4.240
	人造革	210084	kg	15.000	—	0.912
	聚氯乙烯薄膜	210007	kg	10.400	—	0.092
	封箱胶带 W45mm×18m	209432	卷	6.500	—	0.080
	镀锌垫圈 8	207029	个	0.120	—	4.240
	铆钉	207731	kg	6.340	—	0.043
	电焊条 综合	207290	kg	6.000	—	0.224
	抽芯铆钉 φ4	207265	100 个	3.600	0.036	0.086
	液槽梁四角托块	217005	个	40.000	0.770	—
	铝合金挂板	217006	块	2.170	2.500	—
	镀锌角钢	201022	kg	7.950	1.662	15.830
	液槽梁三角托块	217004	个	30.000	1.100	—
	铝合金液槽梁 单槽	217001	m	63.000	1.375	3.969
	铝合金液槽梁 双槽	217002	m	79.000	1.750	—
	液槽梁直角托块	217003	个	25.000	0.308	4.160
	镀锌吊杆 PG—08	217046	m	1.960	4.560	10.820
	膨胀螺栓 φ8	207159	套	1.320	1.560	4.160
	自攻螺钉 M4×16	207409	100 个	8.000	0.114	0.060
	专用连接螺栓套件 PL—01	217020	套	3.890	3.120	4.160
	C 型梁 P4141	206362	m	24.150	1.323	3.780
	微调杆接头 PJ—08	206364	只	0.950	2.120	4.240
	其他材料费	2999	元	—	3.960	8.670
机械	交流弧焊机 ≤21kV·A	3099	台班	93.330	—	0.048
	振动剪 JS3200	3106	台班	106.260	—	0.092
	型材切割机	3108	台班	18.310	0.085	0.210
	其他机具费	3999	元	—	16.170	24.430
仪器仪表	激光扫描水平仪	4308	台班	63.000	0.031	0.025
	其他仪器仪表费	4999	元	—	0.200	0.160

第四节　通风机及其配套装置制作、安装

一、通风机安装

（一）离心式通风机安装

工作内容：开箱、检查风机附件、清理基础、安装、找正、找平、垫垫、灌浆、螺栓
固定、安装电动机并连接。

计量单位：台

定　额　编　号				23035001	23035002	23035003
项　目　名　称				风机安装 风量（m³/h）		
				≤ 4500	≤ 7000	≤ 19300
预　算　基　价				119.90	421.35	903.12
其中	人工费（元）			95.79	382.87	835.43
	材料费（元）			24.11	38.48	45.54
	机械费（元）			—	—	22.15
	仪器仪表费（元）			—	—	—
名　　称	代号	单位	单价（元）	数　　量		
人工 安装工	1002	工日	145.80	0.657	2.626	5.730
材料 煤油	209170	kg	7.000	—	0.750	0.750
钙基酯	209160	kg	5.400	—	0.400	0.400
棉纱头	218101	kg	5.830	—	0.060	0.080
铸铁垫板	201136	kg	5.290	3.900	3.900	5.200
豆石混凝土 C15	202149	m³	323.500	0.010	0.030	0.030
其他材料费	2999	元	—	0.240	0.380	0.450
机械 卷扬机 3t	3045	台班	82.440			0.013
汽车起重机 8t	3011	台班	784.710			0.021
载货汽车 6t	3031	台班	511.530			0.009

工作内容：开箱、检查风机附件、清理基础、安装、找正、找平、垫垫、灌浆、螺栓
固定、安装电动机并连接。

计量单位：台

定　额　编　号				23035004	23035005	23035006
项　目　名　称				风机安装 风量（m³/h）		
				≤ 62000	≤ 123000	> 123000
预　算　基　价				1902.25	3287.09	4558.65
其中	人工费（元）			1740.85	3058.88	4295.27
	材料费（元）			139.25	195.59	214.39
	机械费（元）			22.15	32.62	48.99
	仪器仪表费（元）			—	—	—
名　　称	代号	单位	单价（元）	数　　量		
人工 安装工	1002	工日	145.80	11.940	20.980	29.460
材料 钙基酯	209160	kg	5.400	0.500	0.700	1.000
棉纱头	218101	kg	5.830	0.120	0.150	0.200
煤油	209170	kg	7.000	1.500	2.000	3.000
铸铁垫板	201136	kg	5.290	21.600	28.800	28.800
豆石混凝土 C15	202149	m³	323.500	0.030	0.070	0.100
其他材料费	2999	元	—	1.380	1.940	2.120
机械 卷扬机 3t	3045	台班	82.440	0.013	0.020	0.029
汽车起重机 8t	3011	台班	784.710	0.021	0.031	0.047
载货汽车 6t	3031	台班	511.530	0.009	0.013	0.019

（二）轴流式、斜流式、混流式通风机安装

工作内容：开箱、检查风机附件、安装、找正、找平、垫垫、固定。　　　　　　　　　　计量单位：台

定　额　编　号				23036001	23036002	23036003	23036004	23036005
项　目　名　称				轴流式、斜流式、混流式通风机安装　风量（m³/h）				
				≤ 8900	≤ 25000	≤ 63000	≤ 140000	> 140000
预　算　基　价				173.27	251.41	790.12	1743.86	2681.27
其中	人工费（元）			170.00	225.99	758.16	1688.36	2599.61
	材料费（元）			3.27	3.27	9.81	22.88	32.67
	机械费（元）			—	22.15	22.15	32.62	48.99
	仪器仪表费（元）							
名　称	代号	单位	单价（元）	数　　　量				
人工 安装工	1002	工日	145.80	1.166	1.550	5.200	11.580	17.830
材料 豆石混凝土 C15	202149	m³	323.500	0.010	0.010	0.030	0.070	0.100
其他材料费	2999	元	—	0.030	0.030	0.100	0.230	0.320
机械 卷扬机 3t	3045	台班	82.440	—	0.013	0.013	0.020	0.029
汽车起重机 8t	3011	台班	784.710	—	0.021	0.021	0.031	0.047
载货汽车 6t	3031	台班	511.530	—	0.009	0.009	0.013	0.019

（三）屋顶式通风机安装

工作内容：开箱、检查、就位、找正、找平、垫垫、灌浆、螺栓固定。　　　　　　　　　　计量单位：台

定　额　编　号				23037001	23037002	23037003
项　目　名　称				屋顶式通风机安装 风量（m³/h）		
				≤ 2760	≤ 9100	> 9100
预　算　基　价				140.95	168.41	208.80
其中	人工费（元）			115.77	139.97	156.01
	材料费（元）			24.11	27.37	30.64
	机械费（元）			1.07	1.07	22.15
	仪器仪表费（元）			—	—	—
名　称	代号	单位	单价（元）	数　　　量		
人工 安装工	1002	工日	145.80	0.794	0.960	1.070
材料 豆石混凝土 C15	202149	m³	323.500	0.010	0.020	0.030
铸铁垫板	201136	kg	5.290	3.900	3.900	3.900
其他材料费	2999	元	—	0.240	0.270	0.300
机械 汽车起重机 8t	3011	台班	784.710	—	—	0.021
载货汽车 6t	3031	台班	511.530	—	—	0.009
卷扬机 3t	3045	台班	82.440	0.013	0.013	0.013

（四）空气幕安装

工作内容：1. 吊架上安装：开箱、检查附件、制作安装吊架、吊装、上螺栓、找平、找正、紧固、试运行；

2. 墙上安装：开箱、检查附件、埋膨胀螺栓、制作安装卡件、找平、找正、紧固、试运行。

计量单位：台

定 额 编 号				23038001	23038002	23038003	23038004
项 目 名 称				贯流式空气幕		贯流式热空气幕	
				吊架	墙上	吊架	墙上
预 算 基 价				766.90	545.76	969.26	632.72
其中	人工费（元）			598.36	454.02	724.48	498.78
	材料费（元）			158.51	80.87	230.62	115.20
	机械费（元）			10.03	10.87	14.16	18.74
	仪器仪表费（元）			—	—	—	—
名 称	代号	单位	单价（元）	数 量			
人工	安装工	1002	工日	145.80	4.104	3.114	4.969	3.421

名 称	代号	单位	单价（元）	数 量			
安装工	1002	工日	145.80	4.104	3.114	4.969	3.421
机油	209165	kg	7.800	0.750	0.750	0.800	0.800
氧气	209121	m³	5.890	0.290	0.115	0.440	0.169
铁丝 8# ~ 12#	207231	kg	4.746	1.100	1.100	1.400	1.400
膨胀螺栓 φ8	207159	套	1.320	—	8.320	—	12.480
棉丝	218036	kg	5.500	1.250	1.250	1.250	1.250
乙炔气	209120	m³	15.000	0.113	0.045	0.173	0.066
扁钢 60 以外	201019	kg	4.900	9.820	9.820	17.220	9.820
槽钢 16 以内	201020	kg	5.050	15.390	—	21.100	4.870
带母螺栓 8×110 ~ 120	207096	套	0.316	16.640	—	20.800	—
电焊条 综合	207290	kg	6.000	0.410	—	0.620	0.237
弹簧垫圈 8	207034	个	0.010	8.480	—	—	—
其他材料费	2999	元	—	3.520	2.470	4.450	2.850
其他机具费	3999	元	—	10.030	10.870	14.160	18.740

二、配套装置制作、安装

（一）风机吊架制作、安装

工作内容：放样、下料、钻孔、焊接、埋膨胀螺栓、上螺栓、紧固。　　　　　　　　　　计量单位：台

定 额 编 号				23039001	23039002	23039003
项 目 名 称				风机型号（以内）		
				5#	7#	9#
预 算 基 价				967.15	1038.19	1277.46
其中	人工费（元）			288.10	336.65	495.87
	材料费（元）			665.36	687.57	766.69
	机械费（元）			13.69	13.97	14.90
	仪器仪表费（元）			—	—	—
	名　　称	代号	单位	单价（元）	数　　量	
人工	安装工	1002	工日	145.80	1.976	2.309	3.401
材料	带母螺栓 12×65~80	207103	套	0.422	—	4.080	—
	垫圈 12	207018	个	0.036	—	16.960	—
	弹簧垫圈 12	207036	个	0.035	—	5.300	—
	六角螺母 20	207063		0.334	—	—	16.960
	圆钢 φ10 以外	201015	kg	5.200	—	8.150	13.890
	膨胀螺栓 φ12	207161	套	1.560	—	8.120	—
	带母螺栓 16×85~100	207109	套	1.379	—	—	4.080
	垫圈 16	207020	个	0.058	—	—	16.960
	弹簧垫圈 16	207038	个	0.075	—	—	5.300
	六角螺母 12	207061	个	0.123	—	16.960	—
	槽钢 16 以内	201020	kg	5.050	—	—	13.010
	膨胀螺栓 φ16	207163	套	2.700	—	—	8.120
	膨胀螺栓 φ10	207160	套	1.430	8.320	—	—
	带母螺栓 10×40~60	207098	套	0.289	4.160	—	—
	垫圈 10	207017	个	0.025	16.960	—	—
	普通钢板 δ31 以上	201034	kg	5.300	108.530	108.530	108.530
	角钢 63 以内	201016	kg	4.950	5.490	7.060	—
	圆钢 φ10 以内	201014	kg	5.200	5.930	—	—
	氧气	209121	m³	5.890	1.000	1.000	1.000
	电焊条 综合	207290	kg	6.000	0.110	0.110	0.110
	豆石混凝土 C15	202149	m³	323.500	0.001	0.001	0.001
	弹簧垫圈 10	207035	个	0.020	5.300	—	—
	六角螺母 10	207060	个	0.063	16.960	—	—
	乙炔气	209120	m³	15.000	0.390	0.390	0.390
	其他材料费	2999	元	—	4.720	5.040	6.230
机械	其他机具费	3999	元	—	13.690	13.970	14.900

（二）风机减振台座制作、安装

工作内容：放样、下料、调直、钻孔、焊接成型、测位、安装、上螺栓、固定。　　　　　　　　计量单位：台

定　额　编　号				23040001	23040002	23040003
项　目　名　称				风机减振钢架焊接台座制作　通风机型号（以内）		
				5A	6D（C）	8D（C）
预　算　基　价				679.98	1698.97	2282.43
其中	人工费（元）			281.25	628.84	767.35
	材料费（元）			385.21	1037.97	1474.08
	机械费（元）			13.52	32.16	41.00
	仪器仪表费（元）			—	—	—
名　　称	代号	单位	单价（元）	数　　量		
人工	安装工	1002	工日	145.80	1.929	4.313	5.263
材料	氧气	209121	m³	5.890	0.450	1.120	1.225
	角钢 63 以外	201017	kg	4.950	—	47.670	61.050
	普通钢板 δ4.5～7.0	201031	kg	5.300	—	1.980	1.980
	乙炔气	209120	m³	15.000	0.177	0.449	0.523
	角钢 63 以内	201016	kg	4.950	23.510	26.340	34.070
	槽钢 16 以内	201020	kg	5.050	50.170	124.910	189.280
	电焊条 综合	207290	kg	6.000	1.175	1.528	1.881
	其他材料费	2999	元	—	3.120	7.830	10.530
机械	其他机具费	3999	元	—	13.520	32.160	41.000

工作内容：放样、下料、调直、钻孔、焊接成型、测位、安装、上螺栓、固定。　　　　　　　　计量单位：台

定　额　编　号				23040004	23040005	23040006
项　目　名　称				风机减振钢架焊接台座制作　通风机型号（以内）		
				10D	10C	12D
预　算　基　价				2276.94	2750.14	3173.63
其中	人工费（元）			905.86	1034.74	1192.64
	材料费（元）			1321.30	1656.83	1913.52
	机械费（元）			49.78	58.57	67.47
	仪器仪表费（元）			—	—	—
名　　称	代号	单位	单价（元）	数　　量		
人工	安装工	1002	工日	145.80	6.213	7.097	8.180
材料	电焊条 综合	207290	kg	6.000	1.786	1.995	1.995
	乙炔气	209120	m³	15.000	0.585	0.648	0.715
	氧气	209121	m³	5.890	1.387	1.539	1.693
	普通钢板 δ4.5～7.0	201031	kg	5.300	4.580	4.580	4.580
	槽钢 16 以内	201020	kg	5.050	134.430	205.860	228.470
	角钢 63 以内	201016	kg	4.950	19.370	40.970	22.510
	角钢 63 以外	201017	kg	4.950	97.810	70.060	116.530
	其他材料费	2999	元	—	10.450	12.610	14.560
机械	其他机具费	3999	元	—	49.780	58.570	67.470

工作内容：放样、下料、调直、钻孔、焊接成型、测位、安装、上螺栓、固定。 计量单位：台

定 额 编 号				23040007	23040008	23040009
项 目 名 称				风机减振钢架焊接台座制作　通风机型号（以内）		
				12C	16B	28B
预 算 基 价				3891.66	6664.51	7430.98
其中	人工费（元）			1322.84	2169.07	2403.22
	材料费（元）			2492.57	4365.62	4880.06
	机械费（元）			76.25	129.82	147.70
	仪器仪表费（元）			—	—	—
名　称	代号	单位	单价（元）	数　量		
人工	安装工	1002	工日	145.80	9.073	14.877	16.483
材料	电焊条 综合	207290	kg	6.000	2.071	2.375	2.641
	乙炔气	209120	m³	15.000	0.786	0.941	1.024
	氧气	209121	m³	5.890	1.862	2.232	2.413
	普通钢板 δ4.5～7.0	201031	kg	5.300	4.580	190.080	199.800
	槽钢 16 以内	201020	kg	5.050	341.997	486.200	548.080
	角钢 63 以内	201016	kg	4.950	49.840	44.040	45.860
	角钢 63 以外	201017	kg	4.950	89.180	123.730	150.800
	其他材料费	2999	元	—	17.880	30.910	34.430
机械	其他机具费	3999	元	—	76.250	129.820	147.700

工作内容：放样、下料、调直、钻孔、焊接成型、测位、安装、上螺栓、固定。 计量单位：台

定 额 编 号				23040010	23040011	23040012
项 目 名 称				风机减振钢架焊接台座安装　通风机型号（以内）		
				5A	6D（C）	8D（C）
预 算 基 价				175.16	471.83	572.24
其中	人工费（元）			170.44	462.62	559.58
	材料费（元）			3.17	5.12	8.00
	机械费（元）			1.55	4.09	4.66
	仪器仪表费（元）			—	—	—
名　称	代号	单位	单价（元）	数　量		
人工	安装工	1002	工日	145.80	1.169	3.173	3.838
材料	带母螺栓 16×65～80	207108	套	0.794	—	—	4.080
	氧气	209121	m³	5.890	0.023	0.056	0.065
	垫圈 12	207018	个	0.036	8.480	8.480	—
	垫圈 16	207020	个	0.058	—	—	8.480
	弹簧垫圈 12	207036	个	0.035	4.240	4.240	—
	弹簧垫圈 16	207038	个	0.075	—	—	4.240
	乙炔气	209120	m³	15.000	0.001	0.024	0.028
	带母螺栓 12×40～60	207102	套	0.339	4.160	4.160	—
	电焊条 综合	207290	kg	6.000	0.062	0.081	0.099
	其他材料费	2999	元	—	0.780	2.080	2.550
机械	其他机具费	3999	元	—	1.550	4.090	4.660

工作内容：放样、下料、调直、钻孔、焊接成型、测位、安装、上螺栓、固定。 计量单位：台

定 额 编 号				23040013	23040014	23040015
项 目 名 称				风机减振钢架焊接台座安装 通风机型号（以内）		
				10D	10C	12D
预 算 基 价				668.51	755.59	889.75
其中	人工费（元）			656.54	739.64	874.07
	材料费（元）			6.31	9.02	7.52
	机械费（元）			5.66	6.93	8.16
	仪器仪表费（元）			—	—	—
名 称	代号	单位	单价（元）	数 量		
人工 安装工	1002	工日	145.80	4.503	5.073	5.995
材料 带母螺栓 16×65～80	207108	套	0.794	—	4.080	—
氧气	209121	m³	5.890	0.073	0.081	0.089
垫圈 12	207018	个	0.036	8.480	—	8.480
垫圈 16	207020	个	0.058	—	8.480	—
弹簧垫圈 12	207036	个	0.035	4.240	—	4.240
弹簧垫圈 16	207038	个	0.075	—	4.240	—
乙炔气	209120	m³	15.000	0.031	0.034	0.038
带母螺栓 12×40～60	207102	套	0.339	4.160	—	4.160
电焊条 综合	207290	kg	6.000	0.099	0.105	0.105
其他材料费	2999	元	—	2.960	3.350	3.930
机械 其他机具费	3999	元	—	5.660	6.930	8.160

工作内容：放样、下料、调直、钻孔、焊接成型、测位、安装、上螺栓、固定。计量单位：台

定 额 编 号				23040016	23040017	23040018
项 目 名 称				风机减振钢架焊接台座安装 通风机型号（以内）		
				12C	16B	20B
预 算 基 价				975.06	1683.88	1862.79
其中	人工费（元）			955.72	1572.16	1735.60
	材料费（元）			10.23	96.51	110.75
	机械费（元）			9.11	15.21	16.44
	仪器仪表费（元）			—	—	—
名 称	代号	单位	单价（元）	数 量		
人工	安装工	1002	工日	145.80	6.555	10.783	11.904
材料	弹簧垫圈 12	207036	个	0.035	—	2.120	2.120
	弹簧垫圈 16	207038	个	0.075	4.240	—	—
	弹簧垫圈 24	207041	个	0.150	—	4.240	—
	弹簧垫圈 30	207042	个	0.260	—	12.720	16.960
	带母螺栓 24×85～100	207114	套	2.330	—	4.080	—
	带母螺栓 30×130～140	207117	套	5.570	—	12.240	16.320
	垫圈 12	207018	个	0.036	—	4.240	4.240
	垫圈 16	207020	个	0.058	8.480	—	—
	垫圈 24	207024	个	0.160	—	8.480	—
	垫圈 30	207026	个	0.200	—	12.720	16.960
	电焊条 综合	207290	kg	6.000	0.109	0.125	0.139
	带母螺栓 16×65～80	207108	套	0.794	4.080	—	—
	带母螺栓 12×40～60	207102	套	0.339	—	2.080	2.080
	氧气	209121	m³	5.890	0.098	0.118	0.127
	乙炔气	209120	m³	15.000	0.041	0.050	0.054
	其他材料费	2999	元	—	4.330	7.860	8.720
机械	其他机具费	3999	元	—	9.110	15.210	16.440

第五节 酸碱及有机废气处理塔安装

工作内容：开箱、检查、就位、找正、找平、垫垫、灌浆、上螺栓、固定。　　　　　　　　　计量单位：台

定 额 编 号				23041001	23041002	23041003
项 目 名 称				处理风量（m³/h 以内）		
				10000	20000	30000
预 算 基 价				7368.75	9861.50	12354.93
其中	人工费（元）			6174.92	8505.97	10836.00
	材料费（元）			516.72	606.66	699.19
	机械费（元）			677.11	748.87	819.74
	仪器仪表费（元）			—	—	—
名　　称	代号	单位	单价（元）	数　　量		
人工	安装工	1002	工日	145.80	42.352	58.340	74.321
材料	水泥 综合	202001	kg	0.506	22.160	28.840	39.150
	砂子	204026	m³	55.500	0.032	0.046	0.054
	石棉橡胶板	208025	kg	26.000	1.600	1.700	1.800
	底涂树脂漆 CE-11	209407	kg	21.000	3.000	3.500	4.000
	白色调和漆	209017	kg	22.000	0.420	0.500	0.600
	碎石、块石	204027	m³	75.000	0.032	0.046	0.068
	铁砂布 0# ~ 2#	218024	张	0.970	6.500	8.000	10.000
	塑料布	210061	kg	10.400	12.670	15.380	18.420
	草袋	218005	m²	1.890	0.800	1.200	1.500
	棉纱头	218101	kg	5.830	1.850	1.850	1.850
	破布	218023	kg	5.040	0.840	0.920	1.050
	铁丝 8# ~ 12#	207231	kg	4.746	4.800	4.800	4.800
	电焊条 综合	207290	kg	6.000	0.320	0.320	0.320
	普通钢板 δ1.6 ~ 1.9	201027	kg	5.300	1.000	1.200	1.400
	平垫铁	201210	kg	5.750	8.008	10.345	12.012
	斜垫铁	201211	kg	6.960	5.716	7.246	8.572
	板方材	203001	m³	1944.000	0.006	0.007	0.008
	机油	209165	kg	7.800	0.152	0.164	0.202
	黄油	209163	kg	7.220	0.576	0.576	0.576
	煤油	209170	kg	7.000	6.000	6.000	6.000
	道木	203004	m³	1531.000	0.030	0.035	0.041
	汽油 93#	209173	kg	9.900	1.224	1.652	2.040
机械	交流弧焊机 ≤21kV·A	3099	台班	93.330	0.170	0.170	0.170
	汽车起重机 12t	3012	台班	898.030	0.425	—	—
	汽车起重机 16t	3013	台班	1027.710	—	0.425	0.425
	电动卷扬机 5t	3047	台班	71.470	0.439	0.672	0.969
	载货汽车 8t	3032	台班	584.010	0.425	0.425	0.510

工作内容：开箱、检查、就位、找正、找平、垫垫、灌浆、上螺栓、固定。　　　　　　　　　　　　　计量单位：台

定　额　编　号				23041004	23041005	23041006
项　目　名　称				处理风量（m³/h 以内）		
				50000	80000	100000
预　算　基　价				15916.42	19766.24	23199.95
其中	人工费（元）			13463.17	16953.92	20230.62
	材料费（元）			1014.31	1310.92	1449.71
	机械费（元）			1438.94	1501.40	1519.62
	仪器仪表费（元）			—	—	—
	名　称	代号	单位	单价（元）	数　量	
人工	安装工	1002	工日	145.80	92.340	116.282	138.756
材料	水泥 综合	202001	kg	0.506	159.500	159.500	159.500
	砂子	204026	m³	55.500	0.240	0.240	0.240
	铁钉	207260	kg	5.500	0.040	0.040	0.040
	白色调和漆	209017	kg	22.000	0.900	1.500	1.500
	石棉橡胶板	208025	kg	26.000	2.000	2.500	3.000
	碎石、块石	204027	m³	75.000	0.260	0.260	0.260
	铁砂布 0# ~ 2#	218024	张	0.970	15.000	23.000	23.000
	塑料布	210061	kg	10.400	27.000	46.000	46.000
	草袋	218005	m²	1.890	5.000	5.000	5.000
	棉纱头	218101	kg	5.830	2.800	3.550	3.600
	破布	218023	kg	5.040	1.260	2.100	2.100
	底涂树脂漆 CE-11	209407	kg	21.000	5.000	6.000	7.000
	铁丝 8# ~ 12#	207231	kg	4.746	4.800	5.550	7.400
	电焊条 综合	207290	kg	6.000	0.420	0.420	0.630
	普通钢板 δ1.6 ~ 1.9	201027	kg	5.300	1.800	1.800	4.000
	平垫铁	201210	kg	5.750	16.016	16.016	16.016
	斜垫铁	201211	kg	6.960	11.430	11.430	11.430
	板方材	203001	m³	1944.000	0.017	0.017	0.017
	机油	209165	kg	7.800	0.202	0.303	0.303
	黄油	209163	kg	7.220	0.576	0.576	0.646
	煤油	209170	kg	7.000	9.000	12.000	17.000
	道木	203004	m³	1531.000	0.041	0.041	0.062
	汽油 93#	209173	kg	9.900	2.550	3.570	5.100
机械	电动卷扬机 5t	3047	台班	71.470	0.986	1.131	1.386
	交流弧焊机 ≤21kV·A	3099	台班	93.330	0.340	0.425	0.425
	汽车起重机 12t	3012	台班	898.030	—	0.425	0.425
	载货汽车 8t	3032	台班	584.010	0.680	0.850	0.850
	汽车起重机 16t	3013	台班	1027.710	0.425	—	—
	汽车起重机 25t	3015	台班	1183.130	0.425	0.425	0.425

第六节　通风管道制作、安装

一、镀锌钢板风管制作、安装

（一）镀锌薄钢板圆形风管（δ1.2 以内咬口）制作、安装

工作内容：放样、下料、卷圆、咬口、制作直管、管件、法兰、吊托支架、钻孔、
　　　　　铆接、上法兰；找标高、埋设吊托支架、组装就位、找正、找平、垫垫、
　　　　　上螺栓、紧固。

计量单位：m²

定　额　编　号				23042001	23042002	23042003
项　目　名　称				直径（mm 以内）		
				320	450	630
预　算　基　价				189.60	162.77	146.28
其中	人工费（元）			156.36	128.45	113.58
	材料费（元）			23.50	27.35	26.44
	机械费（元）			9.74	6.97	6.26
	仪器仪表费（元）			—	—	—
名　　称	代号	单位	单价（元）	数　　量		
人工	安装工	1002	工日	145.80	1.072	0.881	0.779
材料	镀锌钢板	201048	m²	—	（1.130）	（1.130）	（1.130）
	橡胶板 δ1～3	208034	kg	11.500	0.389	0.323	0.269
	镀锌铆钉	207269	kg	8.230	0.015	0.027	0.022
	膨胀螺栓 φ8	207159	套	1.320	1.250	0.624	0.447
	氧气	209121	m³	5.890	0.031	0.042	0.045
	乙炔气	209120	m³	15.000	0.012	0.016	0.018
	密封胶 KS 型	209168	kg	22.280	0.048	0.048	0.048
	镀锌六角螺母 8	207067	个	0.054	1.270	0.636	0.456
	扁钢 60 以内	201018	kg	4.900	2.064	0.356	0.307
	角钢 63 以内	201016	kg	4.950	0.392	3.311	3.406
	精制六角带帽螺栓 M6×25	207632	套	0.080	8.500	7.160	5.300
	电焊条 综合	207290	kg	6.000	0.042	0.034	0.019
	圆钢 φ10 以内	201014	kg	5.200	0.293	0.190	0.190
	其他材料费	2999	元	—	1.240	1.100	1.060
机械	其他机具费	3999	元	—	9.740	6.970	6.260

工作内容：放样、下料、卷圆、咬口、制作直管、管件、法兰、吊托支架、钻孔、铆接、上法兰；找标高、埋设吊托支架、组装就位、找正、找平、垫垫、上螺栓、紧固。

计量单位：m²

定 额 编 号				23042004	23042005	23042006
项 目 名 称				直径（mm 以内）		
				1000	1250	1250 以上
预 算 基 价				128.68	141.84	165.25
其中	人工费（元）			96.23	108.77	127.87
	材料费（元）			28.06	29.05	33.70
	机械费（元）			4.39	4.02	3.68
	仪器仪表费（元）			—	—	—
名 称	代号	单位	单价（元）	数 量		
人工	安装工	1002	工日	145.80	0.660	0.746	0.877
材料	镀锌钢板	201048	m²	—	（1.130）	（1.130）	（1.130）
	橡胶板 δ1～3	208034	kg	11.500	0.269	0.254	0.254
	密封胶 KS 型	209168	kg	22.280	0.048	0.048	0.048
	膨胀螺栓 φ12	207161	套	1.560	0.312	0.250	0.156
	镀锌铆钉	207269	kg	8.230	0.020	0.018	0.014
	镀锌六角螺母 10	207068	个	0.120	0.318	—	—
	镀锌六角螺母 12	207069	个	0.250	—	0.254	0.159
	槽钢 16 以内	201020	kg	5.050	—	—	0.105
	乙炔气	209120	m³	15.000	0.019	0.022	0.024
	氧气	209121	m³	5.890	0.048	0.055	0.062
	扁钢 60 以内	201018	kg	4.900	0.215	0.415	0.927
	角钢 63 以内	201016	kg	4.950	3.216	3.212	3.393
	角钢 63 以外	201017	kg	4.950	0.548	0.384	0.319
	精制六角带帽螺栓 M8×25	207633	套	0.160	5.150	4.300	3.900
	电焊条 综合	207290	kg	6.000	0.015	0.015	0.009
	圆钢 φ10 以内	201014	kg	5.200	0.075	0.098	0.120
	圆钢 φ10 以外	201015	kg	5.200	0.121	0.306	0.490
	其他材料费	2999	元	—	1.020	1.090	1.290
机械	其他机具费	3999	元	—	4.390	4.020	3.680

（二）镀锌薄钢板矩形风管（δ1.2以内咬口）制作、安装

工作内容：放样、下料、折方、咬口、制作直管、管件、法兰、吊托支架、钻孔、铆焊、上法兰、组对；找标高、打膨胀螺栓、安装支托架、组装就位、找正、找平、垫垫、上螺栓、紧固。

计量单位：m²

定 额 编 号				23043001	23043002	23043003
项 目 名 称				直径（mm 以内）		
				320	630	1000
预 算 基 价				162.62	129.68	96.67
其中	人工费（元）			117.28	94.04	64.17
	材料费（元）			34.49	29.00	27.85
	机械费（元）			10.85	6.64	4.65
	仪器仪表费（元）			—	—	—
名 称	代号	单位	单价（元）	数 量		
人工	安装工	1002	工日	145.80	0.804	0.645	0.440
材料	镀锌钢板	201048	m²	—	（1.130）	（1.130）	（1.130）
	密封胶 KS 型	209168	kg	22.280	0.048	0.048	0.048
	橡胶板 δ1~3	208034	kg	11.500	0.377	0.280	0.202
	镀锌铆钉	207269	kg	8.230	0.043	0.024	0.022
	乙炔气	209120	m³	15.000	0.020	0.018	0.018
	角钢 63 以外	201017	kg	4.950	—	—	0.470
	精制六角带帽螺栓 M8×25	207633	套	0.160	—	9.050	4.300
	氧气	209121	m³	5.890	0.050	0.045	0.045
	膨胀螺栓 φ10	207160	套	1.430	0.870	0.570	0.290
	扁钢 60 以内	201018	kg	4.900	0.215	0.133	0.112
	角钢 63 以内	201016	kg	4.950	4.252	3.707	3.575
	圆钢 φ10 以内	201014	kg	5.200	0.135	0.193	0.149
	精制六角带帽螺栓 M6×25	207632	套	0.080	16.900	—	—
	镀锌六角螺母 10	207068	个	0.120	0.890	0.580	0.300
	电焊条 综合	207290	kg	6.000	0.224	0.106	0.049
	其他材料费	2999	元		1.290	1.000	0.960
机械	其他机具费	3999	元		10.850	6.640	4.650

工作内容：放样、下料、折方、咬口、制作直管、管件、法兰、吊托支架、钻孔、铆焊、上法兰、组对；找标高、打膨胀螺栓、安装支托架、组装就位、找正、找平、垫垫、上螺栓、紧固。

计量单位：m²

定 额 编 号				23043004	23043005	23043006
项 目 名 称				直径（mm 以内）		
				1250	2000	2000 以上
预 算 基 价				120.59	129.22	129.56
其中	人工费（元）			84.86	93.02	93.02
	材料费（元）			31.30	32.14	32.48
	机械费（元）			4.43	4.06	4.06
	仪器仪表费（元）			—	—	—
	名 称	代号	单位	单价（元）	数 量	
人工	安装工	1002	工日	145.80	0.582	0.638	0.638
材料	镀锌钢板	201048	m²	—	（1.130）	（1.130）	（1.130）
	橡胶板 δ1～3	208034	kg	11.500	0.195	0.195	0.195
	镀锌铆钉	207269	kg	8.230	0.021	0.022	0.023
	膨胀螺栓 φ12	207161	套	1.560	0.210	0.170	0.125
	密封胶 KS 型	209168	kg	22.280	0.048	0.048	0.048
	槽钢 16 以内	201020	kg	5.050	—	0.114	0.084
	氧气	209121	m³	5.890	0.051	0.056	0.056
	乙炔气	209120	m³	15.000	0.020	0.022	0.022
	镀锌六角螺母 12	207069	个	0.250	0.318	0.254	0.159
	角钢 63 以内	201016	kg	4.950	4.457	4.514	4.650
	角钢 63 以外	201017	kg	4.950	0.300	0.260	0.210
	扁钢 60 以内	201018	kg	4.900	0.104	0.102	0.099
	精制六角带帽螺栓 M8×25	207633	套	0.160	3.300	3.350	3.400
	电焊条 综合	207290	kg	6.000	0.035	0.034	0.032
	圆钢 φ10 以外	201015	kg	5.200	0.185	0.214	0.243
	其他材料费	2999	元	—	1.050	1.100	1.120
机械	其他机具费	3999	元	—	4.430	4.060	4.060

（三）镀锌薄钢板矩形净化风管（δ1.2 以内咬口）制作、安装

工作内容：放样、下料、折方、咬口、制作直管、管件、法兰、吊托架、铆接、上法
兰、组对、涂密封胶、密封；找标高、打膨胀螺栓、安装支托架、找正、
找平、垫垫、上螺栓、清洗、擦干净、涂密封胶、密封。

计量单位：m²

定　额　编　号				23044001	23044002	23044003	23044004	23044005
项　目　名　称				长边（mm 以内）				
				320	630	1000	1250	1250 以上
预　算　基　价				255.12	183.71	175.76	162.80	175.37
其中	人工费（元）			189.54	127.28	123.20	111.68	122.18
	材料费（元）			49.03	46.28	46.04	45.37	47.45
	机械费（元）			16.55	10.15	6.52	5.75	5.74
	仪器仪表费（元）			—	—	—	—	—
名　称	代号	单位	单价（元）	数　　量				
人工	安装工	1002	工日	145.80	1.300	0.873	0.845	0.766	0.838
材料	镀锌钢板	201048	m²	—	（1.193）	（1.193）	（1.170）	（1.170）	（1.170）
	尼龙打包带	210086	m	0.300	0.020	0.020	0.020	0.020	0.020
	打包铁卡子	218086	个	0.030	2.000	1.600	0.800	0.600	0.600
	洗涤剂	218045	kg	5.060	0.732	0.732	0.732	0.732	0.732
	401 胶	209140	kg	13.290	0.050	0.035	0.024	0.022	0.022
	密封胶 KS 型	209168	kg	22.280	0.050	0.050	0.050	0.050	0.050
	镀锌六角螺母 12	207069	个	0.250	—	—	—	0.210	0.210
	槽钢 16 以内	201020	kg	5.050	—	—	—	—	0.141
	镀锌六角螺母 8	207067	个	0.054	0.890	0.580	—	—	—
	镀锌六角螺母 10	207068	个	0.120	—	—	0.450	—	—
	电焊条 综合	207290	kg	6.000	0.224	0.123	0.050	0.032	0.320
	镀锌带母螺栓 6×16～25	207118	套	0.080	21.100	—	—	—	—
	镀锌带母螺栓 8×16～25	207120	套	0.160	—	11.900	5.400	4.300	4.300
	膨胀螺栓 φ8	207159	套	1.320	0.870	0.570	—	—	—
	膨胀螺栓 φ10	207160	套	1.430	—	—	0.450	—	—
	膨胀螺栓 φ12	207161	套	1.560	—	—	—	0.210	0.210
	角钢 63 以内	201016	kg	4.950	5.982	5.913	6.392	6.362	6.282
	圆钢 φ10 以内	201014	kg	5.200	0.140	0.193	0.200	—	—
	圆钢 φ10 以外	201015	kg	5.200	—	—	—	0.253	0.253
	聚氯乙烯薄膜	210007	kg	10.400	0.075	0.075	0.075	0.075	0.075
	白布	218001	m²	7.560	0.100	0.100	0.100	0.100	0.100
	丝光毛巾	218047	条	5.000	0.200	0.200	0.200	0.200	0.200
	闭孔乳胶海绵 5	210073	kg	27.980	0.136	0.096	0.064	0.060	0.060
	镀锌铆钉	207269	kg	8.230	0.065	0.035	0.033	0.033	0.033
	其他材料费	2999	元	—	2.040	1.730	1.730	1.680	1.720
机械	其他机具费	3999	元	—	16.550	10.150	6.520	5.750	5.740

（四）弯头导流叶片制作、组装

工作内容：放样、下料、打眼、成型、定位、铆接。 计量单位：组

定额编号					23045001	23045002	23045003
项目名称					长边（mm 以内）		
					1800	2400	3200
预算基价					127.07	157.63	187.54
其中	人工费（元）				124.66	153.82	182.83
	材料费（元）				1.69	2.92	3.65
	机械费（元）				0.72	0.89	1.06
	仪器仪表费（元）				—	—	—
名称		代号	单位	单价（元）	数量		
人工	安装工	1002	工日	145.80	0.855	1.055	1.254
材料	镀锌钢板	201048	m^2	—	（0.740）	（1.740）	（2.320）
	密封胶 KS 型	209168	kg	22.280	0.030	0.040	0.050
	镀锌铆钉	207269	kg	8.230	0.010	0.020	0.020
	其他材料费	2999	元	—	0.940	1.860	2.370
机械	其他机具费	3999	元	—	0.720	0.890	1.060

工作内容：放样、下料、打眼、成型、定位、铆接。 计量单位：组

定额编号					23045004	23045005	23045006
项目名称					长边（mm 以内）		
					4000	5000	5000 以上
预算基价					223.83	308.25	387.55
其中	人工费（元）				217.53	299.18	375.44
	材料费（元）				5.04	7.33	9.93
	机械费（元）				1.26	1.74	2.18
	仪器仪表费（元）				—	—	—
名称		代号	单位	单价（元）	数量		
人工	安装工	1002	工日	145.80	1.492	2.052	2.575
材料	镀锌钢板	201048	m^2	—	（3.380）	（4.680）	（6.960）
	密封胶 KS 型	209168	kg	22.280	0.070	0.090	0.110
	镀锌铆钉	207269	kg	8.230	0.030	0.030	0.030
	其他材料费	2999	元	—	3.230	5.080	7.230
机械	其他机具费	3999	元	—	1.260	1.740	2.180

二、不锈钢板风管制作、安装

（一）不锈钢板圆形风管制作、安装

工作内容：制作：放样、下料、卷圆、折方、组对焊接、清洗焊口；安装：找标高、
风管就位、组对焊接、固定、试漏。

计量单位：m²

定 额 编 号				23046001	23046002	23046003	23046004	23046005
项 目 名 称				不锈钢板圆形风管（焊接） 直径 × 壁厚（mm）				
				200 以下 ×2	400 以下 ×2	560 以下 ×2	700 以下 ×3	700 以上 ×3
预 算 基 价				1012.95	754.78	553.28	503.28	401.16
其中	人工费（元）			920.73	681.18	490.47	420.49	334.03
	材料费（元）			41.33	34.99	31.36	51.99	48.75
	机械费（元）			50.89	38.61	31.45	30.80	18.38
	仪器仪表费（元）			—	—	—	—	—
名 称	代号	单位	单价（元）	数 量				
人工	安装工	1002	工日	145.80	6.315	4.672	3.364	2.884	2.291
材料	镀锌钢板	201048	m²	—	（0.010）	（0.100）	（0.010）	（0.015）	（0.015）
	棉丝	218036	kg	5.500	0.130	0.130	0.130	0.130	0.130
	煤油	209170	kg	7.000	0.195	0.195	0.195	0.195	0.195
	不锈钢焊丝	207445	kg	41.000	0.823	0.673	0.612	1.102	1.025
	铁砂布 0# ~ 2#	218024	张	0.970	2.600	2.600	1.950	1.950	1.950
	其他材料费	2999	元	—	2.980	2.790	2.300	2.840	2.750
机械	其他机具费	3999	元	—	50.890	38.610	31.450	30.800	18.380

（二）不锈钢板矩形风管制作、安装

工作内容：1. 不锈钢风管制作：放样、下料、卷圆、折方，制作管件、组对接焊，
试漏，清洁焊口；
2. 不锈钢风管安装：找标高、清理墙洞、风管就位、组对焊接，试漏，
清洁焊口、固定；
3. 部件制作：下料、平料、开孔、钻孔，组对、铆焊、攻丝、清洗焊口、
组装固定，试动；
4. 部件安装：制垫、垫垫、找平、找正、组对、固定、试动、试漏。

计量单位：m²

定 额 编 号				23047001	23047002	23047003	23047004
项 目 名 称				周长 × 壁厚（mm）			
				800 以下 × 2	2000 以下 × 2	4000 以下 × 3	4000 以上 × 3
预 算 基 价				423.22	308.13	303.79	272.07
其中	人工费（元）			194.64	150.17	121.60	118.39
	材料费（元）			121.43	95.43	122.66	118.39
	机械费（元）			107.15	62.53	59.53	35.29
	仪器仪表费（元）			—	—	—	—
	名 称	代号	单位	单价（元）	数 量		
人工	安装工	1002	工日	145.80	1.335	1.030	0.834	0.812
材料	镀锌钢板	201048	m²	—	（0.010）	（0.010）	（0.015）	（0.015）
	钢锯条	207262	根	26.000	2.600	2.100	2.100	2.100
	棉纱头	218101	kg	5.830	0.130	0.130	0.130	0.130
	大白粉	209010	kg	1.050	0.300	0.300	0.300	0.300
	煤油	209170	kg	7.000	0.195	0.195	0.195	0.195
	铁砂布 0# ～ 2#	218024	张	0.970	2.600	1.950	1.950	1.950
	不锈钢焊条	207289	kg	55.460	0.823	0.612	1.102	1.025
	硝酸	209237	kg	4.730	0.553	0.400	0.400	0.400
	石油沥青油毡	208030	m²	6.000	0.101	0.111	0.121	0.121
机械	剪板机 6.3 × 2000	3080	台班	212.960	0.127	0.058	0.047	0.026
	卷板机 2 × 1600	3082	台班	203.790	0.127	0.058	0.047	0.026
	交流弧焊机 ≤21kV·A	3099	台班	93.330	0.581	0.411	0.428	0.262

三、不锈钢内衬风管、管件安装

（一）不锈钢内衬特氟龙风管安装

工作内容：风管就位、制垫、法兰连接、找正、找平、固定。 计量单位：m

定 额 编 号				23048001	23048002	23048003	23048004
项 目 名 称				直径 × 壁厚（mm）			
				250以内 ×0.8	500以内 ×1.0	800以内 ×1.0	1000以内 ×1.2
预 算 基 价				161.35	313.47	504.13	635.88
其中	人工费（元）			126.41	252.82	404.01	505.63
	材料费（元）			26.96	49.62	79.75	99.61
	机械费（元）			7.98	11.03	20.37	30.64
	仪器仪表费（元）						
名 称	代号	单位	单价（元）	数 量			
人工	安装工	1002	工日	145.80	0.867	1.734	2.771	3.468
材料	特氟龙垫片	217143	m	18.000	0.860	1.720	2.760	3.450
	螺丝	217142	kg	40.000	0.260	0.420	0.670	0.840
	尼龙砂轮片 $\phi100 \times 16 \times 3$	217141	片	3.540	0.062	0.160	0.457	0.570
	其他材料费	2999	元	—	0.860	1.290	1.650	1.890
机械	载货汽车8t	3032	台班	584.010	—	0.001	0.003	0.006
	汽车起重机8t	3011	台班	784.710	—	0.001	0.003	0.006
	吊装机械 综合	3060	台班	416.400	0.011	0.012	0.022	0.032
	磨光机	3096	台班	20.000	0.080	0.157	0.251	0.314
	其他机具费	3999	元	—	1.800	1.520	2.080	2.820

工作内容：风管就位、制垫、法兰连接、找正、找平、固定。 计量单位：m

定 额 编 号				23048005	23048006	23048007
项 目 名 称				直径 × 壁厚（mm）		
				1500以内 ×1.5	2000以内 ×2.0	2500以内 ×2.5
预 算 基 价				955.65	1272.13	1728.01
其中	人工费（元）			758.45	1011.27	1409.89
	材料费（元）			153.68	202.64	244.37
	机械费（元）			43.52	58.22	73.75
	仪器仪表费（元）			—		
名 称	代号	单位	单价（元）	数 量		
人工	安装工	1002	工日	145.80	5.202	6.936	9.670
材料	特氟龙垫片	217143	M	18.000	5.180	6.900	8.630
	螺丝	217142	kg	40.000	1.360	1.750	1.960
	尼龙砂轮片 $\phi100 \times 16 \times 3$	217141	片	3.540	1.100	1.470	1.840
	其他材料费	2999	元	—	2.150	3.240	4.120
机械	吊装机械 综合	3060	台班	416.400	0.044	0.050	0.060
	磨光机	3096	台班	20.000	0.471	0.628	0.785
	载货汽车8t	3032	台班	584.010	0.009	0.015	0.020
	汽车起重机8t	3011	台班	784.710	0.009	0.015	0.020
	其他机具费	3999	元	—	3.460	4.310	5.690

（二）不锈钢内衬特氟龙风管管件安装

工作内容：支吊架安装、风管就位、制垫、法兰连接、找正、找平、固定。　　　　计量单位：个

定额编号				23049001	23049002	23049003	23049004
项 目 名 称				直径 × 壁厚（mm）			
				250以内 ×0.8	500以内 ×1.0	800以内 ×1.0	1000以内 ×1.2
预 算 基 价				184.40	376.50	579.44	881.15
其中	人工费（元）			145.80	290.14	465.10	727.54
	材料费（元）			29.73	55.07	91.62	114.43
	机械费（元）			8.87	31.29	22.72	39.18
	仪器仪表费（元）			—	—	—	—
名 称	代号	单位	单价（元）	数 量			
人工 安装工	1002	工日	145.80	1.000	1.990	3.190	4.990
材料 特氟龙垫片	217143	m	18.000	0.860	1.720	2.760	3.450
螺丝	217142	kg	40.000	0.300	0.480	0.770	0.970
尼龙砂轮片 φ100×16×3	217141	片	3.540	0.380	0.970	2.610	3.200
其他材料费	2999	元	—	0.900	1.480	1.900	2.200
机械 汽车起重机 8t	3011	台班	784.710	—	0.015	0.003	0.007
载货汽车 8t	3032	台班	584.010	—	0.015	0.003	0.007
吊装机械 综合	3060	台班	416.400	0.012	0.013	0.025	0.046
磨光机	3096	台班	20.000	0.090	0.180	0.290	0.360
其他机具费	3999	元	—	2.070	1.750	2.400	3.240

工作内容：支吊架安装、风管就位、制垫、法兰连接、找正、找平、固定。　　　　计量单位：个

定额编号				23049005	23049006	23049007
项 目 名 称				直径 × 壁厚（mm）		
				1500以内 ×1.5	2000以内 ×2.0	2500以内 ×2.5
预 算 基 价				1298.29	2372.31	3328.42
其中	人工费（元）			1061.42	2038.28	2911.63
	材料费（元）			178.85	235.97	284.62
	机械费（元）			58.02	98.06	132.17
	仪器仪表费（元）			—	—	—
名 称	代号	单位	单价（元）	数 量		
人工 安装工	1002	工日	145.80	7.280	13.980	19.970
材料 特氟龙垫片	217143	M	18.000	5.180	6.900	8.630
螺丝	217142	kg	40.000	1.560	2.010	2.250
尼龙砂轮片 φ100×16×3	217141	片	3.540	5.860	7.810	9.760
其他材料费	2999	元	—	2.470	3.720	4.730
机械 吊装机械 综合	3060	台班	416.400	0.071	0.120	0.150
磨光机	3096	台班	20.000	0.540	0.720	0.900
载货汽车 8t	3032	台班	584.010	0.010	0.021	0.033
汽车起重机 8t	3011	台班	784.710	0.010	0.021	0.033
其他机具费	3999	元	—	3.970	4.950	6.540

四、铝合金板风管制作、安装

（一）铝合金板圆形风管制作、安装

工作内容：放样、下料、开料、钻孔、制作管件、找标高、风管就位、清理墙洞、组
对焊接、试漏、清洗焊口、固定、找平、试动等。

计量单位：m²

	定 额 编 号				23050001	23050002	23050003	23050004
	项 目 名 称				铝板圆形风管（气焊）（mm）			
					200 以下 ×2	400 以下 ×2	630 以下 ×2	700 以下 ×2
	预 算 基 价				823.84	609.63	461.67	394.09
其中	人工费（元）				719.52	530.86	399.35	330.97
	材料费（元）				58.06	49.18	46.07	51.45
	机械费（元）				46.26	29.59	16.25	11.67
	仪器仪表费（元）				—	—	—	—
	名　称	代号	单位	单价（元）	数　量			
人工	安装工	1002	工日	145.80	4.935	3.641	2.739	2.270
材料	铝板 δ2.0	201128	m²	—	（1.080）	（1.080）	（1.080）	（1.080）
	镀锌钢板	201048	m²	—	（0.010）	（0.010）	（0.010）	（0.015）
	烧碱	209239	kg	6.200	0.260	0.260	0.260	0.260
	铁砂布 0# ~ 2#	218024	张	0.970	1.950	1.950	1.950	1.950
	酒精	209048	kg	35.000	0.130	0.130	0.130	0.130
	石油沥青油毡	208030	m²	6.000	0.101	0.101	0.111	0.121
	大白粉	209010	kg	1.050	0.250	0.250	0.250	0.250
	棉纱头	218101	kg	5.830	0.130	0.130	0.130	0.130
	铝焊粉	207295	kg	44.020	0.309	0.252	0.232	0.267
	铝焊丝 丝 301 φ3.0	207298	kg	43.700	0.252	0.204	0.188	0.216
	乙炔气	209120	m³	15.000	0.688	0.556	0.509	0.590
	煤油	209170	kg	7.000	0.195	0.195	0.195	0.195
	锯条	207264	根	0.560	1.300	1.105	0.910	0.910
	氧气	209121	m³	5.890	1.927	1.557	1.424	1.653
机械	卷板机 2 × 1600	3082	台班	203.790	0.111	0.071	0.039	0.028
	剪板机 6.3 × 2000	3080	台班	212.960	0.111	0.071	0.039	0.028

工作内容：放样、下料、开料、钻孔、制作管件、找标高、风管就位、清理墙洞、组
对焊接、试漏、清洗焊口、固定、找平、试动等。

计量单位：m^2

定 额 编 号				23050005	23050006	23050007	23050008
项 目 名 称				铝板矩形风管（气焊）（mm）			
				200 以下 ×3	400 以下 ×3	630 以下 ×3	700 以下 ×3
预 算 基 价				896.27	663.19	500.29	428.80
其中	人工费（元）			770.55	567.60	423.55	350.07
	材料费（元）			74.46	62.67	58.40	65.81
	机械费（元）			51.26	32.92	18.34	12.92
	仪器仪表费（元）			—	—	—	—
名 称	代号	单位	单价（元）	数 量			
人工	安装工	1002	工日	145.80	5.285	3.893	2.905	2.401

	名 称	代号	单位	单价（元）	数 量			
人工	安装工	1002	工日	145.80	5.285	3.893	2.905	2.401
材料	铝板 δ3.0	201129	m^2	—	（1.080）	（1.080）	（1.080）	（1.080）
	镀锌钢板	201048	m^2	—	（0.010）	（0.010）	（0.010）	（0.015）
	烧碱	209239	kg	6.200	0.260	0.260	0.260	0.260
	铁砂布 0# ~ 2#	218024	张	0.970	1.950	1.950	1.950	1.950
	酒精	209048	kg	35.000	0.130	0.130	0.130	0.130
	石油沥青油毡	208030	m^2	6.000	0.101	0.101	0.111	0.121
	大白粉	209010	kg	1.050	0.250	0.250	0.240	0.230
	棉纱头	218101	kg	5.830	0.130	0.130	0.130	0.130
	铝焊粉	207295	kg	44.020	0.404	0.328	0.301	0.349
	铝焊丝 丝 301 φ3.0	207298	kg	43.700	0.392	0.318	0.292	0.337
	乙炔气	209120	m^3	15.000	0.882	0.720	0.660	0.764
	煤油	209170	kg	7.000	0.195	0.195	0.195	0.195
	锯条	207264	根	0.560	1.300	1.105	0.910	0.910
	氧气	209121	m^3	5.890	2.469	2.015	1.848	2.140
机械	卷板机 2×1600	3082	台班	203.790	0.123	0.079	0.044	0.031
	剪板机 6.3×2000	3080	台班	212.960	0.123	0.079	0.044	0.031

工作内容：放样、下料、开料、钻孔、制作管件、找标高、风管就位、清理墙洞、组
对焊接、试漏、清洗焊口、固定、找平、试动等。

计量单位：m²

定 额 编 号				23050009	23050010	23050011	23050012
项 目 名 称				铝板矩形风管（气焊）（mm）			
				700 以上 ×3	800 以下 ×2	1600 以下 ×2	2000 以下 ×2
预 算 基 价				375.40	555.95	344.18	263.69
其中	人工费（元）			303.70	461.75	284.75	220.16
	材料费（元）			62.11	70.15	42.04	30.74
	机械费（元）			9.59	24.05	17.39	12.79
	仪器仪表费（元）			—	—	—	—
名 称	代号	单位	单价（元）	数 量			
人工 安装工	1002	工日	145.80	2.083	3.167	1.953	1.510
材料 铝板 δ2.0	201128	m²	—	—	—	（1.080）	（1.080）	（1.080）
铝板 δ3.0	201129	m²	—	（1.080）	—	—	—
镀锌钢板	201048	m²	—	（0.015）	—	—	—
烧碱	209239	kg	6.200	0.260	0.450	0.260	0.260
石油沥青油毡	208030	m²	6.000	0.121	0.050	0.050	0.050
铁砂布 0# ~ 2#	218024	张	0.970	1.950	1.950	1.300	1.170
酒精	209048	kg	35.000	0.130	0.130	0.130	0.130
棉纱头	218101	kg	5.830	0.130	0.130	0.130	0.130
大白粉	209010	kg	1.050	0.230	0.250	0.250	0.250
铝焊粉	207295	kg	44.020	0.324	0.383	0.211	0.137
铝焊丝 丝 301 φ3.0	207298	kg	43.700	0.315	0.310	0.172	0.111
乙炔气	209120	m³	15.000	0.712	0.846	0.465	0.301
煤油	209170	kg	7.000	0.195	0.260	0.195	0.189
锯条	207264	根	0.560	0.910	1.300	0.845	0.780
氧气	209121	m³	5.890	1.994	2.369	1.303	0.843
机械 折方机 4×2000	3086	台班	42.840	—	0.094	0.068	0.050
卷板机 2×1600	3082	台班	203.790	0.023	—	—	—
剪板机 6.3×2000	3080	台班	212.960	0.023	0.094	0.068	0.050

（二）铝合金板矩形风管制作、安装

工作内容： 放样、下料、开料、钻孔、制作管件、找标高、风管就位、清理墙洞、组
对焊接、试漏、清洗焊口、固定、找平、试动等。

计量单位：m²

定 额 编 号					23051001	23051002	23051003
项 目 名 称					铝板矩形风管（气焊）		
					800 以下 ×3	1800 以下 ×3	2400 以下 ×3
预 算 基 价					553.37	363.04	272.00
其中	人工费（元）				447.90	284.31	220.16
	材料费（元）				82.45	58.01	41.10
	机械费（元）				23.02	20.72	10.74
	仪器仪表费（元）				—	—	—
	名 称	代号	单位	单价（元）	数 量		
人工	安装工	1002	工日	145.80	3.072	1.950	1.510
材料	铝板 δ3.0	201129	m²	—	（1.080）	（1.080）	（1.080）
	烧碱	209239	kg	6.200	0.260	0.260	0.260
	铁砂布 0# ~ 2#	218024	张	0.970	1.950	1.300	1.235
	酒精	209048	kg	35.000	0.130	0.130	0.130
	大白粉	209010	kg	1.050	0.250	0.250	0.250
	棉纱头	218101	kg	5.830	0.130	0.130	0.130
	石油沥青油毡	208030	m²	6.000	0.050	0.050	0.050
	煤油	209170	kg	7.000	0.260	0.195	0.192
	铝焊粉	207295	kg	44.020	0.453	0.305	0.198
	铝焊丝 丝 301 φ3.0	207298	kg	43.700	0.439	0.296	0.191
	锯条	207264	根	0.560	1.300	0.910	0.780
	氧气	209121	m³	5.890	2.792	1.870	1.207
	乙炔气	209120	m³	15.000	0.997	0.668	0.431
机械	折方机 4 × 2000	3086	台班	42.840	0.090	0.081	0.042
	剪板机 6.3 × 2000	3080	台班	212.960	0.090	0.081	0.042

五、玻璃钢风管安装

（一）玻璃钢圆形风管安装（法兰连接）

工作内容：测标高、埋膨胀螺栓、吊拖支架制作与安装、风管修正与配合、粘接、组装、就位、找正、找平、垫垫、上螺栓、紧固、检测。

计量单位：m²

定 额 编 号				23052001	23052002	23052003	23052004
项 目 名 称				直径（mm）			
				200 以内	630 以内	1000 以内	1050 以上
预 算 基 价				156.59	89.74	86.71	105.36
其中	人工费（元）			131.37	68.53	66.63	84.56
	材料费（元）			21.20	18.72	18.36	19.29
	机械费（元）			4.02	2.49	1.72	1.51
	仪器仪表费（元）			—	—	—	—
名 称	代号	单位	单价（元）	数 量			
人工	安装工	1002	工目	145.80	0.901	0.470	0.457	0.580
材料	风管	217133	m²	—	（1.032）	（1.032）	（1.032）	（1.032）
	橡胶板 δ3～5	208035	kg	15.500	0.280	0.248	0.194	0.184
	乙炔气	209120	m³	15.000	0.011	0.015	0.017	0.023
	氧气	209121	m³	5.890	0.029	0.039	0.041	0.059
	膨胀螺栓 φ10	207160	套	1.430	1.200	0.570	0.290	—
	膨胀螺栓 φ12	207161	套	1.560	—	—	—	0.180
	镀锌带母螺栓 8×85～100	207122	套	0.410	9.350	7.890	—	—
	镀锌带母螺栓 10×85～100	207127	套	0.570	—	—	6.180	4.680
	扁钢 60 以内	201018	kg	4.900	0.413	0.142	0.233	0.319
	圆钢 φ10 以内	201014	kg	5.200	0.293	0.190	0.086	0.371
	圆钢 φ10 以外	201015	kg	5.200	—	—	0.075	0.049
	角钢 63 以内	201016	kg	4.950	0.862	1.264	1.402	1.485
	镀锌垫圈 8	207029	个	0.120	19.060	16.080	—	—
	镀锌垫圈 10	207030	个	0.120	—	—	12.600	9.540
	镀锌六角螺母 10	207068	套	0.120	1.270	0.636	—	—
	镀锌六角螺母 12	207069	个	0.250	—	—	0.318	0.254
	其他材料费	2999	元	—	0.720	0.420	0.410	0.490
机械	其他机具费	3999	元	—	4.020	2.490	1.720	1.510

（二）玻璃钢矩形风管安装（法兰连接）

工作内容：测标高、埋膨胀螺栓、吊拖支架制作与安装、风管修正与配合、粘接、组装、就位、找正、找平、垫垫、上螺栓、紧固、检测。

计量单位：m²

定 额 编 号				23053001	23053002	23053003	23053004
项 目 名 称				长边（mm）			
				200 以内	630 以内	1000 以内	1050 以上
预 算 基 价				119.81	73.63	67.59	78.65
其中	人工费（元）			84.71	50.59	49.57	59.92
	材料费（元）			30.62	20.73	16.52	17.49
	机械费（元）			4.48	2.31	1.50	1.24
	仪器仪表费（元）			—	—	—	—
名　称	代号	单位	单价（元）	数　　量			
人工	安装工	1002	工日	145.80	0.581	0.347	0.340	0.411
材料	风管	217133	m²	—	（1.032）	（1.032）	（1.032）	（1.032）
	橡胶板 δ3~5	208035	kg	15.500	0.368	0.260	0.184	0.162
	乙炔气	209120	m³	15.000	0.019	0.017	0.018	0.022
	氧气	209121	m³	5.890	0.046	0.041	0.043	0.056
	膨胀螺栓 φ10	207160	套	1.430	1.560	0.620	0.310	—
	膨胀螺栓 φ12	207161	套	1.560	—	—	—	0.160
	镀锌垫圈 8	207029	个	0.120	37.900	20.300	—	—
	镀锌垫圈 10	207030	个	0.120	—	—	10.520	8.200
	镀锌六角螺母 10	207068	个	0.120	2.205	1.060	—	—
	镀锌六角螺母 12	207069	个	0.250	—	—	0.530	0.424
	扁钢 60 以内	201018	kg	4.900	0.086	0.053	0.045	0.041
	圆钢 φ10 以内	201014	kg	5.200	0.135	0.193	0.149	0.008
	圆钢 φ10 以外	201015	kg	5.200	—	—	—	0.185
	角钢 63 以内	201016	kg	4.950	1.617	1.426	1.424	1.842
	镀锌带母螺栓 8×85~100	207122	套	0.410	18.590	9.960	—	—
	镀锌带母螺栓 10×85~100	207127	套	0.570	—	—	5.160	4.020
	其他材料费	2999	元	—	0.570	0.350	0.320	0.370
机械	其他机具费	3999	元	—	4.480	2.310	1.500	1.240

（三）玻璃钢保温风管安装（插接式）

工作内容：测标高、埋膨胀螺栓、吊拖支架制作与安装、风管修正与配合、粘接、组
装、就位、找正、找平、垫垫、上螺栓、紧固、检测。

计量单位：m²

定 额 编 号				23054001	23054002	23054003	23054004
项 目 名 称				长边（mm）			
				200 以内	630 以内	1000 以内	1060 以上
预 算 基 价				122.17	70.92	69.62	88.15
其中	人工费（元）			101.62	54.53	53.65	67.51
	材料费（元）			16.95	14.12	14.09	18.42
	机械费（元）			3.60	2.27	1.88	2.22
	仪器仪表费（元）			—	—	—	—
名 称	代号	单位	单价（元）	数 量			
人工	安装工	1002	工日	145.80	0.697	0.374	0.368	0.463
材料	风管	217133	m²	—	（1.032）	（1.032）	（1.032）	（1.032）
	氧气	209121	m³	5.890	0.062	0.050	0.048	0.064
	玻璃钢树脂	209196	kg	22.300	0.020	0.060	0.100	0.130
	电焊条综合	207290	kg	6.000	0.122	0.098	0.094	0.126
	乙炔气	209120	m³	15.000	0.023	0.019	0.014	0.023
	镀锌六角螺母 10	207068	个	0.120	2.205	1.060	—	—
	镀锌六角螺母 12	207069	个	0.250	—	—	0.530	0.424
	膨胀螺栓 φ10	207160	套	1.430	1.082	0.520	—	—
	膨胀螺栓 φ12	207161	套	1.560	—	—	0.260	0.208
	镀锌垫圈 10	207030	个	0.120	2.205	1.060	—	—
	镀锌垫圈 12	207031	个	0.200	—	—	0.530	0.424
	圆钢 φ10 以内	201014	kg	5.200	0.180	0.232	0.179	0.010
	圆钢 φ10 以外	201015	kg	5.200	—	—	—	0.231
	角钢 63 以内	201016	kg	4.950	2.155	1.711	1.690	2.270
	扁钢 60 以内	201018	kg	4.900	0.115	0.064	0.054	0.051
	自攻螺钉 M4×16	207409	100 个	8.000	0.035	0.039	0.035	0.047
	其他材料费	2999	元	—	0.540	0.320	0.320	0.410
机械	其他机具费	3999	元	—	3.600	2.270	1.880	2.220

六、PVC板塑料风管制作、安装

（一）PVC板塑料圆形风管制作、安装

工作内容：放样、锯切、坡口、加热成型，制作法兰、管件，钻孔、组合焊接；就位、
制垫、法兰连接、找正、找平、固定。

计量单位：m²

定 额 编 号				23055001	23055002	23055003	23055004
项 目 名 称				塑料圆形风管 直径 × 壁厚（mm）			
				300 以下 ×3	630 以下 ×4	1000 以下 ×5	2000 以下 ×6
预 算 基 价				798.78	514.33	538.94	574.18
其中	人工费（元）			542.38	336.07	327.61	362.46
	材料费（元）			7.13	5.49	10.87	10.36
	机械费（元）			249.27	172.77	200.46	201.36
	仪器仪表费（元）			—	—	—	—
	名 称	代号	单位	单价（元）	数 量		
人工	安装工	1002	工日	145.80	3.720	2.305	2.247	2.486
材料	硬聚氯乙烯板 δ3～8	210200	m²	—	（1.160）	（1.160）	（1.160）	（1.160）
	软聚氯乙烯板 δ4	210204	m²	—	（0.057）	（0.045）	（0.038）	（0.037）
	硬聚氯乙烯板 δ6	210201	m²	—	（0.061）	（0.007）	（0.046）	—
	硬聚氯乙烯板 δ8	210202	m²	—	（0.035）	（0.075）	（0.006）	（0.041）
	硬聚氯乙烯板 δ12	210203	m²	—	—	—	（0.064）	（0.061）
	垫圈8	207016	个	0.014	23.000	16.000	—	—
	垫圈20	207022	个	0.096	—	—	10.400	8.400
	精制六角带帽螺栓 M8×75	207634	套	0.186	11.500	8.000	—	—
	精制六角带帽螺栓 M10×75	207637	套	0.970	—	—	5.200	4.200
	硬聚氯乙烯焊条 φ4	207305	kg	9.310	0.501	0.406	0.519	0.589
机械	弓锯床 φ250	3088	台班	29.560	0.019	0.013	0.016	0.015
	箱式加热炉	3090	台班	81.430	0.228	0.075	0.073	0.062
	电动空气压缩机 ≤ 6m³/min	3104	台班	339.350	0.671	0.485	0.567	0.572
	台式钻床 φ16	3072	台班	11.430	0.066	0.046	0.030	0.027
	坡口机 2.8kW	3073	台班	40.180	0.042	0.029	0.032	0.036

（二）PVC板塑料矩形风管制作、安装

工作内容：放样、锯切、坡口、加热成型，制作法兰、管件，钻孔、组合焊接；就位、
制垫、法兰连接、找正、找平、固定。

计量单位：m²

定 额 编 号				23056001	23056002	23056003	23056004	23056005
项 目 名 称				塑料矩形风管				
				周长 × 壁厚（mm）			直径 × 壁厚（mm）	周长 × 壁厚（mm）
				1300 以下 ×3	2000 以下 ×4	3200 以下 ×5	4500 以下 ×6	6500 以下 ×8
预 算 基 价				620.29	619.12	621.41	593.45	555.98
其中	人工费（元）			405.03	385.79	365.52	360.13	323.24
	材料费（元）			6.15	6.15	11.18	11.10	11.44
	机械费（元）			209.11	227.18	244.71	222.22	221.30
	仪器仪表费（元）			—	—	—	—	—
名　称	代号	单位	单价（元）	数　　量				
人工	安装工	1002	工日	145.80	2.778	2.646	2.507	2.470	2.217
材料	硬聚氯乙烯板 δ3～8	210200	m²	—	（1.160）	（1.160）	（1.160）	（1.160）	（1.160）
	软聚氯乙烯板 δ4	210204	m²	—	（0.029）	（0.026）	（0.028）	（0.030）	（0.031）
	硬聚氯乙烯板 δ6	210201	m²	—	（0.004）	（0.082）	—	—	—
	硬聚氯乙烯板 δ8	210202	m²	—	（0.058）	（0.052）	（0.091）	—	—
	硬聚氯乙烯板 δ12	210203	m²	—	—	—	（0.057）	（0.146）	—
	硬聚氯乙烯板 δ14	210205	m²	—	—	—	—	—	（0.112）
	垫圈 20	207022	个	0.096	13.000	10.400	9.600	9.000	8.400
	精制六角带帽螺栓 M8×75	207634	套	0.186	6.500	5.200	—	—	—
	精制六角带帽螺栓 M10×75	207637	套	0.970	—	—	4.800	4.500	4.200
	硬聚氯乙烯焊条 φ4	207305	kg	9.310	0.397	0.449	0.602	0.631	0.705
机械	弓锯床 φ250	3088	台班	29.560	0.015	0.020	0.021	0.022	0.021
	箱式加热炉	3090	台班	81.430	0.021	0.009	0.007	0.006	0.006
	电动空气压缩机 ≤ 6m³/min	3104	台班	339.350	0.605	0.660	0.712	0.646	0.643
	台式钻床 φ16	3072	台班	11.430	0.035	0.031	0.029	0.026	0.030
	坡口机 2.8kW	3073	台班	40.180	0.031	0.038	0.039	0.039	0.041

（三）PVC板塑料风管附件制作、安装

工作内容：放样、锯切、坡口、加热成型，制作法兰、管件，钻孔、组合焊接；就位、制垫、法兰连接、找正、找平、固定。

计量单位：100kg

定 额 编 号				23057001	23057002	23057003	23057004
项 目 名 称				楔形空气分布器（kg）			
				网格式		活动百叶式	
				≤ 5	> 5	≤ 10	> 10
预 算 基 价				15261.19	10204.83	14014.55	8863.85
其中	人工费（元）			10102.48	6254.82	9089.17	5502.49
	材料费（元）			257.85	199.72	127.50	81.33
	机械费（元）			4900.86	3750.29	4797.88	3280.03
	仪器仪表费（元）			—	—	—	—
	名 称	代号	单位	单价（元）	数 量		
人工	安装工	1002	工日	145.80	69.290	42.900	62.340	37.740
材料	硬聚氯乙烯板 δ2～30	210206	kg	—	（120.000）	（120.000）	（120.000）	（120.000）
	软聚氯乙烯板 δ2～8	210207	kg	—	（4.700）	（3.200）	（2.600）	（1.600）
	精制六角带帽螺栓 M8×75	207634	套	0.186	169.500	98.000	95.500	49.400
	垫圈8	207016	个	0.014	339.000	196.000	191.000	98.800
	硬聚氯乙烯焊条 φ4	207305	kg	9.310	23.800	19.200	11.500	7.600
机械	箱式加热炉	3090	台班	81.430	6.140	2.780	5.100	2.100
	立式钻床 φ35	3071	台班	15.430			2.900	1.620
	普通车床 φ400×2000	3075	台班	196.040	—	—	2.070	1.190
	弓锯床 φ250	3088	台班	29.560	0.770	0.450	0.550	0.430
	台式钻床 φ16	3072	台班	11.430	0.380	0.300	1.660	0.910
	坡口机 2.8kW	3073	台班	40.180	0.580	0.380	0.280	0.190
	电动空气压缩机 ≤ 6m³/min	3104	台班	339.350	12.820	10.290	11.450	8.310

工作内容：放样、锯切、坡口、加热成型，制作法兰、管件，钻孔、组合焊接；就位、制垫、法兰连接、找正、找平、固定。

计量单位：100kg

定 额 编 号				23057005	23057006	23057007
项 目 名 称				圆形空气分布器（kg）		矩形空气分布器
				10 以下	10 以上	
预 算 基 价				10587.69	7415.50	9719.64
其中	人工费（元）			6647.02	4556.25	5862.62
	材料费（元）			127.31	64.66	163.81
	机械费（元）			3813.36	2794.59	3693.21
	仪器仪表费（元）			—	—	—
	名　　　称	代号	单位	单价（元）	数　　量	
人工	安装工	1002	工日	145.80	45.590	31.250	40.210
材料	硬聚氯乙烯板 δ2～30	210206	kg	—	（120.000）	（120.000）	（120.000）
	软聚氯乙烯板 δ2～8	210207	kg	—	（3.600）	（1.600）	（1.600）
	精制六角带帽螺栓 M8×75	207634	套	0.186	129.400	49.800	60.700
	垫圈8	207016	个	0.014	258.800	99.600	121.400
	硬聚氯乙烯焊条 φ4	207305	kg	9.310	10.700	5.800	16.200
机械	弓锯床 φ250	3088	台班	29.560	0.790	0.700	0.450
	箱式加热炉	3090	台班	81.430	2.500	1.210	2.360
	电动空气压缩机 ≤6m³/min	3104	台班	339.350	10.540	7.860	10.240
	台式钻床 φ16	3072	台班	11.430	0.390	0.250	0.240
	坡口机 2.8kW	3073	台班	40.180	0.130	0.130	0.250

工作内容：放样、锯切、坡口、加热成型，制作法兰、管件，钻孔、组合焊接；就
位、制垫、法兰连接、找正、找平、固定。

计量单位：100kg

定 额 编 号				23057008	23057009	23057010	23057011
项 目 名 称				直片式散流器（kg）		插板式风口	
				10 以下	10 以上	圆形	矩形
预 算 基 价				25414.12	12992.41	20411.16	17091.40
其中	人工费（元）			19060.43	9478.46	12786.66	9590.72
	材料费（元）			113.13	60.78	213.20	89.38
	机械费（元）			6240.56	3453.17	7411.30	7411.30
	仪器仪表费（元）			—	—	—	—
	名 称	代号	单位	单价（元）	数	量	
人工	安装工	1002	工日	145.80	130.730	65.010	87.700	65.780
材料	硬聚氯乙烯板 δ2～30	210206	kg	—	（120.000）	（120.000）	（116.000）	（116.000）
	软聚氯乙烯板 δ2～8	210207	kg	—	（4.200）	（2.200）	—	—
	硬聚氯乙烯棒 φ4	210208	kg	—	（6.360）	（3.290）	—	—
	精制六角带帽螺栓 M8×75	207634	套	0.186	154.000	66.700	—	—
	垫圈 8	207016	个	0.014	307.700	143.000	—	—
	开口销 1～5	207690	个	0.120	39.760	13.990	—	—
	硬聚氯乙烯焊条 φ4	207305	kg	9.310	8.100	4.800	22.900	9.600
机械	电动空气压缩机 ≤6m³/min	3104	台班	339.350	14.390	8.360	19.770	19.770
	弓锯床 φ250	3088	台班	29.560	0.730	0.440	1.160	1.160
	箱式加热炉	3090	台班	81.430	8.290	3.390	8.140	8.140
	台式钻床 φ16	3072	台班	11.430	1.710	0.780	—	—
	普通车床 φ400×2000	3075	台班	196.040	3.170	1.570	—	—
	坡口机 2.8kW	3073	台班	40.180	0.490	0.260	0.130	0.130

工作内容：放样、锯切、坡口、加热成型，制作法兰、管件，钻孔、组合焊接；就
　　　　　位、制垫、法兰连接、找正、找平、固定。

计量单位：100kg

				23057012	23057013	23057014	23057015
定 额 编 号				蝶阀		插板阀	
项 目 名 称				圆形	方、矩形	圆形	方、矩形
预 算 基 价				12718.48	9902.92	20612.38	15310.28
其中	人工费（元）			7829.46	6044.87	10337.22	7581.60
	材料费（元）			269.83	337.02	352.29	284.42
	机械费（元）			4619.19	3521.03	9922.87	7444.26
	仪器仪表费（元）			—	—	—	—
	名 称	代号	单位	单价（元）	数 量		
人工	安装工	1002	工日	145.80	53.700	41.460	70.900	52.000
材料	耐酸石棉橡胶板	208016	kg	—	—	—	（1.800）	（1.100）
	软聚氯乙烯板 δ2～8	210207	kg	—	（10.900）	（11.500）	（11.100）	（6.700）
	硬聚氯乙烯板 δ2～30	210206	kg	—	（131.000）	（116.000）	（116.000）	（116.000）
	垫圈20	207022	个	0.096	755.300	940.800	646.200	465.400
	铝蝶形螺母 M12	207536	10个	1.910	1.700	1.700	3.080	—
	精制六角带帽螺栓 M10×75	207637	套	0.970	—	—	30.800	—
	精制六角带帽螺栓 M8×75	207634	套	0.186	392.700	453.000	492.300	342.900
	硬聚氯乙烯焊条 φ4	207305	kg	9.310	13.000	17.100	17.500	18.900
机械	电动空气压缩机 ≤6m³/min	3104	台班	339.350	12.790	9.590	28.300	21.230
	弓锯床 φ250	3088	台班	29.560	0.130	0.100	1.200	0.900
	箱式加热炉	3090	台班	81.430	0.260	0.200	2.500	1.880
	台式钻床 φ16	3072	台班	11.430	1.860	1.400	2.800	2.100
	普通车床 φ400×2000	3075	台班	196.040	1.160	1.160	—	—
	坡口机 2.8kW	3073	台班	40.180	0.130	0.100	1.200	0.900

工作内容：放样、锯切、坡口、加热成型，制作法兰、管件，钻孔、组合焊接；就
位、制垫、法兰连接、找正、找平、固定。

计量单位：100kg

定 额 编 号				23057016	23057017	23057018	23057019
项 目 名 称				槽边侧吸罩		槽边风罩	
				分组式	整体式	吹	吸
预 算 基 价				12091.59	8736.18	11455.12	8586.87
其中	人工费（元）			7639.92	5496.66	6975.07	5365.44
	材料费（元）			116.94	89.65	145.32	71.56
	机械费（元）			4334.73	3149.87	4334.73	3149.87
	仪器仪表费（元）			—	—	—	—
名 称		代号	单位	单价（元）	数 量		
人工	安装工	1002	工日	145.80	52.400	37.700	47.840	36.800
材料	硬聚氯乙烯板 δ2～30	210206	kg	—	（116.000）	（122.000）	（116.000）	（116.000）
	软聚氯乙烯板 δ2～8	210207	kg	—	（5.700）	（4.300）	（7.000）	（3.200）
	精制六角带帽螺栓 M8×75	207634	套	0.186	158.200	131.800	244.000	107.600
	垫圈8	207016	个	0.014	332.300	263.600	488.000	224.200
	硬聚氯乙烯焊条 φ4	207305	kg	9.310	8.900	6.600	10.000	5.200
机械	弓锯床 φ250	3088	台班	29.560	0.300	0.200	0.300	0.200
	箱式加热炉	3090	台班	81.430	1.400	0.800	1.400	0.800
	电动空气压缩机 ≤6m³/min	3104	台班	339.350	12.300	9.000	12.300	9.000
	台式钻床 φ16	3072	台班	11.430	0.500	0.400	0.500	0.400
	坡口机 2.8kW	3073	台班	40.180	0.800	0.500	0.800	0.500

工作内容：放样、锯切、坡口、加热成型，制作法兰、管件，钻孔、组合焊接；就
位、制垫、法兰连接、找正、找平、固定。

计量单位：100kg

		定 额 编 号			23057020	23057021	23057022	23057023
		项 目 名 称			条缝槽边风罩			各形风罩调节阀
					周边	单侧	双侧	
		预 算 基 价			7820.38	8030.97	7414.84	12666.29
其中		人工费（元）			4607.28	4796.82	4199.04	7581.60
		材料费（元）			65.52	86.57	68.22	210.69
		机械费（元）			3147.58	3147.58	3147.58	4874.00
		仪器仪表费（元）			—	—	—	—
	名 称	代号	单位	单价（元）	数 量			
人工	安装工	1002	工日	145.80	31.600	32.900	28.800	52.000
材料	硬聚氯乙烯板 δ2～30	210206	kg	—	（116.000）	（116.000）	（116.000）	（116.000）
	软聚氯乙烯板 δ2～8	210207	kg	—	（1.600）	（4.000）	（1.600）	（19.600）
	精制六角带帽螺栓 M8×75	207634	套	0.186	49.500	100.000	44.400	297.600
	垫圈8	207016	个	0.014	98.900	200.000	93.200	654.800
	蝶形带帽螺栓 M8×30	207638	套	0.250	—	—	—	29.800
	硬聚氯乙烯焊条 φ4	207305	kg	9.310	5.900	7.000	6.300	14.900
机械	弓锯床 φ250	3088	台班	29.560	0.200	0.200	0.200	0.300
	箱式加热炉	3090	台班	81.430	0.800	0.800	0.800	0.800
	普通车床 φ400×2000	3075	台班	196.040	—	—	—	3.000
	台式钻床 φ16	3072	台班	11.430	0.200	0.200	0.200	0.500
	坡口机 2.8kW	3073	台班	40.180	0.500	0.500	0.500	0.800
	电动空气压缩机 ≤6m³/min	3104	台班	339.350	9.000	9.000	9.000	12.300

工作内容：放样、锯切、坡口、加热成型，制作法兰、管件，钻孔、组合焊接；就位、制垫、法兰连接、找正、找平、固定。

计量单位：100kg

定 额 编 号				23057024	23057025	23057026	23057027
项 目 名 称				圆伞形风帽	锥形风帽（kg）		
					20 以下	40 以下	40 以上
预 算 基 价				7108.32	10993.62	7603.14	5227.33
其中	人工费（元）			4417.74	6896.34	4432.32	3353.40
	材料费（元）			65.91	70.09	69.10	45.36
	机械费（元）			2624.67	4027.19	3101.72	1828.57
	仪器仪表费（元）			—	—	—	—
名 称		代号	单位	单价（元）	数 量		
人工	安装工	1002	工日	145.80	30.300	47.300	30.400	23.000
材料	硬聚氯乙烯板 δ2～30	210206	kg	—	（2.300）	（1.900）	（1.100）	（0.600）
	软聚氯乙烯板 δ2～8	210207	kg	—	（122.000）	（122.000）	（122.000）	（122.000）
	垫圈 8	207016	个	0.014	137.400	133.000	62.800	—
	垫圈 20	207022	个	0.096	—	—	—	25.200
	精制六角带帽螺栓 M10×75	207637	套	0.970	—	—	—	12.600
	精制六角带帽螺栓 M8×75	207634	套	0.186	68.700	66.500	31.400	—
	硬聚氯乙烯焊条 φ4	207305	kg	9.310	5.500	6.000	6.700	3.300
机械	弓锯床 φ250	3088	台班	29.560	0.300	0.400	0.300	0.200
	箱式加热炉	3090	台班	81.430	1.900	4.000	1.500	0.600
	电动空气压缩机 ≤6m³/min	3104	台班	339.350	7.200	10.800	8.700	5.200
	台式钻床 φ16	3072	台班	11.430	0.500	0.400	0.200	0.100
	坡口机 2.8kW	3073	台班	40.180	0.300	0.500	0.400	0.200

工作内容：放样、锯切、坡口、加热成型，制作法兰、管件，钻孔、组合焊接；就
位、制垫、法兰连接、找正、找平、固定。

计量单位：100kg

定 额 编 号					23057028	23057029	23057030	23057031	23057032
项 目 名 称					筒形风帽（kg）			柔性接口及伸缩节（m²）	
					20 以下	40 以下	40 以上	无法兰	有法兰
预 算 基 价					10960.38	7232.76	5191.74	634.85	1525.79
其中	人工费（元）				6852.60	4082.40	3324.24	382.00	976.86
	材料费（元）				80.59	48.64	38.93	5.12	27.74
	机械费（元）				4027.19	3101.72	1828.57	247.73	521.19
	仪器仪表费（元）				—	—	—	—	—
名 称	代号	单位	单价（元）		数 量				
人工	安装工	1002	工日	145.80	47.000	28.000	22.800	2.620	6.700
材料	硬聚氯乙烯板 δ2～30	210206	kg	—	（122.000）	（122.000）	（122.000）	—	（4.590）
	软聚氯乙烯板 δ2～8	210207	kg	—	（1.900）	（0.900）	（0.700）	（6.260）	（7.220）
	精制六角带帽螺栓 M10×75	207637	套	0.970	—	—	—	—	9.750
	软聚氯乙烯焊条 φ4	207306	kg	9.310	—	—	—	0.550	0.660
	垫圈 8	207016	个	0.014	118.000	49.800	32.600	—	28.000
	垫圈 20	207022	个	0.096	—	—	—	—	29.000
	精制六角带帽螺栓 M12×75	207641	套	0.730	—	—	—	—	4.750
	精制六角带帽螺栓 M8×75	207634	套	0.186	59.000	2.490	1.630	—	14.000
	硬聚氯乙烯焊条 φ4	207305	kg	9.310	7.300	5.100	4.100		0.310
机械	弓锯床 φ250	3088	台班	29.560	0.400	0.300	0.200	—	0.090
	箱式加热炉	3090	台班	81.430	4.000	1.500	0.600	—	0.170
	电动空气压缩机 ≤6m³/min	3104	台班	339.350	10.800	8.700	5.200	0.730	1.470
	台式钻床 φ16	3072	台班	11.430	0.400	0.200	0.100	—	0.160
	坡口机 2.8kW	3073	台班	40.180	0.500	0.400	0.200	—	0.100

七、复合型风管制作、安装

（一）复合型圆形风管制作、安装

工作内容：放样、切割、开槽、成型、粘合、制作管件、钻孔、组合；就位、制垫、连接、找正、找平、固定。

计量单位：m²

定 额 编 号				23058001	23058002	23058003	23058004
项 目 名 称				复合型圆形风管			
				≤ 300	≤ 630	≤ 1000	≤ 2000
预 算 基 价				43.89	27.29	25.38	25.94
其中	人工费（元）			21.29	13.12	12.68	13.56
	材料费（元）			18.04	11.00	9.76	9.14
	机械费（元）			4.56	3.17	2.94	3.24
	仪器仪表费（元）			—	—	—	—
名 称	代号	单位	单价（元）	数 量			
人工	安装工	1002	工日	145.80	0.146	0.090	0.087	0.093
材料	复合型板材	217079	m²	—	(1.160)	(1.160)	(1.160)	(1.160)
	膨胀螺栓 φ12	207161	套	1.560	0.200	0.200	0.150	0.100
	六角螺母 10	207060	个	0.063	—	—	3.540	3.030
	垫圈 8	207016	个	0.014	—	—	3.540	3.030
	圆钢 φ10 以外	201015	kg	5.200	0.488	0.275	0.538	0.709
	热敏铝箔胶带 64	217044	m	3.400	3.512	2.036	1.353	0.849
	扁钢 60 以内	201018	kg	4.900	0.664	0.477	0.378	0.444
机械	电锤 520W	3095	台班	33.340	0.006	0.006	0.004	0.004
	封口机	3077	台班	46.750	0.028	0.020	0.013	0.012
	开槽机	3076	台班	169.510	0.018	0.012	0.013	0.015

（二）复合型矩形风管制作、安装

工作内容：放样、切割、开槽、成型、粘合、制作管件、钻孔、组合；就位、制垫、
连接、找正、找平、固定。

计量单位：m²

定 额 编 号				23059001	23059002	23059003	23059004	23059005
项 目 名 称				复合型矩形风管				
				≤ 1300	≤ 2000	≤ 3200	≤ 4500	≤ 6500
预 算 基 价				34.29	35.87	29.91	31.25	28.08
其中	人工费（元）			15.89	15.16	14.29	14.14	12.68
	材料费（元）			15.30	17.26	12.21	13.75	11.61
	机械费（元）			3.10	3.45	3.41	3.36	3.79
	仪器仪表费（元）			—	—	—	—	—
名 称	代号	单位	单价（元）	数 量				
人工 安装工	1002	工日	145.80	0.109	0.104	0.098	0.097	0.087
材料 复合型板材	217079	m²	—	（1.160）	（1.160）	（1.160）	（1.160）	（1.160）
自攻螺钉 M4×16	207409	100个	8.000	—	0.040	0.040	0.050	0.050
膨胀螺栓 φ12	207161	套	1.560	0.200	0.150	0.150	0.150	0.100
垫圈 8	207016	个	0.014	—	—	2.310	5.440	3.450
六角螺母 10	207060	个	0.063	—	—	2.310	5.440	3.450
镀锌钢板 δ1.0～1.5	201037	kg	6.100	0.071	0.071	0.126	0.126	0.165
热敏铝箔胶带 64	217044	m	3.400	2.229	2.123	1.804	1.852	1.027
圆钢 φ10 以内	201014	kg	5.200	0.542	0.612	0.430	0.800	0.790
角钢 63 以内	201016	kg	4.950	0.839	1.187	0.473	0.298	0.440
机械 电锤 520W	3095	台班	33.340	0.006	0.004	0.004	0.004	0.004
封口机	3077	台班	46.750	0.015	0.013	0.012	0.011	0.013
开槽机	3076	台班	169.510	0.013	0.016	0.016	0.016	0.018

八、通风管道检测及附件制作、组装

（一）通风管道检测

工作内容：制堵盲板、装设测试仪器、检验、测试、折盲板、密封。　　计量单位：m^2

定额编号					23060001	23060002
项目名称					漏光法检测	漏风量检测
预算基价					1.80	4.09
其中	人工费（元）				1.60	3.94
	材料费（元）				0.19	0.13
	机械费（元）				0.01	0.02
	仪器仪表费（元）				—	—
	名称	代号	单位	单价（元）	数量	
人工	安装工	1002	工日	145.80	0.011	0.027
材料	封箱胶带 W45mm×18m	209432	卷	6.500	0.018	0.018
	聚氯乙烯薄膜	210007	kg	10.400	0.006	—
	其他材料费	2999	元	—	0.007	0.017
机械	其他机具费	3999	元	—	0.010	0.022

（二）风管孔检查制作、组装

工作内容：放样、下料、钻孔、铆焊、开孔、找正、粘垫、上螺栓、紧固。　　计量单位：个

定额编号					23061001	23061002	23061003
项目名称					周长（mm 以内）		
					1000	1500	2000
预算基价					78.60	125.96	208.60
其中	人工费（元）				48.55	84.56	144.05
	材料费（元）				25.81	34.13	51.82
	机械费（元）				4.24	7.27	12.73
	仪器仪表费（元）				—	—	—
	名称	代号	单位	单价（元）	数量		
人工	安装工	1002	工日	145.80	0.333	0.580	0.988
材料	普通钢板 δ1.0 ~ 1.5	201026	kg	—	（1.280）	（2.210）	（3.780）
	圆锥销 3×18	218115	个	0.400	1.060	1.060	2.120
	闭孔乳胶海绵 δ20	210001	m^2	74.000	0.090	0.150	0.290
	酚醛塑料把手	210044	个	2.500	3.180	3.180	3.180
	树脂胶	209109	kg	36.800	0.160	0.190	0.250
	电焊条 综合	207290	kg	6.000	0.230	0.270	0.350
	镀锌铆钉	207269	kg	8.230	0.020	0.040	0.070
	扁钢 60 以内	201018	kg	4.900	0.530	0.920	1.570
	圆钢 ϕ10 以内	201014	kg	5.200	0.020	0.040	0.070
	镀锌弹簧垫圈 6	207494	个	0.004	2.040	3.500	6.000
	镀锌六角螺母 8	207067	个	0.054	2.040	3.500	6.000
	其他材料费	2999	元	—	0.520	0.800	1.280
机械	其他机具费	3999	元	—	4.240	7.270	12.730

（三）温度及风量测定孔制作、组装

工作内容：放样、下料、开孔、焊接、钻眼、找正、上螺栓、紧固。　　　　　计量单位：个

定 额 编 号					23062001
项 目 名 称					温度、风量测定孔
预 算 基 价					88.83
其中	人工费（元）				69.26
	材料费（元）				13.73
	机械费（元）				5.84
	仪器仪表费（元）				—
	名　　称	代号	单位	单价（元）	数　　量
人工	安装工	1002	工日	145.80	0.475
材料	普通钢板 δ2.0～2.5	201028	kg	—	（0.180）
	带母螺栓 4×16～25	207091	套	0.031	4.160
	电焊条 综合	207290	kg	6.000	0.110
	镀锌堵头 50	212106	个	8.770	1.000
	熟铁管箍 50	212262	个	3.300	1.000
	其他材料费	2999	元	—	0.870
机械	其他机具费	3999	元	—	5.840

九、软管接头及软管制作、安装

（一）软管接头制作、安装

工作内容：放样、下料、制作法兰及压条、钻孔、缝纫、组装、垫垫、上螺栓、紧固。　　计量单位：m²

定 额 编 号					23063001
项 目 名 称					软管接头
预 算 基 价					500.24
其中	人工费（元）				297.87
	材料费（元）				182.94
	机械费（元）				19.43
	仪器仪表费（元）				—
	名　　称	代号	单位	单价（元）	数　　量
人工	安装工	1002	工日	145.80	2.043
材料	精制六角带帽螺栓 M8×75	207634	套	0.186	26.000
	橡胶板 δ1～3	208034	kg	11.500	2.340
	扁钢 60 以内	201018	kg	4.900	8.320
	人造革	210084	kg	15.000	1.150
	角钢 63 以内	201016	kg	4.950	18.330
	其他材料费	2999	元	—	2.440
机械	其他机具费	3999	元	—	19.430

（二）圆形柔性软管安装

工作内容：下料、安装、上卡子、制作与安装吊卡、找正、固定、封胶带。　　　　　　　　　　　　　计量单位：节

定　额　编　号				23064001	23064002	23064003	23064004
项　目　名　称				长度500mm以内 直径（mm以内）			
				150	250	300	400
预　算　基　价				37.44	54.00	68.31	89.89
其中	人工费（元）			24.93	37.47	49.86	66.48
	材料费（元）			12.37	16.31	18.16	23.02
	机械费（元）			0.14	0.22	0.29	0.39
	仪器仪表费（元）			—	—	—	—
名　　称	代号	单位	单价（元）	数　　量			
人工	安装工	1002	工日	145.80	0.171	0.257	0.342	0.456
材料	柔性软管	210150	节	—	（1.000）	（1.000）	（1.000）	（1.000）
	软管卡子 φ150	210110	个	4.140	2.000	—	—	—
	软管卡子 φ250	210111	个	5.180	—	2.000	—	—
	软管卡子 φ300	210112	个	5.180	—	—	2.000	—
	软管卡子 φ400	210113	个	6.210	—	—	—	2.000
	铝箔胶条	217043	m	3.610	1.090	1.585	2.080	2.830
	其他材料费	2999	元		—	0.160	0.230	0.290	0.380
机械	其他机具费	3999	元		0.140	0.220	0.290	0.390

工作内容：下料、安装、上卡子、制作与安装吊卡、找正、固定、封胶带。　　　　　　　　　　　　　计量单位：节

定　额　编　号				23064005	23064006	23064007	23064008
项　目　名　称				长度500mm以外 直径（mm以内）			
				150	250	300	400
预　算　基　价				51.35	73.66	92.70	121.89
其中	人工费（元）			34.70	52.63	69.26	92.87
	材料费（元）			16.45	20.72	23.04	28.48
	机械费（元）			0.20	0.31	0.40	0.54
	仪器仪表费（元）			—	—	—	—
名　　称	代号	单位	单价（元）	数　　量			
人工	安装工	1002	工日	145.80	0.238	0.361	0.475	0.637
材料	柔性软管	210150	节	—	（1.000）	（1.000）	（1.000）	（1.000）
	软管卡子 φ150	210110	个	4.140	2.000	—	—	—
	软管卡子 φ250	210111	个	5.180	—	2.000	—	—
	软管卡子 φ300	210112	个	5.180	—	—	2.000	—
	软管卡子 φ400	210113	个	6.210	—	—	—	2.000
	铝箔胶条	217043	m	3.610	1.090	1.585	2.080	2.830
	镀锌钢板 δ1.0~1.5	201037	kg	6.100	0.148	0.198	0.272	0.363
	圆钢 φ10以内	201014	kg	5.200	0.600	0.600	0.600	0.600
	其他材料费	2999	元		0.210	0.310	0.390	0.510
机械	其他机具费	3999	元		0.200	0.310	0.400	0.540

（三）矩形柔性软管安装

工作内容：下料、钻孔、上法兰、铆固、组对、找正、垫垫、上螺栓、紧固、封胶带。　　　计量单位：节

定 额 编 号				23065001	23065002	23065003	23065004
项 目 名 称				长度 500 以内　直径（mm 以内）			
				1200	1800	2400	3200
预 算 基 价				56.49	77.17	103.28	137.17
其中	人工费（元）			48.55	64.88	86.46	115.18
	材料费（元）			4.02	7.06	10.26	13.44
	机械费（元）			3.92	5.23	6.56	8.55
	仪器仪表费（元）			—	—	—	—
	名　称	代号	单位	单价（元）	数　量		
人工	安装工	1002	工日	145.80	0.333	0.445	0.593	0.790
材料	柔性软管	210150	节	—	(1.000)	(1.000)	(1.000)	(1.000)
	橡胶板 δ1~3	208034	kg	11.500	0.243	0.355	0.565	0.744
	镀锌带母螺栓 8×16~25	207120	套	0.160	—	16.640	20.800	27.040
	镀锌带母螺栓 6×16~25	207118	套	0.080	12.480	—	—	—
	其他材料费	2999	元	—	0.230	0.320	0.430	0.560
机械	其他机具费	3999	元	—	3.920	5.230	6.560	8.550

十、风 阀 安 装

（一）防火阀、防排烟阀安装

工作内容：埋膨胀螺栓、吊架制作与安装、对口、校正、上螺栓、垫垫、紧固、试动。　　　计量单位：个

定 额 编 号				23066001	23066002	23066003
项 目 名 称				方、矩形　周长（mm 以内）		
				1200	2400	3600
预 算 基 价				185.33	258.60	349.74
其中	人工费（元）			135.74	175.98	243.78
	材料费（元）			42.38	75.18	98.13
	机械费（元）			7.21	7.44	7.83
	仪器仪表费（元）			—	—	—
	名　称	代号	单位	单价（元）	数　量		
人工	安装工	1002	工日	145.80	0.931	1.207	1.672
材料	调节阀	217120	个	—	(1.000)	(1.000)	(1.000)
	橡胶板 δ1~3	208034	kg	11.500	0.260	0.780	1.170
	镀锌六角螺母 8	207067	个	0.054	4.240	—	—
	镀锌六角螺母 10	207068	个	0.120	—	4.240	4.240
	膨胀螺栓 φ8	207159	套	1.320	4.160	—	—
	膨胀螺栓 φ10	207160	套	1.430	—	4.160	4.160
	角钢 63 以内	201016	kg	4.950	3.460	7.140	9.320
	镀锌带母螺栓 8×16~25	207120	套	0.160	17.680	21.840	26.000
	圆钢 φ10 以内	201014	kg	5.200	2.520	3.870	5.160
	其他材料费	2999	元	—	0.610	0.790	1.090
机械	其他机具费	3999	元	—	7.210	7.440	7.830

工作内容：埋膨胀螺栓、吊架制作与安装、对口、校正、上螺栓、垫垫、紧固、试动。　　计量单位：个

定额编号				23066004	23066005	23066006
项目名称				方、矩形　周长（mm 以内）		
				5000	6500	7200
预算基价				445.05	533.77	750.63
其中	人工费（元）			295.10	336.65	414.22
	材料费（元）			141.82	188.75	327.59
	机械费（元）			8.13	8.37	8.82
	仪器仪表费（元）			—	—	—
	名　称	代号	单位	单价（元）	数　量	
人工	安装工	1002	工日	145.80	2.024	2.309	2.841
材料	调节阀	217120	个	—	（1.000）	（1.000）	（1.000）
	镀锌六角螺母 12	207069	个	0.250	4.240	4.240	4.240
	膨胀螺栓 φ12	207161	套	1.560	4.160	4.160	4.160
	槽钢 16 以内	201020	kg	5.050	—	—	45.860
	橡胶板 δ1～3	208034	kg	11.500	1.560	1.700	1.810
	角钢 63 以内	201016	kg	4.950	13.070	20.810	—
	镀锌带母螺栓 8×16～25	207120	套	0.160	49.920	56.160	62.400
	圆钢 φ10 以外	201015	kg	5.200	8.140	9.260	10.730
	其他材料费	2999	元	—	1.320	1.500	1.850
机械	其他机具费	3999	元	—	8.130	8.370	8.820

工作内容：埋膨胀螺栓、吊架制作安装、对口、校正、上螺栓、垫垫、紧固、试动。　　计量单位：个

定额编号				23066007	23066008	23066009
项目名称				圆形　直径（mm 以内）		
				150	250	320
预算基价				64.91	106.50	131.96
其中	人工费（元）			41.55	58.17	74.80
	材料费（元）			19.91	41.57	50.31
	机械费（元）			3.45	6.76	6.85
	仪器仪表费（元）			—	—	—
	名　称	代号	单位	单价（元）	数　量	
人工	安装工	1002	工日	145.80	0.285	0.399	0.513
材料	调节阀	217120	个	—	（1.000）	（1.000）	（1.000）
	镀锌六角螺母 8	207067	个	0.054	4.240	4.240	—
	镀锌六角螺母 10	207068	个	0.120	—	—	4.240
	膨胀螺栓 φ8	207159	套	1.320	2.080	4.160	—
	膨胀螺栓 φ10	207160	套	1.430	—	—	4.160
	镀锌带母螺栓 8×16～25	207120	套	0.160	6.240	6.240	8.320
	角钢 63 以内	201016	kg	—	（0.504）	（1.008）	（1.008）
	圆钢 φ10 以内	201014	kg	—	（1.250）	（2.520）	（2.520）
	扁钢 60 以内	201018	kg	—	（1.125）	（2.865）	（4.416）
	其他材料费	2999	元	—	1.430	2.720	2.790
机械	其他机具费	3999	元	—	3.450	6.760	6.850

工作内容：埋膨胀螺栓、吊架制作与安装、对口、校正、上螺栓、垫垫、紧固、试动。 计量单位：个

定 额 编 号				23066010	23066011	23066012
项 目 名 称				圆形　直径（mm 以内）		
				400	560	800
预 算 基 价				163.20	228.53	292.47
其中	人工费（元）			92.87	130.20	168.98
	材料费（元）			63.37	91.15	116.09
	机械费（元）			6.96	7.18	7.40
	仪器仪表费（元）			—	—	—
	名　称	代号	单位	单价（元）	数　量	
人工	安装工	1002	工日	145.80	0.637	0.893	1.159
材料	调节阀	217120	个	—	（1.000）	（1.000）	（1.000）
	膨胀螺栓 φ10	207160	套	1.430	4.160	4.160	4.160
	镀锌带母螺栓 8×16～25	207120	套	0.160	8.320	10.400	17.680
	橡胶板 δ1～3	208034	kg	11.500	0.450	0.750	0.910
	镀锌六角螺母 10	207068	个	0.120	4.240	4.240	4.240
	角钢 63 以内	201016	kg	4.950	1.008	1.008	1.008
	圆钢 φ10 以内	201014	kg	5.200	3.870	3.870	5.160
	扁钢 60 以内	201018	kg	4.900	5.078	9.941	13.013
	其他材料费	2999	元	—	0.410	0.580	0.750
机械	其他机具费	3999	元	—	6.960	7.180	7.400

（二）对开式多叶调节阀安装

工作内容：对口、校正、上螺栓、垫垫、紧固、试动。 计量单位：个

定 额 编 号				23067001	23067002	23067003
项 目 名 称				周长（mm 以内）		
				1200	2400	3600
预 算 基 价				68.86	82.43	97.45
其中	人工费（元）			62.40	69.26	79.02
	材料费（元）			6.10	12.77	17.97
	机械费（元）			0.36	0.40	0.46
	仪器仪表费（元）			—	—	—
	名　称	代号	单位	单价（元）	数　量	
人工	安装工	1002	工日	145.80	0.428	0.475	0.542
材料	调节阀	217120	个	—	（1.000）	（1.000）	（1.000）
	橡胶板 δ1～3	208034	kg	11.500	0.260	0.780	1.170
	镀锌带母螺栓 8×16～25	207120	套	0.160	17.680	21.840	26.000
	其他材料费	2999	元	—	0.280	0.310	0.350
机械	其他机具费	3999	元	—	0.360	0.400	0.460

工作内容：对口、校正、上螺栓、垫垫、紧固、试动。   计量单位：个

定 额 编 号				23067004	23067005	23067006
项 目 名 称				周长（mm 以内）		
				5000	6500	7200
预 算 基 价				151.87	181.58	197.75
其中	人工费（元）			124.66	152.36	166.21
	材料费（元）			26.49	29.22	31.54
	机械费（元）			0.72	—	—
	仪器仪表费（元）			—	—	—
	名 称	代号	单位	单价（元）	数 量	
人工	安装工	1002	工日	145.80	0.855	1.045	1.140
材料	调节阀	217120	个	—	（1.000）	（1.000）	（1.000）
	橡胶板 δ1～3	208034	kg	11.500	1.560	1.700	1.810
	镀锌带母螺栓 8×16～25	207120	套	0.160	49.920	56.160	62.400
	其他材料费	2999	元	—	0.560	0.680	0.740
机械	其他机具费	3999	元	—	0.720	—	—

（三）三通调节阀制作、安装

工作内容：放样、下料、制作零件、钻眼、铆焊、组合成型、试动。   计量单位：个

定 额 编 号				23068001	23068002	23068003	23068004
项 目 名 称				手柄式　周长（mm 以内）			
				1600	2400	3200	4000
预 算 基 价				87.72	93.32	122.64	156.22
其中	人工费（元）			79.02	84.56	113.58	146.82
	材料费（元）			8.24	8.27	8.40	8.55
	机械费（元）			0.46	0.49	0.66	0.85
	仪器仪表费（元）			—	—	—	—
	名 称	代号	单位	单价（元）	数 量			
人工	安装工	1002	工日	145.80	0.542	0.580	0.779	1.007
材料	镀锌钢板 δ1.0～1.5	201037	kg	—	（2.880）	（6.950）	（12.460）	（19.570）
	镀锌弹簧垫圈 8	207045	个	0.012	4.240	4.240	4.240	4.240
	镀锌蝶形螺母 8	207622	个	0.490	1.060	1.060	1.060	1.060
	镀锌带母螺栓 6×30～50	207119	套	0.130	4.160	4.160	4.160	4.160
	镀锌带母螺栓 8×30～60	207121	套	0.260	1.040	1.040	1.040	1.040
	电焊条 综合	207290	kg	6.000	0.010	0.010	0.010	0.010
	镀锌铆钉	207269	kg	8.230	0.020	0.020	0.020	0.020
	镀锌垫圈 6	207490	个	0.040	2.080	2.080	2.080	2.080
	扁钢 60 以内	201018	kg	4.900	0.560	0.560	0.560	0.560
	普通钢板 δ3.5～4.0	201030	kg	5.300	0.220	0.220	0.220	0.220
	圆钢 φ10 以外	201015	kg	5.200	0.440	0.440	0.440	0.440
	其他材料费	2999	元	—	0.350	0.380	0.510	0.660
机械	其他机具费	3999	元	—	0.460	0.490	0.660	0.850

工作内容：放样、下料、制作零件、钻眼、铆焊、组合成型、试动。　　　　　　　　　　　　　计量单位：个

定 额 编 号				23068005	23068006	23068007	23068008
项 目 名 称				拉杆式　周长（mm 以内）			
				1600	2400	3200	4000
预 算 基 价				103.42	108.72	138.72	174.52
其中	人工费（元）			63.71	67.94	96.96	131.66
	材料费（元）			39.34	40.39	41.20	42.10
	机械费（元）			0.37	0.39	0.56	0.76
	仪器仪表费（元）			—	—	—	—
名　称	代号	单位	单价（元）	数　　　量			
人工	安装工	1002	工日	145.8	0.437	0.466	0.665	0.903
材料	镀锌钢板 δ1.0～1.5	201037	kg	—	（3.850）	（8.270）	（16.610）	（26.310）
	镀锌铆钉	207269	kg	8.230	0.030	0.030	0.030	0.030
	镀锌带母螺栓 6×30～50	207119	套	0.130	2.080	2.080	2.080	2.080
	插销	207332	个	5.800	1.040	1.040	1.040	1.040
	合页	207331	个	14.000	2.080	2.080	2.080	2.080
	普通钢板 δ3.5～4.0	201030	kg	5.300	0.260	0.260	0.260	0.260
	扁钢 60 以内	201018	kg	4.900	0.390	0.600	0.740	0.890
	角钢 63 以内	201016	kg	4.950	0.020	0.020	0.020	0.020
	其他材料费	2999	元	—	0.280	0.300	0.430	0.590
机械	其他机具费	3999	元	—	0.370	0.390	0.560	0.760

（四）其他调节阀安装

工作内容：对口、校正、上螺栓、垫垫、紧固、试动。　　　　　　　　　　　　　　　　计量单位：个

定 额 编 号				23069001	23069002	23069003
项 目 名 称				方、矩形　周长（mm 以内）		
				800	1200	1800
预 算 基 价				36.25	43.16	71.86
其中	人工费（元）			31.93	38.78	60.94
	材料费（元）			4.13	4.16	10.57
	机械费（元）			0.19	0.22	0.35
	仪器仪表费（元）			—	—	—
名　称	代号	单位	单价（元）	数　　　量		
人工	安装工	1002	工日	145.80	0.219	0.266	0.418
材料	调节阀	217120	个	—	（1.000）	（1.000）	（1.000）
	橡胶板 δ1～3	208034	kg	11.500	0.260	0.260	0.650
	镀锌带母螺栓 8×16～25	207120	套	0.160	—	—	17.680
	镀锌带母螺栓 6×16～25	207118	套	0.080	12.480	12.480	—
	其他材料费	2999	元	—	0.140	0.170	0.270
机械	其他机具费	3999	元	—	0.190	0.220	0.350

工作内容：对口、校正、上螺栓、垫垫、紧固、试动。　　　　　　　　　　　　　　　　　　计量单位：个

定 额 编 号				23069004	23069005	23069006
项 目 名 称				方、矩形　周长（mm 以内）		
				2400	3200	4000
预 算 基 价				94.42	130.20	160.51
其中	人工费（元）			81.79	113.58	139.97
	材料费（元）			12.16	15.96	19.73
	机械费（元）			0.47	0.66	0.81
	仪器仪表费（元）			—	—	—
名　　称	代号	单位	单价（元）	数　　量		
人工	安装工	1002	工日	145.80	0.561	0.779	0.960
材料	调节阀	217120	个	—	（1.000）	（1.000）	（1.000）
	橡胶板 δ1～3	208034	kg	11.500	0.780	1.040	1.300
	镀锌带母螺栓 8×16～25	207120	套	0.160	17.680	21.840	26.000
	其他材料费	2999	元	—	0.360	0.510	0.620
机械	其他机具费	3999	元	—	0.470	0.660	0.810

工作内容：对口、校正、上螺栓、垫垫、紧固、试动。　　　　　　　　　　　　　　　　　　计量单位：个

定 额 编 号				23069007	23069008	23069009
项 目 名 称				圆形　周长（mm 以内）		
				150	250	320
预 算 基 价				34.48	39.00	46.10
其中	人工费（元）			31.93	34.70	41.55
	材料费（元）			2.36	4.10	4.31
	机械费（元）			0.19	0.20	0.24
	仪器仪表费（元）			—	—	—
名　　称	代号	单位	单价（元）	数　　量		
人工	安装工	1002	工日	145.8	0.219	0.238	0.285
材料	调节阀	217120	个	—	（1.000）	（1.000）	（1.000）
	橡胶板 δ1～3	208034	kg	11.500	0.150	0.300	0.300
	镀锌带母螺栓 6×16～25	207118	套	0.080	6.240	6.240	8.320
	其他材料费	2999	元	—	0.140	0.150	0.190
机械	其他机具费	3999	元	—	0.190	0.200	0.240

工作内容：对口、校正、上螺栓、垫垫、紧固、试动。 计量单位：个

定 额 编 号				23069010	23069011	23069012
项 目 名 称				圆形　直径（mm 以内）		
				400	500	630
预 算 基 价				50.62	78.53	84.70
其中	人工费（元）			44.32	69.26	73.48
	材料费（元）			6.04	8.87	10.79
	机械费（元）			0.26	0.40	0.43
	仪器仪表费（元）			—	—	—
	名　称	代号	单位	单价（元）	数　量	
人工	安装工	1002	工日	145.80	0.304	0.475	0.504
材料	调节阀	217120	个	—	（1.000）	（1.000）	（1.000）
	镀锌带母螺栓 8×16～25	207120	套	0.160	—	10.400	11.440
	橡胶板 δ1～3	208034	kg	11.500	0.450	0.600	0.750
	镀锌带母螺栓 6×16～25	207118	套	0.080	8.320		
	其他材料费	2999	元	—	0.200	0.310	0.330
机械	其他机具费	3999	元	—	0.260	0.400	0.430

（五）机械式余压阀安装

工作内容：外观检查、测位、预埋装框、上螺栓、垫垫、找正、接缝处密封、试动。 计量单位：个

定 额 编 号				23070001
项 目 名 称				余压阀
预 算 基 价				798.42
其中	人工费（元）			649.68
	材料费（元）			138.15
	机械费（元）			10.59
	仪器仪表费（元）			—
	名　称	代号	单位	单价（元）	数　量
人工	安装工	1002	工日	145.80	4.456
材料	镀锌带母螺栓 6×30～50	207119	套	0.130	9.360
	电焊条 综合	207290	kg	6.000	0.350
	橡胶板 δ1～3	208034	kg	11.500	0.130
	角钢 63 以内	201016	kg	4.950	9.540
	普通钢板 δ2.6～3.2	201029	kg	5.300	11.300
	板方材	203001	m³	1944.000	0.012
	其他材料费	2999	元	—	2.900
机械	其他机具费	3999	元	—	10.590

（六）控制装置安装

工作内容：预埋钢管、管内穿钢丝绳、预埋铁件、安装控制装置、试动。 计量单位：套

	定 额 编 号				23071001	23071002
	项 目 名 称				远距离控制装置	电动执行机构
	预 算 基 价				103.28	374.81
其中	人工费（元）				96.96	361.58
	材料费（元）				5.76	11.13
	机械费（元）				0.56	2.10
	仪器仪表费（元）				—	—
	名 称	代号	单位	单价（元）	数 量	
人工	安装工	1002	工日	145.80	0.665	2.480
材料	焊接钢管 20	201066	m	—	（6.240）	—
	电焊条 综合	207290	kg	6.000	0.010	—
	镀锌带母螺栓 12×110～120	207131	套	1.090	—	7.280
	镀锌锁紧螺母 20	207083	个	0.444	2.080	—
	普通钢板 δ2.6～3.2	201029	kg	5.300	0.820	—
	其他材料费	2999	元	—	0.430	3.190
机械	其他机具费	3999	元	—	0.560	2.100

十一、风 口 安 装

（一）百叶风口安装

工作内容：对口、上螺栓、找正、找平、固定、试动、调整。 计量单位：个

	定 额 编 号				23072001	23072002	23072003	23072004
	项 目 名 称				周长（mm 以内）			
					800	1200	1800	2400
	预 算 基 价				46.91	56.34	85.84	114.17
其中	人工费（元）				30.47	36.01	55.40	73.48
	材料费（元）				16.26	20.12	30.12	40.26
	机械费（元）				0.18	0.21	0.32	0.43
	仪器仪表费（元）				—	—	—	—
	名 称	代号	单位	单价（元）	数 量			
人工	安装工	1002	工日	145.80	0.209	0.247	0.380	0.504
材料	风口	217130	个	—	（1.000）	（1.000）	（1.000）	（1.000）
	自攻螺丝	207188	100 个	7.000	0.730	0.114	0.166	0.229
	橡胶板 δ1～3	208034	kg	11.500	0.120	0.180	0.270	0.360
	镀锌角钢	201022	kg	7.950	1.790	2.150	3.220	4.300
	其他材料费	2999	元	—	0.140	0.160	0.250	0.330
机械	其他机具费	3999	元	—	0.180	0.210	0.320	0.430

工作内容：对口、上螺栓、找正、找平、固定、试动、调整。计量单位：个

定 额 编 号				23072005	23072006	23072007	23072008
项 目 名 称				周长（mm 以内）			
				3200	4000	6000	8000
预 算 基 价				152.62	189.58	246.04	277.31
其中	人工费（元）			98.42	121.89	146.82	146.82
	材料费（元）			53.63	66.98	98.37	129.64
	机械费（元）			0.57	0.71	0.85	0.85
	仪器仪表费（元）			—	—	—	—
名 称	代号	单位	单价（元）	数 量			
人工	安装工	1002	工日	145.80	0.675	0.836	1.007	1.007
材料	风口	217130	个	—	（1.000）	（1.000）	（1.000）	（1.000）
	自攻螺丝	207188	100个	7.000	0.302	0.374	0.447	0.520
	橡胶板 δ1～3	208034	kg	11.500	0.480	0.600	0.800	1.000
	镀锌角钢	201022	kg	7.950	5.730	7.160	10.740	14.320
	其他材料费	2999	元	—	0.440	0.540	0.660	0.660
机械	其他机具费	3999	元	—	0.570	0.710	0.850	0.850

（二）带调节阀（过滤器）百叶风口安装

工作内容：对口、上螺丝、找正、找平、固定、试动、调整。计量单位：个

定 额 编 号				23073001	23073002	23073003
项 目 名 称				周长（mm 以内）		
				800	1200	1800
预 算 基 价				62.37	74.60	113.83
其中	人工费（元）			45.78	54.09	83.11
	材料费（元）			16.32	20.20	30.24
	机械费（元）			0.27	0.31	0.48
	仪器仪表费（元）			—	—	—
名 称	代号	单位	单价（元）	数 量		
人工	安装工	1002	工日	145.80	0.314	0.371	0.570
材料	风口	217130	个	—	（1.000）	（1.000）	（1.000）
	自攻螺丝	207188	100个	7.000	0.073	0.114	0.166
	橡胶板 δ1～3	208034	kg	11.500	0.120	0.180	0.270
	镀锌角钢	201022	kg	7.950	1.790	2.150	3.220
	其他材料费	2999	元	—	0.200	0.240	0.370
机械	其他机具费	3999	元	—	0.270	0.310	0.480

工作内容：对口、上螺丝、找正、找平、固定、试动、调整。 计量单位：个

定 额 编 号				23073004	23073005	23073006
项 目 名 称				周长（mm 以内）		
				2400	3200	4000
预 算 基 价				151.87	202.99	234.35
其中	人工费（元）			110.81	148.28	166.21
	材料费（元）			40.42	53.85	67.18
	机械费（元）			0.64	0.86	0.96
	仪器仪表费（元）			—	—	—
名 称	代号	单位	单价（元）	数 量		
人工	安装工	1002	工日	145.80	0.760	1.017	1.140
材料	风口	217130	个	—	（1.000）	（1.000）	（1.000）
	自攻螺丝	207188	100 个	7.000	0.229	0.302	0.374
	橡胶板 δ1～3	208034	kg	11.500	0.360	0.480	0.600
	镀锌角钢	201022	kg	7.950	4.300	5.730	7.160
	其他材料费	2999	元	—	0.490	0.660	0.740
机械	其他机具费	3999	元	—	0.640	0.860	0.960

（三）散流器安装

工作内容：对口、上螺丝、找正、找平、固定、试动、调整。 计量单位：个

定 额 编 号				23074001	23074002	23074003
项 目 名 称				圆形　直径（mm 以内）		
				150	200	250
预 算 基 价				41.13	48.47	58.20
其中	人工费（元）			23.62	30.47	39.22
	材料费（元）			17.37	17.82	18.75
	机械费（元）			0.14	0.18	0.23
	仪器仪表费（元）			—	—	—
名 称	代号	单位	单价（元）	数 量		
人工	安装工	1002	工日	145.80	0.162	0.209	0.269
材料	风口	217130	个	—	（1.000）	（1.000）	（1.000）
	木螺丝	207177	100 个	42.100	0.042	0.052	0.062
	橡胶板 δ1～3	208034	kg	11.500	0.110	0.110	0.150
	镀锌角钢	201022	kg	7.950	1.790	1.790	1.790
	其他材料费	2999	元	—	0.110	0.140	0.180
机械	其他机具费	3999	元	—	0.140	0.180	0.230

工作内容：对口、上螺丝、找正、找平、固定、试动、调整。 计量单位：个

定额编号				23074004	23074005	23074006
项目名称				圆形　直径（mm 以内）		
				300	400	500
预算基价				69.46	90.63	115.20
其中	人工费（元）			47.09	58.17	72.03
	材料费（元）			22.10	32.12	42.75
	机械费（元）			0.27	0.34	0.42
	仪器仪表费（元）			—		—
	名　称	代号	单位	单价（元）	数　量	
人工	安装工	1002	工日	145.80	0.323	0.399	0.494
材料	风口	217130	个	—	（1.000）	（1.000）	（1.000）
	木螺丝	207177	100个	42.100	0.073	0.094	0.114
	橡胶板 $\delta 1 \sim 3$	208034	kg	11.500	0.150	0.200	0.300
	镀锌角钢	201022	kg	7.950	2.150	3.220	4.300
	其他材料费	2999	元	—	0.210	0.260	0.320
机械	其他机具费	3999	元	—	0.270	0.340	0.420

工作内容：对口、上螺丝、找正、找平、固定、试动、调整。 计量单位：个

定额编号				23074007	23074008	23074009	23074010
项目名称				方、矩形　周长（mm 以内）			
				800	1200	1800	2400
预算基价				61.36	77.21	96.50	137.18
其中	人工费（元）			40.24	49.86	58.17	85.88
	材料费（元）			20.89	27.06	37.99	50.80
	机械费（元）			0.23	0.29	0.34	0.50
	仪器仪表费（元）			—	—	—	—
	名　称	代号	单位	单价（元）	数　量		
人工	安装工	1002	工日	145.80	0.276	0.342	0.399	0.589
材料	风口	217130	个	—	（1.000）	（1.000）	（1.000）	（1.000）
	木螺丝	207177	100个	42.100	0.083	0.125	0.146	0.208
	橡胶板 $\delta 1 \sim 3$	208034	kg	11.500	0.260	0.390	0.520	0.650
	镀锌角钢	201022	kg	7.950	1.790	2.150	3.220	4.300
	其他材料费	2999	元	—	0.180	0.220	0.260	0.380
机械	其他机具费	3999	元	—	0.230	0.290	0.340	0.500

（四）带调节阀散流器安装

工作内容：对口、上螺丝、找正、找平、固定、试动、调整。　　　　　　　　　　　　计量单位：个

定 额 编 号				23075001	23075002	23075003
项 目 名 称				圆形　直径（mm 以内）		
				150	200	250
预 算 基 价				52.90	63.93	78.82
其中	人工费（元）			35.28	45.78	59.63
	材料费（元）			17.42	17.88	18.84
	机械费（元）			0.20	0.27	0.35
	仪器仪表费（元）			—	—	—
	名 称	代号	单位	单价（元）	数　量	
人工	安装工	1002	工日	145.80	0.242	0.314	0.409
材料	风口	217130	个	—	（1.000）	（1.000）	（1.000）
	木螺丝	207177	100 个	42.100	0.042	0.052	0.062
	橡胶板 $\delta 1 \sim 3$	208034	kg	11.500	0.110	0.110	0.150
	镀锌角钢	201022	kg	7.950	1.790	1.790	1.790
	其他材料费	2999	元	—	0.160	0.200	0.270
机械	其他机具费	3999	元	—	0.200	0.270	0.350

工作内容：对口、上螺丝、找正、找平、固定、试动、调整。　　　　　　　　　　　　计量单位：个

定 额 编 号				23075004	23075005	23075006
项 目 名 称				圆形　直径（mm 以内）		
				300	400	500
预 算 基 价				93.33	120.09	151.58
其中	人工费（元）			70.71	87.33	108.04
	材料费（元）			22.21	32.25	42.91
	机械费（元）			0.41	0.51	0.63
	仪器仪表费（元）			—	—	—
	名 称	代号	单位	单价（元）	数　量	
人工	安装工	1002	工日	145.80	0.485	0.599	0.741
材料	风口	217130	个	—	（1.000）	（1.000）	（1.000）
	木螺丝	207177	100 个	42.100	0.073	0.094	0.114
	橡胶板 $\delta 1 \sim 3$	208034	kg	11.500	0.150	0.200	0.300
	镀锌角钢	201022	kg	7.950	2.150	3.220	4.300
	其他材料费	2999	元	—	0.320	0.390	0.480
机械	其他机具费	3999	元	—	0.410	0.510	0.630

工作内容：对口、上螺丝、找正、找平、固定、试动、调整。 计量单位：个

定 额 编 号				23075007	23075008	23075009	23075010
项 目 名 称				方、矩形 周长（mm 以内）			
				800	1200	1800	2400
预 算 基 价				82.27	102.40	125.96	180.64
其中	人工费（元）			60.94	74.80	87.33	128.89
	材料费（元）			20.98	27.17	38.12	51.00
	机械费（元）			0.35	0.43	0.51	0.75
	仪器仪表费（元）			—	—	—	—
	名 称	代号	单位	单价（元）	数 量		
人工	安装工	1002	工日	145.80	0.418	0.513	0.599	0.884
材料	风口	217130	个	—	（1.000）	（1.000）	（1.000）	（1.000）
	木螺丝	207177	100个	42.100	0.083	0.125	0.146	0.208
	橡胶板 δ1～3	208034	kg	11.500	0.260	0.390	0.520	0.650
	镀锌角钢	201022	kg	7.950	1.790	2.150	3.220	4.300
	其他材料费	2999	元	—	0.270	0.330	0.390	0.580
机械	其他机具费	3999	元	—	0.350	0.430	0.510	0.750

（五）条形风口安装

工作内容：对口、上螺丝、找正、找平、固定、试动、调整。 计量单位：个

定 额 编 号				23076001	23076002	23076003
项 目 名 称				周长（mm 以内）		
				1800	2800	3800
预 算 基 价				96.90	150.48	207.26
其中	人工费（元）			66.48	103.08	146.24
	材料费（元）			30.03	46.80	60.17
	机械费（元）			0.39	0.60	0.85
	仪器仪表费（元）			—	—	—
	名 称	代号	单位	单价（元）	数 量		
人工	安装工	1002	工日	145.80	0.456	0.707	1.003
材料	风口	217130	个	—	（1.000）	（1.000）	（1.000）
	自攻螺丝	207188	100个	7.000	0.146	0.229	0.291
	橡胶板 δ1～3	208034	kg	11.500	0.270	0.420	0.540
	镀锌角钢	201022	kg	7.950	3.220	5.020	6.450
	其他材料费	2999	元	—	0.300	0.460	0.650
机械	其他机具费	3999	元	—	0.390	0.600	0.850

工作内容：对口、上螺丝、找正、找平、固定、试动、调整。计量单位：个

定 额 编 号					23076004	23076005	23076006
项 目 名 称					周长（mm 以内）		
					4800	6000	7000
预 算 基 价					244.59	275.58	350.89
其中	人工费（元）				161.25	176.13	234.30
	材料费（元）				82.40	98.43	115.23
	机械费（元）				0.94	1.02	1.36
	仪器仪表费（元）				—	—	—
	名　　称	代号	单位	单价（元）	数　　量		
人工	安装工	1002	工日	145.8	1.106	1.208	1.607
材料	风口	217130	个	—	（1.000）	（1.000）	（1.000）
	自攻螺丝	207188	100 个	7.000	0.354	0.437	0.603
	橡胶板 δ1～3	208034	kg	11.500	0.700	0.800	0.900
	镀锌角钢	201022	kg	7.950	8.950	10.740	12.530
	其他材料费	2999	元	—	0.720	0.790	1.050
机械	其他机具费	3999	元	—	0.940	1.020	1.360

（六）孔板风口安装

工作内容：对口、上螺栓、找正、找平、固定、调整、清洗。计量单位：个

定 额 编 号					23077001
项 目 名 称					孔板风口
预 算 基 价					90.67
其中	人工费（元）				69.26
	材料费（元）				21.01
	机械费（元）				0.40
	仪器仪表费（元）				—
	名　　称	代号	单位	单价（元）	数　　量
人工	安装工	1002	工日	145.80	0.475
材料	风口	217130	个	—	（1.000）
	海绵橡胶密封条	208216	m	3.270	2.600
	自攻螺钉 M4×16	207409	100 个	8.000	0.260
	镀锌六角螺母 12	207069	个	0.250	8.480
	镀锌圆钢 φ10 以内	201140	kg	6.028	1.327
	其他材料费	2999	元	—	0.310
机械	其他机具费	3999	元	—	0.400

（七）矩形网式风口制作、安装

工作内容：对口、上螺丝、找正、找平、固定、试动、调整。　　　　　　　　　　　计量单位：个

定额编号				23078001	23078002	23078003	23078004
项目名称				周长（mm 以内）			
				900	1500	2000	2600
预算基价				38.81	43.07	47.76	51.88
其中	人工费（元）			30.47	34.70	34.70	38.78
	材料费（元）			0.88	0.89	1.22	1.24
	机械费（元）			7.46	7.48	11.84	11.86
	仪器仪表费（元）			—	—	—	—
名称	代号	单位	单价（元）	数量			
人工	安装工	1002	工日	145.80	0.209	0.238	0.238	0.266
材料	扁钢 60 以内	201018	kg	—	（1.100）	（1.790）	（2.710）	（3.470）
	镀锌铁丝网	207237	m²	—	（0.080）	（0.180）	（0.340）	（0.530）
	电焊条 综合	207290	kg	6.000	0.040	0.040	0.040	0.040
	镀锌带母螺栓 6×16～25	207118	套	0.080	6.240	6.240	10.400	10.400
	其他材料费	2999	元	—	0.140	0.150	0.150	0.170
机械	其他机具费	3999	元	—	7.460	7.480	11.840	11.860

（八）旋流风口、射流风口安装

工作内容：组对、上螺栓、制垫、垫垫、对正、找平、固定、试动、调整。　　　　　　计量单位：个

定额编号				23079001	23079002	23079003
项目名称				旋流、射流风口直径（mm 以内）		
				320	450	600
预算基价				236.01	288.39	344.58
其中	人工费（元）			214.76	255.44	298.89
	材料费（元）			21.25	32.95	45.69
	机械费（元）			—	—	—
	仪器仪表费（元）			—	—	—
名称	代号	单位	单价（元）	数量		
人工	安装工	1002	工日	145.80	1.473	1.752	2.050
材料	石棉橡胶板	208025	kg	26.000	0.760	1.210	1.700
	六角螺母 10	207060	个	0.063	6.000	6.000	6.000
	精制六角带帽螺栓 M8×75	207634	套	0.186	6.000	6.000	6.000

（九）排烟口安装

工作内容：组对、上螺栓、制垫、垫垫、对正、找平、固定、试动、调整。 计量单位：个

定 额 编 号				23080001	23080002	23080003	23080004
项 目 名 称				排烟风口直径（mm 以内）			
				2200	3600	5400	8000
预 算 基 价				36.66	159.54	241.30	312.62
其中	人工费（元）			24.06	143.47	222.78	286.35
	材料费（元）			12.60	16.07	18.52	26.27
	机械费（元）			—	—	—	—
	仪器仪表费（元）			—	—	—	—
	名　称	代号	单位	单价（元）	数　量		
人工	安装工	1002	工日	145.80	0.165	0.984	1.528	1.964
材料	橡胶板 δ1～3	208034	kg	11.500	0.760	0.980	1.130	1.700
	六角螺母 10	207060	个	0.063	14.000	16.000	18.000	22.400
	精制六角带帽螺栓 M8×75	207634	套	0.186	16.000	20.400	23.620	28.520

十二、风帽及排气罩、防雨罩制作、安装

（一）伞形风帽制作、安装

工作内容：放样、下料、咬口、铆焊、制作法兰及零件、钻孔、组装；安装、找正、
找平、垫垫、上螺栓、拉筝绳、固定。 计量单位：个

定 额 编 号				23081001	23081002	23081003
项 目 名 称				长边或直径（mm 以内）		
				280	360	450
预 算 基 价				206.10	229.44	259.86
其中	人工费（元）			110.81	127.43	144.05
	材料费（元）			85.48	91.56	102.87
	机械费（元）			9.81	10.45	12.94
	仪器仪表费（元）			—	—	—
	名　称	代号	单位	单价（元）	数　量		
人工	安装工	1002	工日	145.80	0.760	0.874	0.988
材料	镀锌钢板	201048	m²	—	（0.560）	（0.840）	（1.500）
	电焊条 综合	207290	kg	6.000	0.040	0.080	0.110
	镀锌花篮螺栓 6	207620	套	0.154	3.120	3.120	3.120
	乙炔气	209120	m³	15.000	0.002	0.003	0.004
	橡胶板 δ3～5	208035	kg	15.500	0.059	0.103	0.154
	氧气	209121	m³	5.890	0.005	0.008	0.012
	角钢 63 以内	201016	kg	4.950	0.849	1.466	1.796
	扁钢 60 以内	201018	kg	4.900	2.330	2.737	4.365
	镀锌带母螺栓 8×65～80	207619	套	0.300	4.160	4.160	6.240
	镀锌带母螺栓 10×65～80	207126	套	0.490	3.120	3.120	3.120
	圆钢 φ10 以内	201014	kg	5.200	12.480	12.480	12.480
	其他材料费	2999	元	—	0.490	0.570	0.640
机械	其他机具费	3999	元		9.810	10.450	12.940

工作内容：放样、下料、咬口、铆焊、制作法兰及零件、钻孔、组装；安装、找正、
找平、垫垫、上螺栓、拉筝绳、固定。

计量单位：个

定 额 编 号					23081004	23081005	23081006	23081007
项 目 名 称					长边或直径（mm 以内）			
					560	700	800	900
预 算 基 价					293.32	339.08	447.60	554.69
其中	人工费（元）				167.67	195.37	242.47	343.50
	材料费（元）				110.09	121.84	179.17	182.84
	机械费（元）				15.56	21.87	25.96	28.35
	仪器仪表费（元）				—	—	—	—
名 称	代号	单位	单价（元）		数 量			
人工	安装工	1002	工日	145.80	1.150	1.340	1.663	2.356
材料	镀锌钢板	201048	m²	—	（2.150）	（3.250）	（4.390）	（5.660）
	乙炔气	209120	m³	15.000	0.008	0.011	0.020	0.024
	电焊条 综合	207290	kg	6.000	0.140	0.170	0.210	0.260
	镀锌花篮螺栓 6	207620	套	0.154	3.120	3.120	—	—
	镀锌花篮螺栓 8×85～120	207158	套	1.250	—	—	4.160	4.160
	橡胶板 δ3～5	208035	kg	15.500	0.229	0.347	0.614	0.748
	氧气	209121	m³	5.890	0.019	0.029	0.050	0.061
	扁钢 60 以内	201018	kg	4.900	4.577	5.278	8.160	8.741
	角钢 63 以内	201016	kg	4.950	2.215	3.361	5.945	5.389
	镀锌带母螺栓 10×65～80	207126	套	0.490	3.120	3.120	4.160	4.160
	镀锌带母螺栓 8×65～80	207619	套	0.300	8.320	8.320	12.480	12.480
	圆钢 φ10 以内	201014	kg	5.200	12.850	12.930	16.600	16.720
	其他材料费	2999	元		0.750	0.870	1.080	1.530
机械	其他机具费	3999	元	—	15.560	21.870	25.960	28.350

工作内容：放样、下料、咬口、铆焊、制作法兰及零件、钻孔、组装；安装、找正、
找平、垫垫、上螺栓、拉筝绳、固定。

计量单位：个

定额编号				23081008	23081009	23081010
项目名称				长边或直径（mm 以内）		
				1000	1120	1250
预算基价				652.53	759.06	902.73
其中	人工费（元）			425.30	501.41	617.75
	材料费（元）			196.42	223.31	244.97
	机械费（元）			30.81	34.34	40.01
	仪器仪表费（元）			—	—	—
	名　称	代号	单位	单价（元）	数　量	
人工	安装工	1002	工日	145.80	2.917	3.439	4.237
材料	镀锌钢板	201048	m²	—	（6.780）	（8.460）	（10.340）
	电焊条 综合	207290	kg	6.000	0.340	0.420	0.530
	镀锌花篮螺栓 8×85 ~ 120	207158	套	1.250	4.160	4.160	4.160
	乙炔气	209120	m³	15.000	0.029	0.035	0.044
	橡胶板 δ3 ~ 5	208035	kg	15.500	0.897	1.118	1.368
	氧气	209121	m³	5.890	0.073	0.091	0.110
	角钢 63 以内	201016	kg	4.950	6.458	8.054	9.850
	扁钢 60 以内	201018	kg	4.900	9.578	12.548	13.955
	镀锌带母螺栓 8×65 ~ 80	207619	套	0.300	12.480	12.480	12.480
	镀锌带母螺栓 10×65 ~ 80	207126	套	0.490	4.160	4.160	4.160
	圆钢 φ10 以内	201014	kg	5.200	16.890	16.890	17.000
	其他材料费	2999	元	—	1.900	2.240	2.760
机械	其他机具费	3999	元	—	30.810	34.340	40.010

（二）圆锥形风帽制作、安装

工作内容：放样、下料、咬口、铆焊、制作法兰及零件、钻孔、组装；安装、找正、
找平、垫垫、上螺栓、拉筝绳、固定。

计量单位：个

定 额 编 号				23082001	23082002	23082003	23082004	23082005
项 目 名 称				直径（mm 以内）				
				220	280	360	400	450
预 算 基 价				402.92	425.27	468.77	503.68	653.95
其中	人工费（元）			278.48	290.87	324.11	350.50	470.93
	材料费（元）			109.60	118.76	127.80	135.12	158.37
	机械费（元）			14.84	15.64	16.86	18.06	24.65
	仪器仪表费（元）			—	—	—	—	—

	名 称	代号	单位	单价（元）	数　量				
人工	安装工	1002	工日	145.80	1.910	1.995	2.223	2.404	3.230
材料	镀锌钢板	201048	m²	—	（1.010）	（1.390）	（2.100）	（2.810）	（3.660）
	气焊条	207297	kg	5.080	0.254	0.349	0.387	0.420	0.480
	电焊条 综合	207290	kg	6.000	0.195	0.257	0.285	0.319	0.353
	镀锌花篮螺栓 8×85～120	207158	套	1.250	3.120	3.120	3.120	3.120	3.120
	橡胶板 δ3～5	208035	kg	15.500	0.338	0.465	0.677	0.877	1.142
	氧气	209121	m³	5.890	0.358	0.492	0.551	0.624	0.696
	乙炔气	209120	m³	15.000	0.141	0.194	0.217	0.248	0.273
	扁钢 60 以内	201018	kg	4.900	3.554	4.221	4.786	5.078	7.527
	角钢 63 以内	201016	kg	4.950	0.768	1.056	1.416	1.701	2.215
	镀锌带母螺栓 10×65～80	207126	套	0.490	3.120	3.120	3.120	3.120	3.120
	镀锌带母螺栓 8×65～80	207619	套	0.300	16.320	16.320	16.320	16.320	25.480
	圆钢 φ10 以内	201014	kg	5.200	12.480	12.480	12.480	12.480	12.480
	其他材料费	2999	元	—	1.240	1.300	1.450	1.560	2.100
机械	其他机具费	3999	元	—	14.840	15.640	16.860	18.060	24.650

工作内容：放样、下料、咬口、铆焊、制作法兰及零件、钻孔、组装；安装、找正、
找平、垫垫、上螺栓、拉箏绳、固定。

计量单位：个

定 额 编 号				23082006	23082007	23082008	23082009	23082010
项 目 名 称				直径（mm 以内）				
				500	560	630	700	800
预 算 基 价				772.92	933.00	1096.31	1325.90	1671.20
其中	人工费（元）			576.20	717.48	851.91	1054.13	1347.78
	材料费（元）			170.38	186.86	210.85	233.95	272.79
	机械费（元）			26.34	28.66	33.55	37.82	50.63
	仪器仪表费（元）			—	—	—	—	—
	名 称	代号	单位	单价（元）	数 量			
人工	安装工	1002	工日	145.80	3.952	4.921	5.843	7.230	9.244
材料	镀锌钢板	201048	m²	—	（4.340）	（5.270）	（6.570）	（7.880）	（11.170）
	气焊条	207297	kg	5.080	0.569	0.692	0.862	0.891	0.920
	电焊条 综合	207290	kg	6.000	0.412	0.494	0.608	0.724	0.361
	镀锌花篮螺栓 8×85～120	207158	套	1.250	3.120	3.120	3.120	3.120	4.160
	橡胶板 δ3～5	208035	kg	15.500	1.354	1.645	2.051	2.460	3.220
	氧气	209121	m³	5.890	0.825	1.003	1.250	1.499	1.194
	乙炔气	209120	m³	15.000	0.323	0.393	0.490	0.587	0.468
	扁钢 60 以内	201018	kg	4.900	8.326	9.423	10.953	12.497	10.281
	角钢 63 以内	201016	kg	4.950	2.625	3.189	3.976	4.770	4.786
	镀锌带母螺栓 10×65～80	207126	套	0.490	3.120	3.120	3.120	3.120	4.160
	镀锌带母螺栓 8×65～80	207619	套	0.300	25.480	25.320	29.480	31.480	33.480
	圆钢 φ10 以内	201014	kg	5.200	12.480	12.480	12.480	12.480	20.120
	其他材料费	2999	元	—	2.570	3.200	3.800	4.700	6.010
机械	其他机具费	3999	元	—	26.340	28.660	33.550	37.820	50.630

工作内容：放样、下料、咬口、铆焊、制作法兰及零件、钻孔、组装；安装、找正、
找平、垫垫、上螺栓、拉箏绳、固定。

计量单位：个

定 额 编 号				23082011	23082012	23082013	23082014
项 目 名 称				直径（mm 以内）			
				900	1000	1120	1250
预 算 基 价				1916.96	2204.68	2510.64	2891.40
其中	人工费（元）			1552.77	1800.63	2052.72	2369.83
	材料费（元）			304.68	337.53	382.68	435.17
	机械费（元）			59.51	66.52	75.24	86.40
	仪器仪表费（元）			—	—	—	—
名 称	代号	单位	单价（元）	数 量			
人工 安装工	1002	工日	145.80	10.650	12.350	14.079	16.254
材料 镀锌钢板	201048	m²	—	（13.870）	（16.740）	（20.730）	（25.350）
气焊条	207297	kg	5.080	1.040	1.210	1.491	1.824
电焊条 综合	207290	kg	6.000	0.439	0.522	0.636	0.769
镀锌花篮螺栓 8×85～120	207158	套	1.250	4.160	4.160	4.160	4.160
橡胶板 δ3～5	208035	kg	15.500	4.000	4.828	5.976	7.310
氧气	209121	m³	5.890	1.483	1.789	2.215	2.709
乙炔气	209120	m³	15.000	0.580	0.701	0.867	1.060
扁钢 60 以内	201018	kg	4.900	11.677	13.157	15.212	17.598
角钢 63 以内	201016	kg	4.950	5.945	7.174	8.881	10.863
镀锌带母螺栓 10×65～80	207126	套	0.490	4.160	4.160	4.160	4.160
镀锌带母螺栓 8×65～80	207619	套	0.300	39.640	41.640	43.640	45.640
圆钢 φ10 以内	201014	kg	5.200	20.120	20.120	20.120	20.120
其他材料费	2999	元	—	6.930	8.030	9.160	10.570
机械 其他机具费	3999	元	—	59.510	66.520	75.240	86.400

（三）筒形风帽制作、安装

工作内容：放样、下料、咬口、铆焊、制作法兰及零件、钻孔、组装；安装、找正、
找平、垫垫、上螺栓、拉筝绳、固定。

计量单位：个

定 额 编 号				23083001	23083002	23083003	23083004	23083005
项 目 名 称				直径（mm 以内）				
				200	280	400	500	630
预 算 基 价				305.75	340.07	415.37	620.21	881.66
其中	人工费（元）			192.60	214.76	267.40	421.07	626.07
	材料费（元）			101.63	113.01	134.21	182.14	235.04
	机械费（元）			11.52	12.30	13.76	17.00	20.55
	仪器仪表费（元）			—	—	—	—	—
名　称	代号	单位	单价（元）	数　　量				
人工 安装工	1002	工日	145.80	1.321	1.473	1.834	2.888	4.294
材料 镀锌钢板	201048	m²	—	（0.800）	（1.330）	（2.400）	（4.080）	（6.590）
乙炔气	209120	m³	15.000	0.002	0.004	0.008	0.022	0.035
气焊条	207297	kg	5.080	0.006	0.010	0.017	0.045	0.073
电焊条 综合	207290	kg	6.000	0.031	0.031	0.033	0.041	0.044
橡胶板 δ3～5	208035	kg	15.500	0.042	0.070	0.126	0.287	0.464
氧气	209121	m³	5.890	0.007	0.011	0.020	0.057	0.092
镀锌花篮螺栓 8×85～120	207158	套	1.250	3.120	3.120	3.120	3.120	3.120
扁钢 60 以内	201018	kg	4.900	3.922	5.356	8.218	7.227	9.700
角钢 63 以内	201016	kg	4.950	0.603	1.004	1.805	10.140	16.396
镀锌带母螺栓 6×30～50	207119	套	0.130	32.960	34.960	37.960	13.000	—
镀锌带母螺栓 8×65～80	207619	套	0.300	—	—	—	29.120	46.120
镀锌带母螺栓 10×65～80	207126	套	0.490	3.120	3.120	3.120	3.120	3.120
圆钢 φ10 以内	201014	kg	5.200	13.060	13.350	13.650	14.080	14.500
其他材料费	2999	元	—	0.860	0.960	1.190	1.880	2.790
机械 其他机具费	3999	元	—	11.520	12.300	13.760	17.000	20.550

工作内容：放样、下料、咬口、铆焊、制作法兰及零件、钻孔、组装；安装、找正、
找平、垫垫、上螺栓、拉筝绳、固定。

计量单位：个

定 额 编 号				23083006	23083007	23083008	23083009
项 目 名 称				直径（mm 以内）			
				700	800	900	1000
预 算 基 价				1066.59	1384.85	1583.03	1823.07
其中	人工费（元）			785.42	1009.81	1166.25	1351.86
	材料费（元）			258.48	345.03	384.08	435.50
	机械费（元）			22.69	30.01	32.70	35.71
	仪器仪表费（元）			—	—	—	—
名 称	代号	单位	单价（元）	数 量			
人工 安装工	1002	工日	145.80	5.387	6.926	7.999	9.272
材料 镀锌钢板	201048	m²	—	（7.900）	（10.260）	（12.600）	（15.250）
气焊条	207297	kg	5.080	0.080	0.086	0.105	0.127
电焊条 综合	207290	kg	6.000	0.047	0.064	0.068	0.073
镀锌花篮螺栓 8×85～120	207158	套	1.250	3.120	4.160	4.160	4.160
橡胶板 δ3～5	208035	kg	15.500	0.556	0.722	0.887	1.074
氧气	209121	m³	5.890	0.077	0.100	0.123	0.149
乙炔气	209120	m³	15.000	0.032	0.041	0.051	0.061
扁钢 60 以内	201018	kg	4.900	11.743	15.579	18.102	20.970
角钢 63 以内	201016	kg	4.950	18.288	23.731	29.144	35.299
镀锌带母螺栓 10×65～80	207126	套	0.490	3.120	4.160	4.160	4.160
镀锌带母螺栓 8×65～80	207619	套	0.300	48.120	64.680	66.680	68.680
圆钢 φ10 以内	201014	kg	5.200	14.770	20.550	20.710	21.280
其他材料费	2999	元	—	3.500	4.510	—	—
机械 其他机具费	3999	元	—	22.690	30.010	32.700	35.710

（四）一般排气罩制作、安装

工作内容：放样、下料、咬口；制作零件、法兰及吊架，铆焊、钻孔、组合成型；打膨胀
　　　　　螺栓、安装吊托支架、罩体就位、找正、找平、垫垫、上螺栓、固定。　　　　计量单位：m²

定 额 编 号					23084001	23084002	23084003
项 目 名 称					下口周长（mm 以内）		
					1600	2400	3200
预 算 基 价					913.92	587.88	391.40
其中	人工费（元）				817.21	479.24	313.03
	材料费（元）				67.81	85.88	66.05
	机械费（元）				28.90	22.76	12.32
	仪器仪表费（元）				—	—	—
名　　称		代号	单位	单价（元）	数　　量		
人工	安装工	1002	工日	145.80	5.605	3.287	2.147
材料	镀锌钢板	201048	m²	—	（1.220）	（1.220）	（1.220）
	电焊条 综合	207290	kg	6.000	0.280	0.110	0.060
	镀锌六角螺母6	207066	个	0.035	33.920	12.720	6.360
	镀锌铆钉	207269	kg	8.230	0.090	0.060	0.050
	圆钢 φ10 以内	201014	kg	5.200		6.410	3.330
	石棉橡胶板	208025	kg	26.000	0.189	0.140	0.101
	角钢 63 以内	201016	kg	4.950	7.570	4.660	4.160
	扁钢 60 以内	201018	kg	4.900	2.030	3.430	4.060
	膨胀螺栓 φ12	207161	套	1.560	3.189	2.525	1.633
	镀锌带母螺栓 6×30～50	207119	套	0.130	24.960	10.400	5.200
	其他材料费	2999	元	—	3.650	2.140	1.400
机械	其他机具费	3999	元	—	28.900	22.760	12.320

工作内容：放样、下料、咬口；制作零件、法兰及吊架，铆焊、钻孔、组合成型；打膨胀
螺栓、安装吊托支架、罩体就位、找正、找平、垫垫、上螺栓、固定。 计量单位：m²

定 额 编 号				23084004	23084005	23084006
项 目 名 称				下口周长（mm 以内）		
				4000	4800	5600
预 算 基 价				263.01	207.77	181.92
其中	人工费（元）			209.22	168.98	145.51
	材料费（元）			45.11	33.23	32.02
	机械费（元）			8.68	5.56	4.39
	仪器仪表费（元）			—	—	—
名 称	代号	单位	单价（元）	数 量		
人工	安装工	1002	工日	145.80	1.435	1.159	0.998
材料	镀锌钢板	201048	m²	—	（1.220）	（1.220）	（1.220）
	镀锌铆钉	207269	kg	8.230	0.040	0.030	0.030
	电焊条 综合	207290	kg	6.000	0.040	0.030	0.020
	镀锌六角螺母 6	207066	个	0.035	4.240	2.120	—
	镀锌六角螺母 8	207067	个	0.054	—	—	2.120
	镀锌带母螺栓 8×30 ~ 60	207121	套	0.260	—	—	2.080
	石棉橡胶板	208025	kg	26.000	0.098	0.098	0.098
	扁钢 60 以内	201018	kg	4.900	2.220	1.470	1.260
	角钢 63 以内	201016	kg	4.950	3.710	3.010	2.660
	镀锌带母螺栓 6×30 ~ 50	207119	套	0.130	4.160	3.120	—
	膨胀螺栓 φ12	207161	套	1.560	1.034	0.468	0.289
	圆钢 φ10 以内	201014	kg	5.200	1.830	1.190	1.540
	其他材料费	2999	元	—	0.930	0.750	0.650
机械	其他机具费	3999	元	—	8.680	5.560	4.390

（五）风帽泛水制作、安装

工作内容：放样、下料、卷圆、折方、咬口、焊接、钻孔、组对；安装、找正、找平、固定。

计量单位：m²

定 额 编 号				23085001	23085002	23085003
项 目 名 称				直径（mm 以内）		
				400	700	1000
预 算 基 价				240.53	232.44	254.24
其中	人工费（元）			137.20	160.67	178.75
	材料费（元）			99.91	68.42	72.16
	机械费（元）			3.42	3.35	3.33
	仪器仪表费（元）			—	—	—
名　称	代号	单位	单价（元）	数　量		
人工	安装工	1002	工日	145.80	0.941	1.102	1.226
材料	镀锌钢板	201048	m²	—	（1.420）	（1.420）	（1.420）
	镀锌带母螺栓 8×65～80	207619	套	0.300	5.200	5.200	3.120
	电焊条 综合	207290	kg	6.000	0.060	0.050	0.050
	油灰	209128	kg	4.500	1.500	1.500	1.500
	橡胶板 $\delta 1\sim 3$	208034	kg	11.500	2.700	2.700	2.700
	普通钢板 $\delta 2.6\sim 3.2$	201029	kg	5.300	5.270	0.220	0.210
	角钢 63 以外	201017	kg	4.950	3.790	2.910	3.280
	圆钢 ϕ10 以内	201014	kg	5.200	0.780	—	—
	圆钢 ϕ10 以外	201015	kg	5.200	1.030	1.560	1.580
	扁钢 60 以内	201018	kg	4.900	0.710	0.890	1.380
	其他材料费	2999	元		0.610	0.720	0.800
机械	其他机具费	3999	元	—	3.420	3.350	3.330

（六）电动机防雨罩制作、安装

工作内容：放样、下料、咬口、钻孔、组合成型、找正、上螺栓、固定。　　　　　　计量单位：个

定　额　编　号				23086001	23086002	23086003	23086004	23086005
项 目 名 称				下口周长（mm 以内）				
				1600	2000	2800	3700	4800
预 算 基 价				155.06	173.56	194.46	280.70	365.56
其中	人工费（元）			132.97	147.55	162.42	224.97	272.94
	材料费（元）			6.56	8.87	12.35	26.17	43.63
	机械费（元）			15.53	17.14	19.69	29.56	48.99
	仪器仪表费（元）			—	—	—	—	—
名　　称	代号	单位	单价（元）	数　　量				
人工	安装工	1002	工日	145.80	0.912	1.012	1.114	1.543	1.872
材料	镀锌钢板	201048	m²	—	（0.660）	（0.940）	（1.430）	（3.080）	（6.370）
	气焊条	207297	kg	5.080	0.213	0.310	0.465	1.060	0.259
	乙炔气	209120	m³	15.000	0.098	0.142	0.213	0.485	1.035
	氧气	209121	m³	5.890	0.258	0.375	0.562	1.280	2.729
	电焊条 综合	207290	kg	6.000	0.081	0.129	0.194	0.441	0.941
	普通钢板 δ5.0	201025	kg	5.350	0.030	0.051	0.065	0.202	0.487
	镀锌带母螺栓 8×65 ~ 80	207619	套	0.300	4.160	4.160	4.160	4.150	4.160
	其他材料费	2999	元	—	0.590	0.660	0.720	1.000	1.220
机械	其他机具费	3999	元	—	15.530	17.140	19.690	29.560	48.990

十三、消声装置安装

（一）管式消声器安装

工作内容：吊托支架制作与安装、埋膨胀螺栓、安装、找正、找平、垫垫、上螺栓、固定。

计量单位：节

定 额 编 号				23087001	23087002	23087003	23087004
项 目 名 称				周长（mm 以内）			
				1280	2400	3200	4000
预 算 基 价				237.45	328.87	396.83	474.93
其中	人工费（元）			137.20	195.37	250.78	311.72
	材料费（元）			41.23	74.15	86.38	99.71
	机械费（元）			59.02	59.35	59.67	63.50
	仪器仪表费（元）			—	—	—	—
名 称		代号	单位	单价（元）	数 量		
人工	安装工	1002	工日	145.80	0.941	1.340	1.720	2.138
材料	消音器	217135	节	—	（1.000）	（1.000）	（1.000）	（1.000）
	橡胶板 δ1～3	208034	kg	11.500	0.310	0.720	0.910	1.190
	镀锌六角螺母 8	207067	个	0.054	4.240	—	—	—
	膨胀螺栓 φ8	207159	套	1.320	4.160	—	—	—
	膨胀螺栓 φ10	207160	套	1.430	—	4.160	4.160	4.160
	镀锌六角螺母 10	207068	个	0.120	—	4.240	4.240	4.240
	圆钢 φ10 以内	201014	kg	5.200	2.500	3.870	5.160	5.160
	角钢 63 以内	201016	kg	4.950	3.460	7.140	7.550	9.320
	镀锌带母螺栓 6×16～25	207118	套	0.080	12.480	—	—	—
	镀锌带母螺栓 8×16～25	207120	套	0.160	—	16.640	22.880	29.120
	其他材料费	2999	元	—	0.820	1.280	1.590	1.940
机械	其他机具费	3999	元	—	59.020	59.350	59.670	63.500

（二）阻抗式消声器安装

工作内容：吊托支架制作与安装、埋膨胀螺栓、安装、找正、找平、垫垫、上螺栓、
固定。

计量单位：节

定 额 编 号				23088001	23088002	23088003	23088004	23088005
项 目 名 称				周长（mm 以内）				
				2200	2400	3000	4000	5800
预 算 基 价				377.57	490.31	621.12	820.70	1229.40
其中	人工费（元）			239.70	339.42	432.15	602.59	894.77
	材料费（元）			78.10	90.54	128.08	152.75	267.58
	机械费（元）			59.77	60.35	60.89	65.36	67.05
	仪器仪表费（元）			—	—	—	—	—
名 称		代号	单位	单价（元）		数 量		
人工	安装工	1002	工日	145.80	1.644	2.328	2.964	4.133	6.137
材料	消音器	217135	节	—	（1.000）	（1.000）	（1.000）	（1.000）	（1.000）
	橡胶板 δ1～3	208034	kg	11.500	0.400	0.533	0.630	0.840	1.810
	槽钢 16 以内	201020	kg	5.050	—	—	—	—	34.010
	镀锌六角螺母 12	207069	个	0.250	—	—	4.240	4.240	4.240
	镀锌六角螺母 10	207068	个	0.120	4.240	4.240	—	—	—
	圆钢 φ10 以内	201014	kg	5.200	4.510	5.160	—	—	—
	圆钢 φ10 以外	201015	kg	5.200	—	—	8.140	9.260	10.730
	角钢 63 以内	201016	kg	4.950	8.070	9.320	13.070	16.010	—
	镀锌带母螺栓 8×16～25	207120	套	0.160	13.520	18.720	22.880	29.120	39.520
	膨胀螺栓 φ10	207160	套	1.430	4.160	4.160	—	—	—
	膨胀螺栓 φ12	207161	套	1.560	—	—	4.160	4.160	4.160
	其他材料费	2999	元	—	1.480	1.990	2.600	3.480	5.350
机械	其他机具费	3999	元	—	59.770	60.350	60.890	65.360	67.050

（三）微穿孔板消声器安装

工作内容：吊托支架制作安装、埋膨胀螺栓、安装、找正、找平、垫垫、上螺栓、
固定。

计量单位：节

定 额 编 号				23089001	23089002	23089003
项 目 名 称				周长（mm 以内）		
				1800	2400	3200
预 算 基 价				326.00	420.47	539.66
其中	人工费（元）			188.37	267.40	342.19
	材料费（元）			78.16	93.14	137.10
	机械费（元）			59.47	59.93	60.37
	仪器仪表费（元）			—	—	—
	名 称	代号	单位	单价（元）	数 量	
人工	安装工	1002	工日	145.80	1.292	1.834	2.347
材料	消音器	217135	节	—	（1.000）	（1.000）	（1.000）
	镀锌带母螺栓 8×16～25	207120	套	0.160	13.520	17.680	23.920
	橡胶板 δ1～3	208034	kg	11.500	0.410	0.695	0.985
	膨胀螺栓 φ12	207161	套	1.560	—	—	4.160
	膨胀螺栓 φ10	207160	套	1.430	4.160	4.160	—
	圆钢 φ10 以内	201014	kg	5.200	4.510	5.160	8.140
	角钢 63 以内	201016	kg	4.950	8.130	9.590	14.130
	其他材料费	2999	元		1.640	2.070	3.180
机械	其他机具费	3999	元	—	59.470	59.930	60.370

工作内容：吊托支架制作与安装、埋膨胀螺栓、安装、找正、找平、垫垫、上螺栓、
固定。

计量单位：节

定 额 编 号				23089004	23089005	23089006
项 目 名 称				周长（mm 以内）		
				4000	5000	6000
预 算 基 价				760.73	921.83	1071.45
其中	人工费（元）			457.08	581.74	714.71
	材料费（元）			239.14	274.86	290.73
	机械费（元）			64.51	65.23	66.01
	仪器仪表费（元）			—	—	—
	名 称	代号	单位	单价（元）	数 量	
人工	安装工	1002	工日	145.80	3.135	3.990	4.902
材料	消音器	217135	节	—	（1.000）	（1.000）	（1.000）
	镀锌带母螺栓 8×16～25	207120	套	0.160	31.200	37.440	41.600
	镀锌六角螺母 12	207069	个	0.250	4.240	4.240	4.240
	橡胶板 δ1～3	208034	kg	11.500	1.370	1.825	2.026
	膨胀螺栓 φ12	207161	套	1.560	4.160	4.160	4.160
	槽钢 16 以内	201020	kg	5.050	31.570	35.750	38.170
	圆钢 φ10 以外	201015	kg	5.200	9.260	10.730	10.730
	其他材料费	2999	元		3.260	4.000	4.670
机械	其他机具费	3999	元	—	64.510	65.230	66.010

（四）消声弯头安装

工作内容：吊托支架制作与安装、埋膨胀螺栓、安装、找正、找平、垫垫、上螺栓、固定。

计量单位：个

定 额 编 号				23090001	23090002	23090003	23090004
项 目 名 称				周长（mm 以内）			
				800	1200	1800	2400
预 算 基 价				166.32	192.57	226.33	385.94
其中	人工费（元）			86.46	104.39	121.60	246.11
	材料费（元）			39.16	41.91	45.64	80.02
	机械费（元）			40.70	46.27	59.09	59.81
	仪器仪表费（元）			—	—	—	—
名　称	代号	单位	单价（元）	数　量			
人工	安装工	1002	工日	145.80	0.593	0.716	0.834	1.688
材料	消音弯头	217138	节	—	（1.000）	（1.000）	（1.000）	（1.000）
	橡胶板 δ1～3	208034	kg	11.500	0.210	0.262	0.381	0.501
	镀锌六角螺母8	207067	个	0.054	4.240	4.240	4.240	—
	膨胀螺栓 φ10	207160	套	1.430	—	—	—	4.160
	镀锌六角螺母10	207068	个	0.120	—	—	—	4.240
	镀锌带母螺栓 6×16～25	207118	套	0.080	8.320	10.400	13.520	—
	镀锌带母螺栓 8×30～60	207121	套	0.260	—	—	—	17.680
	圆钢 φ10 以内	201014	kg	5.200	2.500	2.500	2.500	4.510
	角钢 63 以内	201016	kg	4.950	3.390	3.770	4.180	7.720
	膨胀螺栓 φ8	207159	套	1.320	4.160	4.160	4.160	—
	其他材料费	2999	元	—	0.580	0.680	0.770	1.540
机械	其他机具费	3999	元	—	40.700	46.270	59.090	59.810

工作内容：吊托支架制作与安装、埋膨胀螺栓、安装、找正、找平、垫垫、上螺栓、
固定。

计量单位：个

定 额 编 号					23090005	23090006	23090007	23090008
项 目 名 称					周长（mm 以内）			
					3200	4000	6000	7200
预 算 基 价					458.18	546.87	924.14	1084.66
其中	人工费（元）				306.18	352.98	612.21	734.69
	材料费（元）				91.84	129.98	236.82	274.15
	机械费（元）				60.16	63.91	75.11	75.82
	仪器仪表费（元）				—	—	—	—
名 称		代号	单位	单价（元）	数 量			
人工	安装工	1002	工日	145.80	2.100	2.421	4.199	5.039
材料	消音弯头	217138	节	—	（1.000）	（1.000）	（1.000）	（1.000）
	镀锌带母螺栓 8×30～60	207121	套	0.260	22.880	29.120	39.520	53.040
	槽钢 16 以内	201020	kg	5.050	—	—	31.400	36.850
	膨胀螺栓 φ12	207161	套	1.560	—	4.160	4.160	4.160
	角钢 63 以内	201016	kg	4.950	9.120	13.520	—	—
	圆钢 φ10 以内	201014	kg	5.200	5.160	—	—	—
	圆钢 φ10 以外	201015	kg	5.200	—	7.410	8.520	8.520
	膨胀螺栓 φ10	207160	套	1.430	4.160			
	其他材料费	2999	元	—	7.970	10.460	17.180	23.470
机械	其他机具费	3999	元	—	60.160	63.910	75.110	75.820

十四、通风管道场外运输

工作内容：装车、运输、卸车。

计量单位：m²

定 额 编 号				23091001
项 目 名 称				场外运输
预 算 基 价				6.08
其中	人工费（元）			4.08
	材料费（元）			0.02
	机械费（元）			1.98
	仪器仪表费（元）			—
名 称	代号	单位	单价（元）	数 量
人工 安装工	1002	工日	145.80	0.028
材料 其他材料费	2999	元		0.018
机械 其他机具费	3999	元	—	1.981

第三章
空气与环境系统调试及检测

说明及工程量计算规则

说　　明

1. 本章主要内容包括：调试前的准备、机组性能及系统风量调试、专用精密空调系统调试、制冷设备（冷机、冷却塔、水泵）核查及调试、水系统平衡调试、电气及控制系统调试以及综合性能测试；综合性能测试中包括：房间风量（换气次数）及风速测试，高效过滤器安装后泄露测试，温湿度、房间压差、气流流型及密闭性测试，自净时间测试，洁净度、超微粒子及宏粒子测试，噪声、照度、静电、防微振、浮游菌、沉降菌测试以及数据处理和报告出具。

2. 调试、测试工作需在电源和冷热源正常供应条件下进行，调试、测试前单机试运行完成。

3. 组合式空调机调试只包含其运行状态、机组总风量（送风、回风、新风、）、压头等项目，其风机段、加热段、表冷段、过滤段等功能段调试内容由厂商提供，相关费用已包含在设备价格之中，本定额不再另行计算取费。

4. 冷机、水泵、冷却塔等制冷系统的设备本体调试主要由设备供应商完成，系统调试时主要检查确认其调试结果和实际运行状态，并测试调整其水流量、运行电流、进/出水压、水温，本定额计取该部分费用时只包含设备核查和调试费用，其设备本体调试包含在设备单价之中，不另行计取。

5. 同一系统中由两个或两个以上机组由串联或并联构成一体时，均按一个系统计价，其计算风量按其总和计算。

6. 置于大环境系统中的小环境系统，小环境系统需单独计算调试费用。

7. 环境参数控制精度不同时，相应项目的调试和测试难度差异较大。针对不同控制精度，系统风量调试、温湿度调试、电气及控制系统调试、风量测试、温/湿度测试等项目定额对应人工工日基数可作相应调整（见下表）。

人工工日修正系数表

温度 湿度	> ±1℃	≤ ±1℃	≤ ±0.2℃
≥ ±10%	0.7	0.85	2.0
< ±10%	0.85	1.0	2.5
≤ ±3%	2.0	2.5	3.0

工程量计算规则

1. 调试前准备，组合空调机组、专用精密空调系统、制冷设备、水系统平衡、电气控制系统的调试风机风量，均按系统数量计算，以其风量大小或设备制冷量予以细分。

2. 制冷设备的核查和调试以"台（组）"总数量计算，并以设备类型以制冷量、设备的水处理量及设备本体重量作为细分方式。

3. 综合性能测试各项取费规则本着便于定量和计算的原则，基本以"系统"或"每20m²"或"m²"作为计算单元，但其源自于国家标准规范对各参数测试布点规则和市场价格的综合测算。

（1）房间风量（换气次数）按照系统风量，以"系统"计算；单向流风速测定，均以面积按"每20m²为一单元"计算；

（2）高效过滤器安装后的泄露测试，按照所测试的高效过滤器的数量，以"台"计算；

（3）温、湿度测试，均以面积按"m²为一单元"计算；

（4）房间压差、气流流型、自净时间的测试，按照所测试的房间个数，以"每间为一单元"计算；其中房间密闭性按"每20m²为一单元"计算；

（5）洁净度、超微粒子与宏粒子的测试，均以面积按"m²为一单元"计算；

（6）噪声、照度、静电、浮游菌、沉降菌的测试，均以面积按"m²为一单元"计算；微振测试以实际测点为计算单位；

4. 综合数据处理除了采用风机过滤单元（FFU）结构的测试项目外，其他的均按照系统风量，以"系统"计算。

第一节　调试方案决策及前期准备

工作内容：熟悉图纸、技术资料、工艺条件，制订方案，调试用图绘制以及记录表格的准备打印、器械组配。

计量单位：系统

定　额　编　号				24001001	24001002	24001003	24001004	24001005
项　目　名　称				系统风量（万 m³/h 以内）				
				1	3	6	10	20
预　算　基　价				4580.36	6578.91	10025.49	12176.08	13939.56
其中	人工费（元）			4502.36	6481.71	9890.49	12002.08	13729.56
	材料费（元）			—	—	—	—	—
	机械费（元）			—	—	—	—	—
	仪器仪表费（元）			78.00	97.20	135.00	174.00	210.00
名　　称	代号	单位	单价（元）	数　　量				
人工 调试工	1003	工日	209.90	21.450	30.880	47.120	57.180	65.410
仪器仪表 打印机	4313	台班	6.000	1.000	1.200	1.500	2.000	2.000
便携式计算机	4311	台班	18.000	4.000	5.000	7.000	9.000	11.000

第二节　机组性能及系统风量调试

一、组合式空调系统调试

工作内容：机组性能（运行状态、机组风量、压头等）和系统风量调试，包括送风、回风、新风、排风等。

计量单位：系统

定额编号				24002001	24002002	24002003	24002004	24002005
项目名称				系统风量（万 m³/h 以内）				
				1	3	6	10	20 以上
预算基价				7874.72	12311.29	15824.15	20785.60	26992.38
其中	人工费（元）			7388.48	11670.44	14944.88	19604.66	25418.89
	材料费（元）			15.99	24.05	29.07	36.14	43.19
	机械费（元）			—	—	—	—	—
	仪器仪表费（元）			470.25	616.80	850.20	1144.80	1530.30
名　称		代号	单位	单价（元）	数　量			
人工	调试工	1003	工日	209.90	35.200	55.600	71.200	93.400	121.100
材料	白布	218001	m²	7.560	0.500	1.000	1.000	1.200	1.500
	棉纱头	218101	kg	5.830	0.800	1.000	1.500	1.800	2.000
	洗涤剂	218045	kg	5.060	0.800	1.000	1.000	1.200	1.500
	煤油	209170	kg	7.000	0.500	0.800	1.100	1.500	1.800
仪器仪表	风量罩	4328	台班	105.000	3.000	4.000	6.000	8.000	10.000
	毕托管	4329	台班	9.000	3.000	3.000	4.000	5.000	6.000
	风速仪	4327	台班	14.400	5.000	7.000	8.000	12.000	22.000
	温度计	4310	台班	10.500	2.500	3.000	3.000	4.000	4.000
	压差计	4326	台班	7.500	4.000	5.000	5.000	6.000	9.000

二、专用精密空调系统调试

工作内容：机组性能和系统风量调试等。

计量单位：系统

定 额 编 号				24003001	24003002	24003003	24003004
项 目 名 称				制冷量（kW 以内）			
				10	20	50	100
预 算 基 价				459.12	734.18	1137.07	1847.63
其中	人工费（元）			314.85	524.75	839.60	1511.28
	材料费（元）			25.24	30.30	39.14	47.98
	机械费（元）			—	—	—	—
	仪器仪表费（元）			119.03	179.13	258.33	288.37
	名 称	代号	单位	单价（元）	数 量		
人工	调试工	1003	工日	209.90	1.500	2.500	4.000	7.200
材料	白布	218001	m²	7.560	2.000	2.000	2.500	3.000
	洗涤剂	218045	kg	5.060	2.000	3.000	4.000	5.000
仪器仪表	风速仪	4327	台班	14.400	1.110	2.330	3.330	4.630
	风量罩	4328	台班	105.000	0.900	1.300	1.900	2.000
	温度计	4310	台班	10.500	0.700	0.500	0.500	0.500
	压差计	4326	台班	7.500	0.160	0.510	0.750	0.860

第三节 温、湿度调试

一、设备核查和调试（冷机、冷却塔、水泵）

工作内容：智能控制系统、冷机、冷却塔、水泵运行状态检查和调整，包括进/出口
压力、流量、温度和运行电流等。

计量单位：台（组）

定 额 编 号					24004001	24004002	24004003	24004004
项 目 名 称					冷水机组（制冷量万 Kcal/h）			
					30 以下（348kW 以下）	50（580kW）	75（870kW）	300 以上（3480kW）
预 算 基 价					5345.29	7031.72	8769.66	10444.65
其中	人工费（元）				3906.24	5314.67	6716.80	7976.20
	材料费（元）				512.41	644.91	650.78	860.94
	机械费（元）				194.94	194.94	389.88	584.81
	仪器仪表费（元）				731.70	877.20	1012.20	1022.70
名 称		代号	单位	单价（元）	数 量			
人工	调试工	1003	工日	209.90	18.610	25.320	32.000	38.000
材料	白绸	218080	m²	15.750	0.250	0.250	0.500	0.500
	白布	218001	m²	7.560	0.500	0.500	0.500	1.000
	煤油	209170	kg	7.000	15.000	20.000	20.000	35.000
	三氯乙烯	209371	kg	7.750	1.250	1.250	1.500	2.000
	冷冻机油	209186	kg	7.800	50.000	62.500	62.500	75.000
机械	内燃空气压缩机 ≤ 9m³/min	3105	台班	599.290	0.250	0.250	0.500	0.750
	真空泵 抽气速度 ≤ 660m³/h	3097	台班	180.460	0.250	0.250	0.500	0.750
仪器仪表	超声波流量计	4321	台班	135.000	5.000	6.000	7.000	7.000
	温度计	4310	台班	10.500	3.000	4.000	4.000	5.000
	其他仪器仪表费	4999	元	—	25.200	25.200	25.200	25.200

工作内容：智能控制系统、冷冻冷却循环系统、进／出口压力、流量、温度运行
状态检测、调整。

计量单位：台（组）

定 额 编 号				24004005	24004006	24004007
项 目 名 称				水泵调试（设备重量）		
				0.5T	1T	3T 以上
预 算 基 价				1016.43	1381.12	1800.39
其中	人工费（元）			848.00	1070.49	1406.33
	材料费（元）			16.72	16.72	26.43
	机械费（元）			77.98	77.98	77.98
	仪器仪表费（元）			73.73	215.93	289.65
名 称		代号	单位	单价（元）	数 量	
人工	调试工	1003	工日	209.90	4.040	5.100	6.700
材料	白绸	218080	m²	15.750	0.250	0.250	0.500
	白布	218001	m²	7.560	0.250	0.250	0.500
	煤油	209170	kg	7.000	1.000	1.000	1.000
	三氯乙烯	209371	kg	7.750	0.250	0.250	0.500
	冷冻机油	209186	kg	7.800	0.250	0.250	0.500
机械	内燃空气压缩机 ≤ 9m³/min	3105	台班	599.290	0.100	0.100	0.100
	真空泵 抽气速度 ≤ 660m³/h	3097	台班	180.460	0.100	0.100	0.100
仪器仪表	超声波流量计	4321	台班	135.000	0.500	1.500	2.000
	温度计	4310	台班	10.500	0.250	0.250	0.500
	其他仪器仪表费	4999	元	—	3.600	10.800	14.400

工作内容：智能控制系统、冷却水循环系统、进／出口压力、流量、温度运行状态
检测、调整。

计量单位：台

定 额 编 号				24004008	24004009	24004010
项 目 名 称				冷却塔处理水量（m³/h）		
				100 以内	300	700 以上
预 算 基 价				7158.87	8552.67	11184.81
其中	人工费（元）			5314.67	6297.00	8521.94
	材料费（元）			751.94	1024.81	1289.81
	机械费（元）			389.88	389.88	389.88
	仪器仪表费（元）			702.38	840.98	983.18
名 称		代号	单位	单价（元）	数 量	
人工	调试工	1003	工日	209.90	25.320	30.000	40.600
材料	白绸	218080	m²	15.750	0.500	0.500	0.500
	白布	218001	m²	7.560	1.000	1.000	1.000
	煤油	209170	kg	7.000	25.000	30.000	40.000
	三氯乙烯	209371	kg	7.750	2.000	2.500	2.500
	冷冻机油	209186	kg	7.800	70.000	100.000	125.000
机械	内燃空气压缩机 ≤ 9m³/min	3105	台班	599.290	0.500	0.500	0.500
	真空泵 抽气速度 ≤ 660m³/h	3097	台班	180.460	0.500	0.500	0.500
仪器仪表	超声波流量计	4321	台班	135.000	5.000	6.000	7.000
	数字转速表	4285	台班	7.500	1.030	1.030	1.030
	温度计	4310	台班	10.500	0.500	0.500	0.500
	其他仪器仪表费	4999	元	—	14.400	18.000	25.200

二、水系统平衡调试

工作内容：媒体、管路、段体运行，调节系统检查、调整。   计量单位：系统

	定 额 编 号				24005001	24005002	24005003	24005004
	项 目 名 称				设备冷量（制冷量万 kcal/h）			
					30	75	150	300 及以上
	预 算 基 价				14816.31	23613.86	27444.26	39419.31
其中	人工费（元）				11611.67	17837.30	20230.16	28888.54
	材料费（元）				751.94	1301.56	1383.00	1721.87
	机械费（元）				—	—	—	—
	仪器仪表费（元）				2452.70	4475.00	5831.10	8808.90
	名 称	代号	单位	单价（元）	数 量			
人工	调试工	1003	工日	209.90	55.320	84.980	96.380	137.630
材料	白绸	218080	m²	15.750	0.500	1.000	1.000	1.000
	白布	218001	m²	7.560	1.000	1.000	2.000	2.000
	煤油	209170	kg	7.000	25.000	40.000	50.000	70.000
	三氯乙烯	209371	kg	7.750	2.000	3.000	3.500	4.000
	冷冻机油	209186	kg	7.800	70.000	125.000	125.000	150.000
仪器仪表	温度计	4310	台班	10.500	3.000	4.000	5.000	7.000
	超声波流量计	4321	台班	135.000	12.000	18.000	25.000	38.000
	压力流量计	4336	台班	80.120	10.000	25.000	30.000	45.000

第四节　电气控制系统调试

工作内容：系统内风机、泵类、电动（磁）阀体、传感器、接触器、启动柜智能控制、
　　　　　联锁、联动保护显示装置性能测试、调整。   计量单位：系统

	定 额 编 号				24006001	24006002	24006003	24006004
	项 目 名 称				自动控制风量（万 m³/h 以内）			
					仪器仪表系统控制型		计算机系统控制型	
					10	20	10	20
	预 算 基 价				3329.96	4029.47	3164.66	3828.48
其中	人工费（元）				3295.43	3973.41	3131.71	3774.00
	材料费（元）				25.38	42.88	23.80	41.30
	机械费（元）				—	—	—	—
	仪器仪表费（元）				9.15	13.18	9.15	13.18
	名 称	代号	单位	单价（元）	数 量			
人工	调试工	1003	工日	209.90	15.700	18.930	14.920	17.980
材料	白绸	218080	m²	15.750	0.500	0.500	0.400	0.400
	酒精	209048	kg	35.000	0.500	1.000	0.500	1.000
仪器仪表	数字转速表	4285	台班	7.500	1.000	1.500	1.000	1.500
	其他仪器仪表费	4999	元	—	1.650	1.930	1.650	1.930

第五节 综合性能测试

一、房间风量（换气次数）及单向流风速测试

工作内容：房间风量（换气次数）和风口风量平衡，单向流截面风速测试调整。　　　计量单位：系统

定 额 编 号				24007001	24007002	24007003	24007004	24007005
项 目 名 称				房间风量（换气次数）测试（系统风量万/m³/h 以内）				单向流风速测定
				1	3	6	10 及以上	20m²
预 算 基 价				6532.23	8703.51	14374.17	20978.87	164.82
其中	人工费（元）			5415.42	7348.60	12675.86	18658.01	125.94
	材料费（元）			23.61	37.31	51.31	120.06	—
	机械费（元）			—	—	—	—	—
	仪器仪表费（元）			1093.20	1317.60	1647.00	2200.80	38.88
名　称	代号	单位	单价（元）	数　　量				
人工	调试工	1003	工日	209.90	25.800	35.010	60.390	88.890	0.600
材料	无纺布	218099	m²	3.500	3.000	5.000	8.000	15.000	—
	棉纱头	218101	kg	5.830	1.000	1.500	1.500	4.000	—
	煤油	209170	kg	7.000	0.500	0.500	1.000	2.000	—
	白布	218001	m²	7.560	0.500	1.000	1.000	4.000	—
仪器仪表	数字振动仪	4317	台班	360.000	—	—	—	—	0.100
	风量罩	4328	台班	105.000	10.000	12.000	15.000	20.000	—
	风速、温度、湿度、风量测试仪	4309	台班	14.400	3.000	4.000	5.000	7.000	0.200

二、高效过滤器安装后的泄漏测试

工作内容：洁净室高效过滤器检漏等。　　　计量单位：台

定 额 编 号				24008001	24008002	24008003
项 目 名 称				粒子计数法		
				≤ 630 × 630	1200 × 600	>1200 × 1200
预 算 基 价				140.79	175.91	243.39
其中	人工费（元）			73.47	104.95	146.93
	材料费（元）			16.32	19.96	19.96
	机械费（元）			—	—	—
	仪器仪表费（元）			51.00	51.00	76.50
名　称	代号	单位	单价（元）	数　　量		
人工	调试工	1003	工日	209.90	0.350	0.500	0.700
材料	洗涤剂	218045	kg	5.060	0.400	1.000	1.000
	无尘布	218119	块	4.000	3.000	3.000	3.000
	其他材料费	2999	元	—	2.300	2.900	2.900
仪器仪表	粒子计数器	4337	台班	510.000	0.100	0.100	0.150

工作内容：洁净室高效过滤器检漏等。 计量单位：台

定 额 编 号				24008004	24008005	24008006
项 目 名 称				PAO 法		
				≤ 630×630	1200×600	>1200×1200
预 算 基 价				196.51	228.40	312.37
其中	人工费（元）			125.94	157.43	209.90
	材料费（元）			25.57	25.97	25.97
	机械费（元）			—	—	—
	仪器仪表费（元）			45.00	45.00	76.50
名 称	代号	单位	单价（元）	数 量		
人工	调试工	1003	工日	209.90	0.600	0.750	1.000
材料	洗涤剂	218045	kg	5.060	1.200	1.200	1.200
	无尘布	218119	块	4.000	4.000	4.000	4.000
	其他材料费	2999	元	—	3.500	3.900	3.900
仪器仪表	PAO 光度计	4339	台班	450.000	0.100	0.100	0.170

三、温、湿度测试

工作内容：按布点要求、工作环境的温、湿度控制调试检测。 计量单位：m²

定 额 编 号				24009001	24009002	24009003	24009004
项 目 名 称				温度测试（允许范围）		相对湿度测试（允许范围）	
				>±1℃	±0.1～1℃	>±10%RH	±1～10%RH
预 算 基 价				2.87	3.97	3.29	4.39
其中	人工费（元）			2.73	3.78	3.15	4.20
	材料费（元）			—	—	—	—
	机械费（元）			—	—	—	—
	仪器仪表费（元）			0.14	0.19	0.14	0.19
名 称	代号	单位	单价（元）	数 量			
人工	调试工	1003	工日	209.90	0.013	0.018	0.015	0.020
仪器仪表	数字式温湿度测试仪	4305	台班	10.500	0.013	0.018	0.013	0.018

四、房间压差、气流流型、房间密闭性、自净时间的测试

工作内容：室内压差、气流及房间密闭性测定及自净时间的测试报告等。　　　　　　　计量单位：每间

定 额 编 号				24010001	24010002	24010003	24010004
项 目 名 称				房间压差测试	气流流型	房间密闭性（20m²）	自净时间
预 算 基 价				213.65	525.55	558.45	595.30
其中	人工费（元）			209.90	419.80	314.85	419.80
	材料费（元）			—	—	—	—
	机械费（元）			—	—	—	—
	仪器仪表费（元）			3.75	105.75	243.60	175.50
	名 称	代号	单位	单价（元）	数 量		
人工	调试工	1003	工日	209.90	1.000	2.000	1.500	2.000
仪器仪表	粒子计数器	4338	台班	300.000	—	—	0.500	0.300
	发烟器	4342	台班	114.000	—	—	0.400	—
	摄像机	4341	台班	21.000	—	0.750	—	—
	压差计	4326	台班	7.500	0.500	—	—	—
	发尘器	4340	台班	120.000	—	0.750	0.400	—

五、洁净度测试、超微粒子与宏粒子测试

工作内容：洁净室静态环境空气洁净度等级确定等。　　　　　　　　　　　　　　　计量单位：m²

定 额 编 号				24011001	24011002	24011003	24011004	24011005
项 目 名 称				洁净室级别				超微粒子与宏粒子测试
				5级以下	5级	6级	7、8级	
预 算 基 价				33.89	31.34	20.24	18.74	60.13
其中	人工费（元）			26.24	26.24	15.74	15.74	52.48
	材料费（元）			—	—	—	—	—
	机械费（元）			—	—	—	—	—
	仪器仪表费（元）			7.65	5.10	4.50	3.00	7.65
	名 称	代号	单位	单价（元）	数 量				
人工	调试工	1003	工日	209.90	0.125	0.125	0.075	0.075	0.250
仪器仪表	粒子计数器	4338	台班	300.000	—	—	0.015	0.010	—
	粒子计数器	4337	台班	510.000	0.015	0.010	—	—	0.015

六、噪声、照度、微振、静电、浮游菌、沉降菌的测试

工作内容：洁净室噪声值、照度微振的测试，按照有关标准、规范的技术要求检测，整理测试报告等。

计量单位：m²

定 额 编 号				24012001	24012002	24012003	24012004	24012005
项 目 名 称				噪声测定	照度测定	微振测试	静电测试	浮游菌、沉降菌测定
预 算 基 价				3.33	3.24	185.92	37.02	47.68
其中	人工费（元）			3.15	3.15	167.92	34.63	41.98
	材料费（元）			—	—	—	—	—
	机械费（元）			—	—	—	—	—
	仪器仪表费（元）			0.18	0.09	18.00	2.39	5.70
名 称	代号	单位	单价（元）	数 量				
人工	调试工	1003	工日	209.90	0.015	0.015	16.000	0.165	0.200
仪器仪表	导静电测试仪	4346	台班	63.000	—	—	—	0.038	—
	恒温培养烘箱（细菌）	4347	台班	114.000	—	—	—	—	0.038
	浮游菌采样器	4348	台班	36.000	—	—	—	—	0.038
	积分式噪声计	4343	台班	36.000	0.005	—	—	—	—
	照度计	4344	台班	6.000	—	0.015	—	—	—
	微振测试仪	4345	台班	360.000	—	—	1.000	—	—

第六节　综合数据处理

工作内容：测试数据整理、制图、打印、装订、移交。

计量单位：系统

定 额 编 号				24013001	24013002	24013003	24013004
项 目 名 称				系统风量（万 m³/h 以内）			FFU 结构（20m²）
				3	10	20	
预 算 基 价				4029.22	5470.19	6321.95	41.98
其中	人工费（元）			3948.22	5368.19	6189.95	41.98
	材料费（元）			—	—	—	—
	机械费（元）			—	—	—	—
	仪器仪表费（元）			81.00	102.00	132.00	—
名 称	代号	单位	单价（元）	数 量			
人工	调试工	1003	工日	209.90	18.810	25.575	29.490	0.200
仪器仪表	打印机	4313	台班	6.000	1.500	2.000	2.500	—
	便携式计算机	4311	台班	18.000	4.000	5.000	6.500	—

第四章
电 气 工 程

说明及工程量计算规则

说　明

1. 本章主要内容包括：1kV 以下电气控制设备、电缆、配管配线、接地装置、照明器具、安全监测装置、电气调测等低压电气设备安装子目。

2. 成套控制设备安装定额中电动机和控制设备接线，均未包括焊铜接线端子，应另行计算；电动机的接线检查适用于普通交流、直流电动机。照明配电柜安装执行动力配电柜安装的相应子目。

3. 电缆敷设定额是按厂内 1kV 以下电压等级电缆工程的施工条件编制的。

（1）电缆敷设均以三芯（包括三芯连地）编制，五芯电力电缆敷设定额乘以系数 1.3，单芯电力电缆敷设按同等截面定额乘以系数 0.67；电缆敷设中因弛度、绕梁（柱）增加长度以及电缆与设备连接、电缆测试和接头制作等必要的预留长度，其增加的工程量按表 1 执行。

（2）桥架安装定额，包括了弯头制作、切割口防腐处理、桥架开孔和桥架盖板安装，也已综合考虑了采用螺栓、焊接和膨胀螺栓三种固定方式，实际施工中，不论采取何种方式，定额均不得调整。只有在钢制桥架主结构设计厚度大于 3mm 时，定额人工工日和机械台班用量乘以系数 1.2。

4. 配管配线安装工程定额中，安装高度均是按 5m 以下编制的，若实际高度超过 5m 时，按《电子建设工程概（预）算编制办法及计价依据》中有关规定执行；焊接钢管敷设定额中已包括了管道的内外刷漆，但不包括刷防火漆及防火涂料以及直埋钢管的管外防腐保护，均应另行计算；灯具、开关、插座、按钮等的出口线预留长度，已分别综合在安装定额子目中，不得另行计算。但配线进入配电箱、柜等的预留线，按表 2 的规定长度，分别计入相应导线工程量内。

5. 定额中的灯具、开关、插座是按其类型分别编制的，成套灯具安装所需配线，定额中已包括。照明器具安装高度均按 5m 以下设定编制，若超过此高度时，按《电子建设工程概（预）算编制办法及计价依据》中有关规定执行，但未包括其本身价值。灯具若需增设防火、隔热装置时，应另行计算。

6. 安全监测装置定额中的探测器、报警控制器和电源等均已包括了校线、接线和本体调试；但气体灭火系统调试试验时采取的措施，应另行计算。

7. 电气装置调测定额中，不包括各种电气设备的烘干处理、电缆故障的查找、电动机抽芯检查以及由于设备元件缺陷造成的更换、修理和修改；电动机调试是按一个系统、一台电动机考虑的，如为两台以上时，每增加一台，基价应增加 40%。

8. 配电换流设备的安装，均未包括柜（屏）安装用支架的制作、安装，其内容参照本册相关定额内容。

9. 本章的安装谐波滤波器定额对于不间断电源和高低压设备所需的谐波滤波器均适用。

工程量计算规则

1. 成套动力、照明配电箱、插座箱按安装方式，分回路以"台"计算。

2. 风机盘管和阀类接线，分明、暗装以"台"计算。

3. 配电箱体分明、暗装，按箱体半周长以"台"计算。

4. 自动空气开关、铁壳开关、胶盖闸刀开关、交流接触器、磁力启动器、自耦减压启动器等按功率或额定电流以"个"计算。

5. 电动机检查接线，按导线截面以"台"计算。

6. 直埋电缆、电缆沟挖、填土方，除特殊要求外，当电缆并沟敷设在两根以内，每米电缆沟挖方量以 0.45m³ 计算；如为两根以上时每增加一根，其挖、填土方按 0.153m³ 递增计算工程量。

7. 人工开挖路面按实际路面材质，以"m²"计算。

8. 电缆沟铺砂、盖砖、盖板，按电缆根数以沟长米计算。

9. 电缆保护管敷设，以"m"或"根"计算。

10. 电缆敷设按截面以"m²"计算；电缆梯架、托盘分规格以"m"计算。

11. 电缆中间头、终端头按电缆截面及封头所用材料划分，以"个"计算。

12. 各类电气管线敷设均在不扣除管路中间接线盒、箱、灯头盒、开关盒所占长度，以"m"计算；连接设备导线的预留长度，其所增加工程量按表 2 执行。

13. 管内穿线分型号，按导线截面以"m"计算。

14. 各种接线箱、盒按安装部位与方式，以"个"计算。

15. 端子板安装以"组"计算，端子板外部接线以"10 个头"计算。

16. 照明灯具、开关、插座均以"套"计算。

17. 点型、火焰和可燃气体探测器不分规格、型号及安装方式，以"点"计算。

18. 壁挂式报警控制器按点数以"台"计算。

19. 交流稳压电源和不间断电源按功率以"台"计算。

20. 电力电缆以"次/根"计算；母线试验以"段"计算；绝缘油试验以"次"计算。

21. 异步电动机、直流电动机试验调整，按其启动方式以"系统"计算。

22. 交流变频调速异步电动机，按功率以"系统"计算。

表 1　电缆敷设预留长度

序号	项　　目	预留长度（附加）	说　　明
1	电缆敷设弛度、波形弯度、交叉	2.5%	按电缆全长计算
2	电缆进入建筑物	2.0m	规范规定最小值
3	电缆进入沟内或吊架时引上（下）预留	1.5m	规范规定最小值
4	变电所进线、出线	1.5m	规范规定最小值
5	电力电缆终端头	1.5m	检修余量最小值
6	电缆中间接头盒	两端各留 2.0m	检修余量最小值

序号	项　目	预留长度（附加）	说　明
7	电缆进控制、保护屏及模拟盘等	高＋宽	按盘面尺寸
8	低压配电盘、箱	2.0m	盘下进出线
9	电缆至电动机	0.5m	从电机接线盒起算
10	厂用变压器	3.0m	从地坪起算
11	电缆绕过梁、柱等增加长度	按实计算	按被绕物的断面情况计算增加长度

表 2　连接设备导线预留长度

序号	项　目	预留长度（m）	说　明
1	各种开关箱、柜、板	高＋宽	箱、柜的盘面尺寸
2	单独安装（无箱、盘）的铁壳开关、闸刀开关、启动器、母线槽进出线盒等	0.3	以安装对象中心算起
3	由地坪管子出口引至动力接线箱	1.0	以管口计算
4	电源与管内导线连接（管内穿线与软、硬母线连接）	1.5	以管口计算
5	出户线	1.5	以管口计算

第一节 电气控制装置

一、成套动力配电箱（柜）、控制屏安装

工作内容：开箱、清扫、检查、定位、做基础、埋螺栓、安装、固定、接线等。 计量单位：台

	定 额 编 号				25001001	25001002
	项 目 名 称				落地式 规格（回路以内）	
					4	9
	预 算 基 价				487.03	547.03
其中	人工费（元）				328.34	385.06
	材料费（元）				95.52	98.43
	机械费（元）				63.17	63.54
	仪器仪表费（元）				—	—
	名　　称	代号	单位	单价（元）	数　　量	
人工	安装工	1002	工日	145.80	2.252	2.641
材料	红机砖	204001	块	0.300	15.000	19.000
	焊锡丝	207293	kg	61.140	0.150	0.150
	电力复合酯 一级	209139	kg	20.000	0.050	0.050
	酚醛磁漆	209024	kg	16.000	0.020	0.020
	塑料软管	210080	kg	8.810	0.300	0.300
	砂子	204025	kg	0.125	20.800	24.000
	自粘性橡胶带	208200	卷	3.500	0.200	0.200
	水泥 综合	202001	kg	0.506	3.700	4.200
	钢板垫板	201137	kg	8.000	0.300	0.300
	镀锌垫圈 10	207030	个	0.120	12.240	12.240
	镀锌弹簧垫圈 10	207495	个	0.030	6.120	6.120
	镀锌扁钢	201023	kg	7.900	1.500	1.500
	镀锌带母螺栓 10×85～100	207127	套	0.570	6.120	6.120
	电焊条 综合	207290	kg	6.000	0.150	0.150
	调和漆	209016	kg	17.000	0.050	0.050
	裸铜线 10mm²	214003	m	3.720	1.000	1.200
	铜端子 10	213121	个	11.000	4.060	4.060
	其他材料费	2999	元	—	3.190	3.510
机械	其他机具费	3999	元	—	63.170	63.540

工作内容：开箱、清扫、检查、定位、打眼、埋螺栓、安装、固定、接线等。　　　　　　　　　　　　　计量单位：台

定　额　编　号				25001003	25001004	25001005
项　目　名　称				悬挂明装　规格（回路以内）		
				4	8	12
预　算　基　价				164.75	239.02	267.12
其中	人工费（元）			109.50	182.83	207.77
	材料费（元）			54.54	55.01	58.01
	机械费（元）			0.71	1.18	1.34
	仪器仪表费（元）			—	—	—
名　　称	代号	单位	单价（元）	数　　量		
人工	安装工	1002	工日	145.80	0.751	1.254	1.425
材料	塑料软管	210080	kg	8.810	0.130	0.150	0.180
	酚醛磁漆	209024	kg	16.000	0.010	0.010	0.010
	电力复合酯一级	209139	kg	20.000	0.410	0.410	0.410
	焊锡丝	207293	kg	61.140	0.050	0.070	0.080
	调和漆	209016	kg	17.000	0.030	0.030	0.030
	膨胀螺栓 φ10	207160	套	1.430	4.080	4.080	4.080
	镀锌扁钢	201023	kg	7.900	1.190	1.260	1.260
	铜端子 10	213121	个	11.000	2.030	2.030	2.030
	裸铜线 10mm²	214003	m	3.720	0.500	0.500	0.500
	其他材料费	2999	元	—	2.040	2.420	2.680
机械	其他机具费	3999	元	—	0.710	1.180	1.340

工作内容：开箱、清扫、检查、定位、打眼、埋螺栓、安装、固定、接线等。　　　　　　　　　　　　　计量单位：台

定　额　编　号				25001006	25001007	25001008	25001009
项　目　名　称				嵌入暗装　规格（回路以内）			控制屏
				4	8	12	
预　算　基　价				270.75	343.63	385.63	400.70
其中	人工费（元）			217.53	288.10	328.34	342.63
	材料费（元）			51.81	53.67	55.17	55.75
	机械费（元）			1.41	1.86	2.12	2.32
	仪器仪表费（元）			—	—	—	—
名　　称	代号	单位	单价（元）	数　　量			
人工	安装工	1002	工日	145.80	1.492	1.976	2.252	2.350
材料	电力复合酯 一级	209139	kg	20.000	0.410	0.410	0.410	0.410
	焊锡丝	207293	kg	61.140	0.050	0.070	0.080	0.085
	砂子	204025	kg	0.125	12.800	12.800	14.400	14.800
	水泥 综合	202001	kg	0.506	4.000	4.200	4.400	4.500
	塑料软管	210080	kg	8.810	0.130	0.150	0.180	0.200
	裸铜线 10mm²	214003	m	3.720	0.500	0.500	0.500	0.500
	镀锌扁钢	201023	kg	7.900	1.110	1.110	1.110	1.110
	调和漆	209016	kg	17.000	0.030	0.030	0.030	0.030
	铜端子 10	213121	个	11.000	2.030	2.030	2.030	2.030
	其他材料费	2999	元	—	2.310	2.670	3.000	3.000
机械	其他机具费	3999	元	—	1.410	1.860	2.120	2.320

二、成套照明配电箱安装

工作内容：开箱、清扫、检查、安装、固定、接线等。 计量单位：台

定 额 编 号				25002001	25002002	25002003	25002004
项 目 名 称				墙上明装　规格（回路以内）			
				4	8	16	32
预 算 基 价				154.29	178.73	189.55	432.26
其中	人工费（元）			106.73	128.89	138.51	369.89
	材料费（元）			46.87	49.01	50.14	54.36
	机械费（元）			0.69	0.83	0.90	8.01
	仪器仪表费（元）			—	—	—	—
名　　称	代号	单位	单价（元）	数　　量			
人工	安装工	1002	工日	145.80	0.732	0.884	0.950	2.537
材料	自粘性橡胶带	208200	卷	3.500	0.100	0.100	0.150	0.200
	电力复合酯 一级	209139	kg	20.000	0.410	0.410	0.410	0.410
	调和漆	209016	kg	17.000	0.030	0.030	0.030	0.050
	电焊条 综合	207290	kg	6.000	—	—	—	0.150
	酚醛磁漆	209024	kg	16.000	0.010	0.010	0.010	—
	焊锡丝	207293	kg	61.140	0.050	0.070	0.080	0.100
	铜端子 10	213121	个	11.000	2.030	2.030	2.030	2.030
	镀锌圆钢 φ10 以外	201141	kg	6.065	0.270	0.330	0.330	0.330
	裸铜线 10mm²	214003	m	3.720	0.540	0.600	0.600	0.600
	膨胀螺栓 φ10	207160	套	1.430	4.080	4.080	4.080	4.080
	塑料软管	210080	kg	8.810	0.130	0.150	0.180	0.250
	其他材料费	2999	元	—	1.640	1.790	1.870	3.000
机械	其他机具费	3999	元	—	0.690	0.830	0.900	8.010

工作内容：开箱、清扫、检查、安装、固定、接线等。 计量单位：台

定 额 编 号				25002005	25002006	25002007	25002008
项 目 名 称				墙上暗装　规格（回路以内）			
				4	8	16	32
预 算 基 价				150.11	182.83	199.24	470.14
其中	人工费（元）			109.50	139.97	155.13	414.22
	材料费（元）			39.90	41.95	43.11	47.62
	机械费（元）			0.71	0.91	1.00	8.30
	仪器仪表费（元）			—	—	—	—
名　　称	代号	单位	单价（元）	数　　量			
人工	安装工	1002	工日	145.80	0.751	0.960	1.064	2.841
材料	自粘性橡胶带	208200	卷	3.500	0.100	0.100	0.150	0.200
	电力复合酯 一级	209139	kg	20.000	0.410	0.410	0.410	0.410
	电焊条 综合	207290	kg	6.000	—	—	—	0.150
	调和漆	209016	kg	17.000	0.030	0.030	0.030	0.050
	焊锡丝	207293	kg	61.140	0.050	0.070	0.080	0.100
	铜端子 10	213121	个	11.000	2.030	2.030	2.030	2.030
	镀锌圆钢 φ10 以外	201141	kg	6.065	0.160	0.200	0.200	0.200
	塑料软管	210080	kg	8.810	0.130	0.150	0.180	0.250
	裸铜线 10mm²	214003	m	3.720	0.540	0.600	0.600	0.600
	其他材料费	2999	元	—	1.330	1.510	1.620	2.880
机械	其他机具费	3999	元	—	0.710	0.910	1.000	8.300

三、配电箱体及插座箱安装

工作内容：测位、划线、打眼、埋螺栓、安装、固定、接线、接地等。
　　　　　　　　　　　　　　　　　　　　　　　　计量单位：台

定 额 编 号				25003001	25003002	25003003	25003004	25003005
项 目 名 称				配电箱半周长（mm 以内）				开关箱壁板
				明　装		暗　装		
				1000	2000	1000	2000	
预 算 基 价				173.15	271.87	202.76	314.97	71.40
其中	人工费（元）			162.13	250.78	196.68	297.87	62.40
	材料费（元）			9.97	13.85	4.81	9.55	8.60
	机械费（元）			1.05	7.24	1.27	7.55	0.40
	仪器仪表费（元）			—	—	—	—	—
名　称	代号	单位	单价（元）	数　量				
人工	安装工	1002	工日	145.80	1.112	1.720	1.349	2.043	0.428
材料	水泥 综合	202001	kg	0.506	—	—	1.080	2.170	—
	电焊条 综合	207290	kg	6.000	—	0.150	—	0.150	—
	砂子	204025	kg	0.125	—	—	3.200	6.400	—
	型钢	201013	kg	5.100	—	—	—	—	0.140
	自粘性橡胶带	208200	卷	3.500	0.100	0.200	0.100	0.200	—
	塑料软管	210080	kg	8.810	0.150	0.250	0.150	0.250	0.150
	圆钢 φ10 以内	201014	kg	5.200	0.130	0.270	0.130	0.270	—
	膨胀螺栓 φ8	207159	套	1.320	—	—	—	—	4.080
	膨胀螺栓 φ10	207160	套	1.430	4.080	4.080	—	—	—
	调和漆	209016	kg	17.000	0.030	0.050	0.030	0.050	0.030
	酚醛磁漆	209024	kg	16.000	0.010	0.020	—	—	0.010
	其他材料费	2999	元	—	1.120	1.640	1.010	1.600	0.510
机械	其他机具费	3999	元	—	1.050	7.240	1.270	7.550	0.400

四、防爆配电箱（压铸型）安装

工作内容：开箱、检查、就位、固定，安装地线互联、接缝密封处理、清理。　　　　　计量单位：台

定额编号				25004001	25004002
项目名称				一般型	带漏电保护型
预算基价				618.40	701.43
其中	人工费（元）			459.71	539.46
	材料费（元）			95.52	98.43
	机械费（元）			63.17	63.54
	仪器仪表费（元）			—	—
名　称	代号	单位	单价（元）	数　　量	
人工	安装工	1002	工日	145.80	3.153	3.700
材料	红机砖	204001	块	0.300	15.000	19.000
	焊锡丝	207293	kg	61.140	0.150	0.150
	电力复合酯 一级	209139	kg	20.000	0.050	0.050
	酚醛磁漆	209024	kg	16.000	0.020	0.020
	塑料软管	210080	kg	8.810	0.300	0.300
	砂子	204025	kg	0.125	20.800	24.000
	自粘性橡胶带	208200	卷	3.500	0.200	0.200
	水泥 综合	202001	kg	0.506	3.700	4.200
	钢板垫板	201137	kg	8.000	0.300	0.300
	镀锌垫圈 10	207030	个	0.120	12.240	12.240
	镀锌弹簧垫圈 10	207495	个	0.030	6.120	6.120
	镀锌扁钢	201023	kg	7.900	1.500	1.500
	镀锌带母螺栓 10×85～100	207127	套	0.570	6.120	6.120
	电焊条 综合	207290	kg	6.000	0.150	0.150
	调和漆	209016	kg	17.000	0.050	0.050
	裸铜线 10mm²	214003	m	3.720	1.000	1.200
	铜端子 10	213121	个	11.000	4.060	4.060
	其他材料费	2999	元	—	3.190	3.510
机械	其他机具费	3999	元	—	63.170	63.540

五、自动空气开关安装

工作内容：开箱、清扫、检查、安装、固定、接线等。 计量单位：个

定 额 编 号				25005001	25005002	25005003	25005004
项 目 名 称				装置式　额定电流（A 以内）			
				单极 25	100	250	600
预 算 基 价				34.44	102.05	154.20	239.68
其中	人工费（元）			29.16	88.65	135.74	220.30
	材料费（元）			5.09	12.83	17.58	17.95
	机械费（元）			0.19	0.57	0.88	1.43
	仪器仪表费（元）			—	—	—	—
名　　称	代号	单位	单价（元）	数　　量			
人工	安装工	1002	工日	145.80	0.200	0.608	0.931	1.511
材料	控制装置	217080	个	—	（1.010）	（1.010）	（1.010）	（1.010）
	橡皮护套圈 φ25	208165	个	2.000	—	—	6.000	6.000
	镀锌弹簧垫圈 2～10	207574	个	0.009	2.040	4.080	4.080	4.080
	镀锌垫圈 5	207489	个	0.040	2.040	4.080	—	—
	镀锌垫圈 2～12	207571	套	0.040	—	—	4.080	4.080
	镀锌机螺钉 M5	207502	个	0.520	2.040	4.080	—	—
	镀锌机螺钉 M8	207504	个	0.850	—	—	4.080	4.080
	橡皮护套圈 φ15	208164	套	1.500	2.000	6.000	—	—
	其他材料费	2999	元	—	0.930	1.510	1.910	2.280
机械	其他机具费	3999	元	—	0.190	0.570	0.880	1.430

工作内容：开箱、清扫、检查、测位、划线、打眼、埋螺栓、安装、固定、接线、触头调整等。

计量单位：个

定 额 编 号				25005005	25005006	25005007	25005008
项 目 名 称				万能式　额定电流（A 以内）			
				400	1000	2500	4000
预 算 基 价				212.42	330.97	456.47	496.77
其中	人工费（元）			170.44	285.33	407.22	443.23
	材料费（元）			35.26	38.17	41.00	45.05
	机械费（元）			6.72	7.47	8.25	8.49
	仪器仪表费（元）			—	—	—	—
名　称	代号	单位	单价（元）	数　　量			
人工 安装工	1002	工日	145.80	1.169	1.957	2.793	3.040
材料 控制装置	217082	个	—	（1.010）	（1.010）	（1.010）	（1.010）
镀锌弹簧垫圈 12～22	207573	个	0.076	4.080	4.080	4.080	4.080
镀锌弹簧垫圈 2～10	207574	个	0.009	1.020	1.020	1.020	1.020
镀锌垫圈 12	207031	个	0.200	4.080	4.080	4.080	—
电力复合酯　一级	209139	kg	20.000	0.050	0.050	0.050	0.050
镀锌垫圈 8	207029	个	0.120	1.020	1.020	1.020	1.020
镀锌垫圈 16	207492	个	0.100	—	—	—	4.080
汽油 93#	209173	kg	9.900	0.200	0.200	0.200	0.200
铜端子 10	213121	个	11.000	2.030	2.030	2.030	2.030
裸铜线 10mm²	214003	m	3.720	0.320	0.420	0.510	0.600
镀锌扁钢	201023	kg	7.900	0.450	0.700	0.940	1.090
镀锌带母螺栓 6×30～50	207119	套	0.130	1.020	1.020	1.020	1.020
镀锌带母螺栓 12×40～60	207129	套	0.470	4.080	4.080	4.080	—
镀锌带母螺栓 16×35～60	207133	套	1.110	—	—	—	4.080
电焊条　综合	207290	kg	6.000	0.100	0.100	0.100	0.100
其他材料费	2999	元	—	1.300	1.860	2.460	2.790
机械 其他机具费	3999	元	—	6.720	7.470	8.250	8.490

六、铁壳开关、胶盖闸刀开关安装

工作内容：开箱、检查、安装、固定、接线、接地等。 计量单位：个

定 额 编 号				25006001	25006002	25006003	25006004
项 目 名 称				铁壳开关　额定电流（A）以内			
				30	100	200	400
预 算 基 价				60.28	97.81	140.69	192.43
其中	人工费（元）			38.78	65.17	90.10	141.28
	材料费（元）			18.44	29.41	47.20	47.43
	机械费（元）			3.06	3.23	3.39	3.72
	仪器仪表费（元）			—	—	—	—
名　称	代号	单位	单价（元）	数　　量			
人工	安装工	1002	工日	145.80	0.266	0.447	0.618	0.969
材料	控制装置	217084	个	—	（1.010）	（1.010）	（1.010）	（1.010）
	电力复合酯　一级	209139	kg	20.000	0.020	0.020	0.020	0.020
	电焊条　综合	207290	kg	6.000	0.040	0.040	0.040	0.040
	镀锌垫圈 8	207029	个	0.120	5.100	5.100	5.100	5.100
	镀锌弹簧垫圈 8	207045	个	0.012	5.100	5.100	5.100	5.100
	铜端子 6	213120	个	4.550	2.030	2.030	—	—
	铜端子 10	213121	个	11.000	—	—	2.030	2.030
	橡皮护套圈 $\phi15$	208164	个	1.500	2.000	6.000	—	—
	橡皮护套圈 $\phi25$	208165	个	2.000	—	—	6.000	6.000
	熔断片	213352	片	1.490	—	3.000	3.000	3.000
	裸铜线 6mm^2	214001	m	1.080	0.510	0.510	—	—
	裸铜线 10mm^2	214003	m	3.720	—	—	0.510	0.510
	镀锌带母螺栓 6×30～50	207119	套	0.130	1.020	1.020	1.020	1.020
	镀锌带母螺栓 8×30～60	207121	套	0.260	4.080	4.080	4.080	4.080
	熔断丝　综合	213351	m	0.250	0.500	—	—	—
	镀锌扁钢	201023	kg	7.900	0.300	0.300	0.300	0.300
	其他材料费	2999	元	—	0.650	1.280	1.630	1.860
机械	其他机具费	3999	元	—	3.060	3.230	3.390	3.720

工作内容：开箱、检查、安装、固定、接线等。 计量单位：个

定 额 编 号				25006005	25006006	25006007	25006008
项 目 名 称				胶盖闸刀开关			
				单 相		三 相	
				15A	30A		60A
预 算 基 价				21.11	23.93	34.98	46.68
其 中	人工费（元）			13.85	16.62	23.62	33.24
	材料费（元）			7.17	7.20	11.21	13.22
	机械费（元）			0.09	0.11	0.15	0.22
	仪器仪表费（元）			—	—	—	—
名 称	代号	单位	单价（元）	数 量			
人工	安装工	1002	工日	145.80	0.095	0.114	0.162	0.228
材料	控制装置	217086	个	—	（1.010）	（1.010）	（1.010）	（1.010）
	镀锌弹簧垫圈 2～10	207574	个	0.009	2.040	2.040	4.080	4.080
	镀锌垫圈 4	207488	个	0.030	2.040	2.040	4.080	—
	镀锌垫圈 6	207490	个	0.040	—	—	—	4.080
	镀锌机螺钉 M6	207503	套	0.690	—	—	—	4.080
	橡皮护套圈 ϕ15	208164	个	1.500	4.000	4.000	6.000	6.000
	镀锌机螺钉 M4	207501	套	0.230	2.040	2.040	4.080	—
	熔断丝 综合	213351	m	0.250	0.150	0.200	0.400	0.450
	其他材料费	2999	元	—	0.580	0.600	1.010	1.090
机械	其他机具费	3999	元	—	0.090	0.110	0.150	0.220

七、交流接触器安装

工作内容：开箱、检查、安装、固定、接线、触头调整等。 计量单位：个

定 额 编 号				25007001	25007002	25007003
项 目 名 称				额定电流（A）以内		
				100	300	600
预 算 基 价				86.10	135.19	223.88
其 中	人工费（元）			74.80	123.35	210.54
	材料费（元）			10.82	11.04	11.98
	机械费（元）			0.48	0.80	1.36
	仪器仪表费（元）			—	—	—
名 称	代号	单位	单价（元）	数 量		
人工	安装工	1002	工日	145.80	0.513	0.846	1.444
材料	控制装置	217088	个	—	（1.010）	（1.010）	（1.010）
	塑料带 20×40	210026	卷	3.990	0.040	0.040	0.040
	电力复合酯 一级	209139	kg	20.000	0.020	0.020	0.020
	镀锌弹簧垫圈 10	207495	个	0.030	4.080	4.080	—
	镀锌弹簧垫圈 12	207496	个	0.008	—	—	4.080
	镀锌垫圈 10	207030	个	0.120	4.080	4.080	—
	镀锌垫圈 12	207031	个	0.200	—	—	4.080
	焊锡丝	207293	kg	61.140	0.090	0.090	0.090
	焊锡膏 50g/瓶	207292	kg	72.730	0.020	0.020	0.020
	镀锌带母螺栓 10×40～60	207125	套	0.400	4.080	4.080	—
	镀锌带母螺栓 12×40～60	207129	套	0.470	—	—	4.080
	塑料软管	210080	kg	8.810	0.050	0.050	0.050
	其他材料费	2999	元	—	0.620	0.840	1.260
机械	其他机具费	3999	元	—	0.480	0.800	1.360

八、磁力启动器、自耦减压启动器安装

（一）磁力启动器

工作内容：开箱、清扫、检查、盘面开孔、安装、固定、接线等。　　　　　　　　　计量单位：个

定　额　编　号				25008001	25008002	25008003	25008004
项 目 名 称				额定电流（A）以内			
				20	60	100	150
预 算 基 价				73.96	88.00	110.16	131.24
其中	人工费（元）			49.86	63.71	84.56	91.42
	材料费（元）			23.78	23.88	25.05	39.23
	机械费（元）			0.32	0.41	0.55	0.59
	仪器仪表费（元）			—	—	—	—
名　　称	代号	单位	单价（元）	数　　量			
人工	安装工	1002	工日	145.80	0.342	0.437	0.580	0.627
材料	控制装置	217088	个	—	（1.010）	（1.010）	（1.010）	（1.010）
	镀锌弹簧垫圈 6	207494	个	0.004	5.100	5.100	5.100	5.100
	电力复合酯 一级	209139	kg	20.000	0.020	0.020	0.020	0.020
	镀锌垫圈 5	207489	个	0.040	4.080	4.080	4.080	4.080
	镀锌垫圈 6	207490	个	0.040	1.020	1.020	1.020	1.020
	塑料带 20×40	210026	卷	3.990	0.040	0.040	0.040	0.040
	橡皮护套圈 ϕ25	208165	个	2.000	—	—	2.000	2.000
	镀锌机螺钉 M5	207502	套	0.520	4.080	4.080	4.080	4.080
	铜端子 6	213120	个	4.550	2.030	2.030	2.030	—
	铜端子 10	213121	个	11.000	—	—	—	2.030
	橡皮护套圈 ϕ15	208164	个	1.500	2.000	2.000		
	裸铜线 6mm²	214001	m	1.080	0.310	0.350	0.370	—
	裸铜线 10mm²	214003	m	3.720	—	—	—	0.370
	塑料软管	210080	kg	8.810	0.050	0.050	0.050	0.050
	镀锌带母螺栓 6×30～50	207119	套	0.130	1.020	1.020	1.020	1.020
	焊锡丝	207293	kg	61.140	0.090	0.090	0.090	0.090
	焊锡膏 50g/瓶	207292	kg	72.730	0.020	0.020	0.020	0.020
	其他材料费	2999	元	—	0.770	0.830	0.980	1.090
机械	其他机具费	3999	元	—	0.320	0.410	0.550	0.590

（二）自耦减压启动器

工作内容：开箱、检查、安装、固定、接线、接地等。

计量单位：台

定 额 编 号				25009001	25009002	25009003
项 目 名 称				挂 式	落 地 式	
					40kW	75kW
预 算 基 价				120.00	355.22	375.17
其中	人工费（元）			99.73	329.65	329.65
	材料费（元）			17.37	21.19	40.58
	机械费（元）			2.90	4.38	4.94
	仪器仪表费（元）			—	—	—
	名 称	代号	单位	单价（元）	数 量	
人工	安装工	1002	工日	145.80	0.684	2.261	2.261
材料	镀锌垫圈 12	207031	个	0.200	—	8.160	8.160
	镀锌带母螺栓 10×85～100	207127	套	0.570	5.100	1.020	1.020
	镀锌带母螺栓 12×110～120	207131	套	1.090	—	4.080	4.080
	电力复合酯 一级	209139	kg	20.000	0.020	0.020	0.030
	镀锌弹簧垫圈 10	207495	个	0.030	5.100	1.020	1.020
	镀锌弹簧垫圈 12	207496	个	0.008	—	4.080	4.080
	镀锌扁钢	201023	kg	7.900	—	—	0.680
	电焊条 综合	207290	kg	6.000	0.100	0.100	0.150
	镀锌垫圈 10	207030	个	0.120	10.200	2.040	2.040
	镀锌圆钢 ϕ10 以内	201140	kg	6.028	0.180	0.180	—
	塑料软管	210080	kg	8.810	0.050	0.050	0.060
	铜端子 6	213120	个	4.550	2.030	2.030	—
	铜端子 10	213121	个	11.000	—	—	2.030
	裸铜线 6mm²	214001	m	1.080	0.410	0.410	—
	裸铜线 10mm²	214003	m	3.720	—	—	0.450
	其他材料费	2999	元	—	0.880	2.020	2.210
机械	其他机具费	3999	元	—	2.900	4.380	4.940

（三）变频启动器

工作内容：开箱、检查、安装、清理。

计量单位：台

	定 额 编 号				25010001	25010002
	项 目 名 称				变频启动器	
					50kW 以下	50kW 以上
	预 算 基 价				183.60	231.27
其中	人工费（元）				175.40	220.16
	材料费（元）				5.90	7.90
	机械费（元）				2.30	3.21
	仪器仪表费（元）				—	—
	名　　　称	代号	单位	单价（元）	数　　量	
人工	安装工	1002	工日	145.80	1.203	1.510
材料	其他材料费	2999	元	—	5.900	7.900
机械	其他机具费	3999	元	—	2.300	3.210

九、换向开关、漏电保安器、浪涌保护器安装

工作内容：开箱、检查、安装、接线、接地等。

计量单位：个

	定 额 编 号				25011001	25011002	25011003	25011004
	项 目 名 称				换向开关	漏电保安器		浪涌保护器
						单相	三相	
	预 算 基 价				58.23	61.44	116.06	118.27
其中	人工费（元）				56.86	43.01	96.96	92.87
	材料费（元）				1.00	18.15	18.47	19.18
	机械费（元）				0.37	0.28	0.63	6.22
	仪器仪表费（元）				—	—	—	—
	名　　　称	代号	单位	单价（元）	数　　量			
人工	安装工	1002	工日	145.80	0.390	0.295	0.665	0.637
材料	控制装置	217090	个	—	（1.010）	（1.010）	（1.010）	（1.010）
	镀锌弹簧垫圈6	207494	个	0.004	4.080	4.080	4.080	4.080
	导轨	207702	根	17.000	—	1.000	1.000	1.000
	塑料软管	210080	kg	8.810	—	0.020	0.030	0.030
	镀锌带母螺栓 6×30～50	207119	套	0.130	4.080	4.080	4.080	4.080
	镀锌垫圈6	207490	个	0.040	4.080	4.080	4.080	4.080
	其他材料费	2999	元	—	0.290	0.260	0.500	1.210
机械	其他机具费	3999	元	—	0.370	0.280	0.630	6.220

十、风机盘管接线、风机盘管调控器安装

工作内容：金属软管敷设、配线、安装、固定、接线、调试等。

定额编号				25012001	25012002	25012003	25012004
项目名称				风机盘管接线（台）		阀类接线（台）	风机盘管调控器安装（个）
				暗装	明装		
预算基价				228.87	140.83	86.63	19.20
其中	人工费（元）			185.75	115.04	59.92	15.02
	材料费（元）			41.92	25.05	26.32	4.08
	机械费（元）			1.20	0.74	0.39	0.10
	仪器仪表费（元）			—	—	—	—
名　称	代号	单位	单价（元）	数　量			
人工 安装工	1002	工日	145.80	1.274	0.789	0.411	0.103
金属软管 φ20	212478	m	—	—	—	（1.030）	—
控制装置	217090	个	—	—	—	—	（1.020）
金属软管 φ15	212477	m	—	（1.545）	—	—	—
金属软管卡子 20	212439	个	0.340	—	—	2.944	—
金属软管接头 φ20	212752	个	0.900	—	—	1.472	—
镀锌铁丝 8#~12#	207233	kg	8.500	0.005	—	0.004	—
塑料胶布带 25mm×10m	210190	卷	2.500	0.333	0.300	—	—
电力复合酯 一级	209139	kg	20.000	0.020	0.020	—	—
黄蜡布带 20×50	210181	盘	7.450	0.160	0.160	0.050	—
镀锌锁紧螺母 20	207510	个	0.444	—	—	2.912	—
镀锌木螺钉	207183	个	0.044	—	—	—	4.160
塑料软管 φ6	210032	m	0.220	—	—	—	0.300
镀锌铁丝 13#~17#	207234	kg	8.500	—	—	—	0.010
塑料台	210100	个	1.400	—	—	—	1.050
尼龙接头 20	212631	个	0.520	—	—	1.472	—
塑料异型管 φ5	210030	m	0.190	—	—	0.100	—
汽油 93#	209173	kg	9.900	0.145	0.120	0.140	—
镀锌带母螺栓 10×20~35	207124	套	0.280	1.020	1.020	—	—
尼龙接头 15	212630	个	0.520	1.030	—	—	—
镀锌垫圈 6	207490	个	0.040	4.080	—	5.712	—
镀锌机螺钉 M6	207503	套	0.690	4.080	—	5.712	—
金属软管卡子 15	212438	个	0.320	2.060	—	—	—
镀锌锁紧螺母 15	207509	个	0.342	2.080	—	—	—
金属软管接头 φ15	212751	个	0.800	1.030	—	—	—
焊锡膏 50g/瓶	207292	kg	72.730	0.021	0.020	0.020	0.010
镀锌垫圈 10	207030	个	0.120	1.020	1.020	—	—
镀锌弹簧垫圈 10	207495	个	0.030	1.020	1.020	—	—
铜端子 6	213120	个	4.550	2.030	2.030	—	—
铜芯聚氯乙烯绝缘电线 BV-2.5	214009	m	1.848	5.205	—	4.660	0.397
铜芯聚氯乙烯绝缘电线 BV-6.0	214011	m	4.340	1.040	1.040	—	—
焊锡丝	207293	kg	61.140	0.085	0.080	0.080	0.010
其他材料费	2999	元	—	1.780	0.990	1.000	0.200
机械 其他机具费	3999	元	—	1.200	0.740	0.390	0.100

十一、焊压铜接线端子

工作内容：削线头、套绝缘管、焊压接头、包缠绝缘带等。

计量单位：个

定额编号				25013001	25013002	25013003
项目名称				导线截面（mm²）		
				≤ 16	≤ 35	≤ 70
预算基价				5.79	8.30	12.67
其中	人工费（元）			3.94	5.10	7.14
	材料费（元）			1.82	3.17	5.48
	机械费（元）			0.03	0.03	0.05
	仪器仪表费（元）			—	—	—
名　称	代号	单位	单价（元）	数　量		
人工	安装工	1002	工日	145.80	0.027	0.035	0.049
材料	铜端子 10	213121	个	—	（0.508）	—	—
	铜端子 16	213122	个	—	（0.508）	—	—
	铜端子 25	213123	个	—	—	（0.508）	—
	铜端子 35	213124	个	—	—	（0.508）	—
	铜端子 50	213125	个	—	—	—	（0.508）
	铜端子 70	213126	个	—	—	—	（0.508）
	电力复合酯 一级	209139	kg	20.000	0.001	0.002	0.003
	塑料软管 φ9	210035	m	0.310	1.000	—	—
	塑料软管 φ12	210037	m	0.470	—	1.000	—
	塑料软管 φ16	210039	m	0.800	—	—	1.000
	黄漆布带 25	210182	卷	16.040	0.006	0.010	0.014
	焊锡丝	207293	kg	61.140	0.010	0.023	0.044
	黑胶布带 20×20	210180	卷	3.000	0.011	0.020	0.025
	汽油 93#	209173	kg	9.900	0.050	0.060	0.080
	焊锡膏 50g/瓶	207292	kg	72.730	0.001	0.002	0.004
	其他材料费	2999	元	—	0.180	0.290	0.550
机械	其他机具费	3999	元	—	0.030	0.030	0.050

工作内容：削线头、套绝缘管、焊压接头、包缠绝缘带等。 计量单位：个

定 额 编 号					25013004	25013005	25013006
项 目 名 称					导线截面（mm²）		
					≤ 120	≤ 185	≤ 240
预 算 基 价					19.85	25.40	29.23
其中	人工费（元）				10.35	13.71	15.31
	材料费（元）				9.43	11.60	13.82
	机械费（元）				0.07	0.09	0.10
	仪器仪表费（元）				—	—	—
	名 称	代号	单位	单价（元）	数 量		
人工	安装工	1002	工日	145.80	0.071	0.094	0.105
材料	铜端子 95	213127	个	—	（0.508）	—	—
	铜端子 120	213128	个	—	（0.508）	—	—
	铜端子 150	213129	个	—	—	（0.508）	—
	铜端子 185	213130	个	—	—	（0.508）	—
	铜端子 240	213131	个	—	—	—	（1.015）
	电力复合酯 一级	209139	kg	20.000	0.004	0.004	0.005
	黄漆布带 25	210182	卷	16.040	0.016	0.025	0.025
	黑胶布带 20×20	210180	卷	3.000	0.035	0.050	0.050
	塑料软管 φ25	210041	m	1.670	1.000	1.000	—
	塑料软管 φ30	210067	m	2.330	—	—	1.000
	焊锡丝	207293	kg	61.140	0.079	0.100	0.120
	汽油 93#	209173	kg	9.900	0.100	0.120	0.120
	焊锡膏 50g/瓶	207292	kg	72.730	0.008	0.010	0.012
	其他材料费	2999	元	—	0.920	1.270	1.440
机械	其他机具费	3999	元	—	0.070	0.090	0.100

十二、金属支架制作、安装

工作内容：平直、划线、下料、钻孔、组对、焊接、刷油、打眼、埋设、补刷油等。　计量单位：100kg

定 额 编 号				25014001	25014002	25014003
项 目 名 称				制　作		
				螺栓抱箍式	埋设式	焊装式
预 算 基 价				3049.24	1831.56	1383.95
其中	人工费（元）			2779.97	1664.89	1228.66
	材料费（元）			195.85	102.72	88.54
	机械费（元）			73.42	63.95	66.75
	仪器仪表费（元）			—	—	—
名　　称	代号	单位	单价（元）	数　　量		
人工	安装工	1002	工日	145.80	19.067	11.419	8.427
材料	扁钢 60 以内	201018	kg	—	（27.570）	（41.600）	—
	角钢 63 以内	201016	kg	—	（49.410）	（62.400）	（104.000）
	圆钢 φ10 以内	201014	kg	—	（28.070）	—	—
	电焊条 综合	207290	kg	6.000	1.250	1.070	1.730
	镀锌弹簧垫圈 10	207495	个	0.030	180.500	28.560	—
	防锈漆	209020	kg	17.000	1.770	1.770	1.770
	调和漆	209016	kg	17.000	1.460	1.460	1.460
	溶剂汽油 200#	209174	kg	7.200	0.440	0.440	0.440
	镀锌垫圈 10	207030	个	0.120	180.500	28.560	—
	镀锌带母螺栓 10×40～60	207125	套	0.400	180.500	28.560	—
	其他材料费	2999	元	—	31.000	22.510	20.080
机械	其他机具费	3999	元	—	73.420	63.950	66.750

工作内容：平直、划线、下料、钻孔、组对、焊接、刷油、打眼、埋设、补刷油等。　计量单位：100kg

定 额 编 号				25014004	25014005	25014006
项 目 名 称				安　装		
				螺栓抱箍式	埋设式	焊装式
预 算 基 价				501.13	2141.83	967.11
其中	人工费（元）			486.24	2080.42	771.57
	材料费（元）			10.95	47.16	40.26
	机械费（元）			3.94	14.25	155.28
	仪器仪表费（元）			—	—	—
名　　称	代号	单位	单价（元）	数　　量		
人工	安装工	1002	工日	145.80	3.335	14.269	5.292
材料	电焊条 综合	2072902	kg	6.000	—	—	4.490
	膨胀螺栓 φ10	207160	套	1.430	—	19.380	—
	防锈漆	209020	kg	17.000	0.300	0.300	0.300
	调和漆	209016	kg	17.000	0.200	0.200	0.200
	其他材料费	2999	元	—	2.450	10.950	4.820
机械	其他机具费	3999	元	—	3.940	14.250	155.280

十三、电动机检查接线

工作内容：摇测绝缘、记录、研磨整流子、吹扫、包缠绝缘带、接线、接地、空载试运转等。

计量单位：台

定额编号				25015001	25015002	25015003
项目名称				三个接线端子		
				导线截面（mm² 以内）		
				10	25	50
预算基价				61.28	85.34	113.35
其中	人工费（元）			29.16	35.28	54.09
	材料费（元）			23.63	38.15	45.42
	机械费（元）			8.49	11.91	13.84
	仪器仪表费（元）			—	—	—
名称	代号	单位	单价（元）	数量		
人工	安装工	1002	工日	145.80	0.200	0.242	0.371
材料	汽油 93#	209173	kg	9.900	0.120	0.210	0.300
	电焊条 综合	207290	kg	6.000	0.050	0.100	0.100
	电力复合酯 一级	209139	kg	20.000	0.020	0.030	0.040
	黄蜡布带 20×50	210181	盘	7.450	0.160	0.280	0.400
	自粘性橡胶带	208200	卷	3.500	0.300	0.400	0.500
	焊锡膏 50g/ 瓶	207292	kg	72.730	0.020	0.030	0.040
	镀锌带母螺栓 8×30 ~ 60	207121	套	0.260	1.020	1.020	1.020
	镀锌扁钢	201023	kg	7.900	1.500	2.400	2.400
	镀锌垫圈 8	207029	个	0.120	1.020	1.020	1.020
	焊锡丝	207293	kg	61.140	0.080	0.140	0.200
	镀锌弹簧垫圈 10	207495	个	0.030	1.020	1.020	1.020
	其他材料费	2999	元	—	0.890	1.270	1.800
机械	其他机具费	3999	元	—	8.490	11.910	13.840

工作内容：摇测绝缘、记录、研磨整流子、吹扫、包缠绝缘带、接线、接地、空载试
运转等。

计量单位：台

定 额 编 号					25015004	25015005	25015006
项 目 名 称					三个接线端子		
					导线截面（mm² 以内）		
					95	150	240
预 算 基 价					135.60	163.80	182.39
其中	人工费（元）				70.71	85.15	101.77
	材料费（元）				50.94	64.61	66.47
	机械费（元）				13.95	14.04	14.15
	仪器仪表费（元）				—	—	—
名 称		代号	单位	单价（元）	数 量		
人工	安装工	1002	工日	145.80	0.485	0.584	0.698
材料	汽油 93#	209173	kg	9.900	0.600	1.000	1.100
	电焊条 综合	207290	kg	6.000	0.100	0.100	0.100
	电力复合酯 一级	209139	kg	20.000	0.060	0.080	0.100
	黄蜡布带 20×50	210181	盘	7.450	0.400	0.400	0.400
	自粘性橡胶带	208200	卷	3.500	1.000	1.400	1.500
	焊锡膏 50g/ 瓶	207292	kg	72.730	0.040	0.060	0.060
	镀锌带母螺栓 10×20 ~ 35	207124	套	0.280	1.020	1.020	1.020
	镀锌扁钢	201023	kg	7.900	2.400	2.400	2.400
	镀锌垫圈 10	207030	个	0.120	1.020	1.020	1.020
	焊锡丝	207293	kg	61.140	0.200	0.300	0.300
	镀锌弹簧垫圈 10	207495	个	0.030	1.020	1.020	1.020
	其他材料费	2999	元	—	2.180	2.530	2.650
机械	其他机具费	3999	元	—	13.950	14.040	14.150

工作内容：摇测绝缘、记录、研磨整流子、吹扫、包缠绝缘带、接线、接地、空载试
运转等。

计量单位：台

定 额 编 号				25015007	25015008	25015009
项 目 名 称				六个接线端子		
				导线截面（mm² 以内）		
				10	25	50
预 算 基 价				69.68	98.01	127.95
其中	人工费（元）			37.47	47.82	68.53
	材料费（元）			23.67	38.20	45.49
	机械费（元）			8.54	11.99	13.93
	仪器仪表费（元）			—	—	—
名 称		代号	单位	单价（元）	数 量	
人工	安装工	1002	工日	145.80	0.257	0.328	0.470
材料	汽油 93#	209173	kg	9.900	0.120	0.210	0.300
	电焊条 综合	207290	kg	6.000	0.050	0.100	0.100
	电力复合酯 一级	209139	kg	20.000	0.020	0.030	0.040
	黄蜡布带 20×50	210181	盘	7.450	0.160	0.280	0.400
	自粘性橡胶带	208200	卷	3.500	0.300	0.400	0.500
	焊锡膏 50g/ 瓶	207292	kg	72.730	0.020	0.030	0.040
	镀锌带母螺栓 8×30 ~ 60	207121	套	0.260	1.020	1.020	1.020
	镀锌扁钢	201023	kg	7.900	1.500	2.400	2.400
	镀锌垫圈 8	207029	个	0.120	1.020	1.020	1.020
	焊锡丝	207293	kg	61.140	0.080	0.140	0.200
	镀锌弹簧垫圈 10	207495	个	0.030	1.020	1.020	1.020
	其他材料费	2999	元	—	0.930	1.320	1.870
机械	其他机具费	3999	元	—	8.540	11.990	13.930

工作内容：摇测绝缘、记录、研磨整流子、吹扫、包缠绝缘带、接线、接地、空载试运
　　　　转等。

计量单位：台

定 额 编 号				25015010	25015011	25015012
项 目 名 称				六个接线端子		
				导线截面（mm² 以内）		
				95	150	240
预 算 基 价				160.80	189.00	213.93
其中	人工费（元）			95.64	110.08	132.97
	材料费（元）			51.05	64.72	66.61
	机械费（元）			14.11	14.20	14.35
	仪器仪表费（元）			—	—	—
名　　称	代号	单位	单价（元）	数　　量		
人工	安装工	1002	工日	145.80	0.656	0.755	0.912
材料	汽油 93#	209173	kg	9.900	0.600	1.000	1.100
	电焊条 综合	207290	kg	6.000	0.100	0.100	0.100
	电力复合酯 一级	209139	kg	20.000	0.060	0.080	0.100
	黄蜡布带 20×50	210181	盘	7.450	0.400	0.400	0.400
	自粘性橡胶带	208200	卷	3.500	1.000	1.400	1.500
	焊锡膏 50g/ 瓶	207292	kg	72.730	0.040	0.060	0.060
	镀锌带母螺栓 10×20 ～ 35	207124	套	0.280	1.020	1.020	1.020
	镀锌扁钢	201023	kg	7.900	2.400	2.400	2.400
	镀锌垫圈 10	207030	个	0.120	1.020	1.020	1.020
	焊锡丝	207293	kg	61.140	0.200	0.300	0.300
	镀锌弹簧垫圈 10	207495	个	0.030	1.020	1.020	1.020
	其他材料费	2999	元	—	2.298	2.640	2.790
机械	其他机具费	3999	元	—	14.110	14.200	14.350

第二节 电缆敷设

一、电缆挖沟填土

工作内容：测位、划线、挖电缆沟、回填土、夯实等。 计量单位：m³

定 额 编 号				25016001	25016002	25016003	25016004	25016005
项 目 名 称				普通土	坚土	卵石	泥水土	岩石
预 算 基 价				34.90	49.48	67.27	105.64	231.79
其中	人工费（元）			34.20	48.51	65.98	75.52	219.28
	材料费（元）			0.31	0.42	0.55	0.63	10.04
	机械费（元）			0.39	0.55	0.74	29.49	2.47
	仪器仪表费（元）			—	—	—	—	—
名 称		代号	单位	单价（元）	数 量			
人工	普工	1001	工日	83.63	0.409	0.580	0.789	0.903	2.622
材料	雷管	209169	个	0.489	—	—	—	—	4.200
	导火索	209156	m	0.275	—	—	—	—	3.500
	硝胺炸药	209176	kg	3.300	—	—	—	—	1.600
	石灰	204023	kg	0.350	0.100	0.100	0.100	0.100	0.100
	其他材料费	2999	元	—	0.270	0.380	0.510	0.590	1.710
机械	其他机具费	3999	元	—	0.390	0.550	0.740	29.490	2.470

二、人工开挖路面

工作内容：测位、划线、挖掘路面等。 计量单位：m²

定 额 编 号				25017001	25017002	25017003	25017004
项 目 名 称				混凝土路面		柏油路面	砂石路面
				厚度（mm 以内）			
				150	250		
预 算 基 价				132.33	237.65	68.68	44.39
其中	人工费（元）			57.70	131.30	47.67	23.83
	材料费（元）			0.53	1.25	0.37	0.19
	机械费（元）			74.10	105.10	20.64	20.37
	仪器仪表费（元）			—	—	—	—
名 称		代号	单位	单价（元）	数 量		
人工	普工	1001	工日	83.63	0.690	1.570	0.570	0.285
材料	其他材料费	2999	元	—	0.530	1.250	0.370	0.190
机械	路面切割机	3116	台班	334.920	0.040	0.040	0.060	0.060
	内燃空气压缩机 ≤ 9m³/min	3105	台班	599.290	0.100	0.150	—	—
	其他机具费	3999	元	—	0.770	1.810	0.540	0.270

三、电缆沟铺砂、盖砖（板）及移动盖板

工作内容：调整电缆间距、铺砂、盖砖或保护板、埋设标桩、揭（盖）盖板等。　　　　　　计量单位：m

定 额 编 号				25018001	25018002	25018003	25018004
项 目 名 称				铺砂、盖砖		铺砂、盖保护板	
				1～2根	每增加一根	1～2根	每增加一根
预 算 基 价				27.11	9.86	24.69	8.65
其中	人工费（元）			4.93	1.34	4.93	1.34
	材料费（元）			22.12	8.50	19.70	7.29
	机械费（元）			0.06	0.02	0.06	0.02
	仪器仪表费（元）			—	—	—	—
名　　称	代号	单位	单价（元）	数　　量			
人工	普工	1001	工日	83.63	0.059	0.016	0.059	0.016
材料	混凝土保护板 300×250×30	202050	块	—	—	—	（3.740）	—
	混凝土保护板 300×150×30	202051	块	—	—	—	—	（3.240）
	红机砖	204001	块	0.300	8.080	4.040		
	混凝土标桩 150×150×700	202052	个	13.200	0.030	—	0.030	—
	砂子	204025	kg	0.125	154.080	58.240	154.080	58.240
	其他材料费	2999	元	—	0.039	0.010	0.039	0.010
机械	其他机具费	3999	元	—	0.056	0.015	0.056	0.015

工作内容：调整电缆间距、铺砂、盖砖或保护板、埋设标桩、揭（盖）盖板等。　　　　　　计量单位：m

定 额 编 号				25018005	25018006
项 目 名 称				揭（盖）盖板（板长mm以内）	
				1000	1500
预 算 基 价				12.10	17.05
其中	人工费（元）			11.88	16.73
	材料费（元）			0.09	0.13
	机械费（元）			0.13	0.19
	仪器仪表费（元）			—	—
名　　称	代号	单位	单价（元）	数　　量	
人工	普工	1001	工日	83.63	0.142	0.200
材料	其他材料费	2999	元	—	0.092	0.130
机械	其他机具费	3999	元	—	0.134	0.188

四、电缆保护管敷设

工作内容：1. 保护管埋地：沟底夯实、埋钢管、打喇叭口、接口、敷设、堵管口等
基层处理、衬板制作与安装。
2. 保护管沿电杆：锯断、钢管煨弯、打喇叭口、上抱箍、固定、刷油、
堵管口等。

计量单位：m

定 额 编 号				25019001	25019002	25019003	25019004
项 目 名 称				钢管（公称直径 mm 以内）			铸铁管
				100	125	150	
预 算 基 价				25.43	29.45	31.41	22.00
其中	人工费（元）			17.06	20.56	22.16	18.52
	材料费（元）			6.57	7.07	7.42	3.36
	机械费（元）			1.80	1.82	1.83	0.12
	仪器仪表费（元）			—	—	—	—
名 称	代号	单位	单价（元）	数 量			
人工	安装工	1002	工日	145.80	0.117	0.141	0.152	0.127
材料	焊接钢管	201080	m	—	（1.030）	（1.030）	（1.030）	—
	钢套管	201156	m	—	（0.031）	（0.031）	（0.031）	—
	铸铁管	212001	m	—	—	—	—	（1.030）
	砂子	204025	kg	0.125	8.000	8.000	8.000	8.000
	石棉绒	211002	kg	4.050	—	—	—	0.120
	油麻	218033	kg	5.400	—	—	—	0.050
	水泥 综合	202001	kg	0.506	0.315	0.315	0.315	0.512
	电焊条 综合	207290	kg	6.000	0.027	0.032	0.036	—
	乙炔气	209120	m³	15.000	0.038	0.038	0.038	—
	氧气	209121	m³	5.890	0.152	0.152	0.152	—
	沥青漆	209103	kg	—	（0.350）	（0.420）	（0.470）	（0.050）
	镀锌铁丝 8# ~ 12#	207233	kg	8.500	0.110	0.110	0.110	0.110
	汽油 93#	209173	kg	9.900	0.050	0.050	0.050	—
	其他材料费	2999	元	—	0.076	0.092	0.099	0.083
机械	其他机具费	3999	元	—	1.796	1.819	1.829	0.120

工作内容：基层处理、衬板制作与安装。　　　　　　　　　　　　　　　　计量单位：m（根）

定 额 编 号				25019005	25019006	25019007	25019008
项 目 名 称				混凝土管（100m）		水泥石棉管（100m）	
				管径（mm以内）		管径（mm以内）	
				100	200	100	200
预 算 基 价				17.31	32.93	17.31	32.93
其中	人工费（元）			14.58	28.43	14.58	28.43
	材料费（元）			2.64	4.32	2.64	4.32
	机械费（元）			0.09	0.18	0.09	0.18
	仪器仪表费（元）			—	—	—	—
名　称	代号	单位	单价（元）	数　　量			
人工	安装工	1002	工日	145.80	0.100	0.195	0.100	0.195
材料	混凝土管	202100	m	—	（1.030）	（1.030）	—	—
	水泥石棉管	202103	m	—	—	—	（1.030）	（1.030）
	砂子	204025	kg	0.125	8.000	16.000	8.000	16.000
	镀锌铁丝 8# ~ 12#	207233	kg	8.500	0.110	0.110	0.110	0.110
	石棉绒	211002	kg	4.050	0.080	0.160	0.080	0.160
	水泥 综合	202001	kg	0.506	0.621	1.210	0.621	1.210
	其他材料费	2999	元	—	0.065	0.127	0.065	0.127
机械	其他机具费	3999	元	—	0.094	0.184	0.094	0.184

工作内容：组对、焊接或螺栓固定、弯头、三通或四通、盖板、隔板、附件安装。　　　　计量单位：10m

定 额 编 号				25019009	25019010
项 目 名 称				沿电杆（根）	
				钢管	角钢
预 算 基 价				175.99	74.87
其中	人工费（元）			130.20	38.78
	材料费（元）			44.95	35.84
	机械费（元）			0.84	0.25
	仪器仪表费（元）			—	—
名　称	代号	单位	单价（元）	数　　量	
人工	安装工	1002	工日	145.80	0.893	0.266
材料	焊接钢管125	201074	m	—	（2.270）	—
	沥青漆	209103	kg	6.500	0.300	—
	砂子	204025	kg	0.125	54.000	—
	镀锌角钢	201022	kg	—	—	（31.290）
	镀锌带母螺栓 10×65 ~ 80	207126	套	0.490	4.080	4.080
	镀锌带母螺栓 12×40 ~ 60	207129	套	0.470	4.080	4.080
	镀锌扁钢抱箍	207701	副	15.800	2.010	2.010
	其他材料费	2999	元	—	0.580	0.170
机械	其他机具费	3999	元	—	0.840	0.250

五、电缆桥架、托臂安装

（一）钢制槽式桥架

工作内容：组对、焊接或螺栓固定、弯头、三通或四通、盖板、隔板、附件安装。　　　　　　　　　计量单位：m

定 额 编 号					25020001	25020002	25020003	25020004
项 目 名 称					钢制槽式桥架（宽＋高 mm 以下）			
					150	400	600	800
预 算 基 价					33.95	52.29	80.21	108.04
其中	人工费（元）				26.54	44.03	70.71	95.79
	材料费（元）				6.65	6.80	7.15	7.39
	机械费（元）				0.76	1.46	2.35	4.86
	仪器仪表费（元）				—	—	—	—
	名 称	代号	单位	单价（元）	数　　量			
人工	安装工	1002	工日	145.80	0.182	0.302	0.485	0.657
材料	电缆桥架	217095	m	—	（1.005）	（1.005）	（1.005）	（1.005）
	盖板	217096	m	—	（1.005）	（1.005）	（1.005）	（1.005）
	隔板	217097	m	—	—	—	（0.603）	（0.603）
	汽油 93#	209173	kg	9.900	0.008	0.010	0.020	0.030
	镀锌弹簧垫圈 10	207495	个	0.030	1.020	1.020	1.020	1.020
	酚醛防锈漆	209021	kg	24.000	0.010	0.012	0.015	0.015
	电焊条 综合	207290	kg	6.000	—	—	0.010	0.017
	镀锌垫圈 10	207030	个	0.120	2.040	2.040	2.040	2.040
	铜芯聚氯乙烯绝缘电线 BV-6	214011	m	4.340	0.225	0.225	0.225	0.220
	镀锌带母螺栓 10×20～35	207124	套	0.280	1.020	1.020	1.020	1.020
	铜端子 6	213120	个	4.550	1.015	1.015	1.015	1.015
	其他材料费	2999	元	—	0.180	0.259	0.379	0.492
机械	汽车起重机 8t	3011	台班	784.710	—	—	—	0.002
	载货汽车 8t	3032	台班	584.010	0.001	0.002	0.003	0.004
	其他机具费	3999	元	—	0.171	0.293	0.594	0.950

工作内容：组对、焊接或螺栓固定、弯头、三通或四通、盖板、隔板、附件安装。　　　　　　　计量单位：m

定 额 编 号				25020005	25020006	25020007
项 目 名 称				钢制槽式桥架（宽＋高 mm 以下）		
				1000	1200	1500
预 算 基 价				136.69	162.73	193.37
其中	人工费（元）			121.74	145.07	166.94
	材料费（元）			7.64	7.92	14.98
	机械费（元）			7.31	9.74	11.45
	仪器仪表费（元）			—	—	—
	名　　称	代号	单位	单价（元）	数　　量		
人工	安装工	1002	工日	145.80	0.835	0.995	1.145
材料	电缆桥架	217095	m	—	（1.005）	（1.005）	（1.005）
	隔板	217097	m	—	（1.005）	（2.010）	（3.015）
	盖板	217096	m	—	（1.005）	（1.005）	（1.005）
	镀锌垫圈 10	207030	个	0.120	2.040	2.040	2.040
	镀锌带母螺栓 10×20～35	207124	套	0.280	1.020	1.020	1.020
	镀锌弹簧垫圈 10	207495	个	0.030	1.020	1.020	1.020
	酚醛防锈漆	209021	kg	24.000	0.020	0.025	0.300
	汽油 93#	209173	kg	9.900	0.040	0.050	0.070
	铜端子 6	213120	个	4.550	1.015	1.015	1.015
	铜芯聚氯乙烯绝缘电线 BV-6	214011	m	4.340	0.188	0.170	0.170
	电焊条 综合	207290	kg	6.000	0.027	0.033	0.050
	其他材料费	2999	元	—	0.609	0.714	0.867
机械	汽车起重机 8t	3011	台班	784.710	0.003	0.005	0.006
	载货汽车 8t	3032	台班	584.010	0.006	0.007	0.008
	其他机具费	3999	元	—	1.451	1.730	2.074

（二）钢制梯式桥架

工作内容：组对、焊接或螺栓固定、弯头、三通、盖板、附件安装。　　　　　　　　　计量单位：m

定 额 编 号				25021001	25021002	25021003
项 目 名 称				钢制梯式桥架（宽＋高 mm 以下）		
				200	500	800
预 算 基 价				29.82	59.14	84.79
其中	人工费（元）			22.45	50.59	74.07
	材料费（元）			6.64	6.93	7.31
	机械费（元）			0.73	1.62	3.41
	仪器仪表费（元）			—	—	—
	名　称	代号	单位	单价（元）	数　　量	
人工	安装工	1002	工日	145.80	0.154	0.347	0.508
材料	电缆桥架	217095	m	—	（1.005）	（1.005）	（1.005）
	盖板	217096	m	—	（1.005）	（1.005）	（1.005）
	镀锌弹簧垫圈 10	207495	个	0.030	1.020	1.020	1.020
	镀锌带母螺栓 10×20～35	207124	套	0.280	1.020	1.020	1.020
	镀锌垫圈 10	207030	个	0.120	2.040	2.040	2.040
	电焊条 综合	207290	kg	6.000	—	0.016	0.020
	汽油 93#	209173	kg	9.900	0.008	0.010	0.030
	酚醛防锈漆	209021	kg	24.000	0.010	0.012	0.015
	铜端子 6	213120	个	4.550	1.015	1.015	1.015
	铜芯聚氯乙烯绝缘电线 BV-6	214011	m	4.340	0.225	0.225	0.220
	其他材料费	2999	元	—	0.162	0.290	0.396
机械	汽车起重机 8t	3011	台班	784.710	—	—	0.001
	载货汽车 8t	3032	台班	584.010	0.001	0.002	0.003
	其他机具费	3999	元	—	0.145	0.456	0.876

工作内容：组对、焊接或螺栓固定、弯头、三通、盖板、附件安装。　　　　　　　　　　　　　　　计量单位：m

定 额 编 号				25021004	25021005	25021006
项 目 名 称				钢制梯式桥架（宽＋高 mm 以下）		
				1000	1200	1500
预 算 基 价				118.84	135.92	165.40
其中	人工费（元）			105.12	118.83	145.80
	材料费（元）			7.57	7.91	8.55
	机械费（元）			6.15	9.18	11.05
	仪器仪表费（元）			—	—	—
名　称	代号	单位	单价（元）	数　量		
人工	安装工	1002	工日	145.80	0.721	0.815	1.000
材料	电缆桥架	217095	m	—	（1.005）	（1.005）	（1.005）
	盖板	217096	m	—	（1.005）	（1.005）	（1.005）
	镀锌带母螺栓 10×20～35	207124	套	0.280	1.020	1.020	1.020
	铜端子6	213120	个	4.550	1.015	1.015	1.015
	镀锌弹簧垫圈10	207495	个	0.030	1.020	1.020	1.020
	汽油93#	209173	kg	9.900	0.040	0.050	0.080
	镀锌垫圈10	207030	个	0.120	2.040	2.040	2.040
	电焊条 综合	207290	kg	6.000	0.028	0.050	0.066
	铜芯聚氯乙烯绝缘电线 BV-6	214011	m	4.340	0.188	0.170	0.170
	酚醛防锈漆	209021	kg	24.000	0.020	0.025	0.030
	其他材料费	2999	元	—	0.535	0.599	0.724
机械	汽车起重机 8t	3011	台班	784.710	0.003	0.005	0.006
	载货汽车 8t	3032	台班	584.010	0.004	0.006	0.007
	其他机具费	3999	元	—	1.464	1.751	2.253

（三）钢制托盘式桥架

工作内容：组对、焊接或螺栓固定、弯头、三通、盖板、附件安装。　　　　　　　　　　　　　　　计量单位：m

定 额 编 号				25022001	25022002	25022003	25022004
项 目 名 称				钢制托盘式桥架（宽＋高 mm 以下）			
				100	150	400	600
预 算 基 价				18.35	31.88	48.84	74.29
其中	人工费（元）			12.68	24.93	41.12	65.46
	材料费（元）			5.59	6.20	6.28	6.45
	机械费（元）			0.08	0.75	1.44	2.38
	仪器仪表费（元）			—	—	—	—
名　称	代号	单位	单价（元）	数　量			
人工	安装工	1002	工日	145.80	0.087	0.171	0.282	0.449
材料	电缆桥架	217095	m	—	（1.005）	（1.005）	（1.005）	（1.005）
	盖板	217096	m	—	（1.005）	（1.005）	（1.005）	（1.005）
	铜端子6	213120	个	4.550	1.015	1.015	1.015	1.015
	镀锌带母螺栓 10×20～35	207124	套	0.280	1.020	1.020	1.020	1.020
	铜芯聚氯乙烯绝缘电线 BV-6	214011	m	4.340	0.100	0.225	0.225	0.225
	其他材料费	2999	元	—	0.253	0.322	0.404	0.566
机械	汽车起重机 8t	3011	台班	784.710	—	—	—	0.001
	载货汽车 8t	3032	台班	584.010	—	0.001	0.002	0.002
	其他机具费	3999	元	—	0.082	0.161	0.274	0.432

工作内容：组对、焊接或螺栓固定、弯头、三通、盖板、附件安装。计量单位：m

定 额 编 号				25022005	25022006	25022007	25022008
项 目 名 称				钢制托盘式桥架（宽＋高 mm 以下）			
				800	1000	1200	1500
预 算 基 价				98.39	120.55	133.31	175.68
其中	人工费（元）			87.63	108.18	119.26	158.48
	材料费（元）			6.67	6.76	6.83	7.22
	机械费（元）			4.09	5.61	7.22	9.98
	仪器仪表费（元）			—	—	—	—
名 称	代号	单位	单价（元）	数 量			
人工	安装工	1002	工日	145.80	0.601	0.742	0.818	1.087
材料	电缆桥架	217095	m	—	（1.005）	（1.005）	（1.005）	（1.005）
	盖板	217096	m	—	（1.005）	（1.005）	（1.005）	（1.005）
	隔板	217097	m	—	（1.005）	（1.005）	（1.005）	（1.005）
	铜芯聚氯乙烯绝缘电线 BV-6	214011	m	4.340	0.220	0.188	0.170	0.170
	铜端子 6	213120	个	4.550	1.015	1.015	1.015	1.015
	镀锌带母螺栓 10×20～35	207124	套	0.280	1.020	1.020	1.020	1.020
	其他材料费	2999	元	—	0.807	1.039	1.191	1.577
机械	汽车起重机 8t	3011	台班	784.710	0.002	0.003	0.004	0.005
	载货汽车 8t	3032	台班	584.010	0.003	0.003	0.004	0.006
	其他机具费	3999	元	—	0.773	1.505	1.746	2.557

（四）钢制网格式桥架

工作内容：组对、焊接或螺栓固定、对接、弯头、三通、附件安装、接地线、试盖板、擦拭。计量单位：m

定 额 编 号				25023001	25023002	25023003	25023004
项 目 名 称				钢制网格式桥架（宽＋高 mm 以下）			
				200	400	800	1000
预 算 基 价				33.77	52.00	79.61	107.09
其中	人工费（元）			26.54	44.03	70.71	95.79
	材料费（元）			6.65	6.80	7.15	7.39
	机械费（元）			0.58	1.17	1.75	3.91
	仪器仪表费（元）			—	—	—	—
名 称	代号	单位	单价（元）	数 量			
人工	安装工	1002	工日	145.80	0.182	0.302	0.485	0.657
材料	电缆桥架	217095	m	—	（1.005）	（1.005）	（1.005）	（1.005）
	盖板	217096	m	—	（1.005）	（1.005）	（1.005）	（1.005）
	隔板	217097	m	—	—	—	（0.603）	（0.603）
	汽油 93#	209173	kg	9.900	0.008	0.010	0.020	0.030
	镀锌弹簧垫圈 10	207495	个	0.030	1.020	1.020	1.020	1.020
	酚醛防锈漆	209021	kg	24.000	0.010	0.012	0.015	0.015
	电焊条 综合	207290	kg	6.000	—	—	0.010	0.017
	镀锌垫圈 10	207030	个	0.120	2.040	2.040	2.040	2.040
	铜芯聚氯乙烯绝缘电线 BV-6	214011	m	4.340	0.225	0.225	0.225	0.220
	镀锌带母螺栓 10×20～35	207124	套	0.280	1.020	1.020	1.020	1.020
	铜端子 6	213120	个	4.550	1.015	1.015	1.015	1.015
	其他材料费	2999	元	—	0.180	0.259	0.379	0.492
机械	汽车起重机 8t	3011	台班	784.710	—	—	—	0.002
	载货汽车 8t	3032	台班	584.010	0.001	0.002	0.003	0.004

（五）玻璃钢槽式桥架

工作内容：组对、焊接或螺栓固定、弯头、三通、盖板、附件安装。计量单位：m

定额编号				25024001	25024002	25024003	25024004	25024005
项目名称				玻璃钢槽式桥架（宽+高 mm 以下）				
				200	400	600	800	1000
预算基价				33.32	48.07	71.70	116.72	130.70
其中	人工费（元）			26.24	40.82	62.84	105.56	117.51
	材料费（元）			6.32	6.39	6.49	6.56	6.56
	机械费（元）			0.76	0.86	2.37	4.60	6.63
	仪器仪表费（元）			—	—	—	—	—
名 称	代号	单位	单价（元）	数 量				
人工	安装工	1002	工日	145.80	0.180	0.280	0.431	0.724	0.806
材料	电缆桥架	217095	m	—	（1.005）	（1.005）	（1.005）	（1.005）	（1.005）
	盖板	217096	m	—	（1.005）	（1.005）	（1.005）	（1.005）	（1.005）
	隔板	217097	m	—	—	—	—	（1.005）	（1.005）
	铜端子6	213120	个	4.550	1.015	1.015	1.015	1.015	1.015
	铜芯聚氯乙烯绝缘电线 BV-6	214011	m	4.340	0.225	0.225	0.225	0.200	0.188
	其他材料费	2999	元		0.729	0.794	0.893	1.078	1.128
机械	汽车起重机 8t	3011	台班	784.710	—	—	0.001	0.002	0.003
	载货汽车 8t	3032	台班	584.010	0.001	0.001	0.002	0.004	0.006
	其他机具费	3999	元		0.177	0.272	0.419	0.695	0.776

（六）玻璃钢梯式桥架

工作内容：组对、焊接或螺栓固定、弯头、三通、盖板、附件安装。计量单位：m

定额编号				25025001	25025002	25025003	25025004	25025005
项目名称				玻璃钢梯式桥架（宽+高 mm 以下）				
				200	400	600	800	1000
预算基价				33.27	48.02	71.60	116.56	129.92
其中	人工费（元）			26.24	40.82	62.84	105.56	117.51
	材料费（元）			6.30	6.37	6.45	6.55	6.48
	机械费（元）			0.73	0.83	2.31	4.45	5.93
	仪器仪表费（元）			—	—	—	—	—
名 称	代号	单位	单价（元）	数 量				
人工	安装工	1002	工日	145.80	0.180	0.280	0.431	0.724	0.806
材料	电缆桥架	217095	m	—	（1.005）	（1.005）	（1.005）	（1.005）	（1.005）
	铜端子6	213120	个	4.550	1.015	1.015	1.015	1.015	1.015
	铜芯聚氯乙烯绝缘电线 BV-6	214011	m	4.340	0.225	0.225	0.225	0.220	0.188
	其他材料费	2999	元		0.708	0.776	0.852	0.978	1.048
机械	汽车起重机 8t	3011	台班	784.710	—	—	0.001	0.002	0.003
	载货汽车 8t	3032	台班	584.010	0.001	0.001	0.002	0.004	0.005
	其他机具费	3999	元		0.148	0.246	0.361	0.543	0.660

（七）玻璃钢托盘式桥架

工作内容：组对、焊接或螺栓固定、弯头、三通、盖板、附件安装。　　　　　　　　　　　　　　　　计量单位：m

定 额 编 号				25026001	25026002	25026003	25026004
项 目 名 称				玻璃钢托盘式桥架（宽＋高 mm 以下）			
				300	500	800	1000
预 算 基 价				32.58	65.36	103.01	126.15
其中	人工费（元）			25.52	56.57	92.00	113.00
	材料费（元）			6.30	6.46	6.50	6.54
	机械费（元）			0.76	2.33	4.51	6.61
	仪器仪表费（元）			—	—	—	—
名 称	代号	单位	单价（元）	数　　量			
人工	安装工	1002	工日	145.80	0.175	0.388	0.631	0.775
材料	电缆桥架	217095	m	—	（1.005）	（1.005）	（1.005）	（1.005）
	盖板	217096	m	—	（1.005）	（1.005）	（1.005）	（1.005）
	隔板	217097	m	—			（1.005）	（1.005）
	铜端子 6	213120	个	4.550	1.015	1.015	1.015	1.015
	铜芯聚氯乙烯绝缘电线 BV-6	214011	m	4.340	0.220	0.225	0.200	0.188
	其他材料费	2999	元	—	0.725	0.864	1.017	1.108
机械	汽车起重机 8t	3011	台班	784.710	—	0.001	0.002	0.003
	载货汽车 8t	3032	台班	584.010	0.001	0.002	0.004	0.006
	其他机具费	3999	元	—	0.173	0.374	0.607	0.747

（八）铝合金槽式桥架

工作内容：组对、焊接或螺栓固定、弯头、三通、盖板、附件安装。　　　　　　　　　　　　　　　　计量单位：m

定 额 编 号				25027001	25027002	25027003
项 目 名 称				铝合金槽式桥架（宽＋高 mm 以下）		
				100	200	350
预 算 基 价				16.45	24.67	35.28
其中	人工费（元）			10.79	18.37	28.43
	材料费（元）			5.58	6.17	6.21
	机械费（元）			0.08	0.13	0.64
	仪器仪表费（元）			—	—	—
名 称	代号	单位	单价（元）	数　　量		
人工	安装工	1002	工日	145.80	0.074	0.126	0.195
材料	电缆桥架	217095	m	—	（1.005）	（1.005）	（1.005）
	盖板	217096	m	—	（1.005）	（1.005）	（1.005）
	铜端子 6	213120	个	4.550	1.015	1.015	1.015
	镀锌带母螺栓 10×20～35	207124	套	0.280	1.020	1.020	1.020
	铜芯聚氯乙烯绝缘电线 BV-6	214011	m	4.340	0.100	0.225	0.225
	其他材料费	2999	元	—	0.243	0.289	0.334
机械	载货汽车 4t	3030	台班	445.940	—	—	0.001
	其他机具费	3999	元	—	0.078	0.127	0.192

工作内容：组对、焊接或螺栓固定、弯头、三通、盖板、附件安装。　　计量单位：m

定额编号					25027004	25027005	25027006
项目名称					铝合金槽式桥架（宽 + 高 mm 以下）		
					550	800	1000
预算基价					65.21	97.32	115.74
其中	人工费（元）				58.03	88.94	106.43
	材料费（元）				6.35	6.46	6.40
	机械费（元）				0.83	1.92	2.91
	仪器仪表费（元）				—	—	—
名称		代号	单位	单价（元）	数量		
人工	安装工	1002	工日	145.80	0.398	0.610	0.730
材料	电缆桥架	217095	m	—	（1.005）	（1.005）	（1.005）
	盖板	217096	m	—	（1.005）	（1.005）	—
	铜端子 6	213120	个	4.550	1.015	1.015	1.015
	镀锌带母螺栓 10×20 ~ 35	207124	套	0.280	1.020	1.020	1.020
	铜芯聚氯乙烯绝缘电线 BV-6	214011	m	4.340	0.225	0.220	0.188
	其他材料费	2999	元	—	0.466	0.604	0.679
机械	汽车起重机 5t	3010	台班	436.580	—	0.001	0.002
	载货汽车 4t	3030	台班	445.940	0.001	0.002	0.003
	其他机具费	3999	元	—	0.388	0.587	0.704

（九）铝合金梯式桥架

工作内容：组对、焊接或螺栓固定、弯头、三通、盖板、附件安装。　　计量单位：m

定额编号					25028001	25028002	25028003	25028004
项目名称					铝合金梯式桥架（宽 + 高 mm 以下）			
					320	500	800	1000
预算基价					27.18	50.91	74.03	97.62
其中	人工费（元）				20.41	43.89	65.90	88.50
	材料费（元）				6.18	6.28	6.36	6.32
	机械费（元）				0.59	0.74	1.77	2.80
	仪器仪表费（元）				—	—	—	—
名称		代号	单位	单价（元）	数量			
人工	安装工	1002	工日	145.80	0.140	0.301	0.452	0.607
材料	电缆桥架	217095	m	—	（1.005）	（1.005）	（1.005）	（1.005）
	铜端子 6	213120	个	4.550	1.015	1.015	1.015	1.015
	镀锌带母螺栓 10×20 ~ 35	207124	套	0.280	1.020	1.020	1.020	1.020
	铜芯聚氯乙烯绝缘电线 BV-6	214011	m	4.340	0.225	0.225	0.220	0.188
	其他材料费	2999	元	—	0.298	0.403	0.501	0.599
机械	汽车起重机 5t	3010	台班	436.580	—	—	0.001	0.002
	载货汽车 4t	3030	台班	445.940	0.001	0.001	0.002	0.003
	其他机具费	3999	元	—	0.140	0.292	0.439	0.589

（十）铝合金托盘式桥架

工作内容：组对、焊接或螺栓固定、弯头、三通、盖板、附件安装。　　　　　　　　　　计量单位：m

定 额 编 号				25029001	25029002	25029003	25029004
项 目 名 称				铝合金托盘式桥架（宽＋高 mm 以下）			
				320	520	800	1000
预 算 基 价				31.30	54.88	90.53	107.05
其中	人工费（元）			24.49	47.82	82.23	97.83
	材料费（元）			6.20	6.30	6.43	6.36
	机械费（元）			0.61	0.76	1.87	2.86
	仪器仪表费（元）			—	—	—	—
名　称	代号	单位	单价（元）	数　　量			
人工	安装工	1002	工日	145.80	0.168	0.328	0.564	0.671
材料	电缆桥架	217095	m	—	（1.005）	（1.005）	（1.005）	（1.005）
	盖板	217096	m	—	（1.005）	（1.005）	（1.005）	（1.005）
	隔板	217097	m	—	—	—	（1.005）	（1.005）
	铜端子6	213120	个	4.550	1.015	1.015	1.015	1.015
	铜芯聚氯乙烯绝缘电线BV-6	214011	m	4.340	0.225	0.225	0.220	0.188
	其他材料费	2999	元		0.602	0.706	0.860	0.926
机械	汽车起重机5t	3010	台班	436.580	—	—	0.001	0.002
	载货汽车4t	3030	台班	445.940	0.001	0.001	0.002	0.003
	其他机具费	3999	元	—	0.167	0.317	0.544	0.649

（十一）组合式桥架及桥架支撑架

工作内容：桥架组对、螺栓连接、安装固定、立柱、托臂、膨胀螺栓或焊接固定、
　　　　　　螺栓固定在支架立柱上。

定 额 编 号				25030001	25030002
项 目 名 称				组合式桥架（100片）	桥架支撑架（100kg）
预 算 基 价				7763.79	1001.85
其中	人工费（元）			7663.83	814.44
	材料费（元）			36.30	155.57
	机械费（元）			63.66	31.84
	仪器仪表费（元）			—	—
名　称	代号	单位	单价（元）	数　　量	
人工	安装工	1002	工日	145.80	52.564	5.586
材料	组合式桥架	217098	片	—	（100.000）	—
	桥架支撑架	217099	kg	—	—	（100.500）
	镀锌垫圈16	207492	个	0.100	—	40.800
	镀锌弹簧垫圈16	207498	个	0.019	—	20.400
	电焊条 综合	207290	kg	6.000	—	0.700
	水泥 综合	202001	kg	0.506	—	6.500
	砂子	204025	kg	0.125	—	11.000
	汽油93#	209173	kg	9.900	0.200	0.300
	镀锌膨胀螺栓16	207534	套	5.780	—	20.400
	其他材料费	2999	元		34.320	21.360
机械	汽车起重机5t	3010	台班	436.580	0.010	—
	载货汽车4t	3030	台班	445.940	0.020	0.030
	其他机具费	3999	元		50.380	18.460

六、电缆埋地敷设

工作内容：开盘、检查、架线盘、敷设、锯断、临时封头、挂标牌等。　　　　　　　　　　　　　　　计量单位：m

定 额 编 号				25031001	25031002	25031003
项 目 名 称				1kV 铜芯电缆　电缆截面（mm² 以内）		
				6	10	16
预 算 基 价				2.47	2.92	2.97
其中	人工费（元）			2.33	2.77	2.77
	材料费（元）			0.12	0.13	0.18
	机械费（元）			0.02	0.02	0.02
	仪器仪表费（元）			—	—	—
名　　称	代号	单位	单价（元）	数　　量		
人工	安装工	1002	工日	145.80	0.016	0.019	0.019
材料	电力电缆	214049	m	—	（1.010）	（1.010）	（1.010）
	其他材料费	2999	元	—	0.124	0.127	0.181
机械	载货汽车 6t	3031	台班	511.530	0.000	0.000	0.000
	汽车起重机 5t	3010	台班	436.580	0.000	0.000	0.000
	其他机具费	3999	元	—	0.015	0.018	0.018

工作内容：开盘、检查、架线盘、敷设、锯断、临时封头、挂标牌等。　　　　　　　　　　　　　　　计量单位：m

定 额 编 号				25031004	25031005	25031006
项 目 名 称				1kV 铜芯电缆　电缆截面（mm² 以内）		
				25	35	50
预 算 基 价				3.70	4.60	6.90
其中	人工费（元）			3.50	4.37	5.69
	材料费（元）			0.18	0.20	0.22
	机械费（元）			0.02	0.03	0.99
	仪器仪表费（元）			—	—	—
名　　称	代号	单位	单价（元）	数　　量		
人工	安装工	1002	工日	145.80	0.024	0.030	0.039
材料	电力电缆	214049	m	—	（1.010）	（1.010）	（1.010）
	其他材料费	2999	元	—	0.184	0.201	0.220
机械	载货汽车 6t	3031	台班	511.530	—	—	0.001
	汽车起重机 5t	3010	台班	436.580	—	—	0.001
	其他机具费	3999	元	—	0.023	0.029	0.037

工作内容：开盘、检查、架线盘、敷设、锯断、临时封头、挂标牌等。　　　　　　　　　　　　计量单位：m

定 额 编 号				25031007	25031008	25031009
项 目 名 称				1kV 铜芯电缆　电缆截面（mm² 以内）		
				70	95	120
预 算 基 价				7.19	7.98	10.19
其中	人工费（元）			5.98	6.71	8.89
	材料费（元）			0.22	0.28	0.29
	机械费（元）			0.99	0.99	1.01
	仪器仪表费（元）			—	—	—
	名　　称	代号	单位	单价（元）	数　　量	
人工	安装工	1002	工日	145.80	0.041	0.046	0.061
材料	电力电缆	214049	m	—	（1.010）	（1.010）	（1.010）
	其他材料费	2999	元	—	0.222	0.279	0.288
机械	载货汽车 6t	3031	台班	511.530	0.001	0.001	0.001
	汽车起重机 5t	3010	台班	436.580	0.001	0.001	0.001
	其他机具费	3999	元	—	0.039	0.043	0.057

工作内容：开盘、检查、架线盘、敷设、锯断、临时封头、挂标牌等。　　　　　　　　　　　　计量单位：m

定 额 编 号				25031010	25031011	25031012
项 目 名 称				1kV 铜芯电缆　电缆截面（mm² 以内）		
				150	185	240
预 算 基 价				14.85	16.13	20.87
其中	人工费（元）			9.77	10.94	15.60
	材料费（元）			0.38	0.48	0.53
	机械费（元）			4.70	4.71	4.74
	仪器仪表费（元）			—	—	—
	名　　称	代号	单位	单价（元）	数　　量	
人工	安装工	1002	工日	145.80	0.067	0.075	0.107
材料	电力电缆	214049	m	—	（1.010）	（1.010）	（1.010）
	其他材料费	2999	元	—	0.381	0.478	0.534
机械	载货汽车 10t	3033	台班	646.730	0.003	0.003	0.003
	汽车起重机 12t	3012	台班	898.030	0.003	0.003	0.003
	其他机具费	3999	元	—	0.063	0.071	0.101

七、电缆穿导管敷设

工作内容：开盘、检查、架线盘、敷设、锯断、临时封头、挂标牌等。　　　　　　　　　　　　　计量单位：m

定 额 编 号				25032001	25032002	25032003
项 目 名 称				1kV 铜芯电缆　电缆截面（mm² 以内）		
				6	10	16
预 算 基 价				3.32	3.76	3.83
其中	人工费（元）			3.06	3.50	3.50
	材料费（元）			0.24	0.24	0.31
	机械费（元）			0.02	0.02	0.02
	仪器仪表费（元）			—	—	—
	名　称	代号	单位	单价（元）	数　量	
人工	安装工	1002	工日	145.80	0.021	0.024	0.024
材料	电力电缆	214049	m	—	（1.010）	（1.010）	（1.010）
	其他材料费	2999	元	—	0.237	0.238	0.312
机械	载货汽车 6t	3031	台班	511.530	0.000	0.000	0.000
	汽车起重机 5t	3010	台班	436.580	0.000	0.000	0.000
	其他机具费	3999	元	—	0.020	0.022	0.023

工作内容：开盘、检查、架线盘、敷设、锯断、临时封头、挂标牌等。　　　　　　　　　　　　　计量单位：m

定 额 编 号				25032004	25032005	25032006
项 目 名 称				1kV 铜芯电缆　电缆截面（mm² 以内）		
				25	35	50
预 算 基 价				4.28	4.72	6.90
其中	人工费（元）			3.94	4.37	5.54
	材料费（元）			0.31	0.32	0.38
	机械费（元）			0.03	0.03	0.98
	仪器仪表费（元）			—	—	—
	名　称	代号	单位	单价（元）	数　量	
人工	安装工	1002	工日	145.80	0.027	0.030	0.038
材料	电力电缆	214049	m	—	（1.010）	（1.010）	（1.010）
	其他材料费	2999	元	—	0.314	0.316	0.375
机械	载货汽车 6t	3031	台班	511.530	0.000	0.000	0.001
	汽车起重机 5t	3010	台班	436.580	0.000	0.000	0.001
	其他机具费	3999	元	—	0.025	0.028	0.036

工作内容：开盘、检查、架线盘、敷设、锯断、临时封头、挂标牌等。　　　　　　　　　　　　　　　计量单位：m

定 额 编 号				25032007	25032008	25032009
项 目 名 称				1kV 铜芯电缆　电缆截面（mm² 以内）		
				70	95	120
预 算 基 价				7.27	8.00	10.09
其中	人工费（元）			5.83	6.56	8.60
	材料费（元）			0.45	0.45	0.49
	机械费（元）			0.99	0.99	1.00
	仪器仪表费（元）			—	—	—
	名　　称	代号	单位	单价（元）	数　　量	
人工	安装工	1002	工日	145.80	0.040	0.045	0.059
材料	电力电缆	214049	m	—	（1.010）	（1.010）	（1.010）
	其他材料费	2999	元	—	0.450	0.453	0.492
机械	载货汽车 6t	3031	台班	511.530	0.001	0.001	0.001
	汽车起重机 5t	3010	台班	436.580	0.001	0.001	0.001
	其他机具费	3999	元	—	0.038	0.042	0.056

工作内容：开盘、检查、架线盘、敷设、锯断、临时封头、挂标牌等。　　　　　　　　　　　　　　　计量单位：m

定 额 编 号				25032010	25032011	25032012
项 目 名 称				1kV 铜芯电缆　电缆截面（mm² 以内）		
				150	185	240
预 算 基 价				15.98	17.44	20.88
其中	人工费（元）			10.64	11.96	15.31
	材料费（元）			0.64	0.77	0.84
	机械费（元）			4.70	4.71	4.73
	仪器仪表费（元）			—	—	—
	名　　称	代号	单位	单价（元）	数　　量	
人工	安装工	1002	工日	145.80	0.073	0.082	0.105
材料	电力电缆	214049	m	—	（1.010）	（1.010）	（1.010）
	其他材料费	2999	元	—	0.640	0.765	0.839
机械	载货汽车 10t	3033	台班	646.730	0.003	0.003	0.003
	汽车起重机 12t	3012	台班	898.030	0.003	0.003	0.003
	其他机具费	3999	元	—	0.069	0.077	0.099

八、电缆沿桥架敷设

（一）电力电缆敷设

工作内容：开盘、检查、架线盘、敷设、锯断、配合试验、临时封头、挂标牌等。　　　　　　　计量单位：m

	定 额 编 号				25033001	25033002	25033003
	项 目 名 称				1kV 铜芯电缆　电缆截面（mm² 以内）		
					6	10	16
	预 算 基 价				3.98	4.44	4.67
其中	人工费（元）				3.50	3.94	4.08
	材料费（元）				0.46	0.47	0.56
	机械费（元）				0.02	0.03	0.03
	仪器仪表费（元）				—	—	—
	名　　称	代号	单位	单价（元）	数　　量		
人工	安装工	1002	工日	145.80	0.024	0.027	0.028
材料	电力电缆	214049	m	—	（1.010）	（1.010）	（1.010）
	橡胶垫 δ2	208037	m²	20.000	0.003	0.003	0.003
	标志牌	218004	个	0.020	0.060	0.060	0.060
	沥青绝缘漆	209101	kg	7.600	0.001	0.001	0.001
	汽油 93#	209173	kg	9.900	0.008	0.008	0.008
	镀锌弹簧垫圈 8	207045	个	0.012	0.204	0.204	0.204
	镀锌带母螺栓 8×16~25	207120	套	0.160	0.204	0.204	0.204
	镀锌电缆卡子 2×35	207207	个	1.540	0.103	0.103	0.103
	封铅	201135	kg	44.720	0.001	0.001	0.003
	镀锌垫圈 8	207029	个	0.120	0.408	0.408	0.408
	其他材料费	2999	元	—	0.029	0.031	0.034
机械	载货汽车 6t	3031	台班	511.530	0.000	0.000	0.000
	汽车起重机 5t	3010	台班	436.580	0.000	0.000	0.000
	其他机具费	3999	元	—	0.023	0.025	0.027

工作内容：开盘、检查、架线盘、敷设、锯断、配合试验、临时封头、挂标牌等。　　　　　　　计量单位：m

定 额 编 号				25033004	25033005	25033006
项 目 名 称				1kV 铜芯电缆　电缆截面（mm² 以内）		
				25	35	50
预 算 基 价				5.11	5.69	7.90
其中	人工费（元）			4.52	5.10	6.27
	材料费（元）			0.56	0.56	0.64
	机械费（元）			0.03	0.03	0.99
	仪器仪表费（元）			—	—	—
名　　称	代号	单位	单价（元）	数　　量		
人工	安装工	1002	工日	145.80	0.031	0.035	0.043
材料	电力电缆	214049	m	—	（1.010）	（1.010）	（1.010）
	橡胶垫 δ2	208037	m²	20.000	0.003	0.003	0.003
	标志牌	218004	个	0.020	0.060	0.060	0.060
	沥青绝缘漆	209101	kg	7.600	0.001	0.001	0.002
	汽油 93#	209173	kg	9.900	0.008	0.008	0.010
	镀锌电缆卡子 3×35	207208	个	1.920	—	—	0.103
	镀锌弹簧垫圈 8	207045	个	0.012	0.204	0.204	0.204
	镀锌带母螺栓 8×16~25	207120	套	0.160	0.204	0.204	0.204
	镀锌垫圈 8	207029	个	0.120	0.408	0.408	0.408
	封铅	201135	kg	44.720	0.003	0.003	0.003
	镀锌电缆卡子 2×35	207207	个	1.540	0.103	0.103	—
	其他材料费	2999	元	—	0.036	0.039	0.046
机械	载货汽车 6t	3031	台班	511.530	0.000	0.000	0.001
	汽车起重机 5t	3010	台班	436.580	0.000	0.000	0.001
	其他机具费	3999	元	—	0.030	0.033	0.041

工作内容：开盘、检查、架线盘、敷设、锯断、配合试验、临时封头、挂标牌等。 计量单位：m

定 额 编 号				25033007	25033008	25033009
项 目 名 称				1kV 铜芯电缆　电缆截面（mm² 以内）		
				70	95	120
预 算 基 价				8.28	9.47	10.99
其中	人工费（元）			6.56	7.73	9.19
	材料费（元）			0.73	0.74	0.79
	机械费（元）			0.99	1.00	1.01
	仪器仪表费（元）			—	—	—
名 称	代号	单位	单价（元）	数 量		
人工	安装工	1002	工日	145.80	0.045	0.053	0.063
材料	电力电缆	214049	m	—	（1.010）	（1.010）	（1.010）
	橡胶垫 δ2	208037	m²	20.000	0.003	0.003	0.003
	标志牌	218004	个	0.020	0.060	0.060	0.060
	沥青绝缘漆	209101	kg	7.600	0.002	0.002	0.002
	汽油 93#	209173	kg	9.900	0.010	0.010	0.010
	镀锌弹簧垫圈 8	207045	个	0.012	0.204	0.204	0.204
	镀锌带母螺栓 8×16 ~ 25	207120	套	0.160	0.204	0.204	0.204
	镀锌电缆卡子 3×35	207208	个	1.920	0.103	0.103	0.103
	封铅	201135	kg	44.720	0.005	0.005	0.006
	镀锌垫圈 8	207029	个	0.120	0.408	0.408	0.408
	其他材料费	2999	元	—	0.050	0.055	0.062
机械	载货汽车 6t	3031	台班	511.530	0.001	0.001	0.001
	汽车起重机 5t	3010	台班	436.580	0.001	0.001	0.001
	其他机具费	3999	元	—	0.043	0.050	0.060

工作内容：开盘、检查、架线盘、敷设、锯断、配合试验、临时封头、挂标牌等。 计量单位：m

定 额 编 号				25033010	25033011	25033012
项 目 名 称				1kV 铜芯电缆　电缆截面（mm² 以内）		
				150	185	240
预 算 基 价				16.14	17.53	29.66
其中	人工费（元）			10.64	11.96	23.91
	材料费（元）			0.80	0.86	0.96
	机械费（元）			4.70	4.71	4.79
	仪器仪表费（元）			—	—	—
名　　称	代号	单位	单价（元）	数　　量		
人工	安装工	1002	工日	145.80	0.073	0.082	0.164
材料	电力电缆	214049	m	—	（1.010）	（1.010）	（1.010）
	橡胶垫 δ2	208037	m²	20.000	0.003	0.003	0.003
	标志牌	218004	个	0.020	0.060	0.060	0.060
	沥青绝缘漆	209101	kg	7.600	0.002	0.002	0.002
	汽油 93#	209173	kg	9.900	0.010	0.010	0.010
	硬酯酸 一级	209127	kg	10.210	0.001	0.001	0.001
	镀锌弹簧垫圈 8	207045	个	0.012	0.204	0.204	0.204
	镀锌带母螺栓 8×16～25	207120	套	0.160	0.204	0.204	0.204
	镀锌电缆卡子 3×35	207208	个	1.920	0.103	0.103	0.103
	封铅	201135	kg	44.720	0.006	0.007	0.008
	镀锌垫圈 8	207029	个	0.120	0.408	0.408	0.408
	其他材料费	2999	元	—	0.069	0.077	0.131
机械	载货汽车 10t	3033	台班	646.730	0.003	0.003	0.003
	汽车起重机 12t	3012	台班	898.030	0.003	0.003	0.003
	其他机具费	3999	元	—	0.069	0.078	0.155

（二）控制电缆敷设

工作内容：开盘、检查、架线盘、敷设、锯断、配合试验、临时封头、挂标牌等。　　　　　计量单位：m

定 额 编 号				25034001	25034002	25034003
项 目 名 称				控制电缆截面（0.75mm² 以内）电缆（芯以内）		
				10	37	48
预 算 基 价				3.34	3.97	4.53
其中	人工费（元）			2.92	3.50	3.94
	材料费（元）			0.40	0.45	0.56
	机械费（元）			0.02	0.02	0.03
	仪器仪表费（元）			—	—	—
名 称	代号	单位	单价（元）	数 量		
人工	安装工	1002	工日	145.80	0.020	0.024	0.027
材料	控制电缆	214064	m	—	（1.015）	（1.015）	（1.015）
	橡胶垫 δ2	208037	m²	20.000	0.003	0.003	0.003
	标志牌	218004	个	0.020	0.060	0.060	0.060
	汽油93#	209173	kg	9.900	0.003	0.007	0.009
	镀锌弹簧垫圈8	207045	个	0.012	0.204	0.204	0.204
	镀锌带母螺栓 8×16～25	207120	套	0.160	0.204	0.204	0.204
	镀锌电缆卡子2×35	207207	个	1.540	0.103	0.103	0.103
	封铅	201135	kg	44.720	0.001	0.001	0.003
	镀锌垫圈8	207029	个	0.120	0.408	0.408	0.408
	其他材料费	2999	元	—	0.024	0.029	0.033
机械	其他机具费	3999	元	—	0.019	0.023	0.025

工作内容：开盘、检查、架线盘、敷设、锯断、配合试验、临时封头、挂标牌等。计量单位：m

定 额 编 号				25034004	25034005	25034006
项 目 名 称				控制电缆截面（1mm² 以内） 电缆（芯以内）		
				10	30	37
预 算 基 价				3.34	4.42	5.70
其中	人工费（元）			2.92	3.94	5.10
	材料费（元）			0.40	0.45	0.57
	机械费（元）			0.02	0.03	0.03
	仪器仪表费（元）			—	—	—
名　称	代号	单位	单价（元）	数　量		
人工	安装工	1002	工日	145.80	0.020	0.027	0.035
材料	控制电缆	214064	m	—	（1.015）	（1.015）	（1.015）
	橡胶垫 δ2	208037	m²	20.000	0.003	0.003	0.003
	标志牌	218004	个	0.020	0.060	0.060	0.060
	汽油 93#	209173	kg	9.900	0.003	0.007	0.009
	镀锌弹簧垫圈 8	207045	个	0.012	0.204	0.204	0.204
	镀锌带母螺栓 8×16～25	207120	套	0.160	0.204	0.204	0.204
	镀锌电缆卡子 2×35	207207	个	1.540	0.103	0.103	0.103
	封铅	201135	kg	44.720	0.001	0.001	0.003
	镀锌垫圈 8	207029	个	0.120	0.408	0.408	0.408
	其他材料费	2999	元	—	0.024	0.031	0.039
机械	其他机具费	3999	元	—	0.019	0.025	0.033

（三）矿物电缆敷设

工作内容：开盘、检查、架线盘、敷设、锯断、配合试验、临时封头、挂标牌等。　　　　　　　计量单位：m

定　额　编　号				25035001	25035002	25035003	25035004
项　目　名　称				BTTZ 矿物电缆　电缆截面（mm² 以内）			
				4	10	35	70
预　算　基　价				4.32	5.82	8.81	13.58
其中	人工费（元）			3.21	4.67	7.58	11.81
	材料费（元）			1.09	1.12	1.20	1.29
	机械费（元）			0.02	0.03	0.03	0.48
	仪器仪表费（元）			—	—	—	—
名　　称	代号	单位	单价（元）	数　　量			
人工	安装工	1002	工日	145.80	0.022	0.032	0.052	0.081
材料	矿物电缆	214045	m	—	（1.020）	（1.020）	（1.020）	（1.020）
	标志牌	218004	个	0.020	0.050	0.050	0.050	0.050
	相色带	213175	卷	3.520	—	—	0.001	0.001
	合金钢钻头 D8	207704	个	5.030	0.006	0.006	0.006	0.006
	钢锯条	207262	根	26.000	0.005	0.006	0.008	0.010
	汽油 93#	209173	kg	9.900	0.001	0.001	0.001	0.002
	自粘性橡胶带	208200	卷	3.500	0.001	0.001	0.002	0.002
	镀锌弹簧垫圈 10	207495	个	0.030	0.758	0.758	0.758	0.758
	镀锌带母螺栓 8×16~25	207120	套	0.160	0.758	0.758	0.758	0.758
	镀锌铁丝 13#~17#	207234	kg	8.500	0.005	0.005	0.006	0.008
	镀锌电缆卡子 2×35	207207	个	1.540	0.379	0.379	0.379	0.379
	镀锌垫圈 10	207491	个	0.080	1.516	1.516	1.516	1.516
	其他材料费	2999	元	—	0.025	0.031	0.039	0.050
机械	载货汽车 6t	3031	台班	511.530	0.000	0.000	0.000	0.000
	汽车起重机 5t	3010	台班	436.580	—	—	—	0.001
	其他机具费	3999	元	—	0.019	0.025	0.033	0.043

工作内容：开盘、检查、架线盘、敷设、锯断、配合试验、临时封头、挂标牌等。　　　　　　　　　计量单位：m

定 额 编 号				25035005	25035006	25035007	25035008
项 目 名 称				BTTZ 矿物电缆　电缆截面（mm² 以内）			
				150	240	300	400
预 算 基 价				16.85	26.05	35.00	44.63
其中	人工费（元）			14.87	23.91	32.37	41.84
	材料费（元）			1.47	1.55	1.49	1.59
	机械费（元）			0.51	0.59	1.14	1.20
	仪器仪表费（元）			—	—	—	—
名　称	代号	单位	单价（元）	数　　量			
人工	安装工	1002	工日	145.80	0.102	0.164	0.222	0.287
材料	矿物电缆	214045	m	—	（1.020）	（1.020）	（1.020）	（1.020）
	棉纱头	218101	kg	5.830	0.001	0.001	0.001	0.002
	标志牌	218004	个	0.020	0.050	0.050	0.050	0.050
	相色带	213175	卷	3.520	0.001	0.001	0.001	0.002
	合金钢钻头 D8	207704	个	5.030	0.006	0.006	0.006	0.006
	钢锯条	207262	根	26.000	0.015	0.015	0.010	0.010
	汽油 93#	209173	kg	9.900	0.003	0.003	0.004	0.005
	自粘性橡胶带	208200	卷	3.500	0.003	0.003	0.004	0.004
	镀锌弹簧垫圈 10	207495	个	0.030	0.758	0.758	0.758	0.758
	镀锌带母螺栓 8×16～25	207120	套	0.160	0.758	0.758	0.758	0.758
	镀锌铁丝 13#～17#	207234	kg	8.500	0.010	0.012	0.015	0.018
	镀锌电缆卡子 2×35	207207	个	1.540	0.379	0.379	0.379	0.379
	镀锌垫圈 10	207491	个	0.080	1.516	1.516	1.516	1.516
	其他材料费	2999	元	—	0.069	0.131	0.161	0.211
机械	载货汽车 6t	3031	台班	511.530	—	—	0.001	0.001
	汽车起重机 5t	3010	台班	436.580	0.001	0.001	0.001	0.001
	其他机具费	3999	元	—	0.069	0.155	0.191	0.247

九、热（冷）缩电缆中间头制作、安装

工作内容：检验、定位、锯断、剥切、锯钢甲、剥除内层、恒力弹簧接铜编织接地线、缠密封胶带、套热缩管和绝缘管、压接线管、套缩副管及相色管、填充绝缘胶、热缩外护套、挂铭牌、配合试验。

计量单位：个

定 额 编 号				25036001	25036002	25036003
项 目 名 称				1kV 以下（mm² 以内）		
				1×70	4×70	5×70
预 算 基 价				211.91	564.26	634.43
其中	人工费（元）			69.26	235.47	274.25
	材料费（元）			142.20	327.27	358.41
	机械费（元）			0.45	1.52	1.77
	仪器仪表费（元）			—	—	—
名 称	代号	单位	单价（元）	数 量		
人工	安装工	1002	工日	145.80	0.475	1.615	1.881
材料	电缆中间头	215050	个	—	（1.020）	（1.020）	（1.020）
	铝母线	214230	m	—	（2.500）	（2.500）	（2.500）
	自粘性橡胶带	208200	卷	3.500	0.200	0.500	0.700
	冷浇剂	209051	kg	46.000	1.600	4.000	4.000
	焊锡膏 50g/瓶	207292	kg	72.730	0.010	0.010	0.020
	电力复合酯一级	209139	kg	20.000	0.015	0.030	0.040
	相色带	213175	卷	3.520	0.060	0.100	0.140
	塑料带 20×40	210026	卷	3.990	0.150	0.300	0.500
	路铭牌	218016	张	2.000	1.020	1.020	1.020
	汽油 93#	209173	kg	9.900	0.200	0.500	0.700
	铜接管 70	212811	个	5.600	1.020	4.080	5.100
	接头保护盒	213225	套	28.000	1.020	1.020	1.020
	铜绑线 2	213085	kg	21.140	0.150	0.300	0.400
	焊锡丝	207293	kg	61.140	0.050	0.050	0.100
	外护套	213224	根	15.000	1.000	4.000	5.000
	白布带 20m	218003	盘	3.520	1.000	1.000	1.000
	其他材料费	2999	元	—	3.020	7.330	8.040
机械	其他机具费	3999	元	—	0.450	1.520	1.770

工作内容：检验、定位、锯断、剥切、锯钢甲、剥除内层、恒力弹簧接铜编织接地线、
缠密封胶带、套热缩管和绝缘管、压接线管、套缩副管及相色管、填充绝
缘胶、热缩外护套、挂铭牌、配合试验。

计量单位：个

定　额　编　号				25036004	25036005	25036006
项　目　名　称				1kV 以下（mm² 以内）		
				1×120	4×120	5×120
预　算　基　价				254.23	741.59	829.29
其中	人工费（元）			83.11	296.41	346.28
	材料费（元）			170.58	443.26	480.77
	机械费（元）			0.54	1.92	2.24
	仪器仪表费（元）			—	—	—
	名　　称	代号	单位	单价（元）	数　　量	
人工	安装工	1002	工日	145.80	0.570	2.033	2.375
材料	电缆中间头	215050	个	—	（1.020）	（1.020）	（1.020）
	铝母线	214230	m	—	（2.700）	（2.700）	（2.700）
	自粘性橡胶带	208200	卷	3.500	0.400	1.200	1.400
	冷浇剂	209051	kg	46.000	2.000	6.000	6.000
	焊锡膏 50g/ 瓶	207292	kg	72.730	0.020	0.020	0.040
	电力复合酯 一级	209139	kg	20.000	0.020	0.050	0.060
	相色带	213175	卷	3.520	0.100	0.160	0.200
	塑料带 20×40	210026	卷	3.990	0.200	0.500	0.700
	路铭牌	218016	张	2.000	1.020	1.020	1.020
	汽油 93#	209173	kg	9.900	0.300	0.700	0.900
	铜接管 120	212813	个	8.000	1.020	4.080	5.100
	接头保护盒	213225	套	28.000	1.020	1.020	1.020
	铜绑线 2	213085	kg	21.140	0.200	0.400	0.500
	焊锡丝	207293	kg	61.140	0.100	0.100	0.200
	外护套	213224	根	15.000	1.000	4.000	5.000
	白布带 20m	218003	盘	3.520	1.000	1.000	1.000
	其他材料费	2999	元	—	3.580	9.790	10.640
机械	其他机具费	3999	元	—	0.540	1.920	2.240

工作内容：检验、定位、锯断、剥切、锯钢甲、剥除内层、恒力弹簧接铜编织接地线、缠密封胶带、套热缩管和绝缘管、压接线管、套缩副管及相色管、填充绝缘胶、热缩外护套、挂铭牌、配合试验。

计量单位：个

定 额 编 号				25036007	25036008	25036009
项 目 名 称				1kV 以下（mm² 以内）		
				1×185	4×185	5×185
预 算 基 价				341.24	946.46	1058.14
其中	人工费（元）			110.81	382.29	457.08
	材料费（元）			229.71	561.70	598.10
	机械费（元）			0.72	2.47	2.96
	仪器仪表费（元）			—	—	—
名　称	代号	单位	单价（元）	数　　量		
人工	安装工	1002	工日	145.80	0.760	2.622	3.135
材料	电缆中间头	215050	个	—	（1.020）	（1.020）	（1.020）
	铝母线	214230	m	—	（2.800）	（2.800）	（2.800）
	冷浇剂	209051	kg	46.000	3.000	8.000	8.000
	外护套	213224	根	15.000	1.000	4.000	5.000
	电力复合酯 一级	209139	kg	20.000	0.030	0.080	0.090
	自粘性橡胶带	208200	卷	3.500	0.500	2.050	2.300
	路铭牌	218016	张	2.000	1.020	1.020	1.020
	汽油 93#	209173	kg	9.900	0.400	0.900	1.100
	白布带 20m	218003	盘	3.520	1.000	1.000	1.000
	铜绑线 2	213085	kg	21.140	0.200	0.400	0.500
	铜接管 185	212815	个	10.400	1.020	4.080	5.100
	接头保护盒	213225	套	28.000	1.020	1.020	1.020
	焊锡丝	207293	kg	61.140	0.200	0.200	0.250
	焊锡膏 50g/ 瓶	207292	kg	72.730	0.040	0.040	0.050
	相色带	213175	卷	3.520	0.100	0.200	0.220
	塑料带 20×40	210026	卷	3.990	0.300	0.700	0.900
	其他材料费	2999	元	—	4.760	12.370	13.340
机械	其他机具费	3999	元	—	0.720	2.470	2.960

工作内容：检验、定位、锯断、剥切、锯钢甲、剥除内层、恒力弹簧接铜编织接地线、缠密封胶带、套热缩管和绝缘管、压接线管、套缩副管及相色管、填充绝缘胶、热缩外护套、挂铭牌、配合试验。

计量单位：个

定 额 编 号				25036010	25036011	25036012
项 目 名 称				1kV 以下（mm² 以内）		
				1×300	4×300	5×300
预 算 基 价				428.50	1216.08	1362.37
其中	人工费（元）			138.51	534.65	641.37
	材料费（元）			289.09	677.97	716.85
	机械费（元）			0.90	3.46	4.15
	仪器仪表费（元）			—	—	—
名 称	代号	单位	单价（元）	数 量		
人工	安装工	1002	工日	145.80	0.950	3.667	4.399
材料	电缆中间头	215050	个	—	（1.020）	（1.020）	（1.020）
	铝母线	214230	m	—	（3.000）	（3.000）	（3.000）
	冷浇剂	209051	kg	46.000	4.000	10.000	10.000
	外护套	213224	根	15.000	1.000	4.000	5.000
	电力复合酯 一级	209139	kg	20.000	0.040	0.100	0.110
	自粘性橡胶带	208200	卷	3.500	1.200	3.100	3.350
	路铭牌	218016	张	2.000	1.020	1.020	1.020
	汽油 93#	209173	kg	9.900	0.500	1.000	1.200
	白布带 20m	218003	盘	3.520	1.000	1.000	1.000
	铜绑线 2	213085	kg	21.140	0.300	0.500	0.600
	铜接管 300	212817	个	12.580	1.020	4.080	5.100
	接头保护盒	213225	套	28.000	1.020	1.020	1.020
	焊锡丝	207293	kg	61.140	0.250	0.250	0.300
	焊锡膏 50g/瓶	207292	kg	72.730	0.050	0.050	0.060
	相色带	213175	卷	3.520	0.100	0.300	0.340
	塑料带 20×40	210026	卷	3.990	0.400	1.000	1.200
	其他材料费	2999	元		5.980	15.240	16.390
机械	其他机具费	3999	元	—	0.900	3.460	4.150

十、控制电缆中间头制作、安装

工作内容：定位、量尺寸、锯断、剥切、焊接头、装套管、包扎、焊接地线、装保护盒、安装固定等。

计量单位：个

定 额 编 号				25037001	25037002	25037003	25037004	25037005
项 目 名 称				芯 以 内				
				7	14	24	37	48
预 算 基 价				99.28	157.22	247.23	328.85	437.77
其中	人工费（元）			40.24	62.40	103.96	124.66	160.67
	材料费（元）			58.78	94.42	142.60	203.38	276.06
	机械费（元）			0.26	0.40	0.67	0.81	1.04
	仪器仪表费（元）			—	—	—	—	—
名 称	代号	单位	单价（元）	数 量				
人工	安装工	1002	工日	145.80	0.276	0.428	0.713	0.855	1.102
材料	接地编织铜线	214235	m	—	（1.200）	（1.500）	（1.500）	（1.600）	（1.600）
	电缆中间头	215050	个	—	（1.050）	（1.050）	（1.050）	（1.050）	（1.050）
	封铅	201135	kg	44.720	0.340	0.440	0.580	0.720	0.900
	自粘性橡胶带	208200	卷	3.500	0.600	0.800	1.000	1.300	1.600
	焊锡膏 50g/ 瓶	207292	kg	72.730	0.020	0.030	0.045	0.060	0.080
	汽油 93#	209173	kg	9.900	0.130	0.200	0.270	0.300	0.500
	硬酯酸 一级	209127	kg	10.210	0.023	0.030	0.039	0.050	0.060
	沥青绝缘漆	209101	kg	7.600	1.000	1.200	1.250	1.500	1.800
	铜压接管 φ2.5	212765	个	3.730	6.120	12.240	20.400	32.640	45.900
	焊锡丝	207293	kg	61.140	0.100	0.150	0.260	0.300	0.400
	塑料带 20×40	210026	卷	3.990	0.190	0.380	0.560	0.690	0.850
	塑料软管 φ6	210032	m	0.220	0.500	1.000	1.700	2.700	3.380
	其他材料费	2999	元	—	1.090	1.790	2.720	3.950	5.350
机械	其他机具费	3999	元	—	0.260	0.400	0.670	0.810	1.040

十一、矿物电缆中间头制作、安装

工作内容：校直、套附件、剥铜护套、测绝缘、驱潮、两端密封、套瓷管、线芯对接、安装连接管、清理现场、挂铭牌、配合试验。

计量单位：个

定 额 编 号				25038001	25038002	25038003	25038004
项 目 名 称				BTTZ 矿物电缆　电缆截面（mm² 以内）			
				4	10	35	70
预 算 基 价				54.80	66.20	81.28	101.00
其中	人工费（元）			40.82	46.66	55.40	69.26
	材料费（元）			13.68	19.19	25.48	31.29
	机械费（元）			0.30	0.35	0.40	0.45
	仪器仪表费（元）			—	—	—	—
名　称	代号	单位	单价（元）	数　　量			
人工	安装工	1002	工日	145.80	0.280	0.320	0.380	0.475
材料	直通中间联接器	215053	套	—	（1.020）	（1.020）	（1.020）	（1.020）
	棉纱头	218101	kg	5.830	0.010	0.010	0.015	0.020
	钢锯条	207262	根	26.000	0.400	0.600	0.800	1.000
	标志牌	218004	个	0.020	1.000	1.000	1.000	1.000
	铁砂布 0# ~ 2#	218024	张	0.970	0.200	0.300	0.400	0.600
	汽油 93#	209173	kg	9.900	0.100	0.100	0.150	0.150
	相色带	213175	卷	3.520	0.006	0.010	0.015	0.020
	其他材料费	2999	元	—	2.000	2.200	2.650	3.020
机械	其他机具费	3999	元	—	0.300	0.350	0.400	0.450

工作内容：校直、套进附件、剥铜护套、测绝缘、驱潮、两端密封、套瓷管、线芯对接、安装连接管、清理现场、挂铭牌、配合试验。

计量单位：个

定 额 编 号				25038005	25038006	25038007	25038008
项 目 名 称				BTTZ 矿物电缆　电缆截面（mm² 以内）			
				150	240	300	400
预 算 基 价				134.45	170.50	190.30	224.70
其中	人工费（元）			95.94	124.66	138.51	166.21
	材料费（元）			37.88	45.03	50.89	57.41
	机械费（元）			0.63	0.81	0.90	1.08
	仪器仪表费（元）			—	—	—	—
名　称	代号	单位	单价（元）	数　　量			
人工	安装工	1002	工日	145.80	0.658	0.855	0.950	1.140
材料	直通中间联接器	215053	套	—	（1.020）	（1.020）	（1.020）	（1.020）
	棉纱头	218101	kg	5.830	0.025	0.030	0.035	0.040
	钢锯条	207262	根	26.000	1.200	1.400	1.600	1.800
	标志牌	218004	个	0.020	1.000	1.000	1.000	1.000
	铁砂布 0# ~ 2#	218024	张	0.970	0.800	1.000	1.000	1.000
	汽油 93#	209173	kg	9.900	0.150	0.200	0.200	0.200
	相色带	213175	卷	3.520	0.030	0.035	0.040	0.060
	其他材料费	2999	元	—	4.150	5.360	5.980	7.200
机械	其他机具费	3999	元	—	0.630	0.810	0.900	1.080

十二、户内热缩式电缆终端头制作、安装

工作内容：校潮、检验、定位、量尺寸、锯断、剥切、锯钢甲、剥除内屏蔽层绝缘层、
清洗、缠密封胶、套热缩管和绝缘管应控管、压接线端子、套缩副管及相
色管、焊接地线、安装固定、搭弓子、清理现场、挂铭牌、配合试验。　　计量单位：个

定　额　编　号				25039001	25039002	25039003
项　目　名　称				1kV 以下（mm² 以内）		
				1×70	4×70	5×70
预　算　基　价				137.78	342.48	418.45
其中	人工费（元）			55.40	166.21	207.77
	材料费（元）			82.02	175.19	209.34
	机械费（元）			0.36	1.08	1.34
	仪器仪表费（元）			—	—	—
名　　称	代号	单位	单价（元）	数　　　量		
人工 安装工	1002	工目	145.80	0.380	1.140	1.425
材料 电缆终端头	215055	个	—	（1.020）	（1.020）	（1.020）
接地编织铜线	214235	m	—	（1.000）	（1.000）	（1.000）
相色带	213175	卷	3.520	0.050	0.100	0.100
焊锡丝	207293	kg	61.140	0.300	0.300	0.300
白布带 20m	218003	盘	3.520	0.500	1.000	1.200
路铭牌	218016	张	2.000	1.020	1.020	1.020
焊锡膏 50g/瓶	207292	kg	72.730	0.060	0.060	0.060
汽油 93#	209173	kg	9.900	0.200	0.600	0.800
丙酮	209049	kg	12.000	0.150	0.500	0.700
电力复合酯 一级	209139	kg	20.000	0.015	0.030	0.030
自粘性橡胶带	208200	卷	3.500	0.200	0.500	0.700
终端头卡子	215014	个	2.500	2.060	2.060	2.060
铜端子 25	213123	个	13.000	1.015	1.015	1.015
铜端子 70	213126	个	25.400	1.015	4.060	5.075
镀锌垫圈 10	207030	个	0.120	8.160	8.160	8.160
铜绑线 2	213085	kg	21.140	0.150	0.300	0.400
镀锌带母螺栓 10×20～35	207124	套	0.280	4.080	4.080	4.080
镀锌弹簧垫圈 10	207495	个	0.030	4.080	4.080	4.080
其他材料费	2999	元	—	1.020	2.230	2.700
机械 其他机具费	3999	元	—	0.360	1.080	1.340

工作内容：校潮、检验、定位、量尺寸、锯断、剥切、锯钢甲、剥除内屏蔽层绝缘层、
　　　　　清洗、缠密封胶、套热缩管和绝缘管、压接线端子、套缩副管及相色管、焊
　　　　　接地线、安装固定、搭弓子、清理现场、挂铭牌、配合试验。　　　计量单位：个

定 额 编 号				25039004	25039005	25039006
项 目 名 称				1kV 以下（mm² 以内）		
				1×120	4×120	5×120
预 算 基 价				178.27	466.18	558.52
其中	人工费（元）			69.26	207.77	249.32
	材料费（元）			108.56	257.07	307.59
	机械费（元）			0.45	1.34	1.61
	仪器仪表费（元）			—	—	—
名 称	代号	单位	单价（元）	数 量		
人工	安装工	1002	工日	145.80	0.475	1.425	1.710
材料	电缆终端头	215055	个	—	（1.020）	（1.020）	（1.020）
	接地编织铜线	214235	m	—	（1.000）	（1.000）	（1.000）
	相色带	213175	卷	3.520	0.100	0.160	0.200
	焊锡丝	207293	kg	61.140	0.350	0.350	0.350
	路铭牌	218016	张	2.000	1.020	1.020	1.020
	铜绑线 2	213085	kg	21.140	0.200	0.400	0.500
	白布带 20m	218003	盘	3.520	0.500	1.000	1.200
	汽油 93#	209173	kg	9.900	0.300	0.800	1.000
	丙酮	209049	kg	12.000	0.200	0.800	1.000
	自粘性橡胶带	208200	卷	3.500	0.300	1.200	1.500
	焊锡膏 50g/ 瓶	207292	kg	72.730	0.070	0.070	0.070
	电力复合酯 一级	209139	kg	20.000	0.020	0.050	0.050
	镀锌垫圈 12	207031	个	0.200	8.160	8.160	8.160
	铜端子 25	213123	个	13.000	1.015	1.015	1.015
	铜端子 120	213128	个	40.930	1.015	4.060	5.075
	终端头卡子	215014	个	2.500	2.060	2.060	2.060
	镀锌弹簧垫圈 12	207496	个	0.008	4.080	4.080	4.080
	镀锌垫圈 10	207030	个	0.120	8.160	8.160	8.160
	镀锌弹簧垫圈 10	207495	个	0.030	4.080	4.080	4.080
	镀锌带母螺栓 10×20～35	207124	套	0.280	4.080	4.080	4.080
	镀锌带母螺栓 12×20～35	207128	套	0.430	4.080	4.080	4.080
	其他材料费	2999	元	—	1.320	3.100	3.680
机械	其他机具费	3999	元	—	0.450	1.340	1.610

工作内容：校潮、检验、定位、量尺寸、锯断、剥切、锯钢甲、剥除内屏蔽层绝缘层、
清洗、缠密封胶、套热缩管和绝缘管、压接线端子、套缩副管及相色管、焊
接地线、安装固定、搭弓子、清理现场、挂铭牌、配合试验。　　　计量单位：个

定 额 编 号				25039007	25039008	25039009
项 目 名 称				1kV 以下（mm² 以内）		
				1×185	4×185	5×185
预 算 基 价				226.58	637.49	793.22
其中	人工费（元）			83.11	277.02	360.13
	材料费（元）			142.93	358.68	430.76
	机械费（元）			0.54	1.79	2.33
	仪器仪表费（元）			—	—	—
	名　称	代号	单位	单价（元）	数　量	
人工	安装工	1002	工日	145.80	0.570	1.900	2.470
材料	电缆终端头	215055	个	—	（1.020）	（1.020）	（1.020）
	接地编织铜线	214235	m	—	（1.000）	（1.000）	（1.000）
	路铭牌	218016	张	2.000	1.020	1.020	1.020
	焊锡丝	207293	kg	61.140	0.450	0.450	0.450
	白布带 20m	218003	盘	3.520	0.500	1.200	1.300
	镀锌垫圈 12	207031	个	0.200	14.280	14.280	14.280
	铜绑线 2	213085	kg	21.140	0.200	0.500	0.600
	汽油 93#	209173	kg	9.900	0.500	1.000	1.200
	丙酮	209049	kg	12.000	0.300	1.000	1.300
	自粘性橡胶带	208200	卷	3.500	0.500	2.100	2.600
	焊锡膏 50g/ 瓶	207292	kg	72.730	0.090	0.090	0.090
	电力复合酯 一级	209139	kg	20.000	0.030	0.080	0.080
	铜端子 25	213123	个	13.000	1.015	1.015	1.015
	铜端子 185	213130	个	60.480	1.015	4.060	5.075
	终端头卡子	215014	个	2.500	2.060	2.060	2.060
	镀锌弹簧垫圈 12	207496	个	0.008	7.140	7.140	7.140
	镀锌垫圈 10	207030	个	0.120	8.160	8.160	8.160
	镀锌弹簧垫圈 10	207495	个	0.030	4.080	4.080	4.080
	镀锌带母螺栓 10×20 ~ 35	207124	套	0.280	4.080	4.080	4.080
	镀锌带母螺栓 12×20 ~ 35	207128	套	0.430	7.140	7.140	7.140
	其他材料费	2999	元	—	1.980	4.820	5.710
机械	其他机具费	3999	元	—	0.540	1.790	2.330

工作内容：校潮、检验、定位、量尺寸、锯断、剥切、锯钢甲、剥除内屏蔽层绝缘层、
清洗、缠密封胶、套热缩管和绝缘管、压接线端子、套缩副管及相色管、焊
接地线、安装固定、搭弓子、清理现场、挂铭牌、配合试验。　　　　计量单位：个

定 额 编 号				25039010	25039011
项 目 名 称				1kV 以下（mm² 以内）	
				1×300	4×300
预 算 基 价				277.04	864.63
其中	人工费（元）			110.81	387.83
	材料费（元）			165.51	474.29
	机械费（元）			0.72	2.51
	仪器仪表费（元）			—	—
名　　称	代号	单位	单价（元）	数　　量	
人工	安装工	1002	工日	145.80	0.760	2.660

	名　　称	代号	单位	单价（元）	数　　量	
人工	安装工	1002	工日	145.80	0.760	2.660
材料	电缆终端头	215055	个	—	（1.020）	（1.020）
	接地编织铜线	214235	m	—	（1.000）	（1.000）
	焊锡丝	207293	kg	61.140	0.500	0.500
	焊锡膏 50g/ 瓶	207292	kg	72.730	0.100	0.100
	白布带 20m	218003	盘	3.520	0.500	1.300
	路铭牌	218016	张	2.000	1.020	1.020
	汽油 93#	209173	kg	9.900	0.600	1.300
	丙酮	209049	kg	12.000	0.500	1.500
	电力复合酯 一级	209139	kg	20.000	0.030	0.100
	自粘性橡胶带	208200	卷	3.500	0.600	3.100
	铜绑线 2	213085	kg	21.140	0.200	0.600
	终端头卡子	215014	个	2.500	2.060	2.060
	铜端子 25	213123	个	13.000	1.015	1.015
	镀锌弹簧垫圈 12	207496	个	0.008	4.080	17.340
	镀锌垫圈 12	207031	个	0.200	8.160	34.680
	铜端子 300	213132	个	82.000	1.015	4.060
	镀锌带母螺栓 12×20 ~ 35	207128	套	0.430	4.080	17.340
	其他材料费	2999	元	—	—	7.630
机械	其他机具费	3999	元	—	0.720	2.510

工作内容：校潮、检验、定位、量尺寸、锯断、剥切、锯钢甲、剥保护层及绝缘层、包缠绝缘、
　　　　　压接线端子、焊接地线、安装固定、搭弓子、清理现场、挂铭牌、配合试验。　　计量单位：个

定 额 编 号				25039012	25039013	25039014	25039015	25039016
项 目 名 称				交联 1kV 以下（mm² 以内）				
				1×70	4×70	5×70	1×120	4×120
预 算 基 价				101.26	215.73	258.04	136.73	311.05
其中	人工费（元）			27.70	52.63	63.71	33.24	65.17
	材料费（元）			73.38	162.76	193.92	103.27	245.46
	机械费（元）			0.18	0.34	0.41	0.22	0.42
	仪器仪表费（元）			—	—	—	—	—
名　称		代号	单位	单价（元）	数　　量			
人工	安装工	1002	工日	145.80	0.190	0.361	0.437	0.228	0.447
材料	塑料手套	217077	个	—	（1.050）	（1.050）	（1.050）	（1.050）	（1.050）
	接地编织铜线	214235	m	—	（1.400）	（1.400）	（1.400）	（1.400）	（1.400）
	焊锡丝	207293	kg	61.140	0.200	0.200	0.200	0.350	0.350
	焊锡膏 50g/ 瓶	207292	kg	72.730	0.040	0.040	0.040	0.070	0.070
	电力复合酯 一级	209139	kg	20.000	0.015	0.030	0.030	0.020	0.050
	自粘性橡胶带	208200	卷	3.500	0.200	0.600	0.720	0.300	1.200
	汽油 93#	209173	kg	9.900	0.200	0.500	0.700	0.300	0.800
	塑料带 20×40	210026	卷	3.990	0.150	0.380	0.380	0.150	0.380
	铜端子 120	213128	个	40.930	—	—	—	1.015	4.060
	路铭牌	218016	张	2.000	1.020	1.020	1.020	1.020	1.020
	塑料胶粘带 20×50	210027	卷	4.500	0.300	0.800	0.800	0.300	0.800
	铜绑线 2	213085	kg	21.140	0.150	0.300	0.420	0.200	0.400
	铜端子 25	213123	个	13.000	1.015	1.015	1.015	1.015	1.015
	铜端子 70	213126	个	25.400	1.015	4.060	5.075	—	—
	终端头卡子	215014	个	2.500	2.060	2.060	2.060	2.060	2.060
	镀锌垫圈 10	207030	个	0.120	10.200	10.200	10.200	10.200	10.200
	相色带	213175	卷	3.520	0.100	0.160	0.200	0.100	0.160
	镀锌带母螺栓 10×20 ～ 35	207124	套	0.280	5.100	5.100	5.100	5.100	5.100
	镀锌弹簧垫圈 10	207495	个	0.030	5.100	5.100	5.100	5.100	5.100
	其他材料费	2999	元	—	0.820	1.640	1.940	1.100	2.350
机械	其他机具费	3999	元	—	0.180	0.340	0.410	0.220	0.420

工作内容：校潮、检验、定位、量尺寸、锯断、剥切、锯钢甲、剥保护层及绝缘层、
包缠绝缘、压接线端子、焊接地线、安装固定、搭弓子、清理现场、挂铭
牌、配合试验。

计量单位：个

定 额 编 号				25039017	25039018	25039019	25039020	25039021
项 目 名 称				交联 1kV 以下（mm² 以内）				
				5×120	1×185	4×185	5×185	1×240
预 算 基 价				369.44	174.29	416.34	489.67	196.78
其中	人工费（元）			76.25	40.24	74.80	80.34	45.78
	材料费（元）			292.70	133.79	341.06	408.81	150.70
	机械费（元）			0.49	0.26	0.48	0.52	0.30
	仪器仪表费（元）			—	—	—	—	—
名 称	代号	单位	单价（元）	数　　量				
人工	安装工	1002	工日	145.80	0.523	0.276	0.513	0.551	0.314

名 称	代号	单位	单价（元）	25039017	25039018	25039019	25039020	25039021
安装工	1002	工日	145.80	0.523	0.276	0.513	0.551	0.314
塑料手套	217077	个	—	（1.050）	（1.050）	（1.050）	（1.050）	（1.050）
接地编织铜线	214235	m	—	（1.400）	（1.500）	（1.500）	（1.500）	（1.500）
焊锡膏 50g/ 瓶	207292	kg	72.730	0.070	0.090	0.090	0.090	0.100
汽油 93#	209173	kg	9.900	1.000	0.500	1.000	1.200	0.600
焊锡丝	207293	kg	61.140	0.350	0.450	0.450	0.450	0.500
电力复合酯 一级	209139	kg	20.000	0.050	0.030	0.080	0.080	0.030
自粘性橡胶带	208200	卷	3.500	1.500	0.500	2.100	2.600	0.600
铜端子 185	213130	个	60.480	—	1.015	4.060	5.075	—
铜端子 240	213131	个	72.000	—	—	—	—	1.015
塑料带 20×40	210026	卷	3.990	0.380	0.150	0.380	0.380	0.150
路铭牌	218016	张	2.000	1.020	1.020	1.020	1.020	1.020
塑料胶粘带 20×50	210027	卷	4.500	0.800	0.300	0.800	0.800	0.300
铜端子 120	213128	个	40.930	5.075	—	—	—	—
终端头卡子	215014	个	2.500	2.060	2.060	2.060	2.060	2.060
铜端子 25	213123	个	13.000	1.015	1.015	1.015	1.015	1.015
相色带	213175	卷	3.520	0.200	0.100	0.200	0.200	0.100
铜绑线 2	213085	kg	21.140	0.500	0.200	0.500	0.600	0.200
镀锌垫圈 10	207030	个	0.120	10.200	10.200	10.200	10.200	10.200
镀锌带母螺栓 10×20～35	207124	套	0.280	5.100	5.100	5.100	5.100	5.100
镀锌弹簧垫圈 10	207495	个	0.030	5.100	5.100	5.100	5.100	5.100
其他材料费	2999	元	—	2.760	1.330	3.020	3.540	1.420
其他机具费	3999	元	—	0.490	0.260	0.480	0.520	0.300

（材料栏左侧标注"材料"，机械栏左侧标注"机械"）

工作内容：校潮、检验、定位、量尺寸、锯断、剥切、锯钢甲、剥保护层及绝缘层、
包缠绝缘、压接线端子、焊接地线、安装固定、搭弓子、清理现场、挂铭
牌、配合试验。

计量单位：个

定 额 编 号				25039022	25039023
项 目 名 称				交联 1kV 以下（mm² 以内）	
				4×240	5×240
预 算 基 价				585.07	581.71
其中	人工费（元）			81.79	98.42
	材料费（元）			502.75	482.65
	机械费（元）			0.53	0.64
	仪器仪表费（元）			—	—
名 称	代号	单位	单价（元）	数 量	
人工	安装工	1002	工日	145.80	0.561	0.675
材料	塑料手套	217077	个	—	（1.050）	（1.050）
	接地编织铜线	214235	m	—	（1.500）	（1.500）
	自粘性橡胶带	208200	卷	3.500	32.100	3.720
	焊锡丝	207293	kg	61.140	0.500	0.500
	铜绑线 2	213085	kg	21.140	0.600	0.720
	电力复合酯 一级	209139	kg	20.000	0.100	0.100
	焊锡膏 50g/瓶	207292	kg	72.730	0.100	0.100
	塑料胶粘带 20×50	210027	卷	4.500	0.800	0.800
	塑料带 20×40	210026	卷	3.990	0.380	0.380
	汽油 93#	209173	kg	9.900	1.300	1.560
	路铭牌	218016	张	2.000	1.020	1.020
	铜端子 25	213123	个	13.000	1.015	1.015
	铜端子 240	213131	个	72.000	4.060	5.075
	终端头卡子	215014	个	2.500	2.060	2.060
	镀锌垫圈 10	207030	个	0.120	10.200	10.200
	相色带	213175	卷	3.520	0.300	0.420
	镀锌带母螺栓 10×20～35	207124	套	0.280	5.100	5.100
	镀锌弹簧垫圈 10	207495	个	0.030	5.100	5.100
	其他材料费	2999	元	—	3.320	3.940
机械	其他机具费	3999	元	—	0.530	0.640

十三、户内干包式电力电缆终端头制作、安装

工作内容：校潮、检验、定位、量尺寸、锯断、剥切、锯钢甲、剥保护层及绝缘层、包缠绝缘、压接线端子、焊接地线、安装固定、搭弓子、清理现场、挂铭牌、配合试验。

计量单位：个

定 额 编 号				25040001	25040002	25040003
项 目 名 称				纸绝缘 1kV 以下（mm² 以内）		
				70	120	240
预 算 基 价				244.13	339.81	511.87
其中	人工费（元）			74.80	92.87	116.35
	材料费（元）			168.85	246.34	394.77
	机械费（元）			0.48	0.60	0.75
	仪器仪表费（元）			—	—	—
名 称	代号	单位	单价（元）	数 量		
人工	安装工	1002	工日	145.80	0.513	0.637	0.798
材料	塑料软手套	217078	个	—	（1.050）	（1.050）	（1.050）
	接地编织铜线	214235	m	—	（1.500）	（1.600）	（1.700）
	焊锡丝	207293	kg	61.140	0.050	0.100	0.200
	焊锡膏 50g/瓶	207292	kg	72.730	0.010	0.020	0.040
	自粘性橡胶带	208200	卷	3.500	0.600	0.800	1.000
	汽油 93#	209173	kg	9.900	0.650	0.700	0.800
	电力复合酯 一级	209139	kg	20.000	0.030	0.050	0.080
	路铭牌	218016	张	2.000	1.020	1.020	1.020
	铜端子 25	213123	个	13.000	1.015	1.015	1.015
	铜端子 70	213126	个	25.400	4.060	—	—
	铜端子 120	213128	个	40.930	—	4.060	—
	铜端子 240	213131	个	72.000	—	—	4.060
	黑胶布带 20×20	210180	卷	3.000	0.630	0.630	0.630
	塑料止水带	210071	m	30.900	0.049	0.225	0.381
	塑料带 20×40	210026	卷	3.990	1.000	1.130	1.250
	硬酯酸 一级	209127	kg	10.210	0.010	0.010	0.010
	终端头卡子	215014	个	2.500	2.060	2.060	2.060
	镀锌带母螺栓 10×20～35	207124	套	0.280	5.100	5.100	5.100
	铜绑线 2	213085	kg	21.140	0.500	0.500	0.500
	封铅	201135	kg	44.720	0.200	0.250	0.380
	相色带	213175	卷	3.520	0.160	0.200	0.300
	镀锌弹簧垫圈 10	207495	个	0.030	5.100	5.100	5.100
	镀锌垫圈 10	207030	个	0.120	10.200	10.200	10.200
	其他材料费	2999	元	—	2.040	2.770	3.730
机械	其他机具费	3999	元	—	0.480	0.600	0.750

十四、控制电缆终端头制作、安装

工作内容：定位、量尺寸、锯断、剥切、装套管、包扎、安装、固定等。　　　　　　　　计量单位：个

定额编号				25041001	25041002	25041003	25041004	25041005
项目名称				芯 以 内				
				7	14	24	37	48
预算基价				62.71	84.59	115.01	151.13	188.09
其中	人工费（元）			26.39	34.70	49.86	69.26	90.10
	材料费（元）			36.15	49.67	64.83	81.42	97.41
	机械费（元）			0.17	0.22	0.32	0.45	0.58
	仪器仪表费（元）			—	—	—	—	—
名　称	代号	单位	单价（元）	数　量				
人工	安装工	1002	工日	145.80	0.181	0.238	0.342	0.475	0.618
材料	接地编织铜线	214235	m	—	（1.000）	（1.000）	（1.000）	（1.000）	（1.000）
	塑料软手套	217078	个	—	（1.050）	（1.050）	（1.050）	（1.050）	（1.050）
	尼龙扎带 L100	210066	根	0.360	10.000	10.000	15.000	15.000	15.000
	塑料带 20×40	210026	卷	3.990	0.030	0.040	0.050	0.060	0.070
	塑料软管 φ5	210031	m	0.180	7.000	14.000	24.000	37.000	48.000
	焊锡丝	207293	kg	61.140	0.100	0.150	0.170	0.190	0.240
	汽油 93#	209173	kg	9.900	0.100	0.150	0.180	0.200	0.250
	自粘性橡胶带	208200	卷	3.500	0.200	0.400	0.600	0.800	0.900
	焊锡膏 50g/瓶	207292	kg	72.730	0.020	0.030	0.030	0.040	0.050
	端子号牌	213301	个	1.000	5.000	12.000	21.000	32.000	41.000
	镀锌带母螺栓 10×20～35	207124	套	0.280	3.060	3.060	3.060	3.060	3.060
	镀锌弹簧垫圈 10	207495	个	0.030	3.060	3.060	3.060	3.060	3.060
	铜端子 16	213122	个	12.000	1.015	1.015	1.015	1.015	1.015
	终端头卡子	215014	个	2.500	1.030	1.030	1.030	1.030	1.030
	镀锌垫圈 10	207030	个	0.120	6.120	6.120	6.120	6.120	6.120
	其他材料费	2999	元	—	0.470	0.710	1.010	1.380	1.720
机械	其他机具费	3999	元	—	0.170	0.220	0.320	0.450	0.580

十五、矿物电缆压装型终端头制作、安装

工作内容：定位、固定、剥铜护套、测绝缘、驱潮、终端密封、套加胶热缩管和热缩管、
接线端子安装、接地、清理现场、挂铭牌、配合试验。

计量单位：个

定 额 编 号				25042001	25042002	25042003	25042004
项 目 名 称				BTTZ 矿物电缆　电缆截面（mm² 以内）			
				4	10	35	70
预 算 基 价				65.09	73.58	113.83	138.49
其中	人工费（元）			23.33	29.16	40.82	55.40
	材料费（元）			41.46	44.12	72.71	82.73
	机械费（元）			0.30	0.30	0.30	0.36
	仪器仪表费（元）			—	—	—	—
名　称	代号	单位	单价（元）	数　量			
人工	安装工	1002	工日	145.80	0.160	0.200	0.280	0.380
材料	压装型终端头	215054	套	—	（1.020）	（1.020）	（1.020）	（1.020）
	汽油 93#	209173	kg	9.900	0.050	0.050	0.050	0.060
	铁砂布 0# ~ 2#	218024	张	0.970	0.100	0.150	0.200	0.300
	标志牌	218004	个	0.020	1.020	1.020	1.020	1.020
	棉纱头	218101	kg	5.830	0.010	0.010	0.010	0.020
	铜端子 70	213126	个	25.400	—	—	—	1.020
	铜端子 35	213124	个	15.000	—	—	1.020	—
	铜端子 25	213123	个	13.000	—	—	2.020	2.020
	铜端子 16	213122	个	12.000	2.020	2.020	—	—
	钢锯条	207262	根	26.000	0.200	0.300	0.400	0.500
	相色带	213175	卷	3.520	0.003	0.005	0.007	0.008
	裸铜线 16mm²	214002	m	16.500	0.500	0.500	—	0.800
	裸铜线 25mm²	214004	m	20.800	—	—	0.800	—
	镀锌弹簧垫圈 10	207495	个	0.030	2.020	2.020	2.020	2.020
	镀锌垫圈 10	207491	个	0.080	4.040	4.040	4.040	4.040
	镀锌电缆卡子 2×35	215010	个	1.540	1.030	1.030	1.030	1.030
	镀锌带母螺栓 8×16 ~ 25	207120	套	0.160	2.020	2.020	2.020	2.020
	其他材料费	2999	元	—	0.800	0.800	1.020	1.020
机械	其他机具费	3999	元	—	0.300	0.300	0.300	0.360

工作内容：定位、固定、剥铜护套、测绝缘、驱潮、终端密封、套加胶热缩管和热缩管、
接线端子安装、接地、清理现场、挂铭牌、配合试验。

计量单位：个

定 额 编 号				25042005	25042006	25042007	25042008
项 目 名 称				BTTZ 矿物电缆　电缆截面（mm² 以内）			
				150	240	300	400
预 算 基 价				187.48	228.43	222.64	251.62
其中	人工费（元）			69.26	83.11	55.40	69.26
	材料费（元）			117.73	144.71	166.56	181.57
	机械费（元）			0.49	0.61	0.68	0.79
	仪器仪表费（元）			—	—	—	—
名　称	代号	单位	单价（元）	数　量			
人工	安装工	1002	工日	145.80	0.475	0.570	0.380	0.475
材料	压装型终端头	215054	套	—	（1.020）	（1.020）	（1.020）	（1.020）
	铁砂布 0# ~ 2#	218024	张	0.970	0.300	0.400	0.450	0.500
	铜端子 240	213131	个	72.000	—	1.020	—	—
	汽油 93#	209173	kg	9.900	0.060	0.070	0.075	0.080
	标志牌	218004	个	0.020	1.020	1.020	1.020	1.020
	棉纱头	218101	kg	5.830	0.020	0.030	0.035	0.040
	镀锌电缆卡子 3×100	215012	个	2.300	—	—	—	1.030
	镀锌电缆卡子 3×35	215011	个	1.720	—	—	1.030	—
	铜端子 35	213124	个	15.000	2.020	2.020	—	—
	铜端子 50	213125	个	18.000	—	—	2.020	2.020
	铜端子 150	213129	个	49.200	1.020	—	—	—
	铜端子 300	213132	个	82.000	—	—	1.020	—
	铜端子 400	213133	个	90.000	—	—	—	1.020
	裸铜线 25mm²	214004	m	20.800	0.800	0.800	0.900	0.900
	相色带	213175	卷	3.520	0.009	0.010	0.015	0.020
	镀锌电缆卡子 2×35	215010	个	1.540	1.030	1.030	—	—
	钢锯条	207262	根	26.000	0.600	0.700	0.800	1.000
	镀锌垫圈 10	207491	个	0.080	4.040	4.040	4.040	4.040
	镀锌弹簧垫圈 10	207495	个	0.030	2.020	2.020	2.020	2.020
	镀锌带母螺栓 8×16 ~ 25	207120	套	0.160	2.020	2.020	2.020	2.020
	其他材料费	2999	元	—	1.660	2.530	3.110	4.010
机械	其他机具费	3999	元	—	0.490	0.610	0.680	0.790

第三节 配管、配线敷设

一、镀锌电线管敷设

（一）砖、混凝土结构明配

工作内容：测位、划线、打眼、埋螺栓、锯管、套丝、煨弯、配管、接地、穿引线、
与维护结构相连等。

计量单位：m

定 额 编 号				25043001	25043002	25043003
项 目 名 称				公称直径（mm 以内）		
				15	20	25
预 算 基 价				14.51	15.11	15.69
其中	人工费（元）			12.83	13.12	13.56
	材料费（元）			1.58	1.89	1.97
	机械费（元）			0.10	0.10	0.16
	仪器仪表费（元）			—	—	—
	名 称	代号	单位	单价（元）	数 量	
人工	安装工	1002	工日	145.80	0.088	0.090	0.093
材料	镀锌电线管	201114	m	—	（1.030）	（1.030）	（1.030）
	塑料护口（电线管）20	212453	个	0.100	—	0.155	—
	电线管卡子 20	212404	个	0.250	—	1.442	—
	镀锌锁紧螺母 20	207083	个	0.444	—	0.155	—
	镀锌电线管接头 20	212653	个	1.150	—	0.258	—
	电线管接地卡子 20	212543	个	0.240	—	0.670	—
	塑料护口（电线管）25	212454	个	0.170	—	—	0.155
	电线管卡子 25	212405	个	0.270	—	—	0.855
	镀锌锁紧螺母 25	207084	个	0.660	—	—	0.155
	镀锌电线管接头 25	212654	个	1.360	—	—	0.258
	电线管接地卡子 25	212544	个	0.310	—	—	0.670
	塑料护口（电线管）15	212452	个	0.060	0.155	—	—
	电线管卡子 15	212403	个	0.210	1.442	—	—
	镀锌锁紧螺母 15	207082	个	0.342	0.155	—	—
	镀锌电线管接头 15	212652	个	0.660	0.258	—	—
	镀锌木螺钉	207183	个	0.044	2.912	2.912	1.726
	铅油	209063	kg	20.000	0.006	0.007	0.010
	清油	209034	kg	20.000	0.003	0.003	0.004
	铜芯聚氯乙烯绝缘电线 BV-4	214010	m	2.860	0.081	0.081	0.081
	塑料胀塞	210029	个	0.030	2.940	2.940	1.743
	电线管接地卡子 15	212542	个	0.200	0.670	—	—
	其他材料费	2999	元	—	0.282	0.337	0.417
机械	其他机具费	3999	元	—	0.099	0.099	0.158

工作内容：测位、划线、打眼、埋螺栓、锯管、套丝、煨弯、配管、接地等。　　　　　　　计量单位：m

定　额　编　号				25043004	25043005	25043006
项　目　名　称				公称直径（mm以内）		
				32	40	50
预　算　基　价				14.18	15.65	17.12
其中	人工费（元）			11.46	12.04	12.76
	材料费（元）			2.56	3.36	4.11
	机械费（元）			0.16	0.25	0.25
	仪器仪表费（元）			—	—	—
名　　称	代号	单位	单价（元）	数　　量		
人工	安装工	1002	工日	145.80	0.079	0.083	0.088
材料	镀锌电线管	201114	m	—	（1.030）	（1.030）	（1.030）
	镀锌电线管40	201119	m	—	—	（1.030）	—
	电线管卡子40	212407	个	0.400	—	0.679	—
	膨胀螺栓 φ6	207156	套	0.420	—	0.674	0.674
	镀锌电线管接头40	212656	个	3.240	—	0.258	—
	镀锌锁紧螺母40	207086	个	1.320	—	0.155	—
	镀锌锁紧螺母50	207087	个	1.920	—	—	0.155
	塑料护口（电线管）50	212457	个	0.400	—	—	0.155
	电线管卡子50	212408	个	0.460	—	—	0.679
	电线管接地卡子40	212546	个	0.560	—	0.670	—
	镀锌电线管接头50	212657	个	3.780	—	—	0.258
	电线管接地卡子50	212547	个	0.730	—	—	0.670
	塑料护口（电线管）32	212455	个	0.200	0.155	—	—
	电线管卡子32	212406	个	0.360	0.855	—	—
	镀锌木螺钉	207183	个	0.044	1.726	0.686	0.686
	镀锌电线管接头32	212655	个	2.140	0.258	—	—
	镀锌锁紧螺母32	207085	个	0.900	0.155	—	—
	铅油	209063	kg	20.000	0.013	0.014	0.019
	清油	209034	kg	20.000	0.005	0.006	0.008
	镀锌铁丝13#～17#	207234	kg	8.500	0.003	0.003	0.003
	塑料胀塞	210029	个	0.030	1.743	0.693	0.693
	电线管接地卡子32	212545	个	0.430	0.670	—	—
	铜芯聚氯乙烯绝缘电线 BV-4	214010	m	2.860	0.081	0.081	0.081
	其他材料费	2999	元	—	0.493	0.616	0.839
机械	其他机具费	3999	元	—	0.158	0.248	0.248

（二）砖、混凝土结构暗配

工作内容：测位、划线、套丝、锯管、煨弯、配管、固定、接地、接短管、穿引线、
与维护结构相连等。

计量单位：m

定 额 编 号				25044001	25044002	25044003
项 目 名 称				公称直径（mm 以内）		
				15	20	25
预 算 基 价				7.92	8.10	11.12
其中	人工费（元）			7.14	7.14	9.91
	材料费（元）			0.71	0.89	1.06
	机械费（元）			0.07	0.07	0.15
	仪器仪表费（元）			—	—	—
名 称	代号	单位	单价（元）	数 量		
人工	安装工	1002	工日	145.80	0.049	0.049	0.068
材料	镀锌电线管 25	201114	m	—	（1.030）	（1.030）	（1.030）
	塑料护口（电线管）20	212453	个	0.100	—	0.155	—
	电线管接地卡子 20	212543	个	0.240	—	0.670	—
	镀锌电线管接头 20	212653	个	1.150	—	0.258	—
	镀锌锁紧螺母 20	207083	个	0.444	—	0.155	—
	塑料护口（电线管）25	212454	个	0.170	—	—	0.155
	电线管接地卡子 25	212544	个	0.310	—	—	0.670
	镀锌电线管接头 25	212654	个	1.360	—	—	0.258
	镀锌锁紧螺母 25	207084	个	0.660	—	—	0.155
	塑料护口（电线管）15	212452	个	0.060	0.155	—	—
	镀锌电线管接头 15	212652	个	0.660	0.258	—	—
	镀锌锁紧螺母 15	207082	个	0.342	0.155	—	—
	镀锌铁丝 13# ~ 17#	207234	kg	8.500	0.003	0.003	0.003
	电线管接地卡子 15	212542	个	0.200	0.670	—	—
	铜芯聚氯乙烯绝缘电线 BV-4	214010	m	2.860	0.081	0.081	0.081
	铅油	209063	kg	20.000	0.001	0.001	0.001
	其他材料费	2999	元	—	0.066	0.071	0.099
机械	其他机具费	3999	元	—	0.070	0.070	0.150

工作内容：测位、划线、套丝、锯管、煨弯、配管、固定、接地、接短管等。　　　　　　计量单位：m

定 额 编 号				25044004	25044005	25044006
项 目 名 称				公称直径（mm 以内）		
				32	40	50
预 算 基 价				9.09	11.93	12.92
其 中	人工费（元）			7.55	9.80	10.40
	材料费（元）			1.39	1.89	2.28
	机械费（元）			0.15	0.24	0.24
	仪器仪表费（元）			—	—	—
名 称	代号	单位	单价（元）	数 量		
人工	安装工	1002	工日	145.80	0.052	0.067	0.071
材料	镀锌电线管	201114	m	—	（1.030）	（1.030）	（1.030）
	镀锌电线管 40	201119	m	—	—	（1.030）	—
	镀锌电线管 32	201118	m	—	（1.030）	—	—
	塑料护口（电线管）40	212456	个	0.400	—	0.155	—
	电线管接地卡子 40	212546	个	0.560	—	0.670	—
	镀锌电线管接头 40	212656	个	3.240	—	0.258	—
	镀锌锁紧螺母 40	207086	个	1.320	—	0.155	—
	塑料护口（电线管）50	212457	个	0.400	—	—	0.155
	电线管接地卡子 50	212547	个	0.730	—	—	0.670
	镀锌电线管接头 50	212657	个	3.780	—	—	0.258
	镀锌锁紧螺母 50	207087	个	1.920	—	—	0.155
	塑料护口（电线管）32	212455	个	0.200	0.155	—	—
	镀锌电线管接头 32	212655	个	2.140	0.258	—	—
	镀锌锁紧螺母 32	207085	个	0.900	0.155	—	—
	镀锌铁丝 13# ～ 17#	207234	kg	8.500	0.003	0.003	0.003
	电线管接地卡子 32	212545	个	0.430	0.670	—	—
	铜芯聚氯乙烯绝缘电线 BV-4	214010	m	2.860	0.081	0.081	0.081
	铅油	209063	kg	20.000	0.001	0.001	0.002
	其他材料费	2999	元	—	0.107	0.137	0.159
机械	其他机具费	3999	元	—	0.150	0.240	0.240

（三）吊顶内配管

工作内容：测位、划线、上卡子、锯管、套丝、煨弯、配管、接地、穿引线、与维护
结构相连等。

计量单位：m

定 额 编 号				25045001	25045002	25045003
项 目 名 称				公称直径（mm 以内）		
				15	20	25
预 算 基 价				9.61	10.07	13.79
其中	人工费（元）			8.75	9.04	12.54
	材料费（元）			0.79	0.96	1.10
	机械费（元）			0.07	0.07	0.15
	仪器仪表费（元）			—	—	—
名 称	代号	单位	单价（元）	数 量		
人工	安装工	1002	工日	145.80	0.060	0.062	0.086
材料	镀锌电线管	201114	m	—	（1.030）	（1.030）	（1.030）
	塑料护口（电线管）20	212453	个	0.100	—	0.155	—
	电线管接地卡子 20	212543	个	0.240	—	0.850	—
	镀锌电线管接头 20	212653	个	1.150	—	0.175	—
	镀锌锁紧螺母 20	207083	个	0.444	—	0.155	—
	塑料护口（电线管）25	212454	个	0.170	—	—	0.155
	电线管接地卡子 25	212544	个	0.310	—	—	0.638
	镀锌电线管接头 25	212654	个	1.360	—	—	0.175
	镀锌锁紧螺母 25	207084	个	0.660	—	—	0.155
	塑料护口（电线管）15	212452	个	0.060	0.155	—	—
	镀锌电线管接头 15	212652	个	0.660	0.175	—	—
	镀锌锁紧螺母 15	207082	个	0.342	0.155	—	—
	镀锌铁丝 13# ~ 17#	207234	kg	8.500	0.003	0.003	0.003
	电线管接地卡子 15	212542	个	0.200	0.850	—	—
	铜芯聚氯乙烯绝缘电线 BV-4	214010	m	2.860	0.081	0.081	0.081
	铅油	209063	kg	20.000	0.006	0.007	0.009
	其他材料费	2999	元	—	0.066	0.071	0.099
机械	其他机具费	3999	元	—	0.070	0.070	0.150

工作内容：测位、划线、上卡子、锯管、套丝、煨弯、配管、接地等。 计量单位：m

定 额 编 号				25045004
项 目 名 称				公称直径（mm 以内）
				32
预 算 基 价				12.26
其中	人工费（元）			10.63
	材料费（元）			1.48
	机械费（元）			0.15
	仪器仪表费（元）			—
	名 称	代号	单位	单价（元）	数 量
人工	安装工	1002	工日	145.80	0.073
材料	镀锌电线管	201114	m	—	（1.030）
	铜芯聚氯乙烯绝缘电线 BV-4	214010	m	2.860	0.081
	电线管接地卡子 32	212545	个	0.430	0.638
	镀锌铁丝 13# ~ 17#	207234	kg	8.500	0.003
	铅油	209063	kg	20.000	0.015
	镀锌电线管接头 32	212655	个	2.140	0.175
	塑料护口（电线管）32	212455	个	0.200	0.155
	镀锌锁紧螺母 32	207085	个	0.900	0.155
	其他材料费	2999	元	—	0.107
机械	其他机具费	3999	元	—	0.150

二、焊接钢管敷设

（一）砖、混凝土结构配管明装

工作内容：测位、划线、打眼、埋螺栓、套丝、锯管、煨弯、接地、刷漆、穿引线、与维护结构相联等。

计量单位：m

定 额 编 号				25046001	25046002	25046003
项 目 名 称				公称直径（mm 以内）		
				15	20	25
预 算 基 价				16.26	16.97	18.82
其中	人工费（元）			14.14	14.58	16.04
	材料费（元）			1.81	2.08	2.33
	机械费（元）			0.31	0.31	0.45
	仪器仪表费（元）			—	—	—
	名 称	代号	单位	单价（元）	数 量	
人工	安装工	1002	工日	145.80	0.097	0.100	0.110
材料	焊接钢管	201080	m	—	(1.030)	(1.030)	(1.030)
	焊接钢管接头 20	212642	个	1.300	—	0.165	—
	锁紧螺母 20	207074	个	0.320	—	0.155	—
	塑料护口（钢管）20	212459	个	0.100	—	0.155	—
	塑料胀塞	210029	个	0.030	2.520	2.520	1.743
	镀锌铁丝 13#～17#	207234	kg	8.500	0.007	0.007	0.007
	锁紧螺母 25	207075	个	0.380	—	—	0.155
	塑料护口（钢管）25	212460	个	0.200	—	—	0.155
	钢管管卡子 25	212429	个	0.530	—	—	0.855
	钢管管卡子 20	212428	个	0.460	—	1.236	—
	焊接钢管接头 25	212643	个	1.900	—	—	0.165
	塑料护口（钢管）15	212458	个	0.100	0.155	—	—
	钢管管卡子 15	212427	个	0.400	1.236	—	—
	圆钢 φ10 以内	201014	kg	—	0.007	0.007	0.009
	焊接钢管接头 15	212641	个	1.100	0.165	—	—
	锁紧螺母 15	207073	个	0.288	0.155	—	—
	镀锌木螺钉	207183	个	0.044	2.496	2.496	1.726
	铅油	209063	kg	20.000	0.006	0.007	0.010
	清油	209034	kg	20.000	0.003	0.003	0.004
	溶剂汽油 200#	209174	kg	7.200	0.005	0.006	0.007
	电焊条 综合	207290	kg	6.000	0.007	0.007	0.009
	红丹防锈漆	209019	kg	18.000	0.021	0.027	0.033
	其他材料费	2999	元	—	0.159	0.181	0.256
机械	其他机具费	3999	元	—	0.306	0.306	0.449

工作内容：测位、划线、打眼、埋螺栓、套丝、锯管、煨弯、接地、刷漆等。　　　　　　　　　　计量单位：m

定 额 编 号				25046004	25046005	25046006
项 目 名 称				公称直径（mm 以内）		
				32	40	50
预 算 基 价				19.44	25.00	26.12
其中	人工费（元）			15.88	19.95	20.21
	材料费（元）			3.11	4.43	5.29
	机械费（元）			0.45	0.62	0.62
	仪器仪表费（元）			—	—	—
	名　　称	代号	单位	单价（元）	数　　量	
人工	安装工	1002	工日	145.80	0.109	0.137	0.139
材料	焊接钢管	201080	m	—	（1.030）	（1.030）	（1.030）
	焊接钢管 40	201069	m	—	—	（1.030）	—
	焊接钢管 50	201070	m	—	—	—	（1.030）
	焊接钢管接头 40	212645	个	4.070	—	0.165	—
	锁紧螺母 40	207077	个	0.510	—	0.155	—
	塑料护口（钢管）40	212462	个	0.400	—	0.155	—
	沥青清漆	209102	kg	8.000	0.005	0.006	0.006
	镀锌铁丝 13# ~ 17#	207234	kg	8.500	0.007	0.007	0.007
	钢管管卡子 40	212431	个	1.800	—	0.680	—
	锁紧螺母 50	207078	个	0.590	—	—	0.155
	塑料护口（钢管）50	212463	个	0.400	—	—	0.155
	钢管管卡子 50	212432	个	2.000	—	—	0.680
	膨胀螺栓 φ6	207156	套	0.420	—	0.673	0.673
	焊接钢管接头 50	212646	个	5.990	—	—	0.165
	钢管管卡子 32	212430	个	0.900	0.855	—	—
	圆钢 φ10 以内	201014	kg	5.200	0.009	0.028	0.028
	镀锌木螺钉	207183	个	0.044	1.726	0.686	0.686
	塑料护口（钢管）32	212461	个	0.200	0.155	—	—
	焊接钢管接头 32	212644	个	2.790	0.165	—	—
	锁紧螺母 32	207076	个	0.440	0.155	—	—
	铅油	209063	kg	20.000	0.013	0.015	0.018
	清油	209034	kg	20.000	0.005	0.006	0.007
	塑料胀塞	210029	个	0.030	1.743	0.693	0.693
	红丹防锈漆	209019	kg	18.000	0.042	0.050	0.063
	电焊条 综合	207290	kg	6.000	0.009	0.011	0.011
	溶剂汽油 200#	209174	kg	7.200	0.009	0.011	0.014
	其他材料费	2999	元	—	0.276	0.343	0.400
机械	其他机具费	3999	元	—	0.449	0.617	0.617

（二）焊接钢管吊顶内敷设

工作内容：测位、划线、打眼、埋螺栓、套丝、锯管、煨弯、接地、刷漆、穿引线、
与维护结构相连等。

计量单位：m

定额编号					25047001	25047002	25047003
项目名称					公称直径（mm以内）		
					15	20	25
预算基价					11.80	12.79	15.30
其中	人工费（元）				9.77	10.50	12.54
	材料费（元）				1.72	1.98	2.31
	机械费（元）				0.31	0.31	0.45
	仪器仪表费（元）				—	—	—
	名称	代号	单位	单价（元）	数量		
人工	安装工	1002	工日	145.80	0.067	0.072	0.086
材料	焊接钢管	201080	m	—	（1.030）	（1.030）	（1.030）
	锁紧螺母20	207074	个	0.320	—	0.155	—
	塑料护口（钢管）20	212459	个	0.100	—	0.155	—
	焊接钢管接头20	212642	个	1.300	—	0.134	—
	镀锌带母螺栓 6×30~50	207119	套	0.130	1.248	1.248	1.240
	钢管管卡子20	212428	个	0.460	—	1.236	—
	塑料护口（钢管）25	212460	个	0.200	—	—	0.155
	钢管管卡子25	212429	个	0.530	—	—	1.030
	锁紧螺母25	207075	个	0.380	—	—	0.155
	焊接钢管接头25	212643	个	1.900	—	—	0.134
	红丹防锈漆	209019	kg	18.000	0.021	0.027	0.033
	塑料护口（钢管）15	212458	个	0.100	0.155	—	—
	钢管管卡子15	212427	个	0.400	1.236	—	—
	圆钢 φ10以内	201014	kg	5.200	0.007	0.007	0.007
	焊接钢管接头15	212641	个	1.100	0.134	—	—
	锁紧螺母15	207073	个	0.288	0.155	—	—
	铅油	209063	kg	20.000	0.006	0.007	0.009
	清油	209034	kg	20.000	0.003	0.003	0.004
	溶剂汽油200#	209174	kg	7.200	0.005	0.006	0.007
	电焊条 综合	207290	kg	6.000	0.007	0.007	0.009
	镀锌铁丝13#~17#	207234	kg	8.500	0.003	0.003	0.003
	其他材料费	2999	元	—	0.159	0.181	0.236
机械	其他机具费	3999	元	—	0.306	0.306	0.449

工作内容：测位、划线、打眼、埋螺栓、套丝、锯管、煨弯、接地、刷漆等。　　　　　　　　　　　计量单位：m

定 额 编 号				25047004
项 目 名 称				公称直径（mm 以内）
				32
预 算 基 价				16.72
其中	人工费（元）			13.12
	材料费（元）			3.15
	机械费（元）			0.45
	仪器仪表费（元）			—
	名　　称	代号	单位	单价（元）	数　　量
人工	安装工	1002	工日	145.80	0.090
材料	焊接钢管	201080	m	—	（1.030）
	铅油	209063	kg	20.000	0.015
	溶剂汽油 200#	209174	kg	7.200	0.009
	镀锌铁丝 13# ~ 17#	207234	kg	8.500	0.003
	镀锌带母螺栓 6×30 ~ 50	207119	套	0.130	1.040
	红丹防锈漆	209019	kg	18.000	0.042
	清油	209034	kg	20.000	0.005
	电焊条 综合	207290	kg	6.000	0.009
	锁紧螺母 32	207076	个	0.440	0.155
	焊接钢管接头 32	212644	个	2.790	0.134
	圆钢 φ10 以内	201014	kg	5.200	0.007
	钢管管卡子 32	212430	个	0.900	1.030
	塑料护口（钢管）32	212461	个	0.200	0.155
	其他材料费	2999	元	—	0.276
机械	其他机具费	3999	元	—	0.449

三、镀锌钢管敷设

（一）砖、混凝土结构配管明装

工作内容：测位、划线、打眼、埋螺栓、套丝、锯管、煨弯、接管、接地、穿引线、
与维护结构相连等。

计量单位：m

定 额 编 号				25048001	25048002	25048003
项 目 名 称				公称直径（mm 以内）		
				15	20	25
预 算 基 价				15.93	16.78	18.65
其中	人工费（元）			14.14	14.58	16.04
	材料费（元）			1.68	2.09	2.42
	机械费（元）			0.11	0.11	0.19
	仪器仪表费（元）			—	—	—
名 称	代号	单位	单价（元）	数 量		
人工	安装工	1002	工日	145.80	0.097	0.100	0.110
材料	镀锌钢管	201081	m	—	（1.030）	（1.030）	（1.030）
	镀锌锁紧螺母 20	207083	个	0.444	—	0.155	—
	塑料护口（钢管）20	212459	个	0.100	—	0.155	—
	镀锌管卡子 20	212410	个	0.550	—	1.236	—
	钢管接地卡子 25	212550	个	0.400	—	—	0.484
	镀锌钢管接头 20	212659	个	2.300	—	0.165	—
	镀锌锁紧螺母 25	207084	个	0.660	—	—	0.155
	塑料护口（钢管）25	212460	个	0.200	—	—	0.155
	镀锌管卡子 25	212411	个	0.770	—	—	0.855
	钢管接地卡子 20	212549	个	0.310	—	0.484	—
	镀锌钢管接头 25	212660	个	3.400	—	—	0.165
	塑料护口（钢管）15	212458	个	0.100	0.155	—	—
	镀锌管卡子 15	212409	个	0.440	1.236	—	—
	钢管接地卡子 15	212548	个	0.260	0.484	—	—
	镀锌钢管接头 15	212658	个	1.100	0.165	—	—
	镀锌锁紧螺母 15	207082	个	0.342	0.155	—	—
	清油	209034	kg	20.000	0.003	0.003	0.004
	塑料胀塞	210029	个	0.030	2.520	2.520	1.743
	镀锌铁丝 13# ~ 17#	207234	kg	8.500	0.007	0.007	0.007
	铜芯聚氯乙烯绝缘电线 BV-4	214010	m	2.860	0.063	0.063	0.063
	镀锌木螺钉	207183	个	0.044	2.496	2.496	1.726
	铅油	209063	kg	20.000	0.006	0.007	0.010
	其他材料费	2999	元	—	0.153	0.174	0.225
机械	其他机具费	3999	元	—	0.109	0.109	0.185

工作内容：测位、划线、打眼、埋螺栓、套丝、锯管、煨弯、接管、接地等。 计量单位：m

定 额 编 号				25048004	25048005	25048006	25048007
项 目 名 称				公称直径（mm 以内）			
				32	40	50	70
预 算 基 价				19.01	23.73	24.63	41.32
其中	人工费（元）			15.88	19.95	20.21	35.87
	材料费（元）			2.94	3.49	4.13	4.93
	机械费（元）			0.19	0.29	0.29	0.52
	仪器仪表费（元）			—	—	—	—
名 称	代号	单位	单价（元）	数 量			
人工	安装工	1002	工日	145.80	0.109	0.137	0.139	0.246
材料	镀锌钢管	201081	m	—	（1.030）	（1.030）	（1.030）	（1.030）
	铜芯聚氯乙烯绝缘电线 BV-6	214011	m	4.340	—	—	—	0.076
	镀锌锁紧螺母 50	207087	个	1.920	—	—	0.155	—
	镀锌钢管接头 50	212663	个	6.300	—	—	0.165	—
	镀锌管卡子 50	212414	个	1.210	—	—	0.680	—
	塑料护口（钢管）50	212463	个	0.400	—	—	0.155	—
	钢管接地卡子 40	212552	个	0.730	—	0.484	—	—
	镀锌管卡子 40	212413	个	0.980	—	0.680	—	—
	膨胀螺栓 φ6	207156	套	0.420	—	0.673	0.673	1.020
	镀锌管卡子 70	212415	个	1.320	—	—	—	0.515
	塑料护口（钢管）70	212464	个	0.600	—	—	—	0.155
	钢管接地卡子 70	212554	个	1.240	—	—	—	0.464
	钢管接地卡子 50	212553	个	0.950	—	—	0.484	—
	镀锌锁紧螺母 70	207088	个	3.720	—	—	—	0.155
	镀锌钢管接头 70	212664	个	6.800	—	—	—	0.155
	塑料护口（钢管）40	212462	个	0.400	—	0.155	—	—
	钢管接地卡子 32	212551	个	0.520	0.484	—	—	—
	镀锌管卡子 32	212412	个	0.860	0.855	—	—	—
	镀锌木螺钉	207183	个	0.044	1.726	0.686	0.686	—
	铜芯聚氯乙烯绝缘电线 BV-4	214010	m	2.860	0.063	0.063	0.063	—
	镀锌钢管接头 32	212661	个	4.770	0.165	—	—	—
	塑料护口（钢管）32	212461	个	0.200	0.155	—	—	—
	镀锌锁紧螺母 32	207085	个	0.900	0.155	—	—	—
	镀锌钢管接头 40	212662	个	5.400	—	0.165	—	—
	镀锌锁紧螺母 40	207086	个	1.320	—	0.155	—	—
	镀锌铁丝 13# ~ 17#	207234	kg	8.500	0.007	0.007	0.007	0.007
	清油	209034	kg	20.000	0.005	0.006	0.007	0.009
	铅油	209063	kg	20.000	0.013	0.015	0.018	0.021
	塑料胀塞	210029	个	0.030	1.743	0.693	0.693	—
	其他材料费	2999	元	—	0.263	0.324	0.377	0.534
机械	其他机具费	3999	元	—	0.185	0.286	0.286	0.524

工作内容：测位、划线、打眼、埋螺栓、套丝、锯管、煨弯、接管、接地等。　　　　　　计量单位：m

定　额　编　号				25048008	25048009	25048010	25048011
项　目　名　称				公称直径（mm 以内）			
				80	100	125	150
预　算　基　价				51.80	56.84	72.22	93.87
其中	人工费（元）			44.35	45.80	64.04	83.98
	材料费（元）			6.81	10.40	6.63	8.31
	机械费（元）			0.64	0.64	1.55	1.58
	仪器仪表费（元）			—	—	—	—
名　　称		代号	单位	单价（元）	数　　量		
人工	安装工	1002	工日	145.80	0.304	0.314	0.439	0.576
材料	镀锌钢管	201081	m	—	（1.030）	（1.030）	（1.030）	（1.030）
	铜芯聚氯乙烯绝缘电线 BV-6	214011	m	4.340	0.076	0.076	0.041	0.041
	镀锌管卡子 100	212417	个	6.600		0.515	—	—
	钢管接地卡子 100	212556	个	2.090		0.464	—	—
	镀锌钢管接头 100	212666	个	9.900		0.155	—	—
	镀锌锁紧螺母 100	207090	个	11.880		0.155	—	—
	塑料护口（钢管）100	212466	个	0.800		0.155	—	—
	镀锌钢管接头 125	212667	个	15.400	—	—	0.082	—
	镀锌钢管接头 150	212668	个	26.400	—	—	—	0.082
	镀锌管卡子 150	212419	个	6.600	—	—	—	0.288
	钢管接地卡子 150	212558	个	3.810	—	—	—	0.247
	镀锌管卡子 125	212418	个	6.600	—	—	0.288	—
	钢管接地卡子 125	212557	个	2.930	—	—	0.247	—
	塑料护口（钢管）80	212465	个	0.600	0.155	—	—	—
	镀锌管卡子 80	212416	个	3.280	0.515	—	—	—
	钢管接地卡子 80	212555	个	1.610	0.464	—	—	—
	镀锌钢管接头 80	212665	个	7.200	0.155	—	—	—
	镀锌锁紧螺母 80	207089	个	6.240	0.155	—	—	—
	镀锌铁丝 13# ~ 17#	207234	kg	8.500	0.007	0.007	0.007	0.007
	清油	209034	kg	20.000	0.011	0.014	0.017	0.020
	膨胀螺栓 φ6	207156	套	0.420	1.020	1.020	0.816	0.816
	铅油	209063	kg	20.000	0.024	0.031	0.038	0.044
	其他材料费	2999	元	—	0.683	0.818	1.059	1.439
机械	其他机具费	3999	元	—	0.644	0.644	1.551	1.577

（二）砖、混凝土结构配管暗装

工作内容：测位、划线、锯管、套丝、煨弯、配管、固定、接地、穿引线、与维护
结构相连等。

计量单位：m

定 额 编 号				25049001	25049002	25049003
项 目 名 称				公称直径（mm 以内）		
				15	20	25
预 算 基 价				8.49	8.73	10.43
其中	人工费（元）			7.73	7.73	9.04
	材料费（元）			0.68	0.92	1.22
	机械费（元）			0.08	0.08	0.17
	仪器仪表费（元）			—	—	—
名 称	代号	单位	单价（元）	数 量		
人工	安装工	1002	工日	145.80	0.053	0.053	0.062
材料	镀锌钢管	201081	m	—	（1.030）	（1.030）	（1.030）
	塑料护口（钢管）20	212459	个	0.100	—	0.155	—
	钢管接地卡子 20	212549	个	0.310	—	0.484	—
	镀锌钢管接头 20	212659	个	2.300	—	0.165	—
	镀锌锁紧螺母 20	207083	个	0.444	—	0.155	—
	塑料护口（钢管）25	212460	个	0.200	—	—	0.155
	钢管接地卡子 25	212550	个	0.400	—	—	0.484
	镀锌钢管接头 25	212660	个	3.400	—	—	0.165
	镀锌锁紧螺母 25	207084	个	0.660	—	—	0.155
	镀锌锁紧螺母 15	207082	个	0.342	0.155	—	—
	塑料护口（钢管）15	212458	个	0.100	0.155	—	—
	镀锌钢管接头 15	212658	个	1.100	0.165	—	—
	钢管接地卡子 15	212548	个	0.260	0.484	—	—
	镀锌铁丝 13# ~ 17#	207234	kg	8.500	0.007	0.007	0.007
	铜芯聚氯乙烯绝缘电线 BV-4	214010	m	2.860	0.063	0.063	0.063
	其他材料费	2999	元	—	0.062	0.063	0.089
机械	其他机具费	3999	元	—	0.083	0.083	0.168

工作内容：测位、划线、锯管、套丝、煨弯、配管、固定、接地等。   计量单位：m

定 额 编 号					25049004	25049005	25049006	25049007
项 目 名 称					公称直径（mm 以内）			
					32	40	50	70
预 算 基 价					9.85	15.51	17.44	27.53
其中	人工费（元）				8.14	13.38	14.96	24.20
	材料费（元）				1.54	1.87	2.22	2.86
	机械费（元）				0.17	0.26	0.26	0.47
	仪器仪表费（元）				—	—	—	—
	名 称	代号	单位	单价（元）	数 量			
人工	安装工	1002	工日	145.80	0.056	0.092	0.103	0.166
材料	镀锌钢管	201081	m	—	（1.030）	（1.030）	（1.030）	（1.030）
	铜芯聚氯乙烯绝缘电线 BV-6	214011	m	4.340	—	—	—	0.076
	镀锌锁紧螺母 50	207087	个	1.920	—	—	0.155	—
	塑料护口（钢管）50	212463	个	0.400	—	—	0.155	—
	钢管接地卡子 50	212553	个	0.950	—	—	0.484	—
	钢管接地卡子 40	212552	个	0.730	—	0.484	—	—
	镀锌钢管接头 50	212663	个	6.300	—	—	0.165	—
	塑料护口（钢管）70	212464	个	0.600	—	—	—	0.155
	钢管接地卡子 70	212554	个	1.240	—	—	—	0.464
	镀锌钢管接头 70	212664	个	6.800	—	—	—	0.155
	镀锌锁紧螺母 70	207088	个	3.720	—	—	—	0.155
	塑料护口（钢管）32	212461	个	0.200	0.155	—	—	—
	钢管接地卡子 32	212551	个	0.520	0.484	—	—	—
	铜芯聚氯乙烯绝缘电线 BV-4	214010	m	2.860	0.063	0.063	0.063	—
	镀锌钢管接头 32	212661	个	4.770	0.165	—	—	—
	镀锌锁紧螺母 32	207085	个	0.900	0.155	—	—	—
	镀锌钢管接头 40	212662	个	5.400	—	0.165	—	—
	镀锌锁紧螺母 40	207086	个	1.320	—	0.155	—	—
	塑料护口（钢管）40	212462	个	0.400	—	0.155	—	—
	镀锌铁丝 13# ~ 17#	207234	kg	8.500	0.007	0.007	0.007	0.007
	其他材料费	2999	元	—	0.091	0.117	0.121	0.172
机械	其他机具费	3999	元	—	0.168	0.263	0.263	0.474

工作内容：测位、划线、锯管、套丝、煨弯、配管、固定、接地等。 计量单位：m

定 额 编 号				25049008	25049009	25049010	25049011
项 目 名 称				公称直径（mm 以内）			
				80	100	125	150
预 算 基 价				36.46	39.86	47.03	66.33
其中	人工费（元）			32.28	34.12	43.04	61.15
	材料费（元）			3.56	5.12	2.52	3.68
	机械费（元）			0.62	0.62	1.47	1.50
	仪器仪表费（元）			—	—	—	—
	名 称	代号	单位	单价（元）	数 量		
人工	安装工	1002	工日	145.80	0.221	0.234	0.295	0.419
材料	镀锌钢管	201060	m	—	（1.030）	（1.030）	（1.030）	（1.030）
	铜芯聚氯乙烯绝缘电线 BV-6	214011	m	4.340	0.076	0.076	0.041	0.041
	钢管接地卡子 100	212556	个	2.090	—	0.464	—	—
	镀锌锁紧螺母 100	207090	个	11.880	—	0.155	—	—
	塑料护口（钢管）100	212466	个	0.800	—	0.155	—	—
	镀锌钢管接头 125	212667	个	15.400	—	—	0.082	—
	镀锌钢管接头 150	212668	个	26.400	—	—	—	0.082
	钢管接地卡子 150	212558	个	3.810	—	—	—	0.247
	钢管接地卡子 125	212557	个	2.930	—	—	0.247	—
	镀锌钢管接头 100	212666	个	9.900	—	0.155	—	—
	镀锌锁紧螺母 80	207089	个	6.240	0.155	—	—	—
	塑料护口（钢管）80	212465	个	0.600	0.155	—	—	—
	镀锌钢管接头 80	212665	个	7.200	0.155	—	—	—
	钢管接地卡子 80	212555	个	1.610	0.464	—	—	—
	镀锌铁丝 13#～17#	207234	kg	8.500	0.007	0.007	0.007	0.007
	其他材料费	2999	元	—	0.252	0.261	0.297	0.336
机械	其他机具费	3999	元	—	0.617	0.617	1.473	1.495

四、PVC 阻燃塑料管敷设

（一）PVC 阻燃塑料管明敷

工作内容：测位、划线、打眼、下胀管、断管、连接管件、配管、装管卡、穿引线、
与维护结构相连等。

计量单位：m

定额编号				25050001	25050002	25050003
项目名称				公称直径（mm 以内）		
				15	20	25
预算基价				14.69	15.70	14.77
其中	人工费（元）			10.79	11.66	11.66
	材料费（元）			3.82	3.95	3.02
	机械费（元）			0.08	0.09	0.09
	仪器仪表费（元）			—	—	—
名称	代号	单位	单价（元）	数量		
人工	安装工	1002	工日	145.80	0.074	0.080	0.080
材料	PVC 阻燃塑料管	210127	m	—	（1.061）	（1.061）	（1.064）
	塑料管卡子 20	212500	个	1.800	—	1.442	—
	管帽 20	212700	个	0.250	—	0.155	—
	T 型接头 20	212693	个	1.300	—	0.020	—
	入盒接头及锁扣 20	212672	套	2.700	—	0.155	—
	伸缩头 20	212679	个	0.450	—	0.041	—
	直通弯管 20	212686	个	0.850	—	0.204	—
	T 型接头 25	212694	个	1.510	—	—	0.020
	塑料管卡子 25	212501	个	1.800	—	—	0.855
	管帽 25	212701	个	0.250	—	—	0.155
	直通弯管 25	212687	个	1.050	—	—	0.204
	直管接头 25	212625	个	1.100	—	—	0.155
	入盒接头及锁扣 25	212673	套	3.400	—	—	0.155
	伸缩头 25	212680	个	0.530	—	—	0.041
	直管接头 20	212624	个	0.800	—	0.175	—
	直通弯管 15	212685	个	0.670	0.204	—	—
	T 型接头 15	212692	个	1.150	0.020	—	—
	塑料管卡子 15	212499	个	1.800	1.442	—	—
	伸缩头 15	212678	个	0.390	0.041	—	—
	直管接头 15	212623	个	0.700	0.175	—	—
	入盒接头及锁扣 15	212671	套	2.500	0.155	—	—
	胶合剂	209056	kg	5.890	0.008	0.008	0.009
	镀锌铁丝 13#～17#	207234	kg	8.500	0.003	0.003	0.003
	管帽 15	212699	个	0.200	0.155	—	—
	镀锌木螺钉	207183	个	0.044	2.912	2.912	1.726
	塑料胀塞	210029	个	0.030	2.940	2.940	1.743
	其他材料费	2999	元	—	0.214	0.252	0.270
机械	其他机具费	3999	元	—	0.083	0.088	0.091

工作内容：测位、划线、打眼、下胀管、断管、连接管件、配管、装管卡等。　　　　　　　　　计量单位：m

定 额 编 号				25050004	25050005	25050006	25050007
项 目 名 称				公称直径（mm 以内）			
				32	40	50	70
预 算 基 价				15.20	15.58	18.49	20.67
其中	人工费（元）			11.55	11.55	13.41	14.29
	材料费（元）			3.55	3.93	4.98	6.27
	机械费（元）			0.10	0.10	0.10	0.11
	仪器仪表费（元）			—	—	—	—
名 称	代号	单位	单价（元）	数 量			
人工	安装工	1002	工日	145.80	0.079	0.079	0.092	0.098
材料	PVC 阻燃塑料管	210127	m	—	（1.064）	（1.074）	（1.074）	（1.074）
	直通弯管 50	212690	个	2.850	—	—	0.204	—
	伸缩头 50	212683	个	1.210	—	—	0.041	—
	塑料管卡子 50	212504	个	1.800	—	—	0.679	—
	T 型接头 50	212697	个	1.820	—	—	0.020	—
	入盒接头及锁扣 50	212676	套	9.180	—	—	0.155	—
	管帽 40	212703	个	0.410	—	0.155	—	—
	塑料管卡子 40	212503	个	1.800	—	0.679	—	—
	直管接头 50	212628	个	4.480	—	—	0.155	—
	T 型接头 70	212698	个	2.000	—	—	—	0.020
	直通弯管 70	212691	个	4.270	—	—	—	0.204
	管帽 70	212705	个	1.400	—	—	—	0.155
	塑料管卡子 70	212505	个	1.800	—	—	—	0.679
	伸缩头 70	212684	个	1.330	—	—	—	0.041
	管帽 50	212704	个	0.500	—	—	0.155	—
	入盒接头及锁扣 70	212677	套	11.930	—	—	—	0.155
	直管接头 70	212629	个	5.820	—	—	—	0.155
	T 型接头 40	212696	个	1.760	—	0.020	—	—
	塑料管卡子 32	212502	个	1.800	0.855	—	—	—
	T 型接头 32	212695	个	1.660	0.020	—	—	—
	镀锌木螺钉	207183	个	0.044	1.726	1.373	1.373	1.373
	管帽 32	212702	个	0.370	0.155	—	—	—
	直通弯管 32	212688	个	1.240	0.204	—	—	—
	直管接头 32	212626	个	1.800	0.155	—	—	—
	伸缩头 32	212681	个	0.690	0.041	—	—	—
	入盒接头及锁扣 32	212674	套	4.900	0.155	—	—	—
	入盒接头及锁扣 40	212675	套	6.800	—	0.155	—	—
	直管接头 40	212627	个	3.200	—	0.155	—	—
	直通弯管 40	212689	个	1.520	—	0.204	—	—
	伸缩头 40	212682	个	1.060	—	0.041	—	—
	胶合剂	209056	kg	5.890	0.009	0.010	0.010	0.010
	塑料胀塞	210029	个	0.030	1.743	1.386	1.386	1.386
	镀锌铁丝 13# ～ 17#	207234	kg	8.500	0.003	0.003	0.003	0.003
	其他材料费	2999	元	—	0.394	0.518	0.707	0.925
机械	其他机具费	3999	元	—	0.096	0.096	0.102	0.108

（二）PVC 阻燃塑料管暗敷设

工作内容：测位、断管、配管、固定、连接管件、穿引线、与维护结构相连等。　　　　计量单位：m

定　额　编　号				25051001	25051002	25051003
项　目　名　称				公称直径（mm 以内）		
				15	20	25
预　算　基　价				8.99	9.65	10.24
其中	人工费（元）			8.16	8.75	9.19
	材料费（元）			0.76	0.82	0.97
	机械费（元）			0.07	0.08	0.08
	仪器仪表费（元）			—	—	—
名　　称	代号	单位	单价（元）	数　　　量		
人工	安装工	1002	工日	145.80	0.056	0.060	0.063
材料	PVC 阻燃塑料管	210127	m	—	（1.061）	（1.061）	（1.064）
	直管接头 20	212624	个	0.800	—	0.175	—
	入盒接头及锁扣 25	212673	套	3.400	—	—	0.155
	直管接头 25	212625	个	1.100	—	—	0.155
	入盒接头及锁扣 20	212672	套	2.700	—	0.155	—
	入盒接头及锁扣 15	212671	套	2.500	0.155	—	—
	直管接头 15	212623	个	0.700	0.175	—	—
	胶合剂	209056	kg	5.890	0.006	0.006	0.007
	镀锌铁丝 13# ~ 17#	207234	kg	8.500	0.003	0.003	0.003
	PVC 管专用弹簧	207569	根	13.750	0.010	0.010	0.010
	其他材料费	2999	元	—	0.056	0.062	0.066
机械	其他机具费	3999	元	—	0.069	0.075	0.080

工作内容：测位、断管、配管、固定、连接管件等。 计量单位：m

定 额 编 号				25051004	25051005	25051006	25051007
项 目 名 称				公称直径（mm 以内）			
				32	40	50	70
预 算 基 价				10.33	11.39	12.23	14.55
其中	人工费（元）			8.92	9.45	9.71	11.37
	材料费（元）			1.32	1.85	2.43	3.08
	机械费（元）			0.09	0.09	0.09	0.10
	仪器仪表费（元）			—	—	—	—
名　称	代号	单位	单价（元）	数　量			
人工	安装工	1002	工日	145.80	0.061	0.065	0.067	0.078
材料	PVC 阻燃塑料管	210127	m	—	（1.064）	（1.074）	（1.074）	（1.074）
	直管接头 50	212628	个	4.480	—	—	0.155	—
	直管接头 40	212627	个	3.200	—	0.155	—	—
	入盒接头及锁扣 40	212675	套	6.800	—	0.155	—	—
	直管接头 70	2126299	个	5.820	—	—	—	0.155
	入盒接头及锁扣 70	212677	套	11.930	—	—	—	0.155
	入盒接头及锁扣 50	212676	套	9.180	—	—	0.155	—
	入盒接头及锁扣 32	212674	套	4.900	0.155	—	—	—
	PVC 管专用弹簧	207569	根	13.750	0.010	0.010	0.010	0.010
	直管接头 32	212626	个	1.800	0.155	—	—	—
	胶合剂	209056	kg	5.890	0.007	0.008	0.008	0.009
	镀锌铁丝 13# ~ 17#	207234	kg	8.500	0.003	0.003	0.003	0.003
	其他材料费	2999	元	—	0.076	0.087	0.100	0.114
机械	其他机具费	3999	元	—	0.085	0.089	0.093	0.098

（三）PVC阻燃塑料管吊顶内敷设

工作内容：测位、断管、配管、连接管件、穿引线、与维护结构相连等。　　　　　　计量单位：m

定额编号				25052001	25052002	25052003
项目名称				公称直径（mm以内）		
				15	20	25
预算基价				9.87	9.94	12.71
其中	人工费（元）			9.04	9.04	11.66
	材料费（元）			0.76	0.82	0.97
	机械费（元）			0.07	0.08	0.08
	仪器仪表费（元）			—	—	—
	名称	代号	单位	单价（元）	数量	
人工	安装工	1002	工日	145.80	0.062	0.062	0.080
材料	PVC阻燃塑料管	210127	m	—	（1.061）	（1.061）	（1.064）
	直管接头20	212624	个	0.800		0.175	—
	入盒接头及锁扣25	212673	套	3.400	—	—	0.155
	直管接头25	212625	个	1.100	—	—	0.155
	入盒接头及锁扣20	212672	套	2.700		0.155	—
	入盒接头及锁扣15	212671	套	2.500	0.155		
	直管接头15	212623	个	0.700	0.175		
	胶合剂	209056	kg	5.890	0.006	0.006	0.007
	镀锌铁丝13#～17#	207234	kg	8.500	0.003	0.003	0.003
	PVC管专用弹簧	207569	根	13.750	0.010	0.010	0.010
	其他材料费	2999	元	—	0.056	0.062	0.066
机械	其他机具费	3999	元	—	0.069	0.075	0.080

工作内容：测位、断管、配管、连接管件等。　　　　　　　　　　　　　　　　　计量单位：m

定额编号				25052004
项目名称				公称直径（mm以内）
				32
预算基价				13.07
其中	人工费（元）			11.66
	材料费（元）			1.32
	机械费（元）			0.09
	仪器仪表费（元）			—
	名称	代号	单位	单价（元）	数量
人工	安装工	1002	工日	145.80	0.080
材料	PVC阻燃塑料管	210127	m	—	（1.064）
	PVC管专用弹簧	207569	根	13.750	0.010
	镀锌铁丝13#～17#	207234	kg	8.500	0.003
	胶合剂	209056	kg	5.890	0.007
	直管接头32	212626	个	1.800	0.155
	入盒接头及锁扣32	212674	套	4.900	0.155
	其他材料费	2999	元		0.076
机械	其他机具费	3999	元	—	0.085

五、PVC 阻燃塑料线槽安装

工作内容：测位、划线、打眼、埋螺丝、锯槽、固定等。　　　　　　　　　　　　　　　　　　　　　计量单位：m

	定　额　编　号				25053001	25053002	25053003	25053004
	项　目　名　称				公称直径（mm 以内）			
					25	40	60	80
	预　算　基　价				19.37	21.04	21.56	29.92
其中	人工费（元）				17.93	19.10	19.10	25.37
	材料费（元）				1.32	1.82	2.34	4.39
	机械费（元）				0.12	0.12	0.12	0.16
	仪器仪表费（元）				—	—	—	—
	名　　称	代号	单位	单价（元）	数　　量			
人工	安装工	1002	工日	145.80	0.123	0.131	0.131	0.174
材料	PVC 线槽	210128	m	—	（1.050）	（1.050）	（1.050）	（1.050）
	塑料软管 φ6	210032	m	0.220	0.014	0.015	0.015	0.021
	镀锌木螺钉	207183	个	0.044	0.728	1.464	1.464	1.464
	塑料胀塞	210029	个	0.030	0.735	1.479	1.479	1.479
	其他材料费	2999	元	—	1.262	1.706	2.232	4.273
机械	其他机具费	3999	元	—	0.116	0.124	0.124	0.164

六、金属软管敷设

工作内容：量尺寸、断管、连接接头、钻眼、攻丝、固定等。　　　　　　　　　　　　　　　　　　　计量单位：m

	定　额　编　号				25054001	25054002	25054003	25054004
	项　目　名　称				公称直径（mm 以内）			
					每根管长（500mm 以内）		每根管长（1000mm 以内）	
					15	20	15	20
	预　算　基　价				46.48	53.80	31.45	37.82
其中	人工费（元）				34.47	41.03	22.95	28.77
	材料费（元）				11.61	12.37	8.21	8.76
	机械费（元）				0.40	0.40	0.29	0.29
	仪器仪表费（元）				—	—	—	—
	名　　称	代号	单位	单价（元）	数　　量			
人工	安装工	1002	工日	145.80	0.236	0.281	0.157	0.197
材料	金属软管	212483	m	—	（1.030）	（1.030）	（1.030）	（1.030）
	金属软管卡子 20	212439	个	0.340	—	4.120	—	2.944
	金属软管接头 φ20	212752	个	0.900	—	2.060	—	1.472
	尼龙接头 20	212631	个	0.520	—	2.060	—	1.472
	镀锌锁紧螺母 20	207510	个	0.444	—	4.160	—	2.912
	镀锌机螺钉 M6	207503	套	0.690	8.160	8.160	5.712	5.712
	金属软管接头 φ15	212751	个	0.800	2.060	—	1.472	—
	金属软管卡子 15	212438	个	0.320	4.120	—	2.944	—
	镀锌锁紧螺母 15	207509	个	0.342	4.160	—	2.912	—
	尼龙接头 15	212630	个	0.520	2.060	—	1.472	—
	其他材料费	2999	元	—	0.520	0.570	0.390	0.430
机械	其他机具费	3999	元	—	0.400	0.400	0.290	0.290

工作内容：量尺寸、断管、连接接头、钻眼、攻丝、固定等。 计量单位：m

定 额 编 号				25054005	25054006
项 目 名 称				公称直径（mm 以内）每根管长（1000mm 以上）	
				15	20
预 算 基 价				19.01	20.84
其中	人工费（元）			15.22	16.80
	材料费（元）			3.60	3.85
	机械费（元）			0.19	0.19
	仪器仪表费（元）			—	—
名 称	代号	单位	单价（元）	数 量	
人工	安装工	1002	工日	145.80	0.104	0.115
材料	金属软管	212483	m	—	（1.030）	（1.030）
	金属软管卡子 20	212439	个	0.340	—	1.236
	金属软管接头 φ20	212752	个	0.900	—	0.618
	尼龙接头 20	212631	个	0.520	—	0.618
	镀锌锁紧螺母 20	207510	个	0.444	—	1.236
	镀锌机螺钉 M6	207503	套	0.690	2.496	2.496
	金属软管接头 φ15	212751	个	0.800	0.618	—
	金属软管卡子 15	212438	个	0.320	1.236	—
	镀锌锁紧螺母 15	207509	个	0.342	1.236	—
	尼龙接头 15	212630	个	0.520	0.618	—
	其他材料费	2999	元	—	0.240	0.280
机械	其他机具费	3999	元	—	0.190	0.190

工作内容：量尺寸、断管、连接接头、钻眼、攻丝、固定等。 计量单位：m

定 额 编 号				25054007	25054008	25054009	25054010
项 目 名 称				公称直径（mm 以内）			
				每根管长（500mm 以内）		每根管长（1000mm 以内）	
				25	32	25	32
预 算 基 价				60.85	66.73	42.66	46.31
其中	人工费（元）			43.51	47.08	30.36	32.35
	材料费（元）			16.87	19.18	11.98	13.64
	机械费（元）			0.47	0.47	0.32	0.32
	仪器仪表费（元）			—	—	—	—
名 称	代号	单位	单价（元）	数 量			
人工	安装工	1002	工日	145.80	0.298	0.323	0.208	0.222
材料	金属软管	212483	m	—	（1.030）	（1.030）	（1.030）	（1.030）
	金属软管卡子 32	212441	个	0.720	—	4.120	—	2.994
	金属软管接头 φ32	212754	个	2.140	—	2.060	—	1.472
	尼龙接头 32	212633	个	0.810	—	2.060	—	1.472
	镀锌锁紧螺母 32	207512	个	0.900	—	4.160	—	2.912
	镀锌机螺钉 M6	207503	套	0.690	8.160	8.160	5.712	5.712
	金属软管接头 φ25	212753	个	2.200	2.060	—	1.472	—
	金属软管卡子 25	212440	个	0.450	4.120	—	2.994	—
	镀锌锁紧螺母 25	207511	个	0.660	4.160	—	2.912	—
	尼龙接头 25	212632	个	0.700	2.060	—	1.472	—
	其他材料费	2999	元	—	0.670	0.760	0.500	0.580
机械	其他机具费	3999	元	—	0.470	0.470	0.320	0.320

工作内容：量尺寸、断管、连接接头、钻眼、攻丝、固定等。　　　　　　　　　　　　　　计量单位：m

定 额 编 号				25054011	25054012
项 目 名 称				公称直径（mm 以内）每根管长（1000mm 以上）	
				25	32
预 算 基 价				23.81	26.64
其中	人工费（元）			18.37	20.47
	材料费（元）			5.22	5.95
	机械费（元）			0.22	0.22
	仪器仪表费（元）			—	—
名　　　称	代号	单位	单价（元）	数　　量	
人工	安装工	1002	工日	145.80	0.126	0.140
材料	金属软管	212483	m	—	（1.030）	（1.030）
	金属软管卡子 32	212441	个	0.720	—	1.236
	金属软管接头 φ32	212754	个	2.140	—	0.618
	尼龙接头 32	212633	个	0.810	—	0.618
	镀锌锁紧螺母 32	207512	个	0.900	—	1.236
	镀锌机螺钉 M6	207503	套	0.690	2.496	2.496
	金属软管接头 φ25	212753	个	2.200	0.618	—
	金属软管卡子 25	212440	个	0.450	1.236	—
	镀锌锁紧螺母 25	207511	个	0.660	1.236	—
	尼龙接头 25	212632	个	0.700	0.618	—
	其他材料费	2999	元	—	0.330	0.400
机械	其他机具费	3999	元	—	0.220	0.220

工作内容：量尺寸、断管、连接接头、钻眼、攻丝、固定等。　　　　　　　　　　　　　　计量单位：m

定 额 编 号				25054013	25054014	25054015	25054016
项 目 名 称				公称直径（mm 以内）			
				每根管长（500mm 以内）		每根管长（1000mm 以内）	
				40	50	40	50
预 算 基 价				80.22	92.39	56.33	65.13
其中	人工费（元）			53.64	60.70	37.46	42.62
	材料费（元）			25.98	31.09	18.45	22.09
	机械费（元）			0.60	0.60	0.42	0.42
	仪器仪表费（元）			—	—	—	—
名　　　称	代号	单位	单价（元）	数　　量			
人工	安装工	1002	工日	145.80	0.368	0.416	0.257	0.292
材料	金属软管	212483	m	—	（1.030）	（1.030）	（1.030）	（1.030）
	金属软管卡子 50	212443	个	1.520	—	4.120	—	2.944
	金属软管接头 φ50	212756	个	3.780	—	2.060	—	1.472
	尼龙接头 50	212635	个	1.130	—	2.060	—	1.472
	镀锌锁紧螺母 50	207514	个	1.920	—	4.160	—	2.912
	镀锌机螺钉 M6	207503	套	0.690	8.160	8.160	5.712	5.712
	金属软管接头 φ40	212755	个	3.240	2.060	—	1.472	—
	金属软管卡子 40	212442	个	1.260	4.120	—	2.944	—
	镀锌锁紧螺母 40	207513	个	1.320	4.160	—	2.912	—
	尼龙接头 40	212634	个	0.970	2.060	—	1.472	—
	其他材料费	2999	元	—	0.990	1.100	0.760	0.860
机械	其他机具费	3999	元	—	0.600	0.600	0.420	0.420

工作内容：量尺寸、断管、连接接头、钻眼、攻丝、固定等。 计量单位：m

定 额 编 号				25054017	25054018
项 目 名 称				公称直径（mm 以内）每根管长（1000mm 以上）	
				40	50
预 算 基 价				30.60	36.51
其中	人工费（元）			22.31	26.64
	材料费（元）			8.01	9.59
	机械费（元）			0.28	0.28
	仪器仪表费（元）			—	—
名 称	代号	单位	单价（元）	数 量	
人工	安装工	1002	工日	145.80	0.153	0.183
材料	金属软管	212483	m	—	（1.030）	（1.030）
	金属软管卡子 50	212443	个	1.520	—	1.236
	金属软管接头 φ50	212756	个	3.780	—	0.618
	尼龙接头 50	212635	个	1.130	—	0.618
	镀锌锁紧螺母 50	207514	个	1.920	—	1.236
	镀锌机螺钉 M6	207503	套	0.690	2.496	2.496
	金属软管接头 φ40	212755	个	3.240	0.618	—
	金属软管卡子 40	212442	个	1.260	1.236	—
	镀锌锁紧螺母 40	207513	个	1.320	1.236	—
	尼龙接头 40	212634	个	0.970	0.618	—
	其他材料费	2999	元	—	0.500	0.580
机械	其他机具费	3999	元	—	0.280	0.280

七、管内穿铜芯线敷设

（一）照 明 线 路

工作内容：穿引线、扫管、涂滑石粉、放线、穿线、编号、焊接包头等。 计量单位：m

定 额 编 号				25055001	25055002	25055003
项 目 名 称				导线截面（mm² 以内）		
				1.5	2.5	4
预 算 基 价				1.15	1.29	0.91
其中	人工费（元）			1.05	1.18	0.79
	材料费（元）			0.09	0.10	0.11
	机械费（元）			0.01	0.01	0.01
	仪器仪表费（元）			—	—	—
名 称	代号	单位	单价（元）	数 量		
人工	安装工	1002	工日	145.80	0.007	0.008	0.005
材料	铜芯聚氯乙烯绝缘电线	214023	m	—	（1.160）	（1.160）	（1.160）
	其他材料费	2999	元	—	0.086	0.103	0.105
机械	其他机具费	3999	元	—	0.009	0.009	0.009

（二）动 力 线 路

工作内容：穿引线、扫管、涂滑石粉、放线、穿线、编号、焊接包头等。 计量单位：m

定 额 编 号				25056001	25056002	25056003	25056004
项 目 名 称				导线截面（mm² 以内）			
				1	1.5	2.5	4
预 算 基 价				0.95	0.87	1.01	1.14
其中	人工费（元）			0.87	0.79	0.92	1.05
	材料费（元）			0.07	0.07	0.08	0.08
	机械费（元）			0.01	0.01	0.01	0.01
	仪器仪表费（元）			—	—	—	—
名 称	代号	单位	单价（元）	数 量			
人工 安装工	1002	工日	145.80	0.006	0.005	0.006	0.007
材料 铜芯聚氯乙烯绝缘电线	214023	m	—	（1.050）	（1.050）	（1.050）	（1.050）
其他材料费	2999	元	—	0.071	0.071	0.075	0.084
机械 其他机具费	3999	元	—	0.006	0.006	0.006	0.007

工作内容：穿引线、扫管、涂滑石粉、放线、穿线、编号、焊接包头等。 计量单位：m

定 额 编 号				25056005	25056006	25056007	25056008
项 目 名 称				导线截面（mm² 以内）			
				6	10	16	25
预 算 基 价				1.15	1.29	1.29	1.57
其中	人工费（元）			1.05	1.18	1.18	1.44
	材料费（元）			0.09	0.10	0.10	0.12
	机械费（元）			0.01	0.01	0.01	0.01
	仪器仪表费（元）			—	—	—	—
名 称	代号	单位	单价（元）	数 量			
人工 安装工	1002	工日	145.80	0.007	0.008	0.008	0.010
材料 铜芯聚氯乙烯绝缘电线	214023	m	—	（1.050）	（1.050）	（1.050）	（1.050）
其他材料费	2999	元	—	0.086	0.098	0.099	0.115
机械 其他机具费	3999	元	—	0.007	0.007	0.007	0.013

工作内容：穿引线、扫管、涂滑石粉、放线、穿线、编号、焊接包头等。　　　　　　　　　　　　　计量单位：m

定 额 编 号				25056009	25056010	25056011	25056012
项 目 名 称				导线截面（mm² 以内）			
				35	50	70	95
预 算 基 价				1.57	3.07	3.20	3.86
其中	人工费（元）			1.44	2.89	3.02	3.67
	材料费（元）			0.12	0.15	0.15	0.16
	机械费（元）			0.01	0.03	0.03	0.03
	仪器仪表费（元）			—	—	—	—
名 称	代号	单位	单价（元）	数 量			
人工	安装工	1002	工日	145.80	0.010	0.020	0.021	0.025
材料	铜芯聚氯乙烯绝缘电线	214023	m	—	（1.050）	（1.050）	（1.050）	（1.050）
	其他材料费	2999	元	—	0.119	0.145	0.148	0.160
机械	其他机具费	3999	元	—	0.013	0.026	0.026	0.033

工作内容：穿引线、扫管、涂滑石粉、放线、穿线、编号、焊接包头等。　　　　　　　　　　　　　计量单位：m

定 额 编 号				25056013	25056014	25056015	25056016
项 目 名 称				动力线路、导线截面（mm² 以内）			
				120	150	185	240
预 算 基 价				4.01	6.68	7.10	12.56
其中	人工费（元）			3.81	6.42	6.82	12.20
	材料费（元）			0.17	0.20	0.22	0.26
	机械费（元）			0.03	0.06	0.06	0.10
	仪器仪表费（元）			—	—	—	—
名 称	代号	单位	单价（元）	数 量			
人工	安装工	1002	工日	145.80	0.026	0.044	0.047	0.084
材料	铜芯聚氯乙烯绝缘电线	214023	m	—	（1.050）	（1.050）	（1.050）	（1.050）
	其他材料费	2999	元	—	0.172	0.201	0.218	0.258
机械	其他机具费	3999	元	—	0.033	0.059	0.059	0.104

（三）管内穿塑料护套线

工作内容：穿引线、放线、穿线、焊接包头等。

计量单位：m

定 额 编 号				25057001	25057002	25057003	25057004
项 目 名 称				导线截面（mm^{2}以内）			
				二　　芯		三　　芯	
				2.5	6	2.5	6
预 算 基 价				1.28	1.42	1.43	1.58
其中	人工费（元）			1.17	1.31	1.31	1.46
	材料费（元）			0.10	0.10	0.11	0.11
	机械费（元）			0.01	0.01	0.01	0.01
	仪器仪表费（元）			—	—	—	—
	名　　称	代号	单位	单价（元）	数　　量		
人工	安装工	1002	工日	145.80	0.008	0.009	0.009	0.010
材料	绝缘护套电线	214142	m	—	（1.110）	（1.049）	（1.110）	（1.049）
	焊锡	207294	kg	67.720	0.001	0.001	0.001	0.001
	其他材料费	2999	元	—	0.030	0.036	0.038	0.045
机械	其他机具费	3999	元	—	0.008	0.009	0.008	0.009

八、线槽内配线

工作内容：清扫线槽、放线、编号、对号、接焊包头等。

计量单位：m

定 额 编 号				25058001	25058002	25058003	25058004
项 目 名 称				导线截面（mm^{2}以内）			
				1.5	2.5	4	6
预 算 基 价				1.48	1.07	1.77	1.21
其中	人工费（元）			1.46	1.05	1.75	1.18
	材料费（元）			0.01	0.01	0.01	0.02
	机械费（元）			0.01	0.01	0.01	0.01
	仪器仪表费（元）			—	—	—	—
	名　　称	代号	单位	单价（元）	数　　量		
人工	安装工	1002	工日	145.80	0.010	0.007	0.012	0.008
材料	铜芯聚氯乙烯绝缘电线	214023	m	—	（1.050）	（1.050）	（1.050）	（1.050）
	其他材料费	2999	元	—	0.013	0.013	0.014	0.017
机械	其他机具费	3999	元	—	0.009	0.009	0.011	0.011

工作内容：清扫线槽、放线、编号、对号、接焊包头等。

计量单位：m

定 额 编 号				25058005	25058006	25058007	25058008
项 目 名 称				导线截面（mm² 以内）			
				10	16	25	35
预 算 基 价				2.07	1.47	2.66	1.88
其中	人工费（元）			2.04	1.44	2.62	1.84
	材料费（元）			0.02	0.02	0.02	0.02
	机械费（元）			0.01	0.01	0.02	0.02
	仪器仪表费（元）			—	—	—	—
名 称	代号	单位	单价（元）	数 量			
人工	安装工	1002	工日	145.80	0.014	0.010	0.018	0.013
材料	铜芯聚氯乙烯绝缘电线	214023	m	—	（1.050）	（1.050）	（1.050）	（1.050）
	其他材料费	2999	元	—	0.019	0.019	0.021	0.021
机械	其他机具费	3999	元	—	0.014	0.014	0.017	0.017

工作内容：清扫线槽、放线、编号、对号、接焊包头等。

计量单位：m

定 额 编 号				25058009	25058010	25058011	25058012
项 目 名 称				导线截面（mm² 以内）			
				50	70	95	120
预 算 基 价				2.98	2.42	4.17	5.22
其中	人工费（元）			2.92	2.36	4.08	5.12
	材料费（元）			0.03	0.03	0.04	0.05
	机械费（元）			0.03	0.03	0.05	0.05
	仪器仪表费（元）			—	—	—	—
名 称	代号	单位	单价（元）	数 量			
人工	安装工	1002	工日	145.80	0.020	0.016	0.028	0.035
材料	铜芯聚氯乙烯绝缘电线	214023	m	—	（1.050）	（1.050）	（1.050）	（1.050）
	其他材料费	2999	元	—	0.033	0.033	0.043	0.045
机械	其他机具费	3999	元	—	0.031	0.031	0.045	0.045

九、接线箱安装

工作内容：测位、打眼、预留洞、箱子开孔、修洞、修孔、箱子固定、焊接地线及焊接处刷防锈漆、埋螺栓等。

计量单位：10 个

定 额 编 号				25059001	25059002	25059003
项 目 名 称				接线箱半周长（mm 以内）明装		
				300	700	1500
预 算 基 价				784.04	1176.71	1741.42
其中	人工费（元）			699.55	1087.38	1627.57
	材料费（元）			70.07	72.40	88.15
	机械费（元）			14.42	16.93	25.70
	仪器仪表费（元）			—	—	—
名 称	代号	单位	单价（元）	数 量		
人工	安装工	1002	工日	145.80	4.798	7.458	11.163
材料	接线箱	212471	个	—	（10.000）	（10.000）	（10.000）
	膨胀螺栓 φ10	207160	套	1.430	—	—	40.800
	电焊条 综合	207290	kg	6.000	0.351	0.351	0.540
	膨胀螺栓 φ8	207159	套	1.320	40.800	40.800	—
	圆钢 φ10 以内	201014	kg	5.200	1.300	1.300	2.000
	其他材料费	2999	元	—	7.350	9.680	16.170
机械	其他机具费	3999	元	—	14.420	16.930	25.700

工作内容：测位、打眼、预留洞、箱子开孔、修洞、修孔、箱子固定、焊接地线及焊接处刷防锈漆、埋螺栓等。

计量单位：10 个

定 额 编 号				25059004	25059005	25059006
项 目 名 称				接线箱半周长（mm 以内）暗装		
				300	700	1500
预 算 基 价				996.29	1380.56	2037.93
其中	人工费（元）			958.49	1338.01	1971.07
	材料费（元）			21.71	24.00	38.94
	机械费（元）			16.09	18.55	27.92
	仪器仪表费（元）			—	—	—
名 称	代号	单位	单价（元）	数 量		
人工	安装工	1002	工日	145.80	6.574	9.177	13.519
材料	接线箱	212471	个	—	（10.000）	（10.000）	（10.000）
	沥青漆	209103	kg	6.500	0.740	0.740	1.330
	圆钢 φ10 以内	201014	kg	5.200	1.300	1.300	2.000
	电焊条 综合	207290	kg	6.000	0.351	0.351	0.540
	其他材料费	2999	元	—	8.030	10.320	16.650
机械	其他机具费	3999	元	—	16.090	18.550	27.920

十、接线盒安装

工作内容：测位、修孔、剔注或预埋、铁架制作与安装、固定、接地等。   计量单位：10 个

定 额 编 号				25060001	25060002	25060003	25060004	25060005
项 目 名 称				钢制接线盒 86H				
				暗 装			明装	钢索上
				砖结构	混凝土结构	轻钢龙骨		
预 算 基 价				110.48	247.85	118.84	117.84	42.96
其中	人工费（元）			98.42	223.07	98.42	110.81	34.70
	材料费（元）			6.36	13.22	12.19	6.31	8.04
	机械费（元）			5.70	11.56	8.23	0.72	0.22
	仪器仪表费（元）			—	—	—	—	—
	名 称	代号	单位	单价（元）	数 量			
人工	安装工	1002	工日	145.80	0.675	1.530	0.675	0.760	0.238
材料	接线盒 86H	212472	个	—	（10.200）	（10.200）	（10.200）	（10.200）	（10.200）
	塑料胀塞	210029	个	0.030				20.600	—
	镀锌机螺钉 M4	207501	套	0.230	—	—	—	20.600	30.900
	塑料护口 15 ~ 25	212451	个	0.100	10.300	22.250	22.250	—	—
	锁紧螺母 20	207074	个	0.320	10.300	22.250	22.250	—	—
	电焊条 综合	207290	kg	6.000	0.180	0.360	0.270		
	其他材料费	2999	元	—	0.950	1.710	1.220	0.950	0.930
机械	其他机具费	3999	元	—	5.700	11.560	8.230	0.720	0.220

工作内容：测位、修孔、剔注或预埋、铁架制作与安装、固定、接地等。　　　　计量单位：10个

定额编号				25060006	25060007	25060008	25060009	25060010
项目名称				钢制灯头盒 T1 ~ T4				
				暗　装			明装	钢索上
				砖结构	混凝土结构	轻钢龙骨		
预算基价				110.51	247.89	118.87	117.88	42.99
其中	人工费（元）			98.42	223.07	98.42	110.81	34.70
	材料费（元）			6.39	13.26	12.22	6.35	8.07
	机械费（元）			5.70	11.56	8.23	0.72	0.22
	仪器仪表费（元）			—	—	—	—	—
	名　称	代号	单位	单价（元）	数　量			
人工	安装工	1002	工日	145.80	0.675	1.530	0.675	0.760	0.238
材料	钢制灯头盒 T1 ~ T4	212518	个	—	（10.200）	（10.200）	（10.200）	（10.200）	（10.200）
	塑料胀塞	210029	个	0.030	—	—	—	20.600	—
	镀锌机螺钉 M4	207501	套	0.230	—	—	—	20.600	30.900
	塑料护口 15 ~ 25	212451	个	0.100	10.300	22.250	22.250	—	—
	锁紧螺母 20	207074	个	0.320	10.300	22.250	22.250	—	—
	电焊条 综合	207290	kg	6.000	0.180	0.360	0.270	—	—
	其他材料费	2999	元	—	0.980	1.750	1.250	0.990	0.960
机械	其他机具费	3999	元	—	5.700	11.560	8.230	0.720	0.220

工作内容：测位、修孔、剔注或预埋、铁架制作与安装、固定、接地等。　　　　计量单位：10个

定额编号				25060011	25060012	25060013	25060014
项目名称				塑料接线盒 86HS		塑料灯头盒 S1 ~ S4	
				暗装	明装	暗装	明装
预算基价				119.02	119.07	119.02	117.76
其中	人工费（元）			116.35	112.12	116.35	110.81
	材料费（元）			1.92	6.23	1.92	6.23
	机械费（元）			0.75	0.72	0.75	0.72
	仪器仪表费（元）			—	—	—	—
	名　称	代号	单位	单价（元）	数　量			
人工	安装工	1002	工日	145.80	0.798	0.769	0.798	0.760
材料	塑料灯头盒 S1 ~ S2	212498	个	—	—	—	（10.200）	（10.200）
	塑料接线盒 86HS	212473	个	—	（10.200）	（10.200）	—	—
	镀锌机螺钉 M4	207501	套	0.230	—	20.600	—	20.600
	塑料胀塞	210029	个	0.030	—	20.600	—	20.600
	胀管扎头	212539	个	0.100	10.500	—	10.500	—
	其他材料费	2999	元	—	0.870	0.870	0.870	0.870
机械	其他机具费	3999	元	—	0.750	0.720	0.750	0.720

工作内容：测位、修孔、剔注或预埋、铁架制作与安装、固定、接地等。　　　　　　　计量单位：10 个

定 额 编 号				25060015	25060016	25060017	25060018
项 目 名 称				地面接线盒	防爆接线盒		接线盒盖
					暗装	明装	
预 算 基 价				362.36	256.63	182.29	43.16
其中	人工费（元）			315.80	223.07	170.44	41.55
	材料费（元）			34.4	22.00	10.75	1.34
	机械费（元）			12.16	11.56	1.10	0.27
	仪器仪表费（元）			—	—	—	—
名　称	代号	单位	单价（元）		数　量		
人工	安装工	1002	工日	145.80	2.166	1.530	1.169	0.285
材料	地面接线盒	212426	个	—	（10.200）	—	—	—
	防爆接线盒	212425	个	—	—	（10.200）	（10.200）	—
	接线盒盖	212508	个	—	—	—	—	（10.200）
	塑料护口 15～25	212451	个	0.100	—	22.250	—	—
	塑料胀塞	210029	个	0.030	—	—	20.600	—
	镀锌机螺钉 M4	207501	套	0.230	—	—	20.600	—
	锁紧螺母 20	207074	个	0.320	—	22.250	—	—
	扁钢 60 以内	201018	kg	4.900	3.000	0.940	—	—
	电焊条 综合	207290	kg	6.000	0.360	0.360	—	—
	镀锌机螺钉 2～5×4～50	207181	个	0.231	20.600	—	—	—
	镀锌木螺钉	207183	个	0.044	41.600	—	—	20.800
	其他材料费	2999	元	—	10.950	5.890	5.390	0.420
机械	其他机具费	3999	元	—	12.160	11.560	1.100	0.270

十一、端子板安装及外部接线

工作内容：校线、编号、套绝缘套、卡线、焊端子、接线。   计量单位：10个头

定 额 编 号				25061001	25061002	25061003	25061004	25061005
项 目 名 称				端子板安装（组）	端子板外部接线（mm² 以内）			
					2.5		6	
					无端子	有端子	无端子	有端子
预 算 基 价				13.59	45.02	64.00	55.61	126.82
其中	人工费（元）			11.66	32.08	48.11	43.74	65.61
	材料费（元）			1.78	12.79	15.64	11.72	60.96
	机械费（元）			0.15	0.15	0.25	0.15	0.25
	仪器仪表费（元）			—	—	—	—	—
名 称	代号	单位	单价（元）	数 量				
人工	安装工	1002	工日	145.80	0.080	0.220	0.330	0.300	0.450
材料	铜端子 2.5	213115	个	1.100	—	—	10.000	—	—
	汽油 93#	209173	kg	9.900	—	0.100	—	0.010	—
	焊锡丝	207293	kg	61.140	—	—	0.050	—	0.050
	铜端子 6	213120	个	4.550	—	—	—	—	10.000
	焊锡膏 50g/瓶	207292	kg	72.730	—	—	0.010	—	0.010
	塑料软管 φ5	210031	m	0.180	—	1.000	1.000	—	—
	塑料软管 φ6	210032	m	0.220	—	1.000	1.000	1.000	1.000
	镀锌带母螺栓 6×30～50	207119	套	0.130	4.080	—	—	—	—
	黄漆布带 25	210182	卷	16.040	—	0.630	0.630	0.630	0.630
	塑料异型管 φ5	210030	m	0.190	—	0.250	0.250	0.250	0.250
	其他材料费	2999	元	—	1.250	1.250	1.300	1.250	1.300
机械	其他机具费	3999	元	—	0.150	0.150	0.250	0.150	0.250

第四节　照明器具安装

一、荧光灯安装

工作内容：测位、划线、打眼、埋螺栓、灯具安装、接线、安瓷接头、焊接包头、金属软管敷设、穿线、试亮等。

计量单位：套

定 额 编 号				25062001	25062002	25062003	25062004
项 目 名 称				吸 顶 安 装			
				1×40	2×40	3×40	环型
预 算 基 价				41.54	47.76	51.90	46.27
其中	人工费（元）			24.49	30.62	34.41	25.08
	材料费（元）			15.78	15.78	15.78	20.33
	机械费（元）			1.27	1.36	1.71	0.86
	仪器仪表费（元）			—	—	—	—
名　称	代号	单位	单价（元）	数　　量			
人工	安装工	1002	工日	145.80	0.168	0.210	0.236	0.172
材料	金属软管	212483	m	—	（0.515）	（0.515）	（0.515）	（0.515）
	成套灯具	213450	套	—	（1.010）	（1.010）	（1.010）	（1.010）
	塑料软管 $\phi 7$	210033	m	0.250	—	—	—	0.260
	瓷接头　双路	213306	个	4.380	—	—	—	1.030
	铜芯聚氯乙烯绝缘电线 BV-2.5	214009	m	1.848	1.069	1.069	1.069	1.069
	铜端子 25A	213123	个	13.000	1.015	1.015	1.015	1.015
	其他材料费	2999	元	—	0.612	0.612	0.612	0.580
机械	其他机具费	3999	元	—	1.270	1.360	1.710	0.860

工作内容：测位、划线、打眼、埋螺栓、灯具安装、接线、安瓷接头、焊接包头、支架
制作与安装、金属软管敷设、穿线、试亮等。

计量单位：套

定 额 编 号				25062005	25062006	25062007	25062008
项 目 名 称				嵌 入 式			
				单管	双管	三管	四管
预 算 基 价				59.21	73.14	87.73	91.29
其中	人工费（元）			31.78	45.64	56.13	67.51
	材料费（元）			25.99	25.99	29.19	29.19
	机械费（元）			1.44	1.51	2.41	2.59
	仪器仪表费（元）			—	—	—	—
名 称	代号	单位	单价（元）	数 量			
人工	安装工	1002	工日	145.80	0.218	0.313	0.385	0.463
材料	成套灯具	213450	套	—	（1.010）	（1.010）	（1.010）	（1.010）
	金属软管	212483	m	—	（1.030）	（1.030）	（1.030）	（1.030）
	铜芯聚氯乙烯绝缘电线 BV-2.5	214009	m	1.848	3.512	3.512	3.512	3.512
	铜端子 25A	213123	个	13.000	1.015	1.015	1.015	1.015
	其他材料费	2999	元	—	6.300	6.300	9.500	9.500
机械	其他机具费	3999	元	—	1.440	1.510	2.410	2.590

二、洁净灯具安装

工作内容：测位、划线、埋螺栓、灯具安装、接线、焊接包头、试亮等。　　　　　　　　计量单位：套

定 额 编 号				25063001	25063002	25063003
项 目 名 称				洁 净 灯 具		
				单管	双管	三管
预 算 基 价				62.61	76.37	89.33
其中	人工费（元）			38.05	54.68	67.36
	材料费（元）			24.03	20.96	21.24
	机械费（元）			0.53	0.73	0.73
	仪器仪表费（元）			—	—	—
	名　称	代号	单位	单价（元）	数　量	
人工	安装工	1002	工日	145.80	0.261	0.375	0.462
材料	成套灯具	213450	套	—	（1.010）	（1.010）	（1.010）
	铜端子25A	213123	个	13.000	1.015	1.015	1.015
	铜芯聚氯乙烯绝缘电线BV-2.5	214009	m	1.848	2.743	0.713	0.713
	其他材料费	2999	元	—	5.770	6.450	6.730
机械	其他机具费	3999	元	—	0.530	0.730	0.730

工作内容：测位、划线、埋螺栓、灯具安装、接线、焊接包头、试亮等。　　　　　　　　计量单位：套

定 额 编 号				25063004	25063005	25063006
项 目 名 称				泪珠灯	紫外线杀菌灯	手术室无影灯
预 算 基 价				82.89	47.12	384.55
其中	人工费（元）			58.47	21.58	293.93
	材料费（元）			23.89	25.01	87.12
	机械费（元）			0.53	0.53	3.50
	仪器仪表费（元）			—	—	—
	名　称	代号	单位	单价（元）	数　量	
人工	安装工	1002	工日	145.80	0.401	0.148	2.016
材料	成套灯具	213450	套	—	（1.010）	（1.010）	（1.010）
	铜芯聚氯乙烯绝缘电线BV-2.5	214009	m	1.848	2.743	2.743	33.590
	铜端子25A	213123	个	13.000	1.015	1.015	1.015
	其他材料费	2999	元	—	5.630	6.750	11.850
机械	其他机具费	3999	元	—	0.530	0.530	3.500

三、标志灯安装

工作内容：测位、划线、打眼、留洞、灯具组装、接线、焊接包头、埋螺栓、试亮等。　　计量单位：套

定 额 编 号				25064001	25064002
项 目 名 称				安装高度（m）	
				≤ 30	≤ 50
预 算 基 价				100.43	149.28
其中	人工费（元）			78.15	127.43
	材料费（元）			21.58	21.36
	机械费（元）			0.70	0.49
	仪器仪表费（元）			—	—
名　　称	代号	单位	单价（元）	数　　量	
人工	安装工	1002	工日	145.80	0.536	0.874
材料	成套灯具	213450	套	—	（1.010）	（1.010）
	瓷接头 双路	213306	个	4.380	1.030	1.030
	铜芯聚氯乙烯绝缘电线 BV-2.5	214009	m	1.848	0.810	0.810
	铜端子 25A	213123	个	13.000	1.015	1.015
	其他材料费	2999	元	—	2.372	2.157
机械	其他机具费	3999	元	—	0.700	0.490

四、工业用灯具安装

工作内容：测位、划线、打眼、留洞、灯具组装、接线、焊接包头、埋螺栓、试亮等。　　计量单位：套

定 额 编 号					25065001	25065002	25065003	25065004
项 目 名 称					防潮灯	防爆荧光灯	防 爆 灯	
							直杆式	弯杆式
预 算 基 价					40.91	63.79	61.83	61.33
其中	人工费（元）				22.74	39.37	39.66	39.66
	材料费（元）				17.97	22.40	21.79	21.29
	机械费（元）				0.20	2.02	0.38	0.38
	仪器仪表费（元）				—	—	—	—
名 称		代号	单位	单价（元）	数 量			
人工	安装工	1002	工日	145.80	0.156	0.270	0.272	0.272
材料	成套灯具	213450	套	—	（1.010）	（1.010）	（1.010）	（1.010）
	铜端子 25A	213123	个	13.000	1.015	1.015	1.015	1.015
	铜芯聚氯乙烯绝缘电线 BV-2.5	214009	m	1.848	0.814	2.743	2.749	2.341
	膨胀螺栓 $\phi6$	207156	套	0.420	2.040	—	—	—
	普通钢板 $\delta4.5 \sim 7.0$	201031	kg	5.300	—	1.860	—	—
	其他材料费	2999	元	—	3.270	4.140	3.510	3.771
机械	其他机具费	3999	元	—	0.200	2.020	0.380	0.380

五、普通吸顶灯安装

工作内容：测位、划线、打眼、埋螺栓、灯具组装、接线、焊接包头、试亮等。　　　　　　计量单位：套

定　额　编　号				25066001	25066002	25066003	25066004
项　目　名　称				混凝土楼板上安装			嵌入式筒灯
				单罩	双罩	四罩	
预　算　基　价				31.06	64.74	92.59	30.88
其中	人工费（元）			22.16	47.09	61.24	17.50
	材料费（元）			8.58	16.97	30.41	13.12
	机械费（元）			0.32	0.68	0.94	0.26
	仪器仪表费（元）			—	—	—	—
名　　称	代号	单位	单价（元）	数　　量			
人工	安装工	1002	工日	145.80	0.152	0.323	0.420	0.120
材料	成套灯具	213450	套	—	（1.010）	（1.010）	（1.010）	（1.010）
	铜芯聚氯乙烯绝缘电线 BV-2.5	214009	m	1.848	0.509	2.340	4.380	2.839
	瓷接头 双路	213306	个	4.380	1.030	2.060	4.120	1.030
	其他材料费	2999	元	—	3.127	3.620	4.270	3.360
机械	其他机具费	3999	元	—	0.320	0.680	0.940	0.260

六、壁灯安装

工作内容：测位、划线、打眼、埋螺栓、上圆木、组装灯具、上灯罩、接线、焊接包头、试亮等。

计量单位：套

定额编号				25067001	25067002	25067003
项目名称				普通壁灯		
				单罩	双罩	三罩
预算基价				26.91	35.39	47.41
其中	人工费（元）			22.74	30.62	35.58
	材料费（元）			3.93	4.37	11.34
	机械费（元）			0.24	0.40	0.49
	仪器仪表费（元）			—	—	—
	名　称	代号	单位	单价（元）	数　量	
人工	安装工	1002	工日	145.80	0.156	0.210	0.244
材料	成套灯具	213450	套	—	（1.010）	（1.010）	（1.010）
	铜芯聚氯乙烯绝缘电线 BV-2.5	214009	m	1.848	0.305	0.305	0.305
	其他材料费	2999	元	—	3.370	3.810	3.980
机械	其他机具费	3999	元	—	0.240	0.400	0.490

七、普通吊花灯安装

工作内容：测位、划线、打眼、埋吊钩、灯具组装、接线、焊接包头、安瓷接头、试亮等。

计量单位：套

定额编号				25068001	25068002	25068003	25068004
项目名称				混凝土楼板上安装（火以内）			
				3	5	7	9
预算基价				48.29	59.30	80.13	84.69
其中	人工费（元）			35.28	45.93	65.90	69.69
	材料费（元）			12.43	12.71	13.50	14.12
	机械费（元）			0.58	0.66	0.73	0.88
	仪器仪表费（元）			—	—	—	—
	名　称	代号	单位	单价（元）	数　量			
人工	安装工	1002	工日	145.80	0.242	0.315	0.452	0.478
材料	成套灯具	213450	套	—	（1.010）	（1.010）	（1.010）	（1.010）
	铜芯聚氯乙烯绝缘电线 BV-2.5	214009	m	1.848	0.305	0.305	0.458	0.458
	其他材料费	2999	元	—	11.870	12.150	12.650	13.270
机械	其他机具费	3999	元	—	0.580	0.660	0.730	0.880

八、开关、插座安装

（一）开　关

工作内容：上圆台、装开关、按钮、接线、调试等。　　　　　　　　　　　　　　　　　计量单位：套

定　额　编　号				25069001	25069002	25069003	25069004	25069005
项　目　名　称				翘板式暗开关（单控）				感应开关
				单联	双联	三联	四联	
预　算　基　价				6.68	7.86	9.60	11.80	10.67
其中	人工费（元）			5.98	6.85	8.31	10.21	9.91
	材料费（元）			0.62	0.93	1.21	1.50	0.63
	机械费（元）			0.08	0.08	0.08	0.09	0.13
	仪器仪表费（元）			—	—	—	—	—
名　称	代号	单位	单价（元）	数　　　量				
人工 安装工	1002	工日	145.80	0.041	0.047	0.057	0.070	0.068
材料 开关	213460	个	—	（1.020）	（1.020）	（1.020）	（1.020）	（1.020）
铜芯聚氯乙烯绝缘电线 BV-2.5	214009	m	1.848	0.305	0.458	0.611	0.764	0.305
其他材料费	2999	元	—	0.060	0.080	0.080	0.090	0.070
机械 其他机具费	3999	元	—	0.080	0.080	0.080	0.090	0.130

工作内容：上圆台、装开关、按钮、接线、调试等。　　　　　　　　　　　　　　　　　计量单位：套

定　额　编　号				25069006	25069007	25069008	25069009
项　目　名　称				翘板式暗开关（双控）			
				单联	双联	三联	四联
预　算　基　价				7.46	8.51	10.24	12.00
其中	人工费（元）			6.56	7.29	8.75	10.21
	材料费（元）			0.82	1.14	1.41	1.70
	机械费（元）			0.08	0.08	0.08	0.09
	仪器仪表费（元）			—	—	—	—
名　称	代号	单位	单价（元）	数　　　量			
人工 安装工	1002	工日	145.80	0.045	0.050	0.060	0.070
材料 开关	213460	个	—	（1.020）	（1.020）	（1.020）	（1.020）
铜芯聚氯乙烯绝缘电线 BV-2.5	214009	m	1.848	0.406	0.573	0.713	0.873
其他材料费	2999	元	—	0.070	0.080	0.090	0.090
机械 其他机具费	3999	元	—	0.080	0.080	0.080	0.090

（二）插　座

工作内容：打眼、上圆台、装插座、接线、上面板等。

计量单位：套

定　额　编　号				25070001	25070002	25070003	25070004
项　目　名　称				明插座（A 以下）			
				单　相		三　相	
				10	30	15	30
预　算　基　价				9.08	11.20	12.19	13.69
其中	人工费（元）			8.31	9.62	10.79	11.66
	材料费（元）			0.70	1.48	1.30	1.92
	机械费（元）			0.07	0.10	0.10	0.11
	仪器仪表费（元）			—	—	—	—
	名　称	代号	单位	单价（元）	数　量		
人工	安装工	1002	工日	145.80	0.057	0.066	0.074	0.080
材料	插座	213470	个	—	（1.020）	（1.020）	（1.020）	（1.020）
	铜芯聚氯乙烯绝缘电线 BV-4	214010	m	2.860	—	0.458	—	0.610
	铜芯聚氯乙烯绝缘电线 BV-2.5	214009	m	1.848	0.305	—	0.610	—
	其他材料费	2999	元	—	0.140	0.170	0.170	0.180
机械	其他机具费	3999	元	—	0.070	0.100	0.100	0.110

工作内容：打眼、上圆台、装插座、接线、上面板等。

计量单位：套

定　额　编　号				25070005	25070006	25070007	25070008
项　目　名　称				暗插座（单相）			
				单联	双联	三联	四联
预　算　基　价				9.29	11.52	11.69	12.52
其中	人工费（元）			8.60	9.91	11.23	11.96
	材料费（元）			0.62	1.51	0.33	0.40
	机械费（元）			0.07	0.10	0.13	0.16
	仪器仪表费（元）			—	—	—	—
	名　称	代号	单位	单价（元）	数　量		
人工	安装工	1002	工日	145.80	0.059	0.068	0.077	0.082
材料	插座	213470	个	—	（1.020）	（1.020）	（1.020）	（1.020）
	铜芯聚氯乙烯绝缘电线 BV-2.5	214009	m	1.848	0.305	0.763	0.122	0.153
	其他材料费	2999	元	—	0.060	0.100	0.100	0.120
机械	其他机具费	3999	元	—	0.070	0.100	0.130	0.160

工作内容：打眼、上圆台、装插座、接线、上面板等。 计量单位：套

定 额 编 号				25070009	25070010	25070011	25070012
项 目 名 称				暗插座（三相）		地面插座	工业连接器
				15A	30A		
预 算 基 价				14.14	14.36	12.67	11.08
其中	人工费（元）			11.66	12.39	11.23	8.31
	材料费（元）			2.38	1.86	1.10	2.77
	机械费（元）			0.10	0.11	0.34	—
	仪器仪表费（元）			—	—	—	—
名 称	代号	单位	单价（元）	数 量			
人工	安装工	1002	工日	145.80	0.080	0.085	0.077	0.057
材料	插座	213470	个	—	（1.020）	（1.020）	（1.020）	—
	铜芯聚氯乙烯绝缘电线 BV-2.5	214009	m	1.848	0.610	—	0.458	—
	铜芯聚氯乙烯绝缘电线 BV-4	214010	m	2.860	—	0.610	—	—
	其他材料费	2999	元	—	1.250	0.120	0.250	2.770
机械	其他机具费	3999	元	—	0.100	0.110	0.340	—

（三）防 爆 插 座

工作内容：测位、划线、打眼、埋螺栓、安装固定、接线、接地等。 计量单位：套

定 额 编 号				25071001	25071002	25071003
项 目 名 称				防爆插座（A）		
				15	30	60
预 算 基 价				17.80	20.10	23.94
其中	人工费（元）			16.77	18.66	22.02
	材料费（元）			0.87	1.23	1.71
	机械费（元）			0.16	0.21	0.21
	仪器仪表费（元）			—	—	—
名 称	代号	单位	单价（元）	数 量		
人工	安装工	1002	工日	145.80	0.115	0.128	0.151
材料	插座	213470	个	—	（1.020）	（1.020）	（1.020）
	铜芯聚氯乙烯绝缘电线 BV-6.0	214011	m	4.340	—	—	0.305
	铜芯聚氯乙烯绝缘电线 BV-4	214010	m	2.860	—	0.305	—
	铜芯聚氯乙烯绝缘电线 BV-2.5	214009	m	1.848	0.305	—	—
	其他材料费	2999	元	—	0.310	0.360	0.390
机械	其他机具费	3999	元	—	0.160	0.210	0.210

第五节　安全监测装置安装

一、点型探测器安装

工作内容：校线、挂锡、安装底座、探头、编码、测试、调试等。　　　　　　　　　　　计量单位：个

定 额 编 号				25072001	25072002	25072003	25072004
项 目 名 称				感烟	感温	火焰	可燃气体
预 算 基 价				46.33	45.73	159.67	111.72
其中	人工费（元）			41.55	41.55	138.51	41.55
	材料费（元）			3.73	3.73	18.28	69.72
	机械费（元）			1.05	0.45	2.88	0.45
	仪器仪表费（元）			—	—	—	—
名　称	代号	单位	单价（元）	数　　　量			
人工	安装工	1002	工日	145.80	0.285	0.285	0.950	0.285
材料	汽油 93#	209173	kg	9.900	0.030	0.030	0.030	0.030
	镀铬钢管 ϕ10	201197	m	15.280	—	—	0.800	—
	镀铬钢板 δ2.5	201196	m^2	122.800	—	—	0.010	—
	焊锡膏 50g/ 瓶	207292	kg	72.730	0.010	0.010	0.010	0.010
	镀锌机螺钉 2 ~ 5×4 ~ 50	207181	个	0.231	2.040	2.040	2.040	2.040
	铜接线卡 1.0 ~ 2.5	213343	个	0.300	2.030	2.030	2.030	2.030
	焊锡	207294	kg	67.720	0.020	0.020	0.020	0.020
	其他材料费	2999	元	—	0.270	0.270	1.370	66.260
机械	其他机具费	3999	元	—	1.050	0.450	2.880	0.450

二、火灾报警控制器安装

工作内容：安装、固定、校线、功能检测、压线、标志、绑扎等。 计量单位：台

定 额 编 号				25073001	25073002	25073003
项 目 名 称				壁挂式（点以内）		
				200	500	1000
预 算 基 价				2448.36	4347.91	5615.07
其中	人工费（元）			2237.01	4008.48	5066.70
	材料费（元）			43.71	68.26	105.40
	机械费（元）			167.64	271.17	442.97
	仪器仪表费（元）			—	—	—
	名 称	代号	单位	单价（元）	数 量	
人工	安装工	1002	工日	145.80	15.343	27.493	34.751
材料	镀锌垫圈8	207029	个	0.120	4.080	4.080	4.080
	镀锌带母螺栓 8×110~120	207123	套	0.440	4.080	4.080	4.080
	镀锌弹簧垫圈8	207045	个	0.012	4.080	4.080	4.080
	汽油93#	209173	kg	9.900	0.450	0.620	0.850
	塑料异型管 φ5	210030	m	0.190	0.550	0.950	1.750
	焊锡	207294	kg	67.720	0.220	0.380	0.700
	标志牌	218004	个	0.020	1.000	1.000	1.000
	焊锡膏 50g/瓶	207292	kg	72.730	0.060	0.100	0.180
	膨胀螺栓 φ8	207159	套	1.320	4.080	4.080	4.080
	尼龙线卡	210015	只	0.100	14.000	22.000	40.000
	其他材料费	2999	元	—	10.750	19.000	24.420
机械	载货汽车 6t	3031	台班	511.530	0.050	0.050	0.050
	其他机具费	3999	元	—	142.060	245.590	417.390

三、声光报警装置安装

工作内容：安装、固定、校线、挂锡等。 计量单位：台

定 额 编 号				25074001
项 目 名 称				声光报警装置安装
预 算 基 价				400.34
其中	人工费（元）			291.60
	材料费（元）			104.99
	机械费（元）			3.75
	仪器仪表费（元）			—
	名 称	代号	单位	单价（元）	数 量
人工	安装工	1002	工日	145.80	2.000
材料	焊锡膏 50g/瓶	207292	kg	72.730	0.020
	汽油93#	209173	kg	9.900	0.050
	焊锡	207294	kg	67.720	0.030
	铜接线卡 1.0~2.5	213343	个	0.300	3.050
	镀锌机螺钉 2~5×4~50	207181	个	0.231	3.060
	其他材料费	2999	元	—	99.390
机械	其他机具费	3999	元	—	3.750

四、气体探测器安装

工作内容：安装、固定、校线、挂锡等。   计量单位：台

定 额 编 号					25075001
项 目 名 称					气体侦测器安装
预 算 基 价					400.34
其中	人工费（元）				291.60
	材料费（元）				104.99
	机械费（元）				3.75
	仪器仪表费（元）				—
	名 称	代号	单位	单价（元）	数 量
人工	安装工	1002	工日	145.80	2.000
材料	焊锡膏 50g/ 瓶	207292	kg	72.730	0.020
	汽油 93#	209173	kg	9.900	0.050
	焊锡	207294	kg	67.720	0.030
	铜接线卡 1.0 ~ 2.5	213343	个	0.300	3.050
	镀锌机螺钉 2 ~ 5×4 ~ 50	207181	个	0.231	3.060
	其他材料费	2999	元	—	99.390
机械	其他机具费	3999	元	—	3.750

第六节　电气装置调测

一、配电、电源测试

工作内容：控制装置、电流互感器、断电保护装置、测量仪表及一、二次回路试验
　　　　　调整。   计量单位：系统

定 额 编 号				25076001	25076002
项 目 名 称				交流送配电系统（1kV 以下）	事故照明切换装置
预 算 基 价				568.88	280.20
其中	人工费（元）			451.29	216.20
	材料费（元）			8.07	4.39
	机械费（元）			109.52	59.61
	仪器仪表费（元）			—	—
	名 称	代号	单位	单价（元）	数 量	
人工	调试工	1003	工日	209.90	2.150	1.030
材料	其他材料费	2999	元	—	8.070	4.390
机械	其他机具费	3999	元	—	109.520	59.610

二、电力电缆、母线试验

工作内容：电缆：测量绝缘电阻、直流耐压试验及测量泄漏电流。母线：测量绝缘
电阻、交流耐压试验。

计量单位：次（根）

定 额 编 号					25077001	25077002
项 目 名 称					电 缆	母线（段）
预 算 基 价					309.44	341.77
其中	人工费（元）				267.20	295.12
	材料费（元）				2.90	3.20
	机械费（元）				39.34	43.45
	仪器仪表费（元）				—	—
	名 称	代号	单位	单价（元）	数 量	
人工	调试工	1003	工日	209.90	1.273	1.406
材料	其他材料费	2999	元	—	2.900	3.200
机械	其他机具费	3999	元	—	39.340	43.450

三、绝缘油试验

工作内容：取油样、绝缘强度试验。

计量单位：次

定 额 编 号					25078001
项 目 名 称					绝 缘 油
预 算 基 价					78.52
其中	人工费（元）				67.80
	材料费（元）				0.74
	机械费（元）				9.98
	仪器仪表费（元）				—
	名 称	代号	单位	单价（元）	数 量
人工	调试工	1003	工日	209.90	0.323
材料	其他材料费	2999	元	—	0.740
机械	其他机具费	3999	元	—	9.980

四、低压异步电动机试验调整

工作内容：电动机、开关、启动设备、电流互感器、继电器、测量仪表及一、二次
回路试验调整。

计量单位：系统

定 额 编 号				25079001	25079002
项 目 名 称				绕 线 型	
				凸轮控制	接触器控制
预 算 基 价				1060.07	1607.25
其中	人工费（元）			915.37	1387.86
	材料费（元）			9.93	15.06
	机械费（元）			134.77	204.33
	仪器仪表费（元）			—	—
名 称	代号	单位	单价（元）	数 量	
人工 调试工	1003	工日	209.90	4.361	6.612
材料 其他材料费	2999	元	—	9.930	15.060
机械 其他机具费	3999	元	—	134.770	204.330

工作内容：电动机、开关、启动设备、电流互感器、继电器、测量仪表及一、二次
回路试验调整。

计量单位：系统

定 额 编 号				25079003	25079004	25079005	25079006	25079007
项 目 名 称				鼠 笼 型				
				直接启动（kW 以下）		降压启动（kW 以下）		负荷开关操作
				40	315	40	315	
预 算 基 价				385.76	1270.10	473.53	1512.69	150.23
其中	人工费（元）			333.11	1096.73	408.89	1306.21	129.72
	材料费（元）			3.61	11.90	4.44	14.17	1.41
	机械费（元）			49.04	161.47	60.20	192.31	19.10
	仪器仪表费（元）			—	—	—	—	—
名 称	代号	单位	单价（元）	数 量				
人工 调试工	1003	工日	209.90	1.587	5.225	1.948	6.223	0.618
材料 其他材料费	2999	元	—	3.610	11.900	4.440	14.170	1.410
机械 其他机具费	3999	元	—	49.040	161.470	60.200	192.310	19.100

五、直流电动机试验调整

工作内容：电动机、开关、继电器、测量仪表、调速变阻器及一、二次回路试验调整。　　　　计量单位：系统

定 额 编 号					25080001	25080002	25080003
项 目 名 称					接触控制器	有联锁元件	有调速电阻
预 算 基 价					646.59	1293.19	2586.38
其中	人工费（元）				558.33	1116.67	2233.34
	材料费（元）				6.06	12.11	24.23
	机械费（元）				82.20	164.41	328.81
	仪器仪表费（元）				—	—	—
名　　称	代号	单位	单价（元）		数　　量		
人工	调试工	1003	工日	209.90	2.660	5.320	10.640
材料	其他材料费	2999	元	—	6.060	12.110	24.230
机械	其他机具费	3999	元	—	82.200	164.410	328.810

六、交流异步电动机变频调速试验

工作内容：变频装置本体、变频母线、电动机、互感器、电力电缆、保护装置等
一、二次设备回路的调试。　　　　　　　　　　　　　　　　　　　　计量单位：系统

定 额 编 号					25081001	25081002	25081003
项 目 名 称					交流异步电动机（kW 以下）		
					50	150	500
预 算 基 价					7574.38	9791.28	11915.81
其中	人工费（元）				6540.48	8454.77	10289.30
	材料费（元）				70.95	91.72	111.62
	机械费（元）				962.95	1244.79	1514.89
	仪器仪表费（元）				—	—	—
名　　称	代号	单位	单价（元）		数　　量		
人工	调试工	1003	工日	209.90	31.160	40.280	49.020
材料	其他材料费	2999	元	—	70.950	91.720	111.620
机械	其他机具费	3999	元	—	962.950	1244.790	1514.890

第五章
水处理工程

说明及工程量计算规则

说　明

1. 本章主要内容包括：过滤装置、渗漏渗析装置、离子交换装置、酸碱储存再生装置、软化器、鼓风脱气塔、紫外线杀菌设备、水箱、填料充填、在线检测仪表安装以及水质检测分析子目。

2. 本章设备本体以外的管道、阀部件、配件安装、外部电气接线，按设计要求，其费用另计。

3. 过滤、渗漏渗析、离子交换、软化器装置和水箱安装子目中，未包括设备支座、底座制作与安装及基础浇筑，若设计要求时，其费用另计。

4. 电渗析装置安装子目中，不包括型钢镀锌费，若实际要求镀锌时，其费用另计。

5. 鼓风脱气塔、电渗析装置、紫外线杀菌设备已包括电源连接和电机接线。

6. 在线检测仪表之电气接线另计，其检测调试由仪表供应商负责完成。

7. 本章不仅适用于纯水工程，废水工程中有相同类的设备也可以套用本章子目。

8. 水质检测分析定额基价调整表

工作量（总测试点 a）	$a < 5$	$a=5$	$5 < a \leq 10$	$a > 10$
定额基价调整系数	2	1.5	1	0.85

注：仪器仪表的运输费用，应另行计算。

工程量计算规则

1. 过滤装置安装，按水流量以"台"计算。
2. 渗漏、渗析装置安装，按水流量以"台"计算。
3. 离子交换、抛光混床装置安装，按水流量以"台"计算。
4. 酸、碱储存再生装置及化学品输送分配箱安装，以"台"计算。
5. 软化器、鼓风脱气塔和紫外线杀菌设备安装，按水流量以"台"计算。
6. 金属水箱按水箱按重量以"台"计算，其他水箱按总容量以"台"计算。
7. 填料充填按充填介质以"m³"或"支"计算。
8. 在线检测仪表安装按检测介质以"台"计算。
9. 水质分析按分析介质以"点"计算，以系统最终用水点数（接入设备前）作为总测试点数。

第一节 过滤装置安装

一、多介质过滤器安装

工作内容：场内搬运、外观检查、定位、埋膨胀螺栓。 计量单位：台

定 额 编 号				26001001	26001002	26001003	26001004
项 目 名 称				水流量（m³/h 以内）			
				40	80	150	200
预 算 基 价				3890.57	5751.46	8813.85	11023.72
其中	人工费（元）			3437.24	5155.93	7733.96	9667.27
	材料费（元）			266.77	346.15	487.76	587.73
	机械费（元）			186.56	249.38	592.13	768.72
	仪器仪表费（元）			—	—	—	—
	名 称	代号	单位	单价（元）	数 量		
人工	安装工	1002	工日	145.80	23.575	35.363	53.045	66.305
材料	板方材	203001	m³	1944.000	0.060	0.075	0.099	0.108
	洗涤剂	218045	kg	5.060	1.000	1.000	1.500	2.000
	丝光毛巾	218047	条	5.000	3.000	4.000	6.000	8.000
	斜垫铁 1#	201215	块	4.240	10.000	16.000	20.000	24.000
	镀锌铁丝 8# ~ 12#	207233	kg	8.500	8.000	10.000	16.000	22.000
	膨胀螺栓 φ16	207163	套	2.700	4.000	4.000	8.000	8.000
	其他材料费	2999	元	—	8.870	11.650	15.310	17.300
机械	汽车起重机 5t	3010	台班	436.580	0.250	0.300	—	—
	汽车起重机 30t	3016	台班	1233.760	—	—	0.300	0.400
	叉式装载机 5t	3069	台班	273.230	0.250	0.400	—	—
	叉式装载机 10t	3063	台班	532.220	—	—	0.400	0.500
	其他机具费	3999	元	—	9.110	9.110	9.110	9.110

二、活性炭过滤器安装

工作内容：场内搬运、外观检查、定位、埋膨胀螺栓、就位、垫垫铁、找正、找平、固定、清洗。

计量单位：台

	定 额 编 号				26002001	26002002	26002003	26002004
	项 目 名 称				水流量（m³/h 以内）			
					40	80	150	200
	预 算 基 价				3966.38	5655.52	9200.50	11507.05
其中	人工费（元）				3513.05	5059.99	8120.62	10150.60
	材料费（元）				266.77	346.15	487.75	587.73
	机械费（元）				186.56	249.38	592.13	768.72
	仪器仪表费（元）				—	—	—	—
名 称		代号	单位	单价（元）	数 量			
人工	安装工	1002	工日	145.80	24.095	34.705	55.697	69.620
材料	镀锌铁丝 8# ~ 12#	207233	kg	8.500	8.000	10.000	16.000	22.000
	膨胀螺栓 φ16	207163	套	2.700	4.000	4.000	8.000	8.000
	板方材	203001	m³	1944.000	0.060	0.075	0.099	0.108
	斜垫铁 1#	201215	块	4.240	10.000	16.000	20.000	24.000
	洗涤剂	218045	kg	5.060	1.000	1.000	1.500	2.000
	丝光毛巾	218047	条	5.000	3.000	4.000	6.000	8.000
	其他材料费	2999	元	—	8.870	11.650	15.300	17.300
机械	汽车起重机 5t	3010	台班	436.580	0.250	0.300	—	—
	汽车起重机 30t	3016	台班	1233.760	—	—	0.300	0.400
	叉式装载机 5t	3069	台班	273.230	0.250	0.400	—	—
	叉式装载机 10t	3063	台班	532.220	—	—	0.400	0.500
	其他机具费	3999	元	—	9.110	9.110	9.110	9.110

三、精密过滤器（0.6～0.1μm）安装

工作内容：场内搬运、外观检查、定位、埋膨胀螺栓、就位、垫垫铁、找正、找平、固定、清洗。

计量单位：台

定 额 编 号				26003001	26003002	26003003	26003004
项 目 名 称				水流量（m³/h 以内）			
				40	80	150	200
预 算 基 价				1691.09	2306.84	2560.09	2696.73
其中	人工费（元）			1432.19	2007.08	2250.13	2382.52
	材料费（元）			185.54	226.40	236.60	240.85
	机械费（元）			73.36	73.36	73.36	73.36
	仪器仪表费（元）			—	—	—	—
名 称	代号	单位	单价（元）	数 量			
人工	安装工	1002	工日	145.80	9.823	13.766	15.433	16.341
材料	板方材	203001	m³	1944.000	0.060	0.060	0.060	0.060
	洗涤剂	218045	kg	5.060	0.500	1.000	1.000	1.000
	丝光毛巾	218047	条	5.000	1.000	2.000	2.000	2.000
	斜垫铁 1#	201215	块	4.240	6.000	10.000	10.000	10.000
	镀锌铁丝 8#～12#	207233	kg	8.500	2.000	3.500	4.700	5.200
	膨胀螺栓 φ16	207163	套	2.700	4.000	4.000	4.000	4.000
	其他材料费	2999	元	—	8.130	11.750	11.750	11.750
机械	叉式装载机 5t	3069	台班	273.230	0.250	0.250	0.250	0.250
	其他机具费	3999	元	—	5.050	5.050	5.050	5.050

四、深层精密过滤器安装

工作内容：场内搬运、外观检查、定位、埋膨胀螺栓、就位、垫垫铁、找正、找平、固定、清洗。

计量单位：台

定 额 编 号				26004001	26004002	26004003	26004004
项 目 名 称				水流量（m³/h 以内）			
				40	80	150	200
预 算 基 价				1694.52	2280.92	2647.16	2787.01
其中	人工费（元）			1436.13	1938.85	2294.89	2430.49
	材料费（元）			185.54	255.56	265.76	270.01
	机械费（元）			72.85	86.51	86.51	86.51
	仪器仪表费（元）			—	—	—	—
名 称	代号	单位	单价（元）	数 量			
人工	安装工	1002	工日	145.80	9.850	13.298	15.740	16.670
材料	板方材	203001	m³	1944.000	0.060	0.075	0.075	0.075
	洗涤剂	218045	kg	5.060	0.500	1.000	1.000	1.000
	丝光毛巾	218047	条	5.000	1.000	2.000	2.000	2.000
	斜垫铁 1#	201215	块	4.240	6.000	10.000	10.000	10.000
	镀锌铁丝 8#～12#	207233	kg	8.500	2.000	3.500	4.700	5.200
	膨胀螺栓 φ16	207163	套	2.700	4.000	4.000	4.000	4.000
	其他材料费	2999	元	—	8.130	11.750	11.750	11.750
机械	叉式装载机 5t	3069	台班	273.230	0.250	0.300	0.300	0.300
	其他机具费	3999	元	—	4.540	4.540	4.540	4.540

五、超滤装置安装

工作内容：场内搬运、外观检查、定位、埋膨胀螺栓、就位、垫垫铁、找正、找平、
固定、清洗。

计量单位：台

定 额 编 号				26005001	26005002	26005003	26005004
项 目 名 称				水流量（m³/h 以内）			
				40	80	150	200
预 算 基 价				1955.64	3208.06	5783.31	7330.72
其中	人工费（元）			1718.69	2867.01	5307.12	6823.44
	材料费（元）			147.41	224.19	272.01	303.10
	机械费（元）			89.54	116.86	204.18	204.18
	仪器仪表费（元）			—	—	—	—
名 称	代号	单位	单价（元）	数 量			
人工	安装工	1002	工日	145.80	11.788	19.664	36.400	46.800
材料	板方材	203001	m³	1944.000	0.040	0.060	0.060	0.060
	洗涤剂	218045	kg	5.060	0.500	1.000	1.500	2.000
	丝光毛巾	218047	条	5.000	1.000	2.000	3.000	4.000
	斜垫铁 1#	201215	块	4.240	6.000	8.000	12.000	16.000
	镀锌铁丝 8# ~ 12#	207233	kg	8.500	2.500	3.500	4.500	5.000
	膨胀螺栓 φ16	207163	套	2.700	4.000	8.000	12.000	12.000
	其他材料费	2999	元	—	4.630	7.220	11.250	13.600
机械	汽车起重机 5t	3010	台班	436.580	—	—	0.200	0.200
	叉式装载机 5t	3069	台班	273.230	0.300	0.400	0.400	0.400
	其他机具费	3999	元	—	7.570	7.570	7.570	7.570

第二节　反渗透、电渗析、膜脱气装置安装

一、反渗透装置安装

工作内容：场内搬运、外观检查、定位、埋膨胀螺栓、就位、垫垫铁、找正、找平、
固定、焊接、清洗、装膜、试运行、测电导值。

计量单位：台

定 额 编 号				26006001	26006002	26006003	26006004
项 目 名 称				水流量（m³/h 以内）			
				40	80	150	200
预 算 基 价				4271.01	8354.63	12165.75	13425.34
其中	人工费（元）			3369.44	6995.48	9856.08	10614.24
	材料费（元）			367.19	561.48	898.32	1087.01
	机械费（元）			341.67	541.96	1029.64	1216.38
	仪器仪表费（元）			192.71	255.71	381.71	507.71
名　称	代号	单位	单价（元）	数　　量			
人工	安装工	1002	工日	145.80	23.110	47.980	67.600	72.800
材料	板方材	203001	m³	1944.000	0.060	0.080	0.120	0.150
	ABS 胶水 500ml	209422	kg	14.000	1.000	1.000	2.000	3.000
	丝光毛巾	218047	条	5.000	2.000	4.000	8.000	12.000
	洗涤剂	218045	kg	5.060	1.000	1.500	3.000	3.000
	氩气	209124	m³	19.590	3.000	6.000	10.000	12.000
	镀锌铁丝 8# ~ 12#	207233	kg	8.500	3.000	4.000	6.000	7.000
	斜垫铁 1#	201215	块	4.240	12.000	14.000	20.000	20.000
	不锈钢焊丝	207445	kg	41.000	1.500	3.000	5.000	6.000
	膨胀螺栓 φ16	207163	套	2.700	6.000	6.000	8.000	8.000
	其他材料费	2999	元	—	8.640	14.270	23.560	31.250
机械	叉式装载机 5t	3069	台班	273.230	0.300	0.500	—	—
	叉式装载机 10t	3063	台班	532.220	—	—	0.400	0.500
	汽车起重机 5t	3010	台班	436.580	0.250	0.250	—	—
	汽车起重机 30t	3016	台班	1233.760	—	—	0.300	0.400
	氩弧焊机 500A	3103	台班	137.840	1.000	2.000	3.000	3.000
	其他机具费	3999	元	—	12.720	20.520	33.100	43.250
仪器仪表	电导仪	4297	台班	63.000	3.000	4.000	6.000	8.000
	其他仪器仪表费	4999	元	—	3.710	3.710	3.710	3.710

二、电渗析装置安装

工作内容：场内搬运、外观检查、定位、埋膨胀螺栓、就位、垫垫铁、找正、找平、固定、焊接、清洗、装膜、试运行、测电导值。

计量单位：台

定 额 编 号				26007001	26007002	26007003	26007004
项 目 名 称				水流量（m³/h 以内）			
				40	80	150	200
预 算 基 价				5755.18	10206.90	12693.46	13992.39
其中	人工费（元）			4773.64	8406.83	9856.08	10614.24
	材料费（元）			484.49	809.67	969.55	1038.22
	机械费（元）			115.34	230.69	352.12	446.22
	仪器仪表费（元）			381.71	759.71	1515.71	1893.71
名 称	代号	单位	单价（元）	数 量			
人工 安装工	1002	工日	145.80	32.741	57.660	67.600	72.800
材料 板方材	203001	m³	1944.000	0.080	0.120	0.120	0.120
洗涤剂	218045	kg	5.060	1.000	2.000	2.000	2.000
丝光毛巾	218047	条	5.000	4.000	8.000	10.000	12.000
斜垫铁 1#	201215	块	4.240	16.000	40.000	52.000	60.000
角钢 63 以内	201016	kg	4.950	40.000	60.000	80.000	85.000
膨胀螺栓 φ16	207163	套	2.700	8.000	16.000	16.000	16.000
其他材料费	2999	元	—	16.470	16.470	16.470	16.470
机械 叉式装载机 5t	3069	台班	273.230	0.400	0.800	1.200	1.500
其他机具费	3999	元	—	6.050	12.110	24.240	36.370
仪器仪表 电导仪	4297	台班	63.000	6.000	12.000	24.000	30.000
其他仪器仪表费	4999	元	—	3.710	3.710	3.710	3.710

三、膜脱气装置安装

工作内容：场内搬运、外观检查、定位、埋膨胀螺栓、就位、垫垫铁、找正、找平、固定、焊接、清洗、装膜、试运行、测电导值。

计量单位：台

定 额 编 号				26008001	26008002	26008003	26008004
项 目 名 称				水流量（m³/h 以内）			
				40	80	150	200
预 算 基 价				3759.96	7036.31	10285.25	11418.80
其中	人工费（元）			2864.10	5946.16	8377.67	9022.10
	材料费（元）			367.19	561.48	898.32	1073.01
	机械费（元）			528.67	528.67	1009.26	1323.69
	仪器仪表费（元）			—	—	—	—
	名 称	代号	单位	单价（元）	数 量		
人工	安装工	1002	工日	145.80	19.644	40.783	57.460	61.880
材料	板方材	203001	m³	1944.000	0.060	0.080	0.120	0.150
	ABS 胶水 500ml	209422	kg	14.000	1.000	1.000	2.000	2.000
	丝光毛巾	218047	条	5.000	2.000	4.000	8.000	12.000
	洗涤剂	218045	kg	5.060	1.000	1.500	3.000	3.000
	氩气	209124	m³	19.590	3.000	6.000	10.000	12.000
	镀锌铁丝 8# ~ 12#	207233	kg	8.500	3.000	4.000	6.000	7.000
	斜垫铁 1#	201215	块	4.240	12.000	14.000	20.000	20.000
	不锈钢焊丝	207445	kg	41.000	1.500	3.000	5.000	6.000
	膨胀螺栓 φ16	207163	套	2.700	6.000	6.000	8.000	8.000
	其他材料费	2999	元	—	8.640	14.270	23.560	31.250
机械	叉式装载机 10t	3063	台班	532.220	—	—	0.400	0.500
	汽车起重机 30t	3016	台班	1233.760	—	—	0.300	0.400
	氩弧焊机 500A	3103	台班	137.840	2.000	2.000	3.000	4.000
	叉式装载机 5t	3069	台班	273.230	0.400	0.400	—	—
	汽车起重机 5t	3010	台班	436.580	0.300	0.300	—	—
	其他机具费	3999	元	—	12.720	12.720	12.720	12.720

第三节 离子交换装置安装

一、混床离子交换器安装

工作内容：场内搬运、外观检查、定位、埋膨胀螺栓、就位、垫垫铁、找正、找平、
固定、焊接、清洗、装膜、试运行、测电导值。

计量单位：台

定 额 编 号				26009001	26009002	26009003	26009004
项 目 名 称				水流量（m³/h 以内）			
				40	80	150	200
预 算 基 价				3905.92	7161.82	10041.15	11024.00
其中	人工费（元）			2864.10	5946.16	8377.67	9022.10
	材料费（元）			258.83	340.21	490.29	587.73
	机械费（元）			369.78	399.24	602.48	780.46
	仪器仪表费（元）			413.21	476.21	570.71	633.71
名 称	代号	单位	单价（元）	数 量			
人工	安装工	1002	工日	145.80	19.644	40.783	57.460	61.880
材料	板方材	203001	m³	1944.000	0.060	0.080	0.099	0.108
	洗涤剂	218045	kg	5.060	1.000	1.000	2.000	2.000
	丝光毛巾	218047	条	5.000	3.000	4.000	6.000	8.000
	斜垫铁 1#	201215	块	4.240	10.000	12.000	20.000	24.000
	镀锌铁丝 8# ~ 12#	207233	kg	8.500	7.000	10.000	16.000	22.000
	膨胀螺栓 φ16	207163	套	2.700	4.000	4.000	8.000	8.000
	其他材料费	2999	元	—	9.430	12.950	15.310	17.300
机械	汽车起重机 5t	3010	台班	436.580	0.500	0.500	—	—
	汽车起重机 30t	3016	台班	1233.760	—	—	0.300	0.400
	叉式装载机 5t	3069	台班	273.230	0.500	0.600	—	—
	叉式装载机 10t	3063	台班	532.220	—	—	0.400	0.500
	其他机具费	3999	元	—	14.870	17.010	19.460	20.850
仪器仪表	电导仪	4297	台班	63.000	6.500	7.500	9.000	10.000
	其他仪器仪表费	4999	元	—	3.710	3.710	3.710	3.710

二、抛光混床装置安装

工作内容：场内搬运、外观检查、定位、埋膨胀螺栓、就位、垫垫铁、找正、找平、
固定、焊接、清洗、装膜、试运行、测电导值。

计量单位：台

定 额 编 号				26010001	26010002	26010003	26010004
项 目 名 称				水流量（m³/h 以内）			
				40	80	150	200
预 算 基 价				6035.18	9061.60	10950.02	11808.29
其中	人工费（元）			4993.36	7846.66	9647.59	10484.48
	材料费（元）			258.83	339.49	393.03	413.02
	机械费（元）			369.78	399.24	401.69	403.08
	仪器仪表费（元）			413.21	476.21	507.71	507.71
名 称	代号	单位	单价（元）	数 量			
人工	安装工	1002	工日	145.80	34.248	53.818	66.170	71.910
材料	板方材	203001	m³	1944.000	0.060	0.080	0.099	0.108
	洗涤剂	218045	kg	5.060	1.000	1.000	1.500	1.500
	丝光毛巾	218047	条	5.000	3.000	4.000	6.000	6.000
	斜垫铁 1#	201215	块	4.240	10.000	12.000	12.000	12.000
	镀锌铁丝 8# ~ 12#	207233	kg	8.500	7.000	10.000	10.000	10.000
	膨胀螺栓 $\phi16$	207163	套	2.700	4.000	4.000	4.000	4.000
	其他材料费	2999	元	—	9.430	12.230	16.300	18.800
机械	汽车起重机 5t	3010	台班	436.580	0.500	0.500	0.500	0.500
	叉式装载机 5t	3069	台班	273.230	0.500	0.600	0.600	0.600
	其他机具费	3999	元	—	14.870	17.010	19.460	20.850
仪器仪表	电导仪	4297	台班	63.000	6.500	7.500	8.000	8.000
	其他仪器仪表费	4999	元	—	3.710	3.710	3.710	3.710

第四节 酸、碱储存再生装置安装

一、酸、碱储存再生装置安装

工作内容：场内搬运、外观检查、定位、埋膨胀螺栓、就位、垫垫铁、找正、找平、固定、清洗。

计量单位：台

定额编号				26011001	26011002	26011003	26011004
项 目 名 称				水流量（m³/h 以内）			
				40	80	150	200
预 算 基 价				5417.92	8427.77	11104.51	12026.60
其中	人工费（元）			4755.12	7489.45	9453.67	10274.53
	材料费（元）			432.88	585.44	742.85	844.08
	机械费（元）			229.92	352.88	907.99	907.99
	仪器仪表费（元）			—	—	—	—
名 称	代号	单位	单价（元）	数 量			
人工	安装工	1002	工日	145.80	32.614	51.368	64.840	70.470
材料	洗涤剂	218045	kg	5.060	1.000	2.000	2.500	3.000
	丝光毛巾	218047	条	5.000	2.000	4.000	5.000	6.000
	豆石混凝土 C15	202149	m³	323.500	0.500	0.600	0.700	0.800
	斜垫铁 1#	201215	块	4.240	12.000	18.000	24.000	24.000
	镀锌铁丝 8# ~ 12#	207233	kg	8.500	9.000	13.000	18.000	22.000
	板方材	203001	m³	1944.000	0.060	0.080	0.100	0.110
	其他材料费	2999	元	—	12.050	18.880	29.590	37.500
机械	叉式装载机 5t	3069	台班	273.230	0.750	1.200	—	—
	叉式装载机 10t	3063	台班	532.220	—	—	0.500	0.500
	汽车起重机 30t	3016	台班	1233.760	—	—	0.500	0.500
	其他机具费	3999	元	—	25.000	25.000	25.000	25.000

二、化学品输送分配箱安装

工作内容：开箱、清扫、检查、定位、做基础、埋螺栓、安装、固定、接线等。　　　　　计量单位：台

定 额 编 号					26012001	26012002
项 目 名 称					口　　径	
					50	100
预 算 基 价					430.55	490.19
其中	人工费（元）				328.34	385.06
	材料费（元）				77.21	80.13
	机械费（元）				25.00	25.00
	仪器仪表费（元）				—	—
名　　称		代号	单位	单价（元）	数　　量	
人工	安装工	1002	工日	145.80	2.252	2.641
材料	红机砖	204001	块	0.300	15.000	19.000
	电焊条 综合	207290	kg	6.000	0.150	0.150
	铜端子 10	213121	个	11.000	4.060	4.060
	水泥 综合	202001	kg	0.506	3.700	4.200
	砂子	204025	kg	0.125	20.800	24.000
	镀锌带母螺栓 10×85～100	207127	套	0.570	6.120	6.120
	镀锌扁钢	201023	kg	7.900	1.500	1.500
	垫圈 10	207017	个	0.025	12.240	12.240
	裸铜线 10mm^2	214003	m	3.720	1.000	1.200
	弹簧垫圈 10	207035	个	0.020	6.120	6.120
	其他材料费	2999	元	—	3.190	3.510
机械	其他机具费	3999	元	—	25.000	25.000

第五节　其他水处理设备安装

一、软化器设备安装

工作内容：场内搬运、外观检查、定位、埋膨胀螺栓、设备上位、垫垫铁、找正、找平、固定、清洗、通水试验。

计量单位：台

定 额 编 号				26013001	26013002	26013003	26013004
项 目 名 称				水流量（m³/h 以内）			
				40	80	150	200
预 算 基 价				4133.07	7238.84	8950.04	10563.69
其中	人工费（元）			3580.56	6444.94	7392.06	8838.40
	材料费（元）			353.07	487.99	706.22	820.31
	机械费（元）			199.44	305.91	851.76	904.98
	仪器仪表费（元）			—	—	—	—
名 称	代号	单位	单价（元）	数 量			
人工	安装工	1002	工日	145.80	24.558	44.204	50.700	60.620
材料	板方材	203001	m³	1944.000	0.100	0.150	0.200	0.220
	洗涤剂	218045	kg	5.060	1.000	1.000	2.000	2.000
	丝光毛巾	218047	条	5.000	3.000	4.000	6.000	6.000
	斜垫铁 1#	201215	块	4.240	10.000	12.000	20.000	24.000
	镀锌铁丝 8# ~ 12#	207233	kg	8.500	8.000	10.000	16.000	22.000
	膨胀螺栓 $\phi16$	207163	套	2.700	4.000	4.000	8.000	8.000
	其他材料费	2999	元	—	17.410	24.650	34.900	42.150
机械	汽车起重机 5t	3010	台班	436.580	0.250	0.400	—	—
	汽车起重机 30t	3016	台班	1233.760	—	—	0.500	0.500
	叉式装载机 5t	3069	台班	273.230	0.250	0.400	—	—
	叉式装载机 10t	3063	台班	532.220	—	—	0.400	0.500
	其他机具费	3999	元	—	21.990	21.990	21.990	21.990

二、鼓风式脱气塔安装

工作内容：场内搬运、外观检查、定位、埋膨胀螺栓、设备上位、垫垫铁、找正、找
平、固定、电机接线、检查、清洗、试运行。

计量单位：台

定 额 编 号					26014001	26014002	26014003	26014004
项 目 名 称					水流量（m³/h 以内）			
					40	80	150	200
预 算 基 价					2151.94	3955.83	8064.85	9740.35
其中	人工费（元）				1719.86	3423.97	6823.44	8339.76
	材料费（元）				239.99	282.45	397.00	502.96
	机械费（元）				185.64	242.96	837.96	891.18
	仪器仪表费（元）				6.45	6.45	6.45	6.45
名 称		代号	单位	单价（元）	数 量			
人工	安装工	1002	工日	145.80	11.796	23.484	46.800	57.200
材料	板方材	203001	m³	1944.000	0.060	0.060	0.070	0.080
	洗涤剂	218045	kg	5.060	1.500	2.000	3.000	4.000
	丝光毛巾	218047	条	5.000	4.000	6.000	8.000	12.000
	斜垫铁 1#	201215	块	4.240	8.000	8.000	16.000	20.000
	镀锌铁丝 8# ~ 12#	207233	kg	8.500	5.000	8.000	12.000	16.000
	膨胀螺栓 φ16	207163	套	2.700	4.000	4.000	6.000	8.000
	其他材料费	2999	元	—	8.540	12.970	19.700	24.800
机械	汽车起重机 30t	3016	台班	1233.760	—	—	0.500	0.500
	叉式装载机 10t	3063	台班	532.220	—	—	0.400	0.500
	叉式装载机 5t	3069	台班	273.230	0.250	0.300	—	—
	汽车起重机 5t	3010	台班	436.580	0.250	0.350	—	—
	其他机具费	3999	元	—	8.190	8.190	8.190	8.190
仪器仪表	其他仪器仪表费	4999	元	—	6.450	6.450	6.450	6.450

三、紫外线杀菌设备安装

工作内容：场内搬运、外观检查、定位、埋膨胀螺栓、设备上位、垫垫铁、找正、
找平、固定、电机接线、检查、清洗、通水试验。

计量单位：台

定 额 编 号				26015001	26015002	26015003	26015004
项 目 名 称				水流量（m³/h 以内）			
				40	80	150	200
预 算 基 价				758.79	1013.17	1182.64	1268.61
其中	人工费（元）			510.30	656.10	801.90	874.80
	材料费（元）			159.13	213.06	236.73	249.80
	机械费（元）			89.36	144.01	144.01	144.01
	仪器仪表费（元）			—	—	—	—
	名 称	代号	单位	单价（元）	数 量		
人工	安装工	1002	工日	145.80	3.500	4.500	5.500	6.000
材料	板方材	203001	m³	1944.000	0.040	0.050	0.060	0.065
	洗涤剂	218045	kg	5.060	0.500	1.000	1.000	1.000
	丝光毛巾	218047	条	5.000	2.000	2.000	2.000	2.000
	斜垫铁 1#	201215	块	4.240	8.000	12.000	12.000	12.000
	镀锌铁丝 8# ~ 12#	207233	kg	8.500	1.000	1.200	1.500	1.800
	膨胀螺栓 φ16	207163	套	2.700	8.000	12.000	12.000	12.000
	其他材料费	2999	元	—	4.820	7.320	9.000	9.800
机械	叉式装载机 5t	3069	台班	273.230	0.300	0.500	0.500	0.500
	其他机具费	3999	元	—	7.390	7.390	7.390	7.390

第六节　水　箱　安　装

一、塑料水箱安装

工作内容：场内搬运、稳固、调整、上零件。

计量单位：台

定 额 编 号				26016001	26016002	26016003	26016004
项 目 名 称				塑料水箱总容量（m³）			
				1	6	20	30
预 算 基 价				525.36	1040.97	2318.14	3358.08
其中	人工费（元）			367.42	477.93	1006.02	1348.65
	材料费（元）			129.16	506.44	1135.30	1516.94
	机械费（元）			28.78	56.60	176.82	492.49
	仪器仪表费（元）			—	—	—	—
	名 称	代号	单位	单价（元）	数 量		
人工	安装工	1002	工日	145.80	2.520	3.278	6.900	9.250
材料	橡胶垫 δ5	208038	m²	125.000	1.000	4.000	9.000	12.000
	镀锌铁丝 8# ~ 12#	207233	kg	8.500	0.300	0.500	0.800	1.500
	其他材料费	2999	元	—	1.610	2.190	3.500	4.190
机械	汽车起重机 16t	3013	台班	1027.710	—	—	—	0.300
	载货汽车 6t	3031	台班	511.530	0.050	0.090	0.300	0.300
	其他机具费	3999	元	—	3.200	10.560	23.360	30.720

工作内容：场内搬运、稳固、调整、上零件。

计量单位：台

定 额 编 号				26016005	26016006	26016007
项 目 名 称				塑料水箱总容量（m³）		
				50	100	150
预 算 基 价				4579.91	6792.28	8190.97
其中	人工费（元）			1876.45	2829.98	3486.08
	材料费（元）			2043.92	3200.52	3841.96
	机械费（元）			659.54	761.78	862.93
	仪器仪表费（元）			—	—	—
名 称	代号	单位	单价（元）	数 量		
人工 安装工	1002	工日	145.80	12.870	19.410	23.910
材料 橡胶垫 δ5	208038	m²	125.000	16.000	25.000	30.000
镀锌铁丝 8# ~ 12#	207233	kg	8.500	4.000	7.000	8.500
其他材料费	2999	元	—	9.920	16.020	19.710
机械 汽车起重机 16t	3013	台班	1027.710	0.400	0.450	0.500
载货汽车 6t	3031	台班	511.530	0.400	0.450	0.500
其他机具费	3999	元	—	43.840	69.120	93.310

二、金属水箱安装

工作内容：场内搬运、稳固、调整、上零件。

计量单位：台

定 额 编 号				26017001	26017002	26017003	26017004
项 目 名 称				单台重量（t）			
				3	5	15	20
预 算 基 价				5753.79	7636.64	12995.55	16355.22
其中	人工费（元）			5155.93	6444.80	10690.06	13553.57
	材料费（元）			346.15	399.98	1056.38	1429.16
	机械费（元）			251.71	791.86	1249.11	1372.49
	仪器仪表费（元）			—	—	—	—
名 称	代号	单位	单价（元）	数 量			
人工 安装工	1002	工日	145.80	35.363	44.203	73.320	92.960
材料 板方材	203001	m³	1944.000	0.075	0.090	0.210	0.320
洗涤剂	218045	kg	5.060	1.000	1.200	3.000	4.000
丝光毛巾	218047	条	5.000	4.000	5.000	12.000	16.000
斜垫铁 1#	201215	块	4.240	16.000	16.000	64.000	72.000
镀锌铁丝 8# ~ 12#	207233	kg	8.500	10.000	12.000	30.000	40.000
膨胀螺栓 φ16	207163	套	2.700	4.000	4.000	8.000	12.000
其他材料费	2999	元	—	11.650	13.310	25.000	29.160
机械 叉式装载机 5t	3069	台班	273.230	0.400	—	—	—
叉式装载机 10t	3063	台班	532.220	—	0.400	—	—
叉式装载机 20t	3064	台班	871.450	—	—	0.500	0.500
汽车起重机 5t	3010	台班	436.580	0.300	—	—	—
汽车起重机 30t	3016	台班	1233.760	—	0.460	0.650	0.750
其他机具费	3999	元	—	11.440	11.440	11.440	11.440

三、组装式水箱安装

工作内容：场内搬运、底架制作与安装、开箱检查、分片组装、配件安装、试水。　计量单位：台

定 额 编 号				26018001	26018002	26018003	26018004	26018005
项 目 名 称				水箱总容量（m³）				
				10	24	80	150	200
预 算 基 价				1694.05	2764.31	9211.47	14096.14	18192.92
其中	人工费（元）			955.72	1261.90	2810.44	5646.83	7529.11
	材料费（元）			584.41	1194.56	5785.33	7525.77	9124.57
	机械费（元）			153.92	307.85	615.70	923.54	1539.24
	仪器仪表费（元）			—	—	—	—	—
名　称	代号	单位	单价（元）	数　量				
人工	安装工	1002	工日	145.80	6.555	8.655	19.276	38.730	51.640
材料	乙炔气	209120	m³	15.000	0.748	1.518	7.392	7.740	10.320
	机油	209165	kg	7.800	0.100	0.240	0.800	1.200	1.500
	氧气	209121	m³	5.890	2.030	4.150	20.160	23.220	30.960
	槽钢 16 以内	201020	kg	5.050	105.720	216.660	1052.440	1350.000	1620.000
	电焊条 综合	207290	kg	6.000	2.300	4.710	22.900	51.060	68.080
	其他材料费	2999	元	—	12.770	23.080	97.250	139.680	186.240
机械	汽车起重机 16t	3013	台班	1027.710	0.100	0.200	0.400	0.600	1.000
	载货汽车 6t	3031	台班	511.530	0.100	0.200	0.400	0.600	1.000

四、膨胀水箱安装

工作内容：场内搬运、稳固、调整、上零件。　计量单位：台

定 额 编 号				26019001	26019002	26019003
项 目 名 称				膨胀水箱总容量（m³）		
				0.4	1	4
预 算 基 价				253.24	390.80	679.21
其中	人工费（元）			224.39	360.13	583.20
	材料费（元）			26.85	27.46	28.10
	机械费（元）			2.00	3.21	67.91
	仪器仪表费（元）			—	—	—
名　称	代号	单位	单价（元）	数　量		
人工	安装工	1002	工日	145.80	1.539	2.470	4.000
材料	镀锌铁丝 8# ~ 12#	207233	kg	8.500	3.000	3.000	3.000
	其他材料费	2999	元	—	1.350	1.960	2.600
机械	载货汽车 6t	3031	台班	511.530	—	—	0.090
	其他机具费	3999	元	—	2.000	3.210	21.870

第七节　滤料、树脂、膜芯充填

工作内容：场内搬运、外观检查、拆包、搬运、充填、试运行、卫生清扫。

定　额　编　号				26020001	26020002	26020003	26020004
项 目 名 称				砂子、石子、活性炭（m³）	各类树脂（m³）	瓷环（m³）	反渗透膜（支）
预 算 基 价				170.30	184.88	148.43	46.45
其中	人工费（元）			116.64	131.22	94.77	36.45
	材料费（元）			25.00	25.00	25.00	10.00
	机械费（元）			28.66	28.66	28.66	—
	仪器仪表费（元）			—	—	—	—
名　称	代号	单位	单价（元）	数　量			
人工 安装工	1002	工日	145.80	0.800	0.900	0.650	0.250
材料 板方材	203001	m³	1944.000	0.050	0.050	0.050	0.020
其他材料费	2999	元	—	25.000	25.000	25.000	10.000
机械 叉式装载机5t	3069	台班	273.230	0.050	0.050	0.050	—
其他机具费	3999	元	—	15.000	15.000	15.000	—

第八节　在线检测仪表安装

工作内容：场内搬运、外观检查、拆包、安装。　　　　　　　　　　　　　　计量单位：台

定　额　编　号				26021001	26021002	26021003
项 目 名 称				纯水／超纯水（DI/UPW）		
				RESISTIVITY（电阻率测量仪）	TOC（总有机碳测量仪）	DO（氯离子测量仪）
预 算 基 价				331.60	1498.00	1206.40
其中	人工费（元）			291.60	1458.00	1166.40
	材料费（元）			25.00	25.00	25.00
	机械费（元）			15.00	15.00	15.00
	仪器仪表费（元）			—	—	—
名　称	代号	单位	单价（元）	数　量		
人工 安装工	1002	工日	145.80	2.000	10.000	8.000
材料 仪表支柱	217177	支	—	（1.000）	（1.000）	（1.000）
其他材料费	2999	元	—	25.000	25.000	25.000
机械 其他机具费	3999	元	—	15.000	15.000	15.000

工作内容：场内搬运、外观检查、拆包、安装。 计量单位：台

定 额 编 号					26021004	26021005	26021006
项 目 名 称					纯水／超纯水（DI/UPW）		
					SiO₂ （总二氧化硅 测量仪）	PARTICLES9 （颗粒测量仪）	UV （紫外线灭菌设备）
预 算 基 价					914.80	1498.00	769.00
其中	人工费（元）				874.80	1458.00	729.00
	材料费（元）				25.00	25.00	25.00
	机械费（元）				15.00	15.00	15.00
	仪器仪表费（元）				—	—	—
	名 称	代号	单位	单价（元）	数 量		
人工	安装工	1002	工日	145.80	6.000	10.000	5.000
材料	仪表支柱	217177	支	—	（1.000）	（1.000）	（1.000）
	其他材料费	2999	元	—	25.000	25.000	25.000
机械	其他机具费	3999	元	—	15.000	15.000	15.000

工作内容：场内搬运、外观检查、拆包、安装。 计量单位：台

定 额 编 号					26021007	26021008	26021009	26021010	26021011
项 目 名 称					废水（WW）				
					CU （铜离子 测量仪）	F （氟离子 测量仪）	pH （pH值 测量仪）	SS （颗粒悬浮物 测量仪）	NH₄-N （氨-氮 测量仪）
预 算 基 价					331.60	331.60	185.80	623.20	914.80
其中	人工费（元）				291.60	291.60	145.80	583.20	874.80
	材料费（元）				25.00	25.00	25.00	25.00	25.00
	机械费（元）				15.00	15.00	15.00	15.00	15.00
	仪器仪表费（元）				—	—	—	—	—
	名 称	代号	单位	单价（元）	数 量				
人工	安装工	1002	工日	145.80	2.000	2.000	1.000	4.000	6.000
材料	仪表支柱	217177	支	—	（1.000）	（1.000）	（1.000）	（1.000）	（1.000）
	其他材料费	2999	元	—	25.000	25.000	25.000	25.000	25.000
机械	其他机具费	3999	元	—	15.000	15.000	15.000	15.000	15.000

第九节　水质检测分析

工作内容：各参数的采样分析。　　　　　　　　　　　　　　　　　　　　　　　　　　　　　　计量单位：台

定　额　编　号				26022001	26022002	26022003
项　目　名　称				纯水／超纯水（DI/UPW）		
				RESISTIVITY（电阻率测试）	TOC（总有机碳测试）	DO（溶解氧测试）
预　算　基　价				523.55	3024.00	2464.20
其中	人工费（元）			419.80	2099.00	1679.20
	材料费（元）			25.00	25.00	25.00
	机械费（元）			—	—	—
	仪器仪表费（元）			78.75	900.00	760.00
名　　称	代号	单位	单价（元）	数　　量		
人工	调试工	1003	工日	209.9	2.000	10.000	8.000
材料	其他材料费	2999	元	—	25.000	25.000	25.000
仪器仪表	溶解氧测量仪	4357	台班	800.000	—	—	0.950
	总有机碳测量仪	4356	台班	750.000	—	1.200	—
	电阻率测量仪	4355	台班	105.000	0.750	—	—

工作内容：各参数的采样分析。　　　　　　　　　　　　　　　　　　　　　　　　　　　　　　计量单位：台

定　额　编　号				26022004	26022005	26022006
项　目　名　称				纯水／超纯水（DI/UPW）		
				SiO_2（总二氧化硅测试）	PARTICLES（颗粒测试）	细菌测试
预　算　基　价				2456.50	3024.00	1359.50
其中	人工费（元）			2099.00	2099.00	1049.50
	材料费（元）			25.00	25.00	25.00
	机械费（元）			—	—	—
	仪器仪表费（元）			332.50	900.00	285.00
名　　称	代号	单位	单价（元）	数　　量		
人工	调试工	1003	工日	209.9	10.000	10.000	5.000
材料	细菌采样器	217178	个	—	—	—	（1.000）
	其他材料费	2999	元	—	25.000	25.000	25.000
仪器仪表	细菌采样培养分析仪	4360	台班	190.000	—	—	1.500
	颗粒测量仪	4359	台班	1200.000	—	0.750	—
	总二氧化硅测量仪	4358	台班	350.000	0.950	—	—

工作内容：各参数的采样分析。

计量单位：台

定 额 编 号					26022007	26022008	26022009	26022010	26022011
项 目 名 称					废水（WW）				
					重金属离子测试（单位：点项）	阴离子测试（单位：点项）	pH（pH值测试）	SS（颗粒悬浮物测试）	NH₄–N（氨-氮测试）
预 算 基 价					757.30	644.80	256.15	1198.25	2416.70
其中	人工费（元）				419.80	419.80	209.90	1049.50	1679.20
	材料费（元）				25.00	25.00	25.00	25.00	25.00
	机械费（元）				—	—	—	—	—
	仪器仪表费（元）				312.50	200.00	21.25	123.75	712.50
名 称		代号	单位	单价（元）	数 量				
人工	调试工	1003	工日	209.9	2.000	2.000	1.000	5.000	8.000
材料	其他材料费	2999	元	—	25.000	25.000	25.000	25.000	25.000
仪器仪表	颗粒悬浮物测量仪	4364	台班	275.000	—	—	—	0.450	—
	氨-氮测量仪	4365	台班	950.000	—	—	—	—	0.750
	pH值测量仪	4363	台班	85.000	—	—	0.250	—	—
	金属离子测量仪	4361	台班	1250.000	0.250	—	—	—	—
	阴离子测量仪	4362	台班	1000.000	—	0.200	—	—	—

第六章
气体处理设备及装置安装工程

说明及工程量计算规则

说　　明

1. 本章主要内容包括：气体分离、脱湿、干燥、蒸发设备、气体净（纯）化、过滤、输送、瓶柜及阀门箱（盘）、充瓶压缩装置、储罐、压缩机组及真空泵的安装。

2. 本章气体设备安装子目中凡与主机本体联体的冷却系统、润滑系统及与主机在同一底座上电动机的整体安装均已包含。非本体联体的各级出入口第一个阀体以外的各种管道、空气干燥设备、净化设备、自控设备、仪表系统以及支架、沟槽、防护罩等的制作、加工和非同一底座以外的电动机及其他动力机械设备的安装费用应另行计取。

3. 随主机配套的仪表、气阀、管线连接和支架及防护罩壳等附件的安装，整机与解体安装设备的无负荷试运行、检测和调整除另有规定外，其费用不得另行计取。

4. 气化后的气体过滤装置若设计规定分前期和终端分级过滤时，则按气体纯度要求分别套用，高纯气体终端过滤器定额子目中的卡套式、VCR式适用于纯度为99.999%及以上，接管式适用于纯度为99.99%及以下范围使用，一般气体过滤器仅适用于常规工业用气体。

5. 气体净（纯）化及气体终端净（纯）化装置为二级净（纯）化设备，按其气体种类、纯度和露点温度等参数分别套用相应的定额子目。

6. 活塞式V、W、S型及扇形压缩机组是按单机整体安装考虑的，若安装同类型双级压缩机时，则按相应定额的人工乘以系数1.40。活塞式Z型3列压缩机亦为整体安装，其他各类型压缩机均属解体安装。

7. 主机本机循环用油及各类介质的充灌，定额子目中均未包含，发生时费用另计。

8. 真空泵设备安装方式为整体安装，若大型分体组装式的安装费用应另行计算。

工程量计算规则

1. 原料空气压缩机（含膨胀机）、冷冻机（含预冷器）按"套"计算；
2. 气体分离、脱湿、干燥、吸附和精馏装置类设备按"台"计算；
3. 蒸发（气化）器以"台"计算；
4. 净（纯）化装置、终端净（纯）化装置、过滤器及终端过滤器按"台"计算；
5. 输送、充瓶压缩机按气体类别及排气量以"台"计算；
6. 储罐按"台"计算；
7. 压缩机组按缸径和缸体数量按重量"t"计算；
8. 气瓶柜和气瓶架、称重仪、卧式钢瓶按照"台"计算；
9. 阀门箱和阀门盘按照"台"计算；
10. 真空泵按照"台"计算。

第一节 气体分离设备安装

一、原料空气压缩机（含膨胀机）安装

工作内容：场内搬运、开箱、清件、外观检查、划线、就位、埋地脚螺栓、垫垫铁、找正、找平、固定、联体配件安装、润滑、冷却系统检查、试运转、检测调整。

计量单位：套

定 额 编 号				27001001	27001002	27001003	27001004
项 目 名 称				设备规格（m³/h）			
				300	600	900	1200
预 算 基 价				8134.55	10250.52	11482.62	12439.93
其中	人工费（元）			7581.60	9097.92	9797.76	10497.60
	材料费（元）			466.16	683.39	939.71	1015.26
	机械费（元）			86.79	469.21	745.15	927.07
	仪器仪表费（元）			—	—	—	—
名 称	代号	单位	单价（元）	数　　量			
人工	安装工	1002	工日	145.80	52.000	62.400	67.200	72.000
材料	洗涤剂	218045	kg	5.060	5.000	6.500	7.500	9.000
	丝光毛巾	218047	条	5.000	3.000	5.000	6.000	8.000
	机油	209165	kg	7.800	1.200	1.600	2.000	2.200
	钙基酯	209160	kg	5.400	0.200	0.300	0.450	0.600
	白布	218002	m	6.800	0.500	0.800	1.000	1.200
	聚氯乙烯薄膜	210007	kg	10.400	2.000	2.500	3.000	3.000
	道木	203004	m³	1531.000	—	0.015	0.020	0.025
	棉纱头	218101	kg	5.830	1.500	1.500	2.000	2.500
	豆石混凝土 C15	202149	m³	323.500	0.500	0.800	1.000	1.000
	镀锌铁丝 8#~12#	207233	kg	8.500	2.000	3.000	4.000	4.000
	板方材	203001	m³	1944.000	0.018	0.018	0.038	0.038
	斜垫铁 1#	201215	块	4.240	12.000	16.000	24.000	24.000
	地脚螺栓 φ20	207171	套	4.570	12.000	16.000	24.000	24.000
	电焊条 综合	207290	kg	6.000	0.430	0.430	0.430	0.430
	煤油	209170	kg	7.000	4.200	6.350	9.400	12.500
	压缩机油	209187	kg	7.220	0.600	1.000	3.000	4.500
	气焊条	207297	kg	5.080	0.300	0.600	0.600	0.700
	汽油 93#	209173	kg	9.900	1.730	2.040	2.550	3.060
	其他材料费	2999	元	—	8.050	10.500	12.300	17.880
机械	汽车起重机 8t	3011	台班	784.710	—	0.200	0.300	0.500
	汽车起重机 12t	3012	台班	898.030	—	0.300	0.500	0.500
	叉式装载机 5t	3069	台班	273.230	0.200	—	—	—
	电动卷扬机 5t	3047	台班	71.470	0.300	0.400	0.600	0.700
	其他机具费	3999	元	—	10.700	14.270	17.840	35.670

二、空气脱湿装置安装

工作内容：场内搬运、开箱、外观检查、划线、就位、上地脚螺栓、垫垫铁、找正、找平、焊接、固定、清洗、密封、试运转、调整。

计量单位：台

定 额 编 号					27002001	27002002	27002003	27002004
项 目 名 称					设备规格（m³/h）			
					2000	4000	6000	8000
预 算 基 价					1984.13	2426.09	2897.55	3355.93
其中	人工费（元）				1516.32	1866.24	2099.52	2332.80
	材料费（元）				246.83	335.64	436.58	472.64
	机械费（元）				220.98	224.21	361.45	550.49
	仪器仪表费（元）				—	—	—	—
	名 称	代号	单位	单价（元）	数 量			
人工	安装工	1002	工日	145.80	10.400	12.800	14.400	16.000
材料	钙基酯	209160	kg	5.400	0.150	0.150	0.200	0.200
	煤油	209170	kg	7.000	1.500	2.000	2.500	3.000
	板方材	203001	m³	1944.000	0.060	0.080	0.100	0.100
	聚氯乙烯薄膜	210007	kg	10.400	0.800	1.000	1.000	1.200
	豆石混凝土 C15	202149	m³	323.500	0.150	0.200	0.300	0.300
	棉纱头	218101	kg	5.830	0.600	0.800	1.000	1.000
	平垫铁 1#	201212	块	1.210	6.000	10.000	12.000	16.000
	斜垫铁 1#	201215	块	4.240	4.000	6.000	8.000	10.000
	地脚螺栓 $\phi20$	207171	套	4.570	4.000	6.000	8.000	10.000
	电焊条 综合	207290	kg	6.000	0.210	0.336	0.420	0.546
	镀锌铁丝 8# ~ 12#	207233	kg	8.500	1.000	1.200	1.500	2.000
	其他材料费	2999	元	—	6.280	8.370	10.050	13.060
机械	汽车起重机 8t	3011	台班	784.710	0.200	0.200	0.300	0.500
	叉式装载机 5t	3069	台班	273.230	0.200	0.200	0.400	0.500
	其他机具费	3999	元	—	9.390	12.620	16.740	21.520

三、冷冻机（含预热器）安装

工作内容：场内搬运、开箱、清件、外观检查、划线、就位、上地脚螺栓、垫垫铁、找正、找平、固定、清洗、联体配件安装、润滑系统检查、试运转、检测调整。

计量单位：套

定 额 编 号				27003001	27003002	27003003
项 目 名 称				设备规格（kcal/h 以内）		
				6300	1250	2500
预 算 基 价				2327.67	2954.83	4237.08
其中	人工费（元）			1749.60	2332.80	3499.20
	材料费（元）			323.26	363.65	459.90
	机械费（元）			254.81	258.38	277.98
	仪器仪表费（元）			—	—	—
名 称	代号	单位	单价（元）	数 量		
人工	安装工	1002	工日	145.80	12.000	16.000	24.000
材料	洗涤剂	218045	kg	5.060	3.000	4.000	5.000
	白油漆	209256	kg	18.340	0.015	0.015	0.015
	钙基酯	209160	kg	5.400	0.200	0.200	0.200
	丝光毛巾	218047	条	5.000	2.000	3.000	4.000
	豆石混凝土 C15	202149	m³	323.500	0.150	0.200	0.300
	聚氯乙烯薄膜	210007	kg	10.400	1.000	1.200	1.400
	棉纱头	218101	kg	5.830	0.600	0.800	1.000
	镀锌铁丝 8# ~ 12#	207233	kg	8.500	1.500	2.000	2.500
	地脚螺栓 φ20	207171	套	4.570	4.000	4.000	4.000
	斜垫铁 1#	201215	块	4.240	4.000	4.000	4.000
	板方材	203001	m³	1944.000	0.080	0.080	0.100
	机油	209165	kg	7.800	0.300	0.400	0.500
	煤油	209170	kg	7.000	2.500	3.000	3.500
	汽油 93#	209173	kg	9.900	0.500	0.700	0.850
	其他材料费	2999	元	—	6.000	6.400	8.100
机械	真空泵 抽气速度 ≤ 660m³/h	3097	台班	180.460	0.200	0.200	0.300
	汽车起重机 8t	3011	台班	784.710	0.200	0.200	0.200
	叉式装载机 5t	3069	台班	273.230	0.200	0.200	0.200
	其他机具费	3999	元	—	7.130	10.700	12.250

四、空气吸附塔安装

工作内容：场内搬运、开箱、外观检查、划线、就位、垫垫铁、找正、找平、固定、
灌浆、清洗、密封、试运行、调整。

计量单位：台

定 额 编 号				27004001	27004002	27004003
项 目 名 称				设备规格（m³/h）		
				300	600	1200
预 算 基 价				3060.10	4015.64	5102.68
其中	人工费（元）			2566.08	3265.92	4082.40
	材料费（元）			275.23	425.14	589.90
	机械费（元）			218.79	324.58	430.38
	仪器仪表费（元）			—	—	—
名　称	代号	单位	单价（元）	数　量		
人工	安装工	1002	工日	145.80	17.600	22.400	28.000
材料	白布	218002	m	6.800	0.500	0.500	0.500
	丝光毛巾	218047	条	5.000	1.000	1.000	1.000
	洗涤剂	218045	kg	5.060	0.300	0.300	0.500
	豆石混凝土 C15	202149	m³	323.500	0.200	0.300	0.500
	聚氯乙烯薄膜	210007	kg	10.400	0.600	0.800	1.000
	棉纱头	218101	kg	5.830	0.500	0.500	0.500
	白油漆	209256	kg	18.340	0.100	0.100	0.100
	地脚螺栓 $\phi20$	207171	套	4.570	4.000	8.000	12.000
	普通钢板 $\delta4.5 \sim 7.0$	201031	kg	5.300	2.000	3.000	4.000
	斜垫铁 1#	201215	块	4.240	4.000	8.000	12.000
	煤油	209170	kg	7.000	2.000	3.000	4.000
	板方材	203001	m³	1944.000	0.050	0.080	0.100
	镀锌铁丝 8# ~ 12#	207233	kg	8.500	3.000	4.000	5.000
	其他材料费	2999	元	—	7.080	8.200	10.250
机械	汽车起重机 8t	3011	台班	784.710	0.200	0.300	0.400
	叉式装载机 5t	3069	台班	273.230	0.200	0.300	0.400
	其他机具费	3999	元	—	7.200	7.200	7.200

五、空气分离塔安装

工作内容：场内搬运、外观检查、基础清理、吊装就位、垫垫铁、找正、找平、固定、构件制作与安装、本体阀门、仪表、开关安装、调整、清洗、吹扫、气密试验。 计量单位：台

	定 额 编 号				27005001	27005002	27005003
	项 目 名 称				规 格		
					FL-50/200	140/660-1	FL-300/300
	预 算 基 价				16815.00	22350.45	33565.07
其中	人工费（元）				13732.90	17888.20	26295.03
	材料费（元）				2103.47	2966.40	4900.08
	机械费（元）				978.63	1495.85	2369.96
	仪器仪表费（元）				—	—	—
	名 称	代号	单位	单价（元）	数 量		
人工	安装工	1002	工日	145.80	94.190	122.690	180.350
材料	氧气	209121	m³	5.890	12.500	15.600	31.200
	乙炔气	209120	m³	15.000	4.160	5.200	10.400
	白油漆	209256	kg	18.340	0.080	0.100	0.100
	四氯化碳	209419	kg	13.750	15.000	20.000	50.000
	工业酒精	209129	kg	25.000	10.000	14.000	30.000
	甘油	209161	kg	8.450	0.500	0.700	1.000
	密封胶	209228	kg	16.800	1.200	1.400	1.600
	破布	218023	kg	5.040	3.500	5.000	7.000
	肥皂	218054	块	0.700	5.000	8.000	12.000
	聚氯乙烯薄膜	210007	kg	10.400	1.500	2.500	4.400
	豆石混凝土 C15	202149	m³	323.500	0.200	0.300	0.400
	棉纱头	218101	kg	5.830	0.800	1.200	1.700
	白布	218002	m	6.800	2.500	3.500	4.000
	钙基酯	209160	kg	5.400	0.300	0.400	0.800
	型钢	201013	kg	5.100	52.000	103.000	170.000
	镀锌铁丝 8# ~ 12#	207233	kg	8.500	3.000	5.000	10.000
	电焊条 综合	207290	kg	6.000	3.100	4.200	5.200
	平垫铁 1#	201212	块	1.210	6.000	8.000	10.000
	斜垫铁 1#	201215	块	4.240	12.000	16.000	20.000
	普通钢板 δ8.0 ~ 15	201032	kg	5.300	15.000	21.000	35.000
	铜焊条	207301	kg	34.210	0.350	0.600	1.100
	板方材	203001	m³	1944.000	0.030	0.040	0.060
	道木	203004	m³	1531.000	0.450	0.560	0.700
	煤油	209170	kg	7.000	5.000	6.000	6.500
	焊锡	207294	kg	67.720	1.000	1.500	2.500
	气焊条	207297	kg	5.080	2.000	2.500	4.000
	纯锌 1#	201165	kg	13.000	0.200	0.300	0.500
	其他材料费	2999	元	—	38.960	55.790	92.190
机械	电动卷扬机 5t	3047	台班	71.470	1.860	3.150	3.720
	电动空气压缩机 ≤ 6m³/min	3104	台班	339.350	0.750	1.000	1.250
	载货汽车 8t	3032	台班	584.010	0.300	0.500	0.700
	汽车起重机 8t	3011	台班	784.710	0.200	0.200	0.300
	汽车起重机 16t	3013	台班	1027.710	0.200	0.400	—
	汽车起重机 25t	3015	台班	1183.130	—	—	0.800
	其他机具费	3999	元	—	53.500	71.340	89.180

六、空气精馏塔安装

工作内容：场内搬运、开箱、清件、外观检查、划线、就位、上地脚螺栓、灌浆、垫垫铁、找正、找平、固定、联体配件及附件安装、清洗、密封、试运转、调整。

计量单位：台

定 额 编 号				27006001	27006002	27006003	27006004
项 目 名 称				设备规格（m³/h）			
				300	600	900	1200
预 算 基 价				31830.63	38698.75	45089.15	48379.30
其中	人工费（元）			28868.40	34992.00	40095.00	41990.40
	材料费（元）			2264.11	2876.24	4006.27	5120.70
	机械费（元）			698.12	830.51	987.88	1268.20
	仪器仪表费（元）			—	—	—	—
名 称	代号	单位	单价（元）	数 量			
人工	安装工	1002	工日	145.80	198.000	240.000	275.000	288.000
材料	四氯化碳	209419	kg	13.750	10.000	15.000	25.000	35.000
	工业酒精	209129	kg	25.000	10.000	15.000	25.000	35.000
	白油漆	209256	kg	18.340	0.080	0.100	0.100	0.100
	板方材	203001	m³	1944.000	0.050	0.060	0.075	0.100
	煤油	209170	kg	7.000	6.000	6.500	7.000	8.000
	钙基酯	209160	kg	5.400	0.300	0.400	0.600	0.700
	棉纱头	218101	kg	5.830	0.500	0.800	1.000	1.200
	豆石混凝土 C15	202149	m³	323.500	1.000	1.200	1.800	2.000
	聚氯乙烯薄膜	210007	kg	10.400	1.500	2.500	3.000	3.500
	丝光毛巾	218047	条	5.000	3.000	5.000	8.000	10.000
	白布	218002	m	6.800	2.000	2.500	3.500	4.000
	破布	218023	kg	5.040	1.500	2.000	3.000	3.000
	乙炔气	209120	m³	15.000	0.045	0.054	0.068	0.090
	紫铜管 6×1～8×1	201177	m	95.530	10.000	12.000	15.000	20.000
	不锈钢管 6×1 以内	201180	m	12.700	10.000	12.000	15.000	20.000
	电焊条 综合	207290	kg	6.000	1.200	1.600	2.000	2.500
	斜垫铁 1#	201215	块	4.240	12.000	16.000	24.000	24.000
	地脚螺栓 φ20	207171	套	4.570	12.000	16.000	24.000	24.000
	镀锌铁丝 8#～12#	207233	kg	8.500	16.000	21.000	30.000	34.000
	氩气	209124	m³	19.590	0.170	0.210	0.260	0.340
	钍钨极棒	207719	g	0.660	0.800	1.000	1.200	1.600
	氧气	209121	m³	5.890	0.120	0.150	0.180	0.240
	铜焊丝	207300	kg	42.500	0.010	0.012	0.015	0.020
	不锈钢焊丝	207445	kg	41.000	0.130	0.156	0.195	0.260
	硼砂	209171	kg	4.300	0.010	0.012	0.015	0.020
	其他材料费	2999	元	—	13.890	16.670	20.840	23.600
机械	电动卷扬机 5t	3047	台班	71.470	1.200	1.600	2.000	2.000
	氩弧焊机 500A	3103	台班	137.840	0.250	0.250	0.250	0.250
	载货汽车 8t	3032	台班	584.010	0.300	0.300	0.500	0.500
	汽车起重机 12t	3012	台班	898.030	0.400	0.500	0.500	0.800
	其他机具费	3999	元	—	43.480	57.480	69.460	80.370

七、氢气干燥脱氧装置安装

工作内容：场内搬运、开箱、清件、检查、基础清理、划线、就位、上地脚螺栓、
灌浆、垫垫铁、找正、找平、焊接、固定、清洗、密封、试运转、调整。　　计量单位：台

定额编号					27007001
项目名称					H2 干燥、脱 O₂ 装置
预算基价					2011.82
其中	人工费（元）				1399.68
	材料费（元）				319.63
	机械费（元）				220.51
	仪器仪表费（元）				72.00
	名　称	代号	单位	单价（元）	数　量
人工	安装工	1002	工日	145.80	9.600
材料	铁砂布 0# ~ 2#	218024	张	0.970	3.000
	白绸	218080	m²	15.750	0.500
	豆石混凝土 C15	202149	m³	323.500	0.250
	白布	218002	m	6.800	1.000
	四氯化碳	209419	kg	13.750	10.000
	平垫铁 1#	201212	块	1.210	12.000
	斜垫铁 1#	201215	块	4.240	8.000
	电焊条 综合	207290	kg	6.000	0.430
	地脚螺栓 φ16	207172	套	3.510	8.000
	其他材料费	2999	元	—	4.570
机械	汽车起重机 8t	3011	台班	784.710	0.200
	叉式装载机 5t	3069	台班	273.230	0.200
	其他机具费	3999	元	—	8.920
仪器仪表	数字测振仪	4159	台班	360.000	0.200

八、无热再生压缩空气干燥装置安装

工作内容：场内搬运、开箱、清件、外观检查、划线、就位、上地脚螺栓、灌浆、垫垫铁、找正、找平、固定、联体配件及附件安装、清洗、密封、试运转、调整。

计量单位：台

定 额 编 号				27008001	27008002	27008003
项 目 名 称				设备规格（m³/h 以内）		
				60	90	180
预 算 基 价				972.61	1328.58	1729.66
其中	人工费（元）			656.10	947.70	1239.30
	材料费（元）			104.34	167.48	171.50
	机械费（元）			212.17	213.40	318.86
	仪器仪表费（元）			—	—	—
名 称	代号	单位	单价（元）	数 量		
人工	安装工	1002	工日	145.80	4.500	6.500	8.500
材料	白布	218002	m	6.800	0.300	0.300	0.300
	白绸	218080	m²	15.750	0.300	0.300	0.300
	聚氯乙烯薄膜	210007	kg	10.400	0.500	0.600	0.800
	豆石混凝土 C15	202149	m³	323.500	0.100	0.150	0.150
	四氯化碳	209419	kg	13.750	0.800	1.000	1.000
	平垫铁 1#	201212	块	1.210	6.000	10.000	10.000
	斜垫铁 1#	201215	块	4.240	4.000	6.000	6.000
	电焊条 综合	207290	kg	6.000	0.210	3.250	3.250
	地脚螺栓 φ20	207171	套	4.570	4.000	6.000	6.000
	其他材料费	2999	元	—	5.260	7.740	9.680
机械	汽车起重机 5t	3010	台班	436.580	0.200	0.200	0.300
	叉式起重机 6t	3027	台班	585.650	0.200	0.200	0.300
	其他机具费	3999	元	—	7.720	8.950	12.190

九、膨胀机安装

工作内容：场内搬运、开箱、清件、检查、基础清理、吊装就位、垫垫铁、找正、找平、
固定、润滑冷却系统及配件组合、检测、无负荷试运转、检查与调整。　　计量单位：台

定 额 编 号				27009001	27009002	27009003	27009004	27009005
项 目 名 称				设备重量（t以内）				
				1	1.5	2.5	3.5	4.5
预 算 基 价				7279.01	8226.66	9622.76	12924.74	15331.18
其中	人工费（元）			5668.70	6469.15	7602.01	10475.73	12594.20
	材料费（元）			832.07	979.27	1109.39	1279.96	1509.53
	机械费（元）			778.24	778.24	911.36	1169.05	1227.45
	仪器仪表费（元）			—	—	—	—	—
名　称	代号	单位	单价（元）	数　量				
人工	安装工	1002	工日	145.80	38.880	44.370	52.140	71.850	86.380
材料	氧气	209121	m³	5.890	1.560	1.760	2.080	2.600	3.100
	乙炔气	209120	m³	15.000	0.520	0.590	0.690	0.870	1.000
	密封胶	209228	kg	16.800	2.000	2.000	2.000	2.000	2.000
	汽轮机油 综合	209177	kg	7.200	3.000	5.000	6.000	7.000	8.000
	四氯化碳	209419	kg	13.750	6.000	8.000	10.000	12.000	14.000
	甘油	209161	kg	8.450	0.200	0.200	0.350	0.350	0.400
	石棉橡胶板	208025	kg	26.000	3.000	4.000	5.000	6.000	7.000
	破布	218023	kg	5.040	2.000	2.500	2.500	3.000	3.000
	铁砂布 0# ~ 2#	218024	张	0.970	3.000	3.000	3.000	3.000	3.000
	聚氯乙烯薄膜	210007	kg	10.400	1.500	1.500	1.500	1.500	1.500
	豆石混凝土 C15	202149	m³	323.500	0.170	0.200	0.250	0.300	0.350
	棉纱头	218101	kg	5.830	0.800	1.200	1.400	1.650	1.650
	白布	218002	m	6.800	0.800	1.200	1.200	1.500	1.500
	普通钢板 δ1.6 ~ 1.9	201027	kg	5.300	2.000	2.500	3.500	4.500	5.500
	普通钢板 δ16 ~ 20	201033	kg	5.300	4.500	6.000	7.000	8.000	10.000
	电焊条 综合	207290	kg	6.000	0.840	1.050	1.050	1.570	2.000
	钩头成对斜垫铁 1#	201221	对	7.500	8.000	8.000	8.000	8.000	8.000
	平垫铁 1#	201212	块	1.210	30.000	32.000	36.000	41.000	45.000
	斜垫铁 1#	201215	块	4.240	24.000	24.000	24.000	26.000	26.000
	紫铜皮 δ0.08 ~ 0.2	201170	kg	82.900	0.100	0.100	0.110	0.130	0.150
	汽油 93#	209173	kg	9.900	5.000	5.000	6.100	7.100	7.100
	煤油	209170	kg	7.000	5.200	8.400	10.500	12.500	14.500
	机油	209165	kg	7.800	1.500	1.500	1.500	1.700	1.700
	铅板 δ3.0	201151	kg	14.720	0.300	0.300	0.500	0.500	0.800
	板方材	203001	m³	1944.000	0.010	0.018	0.018	0.022	0.026
	道木	203004	m³	1531.000	0.077	0.080	0.080	0.090	0.150
	其他材料费	2999	元	—	18.820	21.790	24.410	27.870	32.220
机械	载货汽车 8t	3032	台班	584.010	—	—	—	0.500	0.600
	叉式装载机 5t	3069	台班	273.230	0.500	0.500	0.700	—	—
	汽车起重机 8t	3011	台班	784.710	0.200	0.200	0.300	0.500	0.500
	汽车起重机 12t	3012	台班	898.030	0.500	0.500	0.500	0.500	0.500
	其他机具费	3999	元	—	35.670	35.670	35.670	35.670	35.670

十、氨气发生装置安装

工作内容：场内搬运、开箱、清件、检查、基础清理、划线、就位、上地脚螺栓、灌浆、
垫垫铁、找正、找平、焊接、固定、清洗、密封、试运转、调整。   计量单位：台

定额编号				27010001	27010002	27010003
项目名称				分解炉工作压力 0.05MPa，露点 10℃		
				设备规格（m³/h 以内）		
				10	50	200
预算基价				668.97	1061.74	1617.66
其中	人工费（元）			510.30	801.90	1239.30
	材料费（元）			12.19	113.36	159.03
	机械费（元）			144.56	144.56	217.41
	仪器仪表费（元）			1.92	1.92	1.92
名 称	代号	单位	单价（元）	数 量		
人工	安装工	1002	工日	145.80	3.500	5.500	8.500
材料	地脚螺栓 $\phi16$	207172	套	3.510	—	4.000	4.000
	平垫铁 1#	201212	块	1.210	—	8.000	12.000
	电焊条 综合	207290	kg	6.000	—	0.210	0.330
	板方材	203001	m³	1944.000	—	0.010	0.015
	豆石混凝土 C15	202149	m³	323.500	—	0.100	0.150
	白绸	218080	m²	15.750	0.200	0.300	0.400
	四氯化碳	209419	kg	13.750	0.500	0.800	1.000
	白布	218002	m	6.800	0.200	0.250	0.400
	斜垫铁 1#	201215	块	4.240	—	4.000	6.000
	其他材料费	2999	元	—	0.800	2.200	2.590
机械	汽车起重机 5t	3010	台班	436.580	0.200	0.200	—
	汽车起重机 8t	3011	台班	784.710	—	—	0.200
	叉式装载机 5t	3069	台班	273.230	0.200	0.200	0.200
	其他机具费	3999	元	—	2.600	2.600	5.820
仪器仪表	其他仪器仪表费	4999	元	—	1.920	1.920	1.920

第二节 气化设备安装

一、液氮蒸发器安装

工作内容：场内搬运、开箱、清件、外观检查、划线、定位、打孔、就位、上地脚螺栓、灌浆、垫垫铁、找正、找平、固定、清洗、气密试验。

计量单位：台

定 额 编 号					27011001	27011002	27011003	27011004
项 目 名 称					设备规格（m³/h 以内）			
					1	3	5	6
预 算 基 价					1238.25	1539.54	1934.54	2277.23
其中	人工费（元）				933.12	1166.40	1399.68	1632.96
	材料费（元）				247.88	315.89	387.08	495.53
	机械费（元）				57.25	57.25	147.78	148.74
	仪器仪表费（元）				—	—	—	—
名 称		代号	单位	单价（元）	数 量			
人工	安装工	1002	工日	145.80	6.400	8.000	9.600	11.200
材料	铁砂布 0# ~ 2#	218024	张	0.970	2.000	3.000	4.000	5.000
	白绸	218080	m²	15.750	0.500	0.500	0.700	0.800
	丝光毛巾	218047	条	5.000	1.000	1.000	1.000	1.000
	豆石混凝土 C15	202149	m³	323.500	0.100	0.150	0.200	0.250
	板方材	203001	m³	1944.000	0.050	0.050	0.050	0.080
	平垫铁 1#	201212	块	1.210	6.000	9.000	12.000	14.000
	斜垫铁 1#	201215	块	4.240	4.000	6.000	8.000	8.000
	地脚螺栓 φ20	207171	套	4.570	4.000	6.000	8.000	8.000
	四氯化碳	209419	kg	13.750	4.000	6.000	8.000	10.000
	电焊条 综合	207290	kg	6.000	0.210	0.320	0.420	0.530
	其他材料费	2999	元	—	4.750	6.210	7.750	8.580
机械	汽车起重机 5t	3010	台班	436.580	—	—	0.200	0.200
	叉式装载机 5t	3069	台班	273.230	0.200	0.200	0.200	0.200
	其他机具费	3999	元	—	2.600	2.600	5.820	6.780

二、液氧、液氩蒸发器安装

工作内容：场内搬运、开箱、清件、外观检查、划线、定位、打孔、就位、上地脚螺栓、
灌浆、垫垫铁、找正、找平、固定、清洗、气密试验。

计量单位：台

定 额 编 号				27012001	27012002	27012003	27012004
项 目 名 称				设备规格（m³/h 以内）			
				30	50	100	150
预 算 基 价				1097.37	1274.74	1544.72	1691.92
其中	人工费（元）			699.84	857.30	1043.93	1178.06
	材料费（元）			251.42	269.66	324.72	337.05
	机械费（元）			146.11	147.78	176.07	176.81
	仪器仪表费（元）			—	—	—	—
名 称	代号	单位	单价（元）	数 量			
人工 安装工	1002	工日	145.80	4.800	5.880	7.160	8.080
材料 肥皂	218054	块	0.700	1.000	2.000	2.000	2.000
丝光毛巾	218047	条	5.000	1.000	1.000	1.000	1.000
白布	218002	m	6.800	0.300	0.500	0.500	0.500
豆石混凝土 C15	202149	m³	323.500	0.100	0.100	0.100	0.100
板方材	203001	m³	1944.000	0.060	0.060	0.080	0.080
铁砂布 0# ~ 2#	218024	张	0.970	3.000	4.000	4.000	5.000
白绸	218080	m²	15.750	0.300	0.500	0.500	0.500
地脚螺栓 φ20	207171	套	4.570	4.000	4.000	4.000	4.000
平垫铁 1#	201212	块	1.210	6.000	6.000	8.000	8.000
斜垫铁 1#	201215	块	4.240	4.000	4.000	4.000	4.000
四氯化碳	209419	kg	13.750	2.000	2.500	3.000	3.500
电焊条 综合	207290	kg	6.000	0.210	0.210	0.430	0.430
镀锌铁丝 8# ~ 12#	207233	kg	8.500	1.500	2.000	2.500	2.800
其他材料费	2999	元	—	3.040	3.980	5.290	7.230
机械 汽车起重机 5t	3010	台班	436.580	0.200	0.200	0.200	0.200
叉式装载机 5t	3069	台班	273.230	0.200	0.200	0.300	0.300
其他机具费	3999	元	—	4.150	5.820	6.780	7.520

第三节　气体净（纯）化设备安装

一、氧气净（纯）化装置安装

工作内容：场内搬运、开箱、清件、外观检查、划线、定位、打孔、就位、上地脚螺栓、灌浆、垫垫铁、找正、找平、固定、清洗、试运行、检测。

计量单位：台

定　额　编　号				27013001	27013002	27013003
项　目　名　称				$H_2 \leqslant 5ppm$，含烃（CH），3ppm 以内，露点 $\leqslant -60℃$		
				设备规格（m³/h 以内）		
				25	75	200
预　算　基　价				1453.79	1670.25	2022.84
其中	人工费（元）			801.90	991.44	1283.04
	材料费（元）			120.50	145.64	206.63
	机械费（元）			171.39	173.17	173.17
	仪器仪表费（元）			360.00	360.00	360.00
名　　称		代号	单位	单价（元）	数　　量	
人工	安装工	1002	工日	145.80	5.500	6.800	8.800
材料	白布	218002	m	6.800	0.300	0.300	0.300
	白绸	218080	m²	15.750	0.200	0.200	0.200
	豆石混凝土 C15	202149	m³	323.500	0.100	0.100	0.150
	聚氯乙烯薄膜	210007	kg	10.400	0.800	1.000	1.200
	四氯化碳	209419	kg	13.750	0.500	0.500	0.500
	平垫铁 1#	201212	块	1.210	8.000	12.000	18.000
	斜垫铁 1#	201215	块	4.240	6.000	8.000	12.000
	电焊条 综合	207290	kg	6.000	0.315	0.430	0.630
	地脚螺栓 $\phi18$	207170	套	4.160	6.000	8.000	12.000
	其他材料费	2999	元	—	5.790	6.520	7.200
机械	汽车起重机 5t	3010	台班	436.580	0.250	0.250	0.250
	叉式装载机 5t	3069	台班	273.230	0.200	0.200	0.200
	其他机具费	3999	元	—	7.600	9.380	9.380
仪器仪表	尘埃粒子计数器	4304	台班	510.000	0.500	0.500	0.500
	微水分析仪	4302	台班	210.000	0.500	0.500	0.500

二、氮、氩、氢气净（纯）化装置安装

工作内容：场内搬运、开箱、清件、外观检查、划线、定位、打孔、就位、上地脚螺
栓、灌浆、垫垫铁、找正、找平、固定、清洗、试运行、检测。

计量单位：台

定 额 编 号				27014001	27014002	27014003
项 目 名 称				O₂ ≤ 5ppm，含烃（CH），3ppm 以内，露点 ≤ −60℃		
				设备规格（m³/h 以内）		
				25	75	200
预 算 基 价				2190.23	2483.97	3179.22
其中	人工费（元）			1338.44	1598.70	1877.61
	材料费（元）			120.87	152.57	207.78
	机械费（元）			258.42	260.20	261.33
	仪器仪表费（元）			472.50	472.50	832.50
名 称		代号	单位	单价（元）	数 量	
人工	安装工	1002	工日	145.80	9.180	10.965	12.878
材料	白布	218002	m	6.800	0.300	0.300	0.300
	白绸	218080	m²	15.750	0.200	0.200	0.200
	豆石混凝土 C15	202149	m³	323.500	0.100	0.120	0.150
	聚氯乙烯薄膜	210007	kg	10.400	0.800	1.000	1.200
	四氯化碳	209419	kg	13.750	0.500	0.500	0.500
	平垫铁 1#	201212	块	1.210	8.000	12.000	18.000
	斜垫铁 1#	201215	块	4.240	6.000	8.000	12.000
	电焊条 综合	207290	kg	6.000	0.315	0.430	0.630
	地脚螺栓 φ18	207170	套	4.160	6.000	8.000	12.000
	其他材料费	2999	元	—	6.160	6.980	8.350
机械	汽车起重机 8t	3011	台班	784.710	0.250	0.250	0.250
	叉式装载机 5t	3069	台班	273.230	0.200	0.200	0.200
	其他机具费	3999	元	—	7.600	9.380	10.510
仪器仪表	尘埃粒子计数器	4304	台班	510.000	0.500	0.500	1.000
	微水分析仪	4302	台班	210.000	0.500	0.500	1.000
	微氧分析仪	4303	台班	225.000	0.500	0.500	0.500

三、氮、氩气终端净化装置安装

工作内容：场内搬运、开箱、清件、外观检查、划线、定位、打孔、就位、上地脚螺栓、灌浆、垫垫铁、找正、找平、焊接、固定、清洗、试运行、检测。 计量单位：台

定 额 编 号				27015001	27015002	27015003	27015004
项 目 名 称				O₂ ≤ 3ppm，露点 ≤ -60℃			
				设备规格（m³/h 以内）			
				25	50	75	100
预 算 基 价				1972.99	2933.62	3704.63	4904.34
其中	人工费（元）			1264.09	2137.43	2904.34	3684.37
	材料费（元）			23.14	102.72	106.82	127.27
	机械费（元）			213.26	220.97	220.97	260.20
	仪器仪表费（元）			472.50	472.50	472.50	832.50
	名 称	代号	单位	单价（元）	数 量		
人工	安装工	1002	工日	145.80	8.670	14.660	19.920	25.270
材料	平垫铁 1#	201212	块	1.210	—	6.000	6.000	8.000
	斜垫铁 1#	201215	块	4.240	—	4.000	4.000	6.000
	电焊条 综合	207290	kg	6.000	—	0.210	0.210	0.210
	地脚螺栓 φ18	207170	套	4.160	—	4.000	4.000	6.000
	豆石混凝土 C15	202149	m³	323.500	—	0.100	0.100	0.100
	白绸	218080	m²	15.750	0.200	0.200	0.200	0.200
	四氯化碳	209419	kg	13.750	0.300	0.500	0.500	0.500
	聚氯乙烯薄膜	210007	kg	10.400	0.750	0.850	1.000	1.000
	白布	218002	m	6.800	0.300	0.300	0.400	0.500
	其他材料费	2999	元	—	6.020	7.340	9.200	9.750
机械	汽车起重机 8t	3011	台班	784.710	0.200	0.200	0.200	0.250
	叉式装载机 5t	3069	台班	273.230	0.200	0.200	0.200	0.200
	其他机具费	3999	元	—	1.670	9.380	9.380	9.380
仪器仪表	尘埃粒子计数器	4304	台班	510.000	0.500	0.500	0.500	1.000
	微水分析仪	4302	台班	210.000	0.500	0.500	0.500	1.000
	微氧分析仪	4303	台班	225.000	0.500	0.500	0.500	0.500

四、氢、氧气终端净化装置安装

工作内容：场内搬运、开箱、清件、外观检查、划线、定位、打孔、就位、上地脚螺栓、灌浆、垫垫铁、找正、找平、焊接、固定、清洗、试运行、检测。　　　　计量单位：台

定 额 编 号				27016001	27016002	27016003	27016004	27016005
项 目 名 称				含烃（CHO₂）1ppm，露点≤ -60℃ ~ -70℃				
				设备规格（m³/h 以内）				
				1	5	10	20	40
预 算 基 价				1134.94	1337.60	1569.29	1894.18	2175.04
其中	人工费（元）			589.03	791.69	944.78	1111.00	1345.73
	材料费（元）			17.09	17.09	93.69	95.42	102.32
	机械费（元）			56.32	56.32	58.32	215.26	254.49
	仪器仪表费（元）			472.50	472.50	472.50	472.50	472.50
名 称	代号	单位	单价（元）	数 量				
人工	安装工	1002	工日	145.80	4.040	5.430	6.480	7.620	9.230
材料	平垫铁 1#	201212	块	1.210	—	—	6.000	6.000	6.000
	斜垫铁 1#	201215	块	4.240	—	—	4.000	4.000	4.000
	电焊条 综合	207290	kg	6.000	—	—	0.210	0.210	0.210
	地脚螺栓 φ18	207170	套	4.160	—	—	4.000	4.000	4.000
	豆石混凝土 C15	202149	m³	323.500	—	—	0.100	0.100	0.100
	白绸	218080	m²	15.750	0.200	0.200	0.200	0.200	0.200
	四氯化碳	209419	kg	13.750	0.300	0.300	0.300	0.300	0.500
	聚氯乙烯薄膜	210007	kg	10.400	0.500	0.500	0.600	0.700	0.800
	白布	218002	m	6.800	0.300	0.300	0.300	0.300	0.400
	其他材料费	2999	元	—	2.570	2.570	3.660	4.350	6.780
机械	汽车起重机 8t	3011	台班	784.710	—	—	—	0.200	0.250
	叉式装载机 5t	3069	台班	273.230	0.200	0.200	0.200	0.200	0.200
	其他机具费	3999	元	—	1.670	1.670	3.670	3.670	3.670
仪器仪表	尘埃粒子计数器	4304	台班	510.000	0.500	0.500	0.500	0.500	0.500
	微水分析仪	4302	台班	210.000	0.500	0.500	0.500	0.500	0.500
	微氧分析仪	4303	台班	225.000	0.500	0.500	0.500	0.500	0.500

五、气体过滤器安装

工作内容：场内搬运、开箱、外观检查、划线、定位、找正、找平、固定、试气检测。　　计量单位：台

定　额　编　号				27017001	27017002	27017003
项　目　名　称				过滤器直径（mm 以内）		
				100	200	300
预　算　基　价				414.44	620.12	954.24
其中	人工费（元）			269.73	451.98	746.50
	材料费（元）			42.71	66.14	105.74
	机械费（元）			—	—	—
	仪器仪表费（元）			102.00	102.00	102.00
名　　称	代号	单位	单价（元）	数　　量		
人工	安装工	1002	工日	145.80	1.850	3.100	5.120
材料	棉纱头	218101	kg	5.830	0.280	0.400	0.400
	石棉橡胶板	208025	kg	26.000	0.500	1.000	2.000
	白油漆	209256	kg	18.340	0.050	0.050	0.080
	聚氯乙烯薄膜	210007	kg	10.400	0.150	0.250	0.350
	破布	218023	kg	5.040	0.100	0.100	0.200
	白布	218002	m	6.800	0.100	0.300	0.500
	煤油	209170	kg	7.000	1.000	1.000	1.500
	汽油93#	209173	kg	9.900	0.500	1.000	1.500
	镀锌铁丝 8# ～ 12#	207233	kg	8.500	0.800	0.800	0.800
	钙基酯	209160	kg	5.400	0.100	0.400	0.600
	机油	209165	kg	7.800	0.100	0.100	0.100
	冷冻机油	209186	kg	7.800	0.200	0.250	0.250
	其他材料费	2999	元	—	2.790	3.160	3.770
仪器仪表	尘埃粒子计数器	4304	台班	510.000	0.200	0.200	0.200

六、高纯气体终端过滤装置安装

工作内容：开箱、外观检查、清理、连接或自动焊接、调直调平。　　　　　　　　　　　　计量单位：台

定 额 编 号				27018001	27018002	27018003
项 目 名 称				连 接 形 式		
				VCR 连接	卡套连接	螺纹连接
预 算 基 价				525.07	49.57	50.31
其中	人工费（元）			60.94	42.28	42.28
	材料费（元）			158.74	7.02	7.69
	机械费（元）			305.39	0.27	0.34
	仪器仪表费（元）			—	—	—
名 称	代号	单位	单价（元）	数 量		
人工	安装工	1002	工目	145.80	0.418	0.290	0.290
材料	丝光毛巾	218047	条	5.000	0.500	0.500	0.500
	白布	218002	m	6.800	0.200	0.200	0.200
	生料带	210010	m	0.400	—	—	1.200
	聚氯乙烯薄膜	210007	kg	10.400	0.100	0.100	0.100
	专用连接锁紧螺母	212782	个	17.000	2.000	—	—
	专用连接不锈钢管（316L）	212781	个	34.000	2.000	—	—
	四氯化碳	209419	kg	13.750	0.100	0.100	0.100
	专用连接镍垫	212783	个	25.000	2.000	—	—
	其他材料费	2999	元	—	0.460	0.740	0.930
机械	无斑痕自动对焊机	3101	台班	1200.000	0.250	—	—
	其他机具费	3999	元	—	5.390	0.270	0.340

第四节 储罐安装

一、储气罐安装

工作内容：场内搬运、基础复核与清理、吊装就位、垫垫铁、找正、找平、固定、安全阀、仪表等附件安装、清洗、吹扫、气密试验。

计量单位：台

定 额 编 号				27019001	27019002	27019003	27019004	27019005
项 目 名 称				设备容量（t）				
				2	5	8	11	13
预 算 基 价				2848.53	4080.72	5449.38	6719.88	8313.66
其中	人工费（元）			2204.50	3171.15	3745.60	4866.80	6248.99
	材料费（元）			266.17	379.91	459.46	564.65	657.80
	机械费（元）			377.86	529.66	1244.32	1288.43	1406.87
	仪器仪表费（元）			—	—	—	—	—
名 称	代号	单位	单价（元）	数 量				
人工	安装工	1002	工日	145.80	15.120	21.750	25.690	33.380	42.860
材料	白油漆	209256	kg	18.340	0.080	0.100	0.100	0.100	0.100
	石棉橡胶板	208025	kg	26.000	0.740	1.310	2.110	3.140	4.270
	氧气	209121	m³	5.890	1.183	1.499	1.765	2.030	2.489
	乙炔气	209120	m³	15.000	0.389	0.500	0.592	0.673	0.826
	豆石混凝土 C15	202149	m³	323.500	0.170	0.230	0.260	0.290	0.350
	铁砂布 0# ~ 2#	218024	张	0.970	3.000	3.000	3.000	3.000	3.000
	聚氯乙烯薄膜	210007	kg	10.400	1.680	2.790	2.790	4.410	4.410
	棉纱头	218101	kg	5.830	0.380	0.500	0.500	0.500	0.500
	破布	218023	kg	5.040	0.500	0.500	1.000	1.000	1.000
	普通钢板 δ4.5 ~ 7.0	201031	kg	5.300	1.000	2.000	3.000	4.000	5.000
	精制六角带帽螺栓 M20×80	207636	套	2.410	6.000	10.000	12.000	14.000	16.000
	平垫铁 1#	201212	块	1.210	8.000	12.000	12.000	14.000	14.000
	斜垫铁 1#	201215	块	4.240	4.094	6.140	6.140	8.188	8.188
	镀锌铁丝 8# ~ 12#	207233	kg	8.500	2.200	3.300	4.400	4.950	5.500
	道木	203004	m³	1531.000	0.040	0.050	0.060	0.070	0.080
	煤油	209170	kg	7.000	2.100	2.700	3.000	3.500	4.000
	电焊条 综合	207290	kg	6.000	0.600	1.170	1.420	1.790	2.210
	板方材	203001	m³	1944.000	0.001	0.001	0.003	0.003	0.004
	其他材料费	2999	元	—	5.560	8.200	9.510	11.670	12.960
机械	载货汽车 8t	3032	台班	584.010	—	—	0.500	0.500	0.500
	汽车起重机 8t	3011	台班	784.710	0.200	—	—	—	—
	汽车起重机 12t	3012	台班	898.030	—	0.200	—	—	—
	汽车起重机 16t	3013	台班	1027.710	—	—	0.500	0.500	—
	汽车起重机 25t	3105	台班	1183.130	—	—	—	—	0.500
	电动空气压缩机 ≤ 6m³/min	3014	台班	339.350	0.630	1.000	1.250	1.380	1.500
	其他机具费	3999	元	—	7.130	10.700	14.270	14.270	14.270

二、储液罐安装

工作内容：场内搬运、基础验收、就位、上地脚螺栓、垫铁、找正、找平、焊接、固定、安全阀、压力表等附件安装、清洗、吹扫、气密试验。

计量单位：台

定 额 编 号				27020001	27020002	27020003	27020004	27020005
项 目 名 称				设备规格（m³/h）				
				1.5	3	6	10	15
预 算 基 价				1623.89	2091.18	3163.02	3739.81	4506.10
其中	人工费（元）			1049.76	1385.10	1632.96	2090.77	2577.74
	材料费（元）			197.66	202.77	348.79	422.72	503.07
	机械费（元）			376.47	503.31	1181.27	1226.32	1425.29
	仪器仪表费（元）			—	—	—	—	—
名　　称	代号	单位	单价（元）	数　　　　量				
人工	安装工	1002	工日	145.80	7.200	9.500	11.200	14.340	17.680
材料	白绸	218080	m²	15.750	0.400	0.600	0.600	0.800	0.800
	甘油	209161	kg	8.450	0.080	0.080	0.100	0.100	0.120
	四氯化碳	209419	kg	13.750	4.000	4.000	8.000	10.000	12.000
	白布	218002	m	6.800	0.500	0.700	0.900	1.000	1.200
	豆石混凝土 C15	202149	m³	323.500	0.150	0.150	0.250	0.300	0.350
	棉纱头	218101	kg	5.830	0.300	0.300	0.400	0.400	0.500
	丝光毛巾	218047	条	5.000	1.000	1.000	1.000	1.000	1.000
	地脚螺栓 $\phi20$	207171	套	4.570	4.000	4.000	8.000	10.000	12.000
	平垫铁 1#	201212	块	1.210	6.000	6.000	12.000	15.000	18.000
	斜垫铁 1#	201215	块	4.240	4.000	4.000	8.000	10.000	12.000
	镀锌铁丝 8#～12#	207233	kg	8.500	2.000	2.000	3.000	3.000	3.500
	乙炔气	209120	m³	15.000	0.340	0.340	0.435	0.544	0.762
	氧气	209121	m³	5.890	1.020	1.020	1.304	1.630	2.285
	电焊条 综合	207290	kg	6.000	0.210	0.210	0.430	0.525	0.630
	其他材料费	2999	元	—	5.140	5.740	6.880	7.930	9.240
机械	汽车起重机 16t	3013	台班	1027.710	—	0.500	0.500	0.500	0.500
	电动空气压缩机 ≤ 6m³/min	3104	台班	339.350	0.630	1.000	1.250	1.380	1.500
	汽车起重机 8t	3011	台班	784.710	0.200	0.200	0.300	0.300	0.500
	其他机具费	3999	元	—	5.740	7.020	7.810	8.750	10.050

三、净化空气缓冲罐安装

工作内容：场内搬运、开箱、外观检查、吊装就位、上地脚螺栓、垫垫铁、找平、焊接、固定、清洗、吹扫、试运行、检测。

计量单位：台

定 额 编 号				27021001	27021002	27021003	27021004
项 目 名 称				设备规格（m³/h）			
				2000	4000	6000	8000
预 算 基 价				3399.75	4261.38	5160.66	5762.85
其中	人工费（元）			2566.08	3265.92	3732.48	4199.04
	材料费（元）			341.86	467.41	592.67	647.32
	机械费（元）			491.81	528.05	835.51	916.49
	仪器仪表费（元）			—	—	—	—
名 称	代号	单位	单价（元）	数 量			
人工	安装工	1002	工日	145.80	17.600	22.400	25.600	28.800
材料	白布	218002	m	6.800	1.000	1.000	1.000	1.000
	煤油	209170	kg	7.000	3.000	3.000	3.000	3.000
	棉纱头	218101	kg	5.830	0.500	0.500	0.500	0.500
	豆石混凝土 C15	202149	m³	323.500	0.200	0.300	0.400	0.400
	板方材	203001	m³	1944.000	0.060	0.080	0.100	0.120
	汽油 93#	209173	kg	9.900	2.500	3.000	3.500	4.000
	平垫铁 1#	201212	块	1.210	12.000	18.000	24.000	28.000
	斜垫铁 1#	201215	块	4.240	8.000	12.000	16.000	16.000
	地脚螺栓 φ20	207171	套	4.570	8.000	12.000	16.000	16.000
	电焊条 综合	207290	kg	6.000	0.430	0.640	0.840	0.910
	镀锌铁丝 8# ~ 12#	207233	kg	8.500	1.500	2.000	2.500	3.000
	其他材料费	2999	元	—	4.720	6.080	7.210	8.520
机械	电动空气压缩机 ≤ 6m³/min	3104	台班	339.350	0.500	0.500	0.800	1.000
	汽车起重机 8t	3011	台班	784.710	0.300	0.300	0.500	0.500
	叉式装载机 5t	3069	台班	273.230	0.250	0.350	0.500	0.500
	其他机具费	3999	元	—	18.410	27.330	35.060	48.170

第五节 瓶、柜安装

一、气瓶柜、气瓶架整体安装

工作内容：场内搬运、开箱、检查附件、就位、安装、找平、找正、上螺栓、固定。　　计量单位：台

	定 额 编 号				27022001	27022002
	项 目 名 称				气瓶柜安装	气瓶架安装
	预 算 基 价				776.69	689.25
其中	人工费（元）				609.44	507.38
	材料费（元）				73.08	87.70
	机械费（元）				94.17	94.17
	仪器仪表费（元）				—	—
	名 称	代号	单位	单价（元）	数　　量	
人工	安装工	1002	工日	145.80	4.180	3.480
材料	垫圈 8	207016	个	0.014	8.480	10.180
	塑料布	210061	kg	10.400	1.400	1.680
	橡胶板 δ3～5	208035	kg	15.500	0.350	0.420
	弹簧垫圈 8	207034	个	0.010	8.480	10.180
	斜垫铁 1#	201215	块	4.240	8.000	9.600
	膨胀螺栓 φ10	207160	套	1.430	4.160	4.990
	六角螺母 8	207059	个	0.055	8.480	10.180
	其他材料费	2999	元	—	12.560	15.070
机械	叉式装载机 5t	3069	台班	273.230	0.220	0.220
	手动液压叉车	3065	台班	12.400	0.250	0.250
	其他机具费	3999	元	—	30.960	30.960

二、称重仪、卧式钢瓶整体安装

工作内容：场内搬运、开箱、检查附件、就位、安装、找平、找正、上螺栓、固定。　　计量单位：台

	定 额 编 号				27023001	27023002
	项 目 名 称				卧式钢瓶安装	称重仪安装
	预 算 基 价				907.17	578.36
其中	人工费（元）				664.85	415.53
	材料费（元）				73.08	73.08
	机械费（元）				169.24	89.75
	仪器仪表费（元）				—	—
	名 称	代号	单位	单价（元）	数　　量	
人工	安装工	1002	工日	145.80	4.560	2.850
材料	垫圈 8	207016	个	0.014	8.480	8.480
	塑料布	210061	kg	10.400	1.400	1.400
	橡胶板 δ3～5	208035	kg	15.500	0.350	0.350
	弹簧垫圈 8	207034	个	0.010	8.480	8.480
	斜垫铁 1#	201215	块	4.240	8.000	8.000
	膨胀螺栓 φ10	207160	套	1.430	4.160	4.160
	六角螺母 8	207059	个	0.055	8.480	8.480
	其他材料费	2999	元	—	12.560	12.560
机械	叉式装载机 5t	3069	台班	273.230	0.430	0.220
	手动液压叉车	3065	台班	12.400	0.520	0.310
	其他机具费	3999	元	—	45.300	25.800

第六节 输送、充瓶压缩机安装

一、氮、氧气输送压缩机安装

工作内容：场内搬运、开箱、外观检查、基础复核、清理、吊装就位、垫垫铁、找正、找平、焊接、固定、配件组装、润滑、冷却系统检查、试运转、检测调整。　计量单位：台

定额编号				27024001	27024002	27024003
项目名称				设备规格（m³/h）		
				15	20	30
预算基价				7750.04	9896.29	10699.82
其中	人工费（元）			7346.86	9469.71	10169.55
	材料费（元）			337.73	359.69	445.26
	机械费（元）			65.45	66.89	85.01
	仪器仪表费（元）			—	—	—
名称	代号	单位	单价（元）	数量		
人工	安装工	1002	工日	145.80	50.390	64.950	69.750
材料	破布	218023	kg	5.040	1.500	2.000	3.000
	棉纱头	218101	kg	5.830	1.100	1.500	2.000
	丝光毛巾	218047	条	5.000	4.000	4.000	4.000
	白布	218002	m	6.800	0.500	0.700	0.800
	凡尔砂	209262	kg	16.500	0.200	0.200	0.500
	板方材	203001	m³	1944.000	0.013	0.013	0.018
	道木	203004	m³	1531.000	—	—	0.015
	铜丝布	207733	m	40.910	0.010	0.010	0.020
	豆石混凝土 C15	202149	m³	323.500	0.100	0.100	0.150
	洗涤剂	218045	kg	5.060	2.000	2.000	2.500
	平垫铁 2#	201213	块	2.650	16.000	16.000	16.000
	镀锌铁丝 8#~12#	207233	kg	8.500	2.000	2.000	2.500
	钩头成对斜垫铁 1#	201221	对	7.500	10.000	12.000	12.000
	斜垫铁 1#	201215	块	4.240	4.000	4.000	4.000
	煤油	209170	kg	7.000	7.000	7.000	8.000
	钙基酯	209160	kg	5.400	0.300	0.300	0.400
	电焊条 综合	207290	kg	6.000	0.760	0.760	0.760
	机油	209165	kg	7.800	1.500	1.500	1.800
	压缩机油	209187	kg	7.220	0.600	0.600	0.800
	其他材料费	2999	元	—	6.330	7.080	11.690
机械	电动卷扬机 5t	3047	台班	71.470	—	—	0.200
	叉式装载机 5t	3069	台班	273.230	0.200	0.200	0.200
	其他机具费	3999	元	—	10.800	12.240	16.070

工作内容：场内搬运、开箱、外观检查、基础复核、清理、吊装就位、垫垫铁、找正、找平、焊接、固定、配件组装、润滑、冷却系统检查、试运转、检测调整。　　　　　计量单位：台

定 额 编 号				27024004	27024005	27024006
项 目 名 称				设备规格（m³/h）		
				40	60	90
预 算 基 价				12510.86	14652.29	17379.25
其中	人工费（元）			11515.28	13413.60	15746.40
	材料费（元）			505.62	607.82	684.11
	机械费（元）			489.96	630.87	948.74
	仪器仪表费（元）			—	—	—
	名　　称	代号	单位	单价（元）	数　　量	
人工	安装工	1002	工日	145.80	78.980	92.000	108.000
材料	棉纱头	218101	kg	5.830	2.200	2.400	2.700
	凡尔砂	209262	kg	16.500	0.500	0.500	0.500
	破布	218023	kg	5.040	3.500	4.200	4.200
	丝光毛巾	218047	条	5.000	5.000	6.000	8.000
	白布	218002	m	6.800	1.000	1.200	1.200
	道木	203004	m³	1531.000	0.018	0.023	0.028
	斜垫铁 2#	201216	块	5.220	—	—	4.000
	板方材	203001	m³	1944.000	0.018	0.038	0.038
	铜丝布	207733	m	40.910	0.030	0.040	0.040
	豆石混凝土 C15	202149	m³	323.500	0.150	0.200	0.250
	洗涤剂	218045	kg	5.060	2.500	3.000	4.000
	平垫铁 2#	201213	块	2.650	16.000	16.000	16.000
	镀锌铁丝 8#～12#	207233	kg	8.500	3.000	3.500	4.000
	斜垫铁 1#	201215	块	4.240	4.000	4.000	—
	钩头成对斜垫铁 1#	201221	对	7.500	4.000	4.000	4.000
	钩头成对斜垫铁 2#	201222	对	8.200	12.000	12.000	12.000
	钙基酯	209160	kg	5.400	0.400	0.500	0.500
	电焊条 综合	207290	kg	6.000	0.840	0.840	1.050
	压缩机油	209187	kg	7.220	0.800	1.000	1.500
	煤油	209170	kg	7.000	8.000	10.000	12.000
	机油	209165	kg	7.800	2.000	2.000	2.500
	其他材料费	2999	元	—	12.320	17.580	22.290
机械	电动卷扬机 5t	3047	台班	71.470	0.300	1.000	1.500
	汽车起重机 16t	3013	台班	1027.710	—	—	0.500
	载货汽车 8t	3032	台班	584.010	0.300	0.300	0.500
	汽车起重机 12t	3012	台班	898.030	0.300	0.400	—
	其他机具费	3999	元	—	23.910	24.980	35.670

二、氢、氦气输送压缩机安装

工作内容：场内搬运、开箱、外观检查、基础复核、清理、吊装就位、垫垫铁、找正、
找平、焊接、固定、配件组装、润滑、冷却系统检查、试运转、检测调整。　　计量单位：台

定　额　编　号				27025001	27025002
项　目　名　称				纯氢 VS–45G–GL	氦气
				（m³/h）	
				210	110
预　算　基　价				2532.93	2368.82
其中	人工费（元）			1784.59	1732.10
	材料费（元）			455.12	343.97
	机械费（元）			221.22	220.75
	仪器仪表费（元）			72.00	72.00
名　　称	代号	单位	单价（元）	数　　量	
人工	安装工	1002	工日	145.80	12.240	11.880
材料	棉纱头	218101	kg	5.830	0.200	0.500
	白布	218002	m	6.800	0.500	0.500
	白绸	218080	m²	15.750	0.300	0.300
	聚氯乙烯薄膜	210007	kg	10.400	1.200	1.000
	豆石混凝土 C15	202149	m³	323.500	0.250	0.250
	铁砂布 0#~2#	218024	张	0.970	3.000	3.000
	四氯化碳	209419	kg	13.750	18.000	10.000
	地脚螺栓 φ16	207172	套	3.510	8.000	8.000
	平垫铁 1#	201212	块	1.210	12.000	12.000
	斜垫铁 1#	201215	块	4.240	8.000	8.000
	钙基酯	209160	kg	5.400	0.200	0.200
	煤油	209170	kg	7.000	2.000	2.000
	电焊条 综合	207290	kg	6.000	0.430	0.430
	其他材料费	2999	元	—	7.880	7.060
机械	汽车起重机 8t	3011	台班	784.710	0.200	0.200
	叉式装载机 5t	3069	台班	273.230	0.200	0.200
	其他机具费	3999	元	—	9.630	9.160
仪器仪表	数字测振仪	4159	台班	360.000	0.200	0.200

三、氮、氧气充瓶压缩机安装

工作内容：场内搬运、开箱、外观检查、基础复核、清理、吊装就位、垫垫铁、找正、
找平、焊接、固定、配件组装、润滑、冷却系统检查、试运转、检测调整。　　计量单位：台

定 额 编 号				27026001	27026002	27026003	27026004	27026005
项 目 名 称				设备规格（m³/h）				
				20	40	60	90	100
预 算 基 价				6291.57	7101.43	8938.04	11775.75	13981.94
其中	人工费（元）			5878.66	6617.86	8043.79	10493.23	12446.51
	材料费（元）			348.63	397.65	543.45	601.19	617.08
	机械费（元）			64.28	85.92	350.80	681.33	918.35
	仪器仪表费（元）			—	—	—	—	—
名　称	代号	单位	单价（元）	数　量				
人工	安装工	1002	工日	145.80	40.320	45.390	55.170	71.970	85.367
材料	丝光毛巾	218047	条	5.000	4.000	4.000	5.000	5.000	6.000
	洗涤剂	218045	kg	5.060	2.000	2.000	2.500	3.000	4.000
	钙基酯	209160	kg	5.400	0.300	0.400	0.500	0.500	0.500
	白布	218002	m	6.800	1.500	1.500	1.500	1.500	1.500
	钩头成对斜垫铁 2#	201222	对	8.200	—	—	12.000	12.000	12.000
	豆石混凝土 C15	202149	m³	323.500	0.200	0.300	0.300	0.350	0.350
	棉纱头	218101	kg	5.830	1.000	1.000	1.200	1.200	1.200
	压缩机油	209187	kg	7.220	0.600	0.800	0.900	1.000	1.500
	平垫铁 2#	201213	块	2.650	16.000	16.000	16.000	20.000	20.000
	斜垫铁 1#	201215	块	4.240	4.000	4.000	4.000	4.000	4.000
	钩头成对斜垫铁 1#	201221	对	7.500	12.000	12.000	14.000	14.000	14.000
	镀锌铁丝 8#～12#	207233	kg	8.500	1.000	1.500	2.000	3.000	3.000
	机油	209165	kg	7.800	1.200	1.400	1.500	1.600	1.600
	煤油	209170	kg	7.000	7.000	8.000	10.000	12.000	12.000
	电焊条 综合	207290	kg	6.000	0.550	0.630	0.800	1.134	1.134
	其他材料费	2999	元	—	12.310	13.700	16.100	18.520	20.740
机械	汽车起重机 16t	3013	台班	1027.710	—	—	0.300	0.400	0.500
	载货汽车 8t	3032	台班	584.010	—	—	—	0.300	0.500
	电动卷扬机 5t	3047	台班	71.470	—	0.200	0.300	1.000	1.000
	叉式装载机 5t	3069	台班	273.230	0.200	0.200	—	—	—
	其他机具费	3999	元	—	9.630	16.980	21.050	23.570	41.020

四、氢气充瓶压缩机安装

工作内容：场内搬运、开箱、外观检查、基础复核、清理、吊装就位、垫垫铁、找正、
找平、焊接、固定、清洗、试运转、检测调整。

计量单位：台

定 额 编 号					27027001	27027002
项 目 名 称					氢气（纯）充瓶压缩机	氢气（超纯）充瓶压缩机
预 算 基 价					2742.46	2994.69
其中	人工费（元）				2099.52	2351.75
	材料费（元）				421.85	421.85
	机械费（元）				149.09	149.09
	仪器仪表费（元）				72.00	72.00
	名 称	代号	单位	单价（元）	数 量	
人工	安装工	1002	工日	145.80	14.400	16.130
材料	白绸	218080	m²	15.750	0.200	0.200
	四氯化碳	209419	kg	13.750	18.000	18.000
	白布	218002	m	6.800	0.500	0.500
	豆石混凝土 C15	202149	m³	323.500	0.250	0.250
	棉纱头	218101	kg	5.830	0.200	0.200
	平垫铁 1#	201212	块	1.210	12.000	12.000
	斜垫铁 1#	201215	块	4.240	8.000	8.000
	地脚螺栓 φ16	207172	套	3.510	8.000	8.000
	铁砂布 0# ~ 2#	218024	张	0.970	2.000	2.000
	电焊条 综合	207290	kg	6.000	0.430	0.430
	其他材料费	2999	元	—	4.720	4.720
机械	汽车起重机 5t	3010	台班	436.580	0.200	0.200
	叉式装载机 5t	3069	台班	273.230	0.200	0.200
	其他机具费	3999	元	—	7.130	7.130
仪器仪表	数字测振仪	4159	台班	360.000	0.200	0.200

第七节 通用压缩机安装

一、活塞式 L 型及 Z 型 2 列压缩机组安装

工作内容：场内搬运、开箱、清件检查、基础清理、就位、垫垫铁、找平、找正、固定，本机附件及冷却、润滑系统组装检查，无负荷试运转，检查及调整。　　计量单位：台

定额编号				27028001	27028002	27028003	27028004	27028005
项 目 名 称				机组重量（t 以内）				
				1	3	5	8	10
预 算 基 价				4190.91	6160.07	8198.45	12026.98	14664.41
其中	人工费（元）			3814.13	5567.08	7257.92	10496.14	12572.19
	材料费（元）			315.03	509.38	592.94	795.03	1043.13
	机械费（元）			61.75	83.61	347.59	735.81	1049.09
	仪器仪表费（元）			—	—	—	—	—
名 称	代号	单位	单价（元）	数 量				
人工 安装工	1002	工日	145.80	26.160	38.183	49.780	71.990	86.229
材料 白布	218002	m	6.800	0.500	0.700	0.800	1.000	1.200
破布	218023	kg	5.040	1.500	3.000	3.500	1.800	4.200
凡尔砂	209262	kg	16.500	0.200	0.500	0.500	0.500	0.500
棉纱头	218101	kg	5.830	1.100	1.760	1.980	2.200	2.420
乙炔气	209120	m³	15.000	0.340	0.340	0.680	0.680	0.680
石棉橡胶板	208025	kg	26.000	0.200	1.500	2.100	3.000	3.000
豆石混凝土 C15	202149	m³	323.500	0.200	0.300	0.300	0.350	0.350
平垫铁 2#	201213	块	2.650	—	—	—	24.000	—
钩头成对垫铁 3#	201223	对	14.700	—	—	—	—	12.000
平垫铁 3#	201214	块	6.440	—	—	—	—	24.000
钩头成对斜垫铁 2#	201222	对	8.200	—	—	—	12.000	—
铜丝布	207733	m	40.910	0.010	0.020	0.030	0.040	0.040
紫铜皮 δ0.08～0.2	201170	kg	82.900	—	0.050	0.100	0.150	0.200
道木	203004	m³	1531.000	—	—	0.015	0.018	0.025
电焊条 综合	207290	kg	6.000	0.546	0.630	0.798	0.819	1.134
气焊条	207297	kg	5.080	0.300	0.300	0.600	0.600	0.600
板方材	203001	m³	1944.000	0.013	0.018	0.018	0.038	0.038
镀锌铁丝 8#～12#	207233	kg	8.500	0.500	2.000	2.500	3.200	4.000
钩头成对斜垫铁 1#	201221	对	7.500	10.000	12.000	12.000	4.000	4.000
平垫铁 1#	201212	块	1.210	26.000	30.000	30.000	14.000	14.000
斜垫铁 1#	201215	块	4.240	4.000	4.000	4.000	4.000	4.000
钙基酯	209160	kg	5.400	0.200	0.300	0.400	0.500	0.500
机油	209165	kg	7.800	0.500	1.210	1.410	1.610	2.020
氧气	209121	m³	5.890	1.020	1.020	2.040	2.040	2.040
四氯化碳	209419	kg	13.750	0.500	1.600	1.800	2.000	2.500
汽油 93#	209173	kg	9.900	0.510	1.734	2.040	2.550	2.550
煤油	209170	kg	7.000	4.200	7.350	8.400	10.500	12.060
压缩机油	209187	kg	7.220	0.200	0.600	0.800	1.000	3.000
其他材料费	2999	元	—	7.450	12.310	13.700	19.350	24.770
机械 汽车起重机 16t	3013	台班	1027.710	—	—	0.300	0.400	0.500
汽车起重机 8t	3011	台班	784.710	—	—	—	0.300	0.500
电动卷扬机 5t	3047	台班	71.470	—	0.200	0.300	1.000	1.500
叉式装载机 5t	3069	台班	273.230	0.200	0.200	—	—	—
其他机具费	3999	元	—	7.100	14.670	17.840	17.840	35.670

二、活塞式 Z 型 3 列压缩机整体安装

工作内容：场内搬运、开箱、清件检查、基础清理、就位、垫垫铁、找平、找正、固定，本机附件及冷却、润滑系统组装检查，无负荷试运转，检查及调整。　　计量单位：台

定 额 编 号				27029001	27029002	27029003	27029004	27029005
项 目 名 称				机组重量（t 以内）				
				1	3	5	8	10
预 算 基 价				7909.49	12103.91	15414.44	19719.94	23084.15
其中	人工费（元）			6632.88	10619.78	13167.49	16312.40	18952.83
	材料费（元）			989.87	1178.32	1511.47	2361.84	2532.02
	机械费（元）			286.74	305.81	735.48	1045.70	1599.30
	仪器仪表费（元）			—	—	—	—	—
名　称	代号	单位	单价（元）	数　量				
人工	安装工	1002	工日	145.80	45.493	72.838	90.312	111.882	129.992
材料	机油	209165	kg	7.800	1.500	3.000	4.500	5.250	6.000
	石棉橡胶板	208025	kg	26.000	0.900	2.250	3.200	4.500	4.500
	豆石混凝土 C15	202149	m³	323.500	0.120	0.150	0.220	0.220	0.240
	钙基酯	209160	kg	5.400	0.300	0.450	0.600	0.750	0.750
	氧气	209121	m³	5.890	3.670	5.200	5.200	7.040	7.040
	乙炔气	209120	m³	15.000	1.220	1.730	1.730	2.350	2.350
	白布	218002	m	6.800	0.750	1.500	2.500	3.000	4.000
	聚氯乙烯薄膜	210007	kg	10.400	1.500	2.500	3.500	4.500	5.500
	青壳纸 δ0.1 ~ 1.0	218098	张	4.210	0.750	0.750	1.250	1.500	3.000
	铜丝布	207732	kg	75.520	0.010	0.020	0.030	0.040	0.040
	棉纱头	218101	kg	5.830	1.000	1.500	1.750	2.000	2.500
	破布	218023	kg	5.040	2.000	3.500	5.000	6.000	7.000
	铁砂布 0# ~ 2#	218024	张	0.970	10.000	15.000	15.000	18.000	18.000
	镀锌铁丝 8# ~ 12#	207233	kg	8.500	0.750	1.500	2.000	2.500	3.000
	电焊条 综合	207290	kg	6.000	1.150	1.170	1.170	1.250	1.280
	铜焊条	207301	kg	34.210	2.250	2.500	3.000	3.000	3.000
	斜垫铁 2#	201216	块	5.220	20.000	24.000	24.000	30.000	40.000
	平垫铁 2#	201213	块	2.650	10.000	12.000	12.000	20.000	30.000
	镀锌铁丝网	207237	m²	8.500	1.500	1.500	3.000	3.000	3.000
	铜焊粉	207299	kg	25.910	1.130	1.130	1.500	1.500	1.500
	道木	203004	m³	1531.000	0.019	0.019	0.019	0.444	0.444
	煤油	209170	kg	7.000	9.000	12.000	15.000	19.500	24.000
	压缩机油	209187	kg	7.220	1.500	3.000	4.500	5.250	6.000
	紫铜皮 δ0.08 ~ 0.2	201170	kg	82.900	0.010	0.020	0.030	0.045	0.075
	灰铅条	207735	kg	19.000	22.000	22.000	30.000	30.000	30.000
	板方材	203001	m³	1944.000	0.006	0.008	0.011	0.012	0.012
	其他材料费	2999	元	—	27.600	32.720	42.760	59.490	63.340
机械	电动卷扬机 5t	3047	台班	71.470	—	0.200	0.400	0.700	1.000
	汽车起重机 8t	3011	台班	784.710	—	—	0.200	0.300	0.500
	汽车起重机 16t	3013	台班	1027.710	—	—	0.300	0.500	0.700
	叉式装载机 5t	3069	台班	273.230	0.200	0.200	—	—	—
	电动空气压缩机 ≤ 6m³/min	3104	台班	339.350	0.500	0.500	0.500	0.500	1.000
	其他机具费	3999	元	—	62.420	67.190	71.960	76.730	76.730

三、活塞式 V、W、S 型压缩机组安装

工作内容：场内搬运、开箱、清件检查、基础清理、就位、垫垫铁、找平、找正、固定、本机附件等组装检查、无负荷试运转、检查及调整。

计量单位：台

定　额　编　号				27030001	27030002	27030003
项 目 名 称				V 型		
				2 缸（缸径 mm 以内）		
				70	100	125
预　算　基　价				1451.27	1785.97	2134.84
其中	人工费（元）			1230.41	1494.74	1760.83
	材料费（元）			187.00	257.37	340.15
	机械费（元）			33.86	33.86	33.86
	仪器仪表费（元）			—	—	—
	名　　称	代号	单位	单价（元）	数　　量	
人工	安装工	1002	工日	145.80	8.439	10.252	12.077
材料	石棉橡胶板	208025	kg	26.000	1.000	1.200	1.500
	钙基酯	209160	kg	5.400	0.450	0.500	0.600
	机油	209165	kg	7.800	0.150	0.200	0.300
	棉纱头	218101	kg	5.830	0.500	0.750	1.000
	豆石混凝土 C15	202149	m³	323.500	0.080	0.230	0.310
	橡胶盘根	208214	kg	17.620	0.100	0.200	0.300
	镀锌铁丝 8# ~ 12#	207233	kg	8.500	1.200	1.200	1.200
	平垫铁 2#	201213	块	2.650	8.000	8.000	8.000
	钩头成对垫铁 5#	201224	对	16.000	4.000	4.000	4.000
	汽油 93#	209173	kg	9.900	2.000	3.000	4.000
	板方材	203001	m³	1944.000	0.003	0.004	0.021
	电焊条 综合	207290	kg	6.000	0.210	0.210	0.210
	其他材料费	2999	元	—	4.550	5.470	7.080
机械	其他机具费	3999	元	—	33.860	33.860	33.860

工作内容：场内搬运、开箱、清件检查、基础清理、就位、垫垫铁、找平、找正、
固定、本机附件等组装检查、无负荷试运转、检查及调整。 计量单位：台

定 额 编 号				27030004	27030005	27030006
项 目 名 称				V 型		
				4缸（缸径mm以内）		
				70	100	125
预 算 基 价				1657.28	1998.31	2503.43
其中	人工费（元）			1420.97	1683.99	2095.88
	材料费（元）			202.45	280.46	373.69
	机械费（元）			33.86	33.86	33.86
	仪器仪表费（元）			—	—	—
名 称	代号	单位	单价（元）	数 量		
人工	安装工	1002	工日	145.80	9.746	11.550	14.375
材料	石棉橡胶板	208025	kg	26.000	1.200	1.500	1.800
	钙基酯	209160	kg	5.400	0.450	0.630	0.750
	机油	209165	kg	7.800	0.200	0.300	0.400
	棉纱头	218101	kg	5.830	1.000	1.300	1.600
	豆石混凝土 C15	202149	m³	323.500	0.080	0.230	0.320
	橡胶盘根	208214	kg	17.620	0.200	0.500	0.700
	镀锌铁丝 8# ~ 12#	207233	kg	8.500	1.200	1.200	1.200
	平垫铁 2#	201213	块	2.650	8.000	8.000	8.000
	钩头成对垫铁 5#	201224	对	16.000	4.000	4.000	4.000
	汽油 93#	209173	kg	9.900	2.500	3.500	5.000
	板方材	203001	m³	1944.000	0.003	0.004	0.021
	电焊条 综合	207290	kg	6.000	0.210	0.210	0.210
	其他材料费	2999	元	—	4.780	5.840	7.550
机械	其他机具费	3999	元	—	33.860	33.860	33.860

工作内容：场内搬运、开箱、清件检查、基础清理、就位、垫垫铁、找平、找正、
固定、本机附件等组装检查、无负荷试运转、检查及调整。　　　　　　　计量单位：台

定 额 编 号				27030007	27030008	27030009
项 目 名 称				W 型		
				6 缸（缸径 mm 以内）		
				70	100	125
预 算 基 价				1993.76	2721.85	3125.55
其中	人工费（元）			1670.28	2312.68	2641.17
	材料费（元）			289.62	375.31	446.95
	机械费（元）			33.86	33.86	37.43
	仪器仪表费（元）			—	—	—
名　称	代号	单位	单价（元）	数　量		
人工	安装工	1002	工日	145.80	11.456	15.862	18.115
材料	石棉橡胶板	208025	kg	26.000	1.600	1.800	2.100
	钙基酯	209160	kg	5.400	0.550	0.760	0.900
	机油	209165	kg	7.800	0.400	0.660	0.760
	棉纱头	218101	kg	5.830	1.500	1.800	2.000
	豆石混凝土 C15	202149	m³	323.500	0.200	0.300	0.400
	橡胶盘根	208214	kg	17.620	0.500	1.000	1.200
	镀锌铁丝 8# ~ 12#	207233	kg	8.500	1.200	1.200	1.200
	平垫铁 2#	201213	块	2.650	8.000	8.000	8.000
	钩头成对垫铁 5#	201224	对	16.000	4.000	4.000	4.000
	汽油 93#	209173	kg	9.900	3.770	5.100	6.600
	板方材	203001	m³	1944.000	0.010	0.020	0.025
	电焊条 综合	207290	kg	6.000	0.210	0.210	0.210
	其他材料费	2999	元	—	6.250	8.060	8.760
机械	其他机具费	3999	元	—	33.860	33.860	37.430

工作内容：场内搬运、开箱、清件检查、基础清理、就位、垫垫铁、找平、找正、固定、
本机附件等组装检查、无负荷试运转、检查及调整。 计量单位：台

定 额 编 号					27030010	27030011	27030012
项 目 名 称					S 型		
					8 缸（缸径 mm 以内）		
					70	100	125
预 算 基 价					2572.90	2719.28	3720.43
其中	人工费（元）				2223.01	2270.25	3191.42
	材料费（元）				316.03	411.60	488.01
	机械费（元）				33.86	37.43	41.00
	仪器仪表费（元）				—	—	—
名 称		代号	单位	单价（元）	数 量		
人工	安装工	1002	工日	145.80	15.247	15.571	21.889
材料	石棉橡胶板	208025	kg	26.000	1.800	2.500	3.000
	钙基酯	209160	kg	5.400	0.600	0.800	1.010
	机油	209165	kg	7.800	0.500	0.800	1.010
	棉纱头	218101	kg	5.830	2.000	2.400	2.750
	豆石混凝土 C15	202149	m³	323.500	0.200	0.300	0.400
	橡胶盘根	208214	kg	17.620	0.600	1.000	1.500
	镀锌铁丝 8#～12#	207233	kg	8.500	1.200	1.200	1.200
	平垫铁 2#	201213	块	2.650	8.000	8.000	8.000
	钩头成对垫铁 5#	201224	对	16.000	4.000	4.000	4.000
	汽油 93#	209173	kg	9.900	5.100	5.800	7.100
	板方材	203001	m³	1944.000	0.011	0.023	0.025
	电焊条 综合	207290	kg	6.000	0.210	0.210	0.210
	其他材料费	2999	元	—	6.620	8.590	9.270
机械	其他机具费	3999	元	—	33.860	37.430	41.000

四、活塞式 V、W、S 制冷压缩机组安装

工作内容：场内搬运、开箱、清件检查、基础清理、就位、垫垫铁、找平、找正、固定，
本机附件及冷却、润滑系统组装检查，无负荷试运转，检查及调整。　计量单位：台

定 额 编 号				27031001	27031002	27031003	27031004
项 目 名 称				V 型、2 缸（缸径 mm 以内）			
				100	125	170	200
预 算 基 价				3472.86	4691.47	6534.21	10613.87
其中	人工费（元）			3127.41	4167.11	5810.42	9225.79
	材料费（元）			283.67	462.58	644.15	915.30
	机械费（元）			61.78	61.78	79.64	472.78
	仪器仪表费（元）			—	—	—	—
名 称	代号	单位	单价（元）	数 量			
人工	安装工	1002	工日	145.80	21.450	28.581	39.852	63.277
材料	橡胶盘根	208214	kg	17.620	0.300	0.350	0.500	0.750
	豆石混凝土 C15	202149	m³	323.500	0.150	0.200	0.300	0.400
	钙基酯	209160	kg	5.400	0.500	0.500	0.720	0.800
	石棉橡胶板	208025	kg	26.000	0.900	3.600	4.900	5.500
	白布	218002	m	6.800	0.200	0.920	1.630	2.040
	钩头成对垫铁 6#	201225	对	23.000	—	—	—	8.000
	平垫铁 3#	201214	块	6.440	—	—	—	16.000
	破布	218023	kg	5.040	0.800	2.000	2.300	2.600
	凡尔砂	209262	kg	16.500	0.200	0.200	0.500	0.500
	镀锌铁丝 8# ~ 12#	207233	kg	8.500	1.200	1.200	1.200	1.200
	电焊条 综合	207290	kg	6.000	0.210	0.320	0.320	0.530
	钩头成对垫铁 5#	201224	对	16.000	4.000	6.000	6.000	—
	平垫铁 2#	201213	块	2.650	8.000	12.000	12.000	—
	紫铜皮 δ0.08 ~ 0.2	201170	kg	82.900	0.020	0.020	0.030	0.040
	机油	209165	kg	7.800	0.200	0.300	0.600	0.800
	冷冻机油	209186	kg	7.800	1.200	2.200	7.000	8.000
	板方材	203001	m³	1944.000	0.008	0.013	0.036	0.044
	汽油 93#	209173	kg	9.900	6.500	8.100	9.200	11.200
	其他材料费	2999	元	—	5.930	9.240	13.320	21.350
机械	汽车起重机 8t	3011	台班	784.710	—	—	—	0.200
	汽车起重机 12t	3012	台班	898.030	—	—	—	0.300
	电动卷扬机 5t	3047	台班	71.470	—	—	0.200	0.400
	叉式装载机 5t	3069	台班	273.230	0.200	0.200	0.200	—
	其他机具费	3999	元	—	7.130	7.130	10.700	17.840

工作内容：场内搬运、开箱、清件检查、基础清理、就位、垫垫铁、找平、找正、固定，
本机附件及冷却、润滑系统组装检查，无负荷试运转，检查及调整。　　　　　　计量单位：台

	定 额 编 号				27031005	27031006	27031007	27031008
	项 目 名 称				V 型、4 缸（缸径 mm 以内）			
					100	125	170	200
	预 算 基 价				4158.87	6018.81	8620.77	12956.78
其中	人工费（元）				3706.53	5384.10	7551.57	11321.52
	材料费（元）				390.56	572.93	798.15	1065.53
	机械费（元）				61.78	61.78	271.05	569.73
	仪器仪表费（元）				—	—	—	—
	名 称	代号	单位	单价（元）	数 量			
人工	安装工	1002	工日	145.80	25.422	36.928	51.794	77.651
材料	豆石混凝土 C15	202149	m³	323.500	0.200	0.230	0.500	0.600
	白布	218002	m	6.800	0.900	1.500	2.000	2.500
	石棉橡胶板	208025	kg	26.000	1.800	4.300	5.500	6.000
	橡胶盘根	208214	kg	17.620	0.500	0.500	0.800	1.000
	棉纱头	218101	kg	5.830	0.250	0.500	0.500	0.500
	钩头成对垫铁 6#	201225	对	23.000	—	—	—	8.000
	平垫铁 3#	201214	块	6.440	—	—	—	16.000
	破布	218023	kg	5.040	0.900	1.500	2.500	3.150
	凡尔砂	209262	kg	16.500	0.300	0.400	0.700	0.900
	钙基酯	209160	kg	5.400	0.600	0.860	1.000	1.000
	镀锌铁丝 8# ~ 12#	207233	kg	8.500	1.200	1.200	1.200	1.200
	电焊条 综合	207290	kg	6.000	0.210	0.320	0.320	0.530
	钩头成对垫铁 5#	201224	对	16.000	4.000	6.000	6.000	—
	平垫铁 2#	201213	块	2.650	8.000	12.000	12.000	—
	紫铜皮 δ0.08 ~ 0.2	201170	kg	82.900	0.020	0.020	0.030	0.040
	机油	209165	kg	7.800	0.300	0.660	0.900	1.200
	冷冻机油	209186	kg	7.800	1.500	3.500	8.000	10.000
	板方材	203001	m³	1944.000	0.010	0.018	0.039	0.050
	汽油 93#	209173	kg	9.900	11.200	12.750	13.200	13.200
	其他材料费	2999	元	—	7.270	10.750	14.920	22.790
机械	电动卷扬机 5t	3047	台班	71.470	—	—	0.300	0.500
	汽车起重机 8t	3011	台班	784.710	—	—	0.200	0.200
	汽车起重机 12t	3012	台班	898.030	—	—	—	0.400
	叉式装载机 5t	3069	台班	273.230	0.200	0.200	0.300	—
	其他机具费	3999	元	—	7.130	7.130	10.700	17.840

工作内容：场内搬运、开箱、清件检查、基础清理、就位、垫垫铁、找平、找正、固定，
本机附件及冷却、润滑系统组装检查，无负荷试运转，检查及调整。　　　　计量单位：台

定　额　编　号				27031009	27031010	27031011	27031012
项　目　名　称				W 型、6 缸（缸径 mm 以内）			
				100	125	170	200
预　算　基　价				5102.68	6927.34	10088.90	15269.64
其中	人工费（元）			4582.06	6215.60	8783.28	13444.95
	材料费（元）			458.84	646.39	922.64	1341.80
	机械费（元）			61.78	65.35	382.98	482.89
	仪器仪表费（元）			—	—	—	—
	名　　　称	代号	单位	单价（元）	数　　量		
人工	安装工	1002	工日	145.80	31.427	42.631	60.242	92.215
材料	豆石混凝土 C15	202149	m³	323.500	0.230	0.250	0.600	0.680
	白布	218002	m	6.800	1.500	1.700	3.000	3.500
	石棉橡胶板	208025	kg	26.000	2.200	5.100	6.900	6.500
	橡胶盘根	208214	kg	17.620	0.600	1.000	1.000	1.500
	棉纱头	218101	kg	5.830	0.250	0.300	0.330	1.500
	钩头成对垫铁 6#	201225	对	23.000	—	—	—	12.000
	平垫铁 3#	201214	块	6.440	—	—	—	24.000
	破布	218023	kg	5.040	1.800	2.500	2.750	3.500
	凡尔砂	209262	kg	16.500	0.500	0.500	0.800	1.000
	钙基酯	209160	kg	5.400	0.700	0.850	1.200	0.800
	镀锌铁丝 8# ~ 12#	207233	kg	8.500	1.200	1.200	1.200	2.000
	电焊条 综合	207290	kg	6.000	0.210	0.320	0.320	0.530
	钩头成对垫铁 5#	201224	对	16.000	4.000	6.000	6.000	—
	平垫铁 2#	201213	块	2.650	8.000	12.000	12.000	—
	紫铜皮 δ0.08 ~ 0.2	201170	kg	82.900	0.020	0.030	0.030	0.050
	机油	209165	kg	7.800	0.660	1.200	1.620	1.010
	冷冻机油	209186	kg	7.800	2.000	4.200	9.000	12.000
	板方材	203001	m³	1944.000	0.013	0.020	0.045	0.060
	汽油 93#	209173	kg	9.900	13.260	14.280	14.800	15.300
	其他材料费	2999	元	—	8.290	11.770	16.410	30.910
机械	汽车起重机 8t	3011	台班	784.710	—	—	0.200	0.300
	汽车起重机 12t	3012	台班	898.030	—	—	0.200	0.200
	电动卷扬机 5t	3047	台班	71.470	—	—	0.400	0.700
	叉式装载机 5t	3069	台班	273.230	0.200	0.200	—	—
	其他机具费	3999	元	—	7.130	10.700	17.840	17.840

工作内容：场内搬运、开箱、清件检查、基础清理、就位、垫垫铁、找平、找正、固定，
本机附件及冷却、润滑系统组装检查，无负荷试运转，检查及调整。 计量单位：台

定额编号				27031013	27031014	27031015	27031016
项目名称				S型、8缸（缸径 mm 以内）			
				100	125	170	200
预算基价				5713.00	8332.43	11591.27	17737.11
其中	人工费（元）			5114.08	7486.39	9875.03	15182.74
	材料费（元）			537.14	762.83	1157.84	1558.85
	机械费（元）			61.78	83.21	558.40	995.52
	仪器仪表费（元）			—	—	—	—
名称	代号	单位	单价（元）	数量			
人工	安装工	1002	工日	145.80	35.076	51.347	67.730	104.134
材料	豆石混凝土 C15	202149	m³	323.500	0.250	0.250	0.600	0.700
	白布	218002	m	6.800	2.000	2.500	4.000	5.000
	石棉橡胶板	208025	kg	26.000	2.800	6.000	7.900	7.500
	橡胶盘根	208214	kg	17.620	0.800	2.000	2.300	2.000
	棉纱头	218101	kg	5.830	0.350	0.350	0.450	2.000
	钩头成对垫铁 6#	201225	对	23.000	—	—	6.000	12.000
	平垫铁 3#	201214	块	6.440	—	—	12.000	24.000
	破布	218023	kg	5.040	1.500	2.500	3.200	4.000
	凡尔砂	209262	kg	16.500	0.500	0.500	1.000	1.200
	钙基酯	209160	kg	5.400	0.960	1.200	1.300	0.900
	镀锌铁丝 8# ~ 12#	207233	kg	8.500	1.200	1.200	1.600	2.000
	电焊条 综合	207290	kg	6.000	0.210	0.320	0.420	0.630
	钩头成对垫铁 5#	201224	对	16.000	4.000	6.000	—	—
	平垫铁 2#	201213	块	2.650	8.000	12.000	—	—
	紫铜皮 δ0.08 ~ 0.2	201170	kg	82.900	0.030	0.030	0.030	0.080
	机油	209165	kg	7.800	0.800	1.500	1.800	1.200
	冷冻机油	209186	kg	7.800	2.500	5.000	10.000	15.000
	板方材	203001	m³	1944.000	0.013	0.021	0.048	0.088
	汽油 93#	209173	kg	9.900	17.500	19.900	20.900	22.400
	其他材料费	2999	元	—	9.330	13.400	22.190	34.520
机械	汽车起重机 8t	3011	台班	784.710	—	—	0.300	0.500
	汽车起重机 12t	3012	台班	898.030	—	—	0.300	—
	汽车起重机 16t	3013	台班	1027.710	—	—	—	0.500
	叉式装载机 5t	3069	台班	273.230	0.200	0.200	—	—
	电动卷扬机 5t	3047	台班	71.470	—	0.200	0.500	1.000
	其他机具费	3999	元	—	7.130	14.270	17.840	17.840

五、回转式螺杆压缩机整体安装

工作内容：场内搬运、开箱、清件检查、基础清理、就位、垫垫铁、找平、找正、固定，
本机附件及冷却、润滑系统组装检查，无负荷试运转，检查及调整。 计量单位：台

定 额 编 号				27032001	27032002	27032003
项 目 名 称				机组重量（t以内）		
				1	2	3
预 算 基 价				3766.75	4203.56	5727.48
其中	人工费（元）			3454.44	3853.93	5284.81
	材料费（元）			250.53	284.28	361.46
	机械费（元）			61.78	65.35	81.21
	仪器仪表费（元）			—	—	—
	名　　　称	代号	单位	单价（元）	数　　量	
人工	安装工	1002	工日	145.80	23.693	26.433	36.247
材料	石棉橡胶板	208025	kg	26.000	0.500	0.500	0.600
	豆石混凝土 C15	202149	m³	323.500	0.200	0.250	0.300
	乙炔气	209120	m³	15.000	0.340	0.340	0.340
	钙基酯	209160	kg	5.400	0.200	0.300	0.400
	氧气	209121	m³	5.890	1.020	1.020	1.020
	凡尔砂	209262	kg	16.500	0.150	0.200	0.350
	铜丝布	207733	m	40.910	0.010	0.010	0.020
	破布	218023	kg	5.040	1.000	1.500	2.500
	棉纱头	218101	kg	5.830	1.000	1.000	1.500
	白布	218002	m	6.800	0.500	0.500	0.500
	电焊条 综合	207290	kg	6.000	0.420	0.483	0.504
	气焊条	207297	kg	5.080	0.300	0.300	0.300
	平垫铁 3#	201214	块	6.440	0.500	0.600	0.600
	钩头成对斜垫铁 1#	201221	对	7.500	8.000	8.000	10.000
	平垫铁 1#	201212	块	1.210	16.000	16.000	20.000
	机油	209165	kg	7.800	0.400	0.500	1.000
	锭子油	209185	kg	7.800	0.800	0.800	0.800
	煤油	209170	kg	7.000	3.000	4.500	6.300
	板方材	203001	m³	1944.000	0.008	0.008	0.008
	汽油 93#	209173	kg	9.900	0.500	0.600	1.500
	其他材料费	2999	元	—	6.000	6.400	8.050
机械	电动卷扬机 5t	3047	台班	71.470	—	—	0.200
	叉式装载机 5t	3069	台班	273.230	0.200	0.200	0.200
	其他机具费	3999	元	—	7.130	10.700	12.270

工作内容：场内搬运、开箱、清件检查、基础清理、就位、垫垫铁、找平、找正、固定，
本机附件及冷却、润滑系统组装检查，无负荷试运转，检查及调整。　　　　　计量单位：台

定 额 编 号				27032004	27032005	27032006
项 目 名 称				机组重量（t以内）		
				5	8	10
预 算 基 价				7564.68	11549.02	15040.08
其中	人工费（元）			6595.55	10120.56	12776.31
	材料费（元）			496.35	611.32	1044.88
	机械费（元）			472.78	817.14	1218.89
	仪器仪表费（元）			—	—	—
	名　　称	代号	单位	单价（元）	数　　量	
人工	安装工	1002	工日	145.80	45.237	69.414	87.629
材料	棉纱头	218101	kg	5.830	1.500	1.600	2.000
	白布	218002	m	6.800	0.500	0.600	0.800
	破布	218023	kg	5.040	3.000	3.350	4.000
	乙炔气	209120	m³	15.000	0.340	0.510	0.680
	石棉橡胶板	208025	kg	26.000	0.600	0.800	1.200
	豆石混凝土 C15	202149	m³	323.500	0.500	0.700	1.200
	平垫铁 2#	201213	块	2.650	—	—	32.000
	斜垫铁 1#	201215	块	4.240	—	—	16.000
	道木	203004	m³	1531.000	—	—	0.008
	凡尔砂	209262	kg	16.500	0.500	0.600	0.600
	铜丝布	207733	m	40.910	0.020	0.030	0.030
	钩头成对斜垫铁 2#	201222	对	8.200	—	—	16.000
	电焊条 综合	207290	kg	6.000	0.630	0.840	1.280
	气焊条	207297	kg	5.080	0.300	0.450	0.600
	板方材	203001	m³	1944.000	0.013	0.019	0.021
	钩头成对斜垫铁 1#	201221	对	7.500	12.000	12.000	—
	平垫铁 1#	201212	块	1.210	24.000	24.000	24.000
	平垫铁 3#	201214	块	6.440	1.000	2.000	3.000
	锭子油	209185	kg	7.800	1.500	1.500	1.500
	钙基酯	209160	kg	5.400	0.500	0.600	0.800
	氧气	209121	m³	5.890	1.020	1.500	2.000
	机油	209165	kg	7.800	1.000	1.200	1.500
	汽油 93#	209173	kg	9.900	2.000	2.000	2.000
	煤油	209170	kg	7.000	9.000	10.500	12.600
	其他材料费	2999	元	—	10.500	12.380	23.390
机械	电动卷扬机 5t	3047	台班	71.470	0.400	0.700	1.000
	汽车起重机 8t	3011	台班	784.710	0.200	0.300	0.500
	汽车起重机 12t	3012	台班	898.030	0.300	—	—
	汽车起重机 16t	3013	台班	1027.710	—	0.500	0.700
	其他机具费	3999	元	—	17.840	17.840	35.670

第八节　阀门箱、阀盘整体安装

工作内容：场内搬运、开箱、检查附件、就位、安装、找平、找正、上螺栓、固定。　　　计量单位：台

定　额　编　号				27033001	27033002
项　目　名　称				阀门箱安装	阀盘安装
预　算　基　价				658.05	365.24
其中	人工费（元）			507.38	313.47
	材料费（元）			73.08	23.37
	机械费（元）			77.59	28.40
	仪器仪表费（元）			—	—
名　　称	代号	单位	单价（元）	数　　量	
人工	安装工	1002	工日	145.80	3.480	2.150
材料	垫圈 8	207016	个	0.014	8.480	8.480
	塑料布	210061	kg	10.400	1.400	0.800
	橡胶板 $\delta 3 \sim 5$	208035	kg	15.500	0.350	—
	弹簧垫圈 8	207034	个	0.010	8.480	8.480
	斜垫铁 1#	201215	块	4.240	8.000	—
	膨胀螺栓 $\phi 10$	207160	套	1.430	4.160	4.160
	六角螺母 8	207059	个	0.055	8.480	8.480
	其他材料费	2999	元	—	12.560	8.430
机械	叉式装载机 5t	3069	台班	273.230	0.180	—
	手动液压叉车	3065	台班	12.400	0.210	0.210
	其他机具费	3999	元	—	25.800	25.800

第九节 真空泵安装

工作内容：场内搬运、开箱、检查附件、就位、安装、找平、找正、上螺栓、固定。　　　　计量单位：台

定 额 编 号				27034001	27034002
项 目 名 称				清扫真空泵安装	工艺清扫真空泵安装
预 算 基 价				1159.33	1386.66
其中	人工费（元）			940.41	1128.49
	材料费（元）			73.08	87.70
	机械费（元）			145.84	170.47
	仪器仪表费（元）			—	—
名　称	代号	单位	单价（元）	数　　量	
人工	安装工	1002	工日	145.80	6.450	7.740
材料	垫圈 8	207016	个	0.014	8.480	10.180
	塑料布	210061	kg	10.400	1.400	1.680
	橡胶板 $\delta3 \sim 5$	208035	kg	15.500	0.350	0.420
	弹簧垫圈 8	207034	个	0.010	8.480	10.180
	斜垫铁 $1^{\#}$	201215	块	4.240	8.000	9.600
	膨胀螺栓 $\phi10$	207160	套	1.430	4.160	4.990
	六角螺母 8	207059	个	0.055	8.480	10.180
	其他材料费	2999	元	—	12.560	15.070
机械	叉式装载机 5t	3069	台班	273.230	0.380	0.460
	手动液压叉车	3065	台班	12.400	0.420	0.050
	其他机具费	3999	元	—	36.800	44.160

第七章
管 道 工 程

说明及工程量计算规则

说　明

1. 本章主要内容包括：低（中）压碳钢管、不锈钢管、有色金属管、非金属管和管件、阀门、法兰的安装，以及管道支架、套管制作与安装和焊接充氩保护、焊口无损探伤、管道压力试验、吹扫与清洗等安装子目。

2. 本章适用于室内（外）给水、排水、采暖、消防、超纯气体、超纯水、空调水等管道安装。

3. EP/BA低碳不锈钢管、PVDF聚偏二氟乙烯管和洁净聚氯乙烯（Clean-PVC）管割断、平口、管口吹扫，脱脂与焊接已综合考虑了使用万级空调洁净室内预制费用，不应另行计算洁净室摊销费用。

若EP/BA低碳不锈钢管及管件的连接工艺未按照无斑痕自动焊接，而是按照手工氩弧焊接考虑，其定额基价可按照相对应的人工费、辅材费、机械费分别乘以0.6倍的调整系数计算。

4. EP/BA管、PVDF管、CPVC管安装项目中已综合了氮气系统吹扫和检测需要的费用，但未包括管内双氧水系统循环冲洗工序和费用。

5. PPH均聚聚丙烯管道及管件的安装可套用PVDF聚偏二氟乙烯管道及其管件相对应的定额。

6. 硫酸、氢氧化钠、氢氟酸等强腐蚀化学品输送管道，若设计要求为聚四氟乙烯PFA管加外套聚氯乙烯UPVC管护套双层管结构配管时，PFA配管可按设计管径的250%选择UPVC给水管管径为护套管，套用安装定额，并对其定额项目中的人工工日和辅材用量再分别乘以2.5倍的调整系数计算PFA配管计价。

7. 各类管道安装均不包括管架的制作、安装，按设计要求执行本章管道支架制作、安装的相应子目。

8. 低、中压法兰阀门定额内垫片材料与设计不符时，可按实换算后调整。

9. 超纯水、气净化管道中阀门安装，按其材质可执行低压不锈钢或塑料阀门相应定额项目；法兰接管焊接执行EP/BA管件和PVDF管件相应管径安装定额。

10. 焊接法兰阀门安装适用于法兰截止阀、闸阀、止回阀、平衡阀、安全阀、球阀等；低压法兰调节阀门安装还适用于消防微动阀、电动两通阀、防爆波阀、自力式温度调节阀、减压阀、疏水阀、消声止回阀等。

11. 阀门解体检查及清洗已包括一次水压试验。

12. 净化管道和不锈钢、铜、塑料法兰阀门及法兰安装定额中已包括螺栓、螺母、四氟乙烯密封圈安装费，但不含其本身价值。

13. 单边型法兰阀门安装，法兰阀门安装子目中的法兰、螺栓数量均应减半，其他不变。

14. 一般填料套管制作、安装小于或等于DN200的项目，定额中已包括了堵洞所用的工、料；大于DN200的项目中套管堵洞用工、料应另行计算。定额中所用填料若与设计要求不符时，可以换算。

15. 不做填料的套管，执行室内焊接钢管（焊接）相应子目。

16. 室内管架安装，除木垫式、弹簧式管架外，其他管架均执行一般管架项目；木垫式管架、弹簧式管架均不包括木垫和弹簧本身价值，应另行计算。

17. 室内、外管道支架制作、安装，其单组重量大于50kg时，执行设备支架相应子目。

18. 压力表和阀门数量与设计不同时，可按设计图纸要求调整，其他不变。远传式热量表不包括电气接线。

19. 管道安装项目中已包括一次试压试验、吹扫及清洗所用材料，不包括管道之间的串通、管道排放口至排放点的临时用管，以及二次及二次以上的压力试验费用，应另行计算。

20. 液压试验中试压用液，指除水以外的液体，若采用水压试验时，不再计取水的用量，其他则按实计算。

21. 管道酸洗、碱洗项目，是按系统循环清洗编制。

22. 管道焊缝探伤，应按设计或规范要求的检验方法和拍片数量执行相应子目；本探伤项目中，已综合考虑了高空作业降效因素。

23. 管道焊接焊口充氩保护，按管内、管外分管径计算。

24. 气体管路的系统的测试，按所测试项目分别计算；本测试项目中，未考虑测试用的气源费用，可另行计算。

25. 气体管路测试定额基价调整表（见下表）。

基价调整表

工作量（总测试点 a）	$a \leq 5$	$5 < a \leq 15$	$15 < a \leq 30$	$30 < a < 60$	$a \geq 60$
定额基价调整系数	1.8	1.5	1	0.8	0.6

注：1. 气体管路系统测试的点位定额是按照30个测点考虑的，若实际发生的测点有调整时，可按照本章说明中调整表系数进行计算。
2. 仪器仪表的运输费用，应另行计算。

工程量计算规则

1. 管道按图示管道中心线长度以"m"计算；不扣除阀门、管件及其附件等所占的长度。

2. 钢管连接管件、低压铜管件和超纯气、水管件等，按图示数量以"个"计算。

3. 阀门分压力、规格及连接方式以"个"计算。

4. 法兰分压力、规格及连接方式以"副（片）"计算。

5. 阀门解体检查及清洗，分压力、规格以"个"计算。

6. 套管、阻火圈按主管道管径，分规格以"个"计算。

7. 设备支架按每组支架重量以"100kg"计算。

8. 室内管道支架分型式以"100kg"计算。

9. 室外管道支架不分型式以"100kg"计算。

10. 管道压力试验、真空试验、泄漏性试验，分压力、规格以"100m"计算。

11. 管道冲洗、吹扫、消毒、通球、碱洗、脱脂试验，分规格以"100m"计算。

12. 焊缝X光射线、γ射线探伤，按管材双壁厚以"10张"计算。

13. 焊缝超声波探伤，分规格、壁厚以"口"计算。

14. 管道焊接焊口充氩保护，按管径分管内、管外以"10口"为计量单位。

15. 气体管路系统的测试，以测试"点"数为计算单位，以系统最终用气点数（接入设备前）作为总测试点数。

第一节 室内低压金属管道安装

一、镀锌钢管（螺纹连接）

工作内容：打堵洞眼、场内搬运、检查及清扫管材、切管、套丝、上管件、调直、栽钩卡、管道安装、水压试验。

计量单位：m

定 额 编 号				28001001	28001002	28001003	28001004
项 目 名 称				公称直径（mm 以内）			
				15	20	25	32
预 算 基 价				29.75	30.20	36.39	37.61
其中	人工费（元）			26.68	26.68	32.08	32.08
	材料费（元）			3.01	3.46	4.21	5.43
	机械费（元）			0.06	0.06	0.10	0.10
	仪器仪表费（元）			—	—	—	—
	名 称	代号	单位	单价（元）	数 量		
人工	安装工	1002	工日	145.80	0.183	0.183	0.220	0.220
材料	镀锌钢管	201081	m	—	（1.020）	（1.020）	（1.020）	（1.020）
	镀锌钢管接头零件（室内）15	212307	个	1.200	1.637	—	—	—
	镀锌钢管接头零件（室内）20	212308	个	1.850	—	1.152	—	—
	镀锌钢管接头零件（室内）25	212309	个	2.750	—	—	0.978	—
	镀锌钢管接头零件（室内）32	212310	个	4.030	—	—	—	0.803
	管卡 25 以内	207001	个	0.550	0.310	0.273	0.322	—
	管卡 50 以内	207002	个	1.210	—	—	—	0.322
	机油	209165	kg	7.800	0.023	0.017	0.017	0.016
	铅油	209063	kg	20.000	（0.014）	（0.012）	（0.013）	（0.013）
	镀锌铁丝 8# ~ 12#	207233	kg	8.500	0.014	0.039	0.044	0.015
	其他材料费	2999	元	—	0.300	0.470	0.580	1.290
机械	管子切断套丝机 φ159	3146	台班	19.400	0.003	0.003	0.005	0.005

工作内容：打堵洞眼、场内搬运、检查及清扫管材、切管、套丝、上管件、调直、
栽钩卡、管道安装、水压试验。

计量单位：m

定 额 编 号				28001005	28001006	28001007	28001008
项 目 名 称				公称直径（mm 以内）			
				40	50	65	80
预 算 基 价				42.68	45.71	90.81	51.22
其中	人工费（元）			38.20	39.07	39.95	42.28
	材料费（元）			4.38	6.37	50.59	8.65
	机械费（元）			0.10	0.27	0.27	0.29
	仪器仪表费（元）			—	—	—	—
名 称	代号	单位	单价（元）	数 量			
人工	安装工	1002	工日	145.80	0.262	0.268	0.274	0.290
材料	镀锌钢管	201081	m	—	（1.020）	（1.020）	（1.020）	（1.020）
	镀锌钢管接头零件（室内）40	212311	个	4.860	0.716	—	—	—
	镀锌钢管接头零件（室内）50	212312	个	8.180	—	0.651	—	—
	镀锌钢管接头零件（室内）65	212318	个	15.840	—	—	0.425	—
	镀锌钢管接头零件（室内）80	212314	个	19.620	—	—	—	0.391
	镀锌铁丝 8# ~ 12#	207233	kg	8.500	0.001	0.004	0.010	0.003
	机油	209165	kg	7.800	0.017	0.020	0.013	0.011
	铅油	209063	kg	20.000	0.014	0.014	—	—
	其他材料费	2999	元	—	0.480	0.570	0.670	0.870
机械	管子切断套丝机 ϕ159	3146	台班	19.400	0.005	0.014	0.014	0.015

工作内容：打堵洞眼、场内搬运、检查及清扫管材、切管、套丝、上管件、调直、
栽钩卡、管道安装、水压试验。

计量单位：m

定 额 编 号				28001009	28001010	28001011
项 目 名 称				公称直径（mm 以内）		
				100	125	150
预 算 基 价				61.76	70.77	87.11
其中	人工费（元）			47.97	53.22	60.94
	材料费（元）			11.18	15.69	23.82
	机械费（元）			2.61	1.86	2.35
	仪器仪表费（元）			—	—	—
名 称		代号	单位	单价（元）	数 量	
人工	安装工	1002	工日	145.80	0.329	0.365	0.418
材料	镀锌钢管	201081	m	—	（1.020）	（1.020）	（1.020）
	镀锌钢管接头零件（室内）100	212315	个	37.520	0.268	—	—
	镀锌钢管接头零件（室内）125	212316	个	61.480	—	0.230	—
	镀锌钢管接头零件（室内）150	212317	个	94.840	—	—	0.230
	机油	209165	kg	7.800	0.004	0.003	0.003
	镀锌铁丝 8# ~ 12#	207233	kg	8.500	0.007	0.008	0.002
	其他材料费	2999	元	—	1.030	1.460	1.970
机械	普通车床 φ400×2000	3075	台班	196.040	0.013	0.009	0.012
	管子切断套丝机 φ159	3146	台班	19.400	0.003	0.005	—

二、镀锌钢管（电弧焊）

工作内容：打堵洞眼、场内搬运、检查及清扫管材、切管、坡口、调直、对口焊接、
三通口开制、管道安装、水压试验。

计量单位：个

定 额 编 号				28002001	28002002	28002003
项 目 名 称				公称直径（mm 以内）		
				125	150	200
预 算 基 价				57.99	68.49	90.19
其中	人工费（元）			50.74	57.59	69.40
	材料费（元）			7.07	10.68	20.22
	机械费（元）			0.18	0.22	0.57
	仪器仪表费（元）			—	—	—
名　　称	代号	单位	单价（元）	数　　量		
人工	安装工	1002	工日	145.80	0.348	0.395	0.476
材料	镀锌钢管	201081	m	—	（1.020）	（1.020）	（1.020）
	机油	209165	kg	7.800	0.003	0.004	0.005
	乙炔气	209120	m³	15.000	0.068	0.085	0.142
	普通钢板 δ3.5～4.0	201030	kg	5.300	0.014	0.014	0.021
	镀锌压制弯头 125	212304	个	14.900	0.200	—	—
	镀锌压制弯头 150	212305	个	22.600	—	0.240	—
	镀锌压制弯头 200	212306	个	55.100	—	—	0.210
	电焊条 综合	207290	kg	6.000	0.143	0.187	0.392
	氧气	209121	m³	5.890	0.167	0.209	0.347
	镀锌铁丝 8#～12#	207233	kg	8.500	0.008	0.008	0.008
	其他材料费	2999	元	—	1.060	1.450	1.900
机械	直流弧焊机 ≤20kV·A	3098	台班	115.410	—	—	0.002
	管子切断机 φ150 以内	3093	台班	43.570	—	—	0.002
	电焊条烘干箱	3152	台班	36.210	0.005	0.006	0.007

三、无缝钢管（电弧焊）

工作内容：打堵洞眼、场内搬运、检查及清扫管材、切管、坡口、煨弯制作、对口焊接、三通口开制、管道安装、水压试验。

计量单位：m

定额编号				28003001	28003002	28003003	28003004
项目名称				管外径（mm 以内）			
				20	25	32	38
预算基价				23.20	23.42	25.56	26.57
其中	人工费（元）			22.31	22.31	23.62	24.20
	材料费（元）			0.54	0.76	0.97	1.28
	机械费（元）			0.35	0.35	0.97	1.09
	仪器仪表费（元）			—	—	—	—
名称		代号	单位	单价（元）	数量		
人工	安装工	1002	工日	145.80	0.153	0.153	0.162	0.166
材料	无缝钢管	201085	m	—	（1.020）	（1.020）	（1.020）	（1.020）
	压制弯头	212292	个	—	—	—	—	（0.165）
	氧气	209121	m³	5.890	0.018	0.033	0.045	0.066
	乙炔气	209120	m³	15.000	0.008	0.013	0.019	0.026
	镀锌铁丝 8# ~ 12#	207233	kg	8.500	0.008	0.008	0.008	0.008
	普通钢板 δ3.5 ~ 4.0	201030	kg	5.300	0.009	0.009	0.009	0.009
	气焊条	207297	kg	5.080	0.009	0.016	0.020	0.030
	其他材料费	2999	元	—	0.150	0.170	0.200	0.230
机械	电动弯管机 φ108 以内	3084	台班	104.430	—	—	0.006	0.006
	直流弧焊机 ≤ 20kV·A	3098	台班	115.410	0.003	0.003	0.003	0.004

工作内容：打堵洞眼、场内搬运、检查及清扫管材、切管、坡口、煨弯制作、对口焊接、三通口开制、管道安装、水压试验。

计量单位：m

定 额 编 号				28003005	28003006	28003007	28003008
项 目 名 称				管外径（mm 以内）			
				45	57	76	89
预 算 基 价				29.07	31.86	40.98	46.51
其中	人工费（元）			26.39	29.01	32.66	37.03
	材料费（元）			1.48	1.65	1.99	2.32
	机械费（元）			1.20	1.20	6.33	7.16
	仪器仪表费（元）			—	—	—	—
名　　称	代号	单位	单价（元）		数　　量		
人工	安装工	1002	工日	145.80	0.181	0.199	0.224	0.254
材料	无缝钢管	201085	m	—	（1.020）	（1.020）	（1.020）	（1.020）
	压制弯头	212292	个	—	（0.115）	（0.115）	（0.115）	（0.115）
	氧气	209121	m³	5.890	0.079	0.084	0.095	0.113
	乙炔气	209120	m³	15.000	0.032	0.034	0.039	0.046
	电焊条 综合	207290	kg	6.000	—	0.048	0.068	0.076
	普通钢板 δ3.5 ~ 4.0	201030	kg	5.300	0.009	0.009	0.010	0.010
	气焊条	207297	kg	5.080	0.035	—	—	—
	镀锌铁丝 8# ~ 12#	207233	kg	8.500	0.008	0.008	0.008	0.008
	其他材料费	2999	元	—	0.240	0.240	0.320	0.390
机械	管子切断机 φ150 以内	3093	台班	43.570	—	—	0.003	0.008
	电焊条烘干箱	3152	台班	36.210	—	—	0.004	0.005
	电动弯管机 φ108 以内	3084	台班	104.430	0.006	0.006	0.006	0.006
	直流弧焊机 ≤ 20kV·A	3098	台班	115.410	0.005	0.005	0.047	0.052

工作内容：打堵洞眼、场内搬运、检查及清扫管材、切管、坡口、煨弯制作、对口焊接、
　　　　　三通口开制、管道安装、水压试验。　　　　　　　　　　　　　　计量单位：m

定 额 编 号					28003009	28003010	28003011	28003012
项 目 名 称					管外径（mm 以内）			
					108	133	159	219
预 算 基 价					58.12	63.97	72.98	101.79
其中	人工费（元）				45.78	50.74	57.59	69.40
	材料费（元）				2.50	3.55	4.37	7.60
	机械费（元）				9.84	9.68	11.02	24.79
	仪器仪表费（元）				—	—	—	—
名 称		代号	单位	单价（元）	数　　量			
人工	安装工	1002	工日	145.80	0.314	0.348	0.395	0.476
材料	无缝钢管	201085	m	—	（1.020）	（1.020）	（1.020）	（1.020）
	压制弯头	212292	个	—	（0.21）	（0.20）	（0.24）	（0.21）
	氧气	209121	m³	5.890	0.111	0.167	0.209	0.347
	乙炔气	209120	m³	15.000	0.045	0.068	0.085	0.142
	机油	209165	kg	7.800	0.002	0.003	0.004	0.005
	普通钢板 δ3.5～4.0	201030	kg	5.300	0.010	0.014	0.014	0.021
	电焊条 综合	207290	kg	6.000	0.106	0.143	0.187	0.392
	镀锌铁丝 8#～12#	207233	kg	8.500	0.008	0.008	0.008	0.008
	其他材料费	2999	元	—	0.400	0.520	0.570	0.860
机械	汽车起重机 8t	3011	台班	784.710	—	—	—	0.005
	载货汽车 6t	3031	台班	511.530	—	—	—	0.002
	试压泵 30MPa	3102	台班	32.850	—	—	—	0.002
	电动卷扬机 5t	3047	台班	71.470	—	—	—	0.021
	管子切断机 φ150 以内	3093	台班	43.570	0.006	0.007	—	—
	电动弯管机 φ108 以内	3084	台班	104.430	0.013	—	—	—
	电焊条烘干箱	3152	台班	36.210	0.007	0.007	0.008	0.014
	直流弧焊机 ≤ 20kV·A	3098	台班	115.410	0.069	0.079	0.093	0.154

工作内容：打堵洞眼、场内搬运、检查及清扫管材、切管、坡口、煨弯制作、对口焊
接、三通口开制、管道安装、水压试验。

计量单位：m

定 额 编 号				28003013	28003014	28003015	28003016
项 目 名 称				管外径（mm 以内）			
				273	325	377	426
预 算 基 价				132.96	157.09	192.54	220.24
其中	人工费（元）			88.50	105.27	123.20	140.11
	材料费（元）			9.51	11.14	15.60	17.66
	机械费（元）			34.95	40.68	53.74	62.47
	仪器仪表费（元）			—	—	—	—
名 称	代号	单位	单价（元）	数　量			
人工 安装工	1002	工日	145.80	0.607	0.722	0.845	0.961
材料 无缝钢管	201085	m	—	（1.020）	（1.020）	（1.020）	（1.020）
压制弯头	212292	个	—	（0.150）	（0.150）	（0.110）	（0.110）
氧气	209121	m³	5.890	0.413	0.480	0.657	0.745
乙炔气	209120	m³	15.000	0.168	0.196	0.267	0.304
机油	209165	kg	7.800	0.005	0.005	0.006	0.006
普通钢板 δ3.5 ~ 4.0	201030	kg	5.300	0.021	0.030	0.030	0.038
电焊条 综合	207290	kg	6.000	0.554	0.659	0.985	1.113
镀锌铁丝 8# ~ 12#	207233	kg	8.500	0.008	0.008	0.008	0.008
其他材料费	2999	元	—	1.020	1.150	1.540	1.720
机械 电焊条烘干箱	3152	台班	36.210	0.020	0.024	—	—
试压泵 30MPa	3102	台班	32.850	0.002	0.002	0.003	0.003
交流弧焊机 ≤ 32kV·A	3100	台班	140.710	—	—	0.312	0.374
直流弧焊机 ≤ 20kV·A	3098	台班	115.410	0.216	0.260	—	—
载货汽车 6t	3031	台班	511.530	0.002	0.003	0.003	0.003
汽车起重机 8t	3011	台班	784.710	0.008	0.008	0.008	0.008
电动卷扬机 5t	3047	台班	71.470	0.027	0.027	0.027	0.027

四、低压不锈钢管（电弧焊）

工作内容：场内搬运、检查及清扫管材、切管、坡口、对口、焊接、焊口酸洗、管道及
管件安装、一次水压试验。

计量单位：m

定 额 编 号				28004001	28004002	28004003	28004004
项 目 名 称				管外径（mm 以内）			
				18	25	32	38
预 算 基 价				34.04	38.51	39.37	47.87
其中	人工费（元）			32.51	36.60	36.89	44.76
	材料费（元）			0.77	0.97	1.34	1.69
	机械费（元）			0.76	0.94	1.14	1.42
	仪器仪表费（元）			—	—	—	—
名 称	代号	单位	单价（元）	数 量			
人工 安装工	1002	工日	145.80	0.223	0.251	0.253	0.307
材料 低压不锈钢管	201093	m	—	（1.015）	（1.015）	（1.015）	（1.015）
不锈钢压制弯头	212295	个	—	（0.340）	（0.340）	（0.340）	（0.340）
不锈钢焊条	207289	kg	55.460	0.010	0.013	0.019	0.024
其他材料费	2999	元		0.220	0.250	0.290	0.360
机械 其他机具费	3999	元		0.760	0.940	1.140	1.420

工作内容：场内搬运、检查及清扫管材、切管、坡口、对口、焊接、焊口酸洗、管道及
管件安装、一次水压试验。

计量单位：m

定 额 编 号				28004005	28004006	28004007	28004008
项 目 名 称				管外径（mm 以内）			
				45	57	76	89
预 算 基 价				49.68	57.13	76.46	82.42
其中	人工费（元）			44.76	51.47	68.09	71.00
	材料费（元）			2.45	2.72	4.22	4.93
	机械费（元）			2.47	2.94	4.15	6.49
	仪器仪表费（元）			—	—	—	—
名 称	代号	单位	单价（元）	数 量			
人工 安装工	1002	工日	145.80	0.307	0.353	0.467	0.487
材料 低压不锈钢管	201093	m	—	（1.015）	（1.015）	（1.015）	（1.015）
不锈钢压制弯头	212295	个	—	（0.340）	（0.320）	（0.320）	（0.320）
不锈钢焊条	207289	kg	55.460	0.036	0.040	0.063	0.074
其他材料费	2999	元		0.450	0.500	0.730	0.830
机械 其他机具费	3999	元		2.470	2.940	4.150	6.490

工作内容：场内搬运、检查及清扫管材、切管、坡口、对口、焊接、焊口酸洗、管道及
管件安装、一次水压试验。

计量单位：m

定　额　编　号				28004009	28004010	28004011	28004012
项　目　名　称				管外径（mm 以内）			
				108	133	159	219
预　算　基　价				96.71	117.53	139.31	195.20
其中	人工费（元）			80.19	95.21	108.91	152.65
	材料费（元）			7.28	7.27	12.58	17.37
	机械费（元）			9.24	15.05	17.82	25.18
	仪器仪表费（元）			—	—	—	—
名　称	代号	单位	单价（元）	数　量			
人工	安装工	1002	工日	145.80	0.550	0.653	0.747	1.047
材料	不锈钢管		m	—	（1.015）	（1.015）	（1.015）	（1.015）
	不锈钢压制弯头	212295	个	—	（0.269）	（0.217）	（0.217）	（0.217）
	不锈钢焊条	207289	kg	55.460	0.111	0.110	0.194	0.268
	其他材料费	2999	元	—	1.120	1.170	1.820	2.510
机械	载货汽车 8t	3032	台班	584.010	—	0.001	0.001	0.002
	吊装机械 综合	3060	台班	416.400	—	0.008	0.008	0.010
	汽车起重机 8t	3011	台班	784.710	—	0.001	0.001	0.002
	其他机具费	3999	元	—	9.240	10.350	13.120	18.280

五、低压不锈钢管（氩弧焊）

工作内容：管子切口，坡口加工，管口组对、焊接，管口封闭，垂直运输，管道安装，
焊缝钝化。

计量单位：m

定　额　编　号				28005001	28005002	28005003	28005004
项　目　名　称				公称直径（mm 以内）			
				15	20	25	32
预　算　基　价				11.94	13.62	15.55	17.40
其中	人工费（元）			10.64	11.96	13.71	15.31
	材料费（元）			0.19	0.31	0.35	0.46
	机械费（元）			1.11	1.35	1.49	1.63
	仪器仪表费（元）			—	—	—	—
名　称	代号	单位	单价（元）	数　量			
人工	安装工	1002	工日	145.80	0.073	0.082	0.094	0.105
材料	低压不锈钢管	201093	m	—	（0.984）	（0.984）	（0.984）	（0.984）
	铈钨棒	207739	g	6.000	0.006	0.009	0.012	0.014
	尼龙砂轮片 φ100×16×3	217141	片	3.540	0.003	0.004	0.005	0.007
	尼龙砂轮片 φ500×25×4	217144	片	28.780	0.001	0.001	0.001	0.001
	不锈钢焊条	207289	kg	55.460	0.001	0.002	0.002	0.003
	氩气	209124	m³	19.590	0.003	0.005	0.006	0.008
机械	氩弧焊机 500A	3103	台班	137.840	0.003	0.004	0.005	0.006
	其他机具费	3999	元	—	0.700	0.800	0.800	0.800

工作内容：管子切口，坡口加工，管口组对、焊接，管口封闭，垂直运输，管道安装，焊缝钝化。

计量单位：m

	定 额 编 号				28005005	28005006	28005007	28005008
	项 目 名 称				公称直径（mm 以内）			
					40	50	65	80
	预 算 基 价				21.31	24.59	31.92	33.28
其中	人工费（元）				18.23	21.00	27.41	29.01
	材料费（元）				0.66	0.80	1.15	0.46
	机械费（元）				2.42	2.79	3.36	3.81
	仪器仪表费（元）				—	—	—	—
	名 称	代号	单位	单价（元）			数 量	
人工	安装工	1002	工日	145.80	0.125	0.144	0.188	0.199
材料	低压不锈钢管	201093	m	—	（0.974）	（0.974）	（0.974）	（0.953）
	铈钨棒	207739	g	6.000	0.022	0.026	0.040	0.014
	尼龙砂轮片 φ100×16×3	217141	片	3.540	0.008	0.010	0.014	0.007
	尼龙砂轮片 φ500×25×4	217144	片	28.780	0.002	0.002	0.002	0.001
	不锈钢焊条	207289	kg	55.460	0.004	0.005	0.007	0.003
	氩气	209124	m³	19.590	0.011	0.014	0.021	0.008
机械	电动葫芦（单速）3t	3057	台班	46.810	—	—	0.003	0.003
	普通车床 φ630×2000	3079	台班	226.570	0.002	0.003	0.003	0.003
	氩弧焊机 500A	3103	台班	137.840	0.007	0.008	0.011	0.013
	其他机具费	3999	元	—	1.000	1.010	1.020	1.200

工作内容：管子切口，坡口加工，管口组对、焊接，管口封闭，垂直运输，管道安装，
焊缝钝化。

计量单位：m

定 额 编 号				28005009	28005010	28005011	28005012
项 目 名 称				公称直径（mm 以内）			
				100	125	150	200
预 算 基 价				42.52	49.06	59.14	83.42
其中	人工费（元）			35.14	36.30	42.87	61.24
	材料费（元）			2.42	2.69	4.39	6.78
	机械费（元）			4.96	10.07	11.88	15.40
	仪器仪表费（元）			—	—	—	—
名 称	代号	单位	单价（元）	数 量			
人工	安装工	1002	工日	145.80	0.241	0.249	0.294	0.420

	名 称	代号	单位	单价（元）	数 量			
人工	安装工	1002	工日	145.80	0.241	0.249	0.294	0.420
材料	低压不锈钢管	201093	m	—	（0.953）	（0.953）	（0.938）	（0.938）
	铈钨棒	207739	g	6.000	0.081	0.094	0.156	0.243
	尼龙砂轮片 φ100×16×3	217141	片	3.540	0.025	0.035	0.045	0.070
	尼龙砂轮片 φ500×25×4	217144	片	28.780	0.004	—	—	—
	不锈钢焊条	207289	kg	55.460	0.016	0.018	0.030	0.046
	氩气	209124	m³	19.590	0.043	0.051	0.083	0.129
机械	汽车起重机 8t	3011	台班	784.710	—	0.001	0.001	0.001
	等离子切割机 400A	3137	台班	252.700	—	0.001	0.001	0.002
	载货汽车 8t	3032	台班	584.010	—	0.001	0.001	0.001
	吊装机械 综合	3060	台班	416.400	—	0.007	0.007	0.010
	电动空气压缩机 ≤ 1m³/min	3109	台班	74.800	—	0.001	0.001	0.002
	砂轮切割机 φ500	3138	台班	48.810	0.001	—	—	—
	氩弧焊机 500A	3103	台班	137.840	0.019	0.023	0.032	0.046
	电动葫芦（单速）3t	3057	台班	46.810	0.004	0.004	0.006	0.006
	普通车床 φ630×2000	3079	台班	226.570	0.004	0.004	0.006	0.006
	其他机具费	3999	元	—	1.200	1.200	1.220	1.230

六、低压不锈钢管件（氩弧焊）

工作内容：管子切口，坡口加工，坡口磨平、管口组对、焊接，焊缝钝化。　　　　　　计量单位：个

定　额　编　号				28006001	28006002	28006003	28006004
项　目　名　称				公称直径（mm 以内）			
				15	20	25	32
预　算　基　价				34.13	40.61	47.81	59.83
其中	人工费（元）			26.24	30.62	34.55	43.89
	材料费（元）			2.34	3.38	4.57	5.60
	机械费（元）			5.55	6.61	8.69	10.34
	仪器仪表费（元）			—	—	—	—
名　　称	代号	单位	单价（元）	数　　　　量			
人工	安装工	1002	工日	145.80	0.180	0.210	0.237	0.301
材料	低压不锈钢管对焊管件	201094	个	—	（1.000）	（1.000）	（1.000）	（1.000）
	铈钨棒	207739	g	6.000	0.072	0.094	0.137	0.169
	尼龙砂轮片 $\phi100\times16\times3$	217141	片	3.540	0.032	0.042	0.051	0.063
	尼龙砂轮片 $\phi500\times25\times4$	217144	片	28.780	0.012	0.014	0.024	0.028
	不锈钢焊条	207289	kg	55.460	0.013	0.021	0.026	0.032
	氩气	209124	m³	19.590	0.037	0.056	0.073	0.091
机械	电动空气压缩机 ≤ 6m³/min	3104	台班	339.350	0.002	0.002	0.002	0.002
	砂轮切割机 $\phi500$	3138	台班	48.810	0.001	0.003	0.006	0.006
	氩弧焊机 500A	3103	台班	137.840	0.035	0.042	0.056	0.068

工作内容：管子切口，坡口加工，坡口磨平、管口组对、焊接，焊缝钝化。　　　　　　　计量单位：个

定 额 编 号				28006005	28006006	28006007	28006008
项 目 名 称				公称直径（mm 以内）			
				40	50	65	80
预 算 基 价				67.85	74.16	103.93	115.32
其中	人工费（元）			46.66	49.57	68.53	74.36
	材料费（元）			7.76	9.37	14.46	17.22
	机械费（元）			13.43	15.22	20.94	23.74
	仪器仪表费（元）			—	—	—	—
名 称		代号	单位	单价（元）	数　　量		
人工	安装工	1002	工日	145.80	0.320	0.340	0.470	0.510
材料	低压不锈钢管对焊管件	201094	个	—	（1.000）	（1.000）	（1.000）	（1.000）
	铈钨棒	207739	g	6.000	0.254	0.303	0.472	0.554
	尼龙砂轮片 φ100×16×3	217141	片	3.540	0.008	0.095	0.130	0.153
	尼龙砂轮片 φ500×25×4	217144	片	28.780	0.032	0.032	0.047	0.057
	不锈钢焊条	207289	kg	55.460	0.048	0.057	0.089	0.106
	氩气	209124	m³	19.590	0.134	0.160	0.249	0.298
机械	电动空气压缩机 ≤ 6m³/min	3104	台班	339.350	0.002	0.002	0.002	0.002
	电动葫芦（单速）3t	3057	台班	46.810	—	—	0.016	0.017
	普通车床 φ630×2000	3079	台班	226.570	0.013	0.013	0.016	0.017
	氩弧焊机 500A	3103	台班	137.840	0.069	0.082	0.111	0.129
	砂轮切割机 φ500	3138	台班	48.810	0.006	0.006	0.012	0.013

工作内容：管子切口，坡口加工，坡口磨平、管口组对、焊接，焊缝钝化。　　　　　　　　　计量单位：个

定　额　编　号				28006009	28006010	28006011	28006012
项　目　名　称				公称直径（mm 以内）			
				100	125	150	200
预　算　基　价				168.25	211.62	271.52	375.20
其中	人工费（元）			99.44	128.30	147.70	196.83
	材料费（元）			28.92	31.20	50.79	78.78
	机械费（元）			39.89	52.12	73.03	99.59
	仪器仪表费（元）			—	—	—	—
名　　称	代号	单位	单价（元）	数　　　　量			
人工	安装工	1002	工日	145.80	0.682	0.880	1.013	1.350
材料	低压不锈钢管对焊管件	201094	个	—	（1.000）	（1.000）	（1.000）	（1.000）
	铈钨棒	207739	g	6.000	0.948	1.108	1.837	2.853
	尼龙砂轮片 φ100×16×3	217141	片	3.540	0.205	0.240	0.305	0.463
	尼龙砂轮片 φ500×25×4	217144	片	28.780	0.084	—	—	—
	不锈钢焊条	207289	kg	55.460	0.182	0.215	0.351	0.544
	氩气	209124	m³	19.590	0.510	0.601	0.981	1.524
机械	电动空气压缩机 ≤ 1m³/min	3109	台班	74.800	—	0.023	0.028	0.038
	等离子切割机 400A	3137	台班	252.700	—	0.023	0.028	0.038
	载货汽车 8t	3032	台班	584.010	—	—	—	0.001
	汽车起重机 8t	3011	台班	784.710	—	—	—	0.001
	电动空气压缩机 ≤ 6m³/min	3104	台班	339.350	0.002	0.002	0.002	0.002
	砂轮切割机 φ500	3138	台班	48.810	0.025	—	—	—
	氩弧焊机 500A	3103	台班	137.840	0.226	0.265	0.381	0.540
	电动葫芦（单速）3t	3057	台班	46.810	0.025	0.027	0.039	0.039
	普通车床 φ630×2000	3079	台班	226.570	0.025	0.027	0.039	0.039

七、低压螺旋卷管（电弧焊）

工作内容：场内搬运、管材检查及清扫、切管、坡口、坡口磨平、管口组对、焊接、安装、一次水压试验。

计量单位：m

定 额 编 号					28007001	28007002	28007003
项 目 名 称					公称直径（mm 以内）		
					200	250	300
预 算 基 价					37.85	46.09	51.84
其中	人工费（元）				28.72	34.85	39.51
	材料费（元）				1.84	2.21	2.50
	机械费（元）				7.29	9.03	9.83
	仪器仪表费（元）				—	—	—
	名 称	代号	单位	单价（元）	数 量		
人工	安装工	1002	工日	145.80	0.197	0.239	0.271
材料	螺旋卷管	201095	m	—	（1.020）	（1.020）	（1.020）
	乙炔气	209120	m³	15.000	0.034	0.040	0.044
	氧气	209121	m³	5.890	0.094	0.107	0.118
	电焊条 综合	207290	kg	6.000	0.088	0.112	0.133
	其他材料费	2999	元	—	0.250	0.310	0.350
机械	吊装机械 综合	3060	台班	416.400	0.010	0.010	0.011
	载货汽车 8t	3032	台班	584.010	0.001	0.002	0.002
	汽车起重机 8t	3011	台班	784.710	0.001	0.002	0.002
	其他机具费	3999	元	—	1.760	2.130	2.510

工作内容：场内搬运、管材检查及清扫、切管、坡口、坡口磨平、管口组对、焊接、安装、一次水压试验。

计量单位：m

定 额 编 号					28007004	28007005	28007006
项 目 名 称					公称直径（mm 以内）		
					350	400	450
预 算 基 价					63.95	70.83	85.23
其中	人工费（元）				47.68	53.36	65.03
	材料费（元）				3.73	4.14	4.58
	机械费（元）				12.54	13.33	15.62
	仪器仪表费（元）				—	—	—
	名 称	代号	单位	单价（元）	数 量		
人工	安装工	1002	工日	145.80	0.327	0.366	0.446
材料	螺旋卷管	201095	m	—	（1.020）	（1.020）	（1.020）
	乙炔气	209120	m³	15.000	0.059	0.064	0.069
	氧气	209121	m³	5.890	0.161	0.175	0.189
	电焊条 综合	207290	kg	6.000	0.240	0.272	0.305
	其他材料费	2999	元	—	0.460	0.520	0.600
机械	吊装机械 综合	3060	台班	416.400	0.012	0.013	0.014
	载货汽车 8t	3032	台班	584.010	0.003	0.003	0.004
	汽车起重机 8t	3011	台班	784.710	0.003	0.003	0.004
	其他机具费	3999	元	—	3.440	3.810	4.320

八、螺旋钢管管件（电弧焊）

工作内容：场内搬运、管材检查及清扫、切口、坡口磨平、管口组对、焊接。　　　　　计量单位：个

定 额 编 号				28008001	28008002	28008003
项 目 名 称				公称直径（mm 以内）		
				200	250	300
预 算 基 价				127.08	172.53	190.09
其中	人工费（元）			89.38	110.66	137.34
	材料费（元）			18.13	37.89	24.25
	机械费（元）			19.57	23.98	28.50
	仪器仪表费（元）			—	—	—
名 称	代号	单位	单价（元）	数 量		
人工	安装工	1002	工日	145.80	0.613	0.759	0.942
材料	螺旋钢管管件	201100	个	—	（1.000）	（1.000）	（1.000）
	乙炔气	209120	m³	15.000	0.317	2.000	0.384
	氧气	209121	m³	5.890	0.864	0.354	1.048
	电焊条 综合	207290	kg	6.000	1.102	0.967	1.667
	其他材料费	2999	元	—	1.670	—	2.320
机械	载货汽车 8t	3032	台班	584.010	0.001	0.001	0.001
	汽车起重机 8t	3011	台班	784.710	0.001	0.001	0.001
	其他机具费	3999	元	—	18.200	22.610	27.130

工作内容：场内搬运、管材检查及清扫、切口、坡口磨平、管口组对、焊接。　　　　　计量单位：个

定 额 编 号				28008004	28008005	28008006
项 目 名 称				公称直径（mm 以内）		
				350	400	450
预 算 基 价				251.70	284.60	323.70
其中	人工费（元）			175.11	197.70	225.84
	材料费（元）			37.29	41.42	45.69
	机械费（元）			39.30	45.48	52.17
	仪器仪表费（元）			—	—	—
名 称	代号	单位	单价（元）	数 量		
人工	安装工	1002	工日	145.80	1.201	1.356	1.549
材料	螺旋钢管管件	201100	个	—	（1.020）	（1.020）	（1.020）
	乙炔气	209120	m³	15.000	0.510	0.554	0.597
	氧气	209121	m³	5.890	1.391	1.511	1.628
	电焊条 综合	207290	kg	6.000	3.003	3.397	3.815
	其他材料费	2999	元	—	3.430	3.830	4.260
机械	载货汽车 8t	3032	台班	584.010	0.002	0.003	0.004
	汽车起重机 8t	3011	台班	784.710	0.002	0.003	0.004
	其他机具费	3999	元	—	36.560	41.370	46.700

九、低压铜管（氧、乙炔焊）

工作内容：场内搬运、管材检查及清扫、切口、坡口加工、坡口磨平、管口组对、焊前
预热、焊接、安装、一次水压试验。

计量单位：m

定 额 编 号				28009001	28009002	28009003
项 目 名 称				管外径（mm 以内）		
				20	30	40
预 算 基 价				14.04	16.64	18.87
其中	人工费（元）			13.71	16.18	18.23
	材料费（元）			0.21	0.32	0.48
	机械费（元）			0.12	0.14	0.16
	仪器仪表费（元）			—	—	—
名 称	代号	单位	单价（元）	数 量		
人工 安装工	1002	工日	145.80	0.094	0.111	0.125
材料 铜管	201102	m	—	（1.020）	（1.020）	（1.020）
乙炔气	209120	m³	15.000	0.003	0.004	0.008
硼砂	209171	kg	4.300	—	0.001	0.001
铜焊丝	207300	kg	42.500	0.001	0.002	0.003
氧气	209121	m³	5.890	0.008	0.012	0.017
其他材料费	2999	元	—	0.080	0.100	0.130
机械 其他机具费	3999	元	—	0.120	0.140	0.160

工作内容：场内搬运、管材检查及清扫、切口、坡口加工、坡口磨平、管口组对、焊前
预热、焊接、安装、一次水压试验。

计量单位：m

定 额 编 号				28009004	28009005	28009006
项 目 名 称				管外径（mm 以内）		
				50	65	75
预 算 基 价				22.06	24.78	26.25
其中	人工费（元）			21.29	23.62	24.79
	材料费（元）			0.58	0.94	1.23
	机械费（元）			0.19	0.22	0.23
	仪器仪表费（元）			—	—	—
名 称	代号	单位	单价（元）	数 量		
人工 安装工	1002	工日	145.80	0.146	0.162	0.170
材料 铜管	201102	m	—	（1.020）	（1.020）	（1.020）
乙炔气	209120	m³	15.000	0.009	0.013	0.019
硼砂	209171	kg	4.300	0.001	0.002	0.003
铜焊丝	207300	kg	42.500	0.004	0.008	0.010
氧气	209121	m³	5.890	0.020	0.032	0.044
其他材料费	2999	元	—	0.150	0.210	0.250
机械 其他机具费	3999	元	—	0.190	0.220	0.230

工作内容：场内搬运、管材检查及清扫、切口、坡口加工、坡口磨平、管口组对、焊前
预热、焊接、安装、一次水压试验。

计量单位：m

定 额 编 号				28009007	28009008	28009009
项 目 名 称				管外径（mm 以内）		
				85	100	120
预 算 基 价				27.83	33.12	40.61
其中	人工费（元）			25.81	27.99	29.89
	材料费（元）			1.45	1.99	2.34
	机械费（元）			0.57	3.14	8.38
	仪器仪表费（元）			—	—	—
名 称	代号	单位	单价（元）	数 量		
人工	安装工	1002	工日	145.80	0.177	0.192	0.205
材料	铜管	201102	m	—	（1.020）	（1.020）	（1.020）
	乙炔气	209120	m³	15.000	0.024	0.031	0.037
	硼砂	209171	kg	4.300	0.003	0.003	0.004
	铜焊丝	207300	kg	42.500	0.011	0.018	0.021
	氧气	209121	m³	5.890	0.056	0.068	0.081
	其他材料费	29990	元		0.280	0.350	0.400
机械	吊装机械 综合	3060	台班	416.400	—	—	0.008
	载货汽车 8t	3032	台班	584.010	—	—	0.001
	汽车起重机 8t	3011	台班	784.710	—	—	0.001
	电动空气压缩机 ≤ 1m³/min	3109	台班	74.800	0.002	0.017	0.020
	其他机具费	3999	元	—	0.420	1.870	2.180

工作内容：场内搬运、管材检查及清扫、切口、坡口加工、坡口磨平、管口组对、焊前
预热、焊接、安装、一次水压试验。

计量单位：m

定 额 编 号				28009010	28009011	28009012
项 目 名 称				管外径（mm 以内）		
				150	185	200
预 算 基 价				45.55	55.04	58.71
其中	人工费（元）			33.39	40.24	43.16
	材料费（元）			2.90	3.63	3.89
	机械费（元）			9.26	11.17	11.66
	仪器仪表费（元）			—	—	—
名 称	代号	单位	单价（元）	数 量		
人工	安装工	1002	工日	145.80	0.229	0.276	0.296
材料	铜管	201102	m	—	（1.020）	（1.020）	（1.020）
	乙炔气	209120	m³	15.000	0.046	0.057	0.062
	硼砂	209171	kg	4.300	0.005	0.006	0.007
	铜焊丝	207300	kg	42.500	0.026	0.033	0.035
	氧气	209121	m³	5.890	0.102	0.126	0.136
	其他材料费	2999	元	—	0.480	0.600	0.640
机械	载货汽车 8t	3032	台班	584.010	0.001	0.001	0.001
	电动空气压缩机 ≤ 1m³/min	3109	台班	74.800	0.025	0.031	0.033
	汽车起重机 8t	3011	台班	784.710	0.001	0.001	0.001
	吊装机械 综合	3060	台班	416.400	0.008	0.010	0.010
	其他机具费	3999	元	—	2.690	3.320	3.660

十、铜管件（氧、乙炔焊）

工作内容：场内搬运、管材检查及清扫、切口、坡口加工、坡口磨平、管口组对、焊前
预热、焊接。

计量单位：个

定 额 编 号					28010001	28010002	28010003
项 目 名 称					管外径（mm 以内）		
					20	30	40
预 算 基 价					29.94	44.66	56.60
其中	人工费（元）				27.56	41.12	51.47
	材料费（元）				2.12	3.13	4.60
	机械费（元）				0.26	0.41	0.53
	仪器仪表费（元）				—	—	—
	名 称	代号	单位	单价（元）	数 量		
人工	安装工	1002	工日	145.80	0.189	0.282	0.353
材料	铜管件	201105	个	—	（1.010）	（1.010）	（1.010）
	乙炔气	209120	m³	15.000	0.041	0.059	0.088
	硼砂	209171	kg	4.300	0.004	0.008	0.011
	铜焊丝	207300	kg	42.500	0.016	0.024	0.035
	氧气	209121	m³	5.890	0.095	0.140	0.208
	其他材料费	2999	元		0.250	0.370	0.520
机械	其他机具费	3999	元		0.260	0.410	0.530

工作内容：场内搬运、管材检查及清扫、切口、坡口加工、坡口磨平、管口组对、焊前
预热、焊接。

计量单位：个

定 额 编 号					28010004	28010005	28010006
项 目 名 称					管外径（mm 以内）		
					50	65	75
预 算 基 价					62.94	78.30	84.06
其中	人工费（元）				56.72	68.67	72.75
	材料费（元）				5.63	8.92	10.55
	机械费（元）				0.59	0.71	0.76
	仪器仪表费（元）				—	—	—
	名 称	代号	单位	单价（元）	数 量		
人工	安装工	1002	工日	145.80	0.389	0.471	0.499
材料	铜管件	201105	个	—	（1.010）	（1.010）	（1.010）
	乙炔气	209120	m³	15.000	0.110	0.135	0.163
	硼砂	209171	kg	4.300	0.013	0.028	0.034
	铜焊丝	207300	kg	42.500	0.042	0.095	0.111
	氧气	209121	m³	5.890	0.261	0.319	0.385
	其他材料费	2999	元		0.600	0.860	0.970
机械	其他机具费	3999	元		0.590	0.710	0.760

工作内容：场内搬运、管材检查及清扫、切口、坡口加工、坡口磨平、管口组对、
　　　　　焊前预热、焊接。

计量单位：个

定 额 编 号				28010007	28010008	28010009
项 目 名 称				管外径（mm 以内）		
				85	100	120
预 算 基 价				104.54	141.95	175.02
其中	人工费（元）			85.88	99.73	121.16
	材料费（元）			12.27	18.16	24.83
	机械费（元）			6.39	24.06	29.03
	仪器仪表费（元）			—	—	—
名 称	代号	单位	单价（元）	数 量		
人工	安装工	1002	工日	145.80	0.589	0.684	0.831
材料	铜管件	201105	个	—	（1.010）	（1.010）	（1.010）
	乙炔气	209120	m³	15.000	0.188	0.227	0.289
	硼砂	209171	kg	4.300	0.039	0.045	0.054
	铜焊丝	207300	kg	42.500	0.130	0.232	0.334
	氧气	209121	m³	5.890	0.444	0.535	0.683
	其他材料费	2999	元	—	1.140	1.550	2.040
机械	电动空气压缩机 ≤ 1m³/min	3109	台班	74.800	0.033	0.136	0.164
	其他机具费	3999	元	—	3.920	13.890	16.760

工作内容：场内搬运、管材检查及清扫、切口、坡口加工、坡口磨平、管口组对、
　　　　　焊前预热、焊接。

计量单位：个

定 额 编 号				28010010	28010011	28010012
项 目 名 称				管外径（mm 以内）		
				150	185	200
预 算 基 价				201.86	247.01	269.88
其中	人工费（元）			135.59	163.30	176.27
	材料费（元）			30.30	37.94	44.04
	机械费（元）			35.97	45.77	49.57
	仪器仪表费（元）			—	—	—
名 称	代号	单位	单价（元）	数 量		
人工	安装工	1002	工日	145.80	0.930	1.120	1.209
材料	铜管件	201105	个	—	（1.010）	（1.010）	（1.010）
	乙炔气	209120	m³	15.000	0.341	0.440	0.572
	硼砂	209171	kg	4.300	0.067	0.083	0.090
	铜焊丝	207300	kg	42.500	0.417	0.514	0.556
	氧气	209121	m³	5.890	0.805	1.039	1.352
	其他材料费	2999	元	—	2.430	3.020	3.480
机械	汽车起重机 8t	3011	台班	784.710	—	0.001	0.001
	载货汽车 8t	3032	台班	584.010	—	0.001	0.001
	电动空气压缩机 ≤ 1m³/min	3109	台班	74.800	0.204	0.252	0.273
	其他机具费	3999	元	—	20.710	25.550	27.780

第二节　室内中压管道安装

一、无缝钢管（电弧焊）

工作内容：场内搬运、管材检查及清扫、切管、坡口、调直、对口、焊接、三通口
开制、管道及管件安装、一次水压试验。

计量单位：m

定 额 编 号				28011001	28011002	28011003	28011004	28011005
项 目 名 称				管外径（mm 以内）				
				25	32	38	45	57
预 算 基 价				33.28	35.57	38.21	38.85	42.05
其中	人工费（元）			30.91	32.66	34.55	34.70	37.76
	材料费（元）			0.41	0.49	0.67	0.75	0.88
	机械费（元）			1.96	2.42	2.99	3.40	3.41
	仪器仪表费（元）			—	—	—	—	—
名　称	代号	单位	单价（元）	数　　量				
人工 安装工	1002	工日	145.80	0.212	0.224	0.237	0.238	0.259
材料 无缝钢管	201085	m	—	（1.020）	（1.020）	（1.020）	（1.020）	（1.020）
压制弯头	212292	个	—	（0.330）	（0.330）	（0.330）	（0.330）	（0.230）
乙炔气	209120	m³	15.000	—	—	0.002	0.002	0.002
氧气	209121	m³	5.890	—	—	0.007	0.007	0.007
普通钢板 δ3.5～4.0	201030	kg	5.300	0.009	0.009	0.009	0.009	0.009
电焊条 综合	207290	kg	6.000	0.046	0.056	0.070	0.080	0.101
其他材料费	2999	元	—	0.090	0.110	0.130	0.150	0.160
机械 其他机具费	3999	元	—	1.960	2.420	2.990	3.400	3.410

工作内容：场内搬运、管材检查及清扫、切管、坡口、调直、对口、焊接、三通口
　　　　开制、管道及管件安装、一次水压试验。

计量单位：m

定 额 编 号					28011006	28011007	28011008	28011009	28011010
项 目 名 称					管外径（mm 以内）				
					76	89	108	133	159
预 算 基 价					49.78	56.42	74.52	84.24	99.49
其中	人工费（元）				42.43	48.11	59.49	65.90	74.94
	材料费（元）				2.76	3.30	4.88	5.48	8.22
	机械费（元）				4.59	5.01	10.15	12.86	16.33
	仪器仪表费（元）				—	—	—	—	—
名 称	代号	单位	单价（元）		数 量				
人工	安装工	1002	工日	145.80	0.291	0.330	0.408	0.452	0.514
材料	无缝钢管	201085	m	—	（1.020）	（1.020）	（1.020）	（1.020）	（1.020）
	压制弯头	212292	个	—	（0.200）	（0.200）	（0.200）	（0.200）	（0.200）
	异径管件	212297	个	—	—	—	（0.046）	（0.045）	（0.045）
	乙炔气	209120	m³	15.000	0.045	0.057	0.079	0.088	0.124
	氧气	209121	m³	5.890	0.122	0.157	0.217	0.239	0.340
	普通钢板 δ3.5 ~ 4.0	201030	kg	5.300	0.010	0.010	0.010	0.014	0.014
	电焊条 综合	207290	kg	6.000	0.169	0.185	0.314	0.354	0.586
	其他材料费	2999	元	—	0.300	0.360	0.480	0.550	0.770
机械	汽车起重机 8t	3011	台班	784.710	—	—	—	0.001	0.001
	载货汽车 8t	3032	台班	584.010	—	—	—	0.001	0.001
	吊装机械 综合	3060	台班	416.400	—	—	0.008	0.009	0.009
	其他机具费	3999	元	—	4.590	5.010	6.820	7.740	11.210

工作内容：场内搬运、管材检查及清扫、切管、坡口、调直、对口、焊接、三通口
开制、管道及管件安装、一次水压试验。

计量单位：m

定额编号				28011011	28011012	28011013	28011014	28011015
项目名称				管外径（mm 以内）				
				219	273	325	377	426
预算基价				127.01	157.19	189.95	218.01	255.50
其中	人工费（元）			90.25	115.04	136.91	160.23	182.10
	材料费（元）			12.57	14.73	19.55	21.40	28.04
	机械费（元）			24.19	27.42	33.49	36.38	45.36
	仪器仪表费（元）			—	—	—	—	—
名称	代号	单位	单价（元）	数量				
人工	安装工	1002	工日	145.80	0.619	0.789	0.939	1.099	1.249
材料	无缝钢管	201085	m	—	（1.020）	（1.020）	（1.020）	（1.020）	（1.020）
	压制弯头	212292	个	—	（0.210）	（0.150）	（0.150）	（0.110）	（0.110）
	异径管件	212297	个	—	（0.050）	（0.040）	（0.040）	（0.030）	（0.030）
	氧气	209121	m³	5.890	0.466	0.499	0.606	0.578	0.696
	乙炔气	209120	m³	15.000	0.171	0.183	0.222	0.212	0.255
	电焊条 综合	207290	kg	6.000	0.996	1.261	1.794	2.123	2.907
	普通钢板 δ3.5~4.0	201030	kg	5.300	0.021	0.021	0.030	0.030	0.038
	其他材料费	2999	元	—	1.170	1.370	1.730	1.920	2.470
机械	吊装机械 综合	3060	台班	416.400	0.012	0.016	0.016	0.018	0.020
	载货汽车 8t	3032	台班	584.010	0.003	0.004	0.006	0.007	0.009
	汽车起重机 8t	3011	台班	784.710	0.003	0.004	0.006	0.007	0.009
	其他机具费	3999	元	—	15.090	15.280	18.620	19.300	24.710

二、气体无缝钢管（螺纹连接）

工作内容：预留管洞、场内搬运、管材检查及清扫、切管、调直、车丝、管口连接、
管道安装、一次气压试验。

计量单位：m

定额编号				28012001	28012002	28012003
项目名称				管外径（mm 以内）		
				20	25	32
预算基价				12.43	12.81	13.28
其中	人工费（元）			10.64	10.94	11.23
	材料费（元）			0.67	0.67	0.78
	机械费（元）			1.12	1.20	1.27
	仪器仪表费（元）			—	—	—
名称	代号	单位	单价（元）	数量		
人工	安装工	1002	工日	145.80	0.073	0.075	0.077
材料	无缝钢管	201085	m	—	（1.020）	（1.020）	（1.020）
	汽油 93#	209173	kg	9.900	0.003	0.003	0.004
	厌氧胶 325#	209153	200g	47.000	0.010	0.010	0.012
	酒精	209048	kg	35.000	0.002	0.002	0.002
	其他材料费	2999	元	—	0.100	0.100	0.110
机械	电动空气压缩机 ≤ 6m³/min	3104	台班	339.350	0.001	0.001	0.001
	其他机具费	3999	元	—	0.780	0.860	0.930

工作内容：预留管洞、场内搬运、管材检查及清扫、切管、调直、车丝、管口连接、
管道安装、一次气压试验。

计量单位：m

定　额　编　号				28012004	28012005	28012006	28012007
项　目　名　称				管外径（mm 以内）			
				38	45	57	76
预　算　基　价				15.02	15.85	16.35	20.40
其中	人工费（元）			12.54	13.12	13.56	17.20
	材料费（元）			0.79	0.96	1.02	1.26
	机械费（元）			1.69	1.77	1.77	1.94
	仪器仪表费（元）			—	—	—	—
名　　称	代号	单位	单价（元）	数　　　量			
人工	安装工	1002	工日	145.80	0.086	0.090	0.093	0.118
材料	无缝钢管	201085	m	—	（1.020）	（1.020）	（1.020）	（1.020）
	汽油 93#	209173	kg	9.900	0.004	0.006	0.008	0.009
	厌氧胶 325#	209153	200g	47.000	0.012	0.015	0.015	0.019
	酒精	209048	kg	35.000	0.002	0.002	0.003	0.003
	其他材料费	2999	元	—	0.120	0.130	0.130	0.170
机械	电动空气压缩机 ≤6m³/min	3104	台班	339.350	0.001	0.001	0.001	0.001
	其他机具费	3999	元	—	1.350	1.430	1.430	1.600

工作内容：预留管洞、场内搬运、管材检查及清扫、切管、调直、车丝、管口连接、
管道安装、一次气压试验。

计量单位：m

定　额　编　号				28012008	28012009	28012010	28012011
项　目　名　称				管外径（mm 以内）			
				89	108	133	159
预　算　基　价				22.75	25.34	30.62	36.66
其中	人工费（元）			19.25	21.43	26.24	31.64
	材料费（元）			1.54	1.86	2.29	2.80
	机械费（元）			1.96	2.05	2.09	2.22
	仪器仪表费（元）			—	—	—	—
名　　称	代号	单位	单价（元）	数　　　量			
人工	安装工	1002	工日	145.80	0.132	0.147	0.180	0.217
材料	无缝钢管	201085	m	—	（1.020）	（1.020）	（1.020）	（1.020）
	汽油 93#	209173	kg	9.900	0.011	0.013	0.017	0.022
	厌氧胶 325#	209153	200g	47.000	0.024	0.029	0.036	0.044
	酒精	209048	kg	35.000	0.003	0.004	0.004	0.005
	其他材料费	2999	元	—	0.200	0.230	0.290	0.340
机械	电动空气压缩机 ≤6m³/min	3104	台班	339.350	0.001	0.001	0.001	0.001
	其他机具费	3999	元	—	1.620	1.710	1.750	1.880

三、中压气体无缝钢管管件（螺纹连接）

工作内容：场内搬运、检查及清扫管件、切管、调直、车丝、清洗、管件连接。　　　　计量单位：m

定 额 编 号				28013001	28013002	28013003
项 目 名 称				管外径（mm 以内）		
				20	25	32
预 算 基 价				23.76	24.47	27.60
其中	人工费（元）			15.60	16.04	17.93
	材料费（元）			3.72	3.72	4.39
	机械费（元）			4.44	4.71	5.28
	仪器仪表费（元）			—	—	—
	名　称	代号	单位	单价（元）	数　量	
人工	安装工	1002	工日	145.80	0.107	0.110	0.123
材料	管件	201106	个	—	（1.010）	（1.010）	（1.010）
	汽油 93#	209173	kg	9.900	0.020	0.020	0.025
	厌氧胶 325#	209153	200g	47.000	0.060	0.060	0.072
	酒精	209048	kg	35.000	0.010	0.010	0.010
	其他材料费	2999	元		0.350	0.350	0.410
机械	其他机具费	3999	元	—	4.440	4.710	5.280

工作内容：场内搬运、检查及清扫管件、切管、调直、车丝、清洗、管件连接。　　　　计量单位：m

定 额 编 号				28013004	28013005	28013006	28013007
项 目 名 称				管外径（mm 以内）			
				38	45	57	76
预 算 基 价				33.95	39.46	39.67	45.81
其中	人工费（元）			21.87	25.81	25.81	29.89
	材料费（元）			4.51	5.50	5.71	7.16
	机械费（元）			7.57	8.15	8.15	8.76
	仪器仪表费（元）			—	—	—	—
	名　称	代号	单位	单价（元）	数　量		
人工	安装工	1002	工日	145.80	0.150	0.177	0.177	0.205
材料	管件	201106	个	—	（1.010）	（1.010）	（1.010）	（1.010）
	汽油 93#	209173	kg	9.900	0.028	0.037	0.047	0.052
	厌氧胶 325#	209153	200g	47.000	0.072	0.089	0.089	0.116
	酒精	209048	kg	35.000	0.012	0.012	0.015	0.015
	其他材料费	2999	元		0.430	0.530	0.540	0.670
机械	其他机具费	3999	元	—	7.570	8.150	8.150	8.760

工作内容：场内搬运、检查及清扫管件、切管、调直、车丝、清洗、管件连接。　　　　计量单位：m

定 额 编 号				28013008	28013009	28013010	28013011
项 目 名 称				管外径（mm 以内）			
				89	108	133	159
预 算 基 价				51.45	58.82	67.74	77.92
其中	人工费（元）			33.83	38.78	45.64	53.07
	材料费（元）			8.83	10.64	12.64	14.55
	机械费（元）			8.79	9.40	9.46	10.30
	仪器仪表费（元）			—	—	—	—
名 称	代号	单位	单价（元）	数　　量			
人工	安装工	1002	工日	145.80	0.232	0.266	0.313	0.364
材料	管件	201106	个	—	（1.010）	（1.010）	（1.010）	（1.010）
	汽油 93#	209173	kg	9.900	0.065	0.075	0.087	0.104
	厌氧胶 325#	209153	200g	47.000	0.142	0.175	0.206	0.239
	酒精	209048	kg	35.000	0.020	0.020	0.027	0.027
	其他材料费	2999	元	—	0.810	0.970	1.150	1.340
机械	其他机具费	3999	元	—	8.790	9.400	9.460	10.300

四、中压不锈钢管（氩弧焊）

工作内容：场内搬运、管材检查及清扫、切管、坡口、对口、焊接、焊缝钝化、管道
　　　　　及管件安装。　　　　　　　　　　　　　　　　　　　　　　计量单位：m

定 额 编 号				28014001	28014002	28014003	28014004
项 目 名 称				管外径（mm 以内）			
				18	25	32	38
预 算 基 价				60.33	69.30	71.68	83.67
其中	人工费（元）			53.95	61.82	62.40	72.75
	材料费（元）			1.16	1.34	1.86	2.20
	机械费（元）			5.22	6.14	7.42	8.72
	仪器仪表费（元）			—	—	—	—
名 称	代号	单位	单价（元）	数　　量			
人工	安装工	1002	工日	145.80	0.370	0.424	0.428	0.499
材料	不锈钢无缝钢管	201085	m	—	（1.015）	（1.015）	（1.015）	（1.015）
	不锈钢压制弯头	212295	个	—	（0.340）	（0.340）	（0.340）	（0.340）
	氩气	209124	m³	—	（0.017）	（0.017）	（0.025）	（0.029）
	钍钨极棒	207719	g	0.660	0.080	0.100	0.150	0.180
	不锈钢焊条	207289	kg	55.460	0.008	0.010	0.015	0.018
	其他材料费	2999	元	—	0.330	0.390	0.440	0.510
机械	电动空气压缩机 ≤ 6m³/min	3104	台班	339.350	0.001	0.001	0.001	0.001
	其他机具费	3999	元	—	4.880	5.800	7.080	8.380

工作内容：场内搬运、管材检查及清扫、切管、坡口、对口、焊接、焊缝钝化、管道
及管件安装。

计量单位：m

定 额 编 号				28014005	28014006	28014007	28014008
项 目 名 称				管外径（mm 以内）			
				45	57	76	89
预 算 基 价				86.67	100.78	135.33	143.58
其中	人工费（元）			72.75	81.79	104.68	108.77
	材料费（元）			3.02	4.25	7.81	9.09
	机械费（元）			10.90	14.74	22.84	25.72
	仪器仪表费（元）			—	—	—	—
名　称	代号	单位	单价（元）	数　　量			
人工	安装工	1002	工日	145.80	0.499	0.561	0.718	0.746
材料	不锈钢无缝钢管	201085	m	—	(1.015)	(1.015)	(1.015)	(1.015)
	不锈钢压制弯头	212295	个	—	(0.340)	(0.340)	(0.320)	(0.320)
	氩气	209124	m³	—	(0.035)	(0.042)	(0.083)	(0.090)
	钍钨极棒	207719	g	0.660	0.280	0.430	0.800	0.960
	不锈钢焊条	207289	kg	55.460	0.028	0.043	0.080	0.096
	其他材料费	2999	元		0.600	0.760	1.220	1.370
机械	电动空气压缩机 ≤ 6m³/min	3104	台班	339.350	0.001	0.001	0.001	0.001
	其他机具费	3999	元		10.560	14.400	22.500	25.380

工作内容：场内搬运、管材检查及清扫、切管、坡口、对口、焊接、焊缝钝化、管道
及管件安装。

计量单位：m

定 额 编 号				28014009	28014010	28014011	28014012
项 目 名 称				管外径（mm 以内）			
				108	133	159	219
预 算 基 价				166.89	193.88	229.96	339.70
其中	人工费（元）			120.14	139.82	160.23	219.57
	材料费（元）			13.23	13.78	18.21	34.37
	机械费（元）			33.52	40.28	51.52	85.76
	仪器仪表费（元）			—	—	—	—
名　称	代号	单位	单价（元）	数　　量			
人工	安装工	1002	工日	145.80	0.824	0.959	1.099	1.506
材料	不锈钢无缝钢管	201085	m	—	(1.015)	(1.015)	(1.015)	(1.015)
	不锈钢压制弯头	212295	个	—	(0.269)	(0.217)	(0.217)	(0.217)
	氩气	209124	m³	—	(0.138)	(0.150)	(0.164)	(0.338)
	钍钨极棒	207719	g	0.660	1.400	1.430	2.010	3.760
	不锈钢焊条	207289	kg	55.460	0.140	0.143	0.201	0.376
	其他材料费	2999	元		1.840	1.970	2.520	4.410
机械	载货汽车 8t	3032	台班	584.010	—	0.001	0.002	0.003
	吊装机械 综合	3060	台班	416.400	—	0.009	0.009	0.012
	电动空气压缩机 ≤ 1m³/min	3109	台班	74.800	—	0.007	0.008	0.012
	电动空气压缩机 ≤ 6m³/min	3104	台班	339.350	0.001	0.001	0.001	0.001
	汽车起重机 8t	3011	台班	784.710	—	0.001	0.002	0.003
	其他机具费	3999	元		—	33.180	34.300	44.100	75.420

第三节 室外低压金属管道安装

一、室外低压镀锌钢管（螺纹连接）

工作内容：场内搬运、检查及清扫管材、切管、套丝、上管件、调直、一次水压试验。

计量单位：m

定 额 编 号					28015001	28015002	28015003
项 目 名 称					公称直径（mm 以内）		
					15	20	25
预 算 基 价					11.14	11.55	12.13
其中	人工费（元）				9.48	9.48	9.48
	材料费（元）				1.62	2.03	2.59
	机械费（元）				0.04	0.04	0.06
	仪器仪表费（元）				—	—	—
	名　称	代号	单位	单价（元）	数　量		
人工	安装工	1002	工日	145.80	0.065	0.065	0.065
材料	镀锌钢管	201081	m	—	（1.015）	（1.015）	（1.015）
	铅油	209063	kg	20.000	0.002	0.002	0.002
	镀锌钢管接头零件（室外）15	212329	个	1.050	0.190	—	—
	镀锌钢管接头零件（室外）20	212330	个	1.530	—	0.192	—
	镀锌钢管接头零件（室外）25	212331	个	2.240	—	—	0.192
	聚四氟乙烯生料带	210065	卷	5.010	0.247	0.307	0.384
	机油	209165	kg	7.800	0.002	0.003	0.003
	镀锌铁丝 8# ~ 12#	207233	kg	8.500	0.005	0.005	0.006
	其他材料费	2999	元	—	0.080	0.090	0.120
机械	管子切断套丝机 φ159	3146	台班	19.400	0.002	0.002	0.003

工作内容：场内搬运、检查及清扫管材、切管、套丝、上管件、调直、一次水压试验。　　　计量单位：m

定 额 编 号				28015004	28015005	28015006	28015007
项 目 名 称				公称直径（mm 以内）			
				32	40	50	70
预 算 基 价				12.82	14.44	18.77	15.58
其中	人工费（元）			9.48	10.35	11.96	12.83
	材料费（元）			3.26	4.01	6.67	2.65
	机械费（元）			0.08	0.08	0.14	0.10
	仪器仪表费（元）			—	—	—	—
名　称	代号	单位	单价（元）	数　量			
人工	安装工	1002	工日	145.80	0.065	0.071	0.082	0.088
材料	镀锌钢管	201081	m	—	（1.015）	（1.015）	（1.015）	（1.015）
	镀锌钢管接头零件（室外）32	212332	个	3.290	0.192	—	—	—
	镀锌钢管接头零件（室外）40	212333	个	4.790	—	0.186	—	—
	镀锌钢管接头零件（室外）50	212334	个	7.050	—	—	0.185	—
	镀锌钢管接头零件（室外）70	212335	个	12.520	—	—	—	0.176
	聚四氟乙烯生料带	210065	卷	5.010	0.461	0.548	0.990	—
	铅油	209063	kg	20.000	0.002	0.002	0.002	0.004
	机油	209165	kg	7.800	0.002	0.003	0.003	0.003
	镀锌铁丝 8# ~ 12#	207233	kg	8.500	0.008	0.008	0.008	0.010
	其他材料费	2999	元	—	0.200	0.240	0.270	0.260
机械	管子切断套丝机 φ159	3146	台班	19.400	0.004	0.004	0.007	0.005

工作内容：场内搬运、检查及清扫管材、切管、套丝、上管件、调直、一次水压试验。　　　计量单位：m

定 额 编 号				28015008	28015009	28015010	28015011
项 目 名 称				公称直径（mm 以内）			
				80	100	125	150
预 算 基 价				17.62	24.89	35.91	40.60
其中	人工费（元）			13.85	16.62	21.43	23.18
	材料费（元）			3.65	5.63	10.43	14.48
	机械费（元）			0.12	2.64	4.05	2.94
	仪器仪表费（元）			—	—	—	—
	名　　称	代号	单位	单价（元）	数　　量		
人工	安装工	1002	工日	145.80	0.095	0.114	0.147	0.159
材料	镀锌钢管	201081	m	—	（1.015）	（1.015）	（1.015）	（1.015）
	镀锌钢管接头零件（室外）80	212336	个	18.010	0.172	—	—	—
	镀锌钢管接头零件（室外）100	212337	个	30.370	—	0.163	—	—
	镀锌钢管接头零件（室外）125	212338	个	60.120	—	—	0.159	—
	镀锌钢管接头零件（室外）150	212339	个	87.900	—	—	—	0.151
	镀锌铁丝 8# ~ 12#	207233	kg	8.500	0.012	0.013	0.014	0.016
	铅油	209063	kg	20.000	0.005	0.006	0.008	0.010
	机油	209165	kg	7.800	0.003	0.002	0.002	0.002
	其他材料费	2999	元	—	0.330	0.430	0.580	0.860
机械	普通车床 φ400×2000	3075	台班	196.040	—	0.013	0.020	0.015
	管子切断机 φ150 以内	3093	台班	43.570	—	0.002	0.003	—
	管子切断套丝机 φ159	3146	台班	19.400	0.006	—	—	—

二、室外低压焊接钢管（螺纹连接）

工作内容：场内搬运、检查及清扫管材、切管、套丝、上管件、调直、管道及管件
安装、一次水压试验。

计量单位：m

定 额 编 号					28016001	28016002	28016003
项 目 名 称					公称直径（mm 以内）		
					15	20	25
预 算 基 价					9.87	9.98	10.16
其中	人工费（元）				9.48	9.48	9.48
	材料费（元）				0.35	0.46	0.62
	机械费（元）				0.04	0.04	0.06
	仪器仪表费（元）				—	—	—
名 称		代号	单位	单价（元）	数 量		
人工	安装工	1002	工日	145.80	0.065	0.065	0.065
材料	焊接钢管	201080	m	—	（1.015）	（1.015）	（1.015）
	焊接钢管接头零件（室外）15	212340	个	0.890	0.192	—	—
	焊接钢管接头零件（室外）20	212341	个	1.300	—	0.192	—
	焊接钢管接头零件（室外）25	212342	个	1.900	—	—	0.192
	铅油	209063	kg	20.000	0.002	0.002	0.002
	铁丝 13# ~ 17#	207232	kg	4.746	0.005	0.005	0.006
	机油	209165	kg	7.800	0.002	0.003	0.003
	其他材料费	2999	元	—	0.100	0.120	0.160
机械	管子切断套丝机 ϕ159	3146	台班	19.400	0.002	0.002	0.003

工作内容：场内搬运、检查及清扫管材、切管、套丝、上管件、调直、管道及管件安装、
一次水压试验。

计量单位：m

定 额 编 号					28016004	28016005	28016006	28016007
项 目 名 称					公称直径（mm 以内）			
					32	40	50	70
预 算 基 价					10.40	12.26	14.47	17.10
其中	人工费（元）				9.48	10.35	11.96	12.25
	材料费（元）				0.84	1.13	1.54	2.40
	机械费（元）				0.08	0.78	0.97	2.45
	仪器仪表费（元）				—	—	—	—
名 称		代号	单位	单价（元）	数 量			
人工	安装工	1002	工日	145.80	0.065	0.071	0.082	0.084
材料	焊接钢管	201080	m	—	（1.015）	（1.015）	（1.015）	（1.015）
	焊接钢管接头零件（室外）32	212343	个	2.790	0.192	—	—	—
	焊接钢管接头零件（室外）40	212344	个	4.070	—	0.186	—	—
	焊接钢管接头零件（室外）50	212345	个	5.990	—	—	0.185	—
	焊接钢管接头零件（室外）70	212346	个	10.640	—	—	—	0.176
	铁丝 13# ~ 17#	207232	kg	4.746	0.007	0.008	0.009	0.010
	铅油	209063	kg	20.000	0.003	0.004	0.004	0.004
	机油	209165	kg	7.800	0.003	0.003	0.003	0.003
	其他材料费	2999	元	—	0.190	0.230	0.290	0.380
机械	普通车床 φ400×2000	3075	台班	196.040	—	—	—	0.012
	管子切断套丝机 φ159	3146	台班	19.400	0.004	0.040	0.050	0.005

工作内容：场内搬运、检查及清扫管材、切管、套丝、上管件、调直、管道及管件安装、
一次水压试验。

计量单位：m

定 额 编 号				28016008	28016009	28016010	28016011
项 目 名 称				公称直径（mm 以内）			
				80	100	125	150
预 算 基 价				18.89	23.46	33.67	40.63
其中	人工费（元）			13.12	15.75	20.41	22.02
	材料费（元）			3.30	5.03	9.28	12.67
	机械费（元）			2.47	2.68	3.98	5.94
	仪器仪表费（元）			—	—	—	—
名 称	代号	单位	单价（元）	数 量			
人工	安装工	1002	工日	145.80	0.090	0.108	0.140	0.151
材料	焊接钢管	201080	m	—	（1.015）	（1.015）	（1.015）	（1.015）
	焊接钢管接头零件（室外）80	212347	个	15.310	0.172	—	—	—
	焊接钢管接头零件（室外）100	212348	个	25.810	—	0.163	—	—
	焊接钢管接头零件（室外）125	212349	个	51.100	—	—	0.159	—
	焊接钢管接头零件（室外）150	212350	个	74.710	—	—	—	0.151
	铁丝 13# ~ 17#	207232	kg	4.746	0.012	0.013	0.014	0.018
	铅油	209063	kg	20.000	0.005	0.006	0.008	0.010
	机油	209165	kg	7.800	0.003	0.002	0.002	0.002
	其他材料费	2999	元	—	0.490	0.630	0.910	1.090
机械	普通车床 φ400×2000	3075	台班	196.040	0.012	0.013	0.020	0.030
	管子切断套丝机 φ159	3146	台班	19.400	0.006	0.007	0.003	0.003

三、室外低压焊接钢管（焊接）

工作内容：场内搬运、检查及清扫管材、切管、坡口、煨弯制作、对口焊接、三通及
异径管件制作、管道及管件安装、一次水压试验。

计量单位：m

定 额 编 号				28017001	28017002	28017003
项 目 名 称				公称直径（mm 以内）		
				15	20	25
预 算 基 价				8.94	9.90	10.15
其中	人工费（元）			8.46	9.33	9.48
	材料费（元）			0.28	0.36	0.46
	机械费（元）			0.20	0.21	0.21
	仪器仪表费（元）			—	—	—
名 称	代号	单位	单价（元）	数 量		
人工	安装工	1002	工日	145.80	0.058	0.064	0.065
材料	焊接钢管	201080	m	—	（1.015）	（1.015）	（1.015）
	铅油	209063	kg	20.000	0.001	0.001	0.001
	乙炔气	209120	m³	15.000	0.002	0.004	0.006
	机油	209165	kg	7.800	0.003	0.003	0.005
	普通钢板 δ3.5 ~ 4.0	201030	kg	5.300	0.009	0.009	0.009
	气焊条	207297	kg	5.080	0.001	0.001	0.001
	氧气	209121	m³	5.890	0.006	0.012	0.016
	铁丝 8# ~ 12#	207231	kg	4.746	0.008	0.008	0.008
	其他材料费	2999	元	—	0.080	0.100	0.130
机械	其他机具费	3999	元	—	0.200	0.210	0.210

工作内容：场内搬运、检查及清扫管材、切管、坡口、煨弯制作、对口焊接、三通及
异径管件制作、管道及管件安装、一次水压试验。　　　　　　　　　　计量单位：m

定 额 编 号					28017004	28017005	28017006	28017007
项 目 名 称					公称直径（mm 以内）			
					32	40	50	70
预 算 基 价					11.05	11.75	14.17	18.36
其中	人工费（元）				10.35	10.79	12.54	14.00
	材料费（元）				0.39	0.65	1.32	1.85
	机械费（元）				0.31	0.31	0.31	2.51
	仪器仪表费（元）				—	—	—	—
	名　　称	代号	单位	单价（元）	数　　量			
人工	安装工	1002	工日	145.80	0.071	0.074	0.086	0.096
材料	焊接钢管	201080	m	—	（1.015）	（1.015）	（1.015）	（1.015）
	压制弯头（无缝）40	212284	个	6.260	—	0.035	—	—
	压制弯头（无缝）50	212285	个	9.800	—	—	0.035	—
	压制弯头（无缝）70	212286	个	12.540	—	—	—	0.039
	电焊条 综合	207290	kg	6.000	—	—	—	0.039
	机油	209165	kg	7.800	0.005	0.005	0.006	0.008
	铁丝 8# ~ 12#	207231	kg	4.746	0.008	0.008	0.008	0.008
	气焊条	207297	kg	5.080	0.001	0.001	0.002	—
	普通钢板 δ3.5 ~ 4.0	201030	kg	5.300	0.009	0.009	0.009	0.010
	氧气	209121	m³	5.890	0.007	0.010	0.051	0.055
	铅油	209063	kg	20.000	0.001	0.001	0.001	0.001
	乙炔气	209120	m³	15.000	0.003	0.003	0.019	0.021
	其他材料费	2999	元	—	0.150	0.180	0.230	0.310
机械	直流弧焊机 ≤ 20kV·A	3098	台班	115.410	—	—	—	0.018
	电焊条烘干箱	3152	台班	36.210	—	—	—	0.002
	电动弯管机 φ108 以内	3084	台班	104.430	0.003	0.003	0.003	0.003
	管子切断机 φ150 以内	3093	台班	43.570	—	—	—	0.001

工作内容：场内搬运、检查及清扫管材、切管、坡口、煨弯制作、对口焊接、三通及
异径管件制作、管道及管件安装、一次水压试验。

计量单位：m

定额编号				28017008	28017009	28017010	28017011
项目名称				公称直径（mm以内）			
				80	100	125	150
预算基价				20.62	22.54	29.52	36.25
其中	人工费（元）			16.33	17.50	21.43	24.64
	材料费（元）			1.78	2.32	5.11	8.23
	机械费（元）			2.51	2.72	2.98	3.38
	仪器仪表费（元）			—	—	—	—
名称	代号	单位	单价（元）	数量			
人工	安装工	1002	工日	145.80	0.112	0.120	0.147	0.169
材料	焊接钢管	201080	m	—	（1.015）	（1.015）	（1.015）	（1.015）
	压制弯头（无缝）100	212288	个	25.000	—	0.026	—	—
	压制弯头（无缝）125	212289	个	51.700	—	—	0.055	—
	压制弯头（无缝）150	212290	个	95.570	—	—	—	0.057
	机油	209165	kg	7.800	0.009	0.009	0.011	0.015
	铅油	209063	kg	20.000	0.001	0.001	0.002	0.002
	普通钢板 δ3.5~4.0	201030	kg	5.300	0.010	0.010	0.014	0.014
	电焊条 综合	207290	kg	6.000	0.043	0.048	0.081	0.101
	压制弯头（无缝）80	212287	个	17.230	0.022	—	—	—
	乙炔气	209120	m³	15.000	0.019	0.023	0.028	0.036
	氧气	209121	m³	5.890	0.050	0.063	0.076	0.097
	铁丝 8#~12#	207231	kg	4.746	0.008	0.008	0.008	0.008
	其他材料费	2999	元	—	0.380	0.480	0.670	0.800
机械	直流弧焊机 ≤20kV·A	3098	台班	115.410	0.018	0.018	0.020	0.028
	电焊条烘干箱	3152	台班	36.210	0.002	0.002	0.003	0.004
	电动弯管机 φ108以内	3084	台班	104.430	0.003	0.005	0.005	—
	管子切断机 φ150以内	3093	台班	43.570	0.001	0.001	0.001	—

四、室外低压无缝钢管（焊接）

工作内容：场内搬运、检查及清扫管材、切管、坡口、煨弯制作、对口、管道焊接、
三通及异径管件制作、管件安装、一次水压试验。

计量单位：m

定 额 编 号				28018001	28018002	28018003
项 目 名 称				管外径（mm 以内）		
				20	25	32
预 算 基 价				8.89	9.78	9.94
其中	人工费（元）			8.46	9.33	9.48
	材料费（元）			0.23	0.24	0.25
	机械费（元）			0.20	0.21	0.21
	仪器仪表费（元）			—	—	—
名 称	代号	单位	单价（元）	数 量		
人工	安装工	1002	工日	145.80	0.058	0.064	0.065
材料	无缝钢管	201085	m	—	（1.015）	（1.015）	（1.015）
	氧气	209121	m³	5.890	0.006	0.006	0.006
	乙炔气	209120	m³	15.000	0.002	0.002	0.002
	铅油	209063	kg	20.000	0.001	0.001	0.001
	普通钢板 δ3.5 ~ 4.0	201030	kg	5.300	0.009	0.009	0.009
	气焊条	207297	kg	5.080	0.001	0.001	0.001
	铁丝 8# ~ 12#	207231	kg	4.746	0.008	0.008	0.008
	其他材料费	299	元	—	0.050	0.060	0.070
机械	其他机具费	3999	元	—	0.200	0.210	0.210

工作内容：场内搬运、检查及清扫管材、切管、坡口、煨弯制作、对口、管道焊接、
三通及异径管件制作、管件安装、一次水压试验。

计量单位：m

定 额 编 号				28018004	28018005	28018006	28018007
项 目 名 称				管外径（mm 以内）			
				38	45	57	76
预 算 基 价				10.93	11.39	13.68	17.67
其中	人工费（元）			10.35	10.79	12.54	14.00
	材料费（元）			0.27	0.29	0.83	1.16
	机械费（元）			0.31	0.31	0.31	2.51
	仪器仪表费（元）			—	—	—	—
名 称	代号	单位	单价（元）	数 量			
人工	安装工	1002	工日	145.80	0.071	0.074	0.086	0.096
材料	无缝钢管	201085	m	—	（1.015）	（1.015）	（1.015）	（1.015）
	压制弯头	212292	个	—	—	（0.035）	（0.035）	（0.039）
	乙炔气	209120	m³	15.000	0.003	0.003	0.019	0.021
	铅油	209063	kg	20.000	0.001	0.001	0.001	0.001
	电焊条 综合	207290	kg	6.000	—	—	—	0.039
	氧气	209121	m³	5.890	0.007	0.010	0.051	0.055
	普通钢板 δ3.5 ~ 4.0	201030	kg	5.300	0.009	0.009	0.009	0.010
	气焊条	207297	kg	5.080	0.001	0.001	0.002	—
	铁丝 8# ~ 12#	207231	kg	4.746	0.008	0.008	0.008	0.008
	其他材料费	2999	元	—	0.070	0.080	0.130	0.180
机械	直流弧焊机 ≤ 20kV·A	3098	台班	115.410	—	—	—	0.018
	电焊条烘干箱	3152	台班	36.210	—	—	—	0.002
	电动弯管机 φ108 以内	3084	台班	104.430	0.003	0.003	0.003	0.003
	管子切断机 φ150 以内	3093	台班	43.570	—	—	—	0.001

工作内容：场内搬运、检查及清扫管材、切管、坡口、煨弯制作、对口、管道焊接、三通及异径管件制作、管件安装、一次水压试验。

计量单位：m

定 额 编 号				28018008	28018009	28018010	28018011
项 目 名 称				管外径（mm 以内）			
				89	108	133	159
预 算 基 价				20.07	21.54	26.18	30.21
其中	人工费（元）			16.33	17.50	21.43	24.64
	材料费（元）			1.23	1.32	1.77	2.19
	机械费（元）			2.51	2.72	2.98	3.38
	仪器仪表费（元）			—	—	—	—
名 称	代号	单位	单价（元）	数 量			
人工	安装工	1002	工日	145.80	0.112	0.120	0.147	0.169
材料	无缝钢管	201085	m	—	（1.015）	（1.015）	（1.015）	（1.015）
	压制弯头	212292	个	—	（0.022）	（0.026）	（0.055）	（0.057）
	氧气	209121	m³	5.890	0.060	0.063	0.076	0.097
	乙炔气	209120	m³	15.000	0.022	0.023	0.028	0.036
	铅油	209063	kg	20.000	0.001	0.001	0.002	0.002
	普通钢板 δ3.5～4.0	201030	kg	5.300	0.010	0.010	0.014	0.014
	电焊条 综合	207290	kg	6.000	0.043	0.048	0.081	0.101
	铁丝 8#～12#	207231	kg	4.746	0.008	0.008	0.008	0.008
	其他材料费	2999	元	—	0.180	0.200	0.260	0.320
机械	直流弧焊机 ≤20kV·A	3098	台班	115.410	0.018	0.018	0.020	0.028
	电焊条烘干箱	3152	台班	36.210	0.002	0.002	0.003	0.004
	电动弯管机 φ108 以内	3084	台班	104.430	0.003	0.005	0.005	—
	管子切断机 φ150 以内	3093	台班	43.570	0.001	0.001	0.001	—

第四节　室外中压金属管道安装

一、室外中压无缝钢管（焊接）

工作内容：场内搬运、检查及清扫管材、切管、坡口、调直、对口、焊接、三通口
开制、管件安装、一次水压试验。

计量单位：m

定　额　编　号				28019001	28019002	28019003	28019004	28019005
项　目　名　称				管外径（mm 以内）				
				25	32	38	45	57
预　算　基　价				10.35	13.57	15.22	17.28	19.14
其中	人工费（元）			9.62	12.68	14.14	16.04	17.50
	材料费（元）			0.17	0.19	0.24	0.26	0.37
	机械费（元）			0.56	0.70	0.84	0.98	1.27
	仪器仪表费（元）			—	—	—	—	—
名　称	代号	单位	单价（元）	数　　量				
人工	安装工	1002	工日	145.80	0.066	0.087	0.097	0.110	0.120
材料	无缝钢管	201085	m	—	（1.015）	（1.015）	（1.015）	（1.015）	（1.015）
	压制弯头	212292	个	—	（0.070）	（0.070）	（0.070）	（0.070）	（0.070）
	乙炔气	209120	m³	15.000	—	—	0.001	0.001	0.001
	氧气	209121	m³	5.890	—	—	0.002	0.002	0.002
	普通钢板 δ3.5～4.0	201030	kg	5.300	0.009	0.009	0.009	0.009	0.009
	电焊条 综合	207290	kg	6.000	0.012	0.014	0.018	0.020	0.034
	其他材料费	2999	元	—	0.050	0.060	0.060	0.070	0.090
机械	其他机具费	3999	元	—	0.560	0.700	0.840	0.980	1.270

工作内容：场内搬运、检查及清扫管材、切管、坡口、调直、对口、焊接、三通口开制、
管件安装、一次水压试验。

计量单位：m

定 额 编 号				28019006	28019007	28019008	28019009	28019010
项 目 名 称				管外径（mm 以内）				
				76	89	108	133	159
预 算 基 价				23.72	29.11	42.14	50.95	56.07
其中	人工费（元）			21.29	25.95	33.53	39.07	42.28
	材料费（元）			0.82	1.33	2.26	2.86	3.74
	机械费（元）			1.61	1.83	6.35	9.02	10.05
	仪器仪表费（元）							
名 称	代号	单位	单价（元）	数 量				
人工	安装工	1002	工日	145.80	0.146	0.178	0.230	0.268	0.290
材料	无缝钢管	201085	m	—	（1.015）	（1.015）	（1.015）	（1.015）	（1.015）
	压制弯头	212292	个	—	（0.060）	（0.060）	（0.060）	（0.080）	（0.080）
	异径管件	212297	个	—	—	—	（0.033）	（0.033）	（0.033）
	乙炔气	209120	m³	15.000	0.010	0.023	0.037	0.046	0.057
	氧气	209121	m³	5.890	0.028	0.062	0.101	0.126	0.157
	普通钢板 δ3.5～4.0	201030	kg	5.300	0.010	0.010	0.010	0.014	0.014
	电焊条 综合	207290	kg	6.000	0.054	0.063	0.132	0.171	0.245
	其他材料费	2999	元	—	0.130	0.190	0.270	0.330	0.420
机械	汽车起重机 8t	3011	台班	784.710	—	—	—	0.001	0.001
	载货汽车 8t	3032	台班	584.010	—	—	—	0.001	0.001
	吊装机械 综合	3060	台班	416.400	—	—	0.008	0.009	0.009
	其他机具费	3999	元	—	1.610	1.830	3.020	3.900	4.930

二、室外中压不锈钢管（氩弧焊接）

工作内容：场内搬运、检查及清扫管材、切管、坡口、对口、管道焊接、焊口酸洗、
管道及管件安装、一次水压试验。

计量单位：m

定 额 编 号				28020001	28020002	28020003
项 目 名 称				管外径（mm 以内）		
				18	25	32
预 算 基 价				27.27	32.21	36.71
其中	人工费（元）			24.64	29.01	32.66
	材料费（元）			0.35	0.46	0.87
	机械费（元）			2.28	2.74	3.18
	仪器仪表费（元）			—	—	—
名 称	代号	单位	单价（元）	数 量		
人工	安装工	1002	工日	145.80	0.169	0.199	0.224
材料	不锈钢管	201090	m	—	（1.015）	（1.015）	（1.015）
	不锈钢压制弯头	212295	个	—	（0.100）	（0.100）	（0.100）
	氩气	209124	m³	19.590	0.005	0.006	0.008
	钍钨极棒	207719	g	0.660	0.024	0.030	0.080
	不锈钢焊条	207289	kg	55.460	0.002	0.003	0.008
	其他材料费	2999	元	—	0.130	0.160	0.220
机械	其他机具费	3999	元	—	2.280	2.740	3.180

工作内容：场内搬运、检查及清扫管材、切管、坡口、对口、管道焊接、焊口酸洗、
管道及管件安装、一次水压试验。

计量单位：m

定 额 编 号				28020004	28020005	28020006	28020007
项 目 名 称				管外径（mm 以内）			
				38	45	57	76
预 算 基 价				39.18	40.44	46.81	67.45
其中	人工费（元）			34.41	34.41	38.49	54.24
	材料费（元）			0.99	1.17	1.46	2.69
	机械费（元）			3.78	4.86	6.86	10.52
	仪器仪表费（元）			—	—	—	—
	名 称	代号	单位	单价（元）	数 量		
人工	安装工	1002	工日	145.80	0.236	0.236	0.264	0.372
材料	不锈钢管	201090	m	—	（1.015）	（1.015）	（1.015）	（1.015）
	不锈钢压制弯头	212295	个	—	（0.100）	（0.100）	（0.100）	（0.100）
	氩气	209124	m³	19.590	0.010	0.012	0.015	0.030
	钍钨极棒	207719	g	0.660	0.090	0.110	0.140	0.260
	不锈钢焊条	207289	kg	55.460	0.009	0.011	0.014	0.026
	其他材料费	2999	元	—	0.240	0.250	0.300	0.490
机械	其他机具费	3999	元	—	3.780	4.860	6.860	10.520

工作内容：场内搬运、检查及清扫管材、切管、坡口、对口、管道焊接、焊口酸洗、
管道及管件安装、一次水压试验。

计量单位：m

定 额 编 号				28020008	28020009	28020010	28020011
项 目 名 称				管外径（mm 以内）			
				89	108	133	159
预 算 基 价				64.70	81.55	100.77	108.55
其中	人工费（元）			55.84	67.36	79.17	81.50
	材料费（元）			3.11	5.83	6.35	7.46
	机械费（元）			5.75	8.36	15.25	19.59
	仪器仪表费（元）			—	—	—	—
	名 称	代号	单位	单价（元）	数 量		
人工	安装工	1002	工日	145.80	0.383	0.462	0.543	0.559
材料	不锈钢管	201090	m	—	（1.015）	（1.015）	（1.015）	（1.015）
	不锈钢压制弯头	212295	个	—	（0.090）	（0.090）	（0.090）	（0.090）
	氩气	209124	m³	19.590	0.033	0.063	0.069	0.081
	钍钨极棒	207719	g	0.660	0.310	0.600	0.650	0.770
	不锈钢焊条	207289	kg	55.460	0.031	0.060	0.065	0.077
	其他材料费	2999	元	—	0.540	0.870	0.960	1.090
机械	电动空气压缩机 ≤ 1m³/min	3109	台班	74.800	—	—	0.003	0.004
	吊装机械 综合	3060	台班	416.400	—	—	0.009	0.009
	载货汽车 8t	3032	台班	584.010	—	—	0.001	0.002
	汽车起重机 8t	3011	台班	784.710	—	—	0.001	0.002
	其他机具费	3999	元	—	5.750	8.360	9.910	12.810

三、室外热源管道碰头

工作内容：拆除碰头处保温及障碍、开口、放水、掏水、接头、修复保温。　　　　　计量单位：处

定额编号				28021001	28021002	28021003
项目名称				管外径（mm 以内）		
				50	100	150
预算基价				143.55	324.63	607.14
其中	人工费（元）			99.73	249.32	498.64
	材料费（元）			16.90	28.91	40.80
	机械费（元）			26.92	46.40	67.70
	仪器仪表费（元）			—	—	—
名　称	代号	单位	单价（元）	数　量		
人工	安装工	1002	工日	145.80	0.684	1.710	3.420
材料	玻璃丝布	211003	m²	—	（1.137）	（1.499）	（1.974）
	聚氨酯泡沫塑料瓦	211043	m³	—	（0.031）	（0.044）	（0.058）
	氧气	209121	m³	5.890	0.595	1.011	1.382
	乙炔气	209120	m³	15.000	0.218	0.371	0.507
	聚氨酯胶粘剂	209296	kg	4.000	0.810	1.040	1.325
	电焊条 综合	207290	kg	6.000	0.623	1.372	2.007
	镀锌铁丝 13# ~ 17#	207234	kg	8.500	0.124	0.121	0.169
	其他材料费	2999	元	—	2.090	3.970	6.280
机械	其他机具费	3999	元	—	26.920	46.400	67.700

第五节 室内塑料管道安装

一、UPVC 给水塑料管（粘接）

工作内容：预留管洞、厂内搬运、检查及清扫管材、切管、抹胶、接口、上管件及安装、调直、一次水压试验。

计量单位：m

定 额 编 号				28022001	28022002	28022003	28022004	28022005
项 目 名 称				管外径（mm 以内）				
				20	25	32	40	50
预 算 基 价				20.19	19.47	19.41	21.42	26.49
其中	人工费（元）			19.54	18.81	18.66	20.56	25.37
	材料费（元）			0.48	0.49	0.58	0.68	0.89
	机械费（元）			0.17	0.17	0.17	0.18	0.23
	仪器仪表费（元）			—	—	—	—	—
名 称	代号	单位	单价（元）	数 量				
人工 安装工	1002	工日	145.80	0.134	0.129	0.128	0.141	0.174
材料 UPVC 给水塑料管 20	212021	m	—	（1.020）	（1.020）	（1.020）	（1.020）	（1.020）
UPVC 给水塑料管件 20	212036	个	—	（1.637）	（1.152）	（0.978）	（0.803）	（0.716）
塑料管粘接剂	209425	kg	13.500	0.006	0.005	0.006	0.006	0.007
丙酮	209049	kg	12.000	0.009	0.008	0.009	0.009	0.010
其他材料费	2999	元	—	0.290	0.330	0.390	0.490	0.680
机械 其他机具费	3999	元	—	0.170	0.170	0.170	0.180	0.230

工作内容：预留管洞、厂内搬运、检查及清扫管材、切管、抹胶、接口、上管件及安装、调直、一次水压试验。

计量单位：m

定 额 编 号				28022006	28022007	28022008	28022009
项 目 名 称				管外径（mm 以内）			
				63	75	90	110
预 算 基 价				33.00	33.99	35.90	36.91
其中	人工费（元）			31.35	32.08	33.53	33.68
	材料费（元）			1.37	1.65	2.07	2.93
	机械费（元）			0.28	0.26	0.30	0.30
	仪器仪表费（元）			—	—	—	—
名 称	代号	单位	单价（元）	数 量			
人工	安装工	1002	工日	145.80	0.215	0.220	0.230	0.231
材料	UPVC 给水塑料管	212026	m	—	（1.020）	（1.020）	（1.020）	（1.020）
	UPVC 给水塑料管件	212041	个	—	（0.651）	（0.425）	（0.391）	（0.268）
	塑料管粘接剂	209425	kg	13.500	0.010	0.008	0.013	0.011
	丙酮	209049	kg	12.000	0.014	0.012	0.019	0.017
	其他材料费	2999	元	—	1.070	1.400	1.670	2.580
机械	其他机具费	3999	元	—	0.280	0.260	0.300	0.300

二、聚丙烯（PP-R）给水管热熔焊接

工作内容：管材搬运、切管、热熔焊、上管件、固定、试压等。

计量单位：m

定 额 编 号				28023001	28023002	28023003
项 目 名 称				公称直径（mm 以内）		
				20	25	32
预 算 基 价				23.26	24.02	25.60
其中	人工费（元）			22.45	23.18	24.64
	材料费（元）			0.29	0.32	0.40
	机械费（元）			0.52	0.52	0.56
	仪器仪表费（元）			—	—	—
名 称	代号	单位	单价（元）	数 量		
人工	安装工	1002	工日	145.80	0.154	0.159	0.169
材料	聚丙烯上水管材	212140	m	—	（1.020）	（1.020）	（1.020）
	聚丙烯上水管件	212150	个	—	（1.637）	（1.152）	（0.978）
	其他材料费	2999	元	—	0.290	0.320	0.400
机械	其他机具费	3999	元	—	0.520	0.520	0.560

工作内容：管材搬运、切管、热熔焊、上管件、固定、试压等。 计量单位：m

定 额 编 号				28023004	28023005	28023006
项 目 名 称				公称直径（mm 以内）		
				40	50	63
预 算 基 价				26.56	32.19	35.96
其中	人工费（元）			25.52	30.91	34.26
	材料费（元）			0.48	0.62	0.88
	机械费（元）			0.56	0.66	0.82
	仪器仪表费（元）			—	—	—
名 称	代号	单位	单价（元）	数 量		
人工 安装工	1002	工日	145.80	0.175	0.212	0.235
材料 聚丙烯上水管材	212143	m	—	（1.020）	（1.020）	（1.020）
聚丙烯上水管件	212153	个	—	（0.803）	（0.716）	（0.651）
其他材料费	2999	元	—	0.480	0.620	0.880
机械 其他机具费	3999	元	—	0.560	0.660	0.820

工作内容：管材搬运、切管、热熔焊、上管件、固定、试压等。 计量单位：m

定 额 编 号				28023007	28023008	28023009
项 目 名 称				公称直径（mm 以内）		
				75	90	110
预 算 基 价				36.87	39.01	42.43
其中	人工费（元）			34.99	36.89	39.66
	材料费（元）			1.02	1.22	1.77
	机械费（元）			0.86	0.90	1.00
	仪器仪表费（元）			—	—	—
名 称	代号	单位	单价（元）	数 量		
人工 安装工	1002	工日	145.80	0.240	0.253	0.272
材料 聚丙烯上水管材	212146	m	—	（1.020）	（1.020）	（1.020）
聚丙烯上水管件	212156	个	—	（0.425）	（0.391）	（0.268）
其他材料费	999	元	—	1.020	1.220	1.770
机械 其他机具费	3999	元	—	0.860	0.900	1.000

三、UPVC 排水塑料管（粘接）

工作内容：预留管洞、厂内搬运、检查及清扫管材、修洞堵洞、切管、抹胶、接口、管件及管件安装、调直、闭水压试验。

计量单位：m

	定 额 编 号				28024001	28024002	28024003
	项 目 名 称				公称直径（mm 以内）		
					50	75	100
	预 算 基 价				28.62	32.07	42.43
其中	人工费（元）				26.83	28.58	36.89
	材料费（元）				1.55	3.23	5.21
	机械费（元）				0.24	0.26	0.33
	仪器仪表费（元）				—	—	—
	名 称	代号	单位	单价（元）	数 量		
人工	安装工	1002	工日	145.80	0.184	0.196	0.253
材料	UPVC 排水塑料管	212030	m	—	（0.967）	（0.963）	（0.852）
	UPVC 排水塑料管件	212054	个	—	（0.942）	（1.158）	（1.491）
	球胆 50	212009	个	18.000	0.028	—	—
	球胆 75	212010	个	22.000	—	0.056	—
	球胆 100	212011	个	26.000	—	—	0.056
	镀锌铁丝 8# ~ 12#	207233	kg	8.500	0.005	0.008	0.008
	水泥 综合	202001	kg	0.506	0.150	0.325	0.241
	塑料管粘接剂	209425	kg	13.500	0.009	0.019	0.047
	丙酮	209049	kg	12.000	0.013	0.028	0.070
	砂子	204025	kg	0.125	0.908	1.960	1.457
	其他材料费	2999	元	—	0.540	0.930	1.910
机械	其他机具费	3999	元	—	0.240	0.260	0.330

工作内容：预留管洞、厂内搬运、检查及清扫管材、修洞堵洞、切管、抹胶、接口、
管件及管件安装、调直、闭水压试验。

计量单位：m

定 额 编 号				28024004	28024005	28024006
项 目 名 称				公称直径（mm 以内）		
				125	150	200
预 算 基 价				43.85	45.84	49.47
其中	人工费（元）			37.91	39.07	42.57
	材料费（元）			5.60	6.42	6.52
	机械费（元）			0.34	0.35	0.38
	仪器仪表费（元）			—	—	—
名　　称	代号	单位	单价（元）	数　　量		
人工	安装工	1002	工日	145.80	0.260	0.268	0.292
材料	UPVC 排水塑料管	212033	m	—	（0.900）	（0.947）	（0.947）
	UPVC 排水塑料管件	212057	个	—	（0.961）	（0.839）	（0.667）
	球胆 125	212012	个	29.000	0.056	—	—
	球胆 150	212013	个	33.000	—	0.056	—
	球胆 200	212014	个	38.000	—	—	0.028
	镀锌铁丝 8# ~ 12#	207233	kg	8.500	0.008	0.008	0.008
	水泥 综合	202001	kg	0.506	0.497	0.252	0.282
	塑料管粘接剂	209425	kg	13.500	0.037	0.040	0.044
	丙酮	209049	kg	12.000	0.055	0.060	0.066
	砂子	204025	kg	0.125	3.000	1.979	1.955
	其他材料费	2999	元	—	2.120	2.870	3.610
机械	其他机具费	3999	元	—	0.340	0.350	0.380

第六节 水、气纯化管道

一、低碳不锈钢 EP/BA 管（无斑痕自动焊接）

工作内容：进场检验、管子切割、端口处理、管口组对、焊接、焊口处理、管口封闭、
管道搬运安装、系统氮气置换吹扫、标识。

计量单位：m

定额编号					28025001	28025002	28025003	28025004
项目名称					公称直径（mm 以内）			
					10	15	20	25
预算基价					100.50	108.53	123.70	143.19
其中	人工费（元）				38.20	44.91	50.16	55.99
	材料费（元）				12.33	13.18	13.00	14.95
	机械费（元）				49.97	50.44	60.54	72.25
	仪器仪表费（元）				—	—	—	—
名称		代号	单位	单价（元）	数量			
人工	安装工	1002	工日	145.80	0.262	0.308	0.344	0.384
材料	低碳不锈钢管（EP/BA）	201087	m	—	（1.020）	（1.020）	（1.020）	（1.020）
	无尘布	218119	块	4.000	1.000	1.000	0.750	0.750
	无水乙醇 分析纯	209420	ml	0.021	6.000	6.000	6.000	8.000
	聚氯乙烯薄膜	210007	kg	10.400	0.080	0.080	0.080	0.100
	高纯氩气 纯度99.9999%	209430	m³	31.500	0.116	0.138	0.159	0.181
	高纯氮气 纯度99.996%	209429	m³	22.750	0.039	0.046	0.053	0.061
	防静电手套	218123	副	2.100	0.300	0.300	0.300	0.300
	其他材料费	2999	元	—	2.200	2.200	2.200	3.020
机械	管道平口机 SL-30	3134	台班	156.260	0.020	0.020	0.025	0.025
	管道切割设备 GF 锯	3133	台班	594.510	0.012	0.012	0.014	0.015
	全自动轨道焊接机207A	3132	台班	1500.000	0.023	0.023	0.029	0.036
	其他机具费	3999	元	—	5.210	5.680	4.810	5.430

工作内容：进场检验、管子切割、端口处理、管口组对、焊接、焊口处理、管口封闭、
管道搬运安装、系统氮气置换吹扫、标识。

计量单位：m

定 额 编 号				28025005	28025006	28025007	28025008	28025009
项 目 名 称				公称直径（mm 以内）				
				40	50	65	80	100
预 算 基 价				200.52	233.63	278.44	329.91	1181.96
其中	人工费（元）			78.44	90.54	107.45	129.91	154.40
	材料费（元）			18.24	20.01	24.55	27.60	828.54
	机械费（元）			103.84	123.08	146.44	172.40	199.02
	仪器仪表费（元）			—	—	—	—	—
名 称	代号	单位	单价（元）	数　　量				
人工	安装工	1002	工日	145.80	0.538	0.621	0.737	0.891	1.059
材料	低碳不锈钢管（EP/BA）	201087	m	—	（1.020）	（1.020）	（1.020）	（1.020）	（1.020）
	无尘布	218119	块	4.000	0.750	0.750	0.650	0.650	0.650
	无水乙醇 分析纯	209420	ml	0.021	10.000	10.000	12.000	12.000	12.000
	聚氯乙烯薄膜	210007	kg	10.400	0.100	0.100	0.150	0.150	0.150
	高纯氩气 纯度99.9999%	209430	m³	31.500	0.228	0.270	0.351	0.405	0.488
	高纯氮气 纯度99.996%	209429	m³	22.750	0.076	0.091	0.117	0.135	0.163
	防静电手套	218123	副	2.100	0.350	0.400	0.400	0.450	0.450
	其他材料费	2999	元	—	4.340	4.340	5.580	6.410	7.480
机械	管道平口机 SL-30	3134	台班	156.260	0.030	0.035	0.035	0.040	0.040
	管道切割设备 GF 锯	3133	台班	594.510	0.018	0.018	0.020	0.025	0.025
	全自动轨道焊接机 207A	3132	台班	1500.000	0.055	0.067	0.081	0.095	0.112
	其他机具费	3999	元	—	5.950	6.410	7.580	8.790	9.910

二、低碳不锈钢 EP/BA 弯头 / 异径管件（无斑痕自动焊接）

工作内容：进场检验、管子切割、端口处理、管件管口组对、焊接、封口。

计量单位：个

定 额 编 号				28026001	28026002	28026003	28026004
项 目 名 称				公称直径（mm 以内）			
				10	15	20	25
预 算 基 价				134.13	138.83	175.86	195.88
其中	人工费（元）			31.64	35.87	47.39	64.74
	材料费（元）			15.54	16.01	18.99	21.66
	机械费（元）			86.95	86.95	109.48	109.48
	仪器仪表费（元）			—	—	—	—
名 称	代号	单位	单价（元）	数 量			
人工	安装工	1002	工日	145.80	0.217	0.246	0.325	0.444
材料	低碳不锈钢 EP/BA 管件	201088	个	—	（1.020）	（1.020）	（1.020）	（1.020）
	无尘布	218119	块	4.000	2.000	2.000	2.000	2.000
	无水乙醇 分析纯	209420	ml	0.021	8.000	8.000	8.000	8.000
	防静电手套	218123	副	2.100	0.250	0.250	0.300	0.300
	高纯氩气 纯度 99.9999%	209430	m³	31.500	0.135	0.150	0.221	0.303
	高纯氮气 纯度 99.996%	209429	m³	22.750	0.015	0.015	0.021	0.025
	其他材料费	2999	元	—	2.250	2.250	2.750	2.750
机械	管道平口机 SL-30	3134	台班	156.260	0.030	0.030	0.038	0.038
	管道切割设备 GF 锯	3133	台班	594.510	0.020	0.020	0.026	0.026
	全自动轨道焊接机 207A	3132	台班	1500.000	0.043	0.043	0.055	0.055
	其他机具费	3999	元	—	5.870	5.870	5.580	5.580

工作内容：进场检验、管子切割、端口处理、管件管口组对、焊接、封口。　　　　　　　　　　　　　　　　　计量单位：个

定 额 编 号				28026005	28026006	28026007	28026008	28026009
项 目 名 称				公称直径（mm 以内）				
				40	50	65	80	100
预 算 基 价				282.61	336.58	442.29	533.97	648.15
其中	人工费（元）			96.96	116.06	157.76	193.48	234.30
	材料费（元）			27.48	31.04	41.71	45.99	51.99
	机械费（元）			158.17	189.48	242.82	294.50	361.86
	仪器仪表费（元）			—	—	—	—	—
名 称	代号	单位	单价（元）	数 量				
人工	安装工	1002	工日	145.80	0.665	0.796	1.082	1.327	1.607
材料	低碳不锈钢 EP/BA 管件	201088	个	—	（1.020）	（1.020）	（1.020）	（1.020）	（1.020）
	无尘布	218119	块	4.000	2.000	2.000	3.000	3.000	3.000
	无水乙醇 分析纯	209420	ml	0.021	10.000	10.000	14.000	16.000	19.000
	防静电手套	218123	副	2.100	0.400	0.500	0.650	0.800	0.800
	高纯氩气 纯度 99.9999%	209430	m³	31.500	0.420	0.497	0.646	0.753	0.908
	高纯氮气 纯度 99.996%	209429	m³	22.750	0.035	0.040	0.050	0.060	0.070
	其他材料费	2999	元	—	4.400	5.210	6.560	6.890	7.720
机械	管道平口机 SL-30	3134	台班	156.260	0.050	0.060	0.070	0.080	0.095
	管道切割设备 GF 锯	3133	台班	594.510	0.040	0.048	0.060	0.070	0.080
	全自动轨道焊接机 207A	3132	台班	1500.000	0.080	0.096	0.125	0.153	0.191
	其他机具费	3999	元	—	6.580	7.570	8.710	10.880	12.950

三、低碳不锈钢 EP/BA 三通管件（无斑痕自动焊接）

工作内容：进场检验、管子切割、端口处理、管件管口组对、焊接、封口。　　　　　　　计量单位：个

定　额　编　号				28027001	28027002	28027003	28027004
项　目　名　称				公称直径（mm 以内）			
				10	15	20	25
预　算　基　价				182.31	189.63	242.39	268.75
其中	人工费（元）			40.97	47.39	62.55	85.44
	材料费（元）			21.71	22.34	26.13	29.60
	机械费（元）			119.63	119.90	153.71	153.71
	仪器仪表费（元）			—	—	—	—
名　　称	代号	单位	单价（元）	数　　量			
人工	安装工	1002	工日	145.80	0.281	0.325	0.429	0.586
材料	低碳不锈钢 EP/BA 管件	201088	个	—	（1.020）	（1.020）	（1.020）	（1.020）
	无尘布	218119	块	4.000	3.000	3.000	3.000	3.000
	无水乙醇 分析纯	209420	ml	0.021	12.000	12.000	12.000	12.000
	防静电手套	218123	副	2.100	0.350	0.350	0.400	0.400
	高纯氩气 纯度 99.9999%	209430	m³	31.500	0.174	0.194	0.285	0.391
	高纯氮气 纯度 99.996%	209429	m³	22.750	0.021	0.021	0.028	0.034
	其他材料费	2999	元	—	2.760	2.760	3.420	3.420
机械	管道平口机 SL-30	3134	台班	156.260	0.041	0.041	0.053	0.053
	管道切割设备 GF 锯	3133	台班	594.510	0.029	0.029	0.037	0.037
	全自动轨道焊接机 207A	3132	台班	1500.000	0.059	0.059	0.077	0.077
	其他机具费	3999	元	—	7.480	7.750	7.930	7.930

工作内容：进场检验、管子切割、端口处理、管件管口组对、焊接、封口。　　　　　　　　　　　计量单位：个

定　额　编　号				28027005	28027006	28027007	28027008	28027009
项　目　名　称				公称直径（mm 以内）				
				40	50	65	80	100
预　算　基　价				379.40	451.27	576.91	714.34	874.07
其中	人工费（元）			128.01	153.24	201.20	249.46	302.24
	材料费（元）			41.41	46.86	54.60	65.60	74.37
	机械费（元）			209.98	251.17	321.11	399.28	497.46
	仪器仪表费（元）			—	—	—	—	—
名　　　称	代号	单位	单价（元）	数　　　量				
人工	安装工	1002	工日	145.80	0.878	1.051	1.380	1.711	2.073
材料	低碳不锈钢 EP/BA 管件	201088	个	—	（1.020）	（1.020）	（1.020）	（1.020）	（1.020）
	无尘布	218119	块	4.000	4.000	4.000	4.000	5.000	5.000
	无水乙醇 分析纯	209420	ml	0.021	12.000	15.000	18.000	22.000	25.000
	防静电手套	218123	副	2.100	0.600	0.700	0.800	1.000	1.000
	高纯氩气 纯度 99.9999%	209430	m³	31.500	0.580	0.686	0.892	1.051	1.294
	高纯氮气 纯度 99.996%	209429	m³	22.750	0.050	0.057	0.071	0.086	0.101
	其他材料费	2999	元	—	4.490	6.170	6.830	7.970	8.690
机械	管道平口机 SL–30	3134	台班	156.260	0.069	0.083	0.097	0.111	0.131
	管道切割设备 GF 锯	3133	台班	594.510	0.053	0.064	0.079	0.096	0.110
	全自动轨道焊接机 207A	3132	台班	1500.000	0.106	0.127	0.165	0.207	0.263
	其他机具费	3999	元	—	8.690	9.650	11.490	14.360	17.090

四、聚偏二氟乙烯（PVDF）管（热熔焊接）

工作内容：进场检验、管子切割、端口处理、管口组合、焊接、焊口处理、管口封闭、
管道搬运安装、系统吹扫、测试。

计量单位：m

	定 额 编 号				28028001	28028002	28028003	28028004	28028005
	项 目 名 称				公称直径（mm 以内）				
					15	20	25	40	50
	预 算 基 价				45.85	54.63	64.84	84.98	104.18
其中	人工费（元）				16.33	24.49	32.66	48.99	65.32
	材料费（元）				10.75	10.75	11.19	11.51	11.95
	机械费（元）				18.77	19.39	20.99	24.48	26.91
	仪器仪表费（元）				—	—	—	—	—
	名 称	代号	单位	单价（元）	数 量				
人工	安装工	1002	工日	145.80	0.112	0.168	0.224	0.336	0.448
材料	聚偏二氟乙烯（PVDF）管	212360	m	—	（1.020）	（1.020）	（1.020）	（1.020）	（1.020）
	PVDF 管切割器刀片	217034	副	180.000	0.014	0.014	0.014	0.014	0.014
	高纯氮气 纯度 99.996%	209429	m³	22.750	0.015	0.015	0.020	0.020	0.025
	防静电气泡袋 550×450	218125	个	0.900	0.380	0.380	0.380	0.380	0.250
	防静电手套	218123	副	2.100	0.200	0.200	0.200	0.250	0.350
	无水乙醇 分析纯	209420	ml	0.021	10.000	10.000	10.000	10.000	10.000
	无尘布	218119	块	4.000	1.500	1.500	1.500	1.500	1.500
	其他材料费	2999	元	—	0.920	0.920	1.240	1.460	1.690
机械	全自动数控红外线焊接机 IR-63	3135	台班	686.000	0.023	0.024	0.026	0.030	0.033
	其他机具费	3999	元	—	2.991	2.924	3.151	3.895	4.275

工作内容：进场检验、管子切割、端口处理、管口组合、焊接、焊口处理、管口封闭、
管道搬运安装、系统吹扫、测试。

计量单位：m

	定 额 编 号				28028006	28028007	28028008	28028009	28028010
	项 目 名 称				公称直径（mm 以内）				
					65	80	100	125	150
	预 算 基 价				125.18	150.75	191.67	221.83	259.68
其中	人工费（元）				81.65	97.98	130.64	163.30	195.96
	材料费（元）				7.26	7.26	7.44	9.55	9.55
	机械费（元）				36.27	45.51	53.59	48.98	54.17
	仪器仪表费（元）				—	—	—	—	—
	名　　称	代号	单位	单价（元）	数　　量				
人工	安装工	1002	工日	145.80	0.560	0.672	0.896	1.120	1.344
材料	聚偏二氟乙烯（PVDF）管	212365	m	—	（1.020）	（1.020）	（1.020）	（1.020）	（1.020）
	无水乙醇 分析纯	209420	ml	0.021	15.000	15.000	15.000	15.000	15.000
	防静电手套	218123	副	2.100	0.350	0.350	0.450	0.500	0.500
	无尘布	218119	块	4.000	1.500	1.500	1.500	2.000	2.000
	防静电气泡袋 550×450	218125	个	0.900	0.230	0.230	0.200	0.200	0.200
机械	全自动数控红外线焊接机 IR-226	3136	台班	1164.000	0.027	0.031	0.034	0.037	0.041
	其他机具费	3999	元	—	4.839	9.429	14.009	5.913	6.442

五、聚偏二氟乙烯（PVDF）弯头/异径管件（热熔焊接）

工作内容：进场检验、管子切割、端口处理、管件管口组对、焊接、焊口保护、封口。　计量单位：个

定　额　编　号				28029001	28029002	28029003	28029004	28029005
项　目　名　称				公称直径（mm 以内）				
				15	20	25	40	50
预　算　基　价				68.95	85.43	103.35	139.17	175.83
其中	人工费（元）			32.66	48.99	65.32	97.98	130.64
	材料费（元）			14.45	14.48	14.55	14.67	15.06
	机械费（元）			21.84	21.96	23.48	26.52	30.13
	仪器仪表费（元）			—	—	—	—	—
名　　称	代号	单位	单价（元）	数　　　量				
人工	安装工	1002	工日	145.80	0.224	0.336	0.448	0.672	0.896
材料	PVDF 异径/弯头管件	212370	个	—	（1.020）	（1.020）	（1.020）	（1.020）	（1.020）
	无尘布	218119	块	4.000	2.000	2.000	2.000	2.000	2.000
	无水乙醇 分析纯	209420	ml	0.021	6.000	6.000	8.000	8.000	10.000
	PVDF 管切割器刀片	217034	副	180.000	0.026	0.026	0.026	0.026	0.026
	防静电手套	218123	副	2.100	0.150	0.150	0.150	0.150	0.200
	防静电气泡袋 550×450	218125	个	0.900	0.500	0.500	0.500	0.500	0.500
	其他材料费	2999	元	—	0.880	0.910	0.940	1.060	1.300
机械	全自动数控红外线焊接机 IR-63	3135	台班	686.000	0.026	0.026	0.028	0.032	0.037
	其他机具费	3999	元	—	4.005	4.125	4.268	4.572	4.746

工作内容：进场检验、管子切割、端口处理、管件管口组对、焊接、焊口保护、封口。　　计量单位：个

定 额 编 号				28029006	28029007	28029008	28029009	28029010
项 目 名 称				公称直径（mm 以内）				
				65	80	100	125	150
预 算 基 价				224.28	261.11	330.58	413.54	481.86
其中	人工费（元）			163.30	195.96	261.27	326.59	391.91
	材料费（元）			17.63	17.89	18.08	22.29	17.11
	机械费（元）			43.35	47.26	51.23	64.66	72.84
	仪器仪表费（元）			—	—	—	—	—
名　　称	代号	单位	单价（元）	数　　量				
人工	安装工	1002	工日	145.80	1.120	1.344	1.792	2.240	2.688
材料	PVDF 异径 / 弯头管件	212370	个	—	（1.020）	（1.020）	（1.020）	（1.020）	（1.020）
	无尘布	218119	块	4.000	2.000	2.000	2.000	3.000	3.000
	无水乙醇 分析纯	209420	ml	0.021	10.000	12.000	15.000	15.000	20.000
	PVDF 管切割器刀片	217034	副	180.000	0.040	0.040	0.040	0.040	—
	防静电手套	218123	副	2.100	0.200	0.250	0.250	0.250	0.300
	防静电气泡袋 550×450	218125	个	0.900	0.500	0.500	0.500	0.500	0.500
	其他材料费	2999	元	—	1.350	1.460	1.590	1.800	3.610
机械	PVDF 管道切割器 OD300	3143	台班	19.960	—	—	—	—	0.036
	全自动数控红外线焊接机 IR-226	3136	台班	1164.000	0.033	0.036	0.039	0.050	0.056
	其他机具费	3999	元	—	4.939	5.352	5.831	6.464	6.940

六、聚偏二氟乙烯（PVDF）三通管件（热熔焊接）

工作内容：进场检验、管子切割、端口处理、管件管口组对、焊接、焊口保护、封口。　计量单位：个

定 额 编 号				28030001	28030002	28030003	28030004	28030005
项 目 名 称				公称直径（mm 以内）				
				15	20	25	40	50
预 算 基 价				101.87	126.64	154.19	206.78	257.88
其中	人工费（元）			48.99	73.48	97.98	146.97	195.96
	材料费（元）			21.47	21.52	21.57	21.85	22.25
	机械费（元）			31.41	31.64	34.64	37.96	39.67
	仪器仪表费（元）			—	—	—	—	—
名　称	代号	单位	单价（元）	数　量				
人工	安装工	1002	工日	145.80	0.336	0.504	0.672	1.008	1.344
材料	PVDF 三通管件	212372	个	—	（1.020）	（1.020）	（1.020）	（1.020）	（1.020）
	无尘布	218119	块	4.000	3.000	3.000	3.000	3.000	3.000
	无水乙醇 分析纯	209420	ml	0.021	9.000	9.000	9.000	12.000	15.000
	PVDF 管切割器刀片	217034	副	180.000	0.040	0.040	0.040	0.040	0.040
	防静电手套	218123	副	2.100	0.200	0.200	0.200	0.250	0.250
	防静电气泡袋 550×450	218125	个	0.900	0.500	0.500	0.500	0.500	0.500
	其他材料费	2999	元	—	1.210	1.260	1.310	1.420	1.760
机械	全自动数控红外线焊接机 IR-63	3135	台班	686.000	0.038	0.038	0.042	0.046	0.048
	其他机具费	3999	元	—	5.340	5.570	5.827	6.408	6.741

工作内容：进场检验、管子切割、端口处理、管件管口组对、焊接、焊口保护、封口。　计量单位：个

定 额 编 号				28030006	28030007	28030008	28030009	28030010
项 目 名 称				公称直径（mm 以内）				
				65	80	100	125	150
预 算 基 价				329.61	384.45	486.23	597.84	697.42
其中	人工费（元）			244.94	293.93	391.91	489.89	587.87
	材料费（元）			25.92	26.12	26.29	31.12	22.06
	机械费（元）			58.75	64.40	68.03	76.83	87.49
	仪器仪表费（元）			—	—	—	—	—
名 称	代号	单位	单价（元）	数 量				
人工	安装工	1002	工日	145.80	1.680	2.016	2.688	3.360	4.032
材料	PVDF 三通管件	212372	个	—	（1.020）	（1.020）	（1.020）	（1.020）	（1.020）
	无尘布	218119	块	4.000	3.000	3.000	3.000	4.000	4.000
	无水乙醇 分析纯	209420	ml	0.021	15.000	18.000	18.000	20.000	25.000
	PVDF 管切割器刀片	217034	副	180.000	0.060	0.060	0.060	0.060	—
	防静电手套	218123	副	2.100	0.250	0.250	0.250	0.300	0.350
	防静电气泡袋 550×450	218125	个	0.900	0.500	0.500	0.500	1.000	1.000
	其他材料费	2999	元	—	1.830	1.970	2.140	2.370	3.900
机械	PVDF 管道切割器 OD300	3143	台班	19.960	—	—	—	—	0.049
	全自动数控红外线焊接机 IR-226	3136	台班	1164.000	0.044	0.048	0.050	0.056	0.063
	其他机具费	3999	元	—	7.531	8.524	9.827	11.642	13.180

七、洁净聚氯乙烯（Clean-PVC）（粘接）

工作内容：进场检验、管子切割、端口处理、管口组合、焊接、焊口处理、管口封闭、
管道搬运安装调直、系统吹扫、测试。

计量单位：m

定 额 编 号				28031001	28031002	28031003	28031004	28031005
项 目 名 称				公称直径（mm 以内）				
				20	25	40	50	65
预 算 基 价				43.75	42.79	46.20	52.58	62.07
其中	人工费（元）			23.33	21.87	24.79	30.62	37.91
	材料费（元）			11.14	11.20	11.45	11.78	13.09
	机械费（元）			9.28	9.72	9.96	10.18	11.07
	仪器仪表费（元）			—	—	—	—	—
名 称	代号	单位	单价（元）	数 量				
人工	安装工	1002	工日	145.80	0.160	0.150	0.170	0.210	0.260
材料	CPVC 超纯水管	212375	m	—	（1.020）	（1.020）	（1.020）	（1.020）	（1.020）
	CPVC 超纯水管管件	212385	个	—	（1.637）	（1.152）	（0.803）	（0.716）	（0.651）
	PVDF 管切割器刀片	217034	副	180.000	0.021	0.021	0.021	0.021	0.025
	防静电手套	218123	副	2.100	0.300	0.300	0.300	0.300	0.300
	无水乙醇 分析纯	209420	ml	0.021	8.000	8.000	10.000	10.000	15.000
	无尘布	218119	块	4.000	1.500	1.500	1.500	1.500	1.500
	其他材料费	2999	元	—	0.560	0.620	0.830	1.160	1.640
机械	热粘机 ESLON N75 型	3150	台班	218.590	0.030	0.032	0.033	0.034	0.037
	其他机具费	3999	元	—	2.720	2.727	2.748	2.750	2.987

工作内容：进场检验、管子切割、端口处理、管口组对、焊接、焊口处理、管口封闭、
管道搬运安装调直、系统吹扫、测试、标识。　　　　　　　　　　　　计量单位：m

定　额　编　号				28031006	28031007	28031008	28031009
项 目 名 称				公称直径（mm 以内）			
				75	100	125	150
预 算 基 价				68.72	78.63	89.76	104.05
其中	人工费（元）			40.82	48.11	55.40	67.07
	材料费（元）			16.03	17.79	20.85	22.06
	机械费（元）			11.87	12.73	13.51	14.92
	仪器仪表费（元）			—	—	—	—
名　　称	代号	单位	单价（元）	数　　量			
人工	安装工	1002	工日	145.80	0.280	0.330	0.380	0.460
材料	CPVC 超纯水管	212380	m	—	（1.020）	（1.020）	（1.020）	（1.020）
	CPVC 超纯水管管件	212385	个	—	（0.425）	（0.281）	（0.281）	（0.281）
	PVDF 管切割器刀片	217034	副	180.000	0.025	0.030	0.040	0.040
	无水乙醇 分析纯	209420	ml	0.021	15.000	15.000	20.000	20.000
	防静电手套	218123	副	2.100	0.350	0.400	0.450	0.450
	无尘布	218119	块	4.000	2.000	1.750	1.750	1.750
	其他材料费	2999	元	—	2.480	4.230	5.280	6.490
机械	热粘机 ESLON 65A ~ 200A	3151	台班	279.800	0.031	0.032	0.033	0.036
	其他机具费	3999	元	—	3.201	3.774	4.274	4.848

第七节　低压阀门及法兰安装

一、低压丝扣阀门

工作内容：场内搬运、外观检查、阀门清理、切管、套丝、阀门安装、水压试验。　　　　计量单位：个

定额编号				28032001	28032002	28032003	28032004	28032005
项目名称				公称直径（mm 以内）				
				15	20	25	32	40
预算基价				19.49	21.95	27.23	37.97	57.51
其中	人工费（元）			13.85	13.85	16.62	20.85	34.70
	材料费（元）			5.51	7.96	10.43	16.88	22.44
	机械费（元）			0.13	0.14	0.18	0.24	0.37
	仪器仪表费（元）			—	—	—	—	—
名称	代号	单位	单价（元）	数量				
人工	安装工	1002	工日	145.80	0.095	0.095	0.114	0.143	0.238
材料	阀门	212387	个	—	（1.010）	（1.010）	（1.010）	（1.010）	（1.010）
	活接头垫 15	208128	个	0.100	1.050	—	—	—	—
	镀锌活接头 15	212118	个	4.860	1.010	—	—	—	—
	活接头垫 20	208129	个	0.120	—	1.050	—	—	—
	镀锌活接头 20	212119	个	7.200	—	1.010	—	—	—
	活接头垫 25	208130	个	0.140	—	—	1.050	—	—
	镀锌活接头 25	212120	个	9.500	—	—	1.010	—	—
	活接头垫 32	208131	个	0.160	—	—	—	1.050	—
	镀锌活接头 32	212121	个	15.700	—	—	—	1.010	—
	活接头垫 40	208132	个	0.180	—	—	—	—	1.050
	镀锌活接头 40	212122	个	20.880	—	—	—	—	1.010
	铅油	209063	kg	20.000	0.008	0.010	0.012	0.014	0.017
	机油	209165	kg	7.800	0.012	0.012	0.012	0.012	0.016
	其他材料费	2999	元	—	0.240	0.270	0.350	0.480	0.700
机械	其他机具费	3999	元	—	0.130	0.140	0.180	0.240	0.370

工作内容：场内搬运、外观检查、阀门清理、切管、套丝、阀门安装、水压试验。　　　　　　计量单位：个

定　额　编　号				28032006	28032007	28032008	28032009
项　目　名　称				公称直径（mm 以内）			
				50	70	80	100
预　算　基　价				61.72	52.77	71.04	137.41
其中	人工费（元）			34.70	51.32	69.26	134.43
	材料费（元）			26.64	0.90	1.06	1.63
	机械费（元）			0.38	0.55	0.72	1.35
	仪器仪表费（元）			—	—	—	—
名　　　称	代号	单位	单价（元）	数　　　量			
人工	安装工	1002	工日	145.80	0.238	0.352	0.475	0.922

人工	安装工	1002	工日	145.80	0.238	0.352	0.475	0.922
材料	阀门	212387	个	—	（1.010）	（1.010）	（1.010）	（1.010）
	铅油	209063	kg	20.000	0.020	0.024	0.028	0.040
	机油	209165	kg	7.800	0.016	0.020	0.020	0.024
	活接头垫 50	208133	个	0.200	1.050	—	—	—
	镀锌活接头 50	212123	个	24.800	1.010	—	—	—
	其他材料费	2999	元	—	0.860	0.260	0.340	0.640
机械	其他机具费	3999	元	—	0.380	0.550	0.720	1.350

二、低压丝扣法兰阀门（1.6MPa 以下）

工作内容：场内搬运、阀门清理、外观检查、切管、套丝、上法兰、阀门安装、水压
试验。

计量单位：个

定 额 编 号					28033001	28033002	28033003	28033004	28033005
项 目 名 称					公称直径（mm 以内）				
					15	20	25	32	40
预 算 基 价					41.98	45.00	53.93	70.16	101.27
其中	人工费（元）				27.70	27.70	34.70	40.24	67.94
	材料费（元）				14.02	17.03	18.89	29.51	32.66
	机械费（元）				0.26	0.27	0.34	0.41	0.67
	仪器仪表费（元）				—	—	—	—	—
名 称		代号	单位	单价（元）	数 量				
人工	安装工	1002	工日	145.80	0.190	0.190	0.238	0.276	0.466
材料	阀门	212387	个	—	（1.000）	（1.000）	（1.000）	（1.000）	（1.000）
	丝扣法兰（1.6MPa 以下）15	212274	片	4.250	2.000	—	—	—	—
	丝扣法兰（1.6MPa 以下）20	212275	片	5.400	—	2.000	—	—	—
	丝扣法兰（1.6MPa 以下）25	212276	片	5.700	—	—	2.000	—	—
	机油	209165	kg	7.800	0.012	0.012	0.015	0.015	0.015
	丝扣法兰（1.6MPa 以下）32	212277	片	8.700	—	—	—	2.000	—
	丝扣法兰（1.6MPa 以下）40	212278	片	9.800	—	—	—	—	2.000
	垫圈 12	207018	个	0.036	8.240	8.240	8.240		
	垫圈 16	207020	个	0.058				8.240	8.240
	带母螺栓 16×65～80	207108	套	0.794	—	—	—	8.240	8.240
	带母螺栓 12×40～60	207102	套	0.339	8.240	8.240	8.240	—	—
	清油	209034	kg	—	0.010	0.010	0.010	0.010	0.010
	铅油	209063	kg	20.000	0.050	0.070	0.090	0.100	0.100
	石棉橡胶板	208025	kg	26.000	0.030	0.040	0.070	0.080	0.110
	其他材料费	2999	元	—	0.360	0.410	0.460	0.690	0.860
机械	其他机具费	3999	元	—	0.260	0.270	0.340	0.410	0.670

工作内容：场内搬运、阀门清理、外观检查、切管、套丝、上法兰、阀门安装、
　　　　　水压试验。

计量单位：个

定 额 编 号				28033006	28033007	28033008	28033009
项 目 名 称				公称直径（mm 以内）			
				50	70	80	100
预 算 基 价				108.53	150.43	187.51	326.06
其中	人工费（元）			67.94	102.50	132.09	250.78
	材料费（元）			39.91	46.93	54.07	72.89
	机械费（元）			0.68	1.00	1.35	2.39
	仪器仪表费（元）			—	—	—	—
名　　　称	代号	单位	单价（元）	数　　　量			
人工	安装工	1002	工日	145.80	0.466	0.703	0.906	1.720
材料	阀门	212387	个	—	（1.000）	（1.000）	（1.000）	（1.000）
	机油	209165	kg	7.800	0.020	0.020	0.020	0.024
	清油	209034	kg	20.000	0.015	0.020	0.020	0.020
	丝扣法兰 （1.6MPa 以下）50	212279	片	12.800	2.000	—	—	—
	丝扣法兰 （1.6MPa 以下）70	212280	片	15.600	—	2.000	—	—
	丝扣法兰 （1.6MPa 以下）80	212281	片	17.500	—	—	2.000	—
	丝扣法兰 （1.6MPa 以下）100	212282	片	22.100	—	—	—	2.000
	铅油	209063	kg	20.000	0.110	0.110	0.130	0.130
	带母螺栓 16×65 ~ 80	207108	套	0.794	8.240	8.240	8.240	16.480
	石棉橡胶板	208025	kg	26.000	0.140	0.180	0.260	0.350
	垫圈 16	207020	个	0.058	8.240	8.240	16.480	16.480
	其他材料费	2999	元	—	0.990	1.270	1.660	2.360
机械	其他机具费	3999	元	—	0.680	1.000	1.350	2.390

三、低压焊接法兰阀门（1.6MPa 以下）

工作内容：场内搬运、阀门清理、外观检查、切管、焊接法兰、制垫、法兰阀门安装、水压试验。

计量单位：个

	定 额 编 号				28034001	28034002	28034003	28034004
	项 目 名 称				公称直径（mm 以内）			
					32	40	50	65
	预 算 基 价				106.79	119.84	139.71	202.81
其中	人工费（元）				52.63	55.40	60.94	87.33
	材料费（元）				50.10	59.90	73.11	108.32
	机械费（元）				4.06	4.54	5.66	7.16
	仪器仪表费（元）				—	—	—	—
	名 称	代号	单位	单价（元）	数 量			
人工	安装工	1002	工日	145.80	0.361	0.380	0.418	0.599
材料	阀门	212387	个	—	（1.000）	（1.000）	（1.000）	（1.000）
	清油	209034	kg	20.000	0.010	0.010	0.015	0.015
	铅油	209063	kg	20.000	0.060	0.070	0.080	0.090
	乙炔气	209120	m³	15.000	0.002	0.003	0.003	0.024
	平焊法兰（1.6MPa）32	212240	片	19.250	2.000	—	—	—
	平焊法兰（1.6MPa）40	212241	片	23.580	—	2.000	—	—
	平焊法兰（1.6MPa）50	212242	片	29.480	—	—	2.000	—
	平焊法兰（1.6MPa）65	212254	片	45.710	—	—	—	2.000
	氧气	209121	m³	5.890	0.007	0.008	0.009	0.068
	带母螺栓 16×65～80	207108	套	0.794	8.240	8.240	8.240	8.240
	电焊条 综合	207290	kg	6.000	0.086	0.096	0.133	0.237
	石棉橡胶板	208025	kg	26.000	0.080	0.110	0.140	0.180
	垫圈 16	207020	个	0.058	8.240	8.240	8.240	8.240
	其他材料费	2999	元	—	0.510	0.590	0.690	0.920
机械	其他机具费	3999	元	—	4.060	4.540	5.660	7.160

工作内容：场内搬运、阀门清理、外观检查、切管、焊接法兰、制垫、法兰阀门安装、
水压试验。

计量单位：个

定 额 编 号				28034005	28034006	28034007	28034008
项 目 名 称				公称直径（mm 以内）			
				80	100	125	150
预 算 基 价				216.90	273.90	337.17	467.40
其中	人工费（元）			87.33	110.81	137.20	195.37
	材料费（元）			121.43	152.63	188.77	258.99
	机械费（元）			8.14	10.46	11.20	13.04
	仪器仪表费（元）			—	—	—	—
名 称	代号	单位	单价（元）	数 量			
人工	安装工	1002	工日	145.80	0.599	0.760	0.941	1.340
材料	阀门	212387	个	—	（1.000）	（1.000）	（1.000）	（1.000）
	清油	209034	kg	20.000	0.015	0.020	0.020	0.030
	铅油	209063	kg	20.000	0.120	0.150	0.220	0.280
	平焊法兰（1.6MPa）80	212244	片	47.180	2.000	—	—	—
	平焊法兰（1.6MPa）100	212245	片	60.700	—	2.000	—	—
	平焊法兰（1.6MPa）125	212246	片	76.180	—	—	2.000	—
	平焊法兰（1.6MPa）150	212247	片	104.830	—	—	—	2.000
	垫圈 16	207020	个	0.058	16.480	16.480	16.480	—
	垫圈 20	207022	个	0.096	—	—	—	16.480
	带母螺栓 16×65 ~ 80	207108	套	0.794	16.480	16.480	16.480	—
	带母螺栓 20×65 ~ 80	207110	套	1.238	—	—	—	16.480
	乙炔气	209120	m³	15.000	0.030	0.039	0.045	0.058
	电焊条 综合	207290	kg	6.000	0.271	0.363	0.423	0.474
	氧气	209121	m³	5.890	0.079	0.105	0.122	0.159
	石棉橡胶板	208025	kg	26.000	0.260	0.350	0.460	0.550
	其他材料费	2999	元	—	1.030	1.310	1.680	2.200
机械	其他机具费	3999	元	—	8.140	10.460	11.200	13.040

工作内容：场内搬运、阀门清理、外观检查、切管、焊接法兰、制垫、法兰阀门安装、
水压试验。

计量单位：个

定 额 编 号				28034009	28034010	28034011	28034012
项 目 名 称				公称直径（mm 以内）			
				200	250	300	350
预 算 基 价				634.96	1141.46	1488.89	2054.99
其中	人工费（元）			232.70	296.41	364.35	422.53
	材料费（元）			373.57	759.54	1028.17	1496.85
	机械费（元）			28.69	85.51	96.37	135.61
	仪器仪表费（元）			—	—	—	—
名 称	代号	单位	单价（元）	数 量			
人工	安装工	1002	工日	145.80	1.596	2.033	2.499	2.898
材料	阀门	212387	个	—	（1.000）	（1.000）	（1.000）	（1.000）
	清油	209034	kg	20.000	0.030	0.040	0.050	0.050
	铅油	209063	kg	20.000	0.340	0.400	0.500	0.550
	带母螺栓 22×85～100	207112	套	1.764	—	24.720	24.720	32.960
	平焊法兰（1.6MPa）200	212248	片	150.610	2.000	—	—	—
	平焊法兰（1.6MPa）250	212249	片	330.000	—	2.000	—	—
	平焊法兰（1.6MPa）300	212250	片	460.000	—	—	2.000	—
	平焊法兰（1.6MPa）350	212251	片	676.630	—	—	—	2.000
	垫圈22	207023	个	0.135	—	24.720	24.720	32.960
	乙炔气	209120	m³	15.000	0.153	0.193	0.207	0.243
	带母螺栓 20×65～80	207110	套	1.238	24.720	—	—	—
	垫圈20	207022	个	0.096	24.720	—	—	—
	电焊条 综合	207290	kg	6.000	1.192	2.423	2.999	4.468
	氧气	209121	m³	5.890	0.418	0.524	0.562	0.663
	石棉橡胶板	208025	kg	26.000	0.660	0.730	0.800	1.080
	其他材料费	2999	元	—	2.900	4.300	5.020	6.560
机械	载货汽车 8t	3032	台班	584.010	—	0.012	0.013	0.027
	吊装机械 综合	3060	台班	416.400	—	0.070	0.070	0.110
	汽车起重机 8t	3011	台班	784.710	—	0.012	0.013	0.027
	其他机具费	3999	元	—	28.690	39.940	49.430	52.850

四、三通调节阀门

工作内容：场内搬运、外观检查、阀门清理、切管、套丝、阀门及三通安装、水压试验。　计量单位：个

定 额 编 号				28035001	28035002	28035003	28035004
项 目 名 称				公称直径（mm 以内）			
				15	20	25	32
预 算 基 价				27.51	28.91	41.18	50.18
其中	人工费（元）			23.62	23.62	30.47	37.47
	材料费（元）			3.41	4.77	10.01	11.81
	机械费（元）			0.48	0.52	0.70	0.90
	仪器仪表费（元）			—	—	—	—
	名 称	代号	单位	单价（元）	数　量		
人工	安装工	1002	工日	145.80	0.162	0.162	0.209	0.257
材料	阀门	212387	个	—	（1.010）	（1.010）	（1.010）	（1.010）
	活接头垫 15	208128	个	0.100	1.050	—	—	—
	黑玛钢三通 15	212195	个	2.500	1.010	—	—	—
	活接头垫 20	208129	个	0.120	—	1.050	—	—
	黑玛钢三通 20	212196	个	3.700	—	1.010	—	—
	活接头垫 32	208131	个	0.160	—	—	1.050	—
	黑玛钢三通 32	212198	个	8.700	—	—	1.010	—
	活接头垫 40	208132	个	0.180	—	—	—	1.050
	黑玛钢三通 40	212199	个	10.300	—	—	—	1.010
	铅油	209063	kg	20.000	0.020	0.025	0.030	0.035
	机油	209165	kg	7.800	0.030	0.030	0.030	0.030
	其他材料费	2999	元	—	0.150	0.170	0.220	0.280
机械	其他机具费	3999	元	—	0.480	0.520	0.700	0.900

五、自动排气阀、手动放风阀

工作内容：场内搬运、外观检查、阀门清理、切管、套丝、安装、水压试验。

计量单位：个

定额编号				28036001	28036002	28036003	28036004
项目名称				自动排气阀（mm 以内）			手动放风阀（mm 以内）
				15	20	25	10
预算基价				17.49	18.93	28.44	4.39
其中	人工费（元）			13.85	13.85	20.85	4.23
	材料费（元）			3.38	4.80	7.15	0.08
	机械费（元）			0.26	0.28	0.44	0.08
	仪器仪表费（元）			—	—	—	—
名称	代号	单位	单价（元）	数量			
人工	安装工	1002	工日	145.80	0.095	0.095	0.143	0.029
材料	手动放风门 10	212388	个	—	—	—	—	（1.010）
	阀门	212387	个	—	（1.010）	（1.010）	（1.010）	—
	黑玛钢弯头 15	212206	个	1.600	1.010	—	—	—
	黑玛钢堵头 15	212165	个	1.200	1.010	—	—	—
	黑玛钢弯头 20	212207	个	2.500	—	1.010	—	—
	黑玛钢堵头 20	212166	个	1.400	—	1.010	—	—
	黑玛钢弯头 25	212208	个	3.800	—	—	1.010	—
	黑玛钢堵头 25	212167	个	2.200	—	—	1.010	—
	机油	209165	kg	7.800	0.009	0.009	0.009	—
	铅油	209063	kg	20.000	0.012	0.024	0.027	0.003
	其他材料费	2999	元	—	0.240	0.310	0.480	0.020
机械	其他机具费	3999	元	—	0.260	0.280	0.440	0.080

六、低压蝶阀门（1.6MPa 以下）

工作内容：场内搬运、外观检查、阀门清理、切管、法兰垫制作、法兰及阀门安装、
水压试验。

计量单位：个

定额编号				28037001	28037002	28037003	28037004
项目名称				公称直径（mm 以内）			
				50	70	80	100
预算基价				130.62	191.14	202.41	257.05
其中	人工费（元）			54.82	78.59	78.59	99.73
	材料费（元）			70.26	105.47	115.76	146.96
	机械费（元）			5.54	7.08	8.06	10.36
	仪器仪表费（元）			—	—	—	—
名　　称	代号	单位	单价（元）	数　　量			
人工 安装工	1002	工日	145.80	0.376	0.539	0.539	0.684
材料 阀门	212387	个	—	(1.000)	(1.000)	(1.000)	(1.000)
清油	209034	kg	20.000	0.015	0.015	0.015	0.020
铅油	209063	kg	20.000	0.080	0.090	0.120	0.150
乙炔气	209120	m³	15.000	0.003	0.024	0.030	0.039
平焊法兰（1.6MPa）100	212245	片	60.700	—	—	—	2.000
平焊法兰（1.6MPa）80	212244	片	47.180	—	—	2.000	—
平焊法兰（1.6MPa）70	212243	片	45.710	—	2.000	—	—
平焊法兰（1.6MPa）50	212242	片	29.480	2.000	—	—	—
氧气	209121	m³	5.890	0.009	0.068	0.079	0.105
双头带母螺栓 16×120～140	207140	套	0.910	4.120	4.120	8.240	8.240
电焊条 综合	207290	kg	6.000	0.133	0.237	0.271	0.363
石棉橡胶板	208025	kg	26.000	0.140	0.180	0.260	0.350
垫圈 16	207020	个	0.058	8.240	8.240	16.480	16.480
其他材料费	2999	元	—	0.640	0.860	0.940	1.220
机械 其他机具费	3999	元	—	5.540	7.080	8.060	10.360

工作内容：场内搬运、外观检查、阀门清理、切管、法兰垫制作、法兰及阀门安装、
水压试验。

计量单位：个

定 额 编 号				28037005	28037006	28037007	28037008
项 目 名 称				公称直径（mm 以内）			
				125	150	200	250
预 算 基 价				317.50	443.38	603.80	1108.32
其中	人工费（元）			123.35	175.83	209.37	266.81
	材料费（元）			183.07	254.68	365.73	755.96
	机械费（元）			11.08	12.87	28.70	85.55
	仪器仪表费（元）			—	—	—	—
名 称	代号	单位	单价（元）	数 量			
人工	安装工	1002	工日	145.80	0.846	1.206	1.436	1.830
材料	阀门	212387	个	—	（1.000）	（1.000）	（1.000）	（1.000）
	平焊法兰（1.6MPa）150	212247	片	104.830	—	2.000	—	—
	双头带母螺栓 20×150～190	207142	套	1.968	—	8.240	12.360	—
	铅油	209063	kg	20.000	0.220	0.280	0.340	0.400
	清油	209034	kg	20.000	0.020	0.030	0.030	0.040
	平焊法兰（1.6MPa）250	212249	片	330.000	—	—	—	2.000
	双头带母螺栓 24×170～250	207143	套	3.400	—	—	—	12.360
	垫圈 20	207022	个	0.096	—	16.480	—	—
	平焊法兰（1.6MPa）200	212248	片	150.610	—	—	2.000	—
	双头带母螺栓 16×120～140	207140	套	0.910	8.240	—	—	—
	垫圈 16	207020	个	0.058	16.480	—	—	—
	平焊法兰（1.6MPa）125	212246	片	76.180	2.000	—	—	—
	石棉橡胶板	208025	kg	26.000	0.460	0.550	0.660	0.730
	氧气	209121	m³	5.890	0.122	0.159	0.418	0.524
	乙炔气	209120	m³	15.000	0.045	0.058	0.153	0.193
	电焊条 综合	207290	kg	6.000	0.423	0.474	1.192	2.423
	其他材料费	2999	元	—	1.560	2.070	3.720	5.640
机械	载货汽车 8t	3032	台班	584.010	—	—	—	0.012
	吊装机械 综合	3060	台班	416.400	—	—	—	0.070
	汽车起重机 8t	3011	台班	784.710	—	—	—	0.012
	其他机具费	3999	元	—	11.080	12.870	28.700	39.980

工作内容：场内搬运、外观检查、阀门清理、切管、法兰垫制作、法兰及阀门安装、
水压试验。

计量单位：个

定 额 编 号				28037009	28037010	28037011	28037012
项 目 名 称				公称直径（mm 以内）			
				300	350	400	450
预 算 基 价				1448.88	2007.92	2807.56	3604.76
其中	人工费（元）			327.90	380.25	380.25	444.98
	材料费（元）			1024.55	1492.03	2277.03	2982.19
	机械费（元）			96.43	135.64	150.28	177.59
	仪器仪表费（元）			—	—	—	—
名　　称	代号	单位	单价（元）	数　　量			
人工	安装工	1002	工日	145.80	2.249	2.608	2.608	3.052
材料	阀门	212387	个	—	（1.000）	（1.000）	（1.000）	（1.000）
	清油	209034	kg	20.000	0.050	0.050	0.060	—
	铅油	209063	kg	20.000	0.500	0.550	0.600	—
	乙炔气	209120	m³	15.000	0.207	0.243	0.264	0.270
	平焊法兰（1.6MPa）450	212253	片	1406.850	—	—	—	2.000
	平焊法兰（1.6MPa）400	212252	片	1054.110	—	—	2.000	—
	平焊法兰（1.6MPa）350	212251	片	676.630	—	2.000	—	—
	平焊法兰（1.6MPa）300	212250	片	460.000	2.000	—	—	—
	双头带母螺栓 24×170～250	207143	套	3.400	12.360	16.480	20.600	20.600
	氧气	209121	m³	5.890	0.562	0.663	0.720	0.735
	电焊条 综合	207290	kg	6.000	2.999	4.468	5.049	5.990
	石棉橡胶板	208025	kg	26.000	0.800	1.080	1.380	1.620
	其他材料费	2999	元	—	6.320	8.300	11.200	12.010
机械	吊装机械 综合	3060	台班	416.400	0.070	0.110	0.110	0.140
	载货汽车 8t	3032	台班	584.010	0.013	0.027	0.033	0.036
	汽车起重机 8t	3011	台班	784.710	0.013	0.027	0.033	0.036
	其他机具费	3999	元	—	49.490	52.880	59.310	70.020

七、低压法兰调节阀（1.6MPa 以下）

工作内容：场内搬运、外观检查、阀门清理、切管、管口组对、焊接、法兰垫制作、
阀门及法兰安装、水压试验。

计量单位：个

定 额 编 号				28038001	28038002	28038003	28038004	28038005
项 目 名 称				公称直径（mm 以内）				
				32	40	50	70	80
预 算 基 价				128.44	143.60	162.82	238.96	260.52
其中	人工费（元）			74.07	78.88	83.69	122.76	130.35
	材料费（元）			50.17	60.03	73.33	108.72	121.65
	机械费（元）			4.20	4.69	5.80	7.48	8.52
	仪器仪表费（元）			—	—	—	—	—
名 称	代号	单位	单价（元）	数 量				
人工	安装工	1002	工日	145.80	0.508	0.541	0.574	0.842	0.894
材料	阀门	212387	个	—	（1.000）	（1.000）	（1.000）	（1.000）	（1.000）
	清油	209034	kg	20.000	0.010	0.010	0.015	0.015	0.015
	铅油	209063	kg	20.000	0.060	0.070	0.080	0.090	0.120
	平焊法兰（1.6MPa）80	212244	片	47.180	—	—	—	—	2.000
	平焊法兰（1.6MPa）70	212243	片	45.710	—	—	—	2.000	—
	平焊法兰（1.6MPa）50	212242	片	29.480	—	—	2.000	—	—
	平焊法兰（1.6MPa）32	212240	片	19.250	2.000	—	—	—	—
	平焊法兰（1.6MPa）40	212241	片	23.580	—	2.000	—	—	—
	乙炔气	209120	m³	15.000	0.002	0.003	0.003	0.024	0.030
	带母螺栓 16×65 ~ 80	207108	套	0.794	8.240	8.240	8.240	8.240	16.480
	石棉橡胶板	208025	kg	26.000	0.080	0.110	0.140	0.180	0.260
	氧气	209121	m³	5.890	0.007	0.008	0.009	0.068	0.079
	电焊条 综合	207290	kg	6.000	0.086	0.096	0.133	0.237	0.271
	其他材料费	2999	元	—	1.060	1.200	1.390	1.790	2.200
机械	其他机具费	3999	元	—	4.200	4.690	5.800	7.480	8.520

工作内容：场内搬运、外观检查、阀门清理、切管、管口组对、焊接、法兰垫制作、
阀门及法兰安装、水压试验。

计量单位：个

	定 额 编 号				28038006	28038007	28038008	28038009
	项 目 名 称				公称直径（mm 以内）			
					100	125	150	200
	预 算 基 价				335.79	402.29	483.06	701.74
其中	人工费（元）				173.21	202.81	212.28	300.79
	材料费（元）				153.11	189.50	259.48	374.34
	机械费（元）				9.47	9.98	11.30	26.61
	仪器仪表费（元）				—	—	—	—
	名 称	代号	单位	单价（元）	数 量			
人工	安装工	1002	工日	145.80	1.188	1.391	1.456	2.063
材料	阀门	212387	个	—	（1.000）	（1.000）	（1.000）	（1.000）
	清油	209034	kg	20.000	0.020	0.020	0.030	0.030
	铅油	209063	kg	20.000	0.150	0.220	0.280	0.340
	平焊法兰（1.6MPa）200	212248	片	150.610	—	—	—	2.000
	平焊法兰（1.6MPa）150	212247	片	104.830	—	—	2.000	—
	平焊法兰（1.6MPa）125	212246	片	76.180	—	2.000	—	—
	平焊法兰（1.6MPa）100	212245	片	60.700	2.000	—	—	—
	乙炔气	209120	m³	15.000	0.039	0.045	0.058	0.153
	带母螺栓 16×65～80	207108	套	0.794	16.480	16.480	—	—
	带母螺栓 20×65～80	207110	套	1.238	—	—	16.480	24.720
	石棉橡胶板	208025	kg	26.000	0.350	0.460	0.550	0.660
	氧气	209121	m³	5.890	0.105	0.122	0.159	0.418
	电焊条 综合	207290	kg	6.000	0.363	0.423	0.474	1.192
	其他材料费	2999	元	—	2.740	3.360	4.270	6.050
机械	其他机具费	3999	元	—	9.470	9.980	11.300	26.610

工作内容：场内搬运、外观检查、阀门清理、切管、管口组对、焊接、法兰垫制作、
阀门及法兰安装、水压试验。

计量单位：个

定 额 编 号				28038010	28038011	28038012	28038013
项 目 名 称				公称直径（mm 以内）			
				250	300	350	400
预 算 基 价				1316.21	1668.04	2214.29	3144.69
其中	人工费（元）			431.28	503.16	528.96	603.90
	材料费（元）			798.22	1067.27	1548.77	2388.98
	机械费（元）			86.71	97.61	136.56	151.81
	仪器仪表费（元）			—	—	—	—
名 称	代号	单位	单价（元）	数 量			
人工	安装工	1002	工日	145.80	2.958	3.451	3.628	4.142
材料	阀门	212387	个	—	（1.000）	（1.000）	（1.000）	（1.000）
	清油	209034	kg	20.000	0.040	0.050	0.050	0.060
	铅油	209063	kg	20.000	0.400	0.500	0.550	0.600
	平焊法兰（1.6MPa）400	212252	片	1054.110	—	—	—	2.000
	平焊法兰（1.6MPa）350	212251	片	676.630	—	—	2.000	—
	平焊法兰（1.6MPa）300	212250	片	460.000	—	2.000	—	—
	平焊法兰（1.6MPa）250	212249	片	330.000	2.000	—	—	—
	乙炔气	209120	m³	15.000	0.193	0.207	0.243	0.264
	带母螺栓 22×100～150	207113	套	3.244	24.720	24.720	32.960	—
	带母螺栓 27×120～140	207116	套	5.270	—	—	—	32.960
	石棉橡胶板	208025	kg	26.000	0.730	0.800	1.080	1.380
	氧气	209121	m³	5.890	0.524	0.562	0.663	0.720
	电焊条 综合	207290	kg	6.000	2.423	2.999	4.468	5.049
	其他材料费	2999	元	—	9.730	10.870	14.150	19.490
机械	吊装机械 综合	3060	台班	416.400	0.070	0.070	0.110	0.110
	载货汽车 8t	3032	台班	584.010	0.012	0.013	0.027	0.033
	汽车起重机 8t	3011	台班	784.710	0.012	0.013	0.027	0.033
	其他机具费	3999	元	—	41.140	50.670	53.800	60.840

八、低压不锈钢法兰（电弧焊）

工作内容：场内搬运、外观检查、切管、坡口、焊接、焊缝钝化、法兰连接、水压试验。　　计量单位：副

定额编号				28039001	28039002	28039003	28039004
项目名称				公称直径（mm 以内）			
				15	20	25	32
预算基价				31.35	34.77	38.95	45.70
其中	人工费（元）			27.70	30.47	32.95	38.20
	材料费（元）			2.06	2.43	3.56	4.52
	机械费（元）			1.59	1.87	2.44	2.98
	仪器仪表费（元）			—	—	—	—
名　称	代号	单位	单价（元）	数　　量			
人工 安装工	1002	工日	145.80	0.190	0.209	0.226	0.262
材料 不锈钢平焊法兰	212255	片	—	（2.000）	（2.000）	（2.000）	（2.000）
耐酸石棉橡胶板	208016	kg	30.000	0.017	0.017	0.034	0.034
不锈钢焊条	207289	kg	55.460	0.024	0.030	0.040	0.056
其他材料费	2999	元	—	0.220	0.260	0.320	0.390
机械 其他机具费	3999	元	—	1.590	1.870	2.440	2.980

工作内容：场内搬运、外观检查、切管、坡口、焊接、焊缝钝化、法兰连接、水压试验。　　计量单位：副

定额编号				28039005	28039006	28039007	28039008
项目名称				公称直径（mm 以内）			
				40	50	70	80
预算基价				71.21	77.56	107.98	121.53
其中	人工费（元）			58.61	62.69	81.65	83.11
	材料费（元）			6.78	8.03	14.99	20.41
	机械费（元）			5.82	6.84	11.34	18.01
	仪器仪表费（元）			—	—	—	—
名　称	代号	单位	单价（元）	数　　量			
人工 安装工	1002	工日	145.80	0.402	0.430	0.560	0.570
材料 不锈钢平焊法兰	212255	片	—	（2.000）	（2.000）	（2.000）	（2.000）
耐酸石棉橡胶板	208016	kg	30.000	0.051	0.060	0.077	0.111
不锈钢焊条	207289	kg	55.460	0.084	0.100	0.208	0.282
其他材料费	2999	元	—	0.590	0.680	1.140	1.440
机械 电动空气压缩机 ≤ 1m³/min	3109	台班	74.800				0.037
电动空气压缩机 ≤ 6m³/min	3104	台班	339.350	—	—	0.002	0.002
其他机具费	3999	元	—	5.820	6.840	10.660	14.560

工作内容：场内搬运、外观检查、切管、坡口、焊接、焊缝钝化、法兰连接、水压试验。　计量单位：副

定 额 编 号				28039009	28039010	28039011	28039012
项 目 名 称				公称直径（mm 以内）			
				100	125	150	200
预 算 基 价				170.03	192.85	236.93	325.84
其中	人工费（元）			121.60	132.09	155.28	203.68
	材料费（元）			23.45	28.20	42.02	61.77
	机械费（元）			24.98	32.56	39.63	60.39
	仪器仪表费（元）			—	—	—	—
名　称	代号	单位	单价（元）	数　量			
人工	安装工	1002	工日	145.80	0.834	0.906	1.065	1.397
材料	不锈钢平焊法兰	212255	片	—	（2.000）	（2.000）	（2.000）	（2.000）
	耐酸石棉橡胶板	208016	kg	30.000	0.145	0.196	0.238	0.281
	不锈钢焊条	207289	kg	55.460	0.313	0.366	0.577	0.886
	其他材料费	2999	元	—	1.740	2.020	2.880	4.200
机械	载货汽车 8t	3032	台班	584.010	—	—	—	0.002
	汽车起重机 8t	3011	台班	784.710	—	—	—	0.002
	电动空气压缩机 ≤ 1m³/min	3109	台班	74.800	0.048	0.079	0.096	0.133
	电动空气压缩机 ≤ 6m³/min	3104	台班	339.350	0.002	0.002	0.002	0.002
	其他机具费	3999	元	—	20.710	25.970	31.770	47.030

工作内容：场内搬运、外观检查、切管、坡口、焊接、焊缝钝化、法兰连接、水压试验。

九、低压不锈钢法兰（氩弧焊）

工作内容：场内搬运、外观检查、切管、坡口、焊接、焊缝钝化、法兰连接、水压试验。　　　　计量单位：副

定 额 编 号				28040001	28040002	28040003	28040004
项 目 名 称				公称直径（mm 以内）			
				15	20	25	32
预 算 基 价				42.65	47.29	55.44	62.08
其中	人工费（元）			34.12	37.47	42.57	46.80
	材料费（元）			2.98	3.48	5.28	6.35
	机械费（元）			5.55	6.34	7.59	8.93
	仪器仪表费（元）			—	—	—	—
名　称	代号	单位	单价（元）	数　量			
人工	安装工	1002	工日	145.80	0.234	0.257	0.292	0.321
材料	不锈钢法兰	212256	片	—	（2.000）	（2.000）	（2.000）	（2.000）
	氩气	209124	m³	19.590	0.053	0.065	0.093	0.118
	钍钨极棒	207719	g	0.660	0.100	0.123	0.180	0.224
	耐酸石棉橡胶板	208016	kg	30.000	0.020	0.020	0.040	0.040
	不锈钢焊条	207289	kg	55.460	0.019	0.023	0.033	0.042
	其他材料费	2999	元	—	0.220	0.250	0.310	0.360
机械	电动空气压缩机 ≤6m³/min	3104	台班	339.350	0.002	0.002	0.002	0.002
	其他机具费	3999	元		4.870	5.660	6.910	8.250

工作内容：场内搬运、外观检查、切管、坡口、焊接、焊缝钝化、法兰连接、水压试验。　　　　计量单位：副

定 额 编 号				28040005	28040006	28040007	28040008
项 目 名 称				公称直径（mm 以内）			
				40	50	70	80
预 算 基 价				77.30	95.67	126.97	156.08
其中	人工费（元）			56.42	65.61	81.94	97.69
	材料费（元）			9.49	14.49	23.28	30.89
	机械费（元）			11.39	15.57	21.75	27.50
	仪器仪表费（元）			—	—	—	—
名　称	代号	单位	单价（元）	数　量			
人工	安装工	1002	工日	145.80	0.387	0.450	0.562	0.670
材料	不锈钢法兰	212256	片	—	（2.000）	（2.000）	（2.000）	（2.000）
	氩气	209124	m³	19.590	0.178	0.289	0.483	0.634
	钍钨极棒	207719	g	0.660	0.344	0.562	0.944	1.234
	耐酸石棉橡胶板	208016	kg	30.000	0.060	0.070	0.090	0.130
	不锈钢焊条	207289	kg	55.460	0.063	0.103	0.172	0.226
	其他材料费	2999	元	—	0.480	0.650	0.960	1.220
机械	电动空气压缩机 ≤6m³/min	3104	台班	339.350	0.002	0.002	0.002	0.002
	其他机具费	3999	元		10.710	14.890	21.070	26.820

工作内容：场内搬运、外观检查、切管、坡口、焊接、焊缝钝化、法兰连接、水压试验。 计量单位：副

定 额 编 号				28040009	28040010	28040011	28040012
项 目 名 称				公称直径（mm 以内）			
				100	125	150	200
预 算 基 价				217.48	263.60	339.06	552.89
其中	人工费（元）			133.12	151.05	185.31	273.96
	材料费（元）			46.52	60.80	84.99	156.92
	机械费（元）			37.84	51.75	68.76	122.01
	仪器仪表费（元）			—	—	—	—
名 称	代号	单位	单价（元）	数 量			
人工 安装工	1002	工日	145.80	0.913	1.036	1.271	1.879
材料 不锈钢法兰	212256	片	—	（2.000）	（2.000）	（2.000）	（2.000）
氩气	209124	m³	19.590	0.975	1.270	1.809	3.485
钍钨极棒	207719	g	0.660	1.888	2.456	3.506	6.635
耐酸石棉橡胶板	208016	kg	30.000	0.170	0.230	0.280	0.330
不锈钢焊条	207289	kg	55.460	0.348	0.454	0.646	1.245
其他材料费	2999	元	—	1.770	2.220	3.010	5.320
机械 汽车起重机 8t	3011	台班	784.710	—	—	—	0.002
载货汽车 8t	3032	台班	584.010	—	—	—	0.002
电动空气压缩机 ≤ 1m³/min	3109	台班	74.800	—	0.025	0.031	0.044
电动空气压缩机 ≤ 6m³/min	3104	台班	339.350	0.002	0.002	0.002	0.002
其他机具费	3999	元	—	37.160	49.200	65.760	115.300

十、低压不锈钢法兰阀门（电弧焊）

工作内容：场内搬运、外观检查、阀门清理、切管、焊接、制垫安装、水压试验。　　　　计量单位：个

定 额 编 号				28041001	28041002	28041003
项 目 名 称				公称直径（mm 以内）		
				20	25	32
预 算 基 价				48.54	67.62	69.08
其中	人工费（元）			43.01	59.63	59.63
	材料费（元）			3.07	4.83	5.80
	机械费（元）			2.46	3.16	3.65
	仪器仪表费（元）			—	—	—
名 称	代号	单位	单价（元）	数 量		
人工	安装工	1002	工日	145.80	0.295	0.409	0.409
材料	阀门	212387	个	—	（1.000）	（1.000）	（1.000）
	不锈钢法兰	212256	片	—	（2.000）	（2.000）	（2.000）
	不锈钢焊条	207289	kg	55.460	0.030	0.040	0.056
	耐酸石棉橡胶板	208016	kg	30.000	0.034	0.068	0.068
	其他材料费	2999	元	—	0.390	0.570	0.650
机械	电动空气压缩机 ≤6m³/min	3104	台班	339.350	0.002	0.002	0.002
	其他机具费	3999	元	—	1.780	2.480	2.970

工作内容：场内搬运、外观检查、阀门清理、切管、焊接、制垫安装、水压试验。　　　　计量单位：个

定 额 编 号				28041004	28041005	28041006	28041007
项 目 名 称				公称直径（mm 以内）			
				40	50	70	80
预 算 基 价				91.34	93.86	145.96	159.29
其中	人工费（元）			76.25	76.25	116.35	116.35
	材料费（元）			8.63	10.17	17.96	24.63
	机械费（元）			6.46	7.44	11.65	18.31
	仪器仪表费（元）			—	—	—	—
名 称	代号	单位	单价（元）	数 量			
人工	安装工	1002	工日	145.80	0.523	0.523	0.798	0.798
材料	阀门	212387	个	—	（1.000）	（1.000）	（1.000）	（1.000）
	不锈钢法兰	212256	片	—	（2.000）	（2.000）	（2.000）	（2.000）
	不锈钢焊条	207289	kg	55.460	0.084	0.100	0.208	0.283
	耐酸石棉橡胶板	208016	kg	30.000	0.102	0.120	0.154	0.222
	其他材料费	2999	元	—	0.910	1.020	1.800	2.270
机械	电动空气压缩机 ≤1m³/min	3109	台班	74.800	—	—	—	0.037
	电动空气压缩机 ≤6m³/min	3104	台班	339.350	0.002	0.002	0.002	0.002
	其他机具费	3999	元	—	5.780	6.760	10.970	14.860

工作内容：场内搬运、外观检查、阀门清理、切管、焊接、制垫安装、水压试验。 计量单位：个

定 额 编 号				28041008	28041009	28041010	28041011
项 目 名 称				公称直径（mm 以内）			
				100	125	150	200
预 算 基 价				199.41	261.03	335.18	497.01
其中	人工费（元）			145.51	192.60	243.78	364.35
	材料费（元）			28.71	35.33	50.98	73.57
	机械费（元）			25.19	33.10	40.42	59.09
	仪器仪表费（元）			—	—	—	—
名 称	代号	单位	单价（元）	数 量			
人工	安装工	1002	工日	145.80	0.998	1.321	1.672	2.499
材料	阀门	212387	个	—	（1.000）	（1.000）	（1.000）	（1.000）
	不锈钢法兰	212256	片	—	（2.000）	（2.000）	（2.000）	（2.000）
	不锈钢焊条	207289	kg	55.460	0.313	0.366	0.577	0.886
	耐酸石棉橡胶板	208016	kg	30.000	0.290	0.392	0.476	0.582
	其他材料费	2999	元	—	2.650	3.270	4.700	6.970
机械	电动空气压缩机 ≤ 6m³/min	3104	台班	339.350	0.002	0.002	0.002	0.002
	电动空气压缩机 ≤ 1m³/min	3109	台班	74.800	0.048	0.079	0.096	0.133
	其他机具费	3999	元	—	20.920	26.510	32.560	48.460

十一、低压铜法兰（氧、乙炔焊）

工作内容：场内搬运、外观检查、清理、切管、法兰制作安装、预热焊接、紧螺栓、
水压试验。 计量单位：副

定 额 编 号				28042001	28042002	28042003	28042004
项 目 名 称				公称直径（mm 以内）			
				20	30	40	50
预 算 基 价				29.36	43.76	51.99	63.94
其中	人工费（元）			26.39	38.64	45.64	54.82
	材料费（元）			2.43	4.36	5.43	7.98
	机械费（元）			0.54	0.76	0.92	1.14
	仪器仪表费（元）			—	—	—	—
名 称	代号	单位	单价（元）	数 量			
人工	安装工	1002	工日	145.80	0.181	0.265	0.313	0.376
材料	铜法兰	212210	片	—	（2.000）	（2.000）	（2.000）	（2.000）
	氧气	209121	m³	5.890	0.086	0.129	0.177	0.222
	乙炔气	209120	m³	15.000	0.036	0.055	0.075	0.095
	硼砂	209171	kg	4.300	0.004	0.005	0.006	0.007
	铜焊丝	207300	kg	42.500	0.020	0.031	0.040	0.070
	石棉橡胶板	208025	kg	26.000	0.010	0.040	0.040	0.060
	其他材料费	2999	元	—	0.260	0.400	0.500	0.680
机械	其他机具费	3999	元	—	0.540	0.760	0.920	1.140

工作内容：场内搬运、外观检查、清理、切管、法兰制作安装、预热焊接、紧螺栓、
水压试验。

计量单位：副

定 额 编 号				28042005	28042006	28042007	28042008
项 目 名 称				公称直径（mm 以内）			
				65	75	85	100
预 算 基 价				72.43	86.29	104.42	126.22
其中	人工费（元）			60.51	68.67	77.86	92.87
	材料费（元）			10.64	14.86	18.26	21.84
	机械费（元）			1.28	2.76	8.30	11.51
	仪器仪表费（元）			—	—	—	—
名 称	代号	单位	单价（元）	数 量			
人工 安装工	1002	工日	145.80	0.415	0.471	0.534	0.637
材料 铜法兰	212210	片	—	（2.000）	（2.000）	（2.000）	（2.000）
氧气	209121	m³	5.890	0.231	0.378	0.443	0.547
乙炔气	209120	m³	15.000	0.154	0.160	0.206	0.231
硼砂	209171	kg	4.300	0.014	0.018	0.019	0.028
铜焊丝	207300	kg	42.500	0.099	0.157	0.182	0.212
石棉橡胶板	208025	kg	26.000	0.070	0.090	0.130	0.170
其他材料费	2999	元	—	0.880	1.140	1.360	1.600
机械 电动空气压缩机 ≤ 1m³/min	3109	台班	74.800	—	—	0.026	0.037
其他机具费	3999	元	—	1.280	2.760	6.360	8.740

工作内容：场内搬运、外观检查、清理、切管、法兰制作安装、预热焊接、紧螺栓、
水压试验。

计量单位：副

定 额 编 号				28042009	28042010	28042011	28042012
项 目 名 称				公称直径（mm 以内）			
				120	150	185	200
预 算 基 价				148.46	205.50	261.81	316.48
其中	人工费（元）			108.04	153.82	199.60	245.38
	材料费（元）			26.79	34.31	40.56	44.31
	机械费（元）			13.63	17.37	21.65	26.79
	仪器仪表费（元）			—	—	—	—
名 称	代号	单位	单价（元）	数 量			
人工 安装工	1002	工日	145.80	0.741	1.055	1.369	1.683
材料 铜法兰	212210	片	—	（2.000）	（2.000）	（2.000）	（2.000）
氧气	209121	m³	5.890	0.660	0.897	1.146	1.189
乙炔气	209120	m³	15.000	0.279	0.380	0.441	0.485
硼砂	209171	kg	4.300	0.034	0.042	0.050	0.080
铜焊丝	207300	kg	42.500	0.251	0.313	0.380	0.414
石棉橡胶板	208025	kg	26.000	0.230	0.280	0.297	0.330
其他材料费	2999	元	—	1.920	2.560	3.110	3.510
机械 汽车起重机 8t	3011	台班	784.710	—	—	—	0.002
载货汽车 8t	3032	台班	584.010	—	—	—	0.002
电动空气压缩机 ≤ 1m³/min	3109	台班	74.800	0.044	0.055	0.068	0.074
其他机具费	3999	元	—	10.340	13.260	16.560	18.520

十二、低压铜法兰阀门（氧、乙炔焊）

工作内容：场内搬运、外观检查、清理、切管、法兰制作安装、预热焊接、紧螺栓、
水压试验。

计量单位：个

定 额 编 号				28043001	28043002	28043003	28043004
项 目 名 称				管外径（mm 以内）			
				20	30	40	50
预 算 基 价				35.04	52.60	62.14	76.49
其中	人工费（元）			31.78	46.36	54.68	65.76
	材料费（元）			2.64	5.34	6.38	9.39
	机械费（元）			0.62	0.90	1.08	1.34
	仪器仪表费（元）			—	—	—	—
名 称	代号	单位	单价（元）	数 量			
人工	安装工	1002	工日	145.80	0.218	0.318	0.375	0.451
材料	阀门	212387	个	—	（1.000）	（1.000）	（1.000）	（1.000）
	铜法兰	212210	片	—	（2.000）	（2.000）	（2.000）	（2.000）
	氧气	209121	m³	5.890	0.086	0.129	0.177	0.222
	乙炔气	209120	m³	15.000	0.036	0.055	0.075	0.095
	硼砂	209171	kg	4.300	0.004	0.005	0.006	0.007
	石棉橡胶板	208025	kg	26.000	0.020	0.080	0.080	0.120
	铜焊丝	207300	kg	42.500	0.020	0.031	0.040	0.070
	其他材料费	2999	元	—	0.210	0.340	0.410	0.530
机械	其他机具费	3999	元	—	0.620	0.900	1.080	1.340

工作内容：场内搬运、外观检查、清理、切管、法兰制作安装、预热焊接、紧螺栓、
水压试验。

计量单位：个

定　额　编　号				28043005	28043006	28043007	28043008
项　目　名　称				管外径（mm 以内）			
				65	75	85	100
预　算　基　价				86.34	100.96	123.15	149.04
其中	人工费（元）			72.61	82.38	93.31	111.39
	材料费（元）			12.23	16.88	21.26	25.82
	机械费（元）			1.50	1.70	8.58	11.83
	仪器仪表费（元）			—	—	—	—
名　　称	代号	单位	单价（元）	数　　量			
人工	安装工	1002	工日	145.80	0.498	0.565	0.640	0.764
材料	阀门	212387	个	—	（1.000）	（1.000）	（1.000）	（1.000）
	铜法兰	212210	片	—	（2.000）	（2.000）	（2.000）	（2.000）
	氧气	209121	m³	5.890	0.231	0.378	0.443	0.547
	乙炔气	209120	m³	15.000	0.154	0.160	0.206	0.231
	硼砂	209171	kg	4.300	0.014	0.018	0.019	0.028
	石棉橡胶板	208025	kg	26.000	0.140	0.180	0.260	0.340
	铜焊丝	207300	kg	42.500	0.099	0.157	0.182	0.212
	其他材料费	2999	元	—	0.650	0.820	0.980	1.160
机械	电动空气压缩机 ≤ 1m³/min	3109	台班	74.800	—	—	0.026	0.037
	其他机具费	3999	元	—	1.500	1.700	6.640	9.060

工作内容：场内搬运、外观检查、清理、切管、法兰制作安装、预热焊接、紧螺栓、
水压试验。

计量单位：个

定　额　编　号				28043009	28043010	28043011	28043012
项　目　名　称				管外径（mm 以内）			
				120	150	185	200
预　算　基　价				175.90	243.41	310.08	384.45
其中	人工费（元）			129.62	184.58	239.55	306.91
	材料费（元）			32.25	40.90	48.16	52.38
	机械费（元）			14.03	17.93	22.37	25.16
	仪器仪表费（元）			—	—	—	—
名　　称	代号	单位	单价（元）	数　　量			
人工	安装工	1002	工日	145.80	0.889	1.266	1.643	2.105
材料	阀门	212387	个	—	（1.000）	（1.000）	（1.000）	（1.000）
	铜法兰	212210	片	—	（2.000）	（2.000）	（2.000）	（2.000）
	氧气	209121	m³	5.890	0.660	0.897	1.146	1.189
	乙炔气	209120	m³	15.000	0.279	0.380	0.485	0.503
	硼砂	209171	kg	4.300	0.034	0.042	0.050	0.080
	石棉橡胶板	208025	kg	26.000	0.460	0.560	0.594	0.660
	铜焊丝	207300	kg	42.500	0.251	0.313	0.380	0.414
	其他材料费	2999	元	—	1.400	1.870	2.330	2.730
机械	电动空气压缩机 ≤ 1m³/min	3109	台班	74.800	0.044	0.055	0.068	0.074
	其他机具费	3999	元	—	10.740	13.820	17.280	19.610

十三、低压塑料丝扣阀门

工作内容：场内搬运、外观检查、切管抹胶、阀门安装、水压试验。　　　　　　　　　计量单位：个

定 额 编 号				28044001	28044002	28044003	28044004	28044005
项 目 名 称				公称直径（mm 以内）				
				20	25	32	40	50
预 算 基 价				18.22	22.19	27.70	51.20	108.26
其中	人工费（元）			11.08	13.27	16.18	20.85	35.14
	材料费（元）			6.94	8.66	11.24	29.97	72.50
	机械费（元）			0.20	0.24	0.28	0.38	0.62
	仪器仪表费（元）			—	—	—	—	—
名 称	代号	单位	单价（元）	数 量				
人工	安装工	1002	工日	145.80	0.076	0.091	0.111	0.143	0.241
材料	阀门	212387	个	—	（1.010）	（1.010）	（1.010）	（1.010）	（1.010）
	承插塑料管件20	212079	个	3.200	2.020	—	—	—	—
	承插塑料管件25	212080	个	4.000	—	2.020	—	—	—
	承插塑料管件32	212081	个	5.200	—	—	2.020	—	—
	承插塑料管件40	212082	个	14.000	—	—	—	2.020	—
	承插塑料管件50	212083	个	34.000	—	—	—	—	2.020
	塑料管粘接剂	209425	kg	13.500	0.007	0.008	0.010	0.013	0.016
	其他材料费	2999	元	—	0.380	0.470	0.600	1.510	3.600
机械	其他机具费	3999	元	—	0.200	0.240	0.280	0.380	0.620

十四、低压塑料法兰阀门（焊接）

工作内容：场内搬运、外观检查、切管、法兰垫制作与安装、阀门及法兰安装、紧螺栓、
　　　　　水压试验。　　　　　　　　　　　　　　　　　　　　　　　　　　计量单位：个

定 额 编 号				28045001	28045002	28045003
项 目 名 称				公称直径（mm 以内）		
				20	25	32
预 算 基 价				39.15	50.35	50.96
其中	人工费（元）			33.24	43.01	43.01
	材料费（元）			2.22	2.78	3.09
	机械费（元）			3.69	4.56	4.86
	仪器仪表费（元）			—	—	—
名 称	代号	单位	单价（元）	数 量		
人工	安装工	1002	工日	145.80	0.228	0.295	0.295
材料	阀门	212387	个	—	（1.000）	（1.000）	（1.000）
	塑料法兰	212212	片	—	（2.000）	（2.000）	（2.000）
	塑料焊条	207303	kg	19.600	0.010	0.020	0.020
	耐酸石棉橡胶板	208016	kg	30.000	0.060	0.070	0.080
	其他材料费	2999	元	—	0.220	0.290	0.300
机械	其他机具费	3999	元	—	3.690	4.560	4.860

工作内容：场内搬运、外观检查、切管、法兰垫制作与安装、阀门及法兰安装、紧螺栓、
水压试验。

计量单位：个

定 额 编 号				28045004	28045005	28045006	28045007
项 目 名 称				公称直径（mm 以内）			
				40	50	70	80
预 算 基 价				64.51	68.08	97.82	101.84
其中	人工费（元）			55.40	55.40	81.79	81.79
	材料费（元）			4.08	5.23	7.00	9.69
	机械费（元）			5.03	7.45	9.03	10.36
	仪器仪表费（元）			—	—	—	—
名 称	代号	单位	单价（元）	数 量			
人工	安装工	1002	工日	145.80	0.380	0.380	0.561	0.561
材料	阀门	212387	个	—	（1.000）	（1.000）	（1.000）	（1.000）
	塑料法兰	212212	片	—	（2.000）	（2.000）	（2.000）	（2.000）
	塑料焊条	207303	kg	19.600	0.020	0.030	0.050	0.060
	耐酸石棉橡胶板	208016	kg	30.000	0.110	0.140	0.180	0.260
	其他材料费	2999	元	—	0.390	0.440	0.620	0.710
机械	其他机具费	3999	元	—	5.030	7.450	9.030	10.360

工作内容：场内搬运、外观检查、切管、法兰垫制作与安装、阀门及法兰安装、紧螺栓、
水压试验。

计量单位：个

定 额 编 号				28045008	28045009	28045010	28045011
项 目 名 称				公称直径（mm 以内）			
				100	125	150	200
预 算 基 价				125.13	152.73	177.09	267.33
其中	人工费（元）			99.73	116.35	134.43	210.54
	材料费（元）			13.00	17.54	21.05	26.08
	机械费（元）			12.40	18.84	21.61	30.71
	仪器仪表费（元）			—	—	—	—
名 称	代号	单位	单价（元）	数 量			
人工	安装工	1002	工日	145.80	0.684	0.798	0.922	1.444
材料	阀门	212387	个	—	（1.000）	（1.000）	（1.000）	（1.000）
	塑料法兰	212212	片	—	（2.000）	（2.000）	（2.000）	（2.000）
	塑料焊条	207303	kg	19.600	0.080	0.130	0.160	0.220
	耐酸石棉橡胶板	208016	kg	30.000	0.350	0.460	0.550	0.660
	其他材料费	2999	元	—	0.930	1.190	1.410	1.970
机械	其他机具费	3999	元	—	12.400	18.840	21.610	30.710

十五、热熔焊接阀门

工作内容：切管、热熔焊、阀门安装、水压试验。 计量单位：个

定 额 编 号					28046001	28046002	28046003
项 目 名 称					公称直径（mm 以内）		
					20	25	32
预 算 基 价					16.08	16.60	19.65
其中	人工费（元）				13.85	13.85	16.62
	材料费（元）				0.38	0.47	0.60
	机械费（元）				1.85	2.28	2.43
	仪器仪表费（元）				—	—	—
	名 称	代号	单位	单价（元）	数 量		
人工	安装工	1002	工日	145.80	0.095	0.095	0.114
材料	热熔焊阀门	212390	个	—	（1.010）	（1.010）	（1.010）
	其他材料费	2999	元	—	0.380	0.470	0.600
机械	其他机具费	3999	元	—	1.850	2.280	2.430

工作内容：切管、热熔焊、阀门安装、水压试验。 计量单位：个

定 额 编 号					28046004	28046005	28046006
项 目 名 称					公称直径（mm 以内）		
					40	50	63
预 算 基 价					17.88	21.18	26.26
其中	人工费（元）				13.85	13.85	16.62
	材料费（元）				1.51	3.60	5.12
	机械费（元）				2.52	3.73	4.52
	仪器仪表费（元）				—	—	—
	名 称	代号	单位	单价（元）	数 量		
人工	安装工	1002	工日	145.80	0.095	0.095	0.114
材料	热熔焊阀门	212390	个	—	（1.010）	（1.010）	（1.010）
	其他材料费	2999	元	—	1.510	3.600	5.120
机械	其他机具费	3999	元	—	2.520	3.730	4.520

十六、中、低压阀门解体检查及清洗

工作内容：场内搬运、准备工具、阀门解体检查、清洗、水压试验。　　　　　　　　　　　计量单位：个

定　额　编　号				28047001	28047002	28047003
项　目　名　称				公称直径（mm 以内）		
				50	100	150
预　算　基　价				28.36	52.02	69.56
其中	人工费（元）			26.39	48.55	65.17
	材料费（元）			1.73	3.04	3.81
	机械费（元）			0.24	0.43	0.58
	仪器仪表费（元）			—	—	—
名　　称	代号	单位	单价（元）	数　　　量		
人工	安装工	1002	工日	145.80	0.181	0.333	0.447
材料	焊接钢管 15	201065	m	6.530	0.040	0.040	0.040
	石棉橡胶板	208025	kg	26.000	0.005	0.010	0.020
	气焊条	207297	kg	5.080	0.010	0.010	0.010
	石棉盘根	208024	kg	16.100	0.040	0.100	0.120
	乙炔气	209120	m³	15.000	0.008	0.008	0.008
	氧气	209121	m³	5.890	0.020	0.020	0.020
	胶布管 25	208208	m	4.340	0.010	0.010	0.010
	电焊条 综合	207290	kg	6.000	0.014	0.014	0.014
	普通钢板 δ16～20	201033	kg	5.300	0.016	0.030	0.050
	其他材料费	2999	元	—	0.190	0.330	0.420
机械	其他机具费	3999	元	—	0.240	0.430	0.580

工作内容：场内搬运、准备工具、阀门解体检查、清洗、水压试验。 计量单位：个

定 额 编 号				28047004	28047005	28047006	28047007
项 目 名 称				公称直径（mm 以内）			
				200	300	400	500
预 算 基 价				113.24	178.15	399.75	559.12
其中	人工费（元）			108.04	170.44	387.83	542.96
	材料费（元）			4.24	6.19	8.46	11.31
	机械费（元）			0.96	1.52	3.46	4.85
	仪器仪表费（元）			—	—	—	—
名 称	代号	单位	单价（元）	数 量			
人工 安装工	1002	工日	145.80	0.741	1.169	2.660	3.724
材料 焊接钢管 15	201065	m	6.530	0.040	0.040	0.040	0.040
石棉橡胶板	208025	kg	26.000	0.020	0.020	0.040	0.050
气焊条	207297	kg	5.080	0.010	0.010	0.010	0.010
石棉盘根	208024	kg	16.100	0.120	0.200	0.220	0.300
乙炔气	209120	m³	15.000	0.008	0.008	0.008	0.008
氧气	209121	m³	5.890	0.020	0.020	0.020	0.020
胶布管 25	208208	m	4.340	0.010	0.010	0.010	0.010
电焊条 综合	207290	kg	6.000	0.014	0.014	0.014	0.014
普通钢板 $\delta16 \sim 20$	201033	kg	5.300	0.070	0.130	0.210	0.310
其他材料费	2999	元	—	0.740	1.080	2.090	2.860
机械 其他机具费	3999	元	—	0.960	1.520	3.460	4.850

第八节 套管及管道、设备支架制作、安装

一、一般穿墙套管制作、安装

工作内容：确定位置、套管制作、修补墙洞、安装就位、找正、加填料。 计量单位：个

定额编号				28048001	28048002	28048003	28048004
项目名称				公称直径（mm 以内）			
				25	32	40	50
预算基价				14.10	15.57	17.83	21.26
其中	人工费（元）			11.37	12.54	13.85	15.16
	材料费（元）			2.43	2.81	3.74	5.82
	机械费（元）			0.20	0.22	0.24	0.28
	仪器仪表费（元）			—	—	—	—
名　称	代号	单位	单价（元）	数　量			
人工	安装工	1002	工日	145.80	0.078	0.086	0.095	0.104
材料	焊接钢管	201080	m	—	（0.300）	（0.300）	（0.300）	（0.300）
	砂子	204025	kg	0.125	3.899	3.301	2.069	7.128
	圆钢 φ10 以内	201014	kg	5.200	0.158	0.158	0.158	0.158
	油麻	218033	kg	5.400	0.100	0.183	0.381	0.545
	水泥 综合	202001	kg	0.506	0.646	0.547	0.342	1.181
	其他材料费	2999	元	—	0.250	0.310	0.430	0.570
机械	其他机具费	3999	元	—	0.200	0.220	0.240	0.280

工作内容：确定位置、套管制作、修补墙洞、安装就位、找正、加填料。　　　　　　　　　　计量单位：个

定 额 编 号				28048005	28048006	28048007	28048008
项 目 名 称				公称直径（mm 以内）			
				70	80	100	125
预 算 基 价				26.93	34.64	47.51	65.39
其中	人工费（元）			19.97	24.64	33.10	40.24
	材料费（元）			6.60	9.56	13.81	24.43
	机械费（元）			0.36	0.44	0.60	0.72
	仪器仪表费（元）			—	—	—	—
名　称	代号	单位	单价（元）	数　量			
人工	安装工	1002	工日	145.80	0.137	0.169	0.227	0.276
材料	焊接钢管	201080	m	—	（0.300）	（0.300）	（0.300）	（0.300）
	砂子	204025	kg	0.125	5.298	2.352	7.196	7.100
	圆钢 φ10 以内	201014	kg	5.200	0.158	0.158	0.158	0.158
	油麻	218033	kg	5.400	0.731	1.334	1.876	3.682
	水泥 综合	202001	kg	0.506	0.878	0.390	1.192	1.177
	其他材料费	2999	元	—	0.720	1.040	1.360	2.240
机械	其他机具费	3999	元	—	0.360	0.440	0.600	0.720

工作内容：确定位置、套管制作、修补墙洞、安装就位、找正、加填料。　　　　　　　　　　计量单位：个

定 额 编 号				28048009	28048010	28048011	28048012
项 目 名 称				公称直径（mm 以内）			
				150	200	250	300
预 算 基 价				66.21	74.53	84.86	98.46
其中	人工费（元）			47.39	53.51	62.99	74.36
	材料费（元）			17.98	20.06	20.75	22.78
	机械费（元）			0.84	0.96	1.12	1.32
	仪器仪表费（元）			—	—	—	—
名　称	代号	单位	单价（元）	数　量			
人工	安装工	1002	工日	145.80	0.325	0.367	0.432	0.510
材料	无缝钢管	201085	m	—	（0.300）	（0.300）	（0.300）	（0.300）
	水泥 综合	202001	kg	0.506	1.177	1.253	—	—
	砂子	204025	kg	0.125	7.108	7.564	—	—
	油麻	218033	kg	5.400	2.548	2.517	2.678	2.921
	圆钢 φ10 以内	201014	kg	5.200	0.158	0.316	0.316	0.316
	其他材料费	2999	元	—	1.920	3.250	4.650	5.360
机械	其他机具费	3999	元	—	0.840	0.960	1.120	1.320

工作内容：确定位置、套管制作、修补墙洞、安装就位、找正、加填料。   计量单位：个

定 额 编 号				28048013	28048014	28048015	28048016
项 目 名 称				公称直径（mm 以内）			
				350	400	450	500
预 算 基 价				110.59	503.59	560.99	625.05
其中	人工费（元）			84.71	100.89	115.04	134.43
	材料费（元）			24.36	371.65	411.85	450.79
	机械费（元）			1.52	31.05	34.10	39.83
	仪器仪表费（元）			—	—	—	—
名　称	代号	单位	单价（元）	数　量			
人工	安装工	1002	工日	145.80	0.581	0.692	0.789	0.922
材料	无缝钢管	201085	m	—	（0.300）	（0.300）	（0.300）	（0.300）
	电焊条 综合	207290	kg	6.000	—	2.080	2.800	3.120
	氧气	209121	m³	5.890	—	1.580	1.580	1.695
	乙炔气	209120	m³	15.000	—	0.578	0.578	0.622
	普通钢板 δ8.0～15	201032	kg	5.300	—	58.233	64.704	71.215
	圆钢 φ10 以内	201014	kg	5.200	0.316	0.474	0.474	0.474
	油麻	218033	kg	5.400	3.093	3.639	3.724	3.739
	其他材料费	2999	元	—	6.010	10.440	11.570	12.660
机械	其他机具费	3999	元	—	1.520	31.050	34.100	39.830

二、柔性防水套管制作、安装

工作内容：场内搬运、放样、下料、翼环、非标法兰盘制作、焊管抽条、焊接、刷漆。　　计量单位：个

定 额 编 号				28049001	28049002	28049003	28049004	28049005
项 目 名 称				公称直径（mm 以内）				
				50	80	100	125	150
预 算 基 价				384.48	514.35	627.48	736.68	835.93
其中	人工费（元）			260.54	300.64	367.12	418.30	470.93
	材料费（元）			95.45	177.39	206.32	260.95	303.52
	机械费（元）			28.49	36.32	54.04	57.43	61.48
	仪器仪表费（元）			—	—	—	—	—
名　称	代号	单位	单价（元）	数　量				
人工	安装工	1002	工日	145.80	1.787	2.062	2.518	2.869	3.230
材料	焊接钢管	201080	m	—	（0.560）	（0.560）	（0.560）	（0.560）	—
	无缝钢管	201085	m	—	—	—	—	—	（0.560）
	黄油	209163	kg	7.220	0.070	0.100	0.100	0.120	0.120
	机油	209165	kg	7.800	0.040	0.050	0.050	0.050	0.050
	垫圈 16	207020	个	0.058	—	4.120	4.120	8.240	8.240
	乙炔气	209120	m³	15.000	—	1.155	1.287	1.375	1.507
	防锈漆	209020	kg	17.000	0.100	0.120	0.140	0.200	0.250
	圆钢 φ10 以内	201014	kg	5.200	0.403	0.529	0.607	0.684	0.773
	带母螺栓 12×40～60	207102	套	0.339	4.120	—	—	—	—
	带母螺栓 16×65～80	207108	套	0.794	—	4.120	4.120	8.240	8.240
	普通钢板 δ8.0～15	201032	kg	5.300	12.387	22.512	26.626	34.842	40.890
	垫圈 12	207018	个	0.036	4.120	—	—	—	—
	电焊条 综合	207290	kg	6.000	1.000	1.250	1.470	1.800	2.480
	氧气	209121	m³	5.890	2.340	3.160	3.510	3.740	4.100
	橡胶圈	208117	kg	10.000	0.110	0.140	0.170	0.200	0.230
	其他材料费	2999	元	—	2.760	3.830	4.540	5.600	6.320
机械	其他机具费	3999	元	—	28.490	36.320	54.040	57.430	61.480

工作内容：场内搬运、放样、下料、翼环、非标法兰盘制作、焊管抽条、焊接、刷漆。　　计量单位：个

定　额　编　号				28049006	28049007	28049008	28049009	28049010
项　目　名　称				公称直径（mm 以内）				
				200	250	300	350	400
预　算　基　价				1137.22	1380.70	1641.08	1975.28	2385.92
其中	人工费（元）			540.19	598.36	653.77	732.79	806.27
	材料费（元）			527.75	698.09	900.05	1141.31	1459.02
	机械费（元）			69.28	84.25	87.26	101.18	120.63
	仪器仪表费（元）			—	—	—	—	—
名　称	代号	单位	单价（元）	数　　量				
人工	安装工	1002	工日	145.80	3.705	4.104	4.484	5.026	5.530

名　称	代号	单位	单价（元）	200	250	300	350	400
安装工	1002	工日	145.80	3.705	4.104	4.484	5.026	5.530
无缝钢管	201085	m	—	（0.560）	（0.560）	（0.560）	（0.560）	（0.560）
黄油	209163	kg	7.220	0.120	0.160	0.160	0.200	0.200
防锈漆	209020	kg	17.000	0.400	0.610	0.720	0.900	1.090
乙炔气	209120	m³	15.000	1.936	2.365	2.365	2.398	2.398
垫圈 20	207022	个	0.096			12.360	12.360	16.480
带母螺栓 16×65～80	207108	套	0.794	8.240	12.360	—	—	—
带母螺栓 20×85～100	207111	套	1.604			12.360	12.360	16.480
机油	209165	kg	7.800	0.080	0.080	0.080	0.100	0.100
氧气	209121	m³	5.890	5.270	6.440	6.440	6.550	6.550
圆钢 φ10 以内	201014	kg	5.200	1.050	1.254	1.457	1.653	1.877
普通钢板 δ16～20	201033	kg	5.300	76.738	101.234	133.708	176.488	231.547
橡胶圈	208117	kg	10.000	0.290	0.360	0.420	0.480	0.540
电焊条 综合	207290	kg	6.000	4.560	7.040	9.200	10.040	11.600
垫圈 16	207020	个	0.058	8.240	12.360	—	—	—
其他材料费	2999	元	—	9.930	13.100	15.980	19.200	23.740
机械 其他机具费	3999	元	—	69.280	84.250	87.260	101.180	120.630

三、刚性防水套管制作、安装

工作内容：场内搬运、放样、下料、组对、焊管抽条、焊接、刷漆。　　　　　　　　　计量单位：个

定 额 编 号				28050001	28050002	28050003	28050004
项 目 名 称				公称直径（mm 以内）			
				50	80	100	125
预 算 基 价				284.57	339.91	390.71	450.47
其中	人工费（元）			177.44	194.06	227.30	266.09
	材料费（元）			94.80	131.13	141.89	160.71
	机械费（元）			12.33	14.72	21.52	23.67
	仪器仪表费（元）			—	—	—	—
名 称	代号	单位	单价（元）	数 量			
人工	安装工	1002	工日	145.80	1.217	1.331	1.559	1.825
	焊接钢管	201080	m	—	（0.500）	（0.500）	（0.500）	（0.500）
	油麻	218033	kg	5.400	1.200	1.810	1.810	2.040
	石棉绒	208022	kg	16.100	2.500	3.790	3.790	4.270
	水泥 综合	202001	kg	0.506	5.800	8.900	8.900	10.000
	防锈漆	209020	kg	17.000	0.050	0.060	0.070	0.100
	扁钢 60 以内	201018	kg	4.900	0.900	1.050	1.250	1.400
	普通钢板 $\delta 8.0 \sim 15$	201032	kg	5.300	4.190	5.198	6.458	7.466
	乙炔气	209120	m^3	15.000	0.429	0.539	0.605	0.649
	氧气	209121	m^3	5.890	1.170	1.460	1.640	1.760
	电焊条 综合	207290	kg	6.000	0.400	0.500	0.590	0.720
	其他材料费	2999	元	—	1.940	2.430	2.780	3.340
机械	其他机具费	3999	元	—	12.330	14.720	21.520	23.670

工作内容：场内搬运、放样、下料、组对、焊管抽条、焊接、刷漆。 计量单位：个

定 额 编 号					28050005	28050006	28050007	28050008
项 目 名 称					公称直径（mm 以内）			
					150	200	250	300
预 算 基 价					473.31	607.34	778.45	919.35
其中	人工费（元）				277.17	357.50	425.30	475.16
	材料费（元）				171.25	221.11	317.99	403.22
	机械费（元）				24.89	28.73	35.16	40.97
	仪器仪表费（元）				—	—	—	—
名 称	代号	单位	单价（元）		数 量			
人工	安装工	1002	工日	145.80	1.901	2.452	2.917	3.259
材料	无缝钢管	201085	m	—	（0.500）	（0.500）	（0.500）	（0.500）
	防锈漆	209020	kg	17.000	0.120	0.200	0.310	0.350
	乙炔气	209120	m³	15.000	0.682	0.726	0.946	0.968
	水泥 综合	202001	kg	0.506	10.000	11.900	18.900	18.900
	油麻	218033	kg	5.400	2.040	2.440	3.860	3.860
	石棉绒	208022	kg	16.100	4.270	5.110	8.090	8.090
	普通钢板 δ8.0～15	201032	kg	5.300	8.652	12.800	16.391	30.660
	扁钢 60 以内	201018	kg	4.900	1.600	2.000	2.400	2.700
	氧气	209121	m³	5.890	1.870	1.990	2.570	2.630
	电焊条 综合	207290	kg	6.000	0.990	1.800	2.800	3.680
	其他材料费	2999	元	—	3.510	5.190	7.300	8.790
机械	其他机具费	3999	元	—	24.890	28.730	35.160	40.970

工作内容：场内搬运、放样、下料、组对、焊管抽条、焊接、刷漆。　　　　　　　　　　　　　　　计量单位：个

定 额 编 号				28050009	28050010	28050011	28050012
项 目 名 称				公称直径（mm 以内）			
				350	400	450	500
预 算 基 价				1130.26	1566.19	1825.23	1955.70
其中	人工费（元）			587.28	646.91	777.11	810.36
	材料费（元）			493.95	852.92	974.31	1063.91
	机械费（元）			49.03	66.36	73.81	81.43
	仪器仪表费（元）			—	—	—	—
名 称	代号	单位	单价（元）	数 量			
人工	安装工	1002	工日	145.80	4.028	4.437	5.330	5.558
材料	无缝钢管	201085	kg	—	（0.500）	—	—	—
	水泥 综合	202001	kg	0.506	23.000	23.000	26.700	26.700
	乙炔气	209120	m³	15.000	1.078	1.155	1.155	1.243
	油麻	218033	kg	5.400	4.710	4.710	5.460	5.460
	石棉绒	208022	kg	16.100	9.870	9.870	11.420	11.420
	扁钢 60 以内	201018	kg	4.900	3.100	3.400	3.800	4.100
	普通钢板 δ8.0～15	201032	kg	5.300	39.764	105.914	120.375	135.307
	氧气	209121	m³	5.890	2.930	3.160	3.160	3.390
	电焊条 综合	207290	kg	6.000	3.740	4.160	5.600	6.240
	其他材料费	2999	元	—	16.160	18.040	21.310	23.780
机械	其他机具费	3999	元	—	49.030	66.360	73.810	81.430

四、阻火圈安装

工作内容：划线、打眼、就位、紧螺栓、阻火圈安装。　　　　　　　　　　　　　　　　　计量单位：个

定 额 编 号				28051001	28051002	28051003	28051004
项 目 名 称				公称直径（mm 以内）			
				100	125	150	200
预 算 基 价				59.15	63.59	95.56	102.64
其中	人工费（元）			51.90	56.28	83.11	90.10
	材料费（元）			6.79	6.81	11.71	11.74
	机械费（元）			0.46	0.50	0.74	0.80
	仪器仪表费（元）			—	—	—	—
名 称	代号	单位	单价（元）	数 量			
人工	安装工	1002	工日	145.80	0.356	0.386	0.570	0.618
材料	阻火圈	217074	个	—	（1.000）	（1.000）	（1.000）	（1.000）
	膨胀螺栓 φ12	207161	套	1.560	4.120	4.120	—	—
	膨胀螺栓 φ16	207163	套	2.700	—	—	4.120	4.120
	其他材料费	2999	元	—	0.360	0.380	0.590	0.620
机械	其他机具费	3999	元	—	0.460	0.500	0.740	0.800

五、管道支架制作、安装

工作内容：场内搬运、放样、切断、煨制、组对、打洞、固定、安装、堵洞。 计量单位：100kg

定 额 编 号				28052001	28052002	28052003	28052004
项 目 名 称				室内管道			室外管道
				一般管架	木垫式管架	弹簧式管架	
预 算 基 价				1624.99	1204.77	1062.81	1120.53
其中	人工费（元）			1340.78	1032.56	913.00	989.69
	材料费（元）			176.66	116.38	68.65	61.38
	机械费（元）			107.55	55.83	81.16	69.46
	仪器仪表费（元）			—	—	—	—
名 称	代号	单位	单价（元）	数 量			
人工	安装工	1002	工日	145.80	9.196	7.082	6.262	6.788
材料	木垫	203074	m³	—	—	（0.048）	—	—
	型钢	201013	kg	—	（106.000）	（102.000）	（102.000）	（106.000）
	氧气	209121	m³	5.890	2.551	2.105	1.230	1.916
	石棉橡胶板	208025	kg	26.000	0.510	—	—	—
	乙炔气	209120	m³	15.000	0.958	0.892	0.528	0.805
	水泥 综合	202001	kg	0.506	12.103	9.000	6.500	6.050
	电焊条 综合	207290	kg	6.000	5.400	2.000	2.760	3.331
	螺栓及垫片 综合	207730	kg	5.120	0.770	0.457	1.860	0.509
	膨胀螺栓 φ12	207161	套	1.560	44.710	34.920	—	—
	螺栓 综合	207046	个	3.730	1.595	1.185	3.620	0.500
	其他材料费	2999	元	—	15.840	12.810	10.610	10.500
机械	其他机具费	3999	元	—	107.550	55.830	81.160	69.460

六、调节阀临时短管制作、安装

工作内容：准备工作、切管、焊法兰、拆除调节阀、装临时短管、把螺栓、试压、
吹洗后短管拆除。

计量单位：个

定 额 编 号				28053001	28053002	28053003	28053004	28053005
项 目 名 称				公称直径（mm 以内）				
				15	25	50	100	150
预 算 基 价				53.73	69.48	83.57	112.55	192.40
其中	人工费（元）			49.57	61.24	68.53	81.65	141.43
	材料费（元）			2.49	6.57	13.37	27.83	47.90
	机械费（元）			1.67	1.67	1.67	3.07	3.07
	仪器仪表费（元）			—	—	—	—	—
名 称	代号	单位	单价（元）	数 量				
人工	安装工	1002	工日	145.80	0.340	0.420	0.470	0.560	0.970
材料	平焊法兰（1.6MPa）15	212237	片	5.000	0.400	—	—	—	—
	平焊法兰（1.6MPa）25	212239	片	14.740	—	0.400	—	—	—
	平焊法兰（1.6MPa）50	212242	片	29.480	—	—	0.400	—	—
	平焊法兰（1.6MPa）100	212245	片	60.700	—	—	—	0.400	—
	平焊法兰（1.6MPa）150	212247	片	104.830	—	—	—	—	0.400
	氧气	209121	m³	5.890	0.030	0.030	0.080	0.180	0.310
	电焊条 综合	207290	kg	6.000	0.010	0.010	0.030	0.070	0.120
	乙炔气	209120	m³	15.000	0.010	0.010	0.030	0.060	0.100
	其他材料费	2999	元	—	0.100	0.290	0.480	1.170	1.920
机械	交流弧焊机≤32kV·A	3100	台班	140.710	0.010	0.010	0.010	0.020	0.020
	其他机具费	3999	元	—	0.260	0.260	0.260	0.260	0.260

工作内容：准备工作、切管、焊法兰、拆除调节阀、装临时短管、把螺栓、试压、吹洗
　　　　　后短管拆除。

计量单位：个

定 额 编 号				28053006	28053007	28053008	28053009
项 目 名 称				公称直径（mm 以内）			
				200	300	400	500
预 算 基 价				240.57	472.94	792.63	1110.47
其中	人工费（元）			163.30	265.36	336.80	368.87
	材料费（元）			70.46	197.95	444.80	727.75
	机械费（元）			6.81	9.63	11.03	13.85
	仪器仪表费（元）			—	—	—	—
名　称	代号	单位	单价（元）	数　　量			
人工	安装工	1002	工日	145.80	1.120	1.820	2.310	2.530
材料	平焊法兰（1.6MPa）200	212248	片	150.610	0.400	—	—	—
	平焊法兰（1.6MPa）300	212250	片	460.000	—	0.400	—	—
	平焊法兰（1.6MPa）400	212252	片	1054.110	—	—	0.400	—
	平焊法兰（1.6MPa）500	212236	片	1729.360	—	—	—	0.400
	氧气	209121	m³	5.890	0.590	0.690	1.130	1.850
	电焊条 综合	207290	kg	6.000	0.230	0.540	0.880	1.440
	乙炔气	209120	m³	15.000	0.200	0.230	0.380	0.620
	其他材料费	2999	元	—	2.360	3.200	5.520	7.170
机械	交流弧焊机≤32kV·A	3100	台班	140.710	0.030	0.050	0.060	0.080
	其他机具费	3999	元	—	2.590	2.590	2.590	2.590

第九节 仪 表 安 装

一、温 度 计

工作内容：场内搬运、外观检查、温度取样部件安装、温度计、表壳安装、毛细管固定、
校验挂牌。

定 额 编 号				28054001	28054002	28054003	28054004
项 目 名 称				膨胀式（支）		压力式尾长10m以内（支）	温差补偿修正仪（块）
				液体	双金属		
预 算 基 价				63.51	102.39	307.36	94.00
其中	人工费（元）			41.70	79.02	271.63	85.29
	材料费（元）			19.10	19.54	23.95	6.29
	机械费（元）			2.71	3.83	11.78	2.42
	仪器仪表费（元）			—	—	—	—
名 称	代号	单位	单价（元）	数 量			
人工	安装工	1002	工日	145.80	0.286	0.542	1.863	0.585
材料	压力式温度计 尾长10m以内	217055	支	—	—	—	（1.000）	—
	双金属温度计 0~160℃	217054	支	—	—	（1.000）	—	—
	温度补偿修正仪	217064	台	—	—	—	—	（1.000）
	温度表插座	217056	个	—	（1.000）	（1.000）	（1.000）	—
	工业液体温度计 0~160℃	217053	支	—	（1.000）	—	—	—
	尼龙扎头	210087	个	0.100	—	—	6.000	—
	聚四氟乙烯生料带	210065	卷	5.010	0.100	0.100	0.200	0.400
	黑玛钢管箍15	212171	个	0.290	—	—	—	2.000
	镀锌电缆卡子2×35	207207	个	1.540	—	—	1.000	—
	汽油93#	209173	kg	9.900	—	—	0.100	—
	电焊条 综合	207290	kg	6.000	0.037	0.037	0.037	0.320
	熟铁管箍20	212258	个	1.100	1.000	1.000	1.000	—
	氧气	209121	m³	5.890	0.001	0.001	0.001	0.100
	位号牌	218095	个	2.000	1.000	1.000	1.000	—
	垫片	208218	个	15.000	1.000	1.000	1.000	—
	乙炔气	209120	m³	15.000	0.001	0.001	0.001	0.054
	其他材料费	2999	元	—	0.260	0.700	1.480	0.390
机械	其他机具费	3999	元	—	2.710	3.830	11.780	2.420

二、流 量 计

工作内容：场内搬运、外观检查、法兰焊接、紧螺栓、流量计安装、开孔、表计校验、
仪表安装、管座安装。

计量单位：个

定 额 编 号				28055001	28055002	28055003	28055004
项 目 名 称				公称直径（mm 以内）			
				50	100	150	200
预 算 基 价				136.60	267.55	400.50	612.57
其中	人工费（元）			60.94	110.81	137.20	232.70
	材料费（元）			69.96	146.20	250.68	350.96
	机械费（元）			5.70	10.54	12.62	28.91
	仪器仪表费（元）			—	—	—	—
名 称	代号	单位	单价（元）	数 量			
人工 安装工	1002	工日	145.80	0.418	0.760	0.941	1.596
材料 流量计	217065	支	—	（1.000）	（1.000）	（1.000）	（1.000）
电焊条 综合	207290	kg	6.000	0.210	0.440	0.770	1.600
乙炔气	209120	m³	15.000	0.016	0.033	0.052	0.060
平焊法兰（1.6MPa）50	212242	片	29.480	2.000	—	—	—
平焊法兰（1.6MPa）100	212245	片	60.700	—	2.000	—	—
平焊法兰（1.6MPa）150	212247	片	104.830	—	—	2.000	—
平焊法兰（1.6MPa）200	212248	片	150.610	—	—	—	2.000
螺栓 综合	207046	个	3.730	1.408	3.072	5.312	5.312
氧气	209121	m³	5.890	0.040	0.070	0.100	0.130
石棉橡胶板	208025	kg	26.000	0.140	0.350	0.550	0.660
其他材料费	2999	元	—	0.370	0.690	0.920	1.500
机械 其他机具费	3999	元	—	5.700	10.540	12.620	28.910

三、压 力 表

工作内容：场内搬运、外观检查、压力取样部件安装、压力表安装、表弯管安装、表开关安装、固定、找正、校验、挂牌。

定 额 编 号				28056001	28056002	28056003	28056004	28056005
项 目 名 称				压力表（块）		U 型压力计（支）		自动压力记录仪（台）
				普通	电接点	±200	±500	
预 算 基 价				164.82	261.27	247.66	366.13	180.59
其中	人工费（元）			117.66	175.83	15.31	23.62	155.13
	材料费（元）			42.37	79.99	232.21	342.30	24.08
	机械费（元）			4.79	5.45	0.14	0.21	1.38
	仪器仪表费（元）			—	—	—	—	—
	名 称	代号	单位	单价（元）	数 量			
人工	安装工	1002	工日	145.80	0.807	1.206	0.105	0.162	1.064
材料	压力计	217066	支	—	—	—	（1.000）	（1.000）	—
	自动压力记录仪	217067	台	—	—	—	—	—	（1.000）
	压力表开关 15	217060	个	—	（1.000）	（1.000）	—	—	—
	水银	209110	kg	220.000	—	—	1.000	1.500	—
	医用输液胶管 φ8	208120	m	8.000	—	—	1.500	1.500	—
	聚四氟乙烯生料带	210065	卷	5.010	0.100	0.100	—	—	—
	电接点压力表 0～1.6MPa	217058	套	66.260	—	1.000	—	—	—
	红丹防锈漆	209019	kg	18.000	—	—	—	—	0.050
	酚醛调和漆	209022	kg	18.000	—	—	—	—	0.033
	普通钢板 δ3.5～4.0	201030	kg	5.300	—	—	—	—	2.060
	角钢 63 以内	201016	kg	4.950	—	—	—	—	2.179
	汽油 93#	209173	kg	9.900	0.050	0.050	—	—	0.016
	电焊条 综合	207290	kg	6.000	0.029	0.029	—	—	—
	压力表弯管 φ15	217059	个	7.500	1.000	1.000	—	—	—
	压力表 0～1.6MPa	217057	支	29.000	1.000	—	—	—	—
	熟铁管箍 15	212257	个	1.100	1.000	1.000	—	—	—
	氧气	209121	m³	5.890	0.020	0.020	—	—	—
	单管卡子 20	207737	个	0.600	1.000	1.000	—	—	—
	气焊条	207297	kg	5.080	0.010	0.010	—	—	—
	乙炔气	209120	m³	15.000	0.010	0.010	—	—	—
	位号牌	218095	个	2.000	1.000	1.000	—	—	—
	其他材料费	2999	元	—	0.680	1.040	0.210	0.300	0.720
机械	其他机具费	3999	元	—	4.790	5.450	0.140	0.210	1.380

四、水　位　计

工作内容：场内搬运、零部件检查、水位计阀门安装、玻璃管安装、找正、固定。　　　　　　计量单位：套

定　额　编　号				28057001	28057002	28057003
项　目　名　称				玻璃直径（mm 以内）		
				管　式		板　式
				$\phi15$	$\phi20$	$\delta20$
预　算　基　价				31.46	31.45	157.80
其中	人工费（元）			30.47	30.47	155.13
	材料费（元）			0.72	0.71	1.29
	机械费（元）			0.27	0.27	1.38
	仪器仪表费（元）			—	—	—
名　　称		代号	单位	单价（元）	数　　量	
人工	安装工	1002	工日	145.80	0.209	0.209	1.064
材料	板式水位计 20	217063	套	—	—	—	（1.000）
	水位计 20	217062	套	—	—	（1.000）	—
	水位计 15	217061	套	—	（1.000）	—	—
	聚四氟乙烯生料带	210065	卷	5.010	0.100	0.100	0.100
	其他材料费	2999	元	—	0.220	0.210	0.790
机械	其他机具费	3999	元	—	0.270	0.270	1.380

第十节 管道探伤、试验及保护处理

一、焊缝超声波探伤

工作内容：搬运仪器、校验仪器及探头、检查部位清理除污、涂抹耦合剂、探伤、

件验结果鉴定、数据处理及技术报告。

计量单位：10个口

定额编号				28058001	28058002	28058003	28058004
项目名称				公称直径（mm以内）			
				150	250	350	350以上
预算基价				229.81	450.16	728.87	1004.48
其中	人工费（元）			114.31	219.43	338.26	436.96
	材料费（元）			85.01	172.18	300.35	450.88
	机械费（元）			30.49	58.55	90.26	116.64
	仪器仪表费（元）			—	—	—	—
名称	代号	单位	单价（元）	数量			
人工	安装工	1002	工日	145.80	0.784	1.505	2.320	2.997
材料	斜探头	217049	支	200.000	0.008	0.012	0.018	0.020
	探头线	217050	台	15.000	0.005	0.008	0.012	0.013
	机油	209165	kg	7.800	0.150	0.326	0.651	1.004
	耦合剂 Y1–302	209424	kg	80.000	1.000	2.035	3.552	5.352
	其他材料费	2999	元	—	2.160	4.320	7.330	10.690
机械	其他机具费	3999	元	—	30.490	58.550	90.260	116.640

·471·

二、X 射线焊缝无损探伤

工作内容：射线机搬运及固定、焊缝清刷、透照部位设标及编号、底片固定、拍片、
暗室处理、鉴定、技术报告。

计量单位：10 张

定 额 编 号					28059001	28059002	28059003
项 目 名 称					公称直径（mm 以内）80×300		
					16	30	42
预 算 基 价					810.60	1025.61	1299.99
其中	人工费（元）				637.15	791.40	988.96
	材料费（元）				23.32	24.01	24.89
	机械费（元）				150.13	210.20	286.14
	仪器仪表费（元）				—	—	—
名 称		代号	单位	单价（元）	数 量		
人工	安装工	1002	工日	145.80	4.370	5.428	6.783
材料	X 射线胶片 800×300	217048	张	—	(12.000)	(12.000)	(12.000)
	硫代硫酸钠	209251	kg	10.000	0.207	0.207	0.207
	溴化钾	209249	kg	30.000	0.002	0.002	0.002
	硼酸	209253	kg	56.000	0.006	0.006	0.006
	铅板 80×300×3	201150	块	21.700	0.380	0.380	0.380
	压敏胶粘带	209255	m	0.800	6.900	6.900	6.900
	硫酸铝钾	209254	kg	10.000	0.013	0.013	0.013
	无水亚硫酸钠	209257	kg	10.000	0.054	0.054	0.054
	米吐尔	209238	kg	88.000	0.001	0.001	0.001
	冰醋酸	209252	kg	64.000	0.023	0.023	0.023
	无水碳酸钠	209247	kg	10.000	0.028	0.028	0.028
	对苯二酚	209245	kg	28.000	0.005	0.005	0.005
	其他材料费	2999	元	—	4.440	5.130	6.010
机械	其他机具费	3999	元	—	150.130	210.200	286.140

工作内容：射线机搬运及固定、焊缝清刷、透照部位设标及编号、底片固定、拍片、
暗室处理、鉴定、技术报告。

计量单位：10张

定 额 编 号					28059004	28059005	28059006
项 目 名 称					公称直径（mm以内）80×150		
					16	30	42
预 算 基 价					808.46	1023.47	1297.85
其中	人工费（元）				637.15	791.40	988.96
	材料费（元）				21.18	21.87	22.75
	机械费（元）				150.13	210.20	286.14
	仪器仪表费（元）				—	—	—
	名 称	代号	单位	单价（元）	数 量		
人工	安装工	1002	工日	145.80	4.370	5.428	6.783
材料	X射线胶片800×150	217047	张	—	（12.000）	（12.000）	（12.000）
	硫代硫酸钠	209251	kg	10.000	0.145	0.145	0.145
	溴化钾	209249	kg	30.000	0.002	0.002	0.002
	硼酸	209253	kg	56.000	0.005	0.005	0.005
	铅板80×300×3	201150	块	21.700	0.380	0.380	0.380
	压敏胶粘带	209255	m	0.800	6.900	6.900	6.900
	硫酸铝钾	209254	kg	10.000	0.009	0.009	0.009
	无水亚硫酸钠	209257	kg	10.000	0.038	0.038	0.038
	米吐尔	209238	kg	88.000	0.001	0.001	0.001
	冰醋酸	209252	kg	64.000	0.016	0.016	0.016
	无水碳酸钠	209247	kg	10.000	0.019	0.019	0.019
	对苯二酚	209245	kg	28.000	0.004	0.004	0.004
	其他材料费	2999	元	—	3.740	4.430	5.310
机械	其他机具费	3999	元	—	150.130	210.200	286.140

三、γ射线焊缝无损探伤

工作内容：射线机搬运及固定、焊缝清刷、透照部位设标及编号、底片固定、拍片、
暗室处理、鉴定、技术报告。

计量单位：10 张

定额编号				28060001	28060002	28060003	28060004
项目名称				管壁厚（mm 以内）			
				80×300			80×150
				30	40	50	30
预算基价				1512.48	2011.59	3010.09	1510.73
其中	人工费（元）			1038.83	1385.10	2077.65	1038.83
	材料费（元）			19.49	21.03	24.12	17.74
	机械费（元）			454.16	605.46	908.32	454.16
	仪器仪表费（元）			—	—	—	—
名称		代号	单位	单价（元）	数量		
人工	安装工	1002	工日	145.80	7.125	9.500	14.250	7.125
材料	X射线胶片 800×150	217047	张	—	—	—	—	（12.000）
	X射线胶片 800×300	217048	张	—	（12.000）	（12.000）	（12.000）	—
	硫酸铝钾	209254	kg	10.000	0.013	0.013	0.013	0.009
	硫代硫酸钠	209251	kg	10.000	0.207	0.207	0.207	0.145
	溴化钾	209249	kg	30.000	0.002	0.002	0.002	0.002
	铅板 80×150×3	201149	块	22.800	—	—	—	0.380
	铅板 80×300×3	201150	块	21.700	0.380	0.380	0.380	—
	硼酸	209253	kg	56.000	0.006	0.006	0.006	0.005
	无水亚硫酸钠	209257	kg	10.000	0.054	0.054	0.054	0.038
	米吐尔	209238	kg	88.000	0.001	0.001	0.001	0.001
	无水碳酸钠	209247	kg	10.000	0.028	0.028	0.028	0.019
	冰醋酸	209252	kg	64.000	0.023	0.023	0.023	0.016
	对苯二酚	209245	kg	28.000	0.005	0.005	0.005	0.004
	其他材料费	2999	元	—	6.130	7.670	10.760	5.400
机械	其他机具费	3999	元	—	454.160	605.460	908.320	454.160

四、低、中压管道液压试验

工作内容：准备工作、制堵盲板、装设临时泵、管线灌水加压、停压检查、强度试验、
严密性试验、拆除临时性管线及盲板、现场清理。

计量单位：m

定额编号				28061001	28061002	28061003	28061004	28061005
项目名称				公称直径（mm 以内）				
				100	200	300	400	500
预算基价				7.13	9.05	12.13	14.75	17.37
其中	人工费（元）			6.42	7.87	10.64	12.68	15.02
	材料费（元）			0.52	0.91	1.19	1.69	1.94
	机械费（元）			0.19	0.27	0.30	0.38	0.41
	仪器仪表费（元）			—	—	—	—	—
名　称	代号	单位	单价（元）	数　量				
人工 安装工	1002	工日	145.80	0.044	0.054	0.073	0.087	0.103
材料 压力表	217068	支	—	（0.001）	（0.001）	（0.001）	（0.001）	（0.001）
试压用液	217069	m³	—	（0.008）	（0.032）	（0.073）	（0.124）	（0.198）
阀门	212387	个	—	（0.002）	（0.002）	（0.002）	（0.002）	（0.002）
焊接钢管 20	201066	m	—	（0.008）	（0.008）	（0.008）	（0.008）	（0.008）
乙炔气	209120	m³	15.000	0.001	0.002	0.002	0.002	0.003
氧气	209121	m³	5.890	0.003	0.005	0.005	0.006	0.008
石棉橡胶板	208025	kg	26.000	0.006	0.009	0.009	0.021	0.021
高压胶皮水管	208119	m	23.140	0.006	0.006	0.006	0.006	0.006
螺栓 综合	207046	个	3.730	0.003	0.007	0.019	0.027	0.029
电焊条 综合	207290	kg	6.000	0.002	0.002	0.002	0.002	0.002
普通钢板 $\delta 16 \sim 20$	201033	kg	5.300	0.025	0.074	0.116	0.142	0.181
其他材料费	2999	元	—	0.034	0.044	0.059	0.073	0.086
机械 其他机具费	3999	元	—	0.193	0.270	0.301	0.384	0.411

五、低、中压管道气压试验

工作内容：准备工作、制堵盲板、装设临时管线、充气加压、停压检查、强度试验、
严密性试验、拆除临时管线及盲板、现场清理。

计量单位：m

定 额 编 号					28062001	28062002	28062003
项 目 名 称					公称直径（mm 以内）		
					50	100	200
预 算 基 价					5.50	6.51	8.28
其中	人工费（元）				4.96	5.83	7.29
	材料费（元）				0.09	0.21	0.50
	机械费（元）				0.45	0.47	0.49
	仪器仪表费（元）				—	—	—
名 称		代号	单位	单价（元）	数 量		
人工	安装工	1002	工日	145.80	0.034	0.040	0.050
材料	乙炔气	209120	m³	15.000	0.001	0.001	0.002
	肥皂	218054	块	0.700	0.002	0.003	0.006
	氧气	209121	m³	5.890	0.002	0.003	0.005
	普通钢板 δ4.5～7.0	201031	kg	5.300	0.006	0.025	0.074
	电焊条 综合	207290	kg	6.000	0.002	0.002	0.002
	其他材料费	2999	元	—	0.023	0.028	0.037
机械	电动空气压缩机 ≤6m³/min	3104	台班	339.350	0.001	0.001	0.001
	其他机具费	3999	元	—	0.114	0.128	0.146

工作内容：准备工作、制堵盲板、装设临时管线、充气加压、停压检查、强度试验、
　　　　　严密性试验、拆除临时管线及盲板、现场清理。　　　　计量单位：m

定　额　编　号				28062004	28062005	28062006
项　目　名　称				公称直径（mm 以内）		
				300	400	500
预　算　基　价				9.84	12.80	14.52
其中	人工费（元）			8.60	11.37	12.83
	材料费（元）			0.74	0.90	1.14
	机械费（元）			0.50	0.53	0.55
	仪器仪表费（元）			—	—	—
	名　　称	代号	单位	单价（元）	数　　量	
人工	安装工	1002	工日	145.80	0.059	0.078	0.088
材料	乙炔气	209120	m³	15.000	0.002	0.002	0.003
	肥皂	218054	块	0.700	0.009	0.010	0.011
	氧气	209121	m³	5.890	0.005	0.006	0.008
	普通钢板 δ4.5～7.0	201031	kg	5.300	0.116	0.142	0.181
	电焊条 综合	207290	kg	6.000	0.002	0.002	0.002
	其他材料费	2999	元	—	0.046	0.060	0.069
机械	电动空气压缩机 ≤ 6m³/min	3104	台班	339.350	0.001	0.001	0.001
	其他机具费	3999	元	—	0.164	0.195	0.213

六、低、中压管道泄漏性试验

工作内容：准备工作、配临时管道、设备管道密封、系统加压、涂刷检查液、检查泄漏、
　　　　　放压、紧固螺栓、更换垫片或盘根、阀门处理、拆除临时性管道、现场清理。　计量单位：m

定　额　编　号				28063001	28063002	28063003
项　目　名　称				公称直径（mm 以内）		
				50	100	200
预　算　基　价				4.77	5.62	7.09
其中	人工费（元）			4.23	4.96	6.12
	材料费（元）			0.09	0.20	0.49
	机械费（元）			0.45	0.46	0.48
	仪器仪表费（元）			—	—	—
	名　　称	代号	单位	单价（元）	数　　量	
人工	安装工	1002	工日	145.80	0.029	0.034	0.042
材料	乙炔气	209120	m³	15.000	0.001	0.001	0.002
	肥皂	218054	块	0.700	0.002	0.003	0.006
	氧气	209121	m³	5.890	0.002	0.003	0.004
	普通钢板 δ16～20	201033	kg	5.300	0.006	0.025	0.074
	电焊条 综合	207290	kg	6.000	0.002	0.002	0.002
	其他材料费	2999	元	—	0.019	0.024	0.032
机械	电动空气压缩机 ≤ 6m³/min	3104	台班	339.350	0.001	0.001	0.001
	其他机具费	3999	元	—	0.107	0.120	0.136

工作内容：准备工作、配临时管道、设备管道密封、系统加压、涂刷检查液、检查泄漏、放压、紧固螺栓、更换垫片或盘根、阀门处理、拆除临时性管道、现场清理。 计量单位：m

定 额 编 号				28063004	28063005	28063006
项 目 名 称				公称直径（mm 以内）		
				300	400	500
预 算 基 价				8.51	11.18	12.61
其中	人工费（元）			7.29	9.77	10.94
	材料费（元）			0.73	0.89	1.13
	机械费（元）			0.49	0.52	0.54
	仪器仪表费（元）			—	—	—
名 称	代号	单位	单价（元）		数 量	
人工	安装工	1002	工日	145.80	0.050	0.067	0.075
材料	乙炔气	209120	m³	15.000	0.002	0.002	0.003
	肥皂	218054	块	0.700	0.009	0.010	0.011
	氧气	209121	m³	5.890	0.005	0.006	0.008
	普通钢板 $\delta16 \sim 20$	201033	kg	5.300	0.116	0.142	0.181
	电焊条 综合	207290	kg	6.000	0.002	0.002	0.002
	其他材料费	2999	元	—	0.040	0.052	0.060
机械	电动空气压缩机 ≤ 6m³/min	3104	台班	339.350	0.001	0.001	0.001
	其他机具费	3999	元	—	0.153	0.180	0.196

七、低、中压管道真空试验

工作内容：准备工作、制堵盲板、装设临时泵、管线灌水加压、停压检查、强度试验、严密性试验、拆除临时性管线及盲板、现场清理。 计量单位：m

定 额 编 号				28064001	28064002	28064003
项 目 名 称				公称直径（mm 以内）		
				50	100	200
预 算 基 价				5.44	6.47	8.27
其中	人工费（元）			4.96	5.83	7.29
	材料费（元）			0.09	0.21	0.50
	机械费（元）			0.39	0.43	0.48
	仪器仪表费（元）			—	—	—
名 称	代号	单位	单价（元）		数 量	
人工	安装工	1002	工日	145.80	0.034	0.040	0.050
材料	氧气	209121	m³	5.890	0.002	0.003	0.005
	乙炔气	209120	m³	15.000	0.001	0.001	0.002
	普通钢板 $\delta16 \sim 20$	201033	kg	5.300	0.006	0.025	0.074
	电焊条 综合	207290	kg	6.000	0.002	0.002	0.002
	其他材料费	2999	元	—	0.023	0.028	0.037
机械	其他机具费	3999	元	—	0.389	0.433	0.482

工作内容：准备工作、制堵盲板、装设临时泵、管线灌水加压、停压检查、强度试验、
严密性试验、拆除临时性管线及盲板、现场清理。

计量单位：m

定 额 编 号				28064004	28064005	28064006
项 目 名 称				公称直径（mm 以内）		
				300	400	500
预 算 基 价				9.86	12.85	14.60
其中	人工费（元）			8.60	11.37	12.83
	材料费（元）			0.73	0.89	1.13
	机械费（元）			0.53	0.59	0.64
	仪器仪表费（元）			—	—	—
名 称	代号	单位	单价（元）	数 量		
人工	安装工	1002	工日	145.80	0.059	0.078	0.088
材料	氧气	209121	m³	5.890	0.005	0.006	0.008
	乙炔气	209120	m³	15.000	0.002	0.002	0.003
	普通钢板 δ16～20	201033	kg	5.300	0.116	0.142	0.181
	电焊条 综合	207290	kg	6.000	0.002	0.002	0.002
	其他材料费	2999	元	—	0.046	0.060	0.068
机械	其他机具费	3999	元	—	0.531	0.592	0.641

八、管道压缩空气吹扫

工作内容：准备工作、制堵盲板、装设阀件及临时管线、充气加压、敲打管道检查、
系统管线复位、现场清理。

计量单位：m

定 额 编 号				28065001	28065002	28065003
项 目 名 称				公称直径（mm 以内）		
				50	100	200
预 算 基 价				2.28	2.70	3.60
其中	人工费（元）			2.04	2.33	2.92
	材料费（元）			0.08	0.19	0.48
	机械费（元）			0.16	0.18	0.20
	仪器仪表费（元）			—	—	—
名 称	代号	单位	单价（元）	数 量		
人工	安装工	1002	工日	145.80	0.014	0.016	0.020
材料	氧气	209121	m³	5.890	0.002	0.003	0.005
	乙炔气	209120	m³	15.000	0.001	0.001	0.002
	普通钢板 δ16～20	201033	kg	5.300	0.006	0.025	0.074
	电焊条 综合	207290	kg	6.000	0.002	0.002	0.002
	其他材料费	2999	元	—	0.010	0.013	0.018
机械	其他机具费	3999	元	—	0.159	0.179	0.199

工作内容：准备工作、制堵盲板、装设阀件及临时管线、充气加压、敲打管道检查、系统管线复位、现场清理。

计量单位：m

定 额 编 号				28065004	28065005	28065006
项 目 名 称				公称直径（mm 以内）		
				300	400	500
预 算 基 价				4.42	5.77	6.61
其中	人工费（元）			3.50	4.67	5.25
	材料费（元）			0.71	0.86	1.10
	机械费（元）			0.21	0.24	0.26
	仪器仪表费（元）			—	—	—
名 称	代号	单位	单价（元）	数 量		
人工	安装工	1002	工日	145.80	0.024	0.032	0.036
材料	氧气	209121	m³	5.890	0.005	0.006	0.008
	乙炔气	209120	m³	15.000	0.002	0.002	0.003
	普通钢板 δ16～20	201033	kg	5.300	0.116	0.142	0.181
	电焊条 综合	207290	kg	6.000	0.002	0.002	0.002
	其他材料费	2999	元	—	0.023	0.029	0.034
机械	其他机具费	3999	元	—	0.210	0.236	0.257

九、管道水冲洗

工作内容：准备工作、制堵盲板、装拆阀件及临时管线、通水冲洗检查、系统管线复位、现场清理。

计量单位：m

定 额 编 号				28066001	28066002	28066003
项 目 名 称				公称直径（mm 以内）		
				50	100	200
预 算 基 价				3.70	4.13	5.40
其中	人工费（元）			3.50	3.79	4.67
	材料费（元）			0.09	0.20	0.49
	机械费（元）			0.11	0.14	0.24
	仪器仪表费（元）			—	—	—
名 称	代号	单位	单价（元）	数 量		
人工	安装工	1002	工日	145.80	0.024	0.026	0.032
材料	氧气	209121	m³	5.890	0.002	0.003	0.005
	乙炔气	209120	m³	15.000	0.001	0.001	0.002
	普通钢板 δ16～20	201033	kg	5.300	0.006	0.025	0.074
	电焊条 综合	207290	kg	6.000	0.002	0.002	0.002
	其他材料费	2999	元	—	0.016	0.019	0.026
机械	其他机具费	3999	元	—	0.114	0.143	0.235

工作内容：准备工作、制堵盲板、装拆阀件及临时管线、通水冲洗检查、系统管线复位、现场清理。

计量单位：m

定 额 编 号					28066004	28066005	28066006
项 目 名 称					公称直径（mm 以内）		
					300	400	500
预 算 基 价					7.55	8.86	10.71
其中	人工费（元）				6.42	7.58	9.04
	材料费（元）				0.72	0.87	1.11
	机械费（元）				0.41	0.41	0.56
	仪器仪表费（元）				—	—	—
	名　　称	代号	单位	单价（元）	数　　量		
人工	安装工	1002	工日	145.80	0.044	0.052	0.062
材料	氧气	209121	m³	5.890	0.005	0.006	0.008
	乙炔气	209120	m³	15.000	0.002	0.002	0.003
	普通钢板 δ16～20	201033	kg	5.300	0.116	0.142	0.181
	电焊条 综合	207290	kg	6.000	0.002	0.002	0.002
	其他材料费	2999	元	—	0.036	0.043	0.051
机械	其他机具费	3999	元	—	0.407	0.412	0.560

十、管道消毒冲洗

工作内容：溶解漂白粉、灌水、消毒、冲洗。

计量单位：m

定 额 编 号					28067001	28067002	28067003
项 目 名 称					公称直径（mm 以内）		
					50	100	200
预 算 基 价					0.74	0.88	1.19
其中	人工费（元）				0.73	0.87	1.17
	材料费（元）				—	—	0.01
	机械费（元）				0.01	0.01	0.01
	仪器仪表费（元）				—	—	—
	名　　称	代号	单位	单价（元）	数　　量		
人工	安装工	1002	工日	145.80	0.005	0.006	0.008
材料	漂白粉	209233	kg	—	（0.001）	（0.001）	（0.004）
	其他材料费	2999	元	—	0.003	0.004	0.005
机械	其他机具费	3999	元	—	0.006	0.008	0.011

工作内容：溶解漂白粉、灌水、消毒、冲洗。   计量单位：m

定 额 编 号					28067004	28067005	28067006
项 目 名 称					公称直径（mm以内）		
					300	400	500
预 算 基 价					1.33	1.48	1.78
其中	人工费（元）				1.31	1.46	1.75
	材料费（元）				0.01	0.01	0.01
	机械费（元）				0.01	0.01	0.02
	仪器仪表费（元）				—	—	—
名 称		代号	单位	单价（元）	数 量		
人工	安装工	1002	工日	145.80	0.009	0.010	0.012
材料	漂白粉	209233	kg	—	（0.007）	（0.013）	（0.020）
	其他材料费	2999	元	—	0.006	0.007	0.008
机械	其他机具费	3999	元	—	0.012	0.013	0.015

十一、管 道 碱 洗

工作内容：准备工作、装拆临时管道、配制清洗剂、清洗、中和处理、检查、剂料回收、
现场清理。   计量单位：m

定 额 编 号					28068001	28068002	28068003
项 目 名 称					公称直径（mm以内）		
					25	50	100
预 算 基 价					4.56	4.67	5.89
其中	人工费（元）				4.08	4.08	5.10
	材料费（元）				0.07	0.10	0.21
	机械费（元）				0.41	0.49	0.58
	仪器仪表费（元）				—	—	—
名 称		代号	单位	单价（元）	数 量		
人工	安装工	1002	工日	145.80	0.028	0.028	0.035
材料	烧碱	209239	kg	—	（0.100）	（0.197）	（0.393）
	氧气	209121	m³	5.890	0.002	0.002	0.002
	乙炔气	209120	m³	15.000	0.001	0.001	0.001
	电焊条 综合	207290	kg	6.000	0.002	0.002	0.002
	普通钢板 δ16～20	201033	kg	5.300	0.001	0.006	0.025
	其他材料费	2999	元	—	0.023	0.027	0.042
机械	其他机具费	3999	元	—	0.410	0.486	0.578

工作内容：准备工作、装拆临时管道、配制清洗剂、清洗、中和处理、检查、剂料回收、
现场清理。

计量单位：m

定 额 编 号				28068004	28068005	28068006
项 目 名 称				公称直径（mm 以内）		
				200	300	400
预 算 基 价				8.79	12.75	17.45
其中	人工费（元）			7.58	11.08	15.45
	材料费（元）			0.53	0.79	0.99
	机械费（元）			0.68	0.88	1.01
	仪器仪表费（元）			—	—	—
名　称	代号	单位	单价（元）	数　量		
人工	安装工	1002	工日	145.80	0.052	0.076	0.106
材料	烧碱	209239	kg	—	（0.650）	（0.971）	（1.276）
	氧气	209121	m³	5.890	0.005	0.005	0.008
	乙炔气	209120	m³	15.000	0.002	0.002	0.003
	电焊条 综合	207290	kg	6.000	0.002	0.002	0.002
	普通钢板 δ16～20	201033	kg	5.300	0.074	0.116	0.142
	其他材料费	2999	元	—	0.069	0.100	0.134
机械	其他机具费	3999	元		0.682	0.877	1.008

十二、管 道 酸 洗

工作内容：准备工作、装拆临时管道、配制清洗剂、清洗、中和处理、检查、剂料回收、
现场清理。

计量单位：m

定 额 编 号				28069001	28069002	28069003
项 目 名 称				公称直径（mm 以内）		
				25	50	100
预 算 基 价				6.32	6.53	8.75
其中	人工费（元）			5.69	5.69	7.14
	材料费（元）			0.20	0.34	1.01
	机械费（元）			0.43	0.50	0.60
	仪器仪表费（元）			—	—	—
名　称	代号	单位	单价（元）	数　量		
人工	安装工	1002	工日	145.80	0.039	0.039	0.049
材料	UPVC 给水塑料管	212026	m	30.840	—	—	0.010
	酸洗液	217075	kg	—	（0.120）	（0.234）	（0.471）
	烧碱	209239	kg	6.200	0.020	0.039	0.079
	电焊条 综合	207290	kg	6.000	0.002	0.002	0.002
	氧气	209121	m³	5.890	0.002	0.002	0.002
	乙炔气	209120	m³	15.000	0.001	0.001	0.001
	普通钢板 δ16～20	201033	kg	5.300	0.001	0.006	0.025
	其他材料费	2999	元	—	0.027	0.028	0.040
机械	其他机具费	3999	元	—	0.425	0.501	0.595

工作内容：准备工作、装拆临时管道、配制清洗剂、清洗、中和处理、检查、剂料回收、
现场清理。

计量单位：m

定 额 编 号				28069004	28069005	28069006
项 目 名 称				公称直径（mm 以内）		
				200	300	400
预 算 基 价				13.31	19.21	26.32
其中	人工费（元）			10.79	15.75	22.02
	材料费（元）			1.81	2.54	3.23
	机械费（元）			0.71	0.92	1.07
	仪器仪表费（元）			—	—	—
名 称	代号	单位	单价（元）	数 量		
人工	安装工	1002	工日	145.80	0.074	0.108	0.151
材料	UPVC 给水塑料管	212026	m	30.840	0.010	0.010	0.010
	酸洗液	217075	kg	—	（0.588）	（0.728）	（0.957）
	烧碱	209239	kg	—	（0.158）	（0.235）	（0.314）
	电焊条 综合	207290	kg	6.000	0.002	0.002	0.002
	氧气	209121	m³	5.890	0.005	0.005	0.008
	乙炔气	209120	m³	15.000	0.002	0.002	0.003
	普通钢板 δ16～20	201033	kg	5.300	0.074	0.116	0.142
	其他材料费	2999	元	—	0.063	0.090	0.123
机械	其他机具费	3999	元	—	0.710	0.918	1.066

十三、管道脱脂试验

工作内容：准备工作、装拆临时管道、配制清洗剂、清洗、中和处理、检查、剂料回收、现场清理。

计量单位：m

定 额 编 号				28070001	28070002	28070003
项 目 名 称				公称直径（mm 以内）		
				25	50	100
预 算 基 价				3.79	4.02	5.57
其中	人工费（元）			2.77	2.77	3.79
	材料费（元）			0.28	0.44	0.87
	机械费（元）			0.74	0.81	0.91
	仪器仪表费（元）			—	—	—
名 称		代号	单位	单价（元）	数 量	
人工	安装工	1002	工日	145.80	0.019	0.019	0.026
材料	脱脂介质	217076	kg	—	（0.098）	（0.188）	（0.377）
	乙炔气	209120	m³	15.000	0.001	0.001	0.001
	石棉橡胶板	208025	kg	26.000	0.002	0.003	0.007
	白布	218002	m	6.800	0.024	0.040	0.072
	氧气	209121	m³	5.890	0.002	0.002	0.002
	普通钢板 δ16～20	201033	kg	5.300	0.001	0.006	0.025
	电焊条 综合	207290	kg	6.000	0.002	0.002	0.002
	其他材料费	2999	元	—	0.016	0.019	0.030
机械	电动空气压缩机 ≤ 6m³/min	3104	台班	339.350	0.001	0.001	0.001
	其他机具费	3999	元	—	0.398	0.475	0.566

工作内容：准备工作、装拆临时管道、配制清洗剂、清洗、中和处理、检查、剂料回收、
现场清理。

计量单位：m

定 额 编 号				28070004	28070005	28070006
项 目 名 称				公称直径（mm 以内）		
				200	300	400
预 算 基 价				8.49	13.00	18.50
其中	人工费（元）			5.69	9.62	14.29
	材料费（元）			1.80	2.26	2.97
	机械费（元）			1.00	1.12	1.24
	仪器仪表费（元）			—	—	—
	名 称	代号	单位	单价（元）	数 量	
人工	安装工	1002	工日	145.80	0.039	0.066	0.098
材料	脱脂介质	217076	kg	—	（0.781）	（1.165）	（1.531）
	乙炔气	209120	m³	15.000	0.002	0.002	0.003
	石棉橡胶板	208025	kg	26.000	0.013	0.016	0.028
	白布	218002	m	6.800	0.139	0.160	0.188
	氧气	209121	m³	5.890	0.005	0.005	0.008
	普通钢板 δ16～20	201033	kg	5.300	0.074	0.116	0.142
	电焊条 综合	207290	kg	6.000	0.002	0.002	0.002
	其他材料费	2999	元	—	0.051	0.074	0.103
机械	电动空气压缩机 ≤6m³/min	3104	台班	339.350	0.001	0.001	0.001
	其他机具费	3999	元	—	0.665	0.781	0.905

十四、管口焊接管外充氩保护

工作内容：准备工作、装拆临时管道、配制清洗剂、清洗、中和处理、检查、剂料
回收、现场清理。

计量单位：10 个口

定 额 编 号				28071001	28071002	28071003
项 目 名 称				公称直径（mm 以内）		
				50	100	200
预 算 基 价				168.29	172.06	375.46
其中	人工费（元）			139.97	186.62	303.26
	材料费（元）			28.32	40.85	72.20
	机械费（元）			—	—	—
	仪器仪表费（元）			—	—	—
	名 称	代号	单位	单价（元）	数 量	
人工	安装工	1002	工日	145.80	0.960	1.280	2.080
材料	氩气	209124	m³	19.590	1.280	1.920	3.520
	其他材料费	2999	元		3.240	3.240	3.240

工作内容：准备工作、装拆临时管道、配制清洗剂、清洗、中和处理、检查、剂料回收、现场清理。

计量单位：10个口

定 额 编 号				28071004	28071005	28071006
项 目 名 称				公称直径（mm 以内）		
				300	400	500
预 算 基 价				580.54	738.65	961.26
其中	人工费（元）			466.56	583.20	769.82
	材料费（元）			113.98	155.45	191.44
	机械费（元）			—	—	—
	仪器仪表费（元）			—	—	—
	名 称	代号	单位	单价（元）	数 量	
人工	安装工	1002	工日	145.8	3.200	4.000	5.280
材料	氩气	209124	m³	19.590	5.600	7.680	9.440
	其他材料费	2999	元	—	4.280	5.000	6.510

十五、管口焊接管内局部充氮保护

工作内容：墙板及脱罩制作与安装、管口封闭、接通气源、调整流量、充氩、堵板拆除。

计量单位：10个口

定 额 编 号				28072001	28072002	28072003
项 目 名 称				公称直径（mm 以内）		
				50	100	200
预 算 基 价				132.40	163.12	242.78
其中	人工费（元）			87.48	116.64	189.54
	材料费（元）			44.92	46.48	53.24
	机械费（元）			—	—	—
	仪器仪表费（元）			—	—	—
	名 称	代号	单位	单价（元）	数 量	
人工	安装工	1002	工日	145.80	0.600	0.800	1.300
材料	氩气	209124	m³	—	（0.800）	（1.200）	（2.200）
	其他材料费	2999	元	—	44.920	46.480	53.240

工作内容：墙板及脱罩制作与安装、管口封闭、接通气源、调整流量、充氩、堵板拆除。

计量单位：10 个口

定 额 编 号				28072004	28072005	28072006
项 目 名 称				公称直径（mm 以内）		
				300	400	500
预 算 基 价				422.52	533.43	688.99
其中	人工费（元）			291.60	364.50	481.14
	材料费（元）			130.92	168.93	207.85
	机械费（元）			—	—	—
	仪器仪表费（元）			—	—	—
名 称	代号	单位	单价（元）	数 量		
人工 安装工	1002	工日	145.80	2.000	2.500	3.300
材料 氩气	209124	m³	19.590	3.500	4.800	5.900
其他材料费	2999	元	—	62.350	74.900	92.270

十六、气体管路系统测试

工作内容：装拆堵板、管口封闭、焊口贴胶布、接通气源、调整流量。

计量单位：点

定 额 编 号				28073001	28073002	28073003	28073004	28073005
项 目 名 称				压力测试	氦检漏测试	水分测试	氧分测试	颗粒测试
预 算 基 价				970.46	2372.11	1652.11	1652.11	2237.11
其中	人工费（元）			839.60	839.60	839.60	839.60	839.60
	材料费（元）			40.86	47.51	47.51	47.51	47.51
	机械费（元）			—	—	—	—	—
	仪器仪表费（元）			90.00	1485.00	765.00	765.00	1350.00
名 称	代号	单位	单价（元）	数 量				
人工 调试工	1003	工日	209.90	3.000	3.000	3.500	3.500	3.500
材料 无水乙醇 分析纯	209420	ml	0.021	6.000	12.000	12.000	12.000	12.000
保压记录纸	218122	张	15.000	1.000	—	—	—	—
无尘布	218119	块	4.000	1.500	3.000	3.000	3.000	3.000
垫片	208218	个	15.000	1.000	2.000	2.000	2.000	2.000
防静电手套	218123	副	2.100	0.150	0.400	0.400	0.400	0.400
其他材料费	2999	元	—	4.420	4.420	4.420	4.420	4.420
仪器仪表 氧分测试仪	4352	台班	850.000	—	—	—	0.900	—
颗粒测试仪	4353	台班	1500.000	—	—	—	—	0.900
水分测试仪	4351	台班	850.000	—	—	0.900	—	—
24 小时自记录保压仪	4349	台班	30.000	3.000	—	—	—	—
氦检仪	4350	台班	1650.000	—	0.900	—	—	—

第八章
涂覆、保温

说明及工程量计算规则

说　明

1. 本章主要内容包括：通风管道、金属管道、设备、型钢、构件、支架、布面、灰面、木材和墙面刷漆；通风管道保温、金属管道、设备保温和保温层外缠（包）保护壳，警示带、喷砂除锈等的安装子目。

2. 各种管道、型钢和构件，不分喷漆和刷漆，均执行同一子目。

3. 各种管件、阀体和设备上人孔、管口凹凸部分的刷漆工程量已综合考虑在定额内，不得另行计算。

4. 标志色环等零星刷漆，执行本章定额相应子目，其人工工日乘以系数2.0。

5. 缠玻璃布、塑料布，定额中均已考虑搭接量的损耗，不得另行计算。

6. 风管、型钢刷漆工程量和钢管保温层体积、刷漆、保护层（壳）表面积工程量可按设计确定厚度计算。

工程量计算规则

1. 通风管道、通风管道布面刷漆，按风管净面积以"m²"计算。

2. 通风管道保温及保温层外缠（包）保护壳，分材质按风管净面积以"m²"计算。

3. 管道、管道布面及灰面和木材面的刷漆，按表面积以"m²"计算；刷标以环漆按色环所占面积计算。

4. 管道缠（抹）保护层（壳）分材质以"m²"计算。

5. 型钢金属构件及支架刷漆，按重量以"100kg"计算。

6. 保温托盘、钩钉以"kg"计算；保温盒安装部位以"m²"计算。

第一节 风 管 刷 漆

一、通风管道刷漆

工作内容：除锈、除尘、调漆、刷漆。　　　　　　　　　　　　　　　计量单位：m²

定 额 编 号				29001001	29001002	29001003	29001004	29001005
项 目 名 称				带锈底漆一遍	防 锈 漆		调 和 漆	
					第一遍	第二遍	第一遍	第二遍
预 算 基 价				5.29	5.93	4.30	4.17	4.16
其中	人工费（元）			4.37	5.10	3.94	3.94	3.94
	材料费（元）			0.89	0.80	0.34	0.21	0.20
	机械费（元）			0.03	0.03	0.02	0.02	0.02
	仪器仪表费（元）			—	—	—	—	—
名 称	代号	单位	单价（元）	数 量				
人工 安装工	1002	工日	145.80	0.030	0.035	0.027	0.027	0.027
材料 红丹防锈漆	209019	kg	—	—	（0.146）	（0.128）	—	—
酚醛调和漆	209022	kg	—	—	—	—	（0.104）	（0.092）
带锈底漆	209058	kg	—	（0.073）	—	—	—	—
溶剂汽油 200#	209174	kg	7.200	—	0.037	0.033	—	—
棉丝	218036	kg	5.500	0.040	0.040	0.015	0.015	0.015
汽油 93#	209173	kg	9.900	0.036	—	—	0.011	0.010
铁砂布 0# ~ 2#	218024	张	0.970	0.300	0.300	—	—	—
其他材料费	2999	元	—	0.020	0.020	0.020	0.020	0.020
机械 其他机具费	3999	元	—	0.030	0.030	0.020	0.020	0.020

工作内容：除锈、清除尘土、调漆、刷漆。 计量单位：m²

定 额 编 号				29001006	29001007	29001008	29001009
项 目 名 称				烟囱漆		耐高温漆	
				第一遍	第二遍	第一遍	第二遍
预 算 基 价				5.79	4.18	9.81	8.52
其中	人工费（元）			5.10	3.94	8.46	8.02
	材料费（元）			0.66	0.22	1.30	0.45
	机械费（元）			0.03	0.02	0.05	0.05
	仪器仪表费（元）			—	—	—	—
名 称	代号	单位	单价（元）	数 量			
人工	安装工	1002	工日	145.80	0.035	0.027	0.058	0.055
材料	耐高温漆	209106	kg	—	—	—	（0.126）	（0.115）
	酚醛烟囱漆	209025	kg	—	（0.072）	（0.064）	—	—
	棉丝	218036	kg	5.500	0.040	0.015	0.040	0.015
	铁砂布 0#～2#	218024	张	0.970	0.300	—	0.700	—
	溶剂汽油 200#	209174	kg	7.200	0.018	0.016	0.050	0.046
	其他材料费	2999	元	—	0.020	0.020	0.040	0.040
机械	其他机具费	3999	元	—	0.030	0.020	0.050	0.050

工作内容：除锈、清除尘土、调漆、刷漆。 计量单位：m²

定 额 编 号				29001010	29001011	29001012	29001013
项 目 名 称				防火漆		锌黄环氧底漆	
				第一遍	第二遍	第一遍	第二遍
预 算 基 价				4.79	4.65	21.34	14.14
其中	人工费（元）			4.52	4.52	14.73	9.62
	材料费（元）			0.24	0.10	6.52	4.46
	机械费（元）			0.03	0.03	0.09	0.06
	仪器仪表费（元）			—	—	—	—
名 称	代号	单位	单价（元）	数 量			
人工	安装工	1002	工日	145.80	0.031	0.031	0.101	0.066
材料	防火漆	209136	kg	—	（0.360）	（0.360）	—	—
	溶剂汽油 200#	209174	kg	7.200	—	—	0.100	—
	环氧腻子	209069	kg	7.040	—	—	0.100	—
	白毛巾	218046	条	3.000	—	—	0.080	0.040
	铁砂布 0#～2#	218024	张	0.970	—	—	0.800	0.800
	丝光毛巾	218047	条	5.000	—	—	0.080	0.040
	棉丝	218036	kg	5.500	0.040	0.015	0.040	0.015
	活性稀释剂	209417	kg	20.630	—	—	0.035	0.035
	锌黄环氧底漆	209319	kg	25.200	—	—	0.106	0.100
	其他材料费	2999	元	—	0.020	0.020	0.070	0.040
机械	其他机具费	3999	元	—	0.030	0.030	0.090	0.060

工作内容：除锈、清除尘土、调漆、刷漆。 计量单位：m²

定 额 编 号				29001014	29001015	29001016	29001017
项 目 名 称				白色环氧底漆		环氧富锌底漆	
				第一遍	第二遍	第一遍	第二遍
预 算 基 价				11.87	11.38	7.29	5.09
其中	人工费（元）			9.62	9.62	6.71	4.96
	材料费（元）			2.19	1.70	0.54	0.10
	机械费（元）			0.06	0.06	0.04	0.03
	仪器仪表费（元）			—	—	—	—
名 称	代号	单位	单价（元）	数 量			
人工	安装工	1002	工日	145.80	0.066	0.066	0.046	0.034
材料	环氧富锌底漆	209065	kg	—	—	—	（0.250）	（0.235）
	白色环氧底漆	209320	kg	—	（0.132）	（0.132）	—	—
	铁砂布 0#～2#	218024	张	0.970	0.500	0.500	0.300	—
	丝光毛巾	218047	条	5.000	0.020	0.020		
	棉丝	218036	kg	5.500	0.040	0.015	0.040	0.015
	活性稀释剂	209417	kg	20.630	0.045	0.045	—	—
	白毛巾	218046	条	3.000	0.020	0.020		
	环氧腻子	209069	kg	7.040	0.050	—	—	—
	其他材料费	2999	元	—	0.040	0.040	0.030	0.020
机械	其他机具费	3999	元		0.060	0.060	0.040	0.030

工作内容：除锈、清除尘土、调漆、刷漆。 计量单位：m²

定 额 编 号				29001018	29001019	29001020	29001021
项 目 名 称				各色醇酸磁漆		磁漆	
				第一遍	第二遍	第一遍	第二遍
预 算 基 价				3.76	3.62	4.93	4.71
其中	人工费（元）			3.50	3.50	3.94	3.94
	材料费（元）			0.24	0.10	0.97	0.75
	机械费（元）			0.02	0.02	0.02	0.02
	仪器仪表费（元）			—	—	—	—
名 称	代号	单位	单价（元）	数 量			
人工	安装工	1002	工日	145.80	0.024	0.024	0.027	0.027
材料	酚醛磁漆	209024	kg	—	—	—	（0.092）	（0.087）
	醇酸磁漆	209001	kg	—	（0.121）	（0.109）	—	—
	醇酸稀释剂	209002	kg	—	（0.031）	（0.029）	—	—
	汽油 93#	209173	kg	9.900	—	—	0.029	0.021
	清油	209034	kg	20.000	—	—	0.029	0.022
	棉丝	218036	kg	5.500	0.040	0.015	0.015	0.015
	其他材料费	2999	元	—	0.020	0.020	0.020	0.020
机械	其他机具费	3999	元	—	0.020	0.020	0.020	0.020

工作内容：除锈、清除尘土、调漆、刷漆。 计量单位：m²

定 额 编 号				29001022	29001023
项 目 名 称				耐 酸 漆	
				第 一 遍	第 二 遍
预 算 基 价				5.79	4.18
其中	人工费（元）			5.10	3.94
	材料费（元）			0.66	0.22
	机械费（元）			0.03	0.02
	仪器仪表费（元）			—	—
	名 称	代号	单位	单价（元）	数 量
人工	安装工	1002	工日	145.80	0.035	0.027
材料	酚醛耐酸漆	209026	kg	—	（0.072）	（0.064）
	铁砂布 0#～2#	218024	张	0.970	0.300	—
	棉丝	218036	kg	5.500	0.040	0.015
	溶剂汽油 200#	209174	kg	7.200	0.018	0.016
	其他材料费	2999	元	—	0.020	0.020
机械	其他机具费	3999	元		0.030	0.020

二、通风管道布面刷漆

工作内容：除锈、清除尘土、调漆、刷漆。 计量单位：m²

定 额 编 号				29002001	29002002	29002003	29002004
项 目 名 称				调 和 漆		防 火 漆	
				第一遍	第二遍	第一遍	第二遍
预 算 基 价				6.06	5.14	13.12	5.59
其中	人工费（元）			5.83	4.96	12.98	5.54
	材料费（元）			0.20	0.15	0.06	0.02
	机械费（元）			0.03	0.03	0.08	0.03
	仪器仪表费（元）			—	—	—	—
	名 称	代号	单位	单价（元）	数 量		
人工	安装工	1002	工日	145.80	0.040	0.034	0.089	0.038
材料	防火漆	209136	kg	—	—	—	（0.760）	（0.330）
	酚醛调和漆	209022	kg	—	（0.181）	（0.119）	—	—
	汽油 93#	209173	kg	9.900	0.017	0.013	—	—
	其他材料费	2999	元	—	0.030	0.020	0.060	0.020
机械	其他机具费	3999	元		0.030	0.030	0.080	0.030

第二节 管道刷漆
一、钢管刷漆

工作内容：除锈、清除尘土、调漆、刷漆。

计量单位：m^2

定额编号				29003001	29003002	29003003	29003004
项目名称				防锈漆		沥青漆	
				第一遍	第二遍	第一遍	第二遍
预算基价				14.01	6.75	13.91	6.66
其中	人工费（元）			13.56	6.42	13.56	6.42
	材料费（元）			0.33	0.27	0.23	0.18
	机械费（元）			0.12	0.06	0.12	0.06
	仪器仪表费（元）			—	—	—	—
名称	代号	单位	单价（元）	数量			
人工 安装工	1002	工日	145.80	0.093	0.044	0.093	0.044
材料 煤焦沥青漆	209104	kg	—	—	—	（0.288）	（0.247）
防锈漆	209020	kg	—	（0.147）	（0.130）	—	—
动力苯	209157	kg	3.600	—	—	0.046	0.041
溶剂汽油 200#	209174	kg	7.200	0.037	0.033	—	—
其他材料费	2999	元		0.060	0.030	0.060	0.030
机械 其他机具费	3999	元	—	0.120	0.060	0.120	0.060

工作内容：清除尘土、调漆、刷漆。

计量单位：m^2

定额编号				29003005	29003006	29003007	29003008
项目名称				耐酸漆		银粉	
				第一遍	第二遍	第一遍	第二遍
预算基价				13.88	6.63	9.24	6.99
其中	人工费（元）			13.56	6.42	8.60	6.42
	材料费（元）			0.20	0.15	0.56	0.51
	机械费（元）			0.12	0.06	0.08	0.06
	仪器仪表费（元）			—	—	—	—
名称	代号	单位	单价（元）	数量			
人工 安装工	1002	工日	145.80	0.093	0.044	0.059	0.044
材料 酚醛清漆	209023	kg	—	—	—	（0.036）	（0.033）
银粉	209045	kg	—	—	—	（0.009）	（0.008）
酚醛耐酸漆	209026	kg	—	（0.073）	（0.065）	—	—
溶剂汽油 200#	209174	kg	7.200	0.019	0.016	0.072	0.067
其他材料费	2999	元		0.060	0.030	0.040	0.030
机械 其他机具费	3999	元	—	0.120	0.060	0.080	0.060

工作内容：除锈、清除尘土、调漆、刷漆。   计量单位：m²

定 额 编 号				29003009	29003010	29003011	29003012
项 目 名 称				调 和 漆		厚 漆	
				第一遍	第二遍	第一遍	第二遍
预 算 基 价				8.80	6.58	9.76	7.41
其中	人工费（元）			8.60	6.42	8.60	6.42
	材料费（元）			0.12	0.10	1.08	0.93
	机械费（元）			0.08	0.06	0.08	0.06
	仪器仪表费（元）			—	—	—	—
名 称	代号	单位	单价（元）	数 量			
人工	安装工	1002	工日	145.80	0.059	0.044	0.059	0.044
材料	清油	209034	kg	20.000	—	—	0.041	0.036
	铅油	209063	kg	—	—	—	（0.082）	（0.075）
	酚醛调和漆	209022	kg	—	（0.105）	（0.093）	—	—
	溶剂汽油200#	209174	kg	7.200	0.011	0.010	0.031	0.025
	其他材料费	2999	元	—	0.040	0.030	0.040	0.030
机械	其他机具费	3999	元	—	0.080	0.060	0.080	0.060

工作内容：除锈、清除尘土、调漆、刷漆。   计量单位：m²

定 额 编 号				29003013	29003014	29003015	29003016
项 目 名 称				磁 漆		刷 色 环	
				第一遍	第二遍	第一遍	第二遍
预 算 基 价				9.38	7.07	17.43	12.86
其中	人工费（元）			8.60	6.42	17.20	12.68
	材料费（元）			0.70	0.59	0.08	0.07
	机械费（元）			0.08	0.06	0.15	0.11
	仪器仪表费（元）			—	—	—	—
名 称	代号	单位	单价（元）	数 量			
人工	安装工	1002	工日	145.80	0.059	0.044	0.118	0.087
材料	酚醛调和漆	209022	kg	—	—	—	（0.105）	（0.093）
	酚醛磁漆	209024	kg	—	（0.098）	（0.093）	—	—
	清油	209034	kg	20.000	0.022	0.019	—	—
	溶剂汽油200#	209174	kg	7.200	0.031	0.025	0.011	0.010
	其他材料费	2999	元	—	0.040	0.030	—	—
机械	其他机具费	3999	元	—	0.080	0.060	0.150	0.110

二、钢管布面刷漆

工作内容：除锈、清除尘土、调漆、刷漆。

计量单位：m²

定 额 编 号				29004001	29004002	29004003	29004004
项 目 名 称				厚 漆		调 和 漆	
				第一遍	第二遍	第一遍	第二遍
预 算 基 价				13.18	8.50	13.29	8.36
其中	人工费（元）			12.68	8.16	12.98	8.16
	材料费（元）			0.39	0.27	0.19	0.13
	机械费（元）			0.11	0.07	0.12	0.07
	仪器仪表费（元）			—	—	—	—
	名 称	代号	单位	单价（元）	数 量		
人工	安装工	1002	工日	145.80	0.087	0.056	0.089	0.056
材料	调和漆	209016	kg	—	—	—	（0.158）	（0.121）
	铅油	209063	kg	—	（0.124）	（0.098）	—	—
	溶剂汽油200#	209174	kg	7.200	0.046	0.032	0.018	0.013
	其他材料费	2999	元		0.060	0.040	0.060	0.040
机械	其他机具费	3999	元		0.110	0.070	0.120	0.070

工作内容：除锈、清除尘土、调漆、刷漆。

计量单位：m²

定 额 编 号				29004005	29004006	29004007	29004008
项 目 名 称				沥 青 漆		防 火 漆	
				第一遍	第二遍	第一遍	第二遍
预 算 基 价				18.28	8.46	35.83	8.46
其中	人工费（元）			17.79	8.16	22.31	8.16
	材料费（元）			0.33	0.23	13.32	0.23
	机械费（元）			0.16	0.07	0.20	0.07
	仪器仪表费（元）			—	—	—	—
	名 称	代号	单位	单价（元）	数 量		
人工	安装工	1002	工日	145.80	0.122	0.056	0.153	0.056
材料	二甲苯	209018	kg	6.000	—	—	0.050	0.030
	防火漆	209136	kg	—	—	—	（0.496）	（0.304）
	沥青漆	209103	kg	—	（0.433）	（0.321）	—	—
	清油	209034	kg	20.000	—	—	0.634	—
	石膏粉	209039	kg	1.100	—	—	0.197	—
	动力苯	209157	kg	3.600	0.070	0.054	—	—
	其他材料费	2999	元		0.080	0.040	0.120	0.050
机械	其他机具费	3999	元		0.160	0.070	0.200	0.070

工作内容：清除尘土、找补腻子、调漆、刷漆。

计量单位：m²

定额编号				29004009	29004010
项目名称				刷色环漆	
				第一遍	第二遍
预算基价				26.58	16.64
其中	人工费（元）			26.10	16.33
	材料费（元）			0.25	0.16
	机械费（元）			0.23	0.15
	仪器仪表费（元）			—	—
名称	代号	单位	单价（元）	数量	
人工	安装工	1002	工日	145.80	0.179	0.112
材料	调和漆	209016	kg	—	（0.158）	（0.121）
	溶剂汽油 200#	209174	kg	7.200	0.018	0.013
	其他材料费	2999	元	—	0.120	0.070
机械	其他机具费	3999	元	—	0.230	0.150

第三节　设备、型钢、构件及支架刷漆

一、设备刷漆

工作内容：清除尘土、找补腻子、调漆、刷漆。

计量单位：m²

定额编号				29005001	29005002	29005003	29005004
项目名称				防锈漆		沥青漆	
				第一遍	第二遍	第一遍	第二遍
预算基价				5.44	4.24	5.34	4.15
其中	人工费（元）			5.10	3.94	5.10	3.94
	材料费（元）			0.29	0.26	0.19	0.17
	机械费（元）			0.05	0.04	0.05	0.04
	仪器仪表费（元）			—	—	—	—
名称	代号	单位	单价（元）	数量			
人工	安装工	1002	工日	145.80	0.035	0.027	0.035	0.027
材料	煤焦沥青漆	209104	kg	—	—	—	（0.270）	（0.226）
	防锈漆	209020	kg	—	（0.146）	（0.128）	—	—
	动力苯	209157	kg	3.600	—	—	0.046	0.041
	溶剂汽油 200#	209174	kg	7.200	0.037	0.033	—	—
	其他材料费	2999	元	—	0.020	0.020	0.020	0.020
机械	其他机具费	3999	元	—	0.050	0.040	0.050	0.040

工作内容：清除尘土、找补腻子、调漆、刷漆。　　　　　　　　　　　　　　　　　　　　　　　计量单位：m²

定额编号				29005005	29005006	29005007	29005008
项目名称				耐酸漆		烟囱漆	
				第一遍	第二遍	第一遍	第二遍
预算基价				5.30	4.12	35.29	33.81
其中	人工费（元）			5.10	3.94	34.70	33.24
	材料费（元）			0.15	0.14	0.28	0.27
	机械费（元）			0.05	0.04	0.31	0.30
	仪器仪表费（元）			—	—	—	—
	名称	代号	单位	单价（元）	数量		
人工	安装工	1002	工日	145.80	0.035	0.027	0.238	0.228
材料	酚醛烟囱漆	209025	kg	—	—	—	（0.072）	（0.064）
	酚醛耐酸漆	209026	kg	—	（0.072）	（0.064）	—	—
	溶剂汽油200#	209174	kg	7.200	0.018	0.016	0.018	0.016
	其他材料费	2999	元		0.020	0.020	0.150	0.150
机械	其他机具费	3999	元	—	0.050	0.040	0.310	0.300

工作内容：除锈、清除尘土、调漆、刷漆。　　　　　　　　　　　　　　　　　　　　　　　　计量单位：m²

定额编号				29005009	29005010	29005011	29005012
项目名称				沥青船底漆		环氧富锌底漆	
				第一遍	第二遍	第一遍	第二遍
预算基价				5.17	4.00	6.81	5.03
其中	人工费（元）			5.10	3.94	6.71	4.96
	材料费（元）			0.02	0.02	0.04	0.03
	机械费（元）			0.05	0.04	0.06	0.04
	仪器仪表费（元）			—	—	—	—
	名称	代号	单位	单价（元）	数量		
人工	安装工	1002	工日	145.80	0.035	0.027	0.046	0.034
材料	环氧富锌底漆	209065	kg	—	—	—	（0.250）	（0.235）
	沥青船底漆	209100	kg	—	（0.130）	（0.125）	—	—
	其他材料费	2999	元		0.020	0.020	0.040	0.030
机械	其他机具费	3999	元	—	0.050	0.040	0.060	0.040

工作内容：除锈、清除尘土、调漆、刷漆。 计量单位：m²

定 额 编 号				29005013	29005014	29005015	29005016
项 目 名 称				银 粉		调 和 漆	
				第一遍	第二遍	第一遍	第二遍
预 算 基 价				4.48	4.48	4.08	4.07
其中	人工费（元）			3.94	3.94	3.94	3.94
	材料费（元）			0.50	0.50	0.10	0.09
	机械费（元）			0.04	0.04	0.04	0.04
	仪器仪表费（元）			—	—	—	—
名 称	代号	单位	单价（元）	数 量			
人工	安装工	1002	工日	145.80	0.027	0.027	0.027	0.027
材料	酚醛清漆	209023	kg	—	（0.033）	（0.030）	—	—
	酚醛调和漆	209022	kg	—	—	—	（0.104）	（0.092）
	银粉	209045	kg	—	（0.008）	（0.007）	—	—
	溶剂汽油 200#	209174	kg	7.200	0.067	0.067	0.011	0.010
	其他材料费	2999	元	—	0.020	0.020	0.020	0.020
机械	其他机具费	3999	元	—	0.040	0.040	0.040	0.040

工作内容：除锈、清除尘土、调漆、刷漆。 计量单位：m²

定 额 编 号				29005017	29005018
项 目 名 称				厚 漆	
				第 一 遍	第 二 遍
预 算 基 价				4.98	4.85
其中	人工费（元）			3.94	3.94
	材料费（元）			1.00	0.87
	机械费（元）			0.04	0.04
	仪器仪表费（元）			—	—
名 称	代号	单位	单价（元）	数 量	
人工	安装工	1002	工日	145.80	0.027	0.027
材料	铅油	209063	kg	—	（0.078）	（0.070）
	清油	209034	kg	20.000	0.038	0.033
	溶剂汽油 200#	209174	kg	7.200	0.030	0.026
	其他材料费	2999	元	—	0.020	0.020
机械	其他机具费	3999	元	—	0.040	0.040

工作内容：除锈、清除尘土、调漆、刷漆。   计量单位：m²

定额编号				29005019	29005020	29005021	29005022	29005023
项目名称				设备刷仿瓷涂料			刷色环漆	
				底漆	中间漆	面漆	第一遍	第二遍
预算基价				20.86	18.87	18.37	7.91	7.90
其中	人工费（元）			14.29	12.54	12.39	7.73	7.73
	材料费（元）			5.82	5.53	5.25	0.11	0.10
	机械费（元）			0.75	0.80	0.73	0.07	0.07
	仪器仪表费（元）			—	—	—	—	—
名称	代号	单位	单价（元）	数量				
人工	安装工	1002	工日	145.80	0.098	0.086	0.085	0.053	0.053
材料	酚醛调和漆	209022	kg	—	—	—	—	（0.104）	（0.092）
	溶剂汽油 200#	209174	kg	7.200	—	—	—	0.011	0.010
	仿瓷涂料	209293	kg	26.400	0.200	0.190	0.180	—	—
	仿瓷涂料固化剂	209294	kg	4.700	0.100	0.095	0.090	—	—
	其他材料费	2999	元	—	0.070	0.070	0.070	0.030	0.030
机械	其他机具费	3999	元	—	0.750	0.800	0.730	0.070	0.070

二、型钢刷漆

工作内容：除锈、清除尘土、调漆、刷漆。   计量单位：100kg

定额编号				29006001	29006002	29006003	29006004	29006005
项目名称				带锈底漆一遍	防锈漆		调和漆	
					第一遍	第二遍	第一遍	第二遍
预算基价				60.93	52.12	36.00	36.07	34.92
其中	人工费（元）			40.24	45.78	33.24	33.24	33.24
	材料费（元）			20.46	6.07	2.57	2.64	1.49
	机械费（元）			0.23	0.27	0.19	0.19	0.19
	仪器仪表费（元）			—	—	—	—	—
名称	代号	单位	单价（元）	数量				
人工	安装工	1002	工日	145.80	0.276	0.314	0.228	0.228	0.228
材料	红丹防锈漆	209019	kg	—	—	（1.160）	（0.950）	—	—
	酚醛调和漆	209022	kg	—	—	—	—	（0.800）	（0.700）
	带锈底漆	209058	kg	—	（0.540）	—	—	—	—
	棉丝	218036	kg	5.500	0.290	0.290	0.100	0.290	0.100
	溶剂汽油 200#	209174	kg	7.200	—	0.300	0.260	—	—
	汽油 93#	209173	kg	9.900	0.260	—	—	0.090	0.080
	清油	209034	kg	20.000	0.700	—	—	—	—
	铁砂布 0# ~ 2#	218024	张	0.970	2.180	2.180	—	—	—
	其他材料费	2999	元	—	0.180	0.200	0.150	0.150	0.150
机械	其他机具费	3999	元	—	0.230	0.270	0.190	0.190	0.190

工作内容：除锈、清除尘土、调漆、刷漆。 计量单位：100kg

定 额 编 号				29006006	29006007	29006008	29006009
项 目 名 称				烟 囱 漆		耐高温漆	
				第一遍	第二遍	第一遍	第二遍
预 算 基 价				48.17	34.99	79.22	71.70
其中	人工费（元）			43.01	33.24	72.03	67.94
	材料费（元）			4.91	1.56	6.77	3.37
	机械费（元）			0.25	0.19	0.42	0.39
	仪器仪表费（元）			—	—	—	—
名 称	代号	单位	单价（元）	数 量			
人工	安装工	1002	工日	145.80	0.295	0.228	0.494	0.466
材料	耐高温漆	209106	kg	—	—	—	（0.950）	（0.860）
	酚醛烟囱漆	209025	kg	—	（0.540）	（0.480）	—	—
	棉丝	218036	kg	5.500	0.290	0.100	0.290	0.100
	铁砂布 0# ~ 2#	218024	张	0.970	2.180	—	2.180	—
	溶剂汽油 200#	209174	kg	7.200	0.140	0.120	0.380	0.350
	其他材料费	2999	元		0.190	0.150	0.320	0.300
机械	其他机具费	3999	元	—	0.250	0.190	0.420	0.390

工作内容：除锈、清除尘土、调漆、刷漆。 计量单位：100kg

定 额 编 号				29006010	29006011	29006012	29006013
项 目 名 称				防 火 漆		锌黄环氧底漆	
				第一遍	第二遍	第一遍	第二遍
预 算 基 价				45.05	35.60	137.57	94.87
其中	人工费（元）			43.01	34.70	56.86	44.32
	材料费（元）			1.79	0.70	80.38	50.29
	机械费（元）			0.25	0.20	0.33	0.26
	仪器仪表费（元）			—	—	—	—
名 称	代号	单位	单价（元）	数 量			
人工	安装工	1002	工日	145.80	0.295	0.238	0.390	0.304
材料	防火漆	209136	kg	—	（1.980）	（1.620）	—	—
	溶剂汽油 200#	209174	kg	7.200	—	—	1.300	—
	环氧腻子	209069	kg	7.040	—	—	1.300	—
	白毛巾	218046	条	3.000	—	—	1.000	0.500
	铁砂布 0# ~ 2#	218024	张	0.970	—	—	8.000	8.000
	丝光毛巾	218047	条	5.000	—	—	1.000	0.500
	棉丝	218036	kg	5.500	0.290	0.100	0.290	0.100
	活性稀释剂	209417	kg	20.630	—	—	0.460	0.390
	锌黄环氧底漆	209319	kg	25.200	—	—	1.380	1.180
	其他材料费	2999	元	—	0.190	0.150	0.250	0.200
机械	其他机具费	3999	元	—	0.250	0.200	0.330	0.260

工作内容：除锈、清除尘土、调漆、刷漆。 计量单位：100kg

定额编号				29006014	29006015	29006016	29006017
项目名称				白色环氧底漆		环氧富锌底漆	
				第一遍	第二遍	第一遍	第二遍
预算基价				108.48	83.84	61.15	45.33
其中	人工费（元）			91.42	70.71	56.86	44.32
	材料费（元）			16.53	12.72	3.96	0.75
	机械费（元）			0.53	0.41	0.33	0.26
	仪器仪表费（元）			—	—	—	—
	名称	代号	单位	单价（元）	数量		
人工	安装工	1002	工日	145.80	0.627	0.485	0.390	0.304
材料	环氧富锌底漆	209065	kg	—	—	—	（2.750）	（2.590）
	白色环氧底漆	209320	kg	—	（1.090）	（0.890）	—	—
	铁砂布 0# ~ 2#	218024	张	0.970	3.750	3.750	2.180	—
	丝光毛巾	218047	条	5.000	0.150	0.150	—	—
	棉丝	218036	kg	5.500	0.290	0.100	0.290	0.100
	环氧腻子	209069	kg	7.040	0.380	—	—	—
	白毛巾	218046	条	3.000	0.150	0.150	—	—
	活性稀释剂	209417	kg	20.630	0.340	0.340	—	—
	其他材料费	2999	元	—	0.410	0.320	0.250	0.200
机械	其他机具费	3999	元	—	0.530	0.410	0.330	0.260

工作内容：除锈、清除尘土、调漆、刷漆。 计量单位：100kg

定额编号				29006018	29006019	29006020	29006021
项目名称				各色醇酸磁漆		磁漆	
				第一遍	第二遍	第一遍	第二遍
预算基价				32.39	31.34	40.65	38.71
其中	人工费（元）			30.47	30.47	33.24	33.24
	材料费（元）			1.74	0.69	7.22	5.28
	机械费（元）			0.18	0.18	0.19	0.19
	仪器仪表费（元）			—	—	—	—
	名称	代号	单位	单价（元）	数量		
人工	安装工	1002	工日	145.80	0.209	0.209	0.228	0.228
材料	酚醛磁漆	209024	kg	—	—	—	（0.720）	（0.680）
	醇酸磁漆	209001	kg	—	（0.900）	（0.840）	—	—
	醇酸稀释剂	209002	kg	—	（0.230）	（0.190）	—	—
	汽油 93#	209173	kg	9.900	—	—	0.230	0.180
	清油	209034	kg	20.000	—	—	0.160	0.140
	棉丝	218036	kg	5.500	0.290	0.100	0.290	0.100
	其他材料费	2999	元	—	0.140	0.140	0.150	0.150
机械	其他机具费	3999	元	—	0.180	0.180	0.190	0.190

工作内容：除锈、清除尘土、调漆、刷漆。 计量单位：100kg

定 额 编 号				29006022	29006023
项 目 名 称				耐 酸 漆	
				第一遍	第二遍
预 算 基 价				50.90	34.99
其中	人工费（元）			45.78	33.24
	材料费（元）			4.85	1.56
	机械费（元）			0.27	0.19
	仪器仪表费（元）			—	—
	名　　称	代号	单位	单价（元）	数　　量	
人工	安装工	1002	工日	145.80	0.314	0.228
材料	酚醛耐酸漆	209026	kg	—	（0.560）	（0.490）
	铁砂布 0# ~ 2#	218024	张	0.970	2.180	—
	棉丝	218036	kg	5.500	0.290	0.100
	溶剂汽油 200#	209174	kg	7.200	0.130	0.120
	其他材料费	2999	元	—	0.200	0.150
机械	其他机具费	3999	元	—	0.270	0.190

三、构件及支架刷漆

工作内容：除锈、清除尘土、调漆、刷漆。 计量单位：100kg

定 额 编 号				29007001	29007002
项 目 名 称				防 锈 漆	
				第一遍	第二遍
预 算 基 价				69.12	45.85
其中	人工费（元）			45.78	33.24
	材料费（元）			2.38	2.03
	机械费（元）			20.96	10.58
	仪器仪表费（元）			—	—
	名　　称	代号	单位	单价（元）	数　　量	
人工	安装工	1002	工日	145.80	0.314	0.228
材料	防锈漆	209020	kg	—	（1.160）	（0.950）
	溶剂汽油 200#	209174	kg	7.200	0.300	0.260
	其他材料费	2999	元	—	0.220	0.160
机械	汽车起重机 16t	3013	台班	1027.710	0.020	0.010
	其他机具费	3999	元	—	0.410	0.300

工作内容：除锈、清除尘土、调漆、刷漆。 计量单位：100kg

定 额 编 号				29007003	29007004	29007005	29007006
项 目 名 称				沥 青 漆		耐 酸 漆	
				第一遍	第二遍	第一遍	第二遍
预 算 基 价				68.14	45.02	67.89	44.84
其中	人工费（元）			45.78	33.24	45.78	33.24
	材料费（元）			1.40	1.20	1.15	1.02
	机械费（元）			20.96	10.58	20.96	10.58
	仪器仪表费（元）			—	—	—	—
	名 称	代号	单位	单价（元）	数 量		
人工	安装工	1002	工日	145.80	0.314	0.228	0.314	0.228
材料	酚醛耐酸漆	209026	kg	—	—	—	（0.560）	（0.490）
	煤焦沥青漆	209104	kg	—	（2.010）	（1.720）	—	—
	溶剂汽油 200#	209174	kg	7.200	—	—	0.130	0.120
	动力苯	209157	kg	3.600	0.330	0.290	—	—
	其他材料费	2999	元	—	0.210	0.160	0.210	0.160
机械	汽车起重机 16t	3013	台班	1027.710	0.020	0.010	0.020	0.010
	其他机具费	3999	元	—	0.410	0.300	0.410	0.300

工作内容：除锈、清除尘土、调漆、翻转、刷漆。 计量单位：100kg

定 额 编 号				29007007	29007008	29007009	29007010
项 目 名 称				银 粉		调 和 漆	
				第一遍	第二遍	第一遍	第二遍
预 算 基 价				47.72	47.36	44.63	44.56
其中	人工费（元）			33.24	33.24	33.24	33.24
	材料费（元）			3.90	3.54	0.81	0.74
	机械费（元）			10.58	10.58	10.58	10.58
	仪器仪表费（元）			—	—	—	—
	名 称	代号	单位	单价（元）	数 量		
人工	安装工	1002	工日	145.80	0.228	0.228	0.228	0.228
材料	酚醛清漆	209023	kg	—	（0.250）	（0.230）	—	—
	调和漆	209016	kg	—	—	—	（0.800）	（0.700）
	银粉	209045	kg	—	（0.070）	（0.060）	—	—
	溶剂汽油 200#	209174	kg	7.200	0.520	0.470	0.090	0.080
	其他材料费	2999	元	—	0.160	0.160	0.160	0.160
机械	汽车起重机 16t	3013	台班	1027.710	0.010	0.010	0.010	0.010
	其他机具费	3999	元	—	0.300	0.300	0.300	0.300

工作内容：除锈、清除尘土、调漆、翻转、刷漆。 计量单位：100kg

定 额 编 号				29007011	29007012
项 目 名 称				厚 漆	
				第一遍	第二遍
预 算 基 价				51.64	50.48
其中	人工费（元）			33.24	33.24
	材料费（元）			7.82	6.66
	机械费（元）			10.58	10.58
	仪器仪表费（元）			—	—
名 称		代号	单位	单价（元）	数 量
人工	安装工	1002	工日	145.80	0.228	0.228
材料	铅油	209063	kg	—	（0.580）	（0.530）
	清油	209034	kg	3.600	0.300	0.260
	溶剂汽油 200#	209174	kg	7.200	0.230	0.180
	其他材料费	2999	元	—	0.160	0.160
机械	汽车起重机 16t	3013	台班	1027.710	0.010	0.010
	其他机具费	3999	元	—	0.300	0.300

第四节　其他油漆工程

一、木材面油漆

工作内容：除锈、清除尘土、调漆、翻转、刷漆。

计量单位：m²

定 额 编 号				29008001	29008002	29008003	29008004	29008005
项 目 名 称				调和漆二遍	每增加一遍	清漆二遍	每增加一遍	防火漆二遍
预 算 基 价				25.74	7.16	26.05	4.48	24.17
其中	人工费（元）			23.18	6.71	23.33	4.23	21.14
	材料费（元）			2.13	0.26	2.40	0.14	2.80
	机械费（元）			0.43	0.19	0.32	0.11	0.23
	仪器仪表费（元）			—	—	—	—	—
名 称	代号	单位	单价（元）	数　量				
人工	安装工	1002	工日	145.80	0.159	0.046	0.160	0.029	0.145
材料	漆片	209033	kg	55.000	0.001	—	—	—	—
	防火漆	209136	kg	—	—	—	—	—	（0.275）
	酚醛清漆	209023	kg	—	—	—	（0.180）	（0.078）	—
	调和漆	209016	kg	—	（0.172）	—	—	—	—
	无光调和漆	209042	kg	—	（0.194）	（0.195）	—	—	—
	白色调和漆	209017	kg	22.000	—	—	0.007	—	—
	催干剂	209057	kg	17.600	0.008	0.003	0.006	0.001	0.007
	大白粉	209010	kg	1.050	—	—	—	—	0.145
	清油	209034	kg	20.000	0.014	—	0.019	—	0.028
	熟桐油	209141	kg	20.000	0.033	—	0.033	—	0.038
	石膏粉	209039	kg	1.100	0.039	—	0.039	—	0.039
	油漆溶剂油	208040	kg	7.200	0.087	0.010	0.130	0.012	0.086
	其他材料费	2999	元	—	0.320	0.140	0.120	0.040	0.540
机械	其他机具费	3999	元	—	0.430	0.190	0.320	0.110	0.230

二、金属面油漆

工作内容：除锈、清除尘土、调漆、翻转、刷漆。

计量单位：t

定 额 编 号				29009001	29009002	29009003	29009004
项 目 名 称				防锈漆一遍	调和漆二遍	铝粉漆二遍	防火漆二遍
预 算 基 价				166.71	280.44	332.66	340.93
其中	人工费（元）			146.09	262.44	258.36	295.83
	材料费（元）			16.85	13.85	69.11	37.72
	机械费（元）			3.77	4.15	5.19	7.38
	仪器仪表费（元）			—	—	—	—
名 称	代号	单位	单价（元）	数 量			
人工	安装工	1002	工日	145.80	1.002	1.800	1.772	2.029
材料	醇酸调和漆	209005	kg	—	—	（6.626）	—	—
	铝粉漆	209415	kg	—	—	—	（6.320）	—
	防火漆	209136	kg	—	—	—	—	（7.775）
	防锈漆	209020	kg	—	（6.613）	—	—	—
	清油	209034	kg	20.000	—	—	2.910	0.858
	油漆溶剂油	208040	kg	7.200	1.776	0.713	0.660	2.112
	催干剂	209057	kg	17.600	0.136	0.238	0.190	0.172
	其他材料费	2999	元	—	1.670	4.530	2.810	2.330
机械	其他机具费	3999	元	—	3.770	4.150	5.190	7.380

三、抹灰面油漆

工作内容：清除尘土、磨砂纸、刷底油、补腻子、油漆成活。

计量单位：m²

定 额 编 号					29010001	29010002
项 目 名 称					调和漆二遍	地板漆二遍
预 算 基 价					13.35	9.79
其中	人工费（元）				10.79	8.31
	材料费（元）				2.38	1.35
	机械费（元）				0.18	0.13
	仪器仪表费（元）				—	—
名 称	代号	单位	单价（元）		数 量	
人工	安装工	1002	工日	145.80	0.074	0.057
材料	地板漆	209012	kg	—	—	（0.174）
	乳液	209096	kg	13.000	0.015	—
	醇酸调和漆	209005	kg	—	（0.169）	—
	醇酸无光调和漆	209004	kg	—	（0.031）	—
	石膏粉	209039	kg	1.100	0.013	0.022
	纤维素	209118	kg	26.000	0.007	—
	大白粉	209010	kg	1.050	0.248	—
	催干剂	209057	kg	17.600	0.005	0.001
	熟桐油	209141	kg	20.000	0.020	0.031
	油漆溶剂油	208040	kg	7.200	0.076	0.062
	清油	209034	kg	20.000	0.031	0.008
	其他材料费	2999	元	—	0.070	0.080
机械	其他机具费	3999	元	—	0.180	0.130

第五节　通风管道保温及保护壳

一、通风管道保温

工作内容：除锈、补腻子、磨砂纸、刷漆、成活。

计量单位：m²

定额编号				29011001	29011002	29011003	29011004	29011005
项目名称				板材厚度（mm）				
				聚苯乙烯泡沫塑料板			橡塑保温板	
				25	40	50	10	20
预算基价				52.90	52.91	52.92	74.32	74.45
其中	人工费（元）			47.53	47.53	47.53	47.53	47.53
	材料费（元）			4.76	4.77	4.78	26.18	26.31
	机械费（元）			0.61	0.61	0.61	0.61	0.61
	仪器仪表费（元）			—	—	—	—	—
名称	代号	单位	单价（元）	数量				
人工	安装工	1002	工日	145.80	0.326	0.326	0.326	0.326	0.326
材料	聚苯乙烯泡沫塑料板	211017	m²	—	（1.240）	（1.240）	（1.240）	—	—
	橡塑海绵	211075	m³	—	—	—	—	（0.012）	（0.025）
	橡塑粘接专用胶	209426	kg	52.750	—	—	—	0.400	0.400
	橡塑专用胶带	211074	m	1.000	—	—	—	4.700	4.700
	镀锌带母螺栓 8×85～100	207122	套	0.410	7.610	7.610	7.610	—	—
	路皮铁	218013	m	0.150	4.750	4.750	4.750	—	—
	镀锌钢板 δ0.7～0.9	201036	kg	6.100	0.115	0.115	0.115	—	—
	其他材料费	2999	元	—	0.230	0.240	0.250	0.380	0.510
机械	其他机具费	3999	元	—	0.610	0.610	0.610	0.610	0.610

工作内容：下料、擦净风管壁面、铺保温板、修正、补法兰口、上螺丝、做包角、
绑铁皮箍。

计量单位：m²

定 额 编 号				29011006	29011007	29011008	29011009
项 目 名 称				板材厚度（mm）			
				玻璃棉板		铝箔玻璃棉板	
				30	40	30	40
预 算 基 价				87.27	87.36	87.30	87.38
其中	人工费（元）			73.48	73.48	73.48	73.48
	材料费（元）			13.03	13.12	13.06	13.14
	机械费（元）			0.76	0.76	0.76	0.76
	仪器仪表费（元）			—	—	—	—
名 称	代号	单位	单价（元）	数 量			
人工 安装工	1002	工日	145.80	0.504	0.504	0.504	0.504
材料 玻璃棉板	211006	m²	—	（1.240）	（1.240）	—	—
铝箔玻璃棉板	211007	m²	—	—	—	（1.240）	（1.240）
铝铂玻璃布胶带60	218109	m	1.240	4.700	4.700	4.700	4.700
镀锌钢板 δ0.5~0.65	201035	kg	6.150	0.115	0.115	0.115	0.115
塑料保温钉	210024	个	0.070	17.000	17.000	17.000	17.000
401胶	209140	kg	13.290	0.300	0.300	0.300	0.300
其他材料费	2999	元	—	1.320	1.410	1.350	1.430
机械 其他机具费	3999	元	—	0.760	0.760	0.760	0.760

工作内容：下料、擦净风管壁面、铺保温板、修正、补法兰口、上螺丝、做包角、
绑铁皮箍。

计量单位：m²

定 额 编 号				29011010	29011011	29011012	29011013
项 目 名 称				板材厚度（mm）			
				岩棉板		铝箔岩棉板	
				30	50	30	50
预 算 基 价				87.25	87.34	87.28	87.29
其中	人工费（元）			73.48	73.48	73.48	73.48
	材料费（元）			13.01	13.10	13.04	13.05
	机械费（元）			0.76	0.76	0.76	0.76
	仪器仪表费（元）			—	—	—	—
名 称	代号	单位	单价（元）	数 量			
人工	安装工	1002	工日	145.80	0.504	0.504	0.504	0.504
材料	岩棉板	211008	m²	—	（1.240）	（1.240）	—	—
	铝箔岩棉板 δ50	211009	m²	—	—	—	（1.240）	（1.240）
	铝铂玻璃布胶带 60	218109	m	1.240	4.700	4.700	4.700	4.700
	镀锌钢板 δ0.5~0.65	201035	kg	6.150	0.115	0.115	0.115	0.115
	塑料保温钉	210024	个	0.070	17.000	17.000	17.000	17.000
	401 胶	209140	kg	13.290	0.300	0.300	0.300	0.300
	其他材料费	2999	元	—	1.300	1.390	1.330	1.340
机械	其他机具费	3999	元	—	0.760	0.760	0.760	0.760

工作内容：下料、擦净风管壁面、铺保温板、修正、补法兰口、上螺丝、做包角、绑铁皮箍。

计量单位：m²

定额编号					29011014	29011015	29011016
项目名称					聚氨酯泡沫塑料板　板材厚度（mm）		
					25	40	50
预算基价					53.29	53.34	53.37
其中	人工费（元）				47.53	47.53	47.53
	材料费（元）				5.15	5.20	5.23
	机械费（元）				0.61	0.61	0.61
	仪器仪表费（元）				—	—	—
	名　称	代号	单位	单价（元）	数　量		
人工	安装工	1002	工日	145.80	0.326	0.326	0.326
材料	聚氨酯泡沫塑料板25	211013	m²	—	（1.240）	（1.240）	（1.240）
	路皮铁	218013	m	0.150	4.750	4.750	4.750
	镀锌钢板 δ0.7~0.9	201036	kg	6.100	0.115	0.115	0.115
	聚氨酯胶粘剂	209296	kg	4.000	0.300	0.300	0.300
	其他材料费	2999	元	—	2.540	2.590	2.620
机械	其他机具费	3999	元	—	0.610	0.610	0.610

二、通风管道保温层外缠（包）保护壳

工作内容：剪布、缠布、粘接、绑扎、封缝。

计量单位：m²

定额编号					29012001	29012002
项目名称					玻璃丝布	塑料布
预算基价					13.46	13.48
其中	人工费（元）				12.54	12.54
	材料费（元）				0.52	0.54
	机械费（元）				0.40	0.40
	仪器仪表费（元）				—	—
	名　称	代号	单位	单价（元）	数　量	
人工	安装工	1002	工日	145.80	0.086	0.086
材料	塑料布	210025	m²	—	—	（2.500）
	玻璃丝布	211003	m²	—	（2.500）	—
	乳胶	209132	kg	8.030	0.050	0.050
	镀锌铁丝 13#~17#	207234	kg	8.500	0.006	0.006
	其他材料费	2999	元	—	0.070	0.090
机械	其他机具费	3999	元	—	0.400	0.400

工作内容：剪布、缠布、粘接、绑扎、封缝。 　　　　　　　　　　　　　　　　　　　　计量单位：m²

定 额 编 号					29012003	29012004	29012005	29012006
项 目 名 称					板材厚度（mm）			
					镀锌钢板		铝　板	
					0.5	0.8	0.5	0.8
预 算 基 价					100.18	100.21	100.18	100.22
其中	人工费（元）				95.64	95.64	95.64	95.64
	材料费（元）				0.83	0.86	0.83	0.87
	机械费（元）				3.71	3.71	3.71	3.71
	仪器仪表费（元）				—	—	—	—
名　　称		代号	单位	单价（元）	数　　量			
人工	安装工	1002	工日	145.80	0.656	0.656	0.656	0.656
材料	铝板	201122	m²	—	—	—	（1.380）	（1.380）
	镀锌钢板	201048	m²	—	（1.380）	（1.380）	—	—
	自攻螺钉 M4×16	207409	100 个	8.000	0.043	0.043	0.043	0.043
	其他材料费	2999	元	—	0.490	0.520	0.490	0.530
机械	其他机具费	3999	元	—	3.710	3.710	3.710	3.710

第六节 管道保温

一、钢管保温

工作内容：1. 瓦块保温：拌料、灰浆衬底、绑铅丝、抹缝、修整找平；
2. 泡沫塑料管：下料、安装、粘接、捆扎、修整找平；
3. 硅酸盐保温：搅拌、涂抹安装、找平压光；
4. 铅丝网石棉灰：和灰、抹灰、缠铅丝网。

计量单位：m³

定 额 编 号				29013001	29013002	29013003	29013004
项 目 名 称				水泥珍珠岩保温瓦（mm）		石棉灰保温瓦（mm）	
				ϕ57 以下	ϕ57 以上	ϕ57 以下	ϕ57 以上
预 算 基 价				794.83	383.42	795.00	383.58
其中	人工费（元）			698.67	303.70	698.67	303.70
	材料费（元）			81.92	69.01	82.09	69.17
	机械费（元）			14.24	10.71	14.24	10.71
	仪器仪表费（元）			—	—	—	—
名 称	代号	单位	单价（元）	数 量			
人工 安装工	1002	工日	145.80	4.792	2.083	4.792	2.083
材料 石棉灰瓦	211069	m³	—	—	—	（1.114）	（1.069）
珍珠岩棉	211081	m³	—	（1.114）	（1.069）	—	—
镀锌铁丝 13#~17#	207234	kg	8.500	4.380	3.070	4.380	3.070
硅藻土	211051	kg	0.640	40.300	40.300	40.300	40.300
石棉灰	211001	kg	0.900	17.200	17.200	17.200	17.200
其他材料费	2999	元	—	3.420	1.640	3.590	1.800
机械 其他机具费	3999	元	—	14.240	10.710	14.240	10.710

工作内容：1. 开口、安装、捆扎、修整找平；
2. 泡沫塑料管：下料、安装、粘接、捆扎、修整找平；
3. 硅酸盐保温：搅拌、涂抹安装、找平压光；
4. 铅丝网石棉灰：和灰、抹灰、缠铅丝网。

计量单位：m³

定 额 编 号				29013005	29013006	29013007	29013008
项 目 名 称				岩棉管壳（mm）		玻璃棉管壳（mm）	
				$\phi57$ 以下	$\phi57$ 以上	$\phi57$ 以下	$\phi57$ 以上
预 算 基 价				589.62	270.90	590.02	271.30
其中	人工费（元）			538.00	233.57	538.00	233.57
	材料费（元）			38.82	27.25	39.22	27.65
	机械费（元）			12.80	10.08	12.80	10.08
	仪器仪表费（元）			—	—	—	—
名　称	代号	单位	单价（元）		数　量		
人工	安装工	1002	工日	145.80	3.690	1.602	3.690	1.602
材料	玻璃棉管壳	211071	m³	—	—	—	（1.030）	（1.030）
	岩棉管壳	211077	m³	—	（1.030）	（1.030）	—	—
	镀锌铁丝 13# ~ 17#	207234	kg	8.500	4.250	3.050	4.250	3.050
	其他材料费	2999	元	—	2.690	1.320	3.090	1.720
机械	其他机具费	3999	元	—	12.800	10.080	12.800	10.080

工作内容：1. 泡沫塑料瓦：下料、安装、粘接、捆扎、修整找平；
2. 硅酸盐保温：搅拌、涂抹安装、找平压光；
3. 铅丝网石棉灰：和灰、抹灰、缠铅丝网。

计量单位：m³

定 额 编 号				29013009	29013010	29013011	29013012
项 目 名 称				聚苯乙烯泡沫瓦（mm）		聚氨酯泡沫塑料瓦（mm）	
				$\phi57$ 以下	$\phi57$ 以上	$\phi57$ 以下	$\phi57$ 以上
预 算 基 价				1113.09	686.46	1001.19	565.38
其中	人工费（元）			459.27	260.98	459.27	260.98
	材料费（元）			641.72	415.15	529.82	294.07
	机械费（元）			12.10	10.33	12.10	10.33
	仪器仪表费（元）			—	—	—	—
名　称	代号	单位	单价（元）		数　量		
人工	安装工	1002	工日	145.80	3.150	1.790	3.150	1.790
材料	聚氨酯泡沫塑料瓦	211043	m³	—	—	—	（1.030）	（1.030）
	聚苯乙烯泡沫塑料瓦	211044	m³	—	（1.030）	（1.030）	—	—
	镀锌铁丝 13# ~ 17#	207234	kg	8.500	—	—	4.300	3.220
	聚氨酯胶粘剂	209296	kg	4.000	—	—	25.000	25.000
	长城 717 粘接剂	209295	kg	9.970	25.000	25.000	—	—
	塑料胶粘带 20×50	210027	卷	4.500	86.500	36.400	86.500	36.400
	其他材料费	2999	元	—	3.220	2.100	4.020	2.900
机械	其他机具费	3999	元	—	12.100	10.330	12.100	10.330

工作内容：1. 开口、安装、捆扎、修整找平；
　　　　　2. 泡沫塑料管：下料、安装、粘接、捆扎、修整找平；
　　　　　3. 硅酸盐保温：搅拌、涂抹安装、找平压光；
　　　　　4. 铅丝网石棉灰：和灰、抹灰、缠铅丝网。

计量单位：m³

定 额 编 号				29013013	29013014
项 目 名 称				橡塑保温壳（mm）	
				φ57 以下	φ57 以上
预 算 基 价				2609.98	1761.83
其中	人工费（元）			459.27	260.98
	材料费（元）			2138.61	1490.52
	机械费（元）			12.10	10.33
	仪器仪表费（元）			—	—
	名　称	代号	单位	单价（元）	数　量
人工	安装工	1002	工日	145.80	3.150	1.790
材料	橡塑海绵	211075	m³	—	（1.025）	（1.025）
	橡塑专用胶带	211074	m	1.000	810.560	164.000
	橡塑粘接专用胶	209426	kg	52.750	25.000	25.000
	其他材料费	2999	元	—	9.300	7.770
机械	其他机具费	3999	元	—	12.100	10.330

二、保 护 层

工作内容：1. 裁料、缠裹、捆扎、粘接、修正找平；
　　　　　2. 铅丝网：下料、包网、绑铅丝；
　　　　　3. 玻璃钢：下料、安装、上螺丝、粘缝；
　　　　　4. 金属皮：下料、打眼、卷板、起鼓、安装、垫平。

计量单位：m²

定 额 编 号				29014001	29014002	29014003
项 目 名 称				管道防结露保温（聚氨酯泡沫塑料）（mm）		
				厚5	厚10	厚20
预 算 基 价				15.42	15.43	15.46
其中	人工费（元）			9.77	9.77	9.77
	材料费（元）			5.56	5.57	5.60
	机械费（元）			0.09	0.09	0.09
	仪器仪表费（元）			—	—	—
	名　称	代号	单位	单价（元）	数　量	
人工	安装工	1002	工日	145.80	0.067	0.067	0.067
材料	软聚氨酯泡沫塑料	211064	m²	—	（1.200）	（1.200）	（1.200）
	其他材料费	2999	元	—	5.560	5.570	5.600
机械	其他机具费	3999	元	—	0.090	0.090	0.090

工作内容：1. 防结露：裁料、缠裹、捆扎、粘接、修正找平；
2. 铅丝网：下料、包网、绑铅丝；
3. 玻璃钢：下料、安装、上螺丝、粘缝；
4. 金属皮：下料、打眼、卷板、起鼓、安装、垫平。 计量单位：m²

定 额 编 号				29014004	29014005	29014006
项 目 名 称				管道防结露保温（复合聚乙烯泡沫塑料）（mm）		
				厚5	厚10	厚20
预 算 基 价				15.05	15.05	15.06
其中	人工费（元）			9.77	9.77	9.77
	材料费（元）			5.19	5.19	5.20
	机械费（元）			0.09	0.09	0.09
	仪器仪表费（元）			—	—	—
	名 称	代号	单位	单价（元）	数 量		
人工	安装工	1002	工日	145.80	0.067	0.067	0.067
材料	复合聚乙烯泡沫塑料	211054	m²	—	（1.200）	（1.200）	（1.200）
	其他材料费	2999	元	—	5.190	5.190	5.200
机械	其他机具费	3999	元		0.090	0.090	0.090

工作内容：1. 铅丝网：下料、包网、绑铅丝；
2. 玻璃钢：下料、安装、上螺丝、粘缝；
3. 金属皮：下料、打眼、卷板、起鼓、安装、垫平。 计量单位：m²

定 额 编 号				29014007	29014008	29014009	29014010
项 目 名 称				管 道			
				包铅丝网	缠铝箱	包玻璃钢壳	包金属皮
预 算 基 价				15.66	20.88	37.61	36.07
其中	人工费（元）			15.02	19.54	31.64	30.91
	材料费（元）			0.51	1.17	5.69	1.36
	机械费（元）			0.13	0.17	0.28	3.80
	仪器仪表费（元）			—	—	—	—
	名 称	代号	单位	单价（元）	数 量			
人工	安装工	1002	工日	145.80	0.103	0.134	0.217	0.212
材料	玻璃钢壳 δ1	211059	m²	—	—	—	（1.200）	—
	镀锌钢板	201048	m²	—	—	—	—	（1.200）
	镀锌铁丝网	207237	m²	—	（1.201）	—	—	—
	铝箔	201160	m²	—	—	（1.400）	—	—
	玻璃钢粘接剂	209289	kg	22.300	—	—	0.180	—
	自攻螺丝	207188	100个	7.000	—	—	0.210	0.174
	镀锌铁丝13#~17#	207234	kg	8.500	0.050	—	0.004	—
	其他材料费	2999	元		0.080	1.170	0.170	0.140
机械	其他机具费	3999	元		—	0.130	0.170	0.280	3.800

工作内容：1. 裁料、缠裹、捆扎、粘接、修正找平；
2. 铅丝网：下料、包网、绑铅丝；
3. 玻璃钢：下料、安装、上螺丝、粘缝；
4. 金属皮：下料、打眼、卷板、起鼓、安装、垫平。

计量单位：m²

定 额 编 号				29014011	29014012	29014013	29014014	29014015
项 目 名 称				管道设备		设备保护层		
				缠玻璃丝布	缠防火塑料布	包铅丝网	包玻璃钢壳	包金属皮
预 算 基 价				4.75	5.82	10.57	34.56	35.69
其中	人工费（元）			4.67	4.67	10.21	28.87	30.91
	材料费（元）			0.04	1.11	0.27	5.43	1.34
	机械费（元）			0.04	0.04	0.09	0.26	3.44
	仪器仪表费（元）			—	—	—	—	—
	名 称	代号	单位	单价（元）	数 量			
人工	安装工	1002	工日	145.80	0.032	0.032	0.070	0.198	0.212
材料	玻璃钢壳 δ1	211059	m²	—	—	—	—	（1.200）	—
	镀锌钢板	201048	m²	—	—	—	—	—	（1.200）
	镀锌铁丝网	207237	m²	—	—	—	（1.149）	—	—
	玻璃丝布	211003	m²	—	（1.300）	—	—	—	—
	塑料布	210025	m²	—	—	（1.300）	—	—	—
	自攻螺丝	207188	100个	7.000	—	—	—	0.180	0.172
	其他材料费	2999	元	—	0.040	1.110	0.270	4.170	0.140
机械	其他机具费	3999	元	—	0.040	0.040	0.090	0.260	3.440

第七节 塑化沥青防蚀带

工作内容：调制、涂刷底剂、缠裹、烘烤、冷却。

计量单位：m

定 额 编 号				29015001	29015002	29015003
项 目 名 称				管道外径（mm 以内）		
				57	76	89
预 算 基 价				8.33	10.54	12.14
其中	人工费（元）			3.65	4.52	5.10
	材料费（元）			4.64	5.95	6.96
	机械费（元）			0.04	0.07	0.08
	仪器仪表费（元）			—	—	—
	名 称	代号	单位	单价（元）	数 量		
人工	安装工	1002	工日	145.80	0.025	0.031	0.035
材料	塑化沥青底剂	209292	kg	—	（0.028）	（0.036）	（0.042）
	汽油 93#	209173	kg	9.900	0.090	0.120	0.140
	塑化沥青胶带 150	209342	kg	1.800	2.070	2.630	3.080
	其他材料费	2999	元	—	0.020	0.030	0.030
机械	其他机具费	3999	元	—	0.040	0.070	0.080

工作内容：调制、涂刷底剂、缠裹、烘烤、冷却。 计量单位：m

定 额 编 号					29015004	29015005	29015006
项 目 名 称					管道外径（mm 以内）		
					108	133	159
预 算 基 价					15.76	19.45	22.78
其中	人工费（元）				6.85	8.46	9.77
	材料费（元）				8.82	10.87	12.88
	机械费（元）				0.09	0.12	0.13
	仪器仪表费（元）				—	—	—
	名 称	代号	单位	单价（元）	数 量		
人工	安装工	1002	工日	145.80	0.047	0.058	0.067
材料	塑化沥青底剂	209292	kg	—	（0.054）	（0.066）	（0.078）
	汽油 93#	209173	kg	9.900	0.170	0.220	0.260
	塑化沥青胶带 150	209342	kg	1.800	3.940	4.800	5.700
	其他材料费	2999	元	—	0.040	0.050	0.050
机械	其他机具费	3999	元	—	0.090	0.120	0.130

第八节 喷砂除锈

工作内容：运砂、筛砂、烘砂、装砂、回收、修理工具。 计量单位：m²

定 额 编 号					29016001	29016002
项 目 名 称					管 道	
					内 壁	外 壁
预 算 基 价					61.55	43.22
其中	人工费（元）				30.47	19.97
	材料费（元）				3.95	3.90
	机械费（元）				27.13	19.35
	仪器仪表费（元）				—	—
	名 称	代号	单位	单价（元）	数 量	
人工	安装工	1002	工日	145.80	0.209	0.137
材料	喷砂嘴	207736	个	31.330	0.010	0.010
	喷砂胶管 40 中压	208140	m	30.000	0.025	0.025
	煤	218061	t	520.000	0.005	0.005
	石英砂	204069	m³	—	（0.042）	（0.046）
	木材	203003	kg	0.250	0.591	0.574
	其他材料费	2999	元	—	0.140	0.090
机械	内燃空气压缩机 ≤9m³/min	3105	台班	599.290	0.042	0.030
	其他机具费	3999	元	—	1.960	1.370

第九节 管道警示带

工作内容：清扫浮土、粘贴。

计量单位：m

定额编号				29017001	29017002
项目名称				警 示 带	
				给 水	燃 气
预算基价				1.03	1.03
其中	人工费（元）			1.02	1.02
	材料费（元）			—	—
	机械费（元）			0.01	0.01
	仪器仪表费（元）			—	—
名 称	代号	单位	单价（元）	数 量	
人工 安装工	1002	工日	145.80	0.007	0.007
材料 燃气警示带	217052	kg	—	—	（1.010）
给水警示带	217051	kg	—	（1.010）	—
机械 其他机具费	3999	元	—	0.010	0.010

第九章
防 雷 接 地

说明及工程量计算规则

说　明

1. 本章主要内容包括：接地极制作安装调试；接地母线敷设，接地端子箱、避雷网、静电泄漏地网安装；电源避雷器、信号 SPD、智能检测系统避雷装置、防雷屏蔽装置、其他防雷装置的安装调试以及电位连接。

2. 接地装置是按供配电系统接地、车间接地和设备接地等工业设施接地编制的。定额中未包括接地电阻率高的土质换土和化学处理的土壤及由此发生的接地电阻测试等费用，应另行计算。接地装置挖填土执行本章第三节电缆沟挖填土相应子目。

工程量计算规则

1. 接地极制作、安装、调试以"根（块）"计算。

2. 接地母线敷设，避雷网、静电泄漏地网安装以"m"计算。

3. 接地端子箱安装，以"台"计算。

4. 电源避雷器、信号 SPD、智能检测系统避雷装置、防雷屏蔽装置、其他防雷装置安装、调试，以"台（个）"计算。

5. 等电位连接，以"处"计算。

第一节 接地极制作、安装、调试

一、接地极制作、安装

工作内容：下料加工、卡子制作、打入地下、刷油。

定额编号				30001001	30001002	30001003	30001004	30001005
项目名称				钢管 φ50×2500×2.5（根）		角钢 50×50×5（块）		铜板接地极（板）
				普通土	坚土	普通土	坚土	
预算基价				109.04	123.62	86.90	97.11	789.84
其中	人工费（元）			99.14	113.72	78.73	88.94	679.43
	材料费（元）			4.50	4.50	4.05	4.05	107.36
	机械费（元）			5.40	5.40	4.12	4.12	3.05
	仪器仪表费（元）			—	—	—	—	—
名称	代号	单位	单价（元）	数量				
人工 安装工	1002	工日	145.80	0.680	0.780	0.540	0.610	4.660
材料 铜接地板	207720	kg	—	—	—	—	—	（1.000）
镀锌钢管50	201052	kg	—	（13.310）	（13.310）	—	—	—
镀锌角钢	201022	kg	—	—	—	（9.896）	（9.896）	—
焊锡	207294	kg	67.720	—	—	—	—	0.030
铜焊条	207301	kg	34.210	—	—	—	—	1.000
铜焊粉	207299	kg	25.910	—	—	—	—	0.120
汽油93#	209173	kg	9.900	—	—	—	—	1.000
氧气	209121	m³	5.890	—	—	—	—	4.200
乙炔气	209120	m³	15.000	—	—	—	—	1.991
电焊条 综合	207290	kg	6.000	0.200	0.200	0.150	0.150	—
镀锌扁钢	201023	kg	7.900	0.260	0.260	0.260	0.260	—
沥青清漆	209102	kg	8.000	0.020	0.020	0.020	0.020	—
其他材料费	2999	元	—	1.090	1.090	0.940	0.940	3.510
机械 其他机具费	3999	元	—	5.400	5.400	4.120	4.120	3.050

工作内容：尖端及加固帽加工、接地极打入地下及埋设、下料、加工、焊接、检查、埋设、防腐、检验。

计量单位：根

定 额 编 号				30001006	30001007	30001008	30001009
项 目 名 称				独立接地装置安装			
				圆钢接地极		石墨接地极	
				普通土	坚土	普通土	坚土
预 算 基 价				108.48	163.24	346.94	439.60
其中	人工费（元）			84.56	125.39	309.10	387.83
	材料费（元）			2.48	2.48	4.45	4.45
	机械费（元）			14.18	28.11	26.13	40.06
	仪器仪表费（元）			7.26	7.26	7.26	7.26
名 称	代号	单位	单价（元）	数 量			
人工	安装工	1002	工日	145.80	0.580	0.860	2.120	2.660
材料	镀锌扁钢	201023	kg	7.900	0.137	0.137	0.137	0.137
	电焊条 综合	207290	kg	6.000	0.163	0.163	0.306	0.306
	锯条	207264	根	0.560	0.173	0.173	1.020	1.020
	防锈漆	209020	kg	17.000	0.012	0.012	0.010	0.010
	沥青清漆	209102	kg	8.000	0.010	0.010	0.010	0.010
	其他材料费	2999	元	—	0.040	0.040	0.710	0.710
机械	冲击钻	3092	台班	27.860	—	0.500	—	0.500
	吹风机	3091	台班	18.460	0.010	0.010	—	—
	交流弧焊机≤21kV·A	3099	台班	93.330	0.150	0.150	0.280	0.280
仪器仪表	接地电阻检测仪	4287	台班	14.510	0.500	0.500	0.500	0.500

工作内容：尖端及加固帽加工、接地极打入地下及埋设、下料、加工、焊接、检查、埋设、防腐、检验。

计量单位：根

定 额 编 号				30001010	30001011	30001012	30001013
项 目 名 称				独立接地装置安装			
				铜棒接地极		铜包钢接地极	
				普通土	坚土	普通土	坚土
预 算 基 价				119.62	170.18	141.67	174.56
其中	人工费（元）			93.31	129.76	115.18	134.14
	材料费（元）			3.18	3.18	3.18	3.18
	机械费（元）			15.87	29.98	16.05	29.98
	仪器仪表费（元）			7.26	7.26	7.26	7.26
名 称	代号	单位	单价（元）	数 量			
人工	安装工	1002	工日	145.80	0.640	0.890	0.790	0.920
材料	紫铜排 40×3	201178	m	—	（0.041）	（0.041）	（0.041）	（0.041）
	铜焊粉	207299	kg	25.910	0.015	0.015	0.015	0.015
	铜焊条	207301	kg	34.210	0.015	0.015	0.015	0.015
	锯条	207264	根	0.560	1.020	1.020	1.020	1.020
	其他材料费	2999	元	—	1.710	1.710	1.710	1.710
机械	冲击钻	3092	台班	27.860	—	0.500	—	0.500
	吹风机	3091	台班	18.460	—	0.010	0.010	0.010
	交流弧焊机≤21kV·A	3099	台班	93.330	0.170	0.170	0.170	0.170
仪器仪表	接地电阻检测仪	4287	台班	14.510	0.500	0.500	0.500	0.500

工作内容：尖端及加固帽加工、接地极打入地下及埋设、下料、加工、焊接。   计量单位：m

定 额 编 号					30001014	30001015	30001016	30001017
项 目 名 称					共用接地网络焊接			
					普通热镀锌钢接地装置		铜质接地装置	
					普通土	坚土	普通土	坚土
预 算 基 价					26.77	32.97	27.35	33.54
其中	人工费（元）				14.58	20.41	14.58	20.41
	材料费（元）				2.03	2.03	4.42	4.42
	机械费（元）				6.53	6.90	4.72	5.08
	仪器仪表费（元）				3.63	3.63	3.63	3.63
名 称	代号	单位	单价（元）		数 量			
人工	安装工	1002	工日	145.80	0.100	0.140	0.100	0.140
材料	紫铜排 40×3	201178	m	—	—	—	（1.260）	（1.260）
	镀锌扁钢	201023	kg	—	（1.248）	（1.248）	—	—
	防锈漆	209020	kg	17.000	0.048	0.048	—	—
	铜焊条	207301	kg	34.210	—	—	0.054	0.054
	铜焊粉	207299	kg	25.910	—	—	0.054	0.054
	沥青清漆	209102	kg	8.000	0.036	0.036	—	—
	电焊条 综合	207290	kg	6.000	0.054	0.054	—	—
	锯条	207264	根	0.560	1.020	1.020	1.020	1.020
	其他材料费	2999	元	—	0.030	0.030	0.600	0.600
机械	吹风机	3091	台班	18.460	—	—	0.003	0.003
	冲击钻	3092	台班	27.860	—	0.013	—	0.013
	交流弧焊机≤21kV·A	3099	台班	93.330	0.070	0.070	0.050	0.050
仪器仪表	接地电阻检测仪	4287	台班	14.510	0.250	0.250	0.250	0.250

工作内容：尖端及加固帽加工、接地极打入地下及埋设、下料、加工、焊接。　　　　　　　计量单位：处

定额编号				30001018	30001019	30001020	30001021
项目名称				单独接地与等电位接地网络连接			
				普通热镀锌钢接地装置		铜质接地装置	
				普通土	坚土	普通土	坚土
预算基价				93.61	129.41	105.45	141.25
其中	人工费（元）			49.57	71.44	49.57	71.44
	材料费（元）			1.53	1.53	13.19	13.19
	机械费（元）			28.00	41.93	28.18	42.11
	仪器仪表费（元）			14.51	14.51	14.51	14.51
名称	代号	单位	单价（元）	数量			
人工	安装工	1002	工日	145.80	0.340	0.490	0.340	0.490
材料	紫铜排 40×3	201178	m	—	—	—	（2.523）	（2.523）
	镀锌扁钢	201023	kg	—	（8.845）	（8.845）	—	—
	防锈漆	209020	kg	17.000	0.015	0.015	—	—
	铜焊条	207301	kg	34.210	—	—	0.153	0.153
	铜焊粉	207299	kg	25.910	—	—	0.153	0.153
	沥青清漆	209102	kg	8.000	0.020	0.020	—	—
	电焊条 综合	207290	kg	6.000	0.020	0.020	—	—
	锯条	207264	根	0.560	1.530	1.530	1.020	1.020
	其他材料费	2999	元	—	0.140	0.140	3.420	3.420
机械	吹风机	3091	台班	18.460	—	—	0.010	0.010
	冲击钻	3092	台班	27.860	—	0.500	—	0.500
	交流弧焊机≤21kV·A	3099	台班	93.330	0.300	0.300	0.300	0.300
仪器仪表	接地电阻检测仪	4287	台班	14.510	1.000	1.000	1.000	1.000

二、接地极调试

工作内容：调试、测试。　　　　　　　　　　　　　　　　　　　　　　　　　　　计量单位：根

定额编号				30002001	30002002	30002003	30002004
项目名称				独立接地极调试		共用接地网络调试	
				5根以内接地极	5根以上接地极	普通土	坚土
预算基价				653.68	724.18	1637.66	2243.72
其中	人工费（元）			604.51	665.38	1511.28	2115.79
	材料费（元）			—	—	—	—
	机械费（元）			1.97	2.16	7.82	9.37
	仪器仪表费（元）			47.20	56.64	118.56	118.56
名称	代号	单位	单价（元）	数量			
人工	调试工	1003	工日	209.90	2.880	3.170	7.200	10.080
机械	其他机具费	3999	元	—	1.970	2.160	7.820	9.370
仪器仪表	其他仪器仪表费	4999	元	—	47.200	56.640	118.560	118.560

第二节 接地母线敷设、接地端子箱、避雷网、静电泄漏地网安装

一、接地母线敷设、调试

（一）接地母线敷设

工作内容：接地线平直、下料、测位、打孔、上螺栓、煨管、敷设、焊接、刷漆。　　　　　计量单位：m

定 额 编 号				30003001	30003002
项 目 名 称				铜 母 带	
				明敷设	暗敷设
预 算 基 价				53.16	48.85
其中	人工费（元）			43.74	42.28
	材料费（元）			2.35	1.58
	机械费（元）			7.07	4.99
	仪器仪表费（元）			—	—
名　称	代号	单位	单价（元）	数　量	
人工	安装工	1002	工日	145.80	0.300	0.290
材料	镀锌型钢	201142	kg	—	（0.005）	—
	镀锌钢管50	201052	kg	—	（0.100）	—
	锡青铜板25×4	201125	m	—	（1.040）	（1.040）
	焊锡	207294	kg	67.720	0.002	0.002
	铜焊粉	207299	kg	25.910	0.003	0.003
	铜焊条	207301	kg	34.210	0.024	0.024
	酚醛磁漆	209024	kg	16.000	0.015	—
	氧气	209121	m³	5.890	0.025	0.025
	乙炔气	209120	m³	15.000	0.012	0.012
	镀锌弹簧垫圈16	207498	个	0.019	0.204	—
	镀锌垫圈16	207492	个	0.100	0.204	—
	镀锌带母螺栓16×85～100	207135	套	1.930	0.204	—
	其他材料费	2999	元	—	0.328	0.216
机械	其他机具费	3999	元	—	7.070	4.990

工作内容：平直、断料、测位、打眼、卡子制作、埋卡子、焊接、固定、刷油等。　　　　计量单位：m

定　额　编　号				30003003	30003004	30003005	30003006	30003007
项　目　名　称				镀锌扁钢明敷设		接地母线暗敷设		
				25×4	40×4	镀锌圆钢		
						ϕ13	ϕ16	ϕ19
预　算　基　价				37.33	37.34	9.95	9.97	9.99
其中	人工费（元）			34.99	34.99	8.75	8.75	8.75
	材料费（元）			1.96	1.97	0.66	0.68	0.70
	机械费（元）			0.38	0.38	0.54	0.54	0.54
	仪器仪表费（元）			—	—	—	—	—
名　称	代号	单位	单价（元）	数　量				
人工	安装工	1002	工日	145.80	0.240	0.240	0.060	0.060	0.060
材料	镀锌圆钢 ϕ10 以外	201141	kg	—	—	—	（1.080）	（1.640）	（2.320）
	镀锌扁钢	201023	kg	—	（0.820）	（1.310）	—	—	—
	电焊条 综合	207290	kg	6.000	0.010	0.010	0.021	0.021	0.021
	镀锌弹簧垫圈 10	207495	个	0.030	0.102	0.102	—	—	—
	镀锌垫圈 10	207030	个	0.120	0.102	0.102	—	—	—
	调和漆	209016	kg	17.000	0.020	0.020	—	—	—
	沥青漆	209103	kg	6.500	0.001	0.001	0.001	0.001	0.001
	镀锌扁钢卡子	207229	kg	6.200	0.139	0.139	—	—	—
	钢保护管 400×400	201146	根	5.900	0.062	0.062	0.077	0.077	0.077
	镀锌蝶形螺母 10	207578	个	0.490	0.102	0.102	—	—	—
	镀锌六角螺栓 16×35～60	207048	个	0.650	0.102	0.102	—	—	—
	带母螺钉 5×15	207186	套	0.034	1.224	1.224	—	—	—
	其他材料费	2999	元	—	0.150	0.160	0.070	0.090	0.110
机械	其他机具费	3999	元	—	0.380	0.380	0.540	0.540	0.540

工作内容：平直、断料、测位、打眼、卡子制作、埋卡子、焊接、固定、刷油等。　　　计量单位：m

定 额 编 号				30003008	30003009	30003010	30003011
项 目 名 称				接地母线暗敷设			
				镀锌扁钢			
				25×4	40×4	50×5	60×6
预 算 基 价				9.48	9.49	11.47	11.50
其中	人工费（元）			8.75	8.75	10.21	10.21
	材料费（元）			0.19	0.20	0.32	0.35
	机械费（元）			0.54	0.54	0.94	0.94
	仪器仪表费（元）			—	—	—	—
名 称	代号	单位	单价（元）	数 量			
人工	安装工	1002	工日	145.80	0.060	0.060	0.070	0.070
材料	镀锌扁钢	201023	kg	—	（0.820）	（1.310）	（2.040）	（2.940）
	沥青漆	209103	kg	6.500	0.001	0.001	0.001	0.001
	电焊条 综合	207290	kg	6.000	0.020	0.020	0.035	0.035
	其他材料费	2999	元	—	0.060	0.070	0.100	0.130
机械	其他机具费	3999	元	—	0.540	0.540	0.940	0.940

工作内容：平直、断料、测位、打眼、卡子制作、埋卡子、焊接、固定、刷油等。　　　计量单位：m

定 额 编 号				30003012	30003013	30003014
项 目 名 称				沿电缆支架敷设		
				镀锌圆钢		
				φ13	φ16	φ19
预 算 基 价				8.36	8.38	8.41
其中	人工费（元）			7.29	7.29	7.29
	材料费（元）			0.53	0.55	0.58
	机械费（元）			0.54	0.54	0.54
	仪器仪表费（元）			—	—	—
名 称	代号	单位	单价（元）	数 量		
人工	安装工	1002	工日	145.80	0.050	0.050	0.050
材料	镀锌圆钢 φ10 以外	201141	kg	—	（1.080）	（1.640）	（2.320）
	沥青漆	209103	kg	6.500	0.001	0.001	0.001
	调和漆	209016	kg	17.000	0.020	0.020	0.020
	电焊条综合	207290	kg	6.000	0.021	0.021	0.021
	其他材料费	2999	元	—	0.060	0.080	0.110
机械	其他机具费	3999	元	—	0.540	0.540	0.540

工作内容：平直、断料、测位、打眼、卡子制作、埋卡子、焊接、固定、刷油等。　　　　　　计量单位：m

定 额 编 号				30003015	30003016	30003017	30003018
项 目 名 称				沿支架敷设			
				镀锌扁钢			
				25×4	40×4	50×5	60×6
预 算 基 价				8.35	8.37	9.86	9.88
其中	人工费（元）			7.29	7.29	8.75	8.75
	材料费（元）			0.52	0.54	0.57	0.59
	机械费（元）			0.54	0.54	0.54	0.54
	仪器仪表费（元）			—	—	—	—
名 称	代号	单位	单价（元）	数　　量			
人工	安装工	1002	工日	145.80	0.050	0.050	0.060	0.060
材料	镀锌扁钢	201023	kg	—	（0.820）	（1.310）	（2.040）	（2.940）
	沥青漆	209103	kg	6.500	0.001	0.001	0.001	0.001
	调和漆	209016	kg	17.000	0.020	0.020	0.020	0.020
	电焊条 综合	207290	kg	6.000	0.021	0.021	0.021	0.021
	其他材料费	2999	元	—	0.050	0.070	0.100	0.120
机械	其他机具费	3999	元	—	0.540	0.540	0.540	0.540

（二）接地母线调试

工作内容：调试、测试。　　　　　　　　　　　　　　　　　　　　　　　　　　　　计量单位：点

定 额 编 号				30004001	30004002	30004003	30004004	30004005
项 目 名 称				户内接地母线敷设	户外接地母线敷设		铜接地绞线敷设	
					截面（mm² 以内）			
					200	600	150	250
预 算 基 价				13.61	44.57	50.11	54.32	62.62
其中	人工费（元）			10.50	37.78	41.98	41.98	48.28
	材料费（元）			0.81	2.89	3.30	9.19	11.19
	机械费（元）			2.05	0.75	1.68	—	—
	仪器仪表费（元）			0.25	3.15	3.15	3.15	3.15
名 称	代号	单位	单价（元）	数　　量				
人工	调试工	1003	工日	209.90	0.050	0.180	0.200	0.200	0.230
材料	其他材料费	2999	元	—	0.810	2.890	3.300	9.190	11.190
机械	交流弧焊机≤21kV·A	3099	台班	93.330	0.022	0.008	0.018	—	—
仪器仪表	接地电阻检测仪	4287	台班	14.510	—	0.200	0.200	0.200	0.200
	其他仪器仪表费	4999	元	—	0.250	0.250	0.250	0.250	0.250

二、接地端子箱安装

工作内容：平直、断料、测位、打眼、卡子制作、埋卡子、焊接、固定、刷油等。　　　　　计量单位：台

定额编号				30005001	
项目名称				接地端子箱安装	
预算基价				103.94	
其中	人工费（元）			81.65	
	材料费（元）			9.44	
	机械费（元）			12.85	
	仪器仪表费（元）			—	
名　称	代号	单位	单价（元）	数　量	
人工	安装工	1002	工日	145.80	0.560
材料	镀锌扁钢	201023	kg	—	（2.500）
	镀锌垫圈 10	207030	个	0.120	8.160
	电焊条 综合	207290	kg	6.000	0.200
	调和漆	209016	kg	17.000	0.300
	镀锌带母螺栓 10×40～60	207125	套	0.400	4.080
	镀锌弹簧垫圈 10	207495	个	0.030	4.080
	其他材料费	2999	元	—	0.410
机械	其他机具费	3999	元	—	12.850

三、避雷网安装

工作内容：平直、断料、测位、埋卡子、焊接、固定、刷漆等。　　　　　计量单位：m

定额编号				30006001	30006002	30006003
项目名称				沿女儿墙敷设（避雷网直径 mm 以内）		
				8	10	12
预算基价				34.26	34.27	34.27
其中	人工费（元）			27.70	27.70	27.70
	材料费（元）			5.81	5.82	5.82
	机械费（元）			0.75	0.75	0.75
	仪器仪表费（元）			—	—	—
名　称	代号	单位	单价（元）	数　量		
人工	安装工	1002	工日	145.80	0.190	0.190	0.190
材料	镀锌圆钢 φ10 以外	201141	kg	—	—	—	（0.932）
	镀锌圆钢 φ10 以内	201140	kg	—	（0.415）	（0.648）	—
	水泥 综合	202001	kg	0.506	0.078	0.078	0.078
	防锈漆	209020	kg	17.000	0.014	0.014	0.014
	清油	209034	kg	20.000	0.003	0.003	0.003
	电焊条 综合	207290	kg	6.000	0.025	0.025	0.025
	铅油	209063	kg	20.000	0.007	0.007	0.007
	镀锌扁钢卡子	207229	kg	6.200	0.816	0.816	0.816
	其他材料费	2999	元	—	0.120	0.130	0.130
机械	其他机具费	3999	元	—	0.750	0.750	0.750

工作内容：平直、断料、测位、埋卡子、焊接、固定、刷漆等。 计量单位：m

定 额 编 号				30006004	30006005	30006006
项 目 名 称				沿混凝土块敷设（避雷网直径 mm 以内）		
				8	10	12
预 算 基 价				25.43	25.44	25.44
其中	人工费（元）			18.95	18.95	18.95
	材料费（元）			5.78	5.79	5.79
	机械费（元）			0.70	0.70	0.70
	仪器仪表费（元）			—	—	—
	名 称	代号	单位	单价（元）	数 量	
人工	安装工	1002	工日	145.80	0.130	0.130	0.130
材料	镀锌圆钢 φ10 以外	201141	kg	—	—	—	（0.932）
	镀锌圆钢 φ10 以内	201140	kg	—	（0.420）	（0.648）	—
	水泥 综合	202001	kg	0.506	0.078	0.078	0.078
	防锈漆	209020	kg	17.000	0.014	0.014	0.014
	清油	209034	kg	20.000	0.003	0.003	0.003
	电焊条 综合	207290	kg	6.000	0.025	0.025	0.025
	铅油	209063	kg	20.000	0.007	0.007	0.007
	镀锌扁钢卡子	207229	kg	6.200	0.816	0.816	0.816
	其他材料费	2999	元	—	0.090	0.100	0.100
机械	其他机具费	3999	元	—	0.700	0.700	0.700

四、静电泄漏地网安装

工作内容：接地线平直、下料、测位、打孔、上螺栓、煨管、敷设、焊接、刷漆。 计量单位：m

定 额 编 号				30007001
项 目 名 称				黄铜带
预 算 基 价				54.62
其中	人工费（元）			45.20
	材料费（元）			2.35
	机械费（元）			7.07
	仪器仪表费（元）			—
	名 称	代号	单位	单价（元）	数 量
人工	安装工	1002	工日	145.80	0.310
材料	黄铜板 50×3	201124	m	—	（1.040）
	焊锡	207294	kg	67.720	0.002
	铜焊粉	207299	kg	25.910	0.003
	乙炔气	209120	m³	15.000	0.012
	酚醛磁漆	209024	kg	16.000	0.015
	氧气	209121	m³	5.890	0.025
	镀锌带母螺栓 16×85～100	207135	套	1.930	0.204
	镀锌垫圈 16	207492	个	0.100	0.204
	铜焊条	207301	kg	34.210	0.024
	镀锌弹簧垫圈 16	207498	个	0.019	0.204
	其他材料费	2999	元	—	0.330
机械	其他机具费	3999	元	—	7.070

第三节　防雷接地工程

一、电源避雷器安装、调试

（一）模块式电源避雷器安装

工作内容：开箱、清点、防护遮拦、安装、固定、接线、检验。　　　　　　　　　　　　计量单位：台

定　额　编　号				30008001	30008002
项　目　名　称				用户总电源避雷器　雷电流通量 10/350μs（标称通流容量）	
				220V	380V
				≤ 20kA	≤ 20kA
预　算　基　价				93.72	117.70
其中	人工费（元）			45.20	51.03
	材料费（元）			43.47	61.62
	机械费（元）			1.28	1.28
	仪器仪表费（元）			3.77	3.77
	名　　称	代号	单位	单价（元）	数　　量	
人工	安装工	1002	工日	145.80	0.310	0.350
材料	BVR16mm² 红线	214148–13	m	10.640	0.514	0.514
	BVR16mm² 黄线	214148–14	m	10.640	—	0.514
	BVR16mm² 绿线	214148–15	m	10.640	—	0.514
	BVR16mm² 蓝／黑线	214148–16	m	10.640	0.514	0.514
	BVR25mm² 黄绿双色线	214148–20	m	18.430	0.822	0.822
	棉纱头	218101	kg	5.830	0.052	0.052
	缠绕管 φ8	210170	m	0.670	1.339	1.825
	尼龙扎带 L100	210066	根	0.360	2.020	2.020
	绝缘防水包布	210185	卷	4.000	0.309	0.618
	黄蜡管 φ16	210197	m	1.980	0.412	0.412
	焊片 10–25	207563	个	0.800	1.010	1.010
	镀锌螺栓 M6×15	207146	套	1.600	2.040	2.040
	熔断器 RT18	213353	个	2.300	2.020	4.040
	标准导轨 35mm²	207698	m	6.500	0.520	0.520
	焊片 10–16	207562	个	0.500	2.020	4.040
	热缩套管 7×220	210192	m	1.360	0.155	0.155
	其他材料费	2999	元	—	0.080	0.080
机械	其他机具费	3999	元	—	1.280	1.280
仪器仪表	其他仪器仪表费	4999	元	—	3.770	3.770

工作内容：开箱、清点、防护遮拦、安装、固定、接线、检验。 计量单位：台

定 额 编 号					30008003	30008004
项 目 名 称					用户总电源避雷器　雷电流通量 8/20μs（标称通流容量）	
					220V	380V
					≥ 50kA	
预 算 基 价					121.42	155.61
其中	人工费（元）				72.90	88.94
	材料费（元）				43.47	61.62
	机械费（元）				1.28	1.28
	仪器仪表费（元）				3.77	3.77
名　　称		代号	单位	单价（元）	数　　量	
人工	安装工	1002	工日	145.80	0.500	0.610
材料	BVR16mm² 红线	214148–13	m	10.640	0.514	0.514
	BVR16mm² 黄线	214148–14	m	10.640	—	0.514
	BVR16mm² 绿线	214148–15	m	10.640	—	0.514
	BVR16mm² 蓝/黑线	214148–16	m	10.640	0.514	0.514
	BVR25mm² 黄绿双色线	214148–20	m	18.430	0.822	0.822
	棉纱头	218101	kg	5.830	0.052	0.052
	缠绕管 φ8	210170	m	0.670	1.339	1.825
	尼龙扎带 L100	210066	根	0.360	2.020	2.020
	绝缘防水包布	210185	卷	4.000	0.309	0.618
	黄蜡管 φ16	210197	m	1.980	0.412	0.412
	焊片 10–25	207563	个	0.800	1.010	1.010
	镀锌螺栓 M6×15	207146	套	1.600	2.040	2.040
	熔断器 RT18	213353	个	2.300	2.020	4.040
	标准导轨 35mm²	207698	m	6.500	0.520	0.520
	焊片 10–16	207562	个	0.500	2.020	4.040
	热缩套管 7×220	210192	m	1.360	0.155	0.155
	其他材料费	2999	元	—	0.080	0.080
机械	其他机具费	3999	元	—	1.280	1.280
仪器仪表	其他仪器仪表费	4999	元	—	3.770	3.770

工作内容：开箱、清点、防护遮拦、安装、固定、接线、检验。 计量单位：台

定 额 编 号				30008005	30008006
项 目 名 称				用户分电源避雷器　雷电流通量 8/20μs （标称通流容量）	
				220V	380V
				≥ 10kA	
预 算 基 价				96.97	121.92
其中	人工费（元）			59.78	69.98
	材料费（元）			32.46	47.05
	机械费（元）			0.96	1.12
	仪器仪表费（元）			3.77	3.77
	名　　称	代号	单位	单价（元）	数　　量
人工	安装工	1002	工日	145.80	0.410	0.480
材料材料	BVR10mm² 红线	214148-9	m	7.000	0.514	0.514
	BVR10mm² 黄线	214148-10	m	7.000	—	0.514
	BVR10mm² 绿线	214148-11	m	7.000	—	0.514
	BVR10mm² 蓝/黑线	214148-12	m	7.000	0.514	0.514
	BVR16mm² 黄绿双色线	214148-19	m	11.230	0.822	0.822
	棉纱头	218101	kg	5.830	0.052	0.052
	缠绕管 φ8	210170	m	0.670	1.030	1.501
	尼龙扎带 L100	210066	根	0.360	2.020	2.020
	绝缘防水包布	210185	卷	4.000	0.206	0.515
	黄蜡管 φ16	210197	m	1.980	0.309	0.309
	焊片 10-16	207562	个	0.500	1.010	1.010
	镀锌螺栓 M6×15	207146	套	1.600	2.040	2.040
	熔断器 RT18	213353	个	2.300	2.020	4.040
	标准导轨 35mm²	207698	m	6.500	0.520	0.520
	焊片 10-10	207561	个	0.500	2.020	4.040
	热缩套管 7×220	210192	m	1.360	0.013	0.155
	其他材料费	2999	元	—	0.050	0.050
机械	其他机具费	3999	元	—	0.960	1.120
仪器仪表	其他仪器仪表费	4999	元	—	3.770	3.770

工作内容：开箱、清点、防护遮拦、安装、固定、接线、检验。　　　　　　　　　　　计量单位：台

定 额 编 号					30008007
项 目 名 称					直流避雷器　雷电流通量 8/20μs（标称通流容量）
					48V
					≥ 5kA
预 算 基 价					85.50

其中	人工费（元）				55.40
	材料费（元）				25.53
	机械费（元）				0.80
	仪器仪表费（元）				3.77

	名　　　称	代号	单位	单价（元）	数　　　量
人工	安装工	1002	工日	145.80	0.380
材料	BVR6mm² 红线	214148-5	m	4.240	0.514
	BVR10mm² 蓝／黑线	214148-8	m	4.240	0.514
	BVR10mm² 黄绿双色线	214148-18	m	7.390	0.822
	棉纱头	218101	kg	5.830	0.052
	缠绕管 φ8	210170	m	0.670	0.573
	尼龙扎带 L100	210066	根	0.360	2.020
	绝缘防水包布	210185	卷	4.000	0.155
	黄蜡管 φ16	210197	m	1.980	0.309
	焊片 10-10	207561	个	0.500	1.010
	镀锌螺栓 M6×15	207146	套	1.600	2.040
	熔断器 RT18	213353	个	2.300	2.020
	标准导轨 35mm²	207698	m	6.500	0.520
	焊片 10-6	207560	个	0.300	2.020
	热缩套管 7×220	210192	m	1.360	0.013
	其他材料费	2999	元	—	0.030
机械	其他机具费	3999	元	—	0.800
仪器仪表	其他仪器仪表费	4999	元	—	3.770

（二）模块式电源避雷器调试

工作内容：通电调试。

计量单位：台

定 额 编 号				30009001	30009002
项 目 名 称				用户总电源避雷器　雷电流通量 10/350μs （标称通流容量）	
				220V	380V
				≤ 20kA	≤ 20kA
预 算 基 价				77.50	85.89
其中	人工费（元）			71.37	79.76
	材料费（元）			—	—
	机械费（元）			1.28	1.28
	仪器仪表费（元）			4.85	4.85
名　　称		代号	单位	单价（元）	数　　量	
人工	调试工	1003	工日	209.90	0.340	0.380
机械	其他机具费	3999	元	—	1.280	1.280
仪器仪表	其他仪器仪表费	4999	元	—	4.850	4.850

工作内容：通电调试。

计量单位：台

定 额 编 号				30009003	30009004
项 目 名 称				用户总电源避雷器　雷电流通量 8/20μs （标称通流容量）	
				220V	380V
				≥ 50kA	
预 算 基 价				81.69	92.19
其中	人工费（元）			75.56	86.06
	材料费（元）			—	—
	机械费（元）			1.28	1.28
	仪器仪表费（元）			4.85	4.85
名　　称		代号	单位	单价（元）	数　　量	
人工	调试工	1003	工日	209.90	0.360	0.410
机械	其他机具费	3999	元	—	1.280	1.280
仪器仪表	其他仪器仪表费	4999	元	—	4.850	4.850

工作内容：通电调试。 计量单位：台

定 额 编 号				30009005	30009006
项 目 名 称				用户分电源避雷器　雷电流通量 8/20μs（标称通流容量）	
				220V	380V
				≥ 10kA	
预 算 基 价				64.90	73.30
其中	人工费（元）			58.77	67.17
	材料费（元）			—	—
	机械费（元）			1.28	1.28
	仪器仪表费（元）			4.85	4.85
名　称	代号	单位	单价（元）	数　量	
人工 调试工	1003	工日	209.90	0.280	0.320
机械 其他机具费	3999	元	—	1.280	1.280
仪器仪表 其他仪器仪表费	4999	元	—	4.850	4.850

工作内容：通电调试。 计量单位：台

定 额 编 号				30009007
项 目 名 称				直流避雷器　雷电流通量 8/20μs（标称通流容量）
				48V
				≥ 5kA
预 算 基 价				60.70
其中	人工费（元）			54.57
	材料费（元）			—
	机械费（元）			1.28
	仪器仪表费（元）			4.85
名　称	代号	单位	单价（元）	数　量
人工 调试工	1003	工日	209.90	0.260
机械 其他机具费	3999	元	—	1.280
仪器仪表 其他仪器仪表费	4999	元	—	4.850

（三）熔断组合式电源避雷器安装

工作内容：开箱、清点、划线、安装、固定、接线、检验。　　　　　　　　　　　　　计量单位：台

定 额 编 号					30010001	30010002
项 目 名 称					用户总电源避雷器　雷电流通量 10/350μs（标称通流容量）	
					220V	380V
					≤ 20kA	≤ 20kA
预 算 基 价					89.56	113.27
其中	人工费（元）				45.20	55.40
	材料费（元）				39.31	52.82
	机械费（元）				1.28	1.28
	仪器仪表费（元）				3.77	3.77
	名　　称	代号	单位	单价（元）	数　　量	
人工	安装工	1002	工日	145.80	0.310	0.380
材料	BVR16mm² 红线	214148–13	m	10.640	0.514	0.514
	BVR16mm² 黄线	214148–14	m	10.640	—	0.514
	BVR16mm² 绿线	214148–15	m	10.640	—	0.514
	BVR16mm² 蓝／黑线	214148–16	m	10.640	0.514	0.514
	BVR25mm² 黄绿双色线	214148–20	m	18.430	0.822	0.822
	棉纱头	218101	kg	5.830	0.052	0.052
	缠绕管 φ8	210170	m	0.670	1.339	1.825
	尼龙扎带 L100	210066	根	0.360	2.020	2.020
	绝缘防水包布	210185	卷	4.000	0.309	0.618
	黄蜡管 φ16	210197	m	1.980	0.412	0.412
	标准导轨 35mm²	207698	m	6.500	0.520	0.520
	镀锌螺栓 M6×15	207146	套	1.600	2.040	2.040
	热缩套管 7×220	210192	m	1.360	0.515	0.515
	焊片 10–25	207563	个	0.800	1.010	1.010
	焊片 10–16	207562	个	0.500	2.020	4.040
	其他材料费	2999	元	—	0.080	0.080
机械	其他机具费	3999	元	—	1.280	1.280
仪器仪表	其他仪器仪表费	4999	元	—	3.770	3.770

工作内容：开箱、清点、划线、安装、固定、接线、检验。 计量单位：台

定 额 编 号				30010003	30010004
项 目 名 称				用户总电源避雷器　雷电流通量 8/20μs（标称通流容量）	
				220V	380V
				≥ 50kA	
预 算 基 价				112.01	138.63
其中	人工费（元）			68.53	81.65
	材料费（元）			38.43	51.93
	机械费（元）			1.28	1.28
	仪器仪表费（元）			3.77	3.77
名　称		代号	单位	单价（元）	数　量
人工	安装工	1002	工日	145.80	0.470	0.560
材料	BVR16mm² 红线	214148–13	m	10.640	0.514	0.514
	BVR16mm² 黄线	214148–14	m	10.640	—	0.514
	BVR16mm² 绿线	214148–15	m	10.640	—	0.514
	BVR16mm² 蓝／黑线	214148–16	m	10.640	0.514	0.514
	BVR25mm² 黄绿双色线	214148–20	m	18.430	0.822	0.822
	棉纱头	218101	kg	5.830	0.052	0.052
	缠绕管 φ8	210170	m	0.670	1.300	1.772
	尼龙扎带 L100	210066	根	0.360	1.010	1.010
	绝缘防水包布	210185	卷	4.000	0.309	0.618
	黄蜡管 φ16	210197	m	1.980	0.412	0.412
	标准导轨 35mm²	207698	m	6.500	0.520	0.520
	镀锌螺栓 M6×15	207146	套	1.600	2.040	2.040
	热缩套管 7×220	210192	m	1.360	0.155	0.155
	焊片 10–25	207563	个	0.800	1.010	1.010
	焊片 10–16	207562	个	0.500	2.020	4.040
	其他材料费	2999	元	—	0.080	0.080
机械	其他机具费	3999	元	—	1.280	1.280
仪器仪表	其他仪器仪表费	4999	元	—	3.770	3.770

工作内容：开箱、清点、划线、安装、固定、接线、检验。 计量单位：台

定 额 编 号					30010005	30010006
项 目 名 称					用户分电源避雷器　雷电流通量 8/20μs（标称通流容量）	
					220V	380V
					≥ 10kA	
预 算 基 价					84.65	104.98
其中	人工费（元）				52.49	62.69
	材料费（元）				27.43	37.40
	机械费（元）				0.96	1.12
	仪器仪表费（元）				3.77	3.77
	名　　　称	代号	单位	单价（元）	数　　量	
人工	安装工	1002	工日	145.80	0.360	0.430
材料	BVR10mm² 红线	214148-9	m	7.000	0.514	0.514
	BVR10mm² 黄线	214148-10	m	7.000	—	0.514
	BVR10mm² 绿线	214148-11	m	7.000	—	0.514
	BVR10mm² 蓝／黑线	214148-12	m	7.000	0.514	0.514
	BVR25mm² 黄绿双色线	214148-19	m	11.230	0.822	0.822
	棉纱头	218101	kg	5.830	0.052	0.052
	缠绕管 φ8	210170	m	0.670	1.000	1.501
	尼龙扎带 L100	210066	根	0.360	1.010	1.010
	绝缘防水包布	210185	卷	4.000	0.206	0.515
	黄蜡管 φ16	210197	m	1.980	0.309	0.309
	标准导轨 35mm²	207698	m	6.500	0.520	0.520
	镀锌螺栓 M6×15	207146	套	1.600	2.040	2.040
	热缩套管 7×220	210192	m	1.360	0.013	0.155
	焊片 10-16	207562	个	0.500	1.010	1.010
	焊片 10-10	207561	个	0.500	2.020	4.040
	其他材料费	2999	元	—	0.050	0.050
机械	其他机具费	3999	元	—	0.960	1.120
仪器仪表	其他仪器仪表费	4999	元	—	3.770	3.770

工作内容：开箱、清点、划线、安装、固定、接线、检验。 计量单位：台

定 额 编 号				30010007
项 目 名 称				直流避雷器　雷电流通量 8/20μs（标称通流容量）
				48V
				≥ 5kA
预 算 基 价				74.78

其中	人工费（元）			49.57
	材料费（元）			20.64
	机械费（元）			0.80
	仪器仪表费（元）			3.77

	名　称	代号	单位	单价（元）	数　量
人工	安装工	1002	工日	145.80	0.340
材料	BVR6mm² 红线	214148-5	m	4.240	0.514
	BVR10mm² 蓝 / 黑线	214148-8	m	4.240	0.514
	BVR10mm² 黄绿双色线	214148-18	m	7.390	0.822
	棉纱头	218101	kg	5.830	0.052
	缠绕管 φ8	210170	m	0.670	0.573
	尼龙扎带 L100	210066	根	0.360	1.010
	绝缘防水包布	210185	卷	4.000	0.155
	黄蜡管 φ16	210197	m	1.980	0.309
	标准导轨 35mm²	207698	m	6.500	0.520
	镀锌螺栓 M6×15	207146	套	1.600	2.040
	热缩套管 7×220	210192	m	1.360	0.103
	焊片 10-10	207561	个	0.500	1.010
	焊片 10-6	207560	个	0.300	2.020
	其他材料费	2999	元	—	0.030
机械	其他机具费	3999	元	—	0.800
仪器仪表	其他仪器仪表费	4999	元	—	3.770

（四）熔断组合式电源避雷器调试

工作内容：通电调试。 计量单位：台

定 额 编 号				30011001	30011002
项 目 名 称				用户总电源避雷器　雷电流通量 10/350μs （标称通流容量）	
				220V	380V
				≤ 20kA	≤ 20kA
预 算 基 价				77.18	85.57
其中	人工费（元）			71.37	79.76
	材料费（元）			—	—
	机械费（元）			0.96	0.96
	仪器仪表费（元）			4.85	4.85
名　　称	代号	单位	单价（元）	数　　量	
人工 调试工	1003	工日	209.90	0.340	0.380
机械 其他机具费	3999	元	—	0.960	0.960
仪器仪表 其他仪器仪表费	4999	元	—	4.850	4.850

工作内容：通电调试。 计量单位：台

定 额 编 号				30011003	30011004
项 目 名 称				用户总电源避雷器　雷电流通量 8/20μs （标称通流容量）	
				220V	380V
				≥ 50kA	
预 算 基 价				85.57	96.07
其中	人工费（元）			79.76	90.26
	材料费（元）			—	—
	机械费（元）			0.96	0.96
	仪器仪表费（元）			4.85	4.85
名　　称	代号	单位	单价（元）	数　　量	
人工 调试工	1003	工日	209.90	0.380	0.430
机械 其他机具费	3999	元	—	0.960	0.960
仪器仪表 其他仪器仪表费	4999	元	—	4.850	4.850

工作内容：通电调试。 计量单位：台

定　额　编　号				30011005	30011006
项　目　名　称				用户分电源避雷器　雷电流通量 8/20μs（标称通流容量）	
				220V	380V
				≥ 10kA	
预　算　基　价				70.88	77.18
其中	人工费（元）			65.07	71.37
	材料费（元）			—	—
	机械费（元）			0.96	0.96
	仪器仪表费（元）			4.85	4.85
名　　称	代号	单位	单价（元）	数　　量	
人工 调试工	1003	工日	209.90	0.310	0.340
机械 其他机具费	3999	元	—	0.960	0.960
仪器仪表 其他仪器仪表费	4999	元	—	4.850	4.850

工作内容：通电调试。 计量单位：台

定　额　编　号				30011007
项　目　名　称				直流避雷器　雷电流通量 8/20μs（标称通流容量）
				48V
				≥ 5kA
预　算　基　价				60.38
其中	人工费（元）			54.57
	材料费（元）			—
	机械费（元）			0.96
	仪器仪表费（元）			4.85
名　　称	代号	单位	单价（元）	数　　量
人工 调试工	1003	工日	209.90	0.260
机械 其他机具费	3999	元	—	0.960
仪器仪表 其他仪器仪表费	4999	元	—	4.850

（五）并联箱式电源避雷器安装

工作内容：开箱、清点、划线、安装、固定、接线、检验。   计量单位：台

定 额 编 号					30012001	30012002
项 目 名 称					用户总电源避雷器　雷电流通量 8/20μs（标称通流容量）	
					220V	380V
					≥ 50kA	
预 算 基 价					140.26	172.59
其中	人工费（元）				90.40	104.98
	材料费（元）				42.81	60.56
	机械费（元）				3.28	3.28
	仪器仪表费（元）				3.77	3.77
	名　　　称	代号	单位	单价（元）	数　　量	
人工	安装工	1002	工日	145.80	0.620	0.713
材料	BVR16mm² 红线	214148–13	m	10.640	0.713	0.713
	BVR16mm² 黄线	214148–14	m	10.640	—	0.713
	BVR16mm² 绿线	214148–15	m	10.640	—	0.713
	BVR16mm² 蓝／黑线	214148–16	m	10.640	0.713	0.713
	BVR25mm² 黄绿双色线	214148–20	m	18.430	0.865	0.865
	棉纱头	218101	kg	5.830	0.052	0.052
	缠绕管 φ8	210170	m	0.670	1.339	1.825
	尼龙扎带 L100	210066	根	0.360	2.020	2.020
	绝缘防水包布	210185	卷	4.000	0.309	0.618
	黄蜡管 φ16	210197	m	1.980	0.412	0.412
	镀锌螺栓 M6×15	207146	套	1.600	2.040	2.040
	铁涨管	218011	个	2.300	1.020	1.020
	热缩套管 7×220	210192	m	1.360	0.155	0.155
	焊片 10–25	207563	个	0.800	1.010	1.010
	焊片 10–16	207562	个	0.500	2.020	4.040
	其他材料费	2999	元	—	0.080	0.080
机械	其他机具费	3999	元	—	3.280	3.280
仪器仪表	其他仪器仪表费	4999	元	—	3.770	3.770

工作内容：开箱、清点、划线、安装、固定、接线、检验。计量单位：台

定 额 编 号					30012003	30012004	30012005
项 目 名 称					用户分电源避雷器		防雷插座
					雷电流通量 8/20μs（标称通流容量）		
					220V	380V	220V
					≥ 10kA	≥ 10kA	≥ 5kA
预 算 基 价					114.17	138.61	31.17
其中	人工费（元）				77.27	88.94	17.50
	材料费（元）				30.17	42.78	7.10
	机械费（元）				2.96	3.12	2.80
	仪器仪表费（元）				3.77	3.77	3.77
	名 称	代号	单位	单价（元）	数 量		
人工	安装工	1002	工日	145.80	0.530	0.610	0.120
材料	BVR10mm² 红线	214148-9	m	7.000	0.713	0.713	—
	BVR10mm² 黄线	214148-10	m	7.000	—	0.713	—
	BVR10mm² 绿线	214148-11	m	7.000	—	0.713	—
	BVR10mm² 蓝/黑线	214148-12	m	7.000	0.713	0.713	—
	BVR10mm² 黄绿双色线	214148-18	m	7.390	—	—	0.865
	BVR16mm² 黄绿双色线	214148-19	m	11.230	0.865	0.865	—
	尼龙扎带 L100	210066	根	0.360	2.020	2.020	—
	棉纱头	218101	kg	5.830	0.052	0.052	0.052
	黄蜡管 φ16	210197	m	1.980	0.309	0.309	—
	焊片 10-6	207560	个	0.300	—	—	1.010
	绝缘防水包布	210185	卷	4.000	0.206	0.515	—
	缠绕管 φ8	210170	m	0.670	1.030	1.501	—
	镀锌螺栓 M6×15	207146	套	1.600	2.040	2.040	—
	铁涨管	218011	个	2.300	1.020	1.020	—
	热缩套管 7×220	210192	m	1.360	0.103	0.155	0.052
	焊片 10-16	207562	个	0.500	1.010	1.010	—
	焊片 10-10	207561	个	0.500	2.020	4.040	—
	其他材料费	2999	元	—	0.050	0.050	0.030
机械	其他机具费	3999	元	—	2.960	3.120	2.800
仪器仪表	其他仪器仪表费	4999	元	—	3.770	3.770	3.770

（六）并联箱式电源避雷器调试

工作内容：通电调试。

计量单位：台

定 额 编 号				30013001	30013002
项 目 名 称				用户总电源避雷器　雷电流通量 8/20μs（标称通流容量）	
				220V	380V
				≥ 50kA	
预 算 基 价				85.89	92.19
其中	人工费（元）			79.76	86.06
	材料费（元）			—	—
	机械费（元）			1.28	1.28
	仪器仪表费（元）			4.85	4.85
名　　称	代号	单位	单价（元）	数　　量	
人工 调试工	1003	工日	209.90	0.380	0.410
机械 其他机具费	3999	元	—	1.280	1.280
仪器仪表 其他仪器仪表费	4999	元	—	4.850	4.850

工作内容：通电调试。

计量单位：台

定 额 编 号				30013003	30013004	30013005
项 目 名 称				用户分电源避雷器		防雷插座
				雷电流通量 8/20μs（标称通流容量）		
				220V	380V	220V
				≥ 10kA	≥ 10kA	≥ 5kA
预 算 基 价				71.20	79.60	10.33
其中	人工费（元）			65.07	73.47	4.20
	材料费（元）			—	—	—
	机械费（元）			1.28	1.28	1.28
	仪器仪表费（元）			4.85	4.85	4.85
名　　称	代号	单位	单价（元）	数　　量		
人工 调试工	1003	工日	209.90	0.310	0.350	0.020
机械 其他机具费	3999	元	—	1.280	1.280	1.280
仪器仪表 其他仪器仪表费	4999	元	—	4.850	4.850	4.850

（七）串联箱式电源避雷器安装

工作内容：开箱、清点、划线、安装、固定、接线、检验。

计量单位：台

定 额 编 号				30014001	30014002	30014003	30014004
项 目 名 称				串联电源防雷箱 雷电流通量 8/20μs （标称通流容量）			
				负载电流（≤100A）			
				220V	380V	220V	380V
				≥60kA		≥40kA	
预 算 基 价				141.86	158.75	138.66	154.45
其中	人工费（元）			103.52	107.89	102.06	104.98
	材料费（元）			30.01	42.53	29.38	41.90
	机械费（元）			4.56	4.56	3.45	3.80
	仪器仪表费（元）			3.77	3.77	3.77	3.77
名 称	代号	单位	单价（元）	数 量			
人工	安装工	1002	工日	145.80	0.710	0.740	0.700	0.720
材料	BVR16mm² 红线	214148-13	m	10.640	0.514	0.514	0.514	0.514
	BVR16mm² 黄线	214148-14	m	10.640	—	0.514	—	0.514
	BVR16mm² 绿线	214148-15	m	10.640	—	0.514	—	0.514
	BVR16mm² 蓝/黑线	214148-16	m	10.640	0.514	0.514	0.514	0.514
	BVR25mm² 黄绿双色线	214148-20	m	18.430	0.822	0.822	0.822	0.822
	尼龙扎带 L100	210066	根	0.360	1.010	1.010	1.010	1.010
	黄蜡管 φ16	210197	m	1.980	0.412	0.412	0.309	0.309
	绝缘防水包布	210185	卷	4.000	0.309	0.618	0.206	0.515
	热缩套管 7×220	210192	m	1.360	0.155	0.155	0.155	0.155
	缠绕管 φ8	210170	m	0.670	1.339	1.825	1.339	1.825
	棉纱头	218101	kg	5.830	0.052	0.052	0.052	0.052
	其他材料费	2999	元	—	0.100	0.120	0.080	0.100
机械	其他机具费	3999	元	—	4.560	4.560	3.450	3.800
仪器仪表	其他仪器仪表费	4999	元	—	3.770	3.770	3.770	3.770

工作内容：开箱、清点、划线、安装、固定、接线、检验。 计量单位：台

定 额 编 号					30014005	30014006
项 目 名 称					串联电源防雷箱 雷电流通量 8/20μs（标称通流容量）	
					负载电流（≤100A）	
					220V	380V
					≥ 20kA	
预 算 基 价					138.74	152.94
其中	人工费（元）				102.06	103.52
	材料费（元）				29.79	42.53
	机械费（元）				3.12	3.12
	仪器仪表费（元）				3.77	3.77
	名 称	代号	单位	单价（元）	数 量	
人工	安装工	1002	工日	145.80	0.700	0.710
材料	BVR16mm² 红线	214148–13	m	10.640	0.514	0.514
	BVR16mm² 黄线	214148–14	m	10.640	—	0.514
	BVR16mm² 绿线	214148–15	m	10.640	—	0.514
	BVR16mm² 蓝／黑线	214148–16	m	10.640	0.514	0.514
	BVR25mm² 黄绿双色线	214148–20	m	18.430	0.822	0.822
	尼龙扎带 L100	210066	根	0.360	1.010	1.010
	黄蜡管 φ16	210197	m	1.980	0.309	0.412
	绝缘防水包布	210185	卷	4.000	0.309	0.618
	热缩套管 7×220	210192	m	1.360	0.155	0.155
	缠绕管 φ8	210170	m	0.670	1.339	1.825
	棉纱头	218101	kg	5.830	0.052	0.052
	其他材料费	2999	元	—	0.080	0.120
机械	其他机具费	3999	元	—	3.120	3.120
仪器仪表	其他仪器仪表费	4999	元	—	3.770	3.770

（八）串联箱式电源避雷器调试

工作内容：通电调试。 计量单位：台

定 额 编 号					30015001	30015002
项 目 名 称					串联电源防雷箱 雷电流通量 8/20μs（标称通流容量）	
					负载电流（≤100A）	
					220V	380V
					≥ 60kA	
预 算 基 价					109.04	130.03
其中	人工费（元）				104.95	125.94
	材料费（元）				—	—
	机械费（元）				2.24	2.24
	仪器仪表费（元）				1.85	1.85
	名 称	代号	单位	单价（元）	数 量	
人工	调试工	1003	工日	209.90	0.500	0.600
机械	其他机具费	3999	元	—	2.240	2.240
仪器仪表	其他仪器仪表费	4999	元	—	1.850	1.850

工作内容：通电调试。 计量单位：台

定 额 编 号					30015003	30015004
项 目 名 称					串联电源防雷箱　雷电流通量 8/20μs（标称通流容量）	
					负载电流（≤100A）	
					220V	380V
预 算 基 价					197.20	125.83
其中	人工费（元）				193.11	121.74
	材料费（元）				—	—
	机械费（元）				2.24	2.24
	仪器仪表费（元）				1.85	1.85
	名　　称	代号	单位	单价（元）	数　　量	
人工	调试工	1003	工日	209.90	0.920	0.580
机械	其他机具费	3999	元	—	2.240	2.240
仪器仪表	其他仪器仪表费	4999	元	—	1.850	1.850

工作内容：通电调试。 计量单位：台

定 额 编 号					30015005	30015006
项 目 名 称					串联电源防雷箱　雷电流通量 8/20μs（标称通流容量）	
					负载电流（≤100A）	
					220V	380V
预 算 基 价					106.94	121.63
其中	人工费（元）				102.85	117.54
	材料费（元）				—	—
	机械费（元）				2.24	2.24
	仪器仪表费（元）				1.85	1.85
	名　　称	代号	单位	单价（元）	数　　量	
人工	调试工	1003	工日	209.90	0.490	0.560
机械	其他机具费	3999	元	—	2.240	2.240
仪器仪表	其他仪器仪表费	4999	元	—	1.850	1.850

二、信号 SPD 安装、调试

（一）天馈信号浪涌保护器安装

工作内容：信号检查、固定、安装、接线、检验   计量单位：个

定 额 编 号				30016001	30016002	30016003	30016004
项 目 名 称				中长波通信站天馈信号	短波通信站（双极）信号	超短波通信站（单极）信号	微波通信站信号
预 算 基 价				77.75	68.68	68.68	68.68
其中	人工费（元）			59.78	51.03	51.03	51.03
	材料费（元）			8.65	8.65	8.65	8.65
	机械费（元）			1.28	0.96	0.96	0.96
	仪器仪表费（元）			8.04	8.04	8.04	8.04
名 称	代号	单位	单价（元）	数 量			
人工 安装工	1002	工日	145.80	0.410	0.350	0.350	0.350
材料 BVR6mm² 黄绿双色线	214148-17	m	4.390	0.514	0.514	0.514	0.514
棉纱头	218101	kg	5.830	0.052	0.052	0.052	0.052
膨胀螺栓 φ8	207159	套	1.320	2.040	2.040	2.040	2.040
热缩套管 7×220	210192	m	1.360	0.155	0.155	0.155	0.155
焊片 6-6	207559	个	0.300	1.010	1.010	1.010	1.010
其他材料费	2999	元	—	2.880	2.880	2.880	2.880
机械 其他机具费	3999	元	—	1.280	0.960	0.960	0.960
仪器仪表 驻波比测试仪	4109	台班	50.000	0.150	0.150	0.150	0.150
其他仪器仪表费	4999	元	—	0.540	0.540	0.540	0.540

工作内容：信号检查、固定、安装、接线、检验。   计量单位：个

定 额 编 号				30016005	30016006	30016007	30016008
项 目 名 称				无线寻呼发讯站信号	卫星地球站信号	新结构超短波通信站避雷器	移动电话通信基站信号
预 算 基 价				63.10	54.01	54.01	56.60
其中	人工费（元）			51.03	42.28	42.28	42.28
	材料费（元）			3.07	3.07	3.07	5.66
	机械费（元）			0.96	0.80	0.80	0.80
	仪器仪表费（元）			8.04	7.86	7.86	7.86
名 称	代号	单位	单价（元）	数 量			
人工 安装工	1002	工日	145.80	0.350	0.290	0.290	0.290
材料 BVR6mm² 黄绿双色线	214148-17	m	4.390	0.514	0.514	0.514	0.514
棉纱头	218101	kg	5.830	0.052	0.052	0.052	0.052
焊片 6-6	207559	个	0.300	1.010	1.010	1.010	1.010
热缩套管 7×220	210192	m	1.360	0.155	0.155	0.155	0.155
其他材料费	2999	元	—	—	—	—	2.590
机械 其他机具费	3999	元	—	0.960	0.800	0.800	0.800
仪器仪表 驻波比测试仪	4109	台班	50.000	0.150	0.150	0.150	0.150
其他仪器仪表费	4999	元	—	0.540	0.360	0.360	0.360

工作内容：信号检查、固定、安装、接线、检验。 计量单位：个

定 额 编 号				30016009	30016010	30016011
项 目 名 称				共用天线信号	干线电路信号	大功率天馈信号
预 算 基 价				56.89	59.73	76.53
其中	人工费（元）			42.28	42.28	62.69
	材料费（元）			5.95	8.63	4.70
	机械费（元）			0.80	0.96	1.28
	仪器仪表费（元）			7.86	7.86	7.86
名　称	代号	单位	单价（元）		数　量	
人工	安装工	1002	工日	145.8	0.290	0.290	0.430
材料	BVR6mm² 黄绿双色线	214148–17	m	4.390	0.514	0.514	0.514
	棉纱头	218101	kg	5.830	0.052	0.050	0.050
	膨胀螺栓 φ8	207159	套	1.320	—	2.040	1.020
	热缩套管 7×220	210192	m	1.360	0.155	0.155	0.155
	焊片 6–6	207559	个	0.300	1.010	1.000	1.000
	其他材料费	2999	元	—	2.880	2.880	0.290
机械	其他机具费	3999	元	—	0.800	0.960	1.280
仪器仪表	驻波比测试仪	4109	台班	50.000	0.150	0.150	0.150
	其他仪器仪表费	4999	元	—	0.360	0.360	0.360

（二）天馈信号浪涌保护器调试

工作内容：信号检验、调试、重新安装。 计量单位：个

定 额 编 号				30017001	30017002	30017003	30017004
项 目 名 称				中长波通信站天馈信号	短波通信站（双极）信号	超短波通信站（单极）信号	微波通信站信号
预 算 基 价				127.09	114.49	114.49	114.49
其中	人工费（元）			111.25	98.65	98.65	98.65
	材料费（元）			—	—	—	—
	机械费（元）			7.80	7.80	7.80	7.80
	仪器仪表费（元）			8.04	8.04	8.04	8.04
名　称	代号	单位	单价（元）		数　量		
人工	调试工	1003	工日	209.90	0.530	0.470	0.470	0.470
机械	其他机具费	3999	元	—	7.800	7.800	7.800	7.800
仪器仪表	驻波比测试仪	4109	台班	50.000	0.150	0.150	0.150	0.150
	其他仪器仪表费	4999	元	—	0.540	0.540	0.540	0.540

工作内容：信号检验、调试、重新安装。　　　　　　　　　　　　　　　　　　　　　计量单位：个

定 额 编 号				30017005	30017006	30017007	30017008
项 目 名 称				无线寻呼发讯站信号	卫星地球站信号	新结构超短波通信站避雷器	移动电话通信基站信号
预 算 基 价				114.49	87.03	87.03	87.03
其中	人工费（元）			98.65	71.37	71.37	71.37
	材料费（元）			—	—	—	—
	机械费（元）			7.80	7.80	7.80	7.80
	仪器仪表费（元）			8.04	7.86	7.86	7.86
名 称	代号	单位	单价（元）	数 量			
人工 调试工	1003	工日	209.90	0.470	0.340	0.340	0.340
机械 其他机具费	3999	元	—	7.800	7.800	7.800	7.800
仪器仪表 驻波比测试仪	4109	台班	50.000	0.150	0.150	0.150	0.150
其他仪器仪表费	4999	元	—	0.540	0.360	0.360	0.360

工作内容：信号检验、调试、重新安装。　　　　　　　　　　　　　　　　　　　　　计量单位：个

定 额 编 号				30017009	30017010	30017011
项 目 名 称				共用天线信号	干线电路信号	大功率天馈信号
预 算 基 价				87.03	87.03	141.60
其中	人工费（元）			71.37	71.37	125.94
	材料费（元）			—	—	—
	机械费（元）			7.80	7.80	7.80
	仪器仪表费（元）			7.86	7.86	7.86
名 称	代号	单位	单价（元）	数 量		
人工 调试工	1003	工日	209.90	0.340	0.340	0.600
机械 其他机具费	3999	元	—	7.800	7.800	7.800
仪器仪表 驻波比测试仪	4109	台班	50.000	0.150	0.150	0.150
其他仪器仪表费	4999	元	—	0.360	0.360	0.360

（三）普通信号浪涌保护器安装

工作内容：信号检查、固定、安装、接线、检验。

计量单位：个

定 额 编 号				30018001	30018002	30018003	30018004
项 目 名 称				RJ45 接口网线信号	RJ11 调制解调器信号	232 计算机信号	程控电话信号
预 算 基 价				82.16	92.71	67.89	48.80
其中	人工费（元）			37.91	37.91	37.91	37.91
	材料费（元）			42.54	53.70	28.11	9.16
	机械费（元）			0.48	0.48	0.64	0.50
	仪器仪表费（元）			1.23	0.62	1.23	1.23
名 称	代号	单位	单价（元）	数 量			
人工 安装工	1002	工日	145.80	0.260	0.260	0.260	0.260
材料 冷压接线端头 RJ45	213400	个	6.680	2.040	—	—	—
双头 DB9 接头连接线（0.5m/ 根）	214245	根	4.250	—	1.028	—	—
双头 RJ11 连线（0.5m/ 根）	214248	根	0.500	—	1.028	—	—
冷压接线端头 RJ11	213417	个	0.150	—	2.040	—	2.040
通信接头 DB9	213397	个	10.000	—	2.040	—	—
BVR6mm² 黄绿双色线	214148–17	m	4.390	0.514	0.514	0.514	0.514
膨胀螺栓 ϕ8	207159	套	1.320	2.040	2.040	2.040	—
铜端子 6	213120	个	—	（1.020）	（1.020）	（1.020）	（1.020）
双头 RJ45 连线（0.5m/ 根）	214247	根	0.780	1.028	—	—	—
钢丝绳卡子	201202	个	3.280	5.050	5.050	5.050	—
镀锌螺栓 M6×15	207146	套	1.600	1.020	1.020	1.020	1.020
棉纱头	218101	kg	5.830	0.052	0.052	0.052	0.052
其他材料费	2999	元	—	0.020	0.020	0.020	0.020
机械 其他机具费	3999	元	—	0.480	0.480	0.640	0.500
仪器仪表 其他仪器仪表费	4999	元	—	1.230	0.620	1.230	1.230

工作内容：信号检查、固定、安装、接线、检验。

计量单位：个

定 额 编 号					30018005	30018006	30018007	30018008	30018009
项 目 名 称					电视摄像头避雷器	视频监控系统避雷器	传真机信号	接口双绞线防雷器	同轴线防雷器
预 算 基 价					72.15	71.28	66.33	63.06	52.23
其中	人工费（元）				37.91	37.91	37.91	37.91	37.91
	材料费（元）				32.05	31.50	26.55	23.28	12.45
	机械费（元）				0.96	0.64	0.64	0.64	0.64
	仪器仪表费（元）				1.23	1.23	1.23	1.23	1.23
名 称	代号	单位	单价（元）		数 量				
人工	安装工	1002	工日	145.80	0.260	0.260	0.260	0.260	0.260
材料	冷压接线端头 RJ45	213400	个	6.680	—	—	—	2.040	—
	双头 RJ11 连线（0.5m/根）	214248	根	0.500	—	—	1.028	—	—
	冷压接线端头 RJ11	213417	个	0.150	—	—	2.040	—	—
	双头 RJ45 连线（0.5m/根）	214247	根	0.780	—	—	—	1.028	—
	BVR1.5mm² 黄绿线	214148–24	m	1.060	—	2.056	—	—	—
	BVR6mm² 黄绿线	214148–17	m	4.390	0.514	0.514	0.514	0.514	0.514
	镀锌螺栓 M6×15	207146	套	1.600	1.020	1.020	1.020	1.020	1.020
	铜端子 6	213120	个	4.550	1.020	1.020	1.020	1.020	1.020
	双头 BNC 连线（0.5m/根）	214246	根	3.500	1.028	1.028	—	—	1.028
	膨胀螺栓 φ8	207159	套	1.320	2.040	—	—	—	—
	钢丝绳卡子	201202	个	3.280	5.050	5.050	5.050	—	—
	棉纱头	218101	kg	5.830	0.052	0.052	0.052	0.052	0.052
	其他材料费	2999	元	—	0.360	0.330	0.330	0.020	0.020
机械	其他机具费	3999	元	—	0.960	0.640	0.640	0.640	0.640
仪器仪表	其他仪器仪表费	4999	元	—	1.230	1.230	1.230	1.230	1.230

（四）普通信号浪涌保护器调试

工作内容：信号检查、避雷器调试、检验。 计量单位：个

定 额 编 号				30019001	30019002	30019003	30019004
项 目 名 称				RJ45 接口网线信号	RJ11 调制解调器信号	232 计算机信号	程控电话信号
预 算 基 价				44.19	49.74	48.51	48.51
其中	人工费（元）			39.88	39.88	39.88	39.88
	材料费（元）			—	—	—	—
	机械费（元）			1.23	1.23	1.23	1.23
	仪器仪表费（元）			3.08	8.63	7.40	7.40
名　称	代号	单位	单价（元）	数　量			
人工 调试工	1003	工日	209.90	0.190	0.190	0.190	0.190
机械 其他机具费	3999	元	—	1.230	1.230	1.230	1.230
仪器仪表 其他仪器仪表费	4999	元	—	3.080	8.630	7.400	7.400

工作内容：信号检查、避雷器调试、检验。 计量单位：个

定 额 编 号				30019005	30019006	30019007	30019008	30019009
项 目 名 称				电视摄像头避雷器	视频监控系统避雷器	传真机信号	接口双绞线防雷器	同轴线防雷器
预 算 基 价				50.97	47.28	47.28	47.28	47.28
其中	人工费（元）			39.88	39.88	39.88	39.88	39.88
	材料费（元）			—	—	—	—	—
	机械费（元）			1.23	1.23	1.23	1.23	1.23
	仪器仪表费（元）			9.86	6.17	6.17	6.17	6.17
名　称	代号	单位	单价（元）	数　量				
人工 调试工	1003	工日	209.90	0.190	0.190	0.190	0.190	0.190
机械 其他机具费	3999	元	—	1.230	1.230	1.230	1.230	1.230
仪器仪表 其他仪器仪表费	4999	元	—	9.860	6.170	6.170	6.170	6.170

（五）工业控制信号浪涌保护器装置安装

工作内容：信号检查、固定、安装、接线、检验。　　　　　　　　　　　　　　　　　　　　计量单位：个

定 额 编 号				30020001	30020002	30020003
项 目 名 称				普通	标准导轨卡接式模块	智能监测型标准导轨卡接式模块
预 算 基 价				40.97	49.98	85.07
其中	人工费（元）			32.08	32.08	59.78
	材料费（元）			6.40	14.41	19.26
	机械费（元）			0.64	1.64	1.96
	仪器仪表费（元）			1.85	1.85	4.07
名 称	代号	单位	单价（元）	数 量		
人工	安装工	1002	工日	145.80	0.220	0.220	0.410
材料	标准导轨 35mm²	207698	m	6.500	—	0.728	0.728
	连接导线 1.5mm²	214149-1	m	1.060	—	—	1.542
	连接导线 2.5mm²	214149-2	m	3.080	1.028	1.028	2.056
	BVR6mm² 黄绿双色线	214148-17	m	4.390	0.520	0.520	0.520
	镀锌螺栓 M6×15	207146	套	1.600	—	2.040	2.040
	棉纱头	218101	kg	5.830	0.050	0.052	0.052
	焊片 6-6	207559	个	0.300	1.010	1.010	1.010
	热缩套管 7×220	210192	m	1.360	0.155	0.155	0.155
	其他材料费	2999	元	—	0.150	0.150	0.200
机械	其他机具费	3999	元	—	0.640	1.640	1.960
仪器仪表	其他仪器仪表费	4999	元	—	1.850	1.850	4.070

工作内容：信号检查、固定、安装、接线、检验。　　　　　　　　　　　　　　　　　　　　计量单位：个

定 额 编 号				30020004	30020005
项 目 名 称				防爆型 2 线制 SPD	
				并接	串接
预 算 基 价				36.17	40.54
其中	人工费（元）			32.08	36.45
	材料费（元）			1.60	1.60
	机械费（元）			0.64	0.64
	仪器仪表费（元）			1.85	1.85
名 称	代号	单位	单价（元）	数 量	
人工	安装工	1002	工日	145.80	0.220	0.250
材料	其他材料费	2999	元	—	1.600	1.600
机械	其他机具费	3999	元	—	0.640	0.640
仪器仪表	其他仪器仪表费	4999	元	—	1.850	1.850

工作内容：信号检查、固定、安装、接线、检验。

计量单位：个

定　额　编　号				30020006	30020007	30020008	30020009
项　目　名　称				防爆型 3 线制 SPD		防爆型 4 线制 SPD	
				并接	串接	并接	串接
预　算　基　价				42.00	46.37	49.29	50.75
其中	人工费（元）			37.91	42.28	45.20	46.66
	材料费（元）			1.60	1.60	1.60	1.60
	机械费（元）			0.64	0.64	0.64	0.64
	仪器仪表费（元）			1.85	1.85	1.85	1.85
名　　称	代号	单位	单价（元）	数　　量			
人工 安装工	1002	工日	145.80	0.260	0.290	0.310	0.320
材料 其他材料费	2999	元	—	1.600	1.600	1.600	1.600
机械 其他机具费	3999	元	—	0.640	0.640	0.640	0.640
仪器仪表 其他仪器仪表费	4999	元	—	1.850	1.850	1.850	1.850

（六）工业控制信号浪涌保护器装置调试

工作内容：信号检查、避雷器调试、智能系统调试、检验。

计量单位：个

定　额　编　号				30021001	30021002	30021003
项　目　名　称				普通	标准导轨卡接式模块	智能监测型标准导轨卡接式模块
预　算　基　价				31.85	33.86	147.90
其中	人工费（元）			29.39	29.39	100.75
	材料费（元）			—	—	24.00
	机械费（元）			1.23	3.24	18.22
	仪器仪表费（元）			1.23	1.23	4.93
名　　称	代号	单位	单价（元）	数　　量		
人工 调试工	1003	工日	209.90	0.140	0.140	0.480
材料 智能监控测试软件	218150	套	24.000	—	—	1.000
机械 其他机具费	3999	元	—	1.230	3.240	18.220
仪器仪表 其他仪器仪表费	4999	元	—	1.230	1.230	4.930

工作内容：信号检查、避雷器调试、智能系统调试、检验。 计量单位：个

定 额 编 号				30021004	30021005
项 目 名 称				防爆型 2 线制 SPD	
				并接	串接
预 算 基 价				42.98	42.98
其中	人工费（元）			29.39	29.39
	材料费（元）			—	—
	机械费（元）			12.36	12.36
	仪器仪表费（元）			1.23	1.23
名 称	代号	单位	单价（元）	数 量	
人工 调试工	1003	工日	209.90	0.140	0.140
机械 其他机具费	3999	元	—	12.360	12.360
仪器仪表 其他仪器仪表费	4999	元	—	1.230	1.230

工作内容：信号检查、避雷器调试、智能系统调试、检验。 计量单位：个

定 额 编 号				30021006	30021007	30021008	30021009
项 目 名 称				防爆型 3 线制 SPD		防爆型 4 线制 SPD	
				并接	串接	并接	串接
预 算 基 价				43.60	43.60	44.22	44.22
其中	人工费（元）			29.39	29.39	29.39	29.39
	材料费（元）			—	—	—	—
	机械费（元）			12.36	12.36	12.36	12.36
	仪器仪表费（元）			1.85	1.85	2.47	2.47
名 称	代号	单位	单价（元）	数 量			
人工 调试工	1003	工日	209.90	0.140	0.140	0.140	0.140
机械 其他机具费	3999	元	—	12.360	12.360	12.360	12.360
仪器仪表 其他仪器仪表费	4999	元	—	1.850	1.850	2.470	2.470

（七）组合箱式或多路信号浪涌保护器装置安装

工作内容：信号检查、固定、安装、接线、检验。 计量单位：台

	定额编号				30022001	30022002	30022003	30022004
	项目名称				2路普通工控	4路普通工控	4路电话线	4路网络
	预算基价				46.80	53.22	54.32	108.75
其中	人工费（元）				32.08	36.45	36.45	36.45
	材料费（元）				12.85	13.96	15.06	69.49
	机械费（元）				0.64	0.96	0.96	0.96
	仪器仪表费（元）				1.23	1.85	1.85	1.85
	名称	代号	单位	单价（元）	数量			
人工	安装工	1002	工日	145.80	0.220	0.250	0.250	0.250
材料	冷压接线端头 RJ45	213400	个	6.680	—	—	—	8.160
	双头 RJ11 连线（0.5m/根）	214248	根	0.500	—	—	4.112	—
	冷压接线端头 RJ11	213417	个	0.150	—	—	8.160	8.160
	双头 RJ45 连线（0.5m/根）	214247	根	0.780	—	—	—	4.112
	BVR1.5mm² 黄绿双色线	214148-24	m	1.060	1.028	2.056	—	—
	BVR6mm² 黄绿双色线	214148-17	m	4.390	0.514	0.514	0.514	0.514
	镀锌螺栓 M6×15	207146	套	1.600	1.020	1.020	1.020	1.020
	铜端子6	213120	个	—	（1.020）	（1.020）	（1.020）	（1.020）
	热缩套管 7×220	210192	m	1.360	0.155	0.155	0.155	0.155
	膨胀螺栓 φ8	207159	套	1.320	2.040	2.040	2.040	2.040
	棉纱头	218101	kg	5.830	0.052	0.052	0.052	0.052
	其他材料费	2999	元	—	0.020	0.040	0.040	0.040
机械	其他机具费	3999	元	—	0.640	0.960	0.960	0.960
仪器仪表	其他仪器仪表费	4999	元	—	1.230	1.850	1.850	1.850

工作内容：信号检查、固定、安装、接线、检验。   计量单位：台

定 额 编 号				30022005	30022006
项 目 名 称				10 路普通工控	10 路程控电话线
预 算 基 价				80.83	55.21
其中	人工费（元）			45.20	45.20
	材料费（元）			27.54	1.92
	机械费（元）			1.92	1.92
	仪器仪表费（元）			6.17	6.17
名　称	代号	单位	单价（元）	数　量	
人工	安装工	1002	工日	145.80	0.310	0.310
材料	棉纱头	218101	kg	5.830	0.103	—
	镀锌螺栓 M6×15	207146	套	1.600	1.020	—
	膨胀螺栓 φ8	207159	套	1.320	4.080	—
	铜端子 6	213120	个	4.550	1.020	—
	热缩套管 7×220	210192	m	1.360	0.155	—
	其他材料费	2999	元	—	1.920	1.920
机械	其他机具费	3999	元	—	1.920	1.920
仪器仪表	其他仪器仪表费	4999	元	—	6.170	6.170

工作内容：信号检查、固定、安装、接线、检验。   计量单位：台

定 额 编 号				30022007	30022008	30022009	30022010
项 目 名 称				18 路视频电源线	18 路视频控制	18 路视频控制线	24 路网线
预 算 基 价				102.13	147.28	102.13	445.54
其中	人工费（元）			52.49	52.49	52.49	61.24
	材料费（元）			39.63	84.78	39.63	370.45
	机械费（元）			3.84	3.84	3.84	7.68
	仪器仪表费（元）			6.17	6.17	6.17	6.17
名　称	代号	单位	单价（元）	数　量			
人工	安装工	1002	工日	145.80	0.360	0.360	0.360	0.420
材料	双头 BNC 连线（0.5m/根）	214246	根	3.500	—	18.504	—	—
	双头 RJ45 连线（0.5m/根）	214247	根	0.780	—	—	—	24.672
	冷压接线端头 RJ45	213400	个	6.680	—	—	—	48.960
	BVR1.5mm² 黄绿双色线	214148-24	m	1.060	18.504	—	18.504	—
	BVR6mm² 黄绿双色线	214148-17	m	4.390	0.514	0.514	0.514	0.514
	镀锌螺栓 M6×15	207146	套	1.600	5.100	5.100	5.100	5.100
	热缩套管 7×220	210192	m	1.360	0.155	0.155	0.155	0.155
	铜端子 6	213120	个	4.550	1.020	1.020	1.020	1.020
	棉纱头	218101	kg	5.830	0.155	0.155	0.155	0.206
	其他材料费	2999	元	—	3.840	3.840	3.840	7.680
机械	其他机具费	3999	元	—	3.840	3.840	3.840	7.680
仪器仪表	其他仪器仪表费	4999	元	—	6.170	6.170	6.170	6.170

（八）组合箱式或多路信号浪涌保护器装置调试

工作内容：信号检查、调试、检验。

计量单位：台

定 额 编 号				30023001	30023002	30023003	30023004
项 目 名 称				2路普通工控	4路普通工控	4路电话线	4路网络
预 算 基 价				43.57	54.07	54.07	54.07
其中	人工费（元）			39.88	50.38	50.38	50.38
	材料费（元）			—	—	—	—
	机械费（元）			2.46	2.46	2.46	2.46
	仪器仪表费（元）			1.23	1.23	1.23	1.23
名 称	代号	单位	单价（元）	数 量			
人工 调试工	1003	工日	209.90	0.190	0.240	0.240	0.240
机械 其他机具费	3999	元	—	2.460	2.460	2.460	2.460
仪器仪表 其他仪器仪表费	4999	元	—	1.230	1.230	1.230	1.230

工作内容：信号检查、调试、检验。

计量单位：台

定 额 编 号				30023005	30023006
项 目 名 称				10路普通工控	10路程控电话线
预 算 基 价				69.38	69.38
其中	人工费（元）			65.07	65.07
	材料费（元）			—	—
	机械费（元）			2.46	2.46
	仪器仪表费（元）			1.85	1.85
名 称	代号	单位	单价（元）	数 量	
人工 调试工	1003	工日	209.90	0.310	0.310
机械 其他机具费	3999	元	—	2.460	2.460
仪器仪表 其他仪器仪表费	4999	元	—	1.850	1.850

工作内容：信号检查、调试、检验。

计量单位：台

定 额 编 号				30023007	30023008	30023009	30023010
项 目 名 称				18路视频电源线	18路视频控制	18路视频控制线	24路网线
预 算 基 价				80.11	80.11	80.11	90.98
其中	人工费（元）			75.56	75.56	75.56	86.06
	材料费（元）			—	—	—	—
	机械费（元）			2.46	2.46	2.46	2.46
	仪器仪表费（元）			2.09	2.09	2.09	2.46
名　称	代号	单位	单价（元）	数　量			
人工 调试工	1003	工日	209.90	0.360	0.360	0.360	0.410
机械 其他机具费	3999	元	—	2.460	2.460	2.460	2.460
仪器仪表 其他仪器仪表费	4999	元	—	2.090	2.090	2.090	2.460

三、智能检测系统避雷装置安装、调试

（一）智能检测型电源避雷器（硬件）安装

工作内容：开箱检查、智能检测模块测试、防护遮拦、安装固定、接线、检验。

计量单位：台

定 额 编 号				30024001	30024002	30024003
项 目 名 称				用户总电源避雷器220V　雷电流通量8/20μs（标称通流容量）		
				模块式	并联箱式	串联箱式
				≥60kA		
预 算 基 价				162.16	163.62	159.24
其中	人工费（元）			87.48	88.94	84.56
	材料费（元）			67.50	67.50	67.50
	机械费（元）			3.28	3.28	3.28
	仪器仪表费（元）			3.90	3.90	3.90
名　称	代号	单位	单价（元）	数　量		
人工 安装工	1002	工日	145.80	0.600	0.610	0.580
材料 BVR16mm² 红线	214148-13	m	10.640	0.514	0.514	0.514
BVR16mm² 蓝/黑线	214148-16	m	10.640	0.514	0.514	0.514
BVR25mm² 黄绿双色线	214148-20	m	18.430	0.514	0.514	0.514
尼龙扎带 L100	210066	根	0.360	1.010	1.010	1.010
棉纱头	218101	kg	5.830	0.052	0.052	0.052
黄蜡管 φ16	210197	m	1.980	0.412	0.412	0.412
绝缘防水包布	210185	卷	4.000	0.309	0.309	0.309
膨胀螺栓 φ6	207156	套	0.420	4.080	4.080	4.080
缠绕管 φ8	210170	m	0.670	1.339	1.339	1.339
标准导轨 35mm²	207698	m	6.500	0.156	0.156	0.156
铁涨管	218011	个	2.300	1.020	1.020	1.020
热缩套管 7×220	210192	m	1.360	0.155	0.155	0.155
铜端子 16	213122	个	12.000	2.060	2.060	2.060
铜端子 25	213123	个	13.000	1.030	1.030	1.030
其他材料费	2999	元	—	0.080	0.080	0.080
机械 其他机具费	3999	元	—	3.280	3.280	3.280
仪器仪表 接地电阻检测仪	4287	台班	14.510	0.150	0.150	0.150
绝缘电阻测试仪	4289	台班	7.900	0.150	0.150	0.150
其他仪器仪表费	4999	元	—	0.540	0.540	0.540

工作内容：开箱检查、智能检测模块测试、防护遮拦、安装固定、接线、检验。　　　　　　　计量单位：台

定　额　编　号				30024004	30024005	30024006
项　目　名　称				用户总电源避雷器 380V　雷电流通量 8/20μs（标称通流容量）		
				模块式	并联箱式	串联箱式
				≥ 60kA		
预　算　基　价				211.04	213.96	206.67
其中	人工费（元）			99.14	102.06	94.77
	材料费（元）			104.72	104.72	104.72
	机械费（元）			3.28	3.28	3.28
	仪器仪表费（元）			3.90	3.90	3.90
名　　称		代号	单位	单价（元）	数　　　量	
人工	安装工	1002	工日	145.80	0.680	0.700	0.650
材料	BVR16mm² 红线	214148-13	m	10.640	0.514	0.514	0.514
	BVR16mm² 黄线	214148-14	m	10.640	0.514	0.514	0.514
	BVR16mm² 绿线	214148-15	m	10.640	0.514	0.514	0.514
	BVR16mm² 蓝／黑线	214148-16	m	10.640	0.514	0.514	0.514
	BVR25mm² 黄绿双色线	214148-20	m	18.430	0.514	0.514	0.514
	尼龙扎带 L100	210066	根	0.360	1.010	1.010	1.010
	棉纱头	218101	kg	5.830	0.052	0.052	0.052
	黄蜡管 φ16	210197	m	1.980	0.412	0.412	0.412
	绝缘防水包布	210185	卷	4.000	0.618	0.618	0.618
	膨胀螺栓 φ6	207156	套	0.420	4.080	4.080	4.080
	缠绕管 φ8	210170	m	0.670	1.825	1.825	1.825
	标准导轨 35mm²	207698	m	6.500	0.156	0.156	0.156
	铁涨管	218011	个	2.300	1.020	1.020	1.020
	热缩套管 7×220	210192	m	1.360	0.155	0.155	0.155
	铜端子 16	213122	个	12.000	4.120	4.120	4.120
	铜端子 25	213123	个	13.000	1.030	1.030	1.030
	其他材料费	2999	元	—	0.080	0.080	0.080
机械	其他机具费	3999	元	—	3.280	3.280	3.280
仪器仪表	接地电阻检测仪	4287	台班	14.510	0.150	0.150	0.150
	绝缘电阻测试仪	4289	台班	7.900	0.150	0.150	0.150
	其他仪器仪表费	4999	元	—	0.540	0.540	0.540

工作内容：开箱检查、智能检测模块测试、防护遮拦、安装固定、接线、检验。　　　　　　计量单位：台

定额编号					30024007	30024008	30024009
项目名称					用户分电源避雷器 220V　雷电流通量 8/20μs（标称通流容量）		
					模块式	并联箱式	串联箱式
					≥ 20kA		
预算基价					140.58	140.58	150.94
其中	人工费（元）				77.27	77.27	80.19
	材料费（元）				56.45	56.45	63.89
	机械费（元）				2.96	2.96	2.96
	仪器仪表费（元）				3.90	3.90	3.90
名　称		代号	单位	单价（元）	数　量		
人工	安装工	1002	工日	145.80	0.530	0.530	0.550
材料	BVR16mm² 红线	214148–13	m	10.640	—	—	0.514
	BVR16mm² 蓝/黑线	214148–16	m	10.640	—	—	0.514
	BVR10mm² 红线	214148–9	m	7.000	0.514	0.514	—
	BVR10mm² 蓝/黑线	214148–12	m	7.000	0.514	0.514	—
	BVR16mm² 黄绿双色线	214148–19	m	11.230	0.514	0.514	—
	BVR25mm² 黄绿双色线	214148–20	m	18.430	—	—	0.514
	尼龙扎带 L100	210066	根	0.360	1.010	1.010	1.010
	棉纱头	218101	kg	5.830	0.052	0.052	0.052
	黄蜡管 φ16	210197	m	1.980	0.309	0.309	0.309
	绝缘防水包布	210185	卷	4.000	0.206	0.206	0.206
	膨胀螺栓 φ6	207156	套	0.420	2.040	2.040	2.040
	缠绕管 φ8	210170	m	0.670	1.030	1.030	1.030
	标准导轨 35mm²	207698	m	6.500	0.156	0.156	0.156
	铁涨管	218011	个	2.300	1.020	1.020	1.020
	热缩套管 7×220	210192	m	1.360	1.030	1.030	1.030
	铜端子 10	213121	个	11.000	2.060	2.060	2.060
	铜端子 16	213122	个	12.000	1.030	1.030	1.030
	其他材料费	2999	元	—	0.050	0.050	0.050
机械	其他机具费	3999	元	—	2.960	2.960	2.960
仪器仪表	接地电阻检测仪	4287	台班	14.510	0.150	0.150	0.150
	绝缘电阻测试仪	4289	台班	7.900	0.150	0.150	0.150
	其他仪器仪表费	4999	元	—	0.540	0.540	0.540

工作内容：开箱检查、智能检测模块测试、防护遮拦、安装固定、接线、检验。　　　　　　计量单位：台

定 额 编 号				30024010	30024011	30024012	30024013
项 目 名 称				用户分电源避雷器 380V 雷电流通量 8/20μs（标称通流容量）			直流电源避雷器 雷电流通量 8/20μs（标称通流容量）
				模块式	并联箱式	串联箱式	≥5kA
				≥20kA			
预 算 基 价				181.17	182.63	195.27	123.45
其中	人工费（元）			87.48	88.94	90.40	81.65
	材料费（元）			86.67	86.67	97.85	35.10
	机械费（元）			3.12	3.12	3.12	2.80
	仪器仪表费（元）			3.90	3.90	3.90	3.90
	名　称	代号	单位	单价（元）		数　量	
人工	安装工	1002	工日	145.80	0.600	0.610	0.620	0.560

	名　称	代号	单位	单价（元）	30024010	30024011	30024012	30024013
人工	安装工	1002	工日	145.80	0.600	0.610	0.620	0.560
材料	BVR6mm² 红线	214148–5	m	4.240	—	—	—	0.514
	BVR6mm² 蓝/黑线	214148–8	m	4.240	—	—	—	0.514
	BVR10mm² 黄绿双色线	214148–18	m	7.390	—	—	—	0.514
	BVR10mm² 红线	214148–9	m	7.000	0.514	0.514	—	—
	BVR10mm² 黄线	214148–10	m	7.000	0.514	0.514	—	—
	BVR10mm² 绿线	214148–11	m	7.000	0.514	0.514	—	—
	BVR10mm² 蓝/黑线	214148–12	m	7.000	0.514	0.514	—	—
	BVR16mm² 黄绿双色线	214148–19	m	11.230	0.514	0.514	—	—
	BVR16mm² 红线	214148–13	m	10.640	—	—	0.514	—
	BVR16mm² 黄线	214148–14	m	10.640	—	—	0.514	—
	BVR16mm² 绿线	214148–15	m	10.640	—	—	0.514	—
	BVR16mm² 蓝/黑线	214148–16	m	10.640	—	—	0.514	—
	BVR25mm² 蓝绿双色线	214148–20	m	18.430	—	—	0.514	—
	铜端子 6	213120	个	4.550	—	—	—	2.060
	铜端子 10	213121	个	11.00	4.120	4.120	4.120	1.030
	铜端子 16	213122	个	12.00	1.030	1.030	1.030	—
	黄蜡管 φ16	210197	m	1.980	0.309	0.309	0.309	0.309
	尼龙扎带 L100	210066	根	0.360	1.010	1.010	1.010	1.010
	棉纱头	218101	kg	5.830	0.052	0.052	0.052	0.052
	绝缘防水包布	210185	卷	4.000	0.515	0.515	0.515	0.155
	膨胀螺栓 φ6	207156	套	0.420	2.040	2.040	2.040	1.020
	热缩套管 7×220	210192	m	1.360	0.155	0.155	0.155	0.103
	标准导轨 35mm²	207698	m	6.500	0.156	0.156	0.156	0.156
	铁涨管	218011	个	2.300	1.020	1.020	1.020	1.020
	缠绕管 φ8	210170	m	0.670	1.501	1.501	1.501	0.573
	其他材料费	2999	元	—	0.050	0.050	0.050	0.030
机械	其他机具费	3999	元	—	3.120	3.120	3.120	2.800
仪器仪表	接地电阻检测仪	4287	台班	14.510	0.150	0.150	0.150	0.150
	绝缘电阻测试仪	4289	台班	7.900	0.150	0.150	0.150	0.150
	其他仪器仪表费	4999	元	—	0.540	0.540	0.540	0.540

（二）智能检测型电源避雷器（硬件）调试

工作内容：通电调试、智能模块调试。 计量单位：台

定 额 编 号					30025010	30025011	30025012
项 目 名 称					用户分电源避雷器 380V 雷电流通量 8/20μs（标称通流容量）		
					模块式	并联箱式	串联箱式
					≥ 20kA		
预 算 基 价					96.31	100.51	100.51
其中	人工费（元）				75.56	79.76	79.76
	材料费（元）				17.78	17.78	17.78
	机械费（元）				1.12	1.12	1.12
	仪器仪表费（元）				1.85	1.85	1.85
	名 称	代号	单位	单价（元）	数 量		
人工	调试工	1003	工日	209.90	0.360	0.380	0.380
材料	智能监控测试软件	218150	套	24.000	0.500	0.500	0.500
	其他材料费	2999	元	—	5.780	5.780	5.780
机械	其他机具费	3999	元	—	1.120	1.120	1.120
仪器仪表	其他仪器仪表费	4999	元	—	1.850	1.850	1.850

工作内容：通电调试、智能模块调试。 计量单位：台

定 额 编 号					30025013
项 目 名 称					直流电源避雷器　雷电流通量 8/20μs（标称通流容量）
					≥ 5kA
预 算 基 价					87.60
其中	人工费（元）				67.17
	材料费（元）				17.78
	机械费（元）				0.80
	仪器仪表费（元）				1.85
	名 称	代号	单位	单价（元）	数 量
人工	调试工	1003	工日	209.90	0.320
材料	智能监控测试软件	218150	套	24.000	0.500
	其他材料费	2999	元	—	5.780
机械	其他机具费	3999	元	—	0.800
仪器仪表	其他仪器仪表费	4999	元	—	1.850

（三）智能监测型电源避雷器（硬件）安装

工作内容：开箱、检查、打孔、固定、安装、接线、检验。　　　　　　　　　　　　　计量单位：路

定 额 编 号				30026001	30026002
项 目 名 称				标准导轨模块式智能监测型 SPD	HUB 组合型多信号智能监测型 SPD
预 算 基 价				92.94	105.67
其中	人工费（元）			59.78	69.98
	材料费（元）			28.30	30.83
	机械费（元）			0.96	0.96
	仪器仪表费（元）			3.90	3.90
	名　称	代号	单位	单价（元）	数　　量
人工	安装工	1002	工日	145.80	0.410	0.480
材料	镀锌螺栓 M6×15	207146	套	1.600	2.040	2.040
	棉纱头	218101	kg	5.830	0.052	0.052
	智能监控测试软件	218150	套	24.000	0.187	0.187
	标准导轨 35mm^2	207698	m	6.500	0.520	0.520
	铜端子 6	213120	个	4.550	1.030	1.030
	热缩套管 7×220	210192	m	1.360	0.155	0.155
	其他材料费	2999	元	—	0.200	0.200
机械	其他机具费	3999	元	—	0.960	0.960
仪器仪表	接地电阻检测仪	4287	台班	14.510	0.150	0.150
	绝缘电阻测试仪	4289	台班	7.900	0.150	0.150
	其他仪器仪表费	4999	元	—	0.540	0.540

工作内容：开箱、检查、打孔、固定、安装、接线、检验。　　　　　　　　　　　　　计量单位：路

定 额 编 号				30026003	30026004	30026005	30026006
项 目 名 称				智能监测防爆型 2 线制 SPD		智能监测防爆型 3 线制 SPD	
				并接	串接	并接	串接
预 算 基 价				72.94	72.94	72.94	74.40
其中	人工费（元）			59.78	59.78	59.78	61.24
	材料费（元）			8.62	8.62	8.62	8.62
	机械费（元）			0.64	0.64	0.64	0.64
	仪器仪表费（元）			3.90	3.90	3.90	3.90
	名　称	代号	单位	单价（元）	数　　量			
人工	安装工	1002	工日	145.80	0.410	0.410	0.410	0.420
材料	智能监控测试软件	218150	套	24.000	0.187	0.187	0.187	0.187
	其他材料费	2999	元	—	1.600	1.600	1.600	1.600
机械	其他机具费	3999	元	—	0.640	0.640	0.640	0.640
仪器仪表	接地电阻检测仪	4287	台班	14.510	0.150	0.150	0.150	0.150
	绝缘电阻测试仪	4289	台班	7.900	0.150	0.150	0.150	0.150
	其他仪器仪表费	4999	元	—	0.540	0.540	0.540	0.540

工作内容：开箱、检查、打孔、固定、安装、接线、检验。 计量单位：路

定 额 编 号				30026007	30026008
项 目 名 称				智能监测防爆型 4 线制 SPD	
				并接	串接
预 算 基 价				74.40	75.85
其中	人工费（元）			61.24	62.69
	材料费（元）			8.62	8.62
	机械费（元）			0.64	0.64
	仪器仪表费（元）			3.90	3.90
	名 称	代号	单位	单价（元）	数 量
人工	安装工	1002	工日	145.80	0.420	0.430
材料	智能监控测试软件	218150	套	24.000	0.187	0.187
	其他材料费	2999	元	—	1.600	1.600
机械	其他机具费	3999	元	—	0.640	0.640
仪器仪表	接地电阻检测仪	4287	台班	14.510	0.150	0.150
	绝缘电阻测试仪	4289	台班	7.900	0.150	0.150
	其他仪器仪表费	4999	元	—	0.540	0.540

（四）智能监测型电源避雷器（硬件）调试

工作内容：通电调试、智能模块调试。 计量单位：路

定 额 编 号				30027001	30027002
项 目 名 称				标准导轨模块式 智能监测型 SPD	HUB 组合型多信号 智能监测型 SPD
预 算 基 价				67.65	113.83
其中	人工费（元）			54.57	100.75
	材料费（元）			10.27	10.27
	机械费（元）			0.96	0.96
	仪器仪表费（元）			1.85	1.85
	名 称	代号	单位	单价（元）	数 量
人工	调试工	1003	工日	209.90	0.260	0.480
材料	智能监控测试软件	218150	套	24.000	0.187	0.187
	其他材料费	2999	元	—	5.780	5.780
机械	其他机具费	3999	元	—	0.960	0.960
仪器仪表	其他仪器仪表费	4999	元	—	1.850	1.850

工作内容：通电调试、智能模块调试。 计量单位：路

定 额 编 号				30027003	30027004	30027005	30027006
项 目 名 称				智能监测防爆型 2 线制 SPD		智能监测防爆型 3 线制 SPD	
				并接	串接	并接	串接
预 算 基 价				67.33	67.33	67.33	67.33
其中	人工费（元）			54.57	54.57	54.57	54.57
	材料费（元）			10.27	10.27	10.27	10.27
	机械费（元）			0.64	0.64	0.64	0.64
	仪器仪表费（元）			1.85	1.85	1.85	1.85
名 称	代号	单位	单价（元）	数 量			
人工	调试工	1003	工日	209.90	0.260	0.260	0.260	0.260
材料	智能监控测试软件	218150	套	24.000	0.187	0.187	0.187	0.187
	其他材料费	2999	元	—	5.780	5.780	5.780	5.780
机械	其他机具费	3999	元	—	0.640	0.640	0.640	0.640
仪器仪表	其他仪器仪表费	4999	元	—	1.850	1.850	1.850	1.850

工作内容：通电调试、智能模块调试。 计量单位：路

定 额 编 号				30027007	30027008
项 目 名 称				智能监测防爆型 4 线制 SPD	
				并 接	串 接
预 算 基 价				71.53	71.53
其中	人工费（元）			58.77	58.77
	材料费（元）			10.27	10.27
	机械费（元）			0.64	0.64
	仪器仪表费（元）			1.85	1.85
名 称	代号	单位	单价（元）	数 量	
人工	调试工	1003	工日	209.90	0.280	0.280
材料	智能监控测试软件	218150	套	24.000	0.187	0.187
	其他材料费	2999	元	—	5.780	5.780
机械	其他机具费	3999	元	—	0.640	0.640
仪器仪表	其他仪器仪表费	4999	元	—	1.850	1.850

（五）智能监测 SPD 系统配套设施（硬件）安装

工作内容：开箱、检查、划线、打孔、安装、固定、接线、检验、调试。　　　　　　　　计量单位：套

		定　额　编　号			30028001	30028002	30028003	30028004	30028005
		项　目　名　称			数据采集终端	监控主机	客户端软件	16 口工业级网络交换机	报警装置
		预　算　基　价			222.51	103.94	20087.66	597.18	27.36
其中		人工费（元）			131.22	81.65	87.48	262.44	26.24
		材料费（元）			88.16	21.01	20000.18	328.67	—
		机械费（元）			1.28	1.28	—	6.07	1.12
		仪器仪表费（元）			1.85	—	—	—	—
	名　　称	代号	单位	单价（元）			数　　量		
人工	安装工	1002	工日	145.80	0.900	0.560	0.600	1.800	0.180
材料	双绞线缆	214100	条	—	（5.140）	（5.140）	—	（5.140）	—
	尼龙扎带 L100	210066	根	0.360	1.010	—	—	—	—
	棉纱头	218101	kg	5.830	0.100	—	—	—	—
	铁涨管	218011	个	2.300	4.080	—	—	—	—
	多功能上光清洁剂	218043	盒	16.160	—	—	—	0.100	—
	脱脂棉	218079	kg	30.240	—	—	—	0.020	—
	智能监控系统专用软件	218151	套	20000.000	—	—	1.000	—	—
	缠绕管 $\phi 8$	210170	m	0.670	0.515				
	RVV 铜芯聚氯乙烯绝缘聚氯乙烯护套软线二芯 1.5mm^2	214078	m	3.550	5.140				
	信号线 RVSP 2 芯 1.0mm^2	214088	m	6.600	5.140				
	线鼻	213393	个	0.780	2.060				
	TG 端子	213392	个	1.550	2.020				
	通信接头 DB9	213397	个	10.000	2.040	2.040	—	32.640	—
	其他材料费	2999	元	—	0.180	0.610	0.180	0.050	—
机械	其他机具费	3999	元	—	1.280	1.280		6.070	1.120
仪器仪表	其他仪器仪表费	4999	元	—	1.850	—	—	—	—

工作内容：开箱、检查、划线、打孔、安装、固定、接线、检验、调试。計量单位：套

定 额 编 号				30028006	30028007	30028008	30028009	30028010
项 目 名 称				通讯终端	打印机	数据库服务器	服务器软件	短信、语音信箱设备
预 算 基 价				159.32	43.18	443.91	30088.26	27.67
其中	人工费（元）			131.22	36.45	347.00	87.48	26.24
	材料费（元）			22.67	6.73	84.13	30000.78	0.31
	机械费（元）			5.43	—	12.78	—	1.12
	仪器仪表费（元）			—	—	—	—	—
名 称	代号	单位	单价（元）	数 量				
人工	安装工	1002	工日	145.80	0.900	0.250	2.380	0.600	0.180
材料	双绞线缆	214100	条	—	（1.527）	—	（5.140）	—	—
	针式打印机色带	216030	盒	34.000	—	0.100	—	—	—
	棉纱头	218101	kg	5.830	—	—	—	—	0.050
	智能监控数据库服务器系统专用光盘软件	218152	套	30000.000	—	—	—	1.000	—
	打印纸 132 行（381-1）	216009	包	25.060	—	0.100	—	—	—
	通信接头 DB9	213397	个	10.000	2.040	—	8.160	—	—
	多功能上光清洁剂	218043	盒	16.160	0.100	—	0.100	—	—
	脱脂棉	218079	kg	30.240	0.020	0.020	0.020	0.020	—
	其他材料费	2999	元	—	0.050	0.220	0.310	0.180	0.020
机械	其他机具费	3999	元	—	5.430	—	12.780	—	1.120

（六）智能监测 SPD 系统配套设施（硬件）调试

工作内容：信号检查、调试、检验。 计量单位：套

定 额 编 号				30029001	30029002	30029003	30029004	30029005
项 目 名 称				数据采集终端	监控主机	客户端软件	16口工业级网络交换机	报警装置
预 算 基 价				137.47	39.88	154.97	154.94	62.58
其中	人工费（元）			134.34	39.88	151.13	151.13	58.77
	材料费（元）			—	—	—	—	—
	机械费（元）			1.28	—	3.84	1.96	1.96
	仪器仪表费（元）			1.85	—	—	1.85	1.85
名 称	代号	单位	单价（元）	数 量				
人工 调试工	1003	工日	209.90	0.640	0.190	0.720	0.720	0.280
机械 其他机具费	3999	元	—	1.280	—	3.840	1.960	1.960
仪器仪表 其他仪器仪表费	4999	元	—	1.850	—	—	1.850	1.850

工作内容：信号检查、调试、检验。 计量单位：套

定 额 编 号				30029006	30029007	30029008	30029009	30029010
项 目 名 称				通讯终端	打印机	数据库服务器	服务器软件	短信、语音信箱设备
预 算 基 价				268.28	42.26	212.96	58.77	99.61
其中	人工费（元）			264.47	41.98	209.90	58.77	96.55
	材料费（元）			—	—	—	—	—
	机械费（元）			1.96	0.28	1.21	—	1.21
	仪器仪表费（元）			1.85	—	1.85	—	1.85
名 称	代号	单位	单价（元）	数 量				
人工 调试工	1003	工日	209.90	1.260	0.200	1.000	0.280	0.460
机械 其他机具费	3999	元	—	1.960	0.280	1.210	—	1.210
仪器仪表 其他仪器仪表费	4999	元	—	1.850	—	1.850	—	1.850

四、等电位连接

工作内容：下料、钻孔、煨弯、固定、检验。

定额编号				30030001	30030002	30030003	30030004	30030005
项目名称				S型等电位				
				接地汇流排	室内等电位环	接地跨接线安装	构架接地	铝钢窗接地
				块	m	处	处	处
预算基价				22.00	30.14	16.93	23.35	19.39
其中	人工费（元）			10.21	17.50	2.92	5.83	5.83
	材料费（元）			9.59	8.54	11.15	15.60	11.55
	机械费（元）			0.28	2.15	2.15	1.21	1.21
	仪器仪表费（元）			1.92	1.95	0.71	0.71	0.80
名称	代号	单位	单价（元）	数量				
人工 安装工	1002	工日	145.80	0.070	0.120	0.020	0.040	0.040
材料 清油	209034	kg	20.000	—	0.010	0.001	—	0.002
焊片	207558	个	0.400	—	—	2.060	2.060	2.060
砂纸	218030	张	1.000	—	0.102	—	—	—
铅油	209063	kg	20.000	—	0.020	0.002	—	0.004
镀锌接地线板 40×5×120	218147	个	1.920	—	—	—	1.175	—
圆钢 φ10以内	201014	kg	5.200	—	—	—	—	0.515
镀锌扁钢	201023	kg	7.900	—	—	0.482	0.764	—
电焊条 综合	207290	kg	6.000	—	—	0.041	0.013	0.015
铜焊粉	207299	kg	25.910	—	0.020	—	—	—
精制六角带帽螺栓 M16×61~80	207642	套	1.000	2.040	1.020	1.020	1.020	2.040
铁涨管	218011	个	2.300	2.040	1.020	—	—	—
支持绝缘子	218148	个	1.010	2.040	1.020	—	—	—
防锈漆	209020	kg	17.000	—	0.041	0.041	—	0.082
锯条	207264	根	0.560	—	1.020	1.020	1.020	1.020
铜焊条	207301	kg	34.210	—	0.020	—	—	—
调和漆	209016	kg	17.000	—	0.010	—	0.052	—
其他材料费	2999	元	—	—	0.800	0.130	0.130	0.030
机械 交流弧焊机 ≤21kV·A	3099	台班	93.330	—	0.020	0.020	0.010	0.010
冲击钻	3092	台班	27.860	0.010	0.010	0.010	0.010	0.010
仪器仪表 其他仪器仪表费	4999	元	—	1.920	1.950	0.710	0.710	0.800

工作内容：下料、钻孔、煨弯、固定、检验。

定额编号				30030006	30030007	30030008	30030009	30030010
项 目 名 称				M 型等电位				
				室内等电位环	室内等电位连接网络网格宽度1m以内	接地跨接线安装	构架接地	铝钢窗接地
				m	m²	处	处	处
预 算 基 价				33.61	56.46	32.68	41.35	26.19
其中	人工费（元）			18.95	26.24	5.83	7.29	7.29
	材料费（元）			8.54	17.97	21.71	30.60	15.62
	机械费（元）			2.28	4.57	3.22	1.54	1.82
	仪器仪表费（元）			3.84	7.68	1.92	1.92	1.46
名 称	代号	单位	单价（元）	数 量				
人工	安装工	1002	工日	145.80	0.130	0.180	0.040	0.050	0.050
材料	清油	209034	kg	20.000	0.010	0.051	0.002	—	0.004
	焊片	207558	个	0.400	—	—	4.040	4.040	4.040
	砂纸	218030	张	1.000	0.102	0.204	—	—	—
	铅油	209063	kg	20.000	0.010	0.102	0.004	—	0.008
	镀锌接地线板 40×5×120	218147	个	1.920	—	—	—	2.350	—
	圆钢 φ10 以内	201014	kg	5.200	—	—	—	—	0.103
	镀锌扁钢	201023	kg	7.900	—	—	0.964	1.533	—
	电焊条 综合	207290	kg	6.000	—	—	0.082	0.027	0.031
	铁涨管	218011	个	2.300	1.020	1.020	—	—	—
	精制六角带帽螺栓 M16×61~80	207642	套	1.000	1.020	1.020	2.040	2.040	2.040
	防锈漆	209020	kg	17.000	0.041	0.016	0.082	—	0.163
	支持绝缘子	218148	个	1.010	1.020	1.020	—	—	—
	调和漆	209016	kg	17.000	0.010	0.051	—	0.102	—
	铜焊条	207301	kg	34.210	0.010	0.010	—	—	—
	铜焊粉	207299	kg	25.910	0.010	0.010	—	—	—
	锯条	207264	根	0.560	1.020	1.020	1.020	1.020	1.020
	其他材料费	2999	元	—	1.600	8.000	0.260	0.260	0.060
机械	冲击钻	3092	台班	27.860	0.015	0.030	0.015	0.015	0.015
	交流弧焊机≤21kV·A	3099	台班	93.330	0.020	0.040	0.030	0.012	0.015
仪器仪表	其他仪器仪表费	4999	元	—	3.840	7.680	1.920	1.920	1.460

工作内容：下料、钻孔、煨弯、固定、检验。 計量單位：处

定额编号				30030011	30030012	30030013	30030014	30030015
项目名称				室内混合型等电位				
				室内等电位环	室内等电位连接网络网格宽度1m以内	接地跨接线安装	构架接地	铝钢窗接地
				m	m²	处	处	处
预算基价				31.08	59.01	24.09	34.00	21.86
其中	人工费（元）			17.50	20.41	2.92	5.83	5.83
	材料费（元）			8.54	26.76	16.74	25.42	12.84
	机械费（元）			2.20	8.16	3.11	1.43	1.73
	仪器仪表费（元）			2.84	3.68	1.32	1.32	1.46
名称	代号	单位	单价（元）	数量				
人工 安装工	1002	工日	145.80	0.120	0.140	0.020	0.040	0.040
材料 清油	209034	kg	20.000	0.010	0.051	0.002	—	0.004
焊片	207558	个	0.400	—	—	2.020	2.020	2.020
砂纸	218030	张	1.000	0.102	0.204	—	—	—
铅油	209063	kg	20.000	0.010	0.010	0.004	—	0.008
镀锌接地线板 40×5×120	218147	个	1.920	—	—	—	2.350	—
圆钢 φ10以内	201014	kg	5.200	—	—	—	—	0.063
镀锌扁钢	201023	kg	7.900	—	—	0.918	1.460	—
电焊条 综合	207290	kg	6.000	—	—	0.082	0.027	0.031
铁涨管	218011	个	2.300	1.020	1.020	—	—	—
精制六角带帽螺栓 M16×61~80	207642	套	1.000	1.020	1.020	2.040	2.040	4.080
防锈漆	209020	kg	17.000	0.041	0.016	0.082	—	0.163
支持绝缘子	218148	个	1.010	1.020	1.020	—	—	—
调和漆	209016	kg	17.000	0.010	0.051	—	0.102	—
铜焊条	207301	kg	34.210	0.010	0.010	—	—	—
铜焊粉	207299	kg	25.910	0.010	0.010	—	—	—
锯条	207264	根	0.560	1.020	20.000	1.020	1.020	1.020
其他材料费	2999	元	—	1.600	8.000	0.260	0.260	0.060
机械 冲击钻	3092	台班	27.860	0.012	0.015	0.011	0.011	0.012
交流弧焊机 ≤21kV•A	3099	台班	93.330	0.020	0.083	0.030	0.012	0.015
仪器仪表 其他仪器仪表费	4999	元	—	2.840	3.680	1.320	1.320	1.460

五、防雷屏蔽装置安装

（一）房屋屏蔽装置安装

工作内容：墙面做打毛、划线、打孔、安装、固定、焊接、检验、恢复墙面、屋顶防水处理。

计量单位：m²

定 额 编 号				30031001	30031002	30031003
项 目 名 称				格栅型屏蔽　网格宽度（mm）		
				一类建筑		
				30	50	100
预 算 基 价				386.46	370.42	354.38
其中	人工费（元）			131.22	115.18	99.14
	材料费（元）			195.05	195.05	195.05
	机械费（元）			1.31	1.31	1.31
	仪器仪表费（元）			58.88	58.88	58.88
名　　称	代号	单位	单价（元）	数　　量		
人工	安装工	1002	工日	145.80	0.900	0.790	0.680
材料	镀锌铁丝网	207237	m²	—	（1.020）	（1.020）	（1.020）
	焊锡膏 50g/瓶	207291	瓶	3.340	0.153	0.153	0.153
	焊锡丝	207287	m	6.360	1.275	1.275	1.275
	木条骨架	203092	m	14.750	8.320	8.320	8.320
	电焊条 综合	207290	kg	6.000	0.010	0.010	0.010
	镀锌扁铁 40×3	201174	m	6.480	4.200	4.200	4.200
	水泥 综合	202001	kg	0.506	0.312	0.312	0.312
	其他材料费	2999	元	—	27.610	27.610	27.610
机械	交流弧焊机≤21kV·A	3099	台班	93.330	0.014	0.014	0.014
仪器仪表	场强仪	4073	台班	139.790	0.400	0.400	0.400
	其他仪器仪表费	4999	元	—	2.960	2.960	2.960

工作内容：墙面做打毛、划线、打孔、安装、固定、焊接、检验、恢复墙面、屋顶
防水处理。

计量单位：m²

定 额 编 号				30031004	30031005	30031006	30031007
项 目 名 称				格栅型屏蔽　网格宽度（mm）			钢板屏蔽
				二类建筑		三类建筑	
				150	200	500	
预 算 基 价				338.18	322.15	306.11	341.25
其中	人工费（元）			84.56	68.53	52.49	102.06
	材料费（元）			193.43	193.43	193.43	188.49
	机械费（元）			1.31	1.31	1.31	2.61
	仪器仪表费（元）			58.88	58.88	58.88	48.09
名　　称	代号	单位	单价（元）	数　　　量			
人工	安装工	1002	工日	145.80	0.580	0.470	0.360	0.700
材料	镀锌铁丝网	207237	m²	—	（1.020）	（1.020）	（1.020）	—
	焊锡丝	207287	m	6.360	1.020	1.020	1.020	—
	焊锡膏 50g/瓶	207291	瓶	3.340	0.153	0.153	0.153	—
	镀锌钢板 600×600×0.7	201173	块	18.000	—	—	—	2.917
	木条骨架	203092	m	14.750	8.320	8.320	8.320	8.320
	镀锌扁铁 40×3	201174	m	6.480	4.200	4.200	4.200	—
	电焊条　综合	207290	kg	6.000	0.010	0.010	0.010	0.024
	水泥　综合	202001	kg	0.506	0.312	0.312	0.312	0.312
	其他材料费	2999	元	—	27.610	27.610	27.610	12.960
机械	交流弧焊机≤21kV·A	3099	台班	93.330	0.014	0.014	0.014	0.028
仪器仪表	场强仪	4073	台班	139.790	0.400	0.400	0.400	0.320
	其他仪器仪表费	4999	元	—	2.960	2.960	2.960	3.360

（二）线 槽 屏 蔽

工作内容：划线、布设、安装、固定、接线、检验。　　　　　　　　　　　计量单位：m

	定 额 编 号				30032001	30032002	30032003
	项 目 名 称				钢质屏蔽槽尺寸（宽＋高 mm）		
					150	400	600
	预 算 基 价				22.42	23.67	25.35
其中	人工费（元）				7.73	8.16	8.60
	材料费（元）				13.93	14.05	14.40
	机械费（元）				0.76	1.46	2.35
	仪器仪表费（元）				—	—	—
	名 称	代号	单位	单价（元）	数 量		
人工	安装工	1002	工日	145.80	0.053	0.056	0.059
材料	屏蔽槽	216108	m	—	（1.050）	（1.050）	（1.050）
	汽油 93#	209173	kg	9.900	0.008	0.010	0.020
	镀锌弹簧垫圈 10	207495	个	0.030	1.020	1.020	1.020
	电焊条　综合	207290	kg	6.000	—	—	0.010
	酚醛防锈漆	209021	kg	24.000	0.011	0.012	0.015
	铜端子 10	213121	个	11.000	1.020	1.020	1.020
	镀锌垫圈 10	207491	个	0.080	2.040	2.040	2.040
	镀锌带母螺栓 10×20～35	207124	套	0.280	1.020	1.020	1.020
	其他材料费	2999	元	—	0.180	0.259	0.379
机械	载货汽车 8t	3032	台班	584.010	0.001	0.002	0.003
	其他机具费	3999	元	—	0.171	0.293	0.594

工作内容：划线、布设、安装、固定、接线、检验。 计量单位：m

定 额 编 号					30032004	30032005	30032006	30032007
项 目 名 称					钢质屏蔽槽尺寸（宽＋高mm）			
					800	1000	1200	1500
预 算 基 价					26.96	29.23	30.77	39.46
其中	人工费（元）				9.04	9.48	9.91	10.50
	材料费（元）				14.63	14.79	15.04	22.21
	机械费（元）				3.29	4.96	5.82	6.75
	仪器仪表费（元）				—	—	—	—
名 称		代号	单位	单价（元）	数 量			
人工	安装工	1002	工日	145.80	0.062	0.065	0.068	0.072
材料	屏蔽槽	216108	m	—	（1.050）	（1.050）	（1.050）	（1.050）
	电焊条　综合	207290	kg	6.000	0.017	0.028	0.034	0.051
	镀锌弹簧垫圈10	207495	个	0.030	1.020	1.020	1.020	1.020
	酚醛防锈漆	209021	kg	24.000	0.015	0.020	0.026	0.306
	汽油93#	209173	kg	9.900	0.031	0.041	0.051	0.071
	铜端子10	213121	个	11.000	1.020	1.020	1.020	1.020
	镀锌垫圈10	207491	个	0.080	2.040	2.040	2.040	2.040
	镀锌带母螺栓10×20～35	207124	套	0.280	1.020	1.020	1.020	1.020
	其他材料费	2999	元	—	0.492	0.609	0.714	0.867
机械	载货汽车8t	3032	台班	584.010	0.004	0.006	0.007	0.008
	其他机具费	3999	元	—	0.950	1.451	1.730	2.074

（三）穿 管 屏 蔽

工作内容：测位、划线、锯管、套丝、煨弯、配管、固定、接地。 计量单位：m

定 额 编 号				30033001	30033002	30033003
项 目 名 称				公称直径（mm）		
				15	20	25
预 算 基 价				13.16	13.36	14.44
其中	人工费（元）			10.64	10.64	11.37
	材料费（元）			1.74	1.94	2.29
	机械费（元）			0.78	0.78	0.78
	仪器仪表费（元）			—	—	—
名 称	代号	单位	单价（元）	数 量		
人工	安装工	1002	工日	145.80	0.073	0.073	0.078
材料	镀锌钢管	201081	m	—	（1.050）	（1.050）	（1.050）
	塑料护口（钢管）15	212458	个	0.100	0.206	—	—
	钢管接地卡子 15	212548	个	0.260	0.103	—	—
	镀锌钢管接头零件（室内）15	212307	个	1.200	0.206	—	—
	镀锌锁紧螺母 15	207082	个	0.342	0.408	—	—
	镀锌管卡子 15	212409	个	0.440	0.206	—	—
	镀锌管卡子 20	212410	个	0.550	—	0.206	—
	塑料护口（钢管）20	212459	个	0.100	—	0.206	—
	钢管接地卡子 20	212549	个	0.310	—	0.103	—
	镀锌钢管接头零件（室内）20	212308	个	1.850	—	0.206	—
	镀锌锁紧螺母 20	207083	个	0.444	—	0.408	—
	镀锌管卡子 25	212411	个	0.770	—	—	0.206
	塑料护口（钢管）25	212460	个	0.200	—	—	0.206
	钢管接地卡子 25	212550	个	0.400	—	—	0.103
	镀锌钢管接头零件（室内）25	212309	个	2.750	—	—	0.206
	镀锌锁紧螺母 25	207084	个	0.660	—	—	0.408
	镀锌铁丝 13# ~ 17#	207234	kg	8.500	0.001	0.001	0.001
	膨胀螺栓 φ6	207156	套	0.420	0.408	0.408	0.408
	塑料胀塞	210029	个	0.030	0.408	0.408	0.408
	铜芯聚氯乙烯绝缘电线 BV–4	214010	m	2.860	0.206	0.206	0.206
	镀锌木螺钉	207183	个	0.044	0.416	0.416	0.416
	铅油	209063	kg	20.000	0.003	0.003	0.003
	清油	209034	kg	20.000	0.003	0.003	0.003
	其他材料费	2999	元	—	0.296	0.296	0.296
机械	载货汽车 8t	3032	台班	584.010	0.001	0.001	0.001
	其他机具费	3999	元	—	0.196	0.196	0.196

工作内容：测位、划线、锯管、套丝、煨弯、配管、固定、接地。　　　　　　　　　　　计量单位：m

	定 额 编 号				30033004	30033005	30033006	30033007
	项 目 名 称				公称直径（mm）			
					32	40	50	70
	预 算 基 价				15.71	16.72	17.72	22.52
其中	人工费（元）				12.25	12.83	12.83	14.58
	材料费（元）				2.68	3.11	4.11	6.55
	机械费（元）				0.78	0.78	0.78	1.39
	仪器仪表费（元）				—	—	—	—
	名 称	代号	单位	单价（元）	数 量			
人工	安装工	1002	工日	145.80	0.084	0.088	0.088	0.100
材料	镀锌钢管 32	201080	m	—	（1.050）	（1.050）	（1.050）	（1.050）
	镀锌钢管接头零件（室内）50	212312	个	8.180	—	—	0.206	—
	镀锌管卡子 50	212414	个	1.210	—	—	0.206	—
	镀锌锁紧螺母 50	207087	个	1.920	—	—	0.408	—
	镀锌管卡子 40	212413	个	0.980	—	0.206	—	—
	镀锌锁紧螺母 40	207086	个	1.320	—	0.408	—	—
	钢管接地卡子 40	212552	个	0.730	—	0.103	—	—
	塑料护口（钢管）40	212462	个	0.400	—	0.206	—	—
	镀锌管卡子 70	212415	个	1.320	—	—	—	0.206
	镀锌锁紧螺母 70	207088	个	3.720	—	—	—	0.408
	钢管接地卡子 70	212554	个	1.240	—	—	—	0.103
	塑料护口（钢管）70	212464	个	0.600	—	—	—	0.206
	钢管接地卡子 50	212553	个	0.950	—	—	0.103	—
	塑料护口（钢管）50	212463	个	0.400	—	—	0.206	—
	镀锌钢管接头零件（室内）70	212313	个	15.840	—	—	—	0.206
	钢管接地卡子 32	212551	个	0.520	0.103	—	—	—
	塑料护口（钢管）32	212461	个	0.200	0.206	—	—	—
	镀锌木螺钉	207183	个	0.044	0.416	0.416	0.416	0.416
	铜芯聚氯乙烯绝缘电线 BV-4	214010	m	2.860	0.206	0.206	0.206	0.206
	镀锌钢管接头零件（室内）32	212310	个	4.030	0.206	—	—	—
	镀锌管卡子 32	212412	个	0.860	0.206	—	—	—
	镀锌锁紧螺母 32	207085	个	0.900	0.408	—	—	—
	镀锌铁丝 13# ~ 17#	207234	kg	8.500	0.001	0.001	0.001	0.001
	镀锌钢管接头零件（室内）40	212311	个	4.860	—	0.206	—	—
	塑料胀塞	210029	个	0.030	0.408	0.408	0.408	0.408
	清油	209034	kg	20.000	0.003	0.003	0.003	0.003
	铅油	209063	kg	20.000	0.003	0.003	0.003	0.003
	膨胀螺栓 φ6	207156	套	0.420	0.408	0.408	0.408	0.408
	其他材料费	2999	元	—	0.296	0.296	0.296	0.324
机械	载货汽车 8t	3032	台班	584.010	0.001	0.001	0.001	0.002
	其他机具费	3999	元	—	0.196	0.196	0.196	0.224

工作内容：测位、划线、锯管、套丝、煨弯、配管、固定、接地。 计量单位：m

定额编号				30033008	30033009	30033010	30033011
项目名称				公称直径（mm）			
				80	100	125	150
预算基价				24.77	33.97	34.86	45.04
其中	人工费（元）			14.58	15.45	16.33	19.54
	材料费（元）			8.80	15.86	15.87	22.84
	机械费（元）			1.39	2.66	2.66	2.66
	仪器仪表费（元）			—	—	—	—
	名称	代号	单位	单价（元）	数量		
人工	安装工	1002	工日	145.80	0.100	0.106	0.112	0.134
材料	镀锌钢管	201081	m	—	（1.050）	（1.050）	（1.050）	（1.050）
	铜芯聚氯乙烯绝缘电线 BV-6.0	214011	m	4.340	—	0.206	0.206	0.206
	钢管接地卡子 100	212556	个	2.090	—	0.103	—	—
	塑料护口（钢管）100	212466	个	0.800	—	0.206	—	—
	镀锌钢管接头零件（室内）100	212315	个	37.520	—	0.206	—	—
	镀锌锁紧螺母 100	207090	个	11.880	—	0.408	—	—
	镀锌管卡子 100	212417	个	6.600	—	0.206	—	—
	镀锌钢管接头零件（室内）150	212317	个	94.840	—	—	—	0.206
	镀锌管卡子 150	212419	个	6.600	—	—	—	0.206
	钢管接地卡子 150	212558	个	3.810	—	—	—	0.103
	镀锌钢管接头零件（室内）125	212316	个	61.480	—	—	0.206	—
	镀锌管卡子 125	212418	个	6.600	—	—	0.206	—
	钢管接地卡子 125	212557	个	2.930	—	—	0.103	—
	塑料护口（钢管）80	212465	个	0.600	0.206	—	—	—
	钢管接地卡子 80	212555	个	1.610	0.103	—	—	—
	铜芯聚氯乙烯绝缘电线 BV-4	214010	m	2.860	0.206	—	—	—
	镀锌钢管接头零件（室内）80	212314	个	19.620	0.206	—	—	—
	镀锌锁紧螺母 80	207089	个	6.240	0.408	—	—	—
	镀锌管卡子 80	212416	个	3.280	0.206	—	—	—
	塑料胀塞	210029	个	0.030	0.408	0.408	0.408	0.408
	镀锌铁丝 13#～17#	207234	kg	8.500	0.001	0.001	0.001	0.001
	镀锌木螺钉	207183	个	0.044	0.416	0.416	0.416	0.416
	铅油	209063	kg	20.000	0.003	0.003	0.003	0.003
	清油	209034	kg	20.000	0.003	0.003	0.003	0.003
	膨胀螺栓 φ6	207156	套	0.420	0.408	0.408	0.408	0.408
	其他材料费	2999	元	—	0.324	0.324	0.324	0.324
机械	载货汽车 8t	3032	台班	584.010	0.002	0.004	0.004	0.004
	其他机具费	3999	元	—	0.224	0.324	0.324	0.324

六、其他防雷装置安装、调试

（一）防雷隔离变压器安装

工作内容：装卸、运输、进场、验电、安装、检验。

计量单位：个

定 额 编 号				30034001	30034002
项 目 名 称				火花放电间隙	退耦器
预 算 基 价				92.03	146.30
其中	人工费（元）			87.48	139.97
	材料费（元）			1.42	1.24
	机械费（元）			1.28	3.24
	仪器仪表费（元）			1.85	1.85
名 称	代号	单位	单价（元）	数 量	
人工 安装工	1002	工日	145.80	0.600	0.960
材料 绝缘防水包布	210185	卷	4.000	0.309	0.309
红丹防锈漆	209019	kg	18.000	0.010	—
机械 其他机具费	3999	元	—	1.280	3.240
仪器仪表 其他仪器仪表费	4999	元	—	1.850	1.850

工作内容：装卸、运输、进场、验电、安装、检验。 计量单位：个

定 额 编 号				30034003	30034004	30034005	30034006
项 目 名 称				防雷隔离变压器（100kV·A 以内）		智能检测型防雷隔离变压器（100kV·A 以内）	
				220V	380V	220V	380V
预 算 基 价				2662.34	3606.69	2662.34	3585.02
其中	人工费（元）			1580.47	1770.01	1580.47	1770.01
	材料费（元）			950.25	1695.58	950.25	1673.91
	机械费（元）			131.62	141.10	131.62	141.10
	仪器仪表费（元）			—	—	—	—
名　称	代号	单位	单价（元）	数　　　量			
人工	安装工	1002	工日	145.80	10.840	12.140	10.840	12.140
材料	镀锌扁钢	201023	kg	7.900	4.725	4.725	4.725	4.725
	塑料布	210025	m²	4.990	2.040	2.040	2.040	2.040
	汽油 93#	209173	kg	9.900	0.306	0.306	0.306	0.306
	电焊条 综合	207290	kg	6.000	0.306	0.306	0.306	0.306
	电力复合酯 一级	209139	kg	20.000	0.051	0.051	0.051	0.051
	锯条	207264	根	0.560	1.020	1.020	1.020	1.020
	镀锌铁丝 13# ~ 17#	207234	kg	8.500	0.816	0.816	0.816	0.816
	棉纱头	218101	kg	5.830	0.515	0.515	0.515	0.515
	调和漆	209016	kg	17.000	1.275	2.550	1.275	1.275
	防锈漆	209020	kg	17.000	0.204	0.306	0.204	0.306
	绝缘防水包布	210185	卷	4.000	0.515	0.824	0.515	0.824
	精制六角带帽螺栓 M20×80	207636	套	2.410	4.080	4.080	4.080	4.080
	钢板垫板	201137	kg	8.000	4.200	4.200	4.200	4.200
	其他材料费	2999	元	—	2.680	3.680	2.680	3.680
机械	交流弧焊机≤ 21kV·A	3099	台班	93.330	0.300	0.300	0.300	0.300
	载货汽车 6t	3031	台班	511.530	0.100	0.110	0.100	0.110
	汽车起重机 5t	3010	台班	436.580	0.100	0.110	0.100	0.110
	其他机具费	3999	元	—	8.810	8.810	8.810	8.810

（二）防雷隔离变压器调试

工作内容：调试、测试。计量单位：个

定 额 编 号				30035001	30035002
项 目 名 称				火花放电间隙	退耦器
预 算 基 价				35.71	32.90
其中	人工费（元）			29.39	29.39
	材料费（元）			0.32	0.32
	机械费（元）			—	1.96
	仪器仪表费（元）			6.00	1.23
名 称	代号	单位	单价（元）	数 量	
人工　调试工	1003	工日	209.90	0.140	0.140
材料　其他材料费	2999	元	—	0.320	0.320
机械　其他机具费	3999	元	—	—	1.960
仪器仪表　其他仪器仪表费	4999	元	—	6.000	1.230

工作内容：调试、测试。计量单位：个

定 额 编 号				30035003	30035004	30035005	30035006
项 目 名 称				防雷隔离变压器（100kV·A 以内）		智能检测型防雷隔离变压器（100kV·A 以内）	
				220V	380V	220V	380V
预 算 基 价				638.29	742.88	752.78	802.71
其中	人工费（元）			575.13	650.69	659.09	694.77
	材料费（元）			18.32	41.45	44.34	51.09
	机械费（元）			44.84	50.74	49.35	56.85
	仪器仪表费（元）			—	—	—	—
名 称	代号	单位	单价（元）	数 量			
人工　调试工	1003	工日	209.90	2.740	3.100	3.140	3.310
材料　其他材料费	2999	元	—	18.320	41.450	44.340	51.090
机械　其他机具费	3999	元	—	44.840	50.740	49.350	56.850

第十章
电　　源

说明及工程量计算规则

说　　明

1. 本章主要内容包括：蓄电池、太阳能电池、不间断电源及与之相关的配套部件的安装和蓄电池充放电及容量试验，不间断电源调试。

2. 蓄电池电极连接按出厂商品带有紧固连接件考虑。如采用焊接方式，人工定额不变；电池组间用电源母线连接时，其人工定额参照安装电源母线计取。

3. 蓄电池架的列长度与架高由设计决定，其材料按实计列。

4. 蓄电池充电电量，由设计按实计列。

5. 太阳能电池安装已含有组件的吊装工作，不考虑其吊装高度，按同一定额计算。

6. 本章安装设备除出厂时自带固定件之外，如还需其他材料，由设计按需计列。

工程量计算规则

1. 蓄电池抗震架安装，以"m（架）"计算。

2. 蓄电池组安装，以"组"计算。

3. 蓄电池充放电及容量试验，以"组"计算。

4. 太阳能电池铁架方阵，以"m³"计算。

5. 太阳能电池，以"组"计算。

6. 不间断电源安装，以"台"计算。

7. 不间断电源调试，以"系统"计算。

第一节　电池组及附属设备安装

一、蓄电池抗震架

工作内容：开箱检验、清洁搬运、组装、加固、补漆等。

计量单位：m（架）

定 额 编 号				31001001	31001002	31001003	31001004	31001005
项 目 名 称				安装蓄电池抗震架				
				单层单列	单层双列	双层单列	双层双列	每增加一层或一列
预 算 基 价				69.98	104.98	145.80	164.03	72.90
其中	人工费（元）			69.98	104.98	145.80	164.03	72.90
	材料费（元）			—	—	—	—	—
	机械费（元）			—	—	—	—	—
	仪器仪表费（元）			—	—	—	—	—
名　　称	代号	单位	单价（元）	数　　量				
人工 安装工	1002	工日	145.80	0.480	0.720	1.000	1.125	0.500

二、蓄电池组安装

工作内容：开箱检验、清洁搬运、组装、加固、补漆等。

计量单位：组

定 额 编 号				31002001	31002002	31002003	31002004
项 目 名 称				安装 24V 蓄电池组			
				≤ 200A·h	≤ 600A·h	≤ 1000A·h	≤ 1500A·h
预 算 基 价				314.93	577.37	962.28	1264.18
其中	人工费（元）			314.93	577.37	962.28	1189.73
	材料费（元）			—	—	—	—
	机械费（元）			—	—	—	74.45
	仪器仪表费（元）			—	—	—	—
名　　称	代号	单位	单价（元）	数　　量			
人工 安装工	1002	工日	145.80	2.160	3.960	6.600	8.160
机械 叉式装载机 3t	3068	台班	248.180	—	—	—	0.300

工作内容：开箱检验、清洁搬运、组装、加固、补漆等。 计量单位：组

定　额　编　号				31002005	31002006	31002007
项　目　名　称				安装 24V 蓄电池组		
				≤ 2000A·h	≤ 3000A·h	> 3000A·h
预　算　基　价				1786.21	2298.06	2677.14
其中	人工费（元）			1662.12	2099.52	2478.60
	材料费（元）			—	—	—
	机械费（元）			124.09	198.54	198.54
	仪器仪表费（元）			—	—	—
名　　称	代号	单位	单价（元）	数　　量		
人工 安装工	1002	工日	145.80	11.400	14.400	17.000
机械 叉式装载机 3t	3068	台班	248.180	0.500	0.800	0.800

工作内容：开箱检验、清洁搬运、组装、加固、补漆等。 计量单位：组

定　额　编　号				31002008	31002009	31002010	31002011
项　目　名　称				安装 48V 蓄电池组			
				≤ 200A·h	≤ 600A·h	≤ 1000A·h	≤ 1500A·h
预　算　基　价				629.86	1154.74	1924.56	2453.91
其中	人工费（元）			629.86	1154.74	1924.56	2379.46
	材料费（元）			—	—	—	—
	机械费（元）			—	—	—	74.45
	仪器仪表费（元）			—	—	—	—
名　　称	代号	单位	单价（元）	数　　量			
人工 安装工	1002	工日	145.80	4.320	7.920	13.200	16.320
机械 叉式装载机 3t	3068	台班	248.180	—	—	—	0.300

工作内容：开箱检验、清洁搬运、组装、加固、补漆等。 计量单位：组

定 额 编 号					31002012	31002013	31002014
项 目 名 称					安装 48V 蓄电池组		
					≤ 2000A·h	≤ 3000A·h	> 3000A·h
预 算 基 价					3448.33	4397.58	5155.74
其中	人工费（元）				3324.24	4199.04	4957.20
	材料费（元）				—	—	—
	机械费（元）				124.09	198.54	198.54
	仪器仪表费（元）				—	—	—
	名 称	代号	单位	单价（元）	数 量		
人工	安装工	1002	工日	145.80	22.800	28.800	34.000
机械	叉式装载机 3t	3068	台班	248.180	0.500	0.800	0.800

工作内容：开箱检验、清洁搬运、组装、加固、补漆等。 计量单位：组

定 额 编 号					31002015	31002016	31002017
项 目 名 称					安装 300V 以下蓄电池组	安装 300V 以下蓄电池组	
					200A·h 以下	≤ 600A·h	≤ 1000A·h
预 算 基 价					1348.65	2405.70	4002.21
其中	人工费（元）				1348.65	2405.70	4002.21
	材料费（元）				—	—	—
	机械费（元）				—	—	—
	仪器仪表费（元）				—	—	—
	名 称	代号	单位	单价（元）	数 量		
人工	安装工	1002	工日	145.80	9.250	16.500	27.450

工作内容：开箱检验、清洁搬运、组装、加固、补漆等。 计量单位：组

定 额 编 号				31002018	31002019	31002020	31002021
项 目 名 称				安装 400V 以下蓄电池组			
				≤ 200A·h	≤ 600A·h	≤ 1000A·h	> 1000A·h
预 算 基 价				1889.57	3464.21	5773.68	7196.94
其中	人工费（元）			1889.57	3464.21	5773.68	6998.40
	材料费（元）			—	—	—	—
	机械费（元）			—	—	—	198.54
	仪器仪表费（元）			—	—	—	—
名 称	代号	单位	单价（元）	数 量			
人工 安装工	1002	工日	145.80	12.960	23.760	39.600	48.000
机械 叉式装载机 3t	3068	台班	248.180	—	—	—	0.800

工作内容：开箱检验、清洁搬运、组装、加固、补漆等。 计量单位：组

定 额 编 号				31002022	31002023	31002024	31002025
项 目 名 称				安装 500V 以下蓄电池组			
				≤ 200A·h	≤ 600A·h	≤ 1000A·h	> 1000A·h
预 算 基 价				2478.60	4519.80	7435.80	9411.87
其中	人工费（元）			2478.60	4519.80	7435.80	9039.60
	材料费（元）			—	—	—	—
	机械费（元）			—	—	—	372.27
	仪器仪表费（元）			—	—	—	—
名 称	代号	单位	单价（元）	数 量			
人工 安装工	1002	工日	145.80	17.000	31.000	51.000	62.000
机械 叉式装载机 3t	3068	台班	248.180	—	—	—	1.500

三、蓄电池充放电及容量试验

工作内容：1. 启动电池充放电：直流回路检查、放电设施准备、补充电、放电、再充电、
测量、记录数据等。
2. 蓄电池补充电、容量试验：补充电、放电、充电、测量记录、清洁整理。

计量单位：组

定 额 编 号					31003001	31003002	31003003
项 目 名 称					启动电池充放电	蓄电池补充电	蓄电池容量试验
预 算 基 价					1266.40	1166.40	2774.40
其中	人工费（元）				1166.40	1166.40	2624.40
	材料费（元）				—	—	—
	机械费（元）				—	—	—
	仪器仪表费（元）				100.00	—	150.00
	名 称	代号	单位	单价（元）	数 量		
人工	安装工	1002	工日	145.80	8.000	8.000	18.000
仪器仪表	其他仪器仪表费	4999	元	—	100.000	—	150.000

第二节　太阳能电池安装

一、太阳能电池铁架方阵

工作内容：开箱检验、清洁搬运、组装、吊装、加固、防雷接地、调整安装角度、
补漆等。

计量单位：m²

定 额 编 号					31004001	31004002	31004003
项 目 名 称					地面安装	屋顶安装	铁塔上安装
预 算 基 价					78.22	130.10	149.53
其中	人工费（元）				51.03	76.55	91.85
	材料费（元）				—	—	—
	机械费（元）				27.19	53.55	57.68
	仪器仪表费（元）				—	—	—
	名 称	代号	单位	单价（元）	数 量		
人工	安装工	1002	工日	145.80	0.350	0.525	0.630
机械	发电机组 ≤ 30kW（柴油）	3113	台班	494.310	0.050	0.100	0.100
	卷扬机 3t	3045	台班	82.440	0.030	0.050	0.100

二、太阳能电池

工作内容：开箱检验、清洁搬运、起吊安装组件、调整方位和俯仰角、测试、记录、安装安全遮盖罩布、安装接线盒、组件与接线盒连接、子方阵与接线盒电路连接。

计量单位：组

定 额 编 号					31005001	31005002	31005003	31005004
项 目 名 称					安装太阳能电池			
					500Wp 以下	1000Wp 以下	1500Wp 以下	2000Wp 以下
预 算 基 价					658.59	811.68	985.18	1267.76
其中	人工费（元）				510.30	663.39	836.89	1020.60
	材料费（元）				—	—	—	—
	机械费（元）				148.29	148.29	148.29	247.16
	仪器仪表费（元）				—	—	—	—
	名 称	代号	单位	单价（元）	数 量			
人工	安装工	1002	工日	145.80	3.500	4.550	5.740	7.000
机械	发电机组 ≤ 30kW（柴油）	3113	台班	494.310	0.300	0.300	0.300	0.500

工作内容：开箱检验、清洁搬运、起吊安装组件、调整方位和俯仰角、测试、记录、安装安全遮盖罩布、安装接线盒、组件与接线盒连接、子方阵与接线盒电路连接。

计量单位：组

定 额 编 号					31005005	31005006	31005007	31005008
项 目 名 称					安装太阳能电池			
					3000Wp 以下	5000Wp 以下	7000Wp 以下	10000Wp 以下
预 算 基 价					1778.06	2387.22	2897.52	3760.23
其中	人工费（元）				1530.90	2041.20	2551.50	3265.92
	材料费（元）				—	—	—	—
	机械费（元）				247.16	346.02	346.02	494.31
	仪器仪表费（元）				—	—	—	—
	名 称	代号	单位	单价（元）	数 量			
人工	安装工	1002	工日	145.80	10.500	14.000	17.500	22.400
机械	发电机组 ≤ 30kW（柴油）	3113	台班	494.310	0.500	0.700	0.700	1.000

工作内容：电流、电压测试、数据记录整理。 计量单位：单方阵

定 额 编 号				31005009
项 目 名 称				太阳能电池与控制屏联测
预 算 基 价				583.20
其中	人工费（元）			583.20
	材料费（元）			—
	机械费（元）			—
	仪器仪表费（元）			—
名　　称	代号	单位	单价（元）	数　　量
人工 安装工	1002	工日	145.80	4.000

第三节　不间断电源安装、调试

一、不间断电源安装

工作内容：开箱检验、划线定位、安装固定、调整水平、接线、单体测试等。 计量单位：台

定 额 编 号				31006001	31006002	31006003	31006004
项 目 名 称				交流不间断电源			
				≤ 3kV·A	≤ 10kV·A	≤ 30kV·A	≤ 60kV·A
预 算 基 价				205.18	510.22	896.54	1117.19
其中	人工费（元）			145.80	437.40	801.90	1020.60
	材料费（元）			49.33	49.81	50.27	50.77
	机械费（元）			2.48	2.48	6.20	6.20
	仪器仪表费（元）			7.57	20.53	38.17	39.62
名　　称	代号	单位	单价（元）	数　　量			
人工 安装工	1002	工日	145.80	1.000	3.000	5.500	7.000
材料 铜端子 16	213122	个	12.000	2.040	2.040	2.040	2.040
铜芯聚氯乙烯绝缘电线 BV-16	214013	m	11.640	2.040	2.040	2.040	2.040
其他材料费	2999	元	—	1.100	1.580	2.040	2.540
机械 手动液压叉车	3065	台班	12.400	0.200	0.200	0.500	0.500
仪器仪表 数字多用表	4045	台班	3.600	0.200	0.200	0.200	0.200
接地电阻检测仪	4287	台班	14.510	0.100	0.100	0.100	0.200
便携式计算机	4311	台班	18.000	0.300	1.020	2.000	2.000

工作内容：开箱检验、划线定位、安装固定、调整水平、接线、单体测试等。　　　　计量单位：台

定　额　编　号				31006005	31006006	31006007
项　目　名　称				交流不间断电源		
				≤ 120kV·A	≤ 200kV·A	≤ 300kV·A
预　算　基　价				1433.65	1747.60	2194.42
其中	人工费（元）			1312.20	1603.80	2041.20
	材料费（元）			51.43	52.38	52.80
	机械费（元）			12.40	24.80	24.80
	仪器仪表费（元）			57.62	66.62	75.62
名　　称	代号	单位	单价（元）	数　　　量		
人工 安装工	1002	工日	145.80	9.000	11.000	14.000
材料 铜端子 16	213122	个	12.000	2.040	2.040	2.040
铜芯聚氯乙烯绝缘电线 BV-16	214013	m	11.640	2.040	2.040	2.040
其他材料费	2999	元	—	3.200	4.150	4.570
机械 手动液压叉车	3065	台班	12.400	1.000	2.000	2.000
仪器仪表 数字多用表	4045	台班	3.600	0.200	0.200	0.200
接地电阻检测仪	4287	台班	14.510	0.200	0.200	0.200
便携式计算机	4311	台班	18.000	3.000	3.500	4.000

工作内容：开箱检验、划线定位、安装固定、调整水平、接线、单体测试等。　　　　计量单位：台

定　额　编　号				31006008	31006009
项　目　名　称				交流不间断电源（模块化）	
				20kV·A	每增加一组模块
预　算　基　价				938.48	148.35
其中	人工费（元）			874.80	145.80
	材料费（元）			50.03	0.75
	机械费（元）			2.48	—
	仪器仪表费（元）			11.17	1.80
名　　称	代号	单位	单价（元）	数　　　量	
人工 安装工	1002	工日	145.80	6.000	1.000
材料 铜端子 16	213122	个	12.000	2.040	—
铜芯聚氯乙烯绝缘电线 BV-16	214013	m	11.640	2.040	—
其他材料费	2999	元	—	1.800	0.750
机械 手动液压叉车	3065	台班	12.400	0.200	—
仪器仪表 数字多用表	4045	台班	3.600	0.200	—
接地电阻检测仪	4287	台班	14.510	0.100	—
便携式计算机	4311	台班	18.000	0.500	0.100

工作内容：开箱检验、划线定位、安装固定、调整水平、接线、单体测试等。　　　　　计量单位：台

定额编号				31006010	31006011	31006012
项目名称				交流不间断电源配套电源		
				安装电池开关屏	安装电池开关箱	安装与调试静态开关屏
预算基价				571.94	272.00	535.41
其中	人工费（元）			510.30	218.70	524.75
	材料费（元）			50.10	49.68	1.60
	机械费（元）			2.48	—	—
	仪器仪表费（元）			9.06	3.62	9.06
名　称	代号	单位	单价（元）	数　量		
人工	安装工	1002	工日	145.80	3.500	1.500	—
	调试工	1003	工日	209.90	—	—	2.500
材料	铜端子 16	213122	个	12.000	2.040	2.040	—
	铜芯聚氯乙烯绝缘电线 BV-16	214013	m	11.640	2.040	2.040	—
	其他材料费	2999	元	—	1.870	1.450	1.600
机械	手动液压叉车	3065	台班	12.400	0.200	—	—
仪器仪表	数字多用表	4045	台班	3.600	0.500	0.200	0.500
	接地电阻检测仪	4287	台班	14.510	0.500	0.200	0.500

二、不间断电源调试

工作内容：系统调试、软件功能/技术参数的设置、完成测试报告。　　　　　计量单位：系统

定额编号				31007001	31007002	31007003	31007004
项目名称				不间断电源系统调试			
				≤ 30kV·A	≤ 120kV·A	≤ 200kV·A	≤ 300kV·A
预算基价				2885.89	4314.26	5411.03	6776.28
其中	人工费（元）			2518.80	3673.25	4617.80	5877.20
	材料费（元）			—	—	—	—
	机械费（元）			—	—	—	—
	仪器仪表费（元）			367.09	641.01	793.23	899.08
名　称	代号	单位	单价（元）	数　量			
人工	调试工	1003	工日	209.90	12.000	17.500	22.000	28.000
仪器仪表	三相精密测试电源	4044	台班	69.850	1.000	3.000	3.000	4.000
	微机继电保护测试仪	4271	台班	232.440	1.000	1.500	2.000	2.000
	便携式计算机	4311	台班	18.000	3.000	4.000	6.000	8.000
	数字多用表	4045	台班	3.600	3.000	3.000	3.000	3.000

主 编 单 位：工业和信息化部电子工业标准化研究院
参 编 单 位：中国机房设施工程有限公司
　　　　　　中国电子系统工程第二建设有限公司
　　　　　　上海科信检测科技有限公司
　　　　　　太极计算机股份有限公司
　　　　　　北京科计通电子工程有限公司
　　　　　　保定万达环境技术工程公司
　　　　　　中国电子工程设计院
　　　　　　中国电子工程设计院（集团）北京希达电子工程技术公司
　　　　　　信息产业电子第十一设计研究院科技工程股份有限公司
　　　　　　长城电子机房技术联合开发公司
　　　　　　天津市中力防雷技术有限公司
　　　　　　天津海泰数码科技有限公司
主要编制人员：薛长立　戴永生　侯荣华　周启彤　陈云霞　马宏浩　魏　梅　胡昌军
　　　　　　陈思源　黄群骥　汪　进　巨　龙　吴　淳　谭忠杰　刘之媛　王　倩
　　　　　　张　琛　孙巍巍　张立阅　张　强　韩　昱　张厚亮　贾冬艳　周俊玚
　　　　　　蔡　明　常海霞　雷　虹　宋　阳　刘　芳　彭定强　邬菊逸　胡文哲
　　　　　　孙超文　周巨涛　周海涛　陈元伟　邢春蜜
审 查 专 家：王元光　王海宏　白洁如　王中和　吴佐民　刘　智　刘宝利　董士波
　　　　　　黄琦玲　罗廷菊　佟一文　魏晓东　朱承海　赵　珍　常海霞　孙　雷
　　　　　　贾致杰　黄守峰